U0327583

2008北京奥运建筑丛书

织梦筑鸟巢

NATIONAL STADIUM : PART ON DESIGN

国家体育场——设计篇

总主编 中国建筑学会
中国建筑工业出版社

本卷主编 中国建筑设计研究院

中国建筑工业出版社
CHINA ARCHITECTURE & BUILDING PRESS

2008北京奥运建筑丛书（共10卷）

梦 寻 千 回——北京奥运总体规划

宏 构 如 花——奥运建筑总览

五 环 绿 苑——奥林匹克公园

织梦筑鸟巢——国家体育场

漪 水 盈 方——国家游泳中心

曲 扇 临 风——国家体育馆

华 章 凝 彩——新建奥运场馆

故 韵 新 声——改扩建奥运场馆

诗 意 漫 城——景观规划设计

再 塑 北 京——市政与交通工程

2008北京奥运建筑丛书

总主编单位

中国建筑学会
中国建筑工业出版社

顾　问

黄　卫（住房和城乡建设部副部长）

总编辑工作委员会

主　任　宋春华（中国建筑学会理事长、国际建筑师协会理事）
副主任　周　畅　王珮云　黄　艳　马国馨　何镜堂
执行副主任　张惠珍

委　员（按姓氏笔画为序）
丁　建　马国馨　王珮云　庄惟敏　朱小地　何镜堂　吴之昕
吴宜夏　宋春华　张　宇　张　韵　张　桦　张惠珍　李仕洲
李兴钢　李爱庆　沈小克　沈元勤　周　畅　孟建民　金　磊
侯建群　胡　洁　赵　晨　赵小钧　崔　愷　黄　艳
总主编　周　畅　王珮云

丛书编辑（按姓氏笔画为序）

马　彦　王伯扬　王莉慧　田启铭　白玉美　孙　炼　米祥友
许顺法　何　楠　张幼平　张礼庆　杜　洁　武晓涛　范　雪
徐　冉　戚琳琳　黄居正　董苏华
整体设计　冯彝诤

本卷编委会

主　任：修　龙　崔　恺　李爱庆

副主任：任庆英　李兴钢　秦　莹　李仕州　吴竞军　袁　泉

委　员（按姓氏笔画为序）：

丁　高　尤天直　王大庆　王玉卿　王　健　付宝光

刘　鹏　安　澎　张军英　李　力　邱涧冰　陈怀民

范　重　胡纯炀　胡建丽　赵　红　唐　杰　谈星火

郭汝艳　黄雅如　谭泽阳（其他参编人员在前言中列出）

主　编：李兴钢　任庆英

副主编：邱涧冰　谭泽阳

编　辑：邱涧冰　李　宁　谭泽阳

摄　影：张广源　邱涧冰　孙　鹏　李　波　谭泽阳等

总　　序

奥运会，作为人类传统的体育盛会，以五环辉耀的奥林匹克精神，牵动着五大洲不同肤色亿万观众的心。奥林匹克运动不仅是世界体育健儿展示力与美的舞台，是传承人类共荣和谐梦想的载体，也为世界建筑界搭建了一个展现多元的建筑文化、最新的建筑设计理念、建筑技术与材料、建筑施工与管理水平的竞技场。2008 年北京奥运会，作为奥林匹克精神与古老的中华文明在东方的第一次相会，更为中国建筑师及世界各国建筑师们提供了展示建筑创作才华与智慧的机会：国内外的建筑师的合力参与，现代建筑形式与中国传统文化的结合，都赋予了北京奥运建筑迥异于历届奥运建筑的独特性，并将成为一笔丰赡的奥林匹克文化遗产和人类共享的世界建筑遗产。

随着 2008 年的到来，北京奥运会的筹备工作已进入决胜之年。而奥运会筹备工作的重头戏——奥运场馆建设，在陆续完成主要建设工程后，正在紧锣密鼓地进行后续工作，并抓紧承办测试赛的机会，对场馆设施和服务进行了最后阶段的至关重要的检测。奥运场馆的相继亮相，以及奥林匹克公园、国家会议中心、数字北京大厦、奥运村等奥运会的相关设施的落成，都为北京现代新建筑景观增添了吸引世人聚焦的亮点。而由著名建筑大师及建筑设计事务所参与设计的奥运场馆，诸如国家体育场（"鸟巢"）、国家游泳中心（"水立方"）等，更成为北京新的地标性建筑。

2008 年北京奥运会新建场馆 15 处，改扩建场馆 14 处，临建场馆 7 处，相关设施 5 处。其中国家体育场、国家游泳中心、国家体育馆、北京射击馆、国家会议中心、奥林匹克公园、奥运村、媒体村、数字北京大厦等新建场馆以及相关设施，或者由世界上知名的设计师及事务所设计，或者拥有世界体育建筑中最先进的技术设备。无论从设计理念上，还是从技术层面上，这些建筑都承载了北京现代建筑的最新的信息，体现了北京奥运会"绿色奥运、科技奥运、人文奥运"的宗旨，成为 2008 年国际建筑界关注的热点。向世界展示北京奥运建筑、宣传奥运建筑也成为中国建筑界义不容辞的一项责任。

为共襄盛举，中国建筑学会与中国建筑工业出版社共同策划出版了这套"2008 北京奥运建筑丛书"，以十卷精美的出版物向世界全面展现北京奥运建筑的风采。用出版物的形式记录北京奥运建筑的设计理念、先进技术、优美形象，是宣传和展示 2008 年北京奥运会的重要方式，这既为世界建筑界奉献了一套建筑艺术图书精品，也为后人留下了一份珍贵的奥林匹克文化遗产。

本套丛书共包括《梦寻千回——北京奥运总体规划》、《宏构如花——奥运建筑总览》、《五环绿苑——奥林匹克公园》、《织梦筑鸟巢——国家体育场》、《漪水盈方——国家游泳中心》、《曲扇临风——国家体育馆》、《华章凝彩——新建奥运场馆》、《故韵新声——改扩建奥运场馆》、《诗意漫城——景观规划设计》以及《再塑北京——市政与交通工程》十卷，从奥运总体规划到单体场馆介绍，全面展示了北京奥运建筑的方方面面。整套丛书从策划到编撰完成，历时两年。作为一项艰巨复杂的系统工程，丛书的编撰难度很大，参与编写的单位和人员众多，资料数据繁杂。在中国建筑学会和中国建筑工业出版社的总牵头下，丛书的编撰得到了住房和城乡建设部、北京奥组委、北京2008办公室及首都规划建设委员会的大力支持，更有中国建筑设计研究院、国家体育场有限责任公司、北京市建筑设计研究院、中建国际（深圳）设计顾问有限公司、清华大学建筑设计研究院、北京清华规划设计院风景园林所、北京市政工程总院等分卷主编单位的热情参与，各奥运建筑的设计单位也对丛书的编撰给予了很大的帮助。作为中国建筑界国家级学术团体和最强的图书出版机构，中国建筑学会与中国建筑工业出版社强强联合，再借国内外建筑界积极参与的合力，保证了丛书的学术性、技术性、系统性和权威性。

本套丛书凝聚了国内外建筑界的苦心之思，也是中国建筑界奉献给2008年北京奥运会、奉献给世界建筑界的一份礼物。希望通过本套丛书的编撰，打造一套具有国际水平的图书精品，全面向世界展示北京奥运建筑风貌，同时也可以促进我国建筑设计、工程施工、工程管理以及整个城市建设水平的提升，促进我国建设领域与国际更快更好地接轨。

宋春华
建设部原副部长
中国建筑学会理事长
2008年2月3日

前　言

2008年8月8日晚，第29届奥林匹克运动会开幕式在北京的国家体育场隆重举行，从那一刻起，为期16天的奥运盛典拉开了序幕；从那一刻起，几代中国人的奥运梦想得以实现。奥运圣火在国家体育场的上空熊熊燃烧，见证了这一无以伦比的奥运盛会载入史册。随后，在2008年9月6日～17日，第13届残奥会的开闭幕式及田径比赛也在此举行。经过奥运会和残奥会多项赛事和仪式的考验，国家体育场圆满完成了其设计使命，其使用功能达到了设计目标。

国家体育场是北京奥运会的主会场，它承担了奥运会的开幕式、闭幕式、田径比赛和男子足球决赛，以及残奥会的开幕式、闭幕式、田径比赛等任务。由于奥运开幕式在奥运会中的独特地位和作用，使得作为奥运开幕式举行地的国家体育场受到了世人的关注，同时其独特的建筑造型和理念也使得国家体育场成为世人的目光焦点。随着奥运会的成功举办，国家体育场成为北京奥运会的标志之一，同时也成为北京的新地标性建筑。

回顾国家体育场的整个设计过程，是如此富于戏剧性。当2001年7月23日北京获得2008年奥运会举办权的时候，我们心中充满了兴奋，但是没有想到奥运会将与我们如此之贴近；当2003年4月17日被誉为“鸟巢”的国家体育场设计方案被正式确定成为实施方案的时候，我们心中充满了自豪，但是没有料到这个工程将会进行得如此之漫长。

国家体育场的设计建设过程自2002年底概念方案招标开始至2008年6月28日竣工及8月8日奥运会开幕，历时5年半，先后经历了概念方案设计、方案设计、初步设计、初步设计修改、施工图设计以及开幕式工程设计等多个设计阶段以及工程建设与实施、测试赛等最终投入使用。在此期间作为设计人的设计联合体［联合体成员包括：瑞士Herzog de Meuron 事务所、中国建筑设计研究院、Arup（香港）有限公司］投入了大量的人力进行设计工作，先后参与设计工作的有299人。同时设计联合体根据国家体育场的设计情况，先后聘请了国内外先进的专业团队，对国家体育场进行了专项研究、分析和论证，如声学设计与模拟、交通疏散模拟、CFD空气动力学模拟、观众疏散模拟等，并通过众多国内专家的专业智慧解决设计中遇到的问题。经过多方的努力，使得在设计和建筑实施阶段，国家体育场在建筑方案设计、技术实施方案设计和施工方案设计中有许多方面保持了一定的国际或国内先进性，如钢结构、膜结构、CITIA软件等技术的使用。其中有一些技术在国家体育场首次得到使用；有一些技术虽然在其他项目中曾经使用过，但是在国家体育场这样的项目上的综合集中的使用在国内至目前为止是仅见的，而且相似项目的复杂性在国内至今也是绝无仅有。经过多方的努力，国家体育场的设计工作完成了设计任务书规定的内容，达到了设计目标。这些设计工作如此重要也如此繁杂，使我们有必要对国家体育场的设计工作进行一个较为全面的总结，将设计中的重要经验和资料加以汇总和提炼。

从建设之初开始，国家体育场就受到了广泛的关注，对于国家体育场的争论也逐渐展开。随着建设工作的进行和奥运会的临近，赞成和反对的声音也越来越激烈。一个建筑受到了如此广泛的关注在过去是很少见的，这从一个侧面反映了社会的进步，这对建筑行业的发展是一件好事。对于国家体育场正面和反面的争论，现阶段下结论还为时过早，应该在未来交由历史去评判。作为“2008北京奥运建筑”丛书中的一本，本书将只涉及在设计过程中使用的主要技术内容，对设计工作进行总结。希望这些资料对今后类似建筑的设计工作有所帮助。

本书的相关各章节主要由业主、设计主持人、项目经理和相关专业的负责人和主要设计人及部分专业厂家负责人撰写，参与编写的单位有中国建筑设计研究院、国家体育场有限责任公司、北京交通大学城市交通研究所、中广电广播电影电视设计研究院、北京良业照明工程有限公司、总装备部工程设计研究总院、北京市电力公司、中信北京国安电气总公司、北京市燃气集团、北京榆构有限公司、北京城建设计研究总院有限责任公司、中国建筑科学研究院建筑防火研究所、中国空气动力研究与发展中心。具体编写人员情况如下：

第一章由袁泉、李承、郝彤途、李波、付宝光编写；第二章由李兴钢编写；第三章第一节由黄雅如、邱涧冰、高治、邵春福、谷远利、赵熠编写；第三章第二节、第三章第三节、第六章第一节、第九章第一节由谭泽阳编写；第五章由李力编写；第六章第二节由谈星火、谭泽阳编写；第七章第一节由蒋勤俭、谭泽阳、尤天直、陶梦兰编写；第七章第二节由成砚、谭泽阳编写；第七章第三节、第四节、第五节，第八章由张军英编写；第九章第二节由张向阳、谭泽阳、唐海编写；第九章第三节由张军英、谭泽阳编写；第十章由范重、尤天直编写；第十一章、第十二章第一节、第十九章第二节、第二十章第一节由邱涧冰编写；第十二章第二节由邱涧冰、陈怀民、张明照编写；第十二章第三节由王健、陈怀民、张明照编写；第十三章由郭汝艳、刘鹏、赵昕、朱跃云、吴连荣编写；第十四章由丁高、胡建丽、李莹、陈晓春编写；第十五章由王玉卿、李炳华、王振声、马名东、李战增、王烈、杨成山、王罡、李长海、关瑞利、朱景明、张宏伟编写；第十六章由王健、曹磊、许士骅、董玉安编写；第十七章由张军英、孙鹏编写；第十八章由岳存泽编写；第十九章第一节由安澎编写；第十九章第三节由邱涧冰、郑志荣、黄伟、高春梅、陈立、李引擎编写；第二十章第二节由朱青模、高庆磊编写；第二十一章由赵红编写；第二十二章由任庆英编写。

中国建筑设计研究院

目　录

沿中轴线南望国家体育场

国家体育场在奥林匹克公园中的位置

暮色下的国家体育场和国家游泳中心

国家体育场夜景

与基座景观浑然一体的国家体育场

近看国家体育场的大跨度交叉编织结构

开幕式焰火燃放（一）

开幕式焰火燃放（二）

开幕式焰火燃放（三）

点火前的主火炬塔

上篇 理念与内容

第一章 项目背景

第一节 项目概述

一、国家体育场项目介绍

国家体育场为第29届奥运会的主会场，位于北京奥林匹克公园内，建筑面积25.8万平方米。2008年奥运会期间，承担开幕式、闭幕式、田径比赛、男子足球决赛等赛事活动，可容纳观众9.1万人。奥运会后，可承担特殊重大体育比赛、各类常规赛事以及非竞赛项目，并将成为北京市民广泛参与体育活动及享受体育娱乐的大型专业场所，成为全国具有标志性的体育娱乐建筑（图1-1）。

二、国家体育场建筑设计方案国际竞赛

2002年10月25日北京市《国家体育场（2008年奥运会主体育场）建筑概念设计方案》举行国际竞赛。

2002年12月开始，经过对参赛设计单位或联合体的资格审查，来自十几个国家和地区的7家独立参赛单位和7家联营体参赛单位参加了概念设计方案的角逐。

2003年3月下旬，由十三名来自国内外的著名建筑设计大师、建筑评论家、体育专家、结构专家、奥运会组织运行专家以及北京市政府和北京奥组委的代表组成的评审委员会评出了三个优秀设计方案，"鸟巢"方案以其特立独行的风格居三甲之首。

2003年4月，经过严格的评审程序和群众投票，由瑞士赫尔佐格和德梅隆设计事务所、ARUP工程顾问公司及中国建筑设计研究院设计联合体共同设计的"鸟巢"方案，最终中选。

图1-1 国家体育场俯瞰

三、“鸟巢”方案介绍

经过全球的设计竞赛，国家体育场的设计方案最终确定为：由瑞士赫尔佐格和德梅隆设计事务所、ARUP 工程顾问公司及中国建筑设计研究院设计联合体共同设计的“鸟巢”方案（图 1-2）。该设计方案主体由一系列辐射式钢桁架围绕碗状坐席区旋转而成，空间结构科学简洁，建筑和结构完整统一，设计新颖，结构独特，为国内外特有建筑。

该方案形象完美纯净，它的立面与结构统一在一起，形成格栅一样的结构。格栅由银灰色钢梁组成，宛如金属树枝编制而成的巨大鸟巢，其形象与周边环境结合显得既巧妙又简洁。体育场架构之间的空间将覆盖以充气的 ETFE 薄膜。“鸟巢”方案在其独特的设计中，蕴涵着丰富的中国传统文化，比如它用钢梁包裹的外形类似民间窗棂的菱花图案，体育场基座的设计借鉴了中国古建筑的风格（图 1-3）。

四、国家体育场项目法人合作方国际招标

2002 年 4 月，原北京市计委负责奥运场馆和相关设施建设项目法人招投标的组织、协调，积极向国内外推介奥运场馆项目法人招标项目。

2002 年 10 月，向全球公开发售奥运项目资格预审和意向征集文件。

2003 年 1 月至 2 月，完成了 7 份国家体育场项目法人申请文件的评审推荐，并报市政府批准，最终确定了 5 名国家体育场项目合格申请人进入项目法人招标的第二阶段。

2003 年 4 月国家体育场项目法人合作方招标文件正式发出。

2003 年 7 月，对项目法人合作方投标人递交的优化设计方案、建设方案、融资方案、运营方案以及移交方案等进行综合评审。推荐了 2 名中标候选人。

经过谈判，并报北京市政府批准，最终确定了由中国中信集团公司、北京城建集团有限责任公司、国安岳强有限公司（香港）、金州控股集团有限公司（美国）4 家企业组成的中信集团联合体，成为国家体育场项目法人合作方招标的中标人。

2003 年 8 月 9 日国家体育场项目法人签约仪式在人民大会堂举行，中国中信集团联合体作为项目法人合作方招标的中标方与北京市政府草签了《特许权协议》、与北京市政府和北京奥组委草签了《国家体育场协议》，并与北京市国有资产经营有限责任公司签订了《合作经营合同》。

五、国家体育场有限责任公司性质及股东结构

国家体育场有限责任公司，是由中国中信集团联合体与北京市国有资产经营有限责任公司共同组建的项目公司，主要负责国家体育场的投融资、建设、运营和管理。其股东出资组成是中信集团联合体，投资比例为 42%，其中外资占 25%，北京市国有资产经营有限责任公司代表政府给予项目建设 58% 的资金支持，中信联合体享有 30 年的运营权，是国家批准的中外合作经营企业。

项目法人合作方招标中标的中国中信集团联合体，由中国中信集团公司、北京城建集团有限责任公司、香港国安岳强有限公司、美国金州控股集团有限公司 4 家单位组成：

1. 中国中信集团，是中国实行对外开放的窗口公司。经过 20 多年的改革和发展，已成为具有较大规模的国际化大型跨国企业集团。核心业务集中在金融、基础设施、房地产、工程承包、旅游、体育产业等领域。目前拥有 44 家子公司和驻外代表处。截至 2002 年底，中信集团总资产超过 5000 亿元。

2. 北京城建集团有限责任公司，是以建筑总承包为主的大型建筑施工企业。2002 年，位居全国企业 500 强第 70 位，并成为全球最大的 225 家国际承包商之一。先后承建了近百项国家和北京市的重点工程、数十项急难险重工程及一大批国外承建工程项目。

3. 美国金州控股集团有限公司，是一家以从事城市基础设施建设、环境保护、可再生能源开发为主要业务的国际性集团公司，在美国、法国、西班牙、加拿大、中国设

图 1-2　国际设计竞赛中中标的“鸟巢”方案

图 1-3　国家体育场“鸟巢”设计方案

有公司和办事处。自 1988 年起，进入中国基础设施和环境保护建设领域，迄今为止共实施项目近千个，参与了国内逾 200 个利用外国政府贷款项目，在国内实施了 700 多个供水和污水处理项目，且先行涉足了国内可再生能源（如风能、太阳能、垃圾发电等）领域。集团在中国拥有 8 家独资和合资公司，业务遍及国内 300 多个城市。

北京市国有资产经营有限责任公司，是经北京市政府授权，专门从事国有资本投资、管理和运营的大型综合性公司，是北京市重大项目建设的承担者和经营者，是首都经济发展重要的投融资平台。核心业务集中在实业、金融和城市基础设施领域，是 2008 年奥运场馆—国家体育场、国家游泳中心、曲棍球、射箭和网球等比赛场馆的业主。

六、项目建设运营模式

在中国，像国家体育场这样的大型体育设施，过去一直是由政府出资建设，由政府主管部门经营管理。在这种体制下，大型体育设施功能单一，通常情况下很难保证后期运营的盈利，要依靠国家和地方政府的财政支持，以至成为政府财政的包袱。在市场经济比较发达的西方国家，二十年前已经开始在这类项目上尝试利用社会资金进行建设和运作，相应减轻政府投资负担和运营风险。

为筹办 2008 年奥运会，北京市政府和北京奥组委制订了《奥运行动规划》，对北京奥运场馆建设和投融资提出“政府主导、市场化运作”等原则。对北京市的新建奥运场馆和配套设施项目，采用项目法人招标的方式，由中标的项目法人负责该项目的融资、设计、建设和运营。这一基本原则得到了国务院和国际奥委会的充分肯定。

国家体育场的项目法人合作方招标，是以国际通行的商业机制、按照市场化原则进行，选择具有融资经验和能力的法人，确保项目资金筹措的充分、及时、经济；选择富有经验的建设管理团队，保证项目按期、高质量地完工和交付使用；选择切实可行的运营实施方案，使得项目能够在 2008 年奥运会后达到最大限度的商业化运营。

国家体育场建设模式呈现以下几个特点：

1. 体制、机制创新。国家体育场探索了社会主义国家的大型社会公益项目的投融资新模式，打破了以往的政府投资、主管部门经营、经营亏损财政补贴的旧体制模式。

2. 政府引导、市场化融资。充分利用各种市场化的筹资渠道和方式来筹集资金，面向国际国内统一的大市场，重视吸引国外企业、机构的参与。同时，政府对国家体育场建设在土地、配套基础设施等方面提供便利条件，并给予了30年特许经营权。北京国资公司代表政府出资，30年内不参与分红，经营期满收回完好的体育场。

3. 注重赛后利用。政府对国家体育场在规划条件上给予了有利于赛后利用的多种商业配套设施开发的空间和经营范围；在方案设计上充分考虑赛后运营每一个环节的需要；在运营上充分借鉴国外大型场馆运营经验和管理。对许多奥运赛事期间特殊用途的临时设施，都考虑了赛后的改造方案和新的利用功能。

4. "阳光工程"。国家体育场的建设，接受第29届奥组委监督委员会、中介机构和社会各界的监督。特别是招投标的每一个重要环节，都要面向国内外公开进行，并配合新闻媒体，及时向社会公布招投标工作的进展情况，下一步建设中也将对社会开放，形成真正的"阳光工程"、"透明工程"。

第二节　设计管理

国家体育场设计涵盖工程方案设计、初步设计、施工图设计及设计现场服务。设计管理工作涵盖了工程设计全过程，从功能需求、设计大纲编制到图纸设计全阶段工作及方案评估、设计成果报审、审核下发等工作，以及政府规划等各委办局的报审、审核及施工过程中设计变更、工程洽商、图纸会审的技术审核工作及各专业技术问题专家论证会、现场技术专题会、深化设计管理等一系列工作。同时，国家体育场作为第29届奥运会主会场，设计管理工作还承担落实奥组委、国际田联等相关部门奥运功能技术要求以及实现"绿色奥运、科技奥运、人文奥运"三大理念的规划、设计及科研攻关等方面工作。

国家体育场工程设计管理模式为业主组建工程设计管理机构负责工程设计管理，并聘请专家及设计咨询公司提供咨询意见而进行设计管理的模式。为保证设计管理的专业性与较高的设计管理水平，国家体育场公司与世界著名体育建筑设计事务所HOK签署了《建筑设计咨询服务协议》、与武汉市建筑设计院和北京城建设计研究总院有限责任公司组成的联合体签署了《国家体育场设计咨询合同文件》，通过专业的设计咨询机构，保证了国家体育场设计质量和功能水平。

HOK建筑设计咨询服务对国家体育场设计联合体完成的建筑设计图纸及相关文件进行审查、全面评估，以国际标准及奥运标准为基准比较设计方案，特别是利用其多年的奥林匹克主会场历届设计经验及赛后运营规划经验进行审查；对体育建筑设计符合国际足联、国际奥林匹克委员会和国际业余田径联合会的标准进行审查等，充分发挥HOK专业体育设计的优势，协助业主及设计联合体完成高水平奥运会主会场设计。武汉院与城建设计咨询联合体为涵盖方案设计、初步设计、施工图设计直至竣工完成的全程设计技术提供咨询服务。作为国家体育场项目管理顾问（PMA）的法国万喜和布依格联合体也在设计过程中提供了设计咨询服务。国家体育场项目业主还积极利用社会上各专业专家的资源，对在建设实施过程中出现的各类技术问题进行专家论证，以提供技术解决方案，为技术决策提供建议。

一、图纸设计、审批

国家体育场设计工作自2003年底提出方案设计至2007年完成开闭幕式工程施工图出图，国家体育场公司完成了项目各阶段、各政府部门图纸的审核批复工作及第三方施工图图纸审核的组织工作。在北京市"2008"工程建设指挥部办公室、奥组委、市规划委、公安局、消防局、市政管委、园林局、人防办、卫生局、气象局、地震局、供电公司、自来水公司、燃气公司等行政主管部门、单位及各相关行业协会、专家的支持参与下，国家体育场公司组织完成了由市规委组织的国家体育场初步设计审查会、国家体育场初步设计（修改版）审查会、国家体育场设计优化、修改方案专家论证会、国家体育场抗震专项审查、抗震超限补充审查等工作，对设计联合体完成的施工图，组织HOK、设计咨询联合体及PMA进行了全面、详细的审查，组织设计联合体进行了修改完善，在符合审批要求的同时满足现场施工工期要求，确保整个工程工期计划的实施。

随施工图分批出图进程，分别向奥组委报送要员区建筑设计、体育工艺、安防科技系统等相关专业施工图，组织落实奥组委审查意见。相关专业施工图分别报送市人防办、市消防局、供电局等相关主管单位，完成了消防、人防、电力等必需的专项审查。为配合奥运会开闭幕式工作，自2006年12月至2007年7月，组织设计有关各方克服工期紧张等困难，完成了开闭幕式场地及上空设备工程的设计，组织协调各有关行政主管部门完成设计审批及施工图出图工作，在符合审批要求的同时满足了现场进度等工期要求。

设计进度大事记：

2003 年 11 月 30 日——方案设计完成

2003 年 12 月 14 日——基础桩和基础施工图出图

2004 年 6 月 30 日——初步设计完成

2004 年 7 月 15 日——初步设计审查会

2004 年 11 月 15 日——初步设计修改完成

2004 年 11 月 22 日——初步设计修改审查会

2005 年 3 月 07 日——第一阶段施工图出图（基座以上混凝土结构施工所需的建筑、结构、机电施工图）

2005 年 4 月 30 日——第二阶段施工图出图（主体钢结构施工图及部分建筑、机电施工图）

2005 年 5 月 31 日——第三阶段施工图出图（膜结构施工图及钢结构平台、马道施工图）

2005 年 6 月 30 日——第四阶段施工图出图（景观及室外管线施工图）

2005 年 12 月 6 日——体育工艺施工图出图（华体设计公司）

2007 年 1 月 23 日——开闭幕式场地土建工程初步设计

2007 年 4 月 23 日——开闭幕式场地土建工程（建筑、结构、机电）施工图

2007 年 4 月 30 日——开闭幕式场地工程上空钢结构加固修改施工图

2007 年 7 月 27 日——开闭幕式移动草坪场地工艺设计施工图

二、设计变更管理及现场技术协调

工程变更包括工程洽商、设计变更及图纸会审。设计变更是设计对原施工图纸和设计文件中所表达的设计标准状态的改变和修改。设计变更仅包含业主要求或由于设计工作本身的漏项、错误或其他原因而修改、补充原设计的技术资料。设计变更是设计管理工作的重要内容，是完善设计功能的重要手段。设计变更是分别由设计单位、建设单位或者图纸会审后提出对工程设计的变更。设计变更文件内容应符合合同文件及有关规范、规程和技术标准的规定，并表述准确、图示规范。

设计变更是工程变更的一部分内容，因而它也关系到进度、质量和投资控制。所以加强设计变更的管理，规范各参与单位的行为，对确保工程质量和工期，控制工程造价，全面提高设计技术水平具有十分重要的意义。

国家体育场公司严格设计变更管理，在项目成立之初即规范、建立、明确了设计变更管理办法及流程程序，国家体育场为此专门设立了设计变更程序及审批程序。国家体育场项目 PMA、设计咨询等顾问单位在审批过程中就设计变更技术进行评估、提出技术可行性意见，公司造价管理部门及造价咨询在设计变更审批中提出造价控制意见，加强技术审核和造价核算，严格控制设计变更的审批程序，公司相关部门会审后签出。如下为设计变更程序：

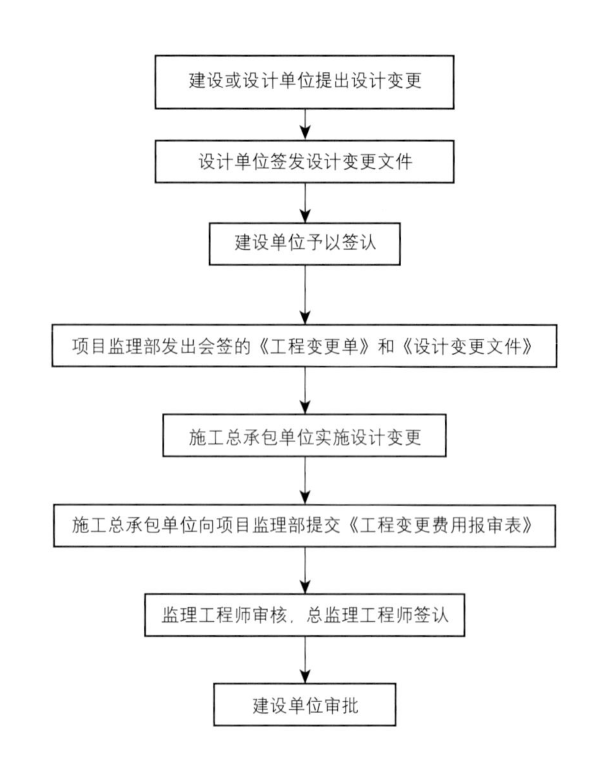

在过程管理中，明确设计变更必须形成书面材料，解释变更原因和理由，建立设计变更档案，及时配合公司相关部门如造价管理部门定期对各类变更项目、原因、工程量及费用增减情况进行统计、分析，严格控制投资。所有设计变更严格按照公司管理制度中设计变更管理基本程序、流程进行，公司相关部门、设计、施工、监理单位通力协作，及时高效地处理设计变更相关问题，公司内部由设计部组织设计咨询联合体出具意见，由设计部组织工程部、运营部、合同预算部会商，由公司主管设计副总经理代表签署。公司设计管理部负责组织设计变更的技术审核；合同部负责造价控制审核及相关计量支付工作，工程管理部负责工程执行，公司内部审批流程清楚、规范、权责明确。

在工程实施过程中，严格要求设计联合体进行各专业图纸内部复审，提前发现问题，及时提出变更，加强工程现场技术协调力度，减少对现场施工的不利影响。尽可能把设计变更控制在设计阶段，并明确控制设计变更规模、

减少增加建设内容及提高建设标准的可能，控制工程造价。同时，国家体育场公司积极组织设计联合体在施工过程中配合现场施工进度，每周召开设计例会组织相关专业设计代表解决有关技术问题，积极配合现场各专业施工，及时解决现场出现的技术问题。按现场施工发生的各类关键技术问题，组织相关单位和专家召开专题技术会议或专家论证会研究解决。如地下水位专家论证会、立面照明专家论证会、Φ480管连接补偿专家论证会等，较好地推进、保证了项目的质量和功能。

三、落实“绿色奥运、科技奥运、人文奥运”三大理念

“绿色奥运、科技奥运、人文奥运”是北京市政府向世界承诺的三大奥运理念，国家体育场作为奥运会主会场要充分实现三大奥运理念，落实三大理念的各项技术指标和功能要求在奥运设计大纲中有全面的阐述和要求。国家体育场有限责任公司高度重视三大理念的落实工作，在公司管理制度中制定了落实三大理念的具体工作职责，组织参建各方成立落实“三大理念”领导小组和工作组，在设计过程中，组织设计单位全面贯彻落实奥运设计大纲中奥运三大理念的相关内容，并组织参建各方在施工、监理、采购等过程中严格遵照设计文件有关内容，并贯彻落实政府《“2008”工程贯彻落实“绿色奥运、科技奥运、人文奥运”理念工作方案》等有关文件的要求，使国家体育场项目奥运三大理念落到实处。国家体育场三大理念工作由于领导重视、落实到位，多次参加了市政府和科技部组织的展示活动，受到有关方面的肯定和赞许。

在国家体育场有限责任公司管理制度中制定和确立了三大理念的管理目标、工作组织、工作职责和保障措施。

（一）“绿色奥运”管理

（1）设计阶段：通过设计，选择先进可行的环保技术和环保建材，在节省能源和资源、固体废弃物处理、保护热能和回收热能、利用太阳能、节水技术等方面实现绿色奥运。设计上通过采用和改进材料和设备的环境性能，降低在建造和运营中对环境的影响；

（2）施工和运营阶段：通过对污染源有效地进行控制，实现污染物达标排放；通过对废弃物的分类处理和回收利用，实现污染防治；通过采用先进的技术和设备，降低能源和资源的消耗；通过采取先进的施工工艺和技术，降低施工过程对环境的影响；

（3）通过环境管理体系的建立和执行，改进国家体育场的建筑功能和性能，降低运营成本，提高企业的形象和企业竞争力。

国家体育场采用世界先进可行的环保技术和建材，最大限度地利用自然通风和自然采光，采用地源热泵、雨洪利用等技术文明绿色环保施工，在节省能源和资源、固体废弃物处理、电磁辐射及光污染的防护和消耗臭氧层物质（ODS）替代产品的应用等方面符合奥运工程环保指南的要求，部分要求达到国际先进水平，树立环保典范。

（二）“科技奥运”管理

（1）以国家体育场建设对科技的需求为出发点，提高体育场建设科技创新能力，积累高科技应用于体育场的经验，使科技创新成为“三大理念”的动力和保障；

（2）在设计和施工过程中，针对国家体育场建设过程中的若干“瓶颈”和焦点问题，重点安排一批科研攻关项目和课题，解决设计和建设中的难题。在各专业设计上重点应用较成熟并具有科技含量的技术，使体育场体现一流的建设和运营的科技水平。

国家体育场设计大纲要求：“国家体育场的设计应充分考虑以信息技术为代表的，包括新材料和环保等技术的高新技术。在建筑、结构、建材、环保、节能、智能化、通信、信息和景观环境等方面，通过采用可靠、成熟、先进的高新技术成果，将国家体育场建设成为一个具有以人为本的信息服务、方便可靠的通信手段、先进舒适的比赛环境和坚实可靠的安全保障的特点的新型场馆。在设计中体现奥运场馆的时代性和科技先进性，使其成为展示我国高新技术成果和创新实力的一个窗口。”

国家体育场在设计和施工阶段在科技攻关和成熟技术应用上都有很多科技奥运的亮点，首先是组织了一批针对建筑结构、节能环保、智能建筑的科技成果应用，并针对结构特点带来的设计和施工难点实施了科研课题的攻关。如国家体育场结构设计与施工关键技术研究、消防性能化设计、安全疏散分析、声学模拟设计、场内微气候热舒适度风速研究、虹吸排水、供配电系统研究、焊接薄壁箱形构件研究、钢结构复杂节点研究（图1-4）、大跨度结构温度场研究、大跨度结构地震安全性研究、大跨度结构风振系数研究（风洞试验）、焊接薄壁箱形构件设计理论研究、弯扭构件设计理论研究、复杂节点构型研究、多个焊接箱形薄壁构件交汇节点研究空间弯扭箱型截面构件及多向微扭空间节点的加工制作技术研究、高强钢Q460厚板（100mm）焊接性能试验、

焊接工艺技术研究、巨型马鞍型空间钢结构整体卸载技术研究、国家体育场钢结构负温焊接试验研究应用、国家体育场钢结构合拢技术的研究应用、复杂结构整体计算、超长混凝土结构设计方法、混凝土结构的耐久性设计、桩基础设计研究、清水纤维混凝土预制看台、灌注桩基础工程施工技术研究、超长结构混凝土裂缝控制技术研究、双斜柱综合施工技术研究等。

（三）"人文奥运"管理

（1）人文设计：设计要充分考虑各类人员的需求，溶入对残疾人和有行动障碍人员的需求，建立适宜的人文环境。

重视观众席的观看效果设计；重视观众席安全疏散性能设计；残疾人与普通观众路线布局；重视消防设计；使用计算机模拟室内微环境；计算机模拟清晰室内音响效果；突出建筑物内人的功能要求，装饰上体现世界性的文化内涵；整个设施要为运动员提供理想的比赛和休息环境；重视媒体和新闻记者的工作条件及设施需求；国际化的标识设计，不仅是要符合人的一般习惯，而且要考虑到国际通用性。

（2）人文施工：施工中强调"以人为本"，细致地分析审定施工中的每一个方案，倡导工业化的装配作业，从降低劳动强度、避免危险作业的要求出发，对工序中的每一个步骤提出要采取的措施，中心思想是"以人为本"。

国家体育场在设计和施工中充分落实人文奥运要求，满足观众、贵宾、运动员、媒体、安保、竞赛管理、场馆运营等各类人群的使用需求和舒适度，采用了合理的流线设计及国际化与中国文化相结合的标识系统（图1-5），并在观众集散大厅设置了诸多直饮水系统设施；一层集散大厅内设置了40组与赛场内大屏幕同步的图像、信息显示屏，同时在室内、室外热身场地预留图像显示屏接口，保证运动员随时随地了解比赛进程；在各层集散大厅内设置了多个信息屏，可通过人机交互实现各种信息的查询等功能。

观众卫生间设计应用非接触式感应洁具；参照欧洲《绿色指南》和国内规范确定卫生洁具数量、男女配比等；采用人性化的装修设计，体现体育场个性（图1-6、图1-7）。

国家体育场室内、外考虑了多重、周到的无障碍设计，无障碍设计的范围包括：建筑景观、基地、建筑入口及门的

（a）弯扭构件设计研究

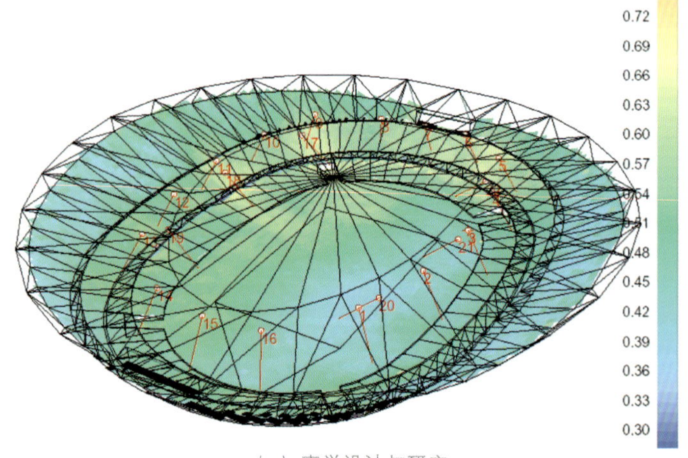

（c）声学设计与研究

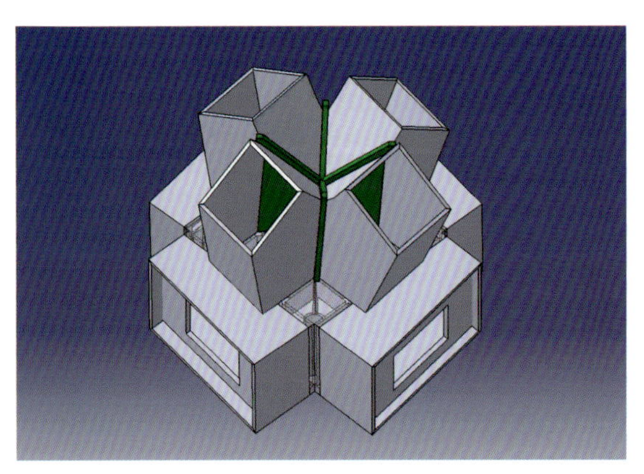

（b）钢结构节点设计与研究

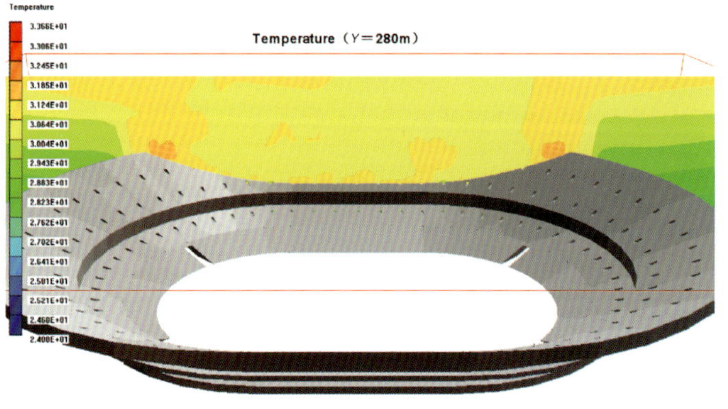

（d）CFD设计与研究

图1-4 国家体育场关键技术研究

图 1-5　集散厅内可见清晰的标识引导

图 1-6　人性化的卫生间装修与设计

图 1-7　带扶手的无障碍洗手台和低位洗手台

位置、水平与垂直交通、集散厅、观众席、主席台、贵宾休息室、观众厕所、演员、运动员厕所与浴室、售票处等部位，均按照要求考虑无障碍设计。

国家体育场是一个从内而外的设计，它的看台被设计成一个完整的、没有任何遮挡的连续的碗状结构，提供了舒适的环境、均匀的视距、极佳的视野和最好的气氛，该结构保证了体育场内所有观众视线最优化，同时保证所有观众视距位于140米以内（图1-8），保证了国家体育场的视线效果优于历届奥运会主体育场。

图1-8　碗状看台均匀的视距和极佳的视野

第二章 设计综述

第一节 概述

国家体育场位于北京奥林匹克公园中心区南部。西侧为200m宽的中轴步行绿化广场，东侧为湖边西路龙形水系及湖边东路，北侧为中一路，南侧为南一路，成府路在地下穿过用地（图2-1）。

国家体育场坐落在由地面缓缓坡起的基座平台上，观众可由奥林匹克公园沿基座平台到达体育场，从基座平台上可俯视奥林匹克公园。基座北侧为下沉式的热身场地，通过运动员通道与主场内的比赛场地连通。国家体育场复杂的附属部分和赛后商业设施等安排在升起的地面之下，使不同人群进入的方式更加合理，同时保持了主体建筑外观的清晰、纯粹和完整。各类人群（普通观众、运动员、媒体、要员/贵宾/赞助商、赛事管理人员、场馆运营人员、安保/消防人员、赛后商业人员、机动车等）分别设置各自独立的出入口。体育场主体建筑为南北长333m、东西宽298m的椭圆形，最高处高69m、最低处高40m；中间开口南北长182m、东西宽124m。主体钢结构形成整体的巨型大跨度交叉旋转编织式结构，体育场看台为钢筋混凝土框架支撑的碗型结构，两部分在结构体系上相互脱开。屋顶围护结构为钢结构上覆盖的双层膜结构，即固定于钢结构上弦之间的透明的上层ETFE膜和固定于钢结构下弦之下及内环侧壁的半透明的下层PTFE声学吊顶。开敞的钢结构网格包围着宽阔的集散大厅，它环绕着碗型看台，是一个开放的巨大城市"灰空间"，设有快餐、商店等各类观众服务设施，以及餐厅层和为主席台观众服务的贵宾接待区和休息区。碗型看台分为上、中、下三层座席，并在中、下层看台之间设置包

图2-1 国家体育场鸟瞰

厢层（包括一百多个大小包厢）及其座席区，观众分别由各层看台对应的集散大厅进入。

国家体育场作为2008年北京奥运会的主体育场，奥运会期间，国家体育场容纳观众座席约为91000个，其中临时座席约11000个（可在赛后拆除），在这里举行奥运会开幕式、闭幕式、田径比赛和男子足球决赛以及残奥会相关赛事。奥运会后，国家体育场容纳观众座席约80000个，可承担特殊重大比赛、各类常规赛事以及非竞赛项目（如：文艺演出、团体活动、商业展示会等），并可提供运动、休闲、健身和商业等综合性服务。本工程为特级体育建筑，主体结构设计使用年限100年，耐火等级为一级，抗震设防烈度8度，人防等级6级物资库，防化等级丁级，地下工程防水等级1级。

国家体育场是北京奥林匹克公园内的标志性建筑，是北京最大的、具有国际先进水平的多功能体育场，也是世界瞩目的重大建筑工程。中国建筑设计研究院作为国家体育场设计联合体重要成员，与瑞士Herzog & de Meuron建筑师事务所、英国Ove Arup工程顾问公司一起协同工作、紧密合作，在建筑概念设计方案国际竞赛中获胜并被确定为实施方案（2002年12月~2003年4月），并随后相继完成方案设计（2003年5月~2003年11月）、初步设计（2003年11月~2004年3月）、初步设计修改（2003年4月~2004年11月）及其审批等各阶段工作。进入施工图设计阶段，首先完成并交付混凝土部分的各专业施工图（2004年12月~2005年3月），后续的钢结构部分的各专业施工图以及总图部分、景观部分的施工图设计也在2005年6月30日之前分批完成交付，随后全面进入施工配合阶段（2005年7月~2008年6月）。在上述各阶段工作中，设计联合体付出了巨大努力，并取得了显著成果，在本工程极端重要性和极端复杂性的双重压力下，使设计不断深化和完善，并在保持原创设计概念的原则下，按政府和业主的要求完成了重大修改，使“鸟巢”从设计概念一步步接近并成为可实施和建造的、历史性的宏伟工程。

在整个设计过程中，随着建筑师对于建筑理念、空间、形象、材料等思考的不断深入和成熟，对结构、机电、防火、风热环境等技术要求的不断提出和满足，对业主、奥组委和各政府相关部门提出的功能、市政条件等的不断深化和完善，国家体育场的设计不断地发生着有逻辑的、逐渐趋近完美的变化；施工配合阶段，设计联合体仍进行了大量的具有建设性的工作，除一般性的日常施工配合之外，还包括CATIA虚拟模型完善，各类关键部位实体模型设计、制作与检验，钢结构、膜结构、幕墙、家具等各项招投标及加工设计介入，奥组委开闭幕式及火炬等设计配合、体育场功能调整修改、临时设施配备等等。同时，本工程是中国建筑师、工程师与世界顶尖建筑师、工程师紧密合作的成果，合作过程中无论在文化沟通、思维方式、工作方法、管理模式等诸方面均有有益的经验和教训值得研究和总结。

本章将就国家体育场设计中运用的为数众多的、为行业瞩目的新理念、新材料、新技术、新方法等诸方面进行简要阐述。

第二节　新理念

设计以理念为本，国家体育场的非凡气质和成功正源于其令人耳目一新的设计理念。而具有某种讽刺意味的是，这一理念之“新”恰恰在于其摒弃20世纪90年代以来过分强调技术而忽视自身存在意义的做法，而回归对人类建筑本质和体育场本原状态的追问并给予直接的、富于逻辑的、艺术性的回答，而以后的新材料、新技术、新方法则是对于设计理念的强大支撑。

一、回归以体育——竞赛和观赛为本的体育场设计

人类最早建造体育场，最直接的目的是竞技和观赏竞技，与这两种活动相对应的建筑设施就是比赛场地和观众看台，这是体育场的真正核心。而体育场设计的本质就是如何营造最好的赛场气氛，使竞技者达到最佳竞技状态、创造出更好成绩；使观众欣赏到最好的比赛、并被带起兴奋的情绪；两者互动使赛场内达至热烈的状态（图2-2），这是自古希腊的竞技场就存在的、真正的体育场的精神和内涵。赛场气氛的营造直接取决于场地和看台之间是怎样的关系。

20世纪90年代以来，随着人类建造技术的不断发展，在建筑设计特别是体育场设计中呈现出过分强调技术的倾向，高技术外观、大跨度结构、数码屏幕等等成为技术型体育场标榜和凸显的主要手段和先进象征，而体育场的核心——赛场和看台则往往被置于次要的、从属的、无重要设计含量的地位，这实际上是对体育场本质的误解和忽视，甚至是对自身存在意义的背离。

与此相反，国家体育场是一个从内而外的设计，设计的起点正是比赛场和观众看台以及两者之间的密切关系。它的

看台被设计成一个完整的、没有任何遮挡的碗型，这种均匀而连续的环形，使得人们的注意力集中在场内的观众和场上的赛事，它提供了舒适的环境、均匀的视距、极佳的视野和最好的气氛；满场时，观众之间挨在一起，攒动的人头像建筑的组成部分一样，构成座席的表面，即"人群构成建筑"，紧密地围绕着竞技场上的运动员，它将带起观众们的兴奋的情绪，激发运动员们优异的表现（图 2-2）。

碗型看台下端是一个包容长方形比赛场地的椭圆形，上沿则接近一个半径 142m 的圆形，使得所有最上面的观众也都有很均衡的、距赛场中心约 142m 的视距；这样又可以在观赛视线比较好的场地东西两侧（面对比赛场长轴方向）安排较多的座席，而在南北两侧（面对比赛场短轴方向）安排较少的座席。因此，座席较多的东西看台顶部高度较高，而座席少的南北看台则较低，东西南北连续起来，形成一个立体的、边沿起伏的碗形。大部分临时座席也被沿着碗型看台的上部边沿均匀布置，这样即使它们赛后将被拆除，留下来的永久看台仍然可以保持一个完美的碗形，只不过比赛时稍小一些（图 2-3）。

在看台形状基本确定之后，通常为看台观众遮风避雨的巨大屋顶罩棚在这里继续向下方立面延伸，形成一个形体流畅完整的外罩，它不仅可以把碗型看台笼罩起来，还可以把看台背后必需的观众集散厅、贵宾和媒体区域、通往上层看台的大楼梯等等功能围合起来。由于看台是东西方向高、南北方向低的碗形，外罩也顺着碗形看台东西方向高起来，南北方向低下去，形成一个三维起伏的马鞍型（图 2-4）。

这时，实际上这个体育场设计最重要的部分就已完成，接下来是推敲外罩的做法，并由于可开启屋顶等因素自然产生编织式的结构，即后来众所周知的"鸟巢"。

从上述的设计概念生成的过程可以看出，"鸟巢"并非是设计的起点和原因，而是设计被内在因素推动自然发展的结果。真正的设计起点，是比赛和观赛、赛场和看台、运动员和观众，这是一个真正回归到以体育——竞赛和观赛为本的体育场设计，这也是国家体育场最核心、最重要的设计理念。

二、结构与外观一体化

国家体育场的另外一个重要设计理念，是"结构即外观"，即结构与外观的一体化。

在最初的国家体育场国际设计竞赛中提出了设置可开启屋顶的要求，这被视为世界上大型体育场的一个发展趋势。13 个来自世界各国建筑师的竞赛方案中，可开启屋顶的设计五花八门、异彩纷呈，而"鸟巢"方案的可开启屋顶可以说是其中最简单、造价最低也是最容易操作的。原因是实际上可开启屋顶并非是一个体育场最主要、最应该表现的元素，它只是一个附属的功能，为了开闭幕式和赛后大型演出时的全天候需要，而大部分比赛的时候是不需要也不能闭合屋顶的（必须保持完全室外条件，赛事纪录才被公平认可）。因此，"鸟巢"方案的可开启屋顶被做成一个最简单朴素的、像推拉窗一样的开闭方式。这样的推拉式屋顶需要两条平行轨道来提供这种开合滑动的可能性，这两根轨道实际

图 2-2　看台上的观众与运动员互动使赛场内形成热烈的气氛

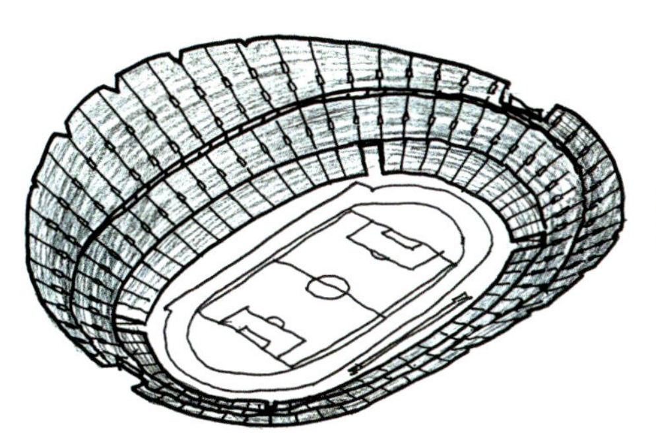

图 2-3　国家体育场碗状看台

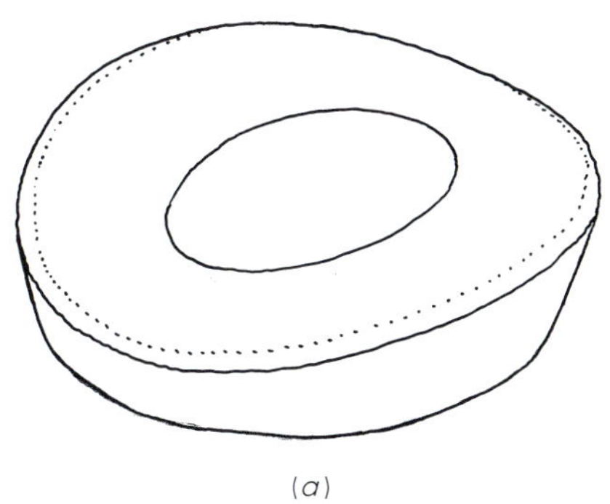

(a)

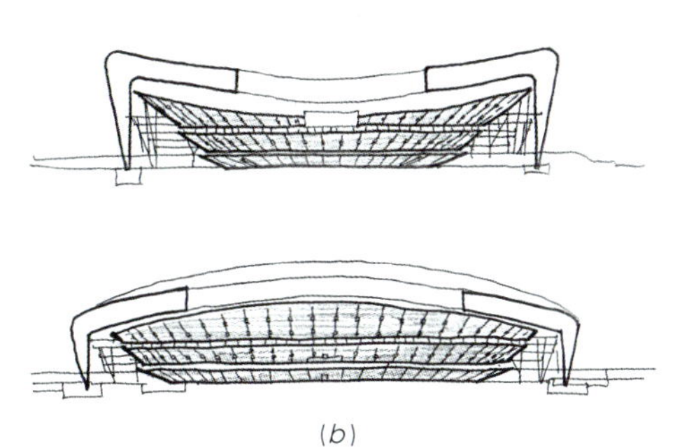

(b)

图 2-4　围合碗状看台的外罩 - (a)、(b)

上是两根巨大的平行梁，以承载活动屋顶和承受它滑动时产生的应力（图 2-5）。

外罩是放射状的、没有明确方向的环形，而两条平行滑轨梁却有固定的方向，圆形加上两条平行线在美学上是矛盾的，虽然在功能上可以成立（图 2-6）。经过多种探讨，得到最后的编织式钢结构，把两条平行梁隐藏在 48 根桁架梁沿中心开口旋转相切编织的逻辑之中（图 2-7），既巧妙地解决了圆形与平行线的矛盾，满足了功能的需要，提供给可开启屋顶需要的两条平行大梁，又得到一种独特的、清晰合理的结构形式（图 2-8）。这实际上是采用了一种“误导”人的视觉的手法。在这样一个编织式主结构的基础上再增加次一级

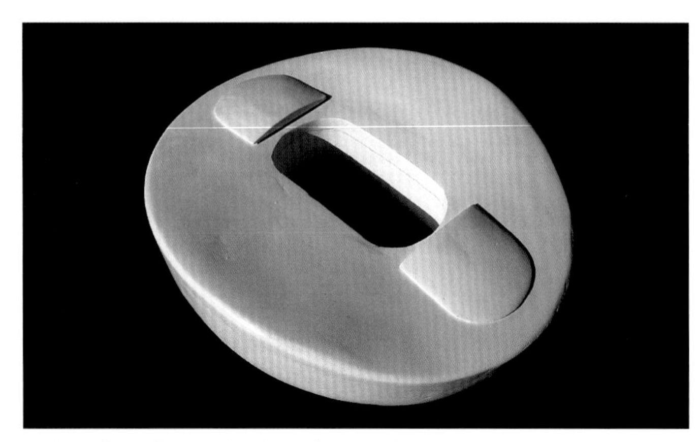

图 2-5 “鸟巢”最初的平行滑动式可开启屋顶

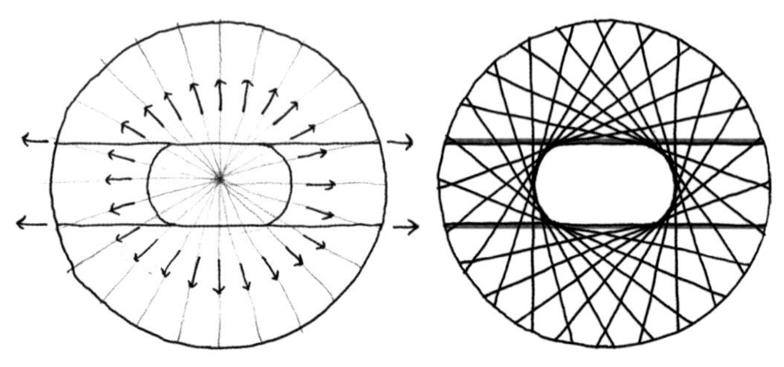

图 2-6 开启屋顶的两条平行大梁具有的明确方向性与没有单一的方向性并通常被处理为放射状的圆形结构形态上相互冲突

图 2-7 旋转编织结构可开启屋的平行大梁在视觉上“隐藏”起来

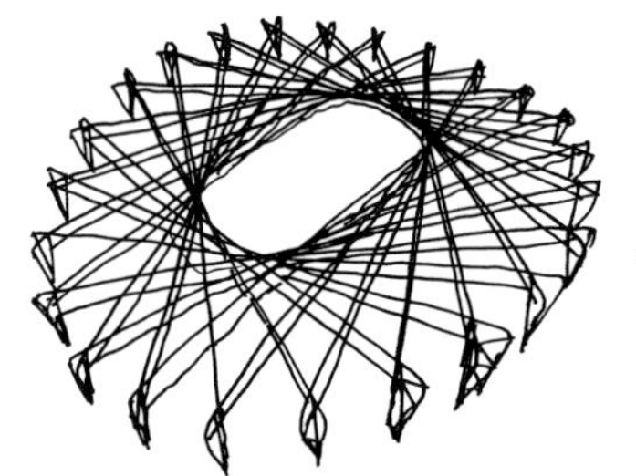

图 2-8 屋顶主结构布置方案

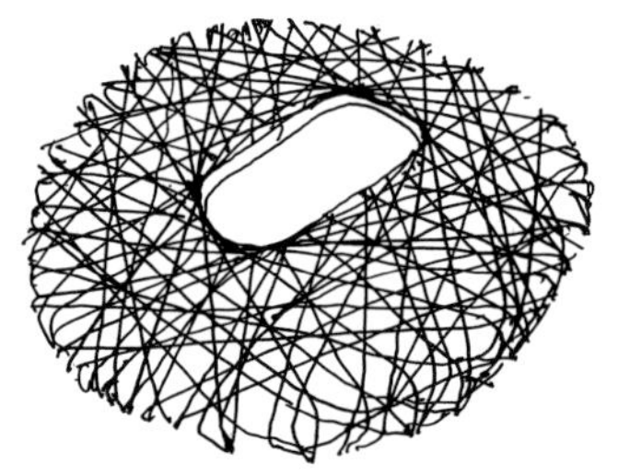

图 2-9 主结构加入次结构造成不规则感的肌理视觉效果

的结构来加强主结构，立面上那些斜向的大楼梯梁也被编织进来，并延伸到屋顶，于是最终形成了“鸟巢”特有的结构和外观（图 2-9）。我们甚至可以说是两条平行线导致了“鸟巢”的编织结构，设计的出发点是最朴素、最功能性的，但它最终激发了建筑师的潜能，独特的结构直接构成独特的外观，达到艺术性的震撼效果。国家体育场是由功能而产生结构与外观的完美统一。

由建筑的结构直接构成建筑独特的外观元素，是近年来国际建筑发展潮流中值得关注的重要特征，类似的手法我们还可在“水立方”（与国家体育场比邻的国家游泳中心）、中央电视台新址大楼等设计中看到：前者是由蜂窝状六面体结构单元被以不同角度切割后直接构成“水泡”外观，后者则是对应楼体结构受力分析的钢结构网格直接作为特殊的结构性表皮。

结构是人类营造建筑以提供遮蔽风雨、工作生活、运动娱乐空间的最直接手段和第一要素。由建筑结构直接构成建筑外观，这一 21 世纪建筑发展的“新趋势”实际上恰是向人类建筑本源的探索和回归。

“鸟巢”的建筑结构与外观高度统一的形式中还蕴藏着中国文化、艺术传统中的某些典型特征：

秩序、内敛的美学思想——将看似无序的钢结构格架纳入严谨的受力体系中，无序中蕴含着秩序、秩序中存在着无限的变化。“鸟巢”的外罩——钢结构由主结构、次结构、通往上层看台的立面楼梯等多个层次叠加构成，而每个层次都分别具有各自清晰的秩序和规则。叠加后的看似无序的结构外观是对人的又一次视觉“误导”（图 2-10）。

单一器物的完美性——体育场好像一个巨大的容器，高低起伏变化的外观缓和了建筑物的体量感，并赋予体育场以戏剧性和具有震撼力的形体（图 2-11）。

简洁中蕴含丰富的美感——外部形体的单纯浑厚和内部红色的碗形看台及多层次的、复杂变异的回廊空间完美结合，相互衬映、相得益彰（图 2-12）。

网格与镂空——镂空的结构组件相互支撑，形成网格状的构架，就像由树枝编织成的鸟巢。通透的维护结构使得体育场内气流通畅，适应奥运会时北京的气候（图 2-13）。

于是我们看到，中国独特的东方美学、人文风范与当代艺术、国际奥林匹克精神融为一体，整座建筑给人以强烈的动感与活力，甚至体育场大楼梯上的人的活动也成为立面的构成元素。国家体育场的空间效果既具有前所未有的独创性，却又简洁而典雅。

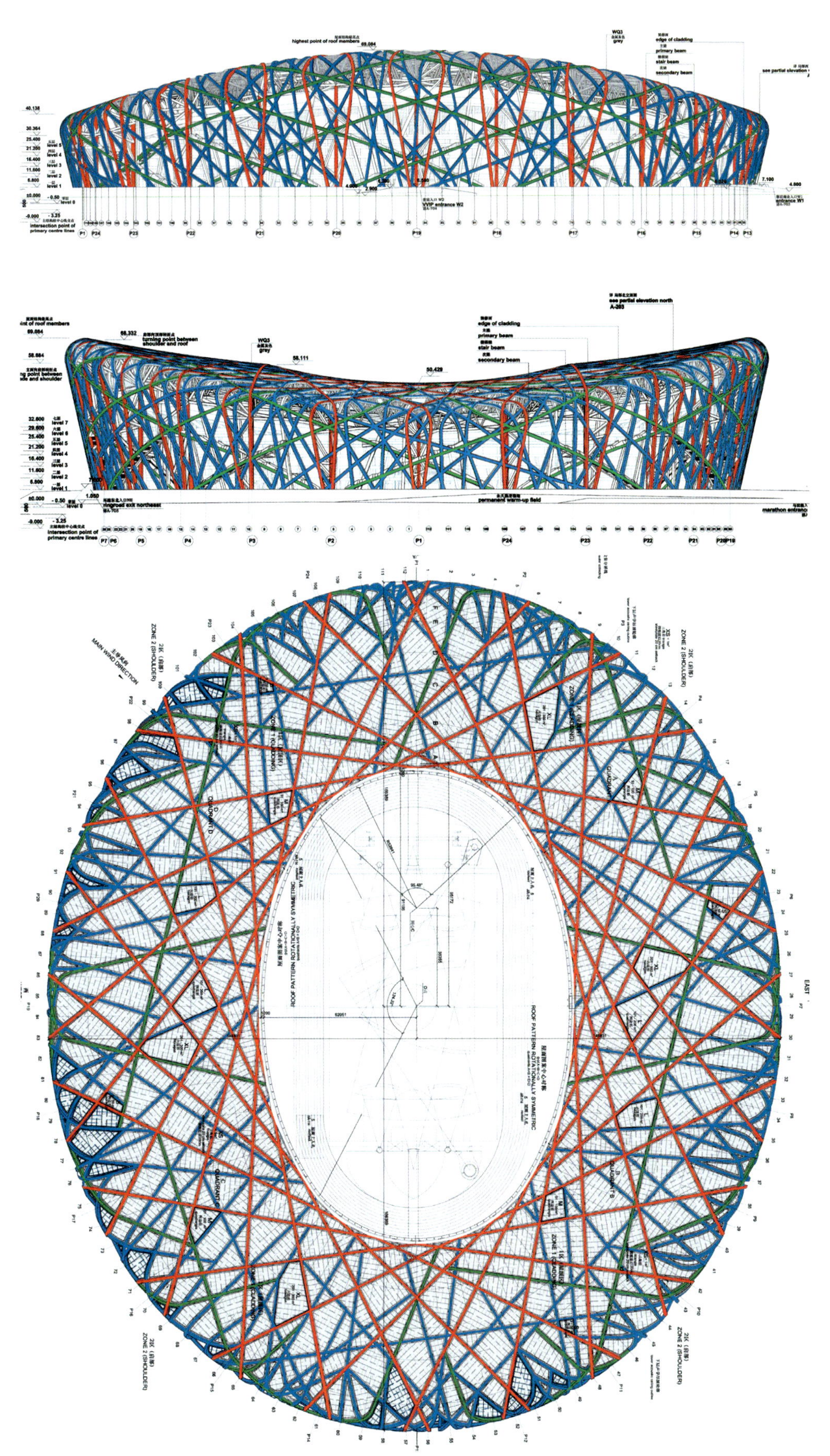

图 2-10 “鸟巢”结构中的秩序——不同钢结构的叠加

图 2-11　网型彩纹陶钵和“乌巢”的对比

图 2-12　“乌巢”的外部形体与内部的看台

图 2-13　冰花窗和“乌巢”的网格与镂空

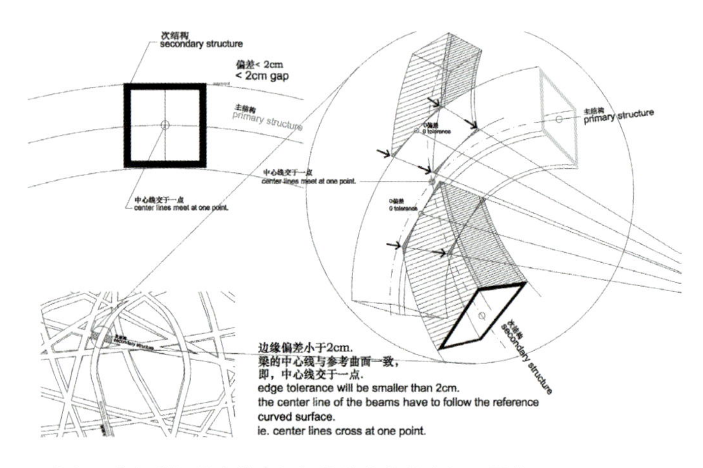

图 2-14　“乌巢”国家体育场钢结构构件节点加工要求

由于“乌巢”建筑形式和结构的高度统一性，对以后的技术设计、施工图设计、钢结构加工、安装乃至细微到焊缝外观质量要求（图 2-14）都提出了严峻挑战，甚至导致传统设计、施工方法的重大改变——建筑设计和结构设计以及加工制作高度统一、建筑师和结构工程师、钢结构加工厂密切配合，才能达到预定的设计目标和艺术效果（图 2-15）。

图 2-15　施工现场的钢结构构件

图 2-16　“乌巢”的基座和建筑主体

三、景观与建筑一体化

国家体育场在竞赛与观赛、结构与外观之外，景观和建筑的一体化设计理念也是其重要的特点。

国家体育场的建筑主体——南北长 333m、东西宽 298m 的椭圆型“乌巢”，如同一个巨大的、高低起伏变化的容器，是具有戏剧性和震撼力的建筑形体。它坐落在由地面缓缓坡起的基座平台上，观众可由奥林匹克公园沿基座平台到达体育场主入口区，并可从基座平台上俯视奥林匹克公园。石质为主的坡地景观由国家体育场用地的四周边缘微微升起，平缓而不易被人察觉，形成了巨大的完型雕塑般的“乌巢”的天然基座（图 2-16）。

坡状的体育场基座起着多方面的作用：由于基座的提升，使得体育场不必向地下挖入过深，避免过多地受到地下水的影响；两个热身场地（田径和投掷场地）及其室外看台由基座表面向下切入，形成下沉式的古竞技场般的效果，并通过基座下的运动员通道，越过地下横穿用地的成府路隧道上方，与主场内的比赛场地连通；国家体育场复杂的体育附属部分和赛后商业区等安排在升起的地面之下，运动员、媒体、要员/贵宾/赞助商、赛事管理人员、场馆运营人员、安保/消防人员、赛后商业人员、机动车等分别由独立的出入口进入基座下面各自所属的功能区域，并接近比赛场地，大量的普通观众则沿着坡状基座表面自然地直接进入体育场集散大厅入口，从而形成立体分流的人群进出方式，比起常见的平面分流方式更加清晰合理；而最重要的是，坡状的基座将复杂的体育工艺、功能附属区“掩藏”在地面以下，保持了主体建筑外观的格外清晰、纯粹和完整。在此，“鸟巢”主体和坡地景观就像雕塑及其基座一样成为相互依存、不可分割的整体。

基座表层的景观图案设计最初以十二生肖为主题，既有装饰功能，又有助于人们辨识方位和区分体育场十二个不同的场区和出入口，十二生肖图案被抽象变形为路径和路径之间的绿地、庭园、广场。随着设计的不断深化，基座景观设计发展为与“鸟巢”特有的编织式结构相呼应的编织辐射图案主题：“鸟巢”的立面和屋顶结构是是由一系列辐射式的钢桁架围绕内环开口旋转编织而成，次级结构填充在辐射状的主结构之间。而景观基座则是由一系列向场地四周辐射的9米宽的主路围绕建筑主体的椭圆型轮廓旋转编织而成，辐射状的主路系统成为来自奥林匹克公园中心区各个方向的观众进出国家体育场的主要路径，主路的尽端两两交叉对应着分别通向两个体育场分区的安检及检票口；3米宽的次级道路填充在主路之间，成为主要路径之间的联系通道；由主路和次路交织成的道路网格之间则是广场、绿地、园林、下沉庭院等；售票处、休憩区、赛后商业的独立出入口、地下空间紧急出口等也被巧妙地整合在基座的景观设计之中（图2-17）；广场和路径的地面采用北京近郊生产的青石板以自然的、不规则的方式和规格铺砌而成，整体的视觉效果虽然看上去是与“鸟巢”结构相呼应的“无序”图案，其实却由近似六边形的石板单元“有序”地组成，广场的地面铺砌图案甚至还进一步延伸进半室内空间的一层观众集散大厅的地面；景观灯具、休息座凳、饮水台、垃圾箱等也被精心设计，以与“鸟巢”关联和谐，休息长椅和饮水台甚至就设计成类似“鸟巢”弯扭的钢结构构件片段的形状（图2-18）。上述的所有景观元素，从概念、功能、骨架、材料、细部、家具等的独特处理，共同构成不可分割的、丰富的景观组成部分，并达成与建筑主体设计理念的高度统一。

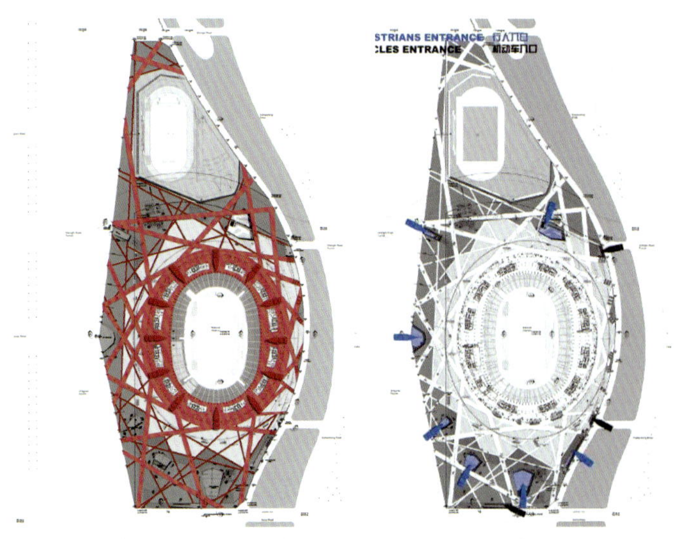

图2-17　基座设计呼应了“鸟巢”结构的编织图案并整合了各种入口

图2-18　基座景观中布置的休息长椅和室外灯具

国家体育场的景观和建筑的一体化设计理念，是大地景观和人类建造物和谐本质的回归，凸显了“鸟巢”的主题，体现出人类与自然的相融和谐。

国家体育场设计过程中，按照政府和业主关于“奥运瘦身”的要求，进行了若干重大修改，即：取消可开启屋顶、扩大屋顶中间开口、减少临时看台等。但在整个的设计优化修改过程中一个最根本和最重要的原则就是要保持“鸟巢”的设计理念和艺术效果，不能因为造价的控制而受到损害。取消活动屋盖、扩大开口，并不意味着直接切大开口，而是按原来的设计理念围绕新的开口重新编织“鸟巢”的钢结构体系（图2-19）；压缩临时看台也遵循主要从碗型看台上沿均匀减少的策略。修改后的国家体育场完美地保持了“鸟巢”的原有的艺术效果，体现以竞赛和观赛为本的碗型看台、结构和外观一体化以及景观与建筑一体化的设计理念也得到充分保持和体现，设计联合体为此付出了巨大的努力。

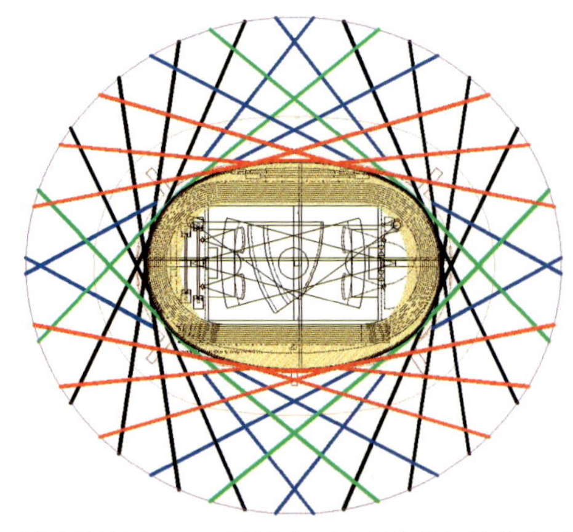

图 2-19　围绕新的扩大开口重新编织“鸟巢”的钢结构体系

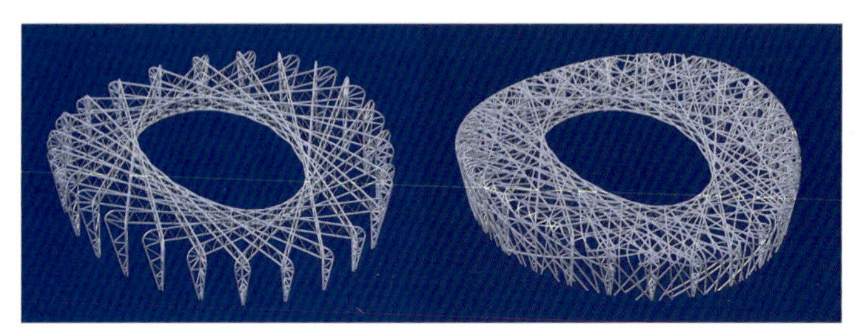

图 2-20　由主结构和次结构组成的国家体育场钢结构体系

图 2-21　钢结构立面向屋面过渡的肩部

第三节　新材料和新技术

国家体育场作为 21 世纪人类建造的大型体育场，使用了很多新的建筑材料和建筑技术，既是表达其独特设计理念的需要，也是对人类技术进步的合理体现和运用。新材料和新技术的运用给设计和施工都带来了很大的挑战，但恰恰在迎接挑战和创造性解决问题的过程中，使“鸟巢”这一前所未有的宏伟工程脚踏实地地一步步实现；也使相关各方面取得宝贵的经验、能力和突破性的进展，为中国建筑水平的实质性提高做出了重要贡献。

一、高度复杂的钢结构

国家体育场大跨度结构是目前世界上跨度最大的体育建筑之一，建筑顶面呈鞍形，大跨度屋盖支撑在 24 根桁架柱之上，柱距为 37.958m。屋盖结构采用交叉平面桁架体系，主桁架围绕屋盖洞口环梁放射形布置，有 22 榀主桁架直通或接近直通，为了避免出现过于复杂的节点，4 榀主桁架在环梁近截断。由于主桁架与内环相切，其中一些主桁架在平面外微弯，24 根桁架柱与主桁架 + 立面次结构共同形成抗侧力体系（图 2-20）。主场看台部分采用钢筋混凝土框架 – 剪力墙结构体系，与大跨度钢结构完全脱开。大量采用由钢板焊接而成的箱形构件，构件截面尺寸巨大，存在大量空间扭曲构件（图 2-21），交叉布置的主结构与屋面及立面的次结构一起形成了“鸟巢”的特殊建筑造型。其独特的“鸟巢”结构既是建筑的亮点，也是这一历史性工程的最大挑战，很多方面均超过现有技术规范的涵盖范围，其设计、加工制作及安装的复杂性前所未有，具有极大的挑战性。在设计中大量采用新技术、新材料、新工艺，进行了许多研究工作与技术创新，填补了多项国内空白，很多成果达到了国际先进水平。例如：在扭曲构件空间坐标表示法研究（图 2-22）、采用国产优质高强、高性能钢板、提出大跨度结构温度场计算方法、扭曲构件设计方法研究、首次提出下风振系数计算方法、在 ANSYS 软件平台上开发大跨度结构设计与优化功能、箱形截面桁架节点设计方法研究、焊接薄壁箱形构件设计方法研究、桁架柱复杂节点设计方法研究、异型柱脚设计方法研究等方面取得了具有开创性的成果。在清华大学结构工程实验室进行了扭曲构件缩尺模型试验，在同济大学结构实验室进行了两个单 K 与两个双弦杆双 K 节点的缩尺模型试验，在同济大学结构实验室进行了两个内柱节点与两个外柱节点的缩尺试验，在北京工业大学工程抗震与结构诊治北京市重点实验室进行了 4 个柱脚锚板的抗拔试验。试验结果均验证了设计计算的可靠性。此外，国家体育场钢结构设计对大跨度结构的建造过程进行了详细的施工模拟分析。

国家体育场钢结构设计所取得的众多成果既应对前所未有的挑战、解决了自身的设计难题，并在确保结构安全的前提下降低用钢量，使“鸟巢”设计得以实现，同时又为我国钢结构领域的规范、设计、材料、加工和安装技术等方面起到重要的推动作用。

二、体现新型建筑材料和技术的膜结构

国家体育场的屋面由钢结构和膜结构共同组成。膜结构由两部分构成，上层镶嵌在主体钢结构上层钢梁区格之间的透明 ETFE 膜结构和下层悬挂在主体钢结构下层钢梁下面的半透明 PTFE 膜结构吊顶。上层的 ETFE 膜结构使得“鸟巢”的钢网格效果更加凸显，并为体育场的场内看台区域和场外的各层观众的集散大厅提供了遮挡风雨的功能。下层的 PTFE 膜结构被称作声学吊顶，除利用 PTFE 膜材的吸声特性改善场内的声学环境之外，在白天因其半透光性使比赛场内有足够的亮度又避免产生强烈的阴影（复杂的清晰阴影会影响转播摄像机的正常工作），平滑过渡的膜面在看台上空形成了一个平滑的、略有弧度的膜结构吊顶，遮挡了钢结构内繁杂的结构构件和设备管线，使观众的注意力能更关注于场内的比赛之中。

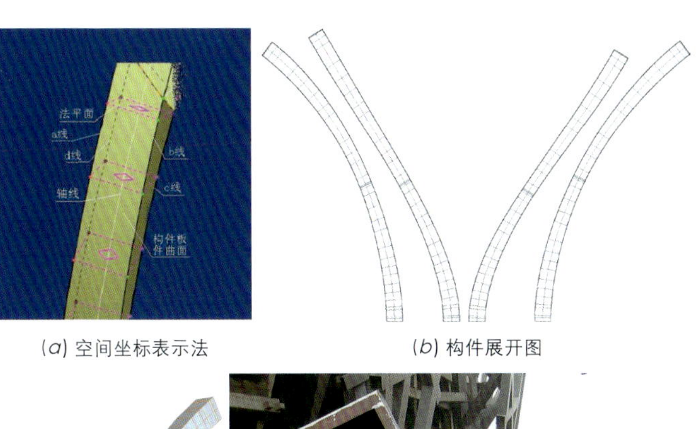

(a) 空间坐标表示法　　(b) 构件展开图

(c) 构件空间模型　　(d) 实体构件

图 2-22　弯扭构件的空间坐标表示法、展开图、空间模型及实体构件

ETFE 膜结构采用 ETFE 膜材，ETFE 的化学名称为乙烯－四氟乙烯共聚物，材料为无色透明，可以在表面印刷不同的花纹图案而得到不同的效果。ETFE 膜材具有良好的耐久性、自洁性和稳定性。ETFE 的熔化温度是 265℃，其工作温度为 -100℃ 到 150℃。国家体育场选用的是 0.25mm 厚、无色透明带印刷点的 ETFE 膜材。PTFE 膜结构采用 PTFE 膜材，PTFE 的化学名称为聚四氟乙烯，涂覆在玻璃纤维基材上。未经过漂白的 PTFE 为浅褐色，经过阳光紫外线的照射逐步变为乳白色。PTFE 也具有优良的耐久性、自洁性和稳定性。PTFE 的熔化温度为 360℃，其工作温度为低于 250℃。国家体育场选用的 PTFE 膜材根据位置的不同，为吊顶区域的吸声膜材和内环立面的防水膜材。经测试，ETFE 膜材和 PTFE 膜材的防火性能均可达到 B1 级，为难燃材料。

ETFE 膜结构被主体钢结构梁分割成大小形状不同的 892 块。膜结构承包商经招标产生以后，依据膜结构公司以往的工程经验，提出了将 ETFE 膜结构由原来的单层拱形结构改为单层平膜结构的方案。在一个建筑中如此大面积的应用单层 ETFE 膜结构，在世界上还是首例。下层 PTFE 膜结构做成独立的单元，悬挂在下层主体钢结构的下侧，并经过一个圆滑的过渡，结束在看台的后边缘。PTFE 独立单元的分隔依据主体钢结构的中心线形成的图案，一共有 846 块。相邻的两个单元之间留有 100mm 的间距，符合国家体育场热舒适度模拟计算结果的要求，对场内的空气流通有一定的组织，又使主体钢结构形成的图案在平滑的 PTFE 声学吊顶上得到体现。上下层膜结构分块图案、设置在膜结构内部的检修马道、和开在吊顶区域及内环立面 PTFE 膜结构上的场地灯光开口都完美地延续了“鸟巢”特有的设计理念。

由于国家体育场 ETFE 膜结构在国内尚无相关的规范和规程可以指导设计和施工，PTFE 膜结构的设计也超出国内规范的范围。因此在国家体育场膜结构招标之初，编制了《国家体育场 ETFE 膜结构技术标准》作为招标工作的指导性文件；并经过不断深化研究与完善，现已经编制完成了由设计联合体作为主编单位的《国家体育场膜结构技术规程》、由施工总包作为主编单位的《国家体育场 ETFE 膜结构施工验收规程》和《国家体育场 PTFE 膜结构施工验收规程》，作为国家体育场膜结构设计的技术指导性文件。

三、建筑、结构、给排水设计高度整和的屋面雨水排水系统

国家体育场的屋面由钢结构和膜结构共同围成大小不等、高低错落的近 900 个不规则分块，分块之间互不连通，相当于 5 万多平方米面积的巨大屋面被分成 900 个相互独立的小屋面。因此经过大量的研究分析，采用了重力排水和虹吸排水相结合的屋面雨水排水系统，这一系统是为“鸟巢”专门研发设计的排水系统，其系统形式被专家评价为“设计巧妙、安全可行”，主要设计理念在全世界范围内为首次采用，不仅与“鸟巢”钢结构无规则的形式和紧凑的建筑空间完好

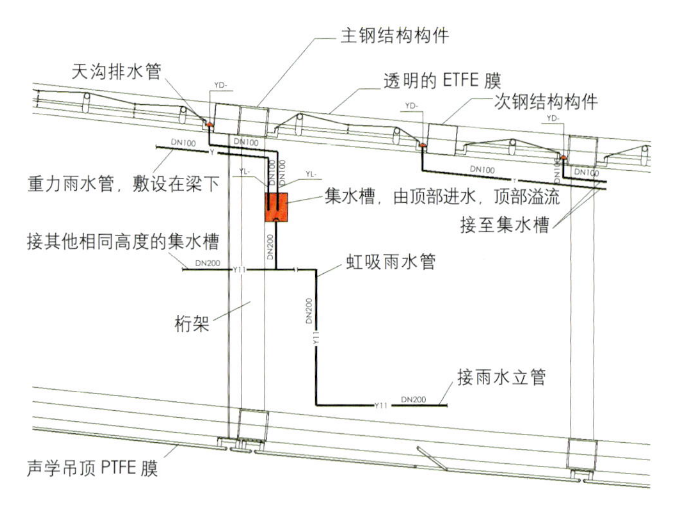

图 2-23　屋面雨水排水系统示意图（重力系统 + 转换集水槽 + 虹吸系统）

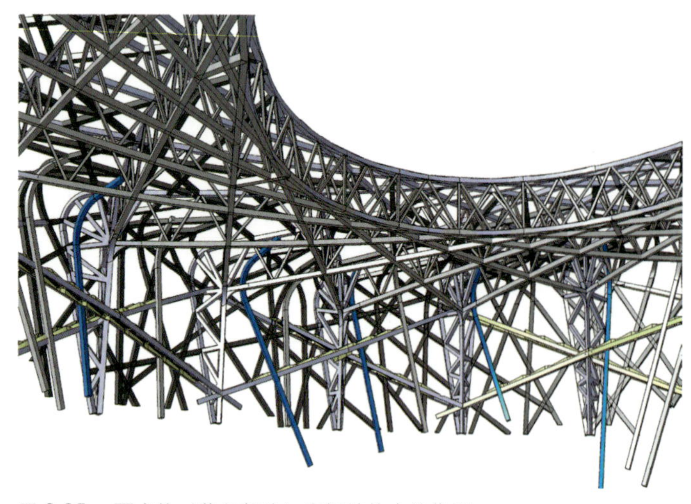
图 2-25　雨水柱（蓝色部分）在钢结构中的位置

图 2-24　屋顶结构悬挂的集水槽

图 2-26　雨水柱在立面大楼梯处转换段节点

整合，使雨水系统成为建筑的一个有机组成部分，而且开创了解决复杂形式屋面雨水排水的新方法。

“鸟巢”的屋面雨水系统分为三部分：重力系统、转换集水槽、虹吸系统（图 2-23）。第一部分是连接每个膜结构分块的系统采用重力排水系统，安全可靠，但近 400 条管道需要由屋顶降落到地面，如此大量的雨水管道在建筑内将无处安置；虹吸系统因管道数量少，适合作为由屋顶降落到地面的排水系统，被作为第三部分；两种系统的排水安全等级不同，需要在两种系统中间特别设计转换部分即第二部分转换水槽（图 2-24），转换水槽不仅连接两种类型的系统，还承担着将超过 100 年一遇的大暴雨超出排水系统能力的部分直接向地面倾泻的任务，确保结构安全。由于屋面造型新颖复杂，屋面雨水系统的设计超出了国家规范规定的范围。在设计研究中，利用空间解析几何理论完成屋顶膜结构集雨面积分析，利用微积分理论完成雨水荷载分析，利用概率理论完成系统失误率计算等等。大量工程数学的应用为雨水系统“安全可行”打下坚实基础。

同时，“鸟巢”的屋面雨水系统设计还体现了与建筑和结构设计理念的充分融合，使雨水系统成为“鸟巢”有机的和重要的组成部分，这是建筑师、给排水工程师、结构工程师协同工作的成果。由屋顶降落到地面的雨水管道最后被特意安置在体育场南北两侧各 7 根钢制的雨水柱内，被戏称为“水柱子”（图 2-25）。每侧的 7 根雨水柱其中 4 根又兼作支撑楼梯的钢柱，并考虑到管道的安装、检修问题特别设计了可打开的转换段节点。（图 2-26）。屋顶内的约 120 个转换水槽的尺寸及布置方向在满足排水需要的同时，特别考虑了与“鸟巢”屋顶钢结构构件的投影对应关系，以避免产生多余的阴影影响建筑效果。

四、基于计算机模拟技术的消防性能化设计和安保疏散

性能化消防设计是应用消防安全工程学方法设计建筑物的消防安全系统，是为建筑量身定制的安全、经济、合理的综合消防设计方案，所以它可以有效地支持设计的创新，并且在提供相同或更高的生命、结构、环境安全度的同时节约造价。因而在性能化消防设计大量应用的国家受到业主和建筑师的广泛欢迎。

国家体育场性能化消防设计采用的工作方式是：建筑师、设备工程师进行详细的安全疏散、烟气控制等的设计，并向性能化消防设计工程师提出设计任务书，明确工程设计的特点，设计中何处规范不能涵盖或严格按规范设计存在何种困难；由性能化消防设计工程师进行模拟分析、校核，提出改进意见。性能化消防设计的设计过程是一个需要专业消防工程师、建筑师及各专业工程师、消防主管部门的建审人员和业主共同参与的互动过程。国家体育场工程设计中进行了性能化消防设计涉及以下几个方面：

1. 0层环形车道及两侧用房区域防火分区设置及防排烟处理；

2. 3层（餐厅）、4层（包厢）防火分区划分；

3. 认定作为半室外空间的集散大厅在局部消防措施条件下的消防安全性；

4. 确认看台区的人员到对应的集散大厅安全区的疏散符合“8分钟原则”；

5. 所有观众从离开座位到抵达建筑主体之外的合理的整体疏散时间及一些特殊部位的消防疏散；

6. 在对钢结构有火灾危险影响的区域采用控制可燃物的方法解决防火问题。

国家体育场还采用了计算机模拟技术对立面大楼梯和基座区的疏散安全性进行了模拟分析并提出相应的对策，以确保不同情况下观众的疏散安全性。

五、热舒适度、风舒适度和声环境研究

（一）热舒适度、风舒适度研究

国家体育场的观众席采用自然通风方式（图2-27）。为了保证自然通风方式能够满足观众区热安全的要求及确定合适的开口位置，在建立国家体育场物理模型的基础上，运用计算流体力学（CFD）模拟的手段，对其在夏季典型条件下观众区和比赛区的自然通风效果（气流速度和温度）进行了模拟分析，得到各处的温度、速度等相关的数值模拟结果，给出典型断面和水平面的温度分布图、速度分布图；并对以上计算结果采用热安全性和热舒适性两种不同的评价指标进行分析，根据观众区和比赛区的不同需求、对体育场内人员分布的特点以及两个区域的不同关注程度，对国家体育场自然通风的效果进行综合评价，主要考虑自然通风下形成的气流组织是否分别满足了观众区和比赛区的不同需求和人员的舒适性。从人员的热安全和热舒适两个不同角度对自然通风气流组织进行评价，并根据评价结果提出了对现有设计是否进行调整以及调整建议——如调整PTFE膜结构吊顶分块间隙宽度（图2-28）、通风口的数量位置及气流组织等。综合温度、风速、湿度、人员特性、人员分布、关注程度等各个因素，最终的国家体育场设计自然通风效果较好，能满足各项要求。

（二）声环境研究

场内的声学环境的质量好坏是体育场成功与否的关键性因素之一，目前国家体育场设计中声环境的主要指标——语

图2-27　完全通透的立面和屋顶开口形成巨大的自然通风系统

图2-28　根据CFD模拟调整PTFE膜板块单元之间缝隙宽度以利于通风

言清晰度指数（RASTI）达到 0.60，这一指标在国内相似的体育建筑中已经处于领先的地位。为了达到这一设计目标，声学设计采取提高语言清晰度、控制混响时间、控制声缺陷和噪声，合理选择扬声器方案，做到建声设计和电声设计相配合。运用声学软件 ODEON 建立已建成体育场的计算机模型并进行模拟计算，通过计算机模拟，得出语言清晰度设计值，并进行实测研究。通过对建声与电声、语言清晰度指标的设计值和实测值以及 PTFE 膜结构材料特性的研究，创造良好的室内声环境。在实施过程中对将对所使用的材料、设备按照设计要求进行控制，还需要在建成之后对体育场场内的声学环境进行实测，再根据实测的数据进行必要的调整，使最终到达最佳的声学环境，更好地满足比赛要求和营造良好的观赛气氛。

六、国际化与中国文化相结合的标识系统

随着现代体育建筑的发展，体育场设计的难度越来越大，仅仅提供比赛场地、看台座席以及餐饮设施已经不能满足人们的需求，为了吸引更多的观众，现代体育场必须能够提供体育比赛以外的娱乐消遣，同时，必须更加舒适、更加便利。在这方面，标识设计的作用日益重要。而在我国，体育场标识设计的发展尚处在起步阶段。国家体育场的标识设计作为建筑设计的一个重要组成部分，与建筑设计同期进行，由建筑师与平面设计师合作完成。为了模拟国家体育场建成后的空间效果，标识设计采用了由 CATIA 软件建造的国家体育场计算机三维模型作为辅助设计工具，研究和确定标识的位置和视觉效果。具体设计要点包括：分区原则及入口、看台、排、座的编号、主要导向点位置、标识分级及标识字体、标志图案、标识配色、房门标识以及门票、广告、大屏幕、体育场参观游览等内容，重点在于标识的位置和标识信息的明确程度和体育场标识设计与体育场建筑设计相统一，以及国际化标识系统与中国文化的结合。国家体育场独特的国际化与中国文化相结合的完备的标识系统，是“鸟巢”设计理念的完善和延伸。

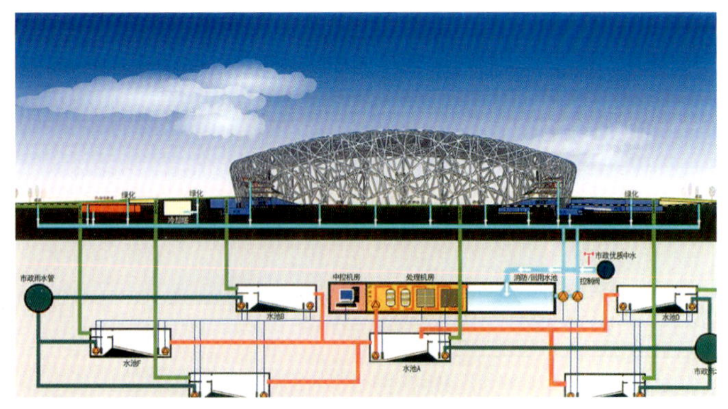

图 2-29　雨洪利用系统示意图

图 2-30　地源热泵施工现场

七、绿色奥运项目（雨洪利用、地源热泵、太阳能利用等）

（一）雨洪利用

国家体育场的雨洪利用分为雨水收集、处理、回用三个主要部分。经过收集、处理后的雨水应用于比赛场地草坪灌溉、空调水冷却、冲厕、绿化、消防等 9 类用途，与市政优质中水共同组成国家体育场的回用水系统。国家体育场用地范围内的雨水由 6 座总容积 12000m^3 的水池完成收集（图 2-29），使 2 年以上一遇的降雨不外排，是目前国内外最大型的雨水收集设施。经深度处理制成洁净健康的水后回用，平均每年节约水资源近 6 万吨，规模相当于小型的水处理厂，先进的自动控制系统可使雨水处理在全自动状态下运行，为目前世界范围内建筑雨水深度处理回用规模最大、技术最先进的雨洪利用系统。

（二）地源热泵

国家体育场中的足球场地面积约为 8000m^2 左右，为地源热泵系统提供了充足的埋管空间。地源热泵是一种使用可再生能源、节能、环保的系统，通过地埋换热管冬季吸收土壤中蕴含的热量，为建筑物供热；夏季吸收土壤中存贮的冷量向建筑物供冷。经过计算可埋管区域，并根据满足赛时、赛后部分负荷运行以及蓄冰时作为基载主机的负荷要求，确定地源热泵的装机容量。这样既减少了部分负荷运行时的能耗，又充分利用可再生能源，积极响应“绿色奥运”和“科技奥运”的理念（图 2-30）。

（三）100kW太阳能光伏发电技术的研究和应用

太阳能属清洁能源，减少对地球资源的使用和破坏，对大气没有废气排放，保护地球，保护环境，造福人类，造福子孙，该项目具有很重要的现实意义，社会效益十分巨大。国家体育场设计中采用的100kW太阳能光伏发电技术，具有创新性地应用光照仿真技术，对太阳能光伏发电应用场所进行分析，达到经济性、可靠性、科学性相统一；实现自切自复控制；太阳能光伏系统附有计算机监控系统，能与变电所智能监控系统联网，实现数据双向传输。其技术特点是：①太阳能电池板主要布置在围绕体育场周边安检围栏上的东、西、南三个方向的安检棚上，与安检棚金属屋面融为一体，美观大方；②并网系统，无储能装置，节约成本，效率高，无污染（无蓄电池二次污染）；③没有玻璃，耐冲击，不易损坏；④阴影对发电影响小，散热好，耐高温，温度对发电量影响小；⑤防孤岛效应设计，当市网失压时，将光伏系统与市网断开。

第四节　新方法

国家体育场设计中的独特理念和建筑空间与形体语言、运用的多种新材料和新技术以及堪称世界级大工程所具有的前所未有的挑战性与复杂性，决定了必须采用不同于以往的、新的设计方法和新的组织管理方法等，才能出色地完成设计任务。

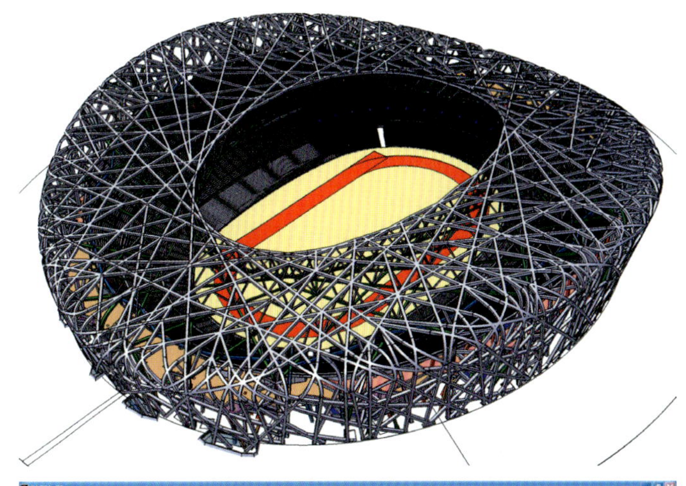

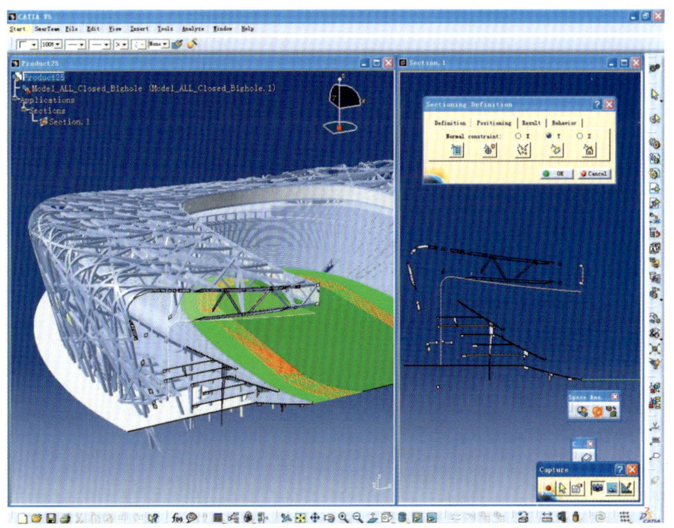

图2-31　国家体育场CATIA模型

一、基于CATIA空间模型的三维设计方法与表达

CATIA V5是一款高端的CAD/CAM软件，它提供了完善的、无缝的集成环境，是在汽车、航空、航天领域占有统治地位的设计软件。CATIA的优点在于其强大的造型功能、方便的三维察看功能、自动生成二维图、强效复制功能、信息追踪功能、完整的项目综合管理能力等。国家体育场建筑空间、造型复杂，独特的“鸟巢”结构由大量不规则的空间扭曲构件“编织”而成，传统的二维几何设计、定位和相应的图纸表达方法几乎无法完成设计任务，因此，可在三维空间模型中实现精确设计、定位的CATIA V5 R13软件被引入国家体育场的设计之中，以解决复杂建筑的空间建模问题，在此之前，国内尚无在建筑行业采用CATIA的先例。

CATIA软件功能强大，对使用的要求很高，建模工作由建筑师与结构工程师在高配置电脑中共同完成（图2-31）。这是CATIA软件首次在我国建筑工程中应用并成功地解决了复杂空间结构、扭曲构件与特殊节点建模问题。建筑师利用这一精确的模型推敲空间效果、使用功能和细节设计甚至标识设计（图2-32、图2-33、图2-34）；结构工程师利用这一模型进行计算，并将所有的柱梁分段精确定位，用空间坐标表示法绘制成施工图纸（图2-35）；设备工程师甚至还可利用模型进行关键设备的精确分析和定位。事实上这一过程完全颠覆了传统的设计方法。CATIA软件及其高精度模型在国家体育场设计中发挥了前所未有的、不可替代的重要作用。

二、空前复杂的项目设计组织与管理系统

国家体育场称得上是一项前无古人的世界级大工程，许多设计和施工等方面的关键设计和技术难点所具备的挑战性和复杂性超乎想象；同时，作为国家级重点工程，是我国首次举办奥运会的主体育场，是展现新世纪国力和自信心的标志性建筑，为世界瞩目。责任重大、工期紧迫，既要保证符合安全、质量、功能、工期、造价等各方面要求，又要保证“鸟巢”最初的设计理念在整个设计和实施过程中贯彻始终；

图 2-32　CATIA 模型用于空间节点设计与实际施工情况对比——外立面

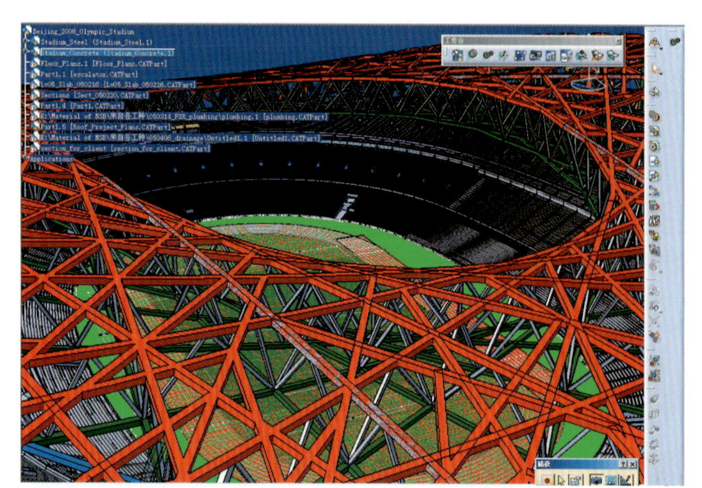

图 2-34　CATIA 模型在空间、细节设计与实际施工情况对比——屋顶

图 2-33　CATIA 模型在空间、细节设计与实际施工情况对比——立面大楼梯

另外，由于关注和参与方面众多——政府、业主、设计、科研、监理、施工总包、各专业分包、材料及产品厂家等等，使得国家体育场工程上下游关系相互牵连影响、错综复杂。这都对国家体育场的项目设计组织和管理提出了严峻挑战和要求。

面对国家体育场设计的空前复杂和难度状况，设计联合体从设计开始就明确设定了针对性的、特别的项目管理和组织策略。首先，与其它国内常见中外合作设计项目外方做方案、中方做施工图的各自分块的方式不同，国家体育场设计联合体采取了全过程的、紧密合作的方式，并取得了成功和成效。在概念设计竞赛阶段，中方选派主持建筑师长驻瑞士巴塞尔，与瑞士建筑师、英国工程师共同工作，发展、完成概念竞赛方案；在方案设计、初步设计、施工图设计乃至施工配合阶段，瑞士建筑师和英国工程师则长驻中国北京，与中国建筑师、工程师协同工作，以各自不同的角色和作用共同完成全部设计和施工配合。事实证明，这样的全过程紧密合作方式对于全面发挥设计联合体各方的重要作用、确保“鸟巢”最初的设计理念在整个设计和实施过程中的完美实现起

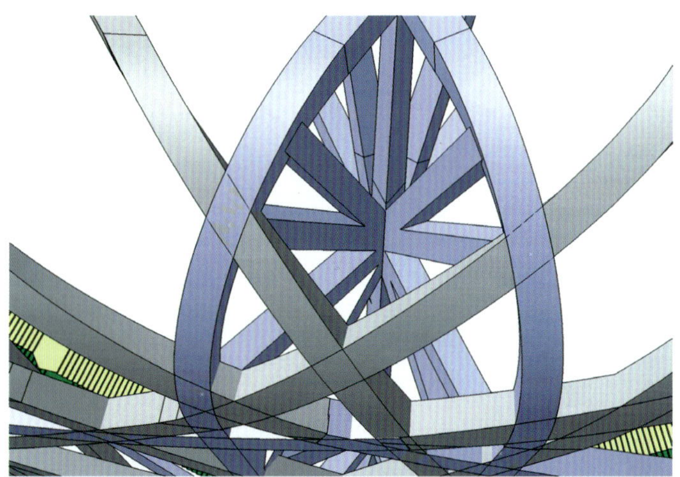

图 2-35　CATIA 模型在空间、细节设计与实际施工情况对比——主桁架柱

到重要的、不可替代的作用，联合体各方在共同工作过程中克服了文化背景、思维方式、工作方法、管理模式等方面的差异，成功地进行了合作，并相互学习、取长补短，中方学到先进的设计和管理方法、外方获得宝贵的中国工作经验，各自收获颇丰，也建立了深厚的感情。其次，不同的设计阶段确立不同的设计联合体成员担任领导方、其他成员担任协作方，并明确各方在各阶段针对各设计分项的详细工作分工（一方为负责方，另两方为协作方），以设计联合体内部协议的方式确定下来。领导方负责代表和领导设计联合体对外的汇报、谈判、协作和配合，对内的设计合作组织、管理、控制和在充分讨论后对重大问题做出决定；协作方完成自己分担的具体工作并协助领导方完成设计联合体各项工作。第三，设计联合体各方均设立负责管理的项目经理和负责设计的项目经理/设计总负责人，负责对各自团队进行有效的设计组织和管理，负责人员配备、进度计划、设计控制，并对口进行对设计联合体内外的沟通和联系，担任领导方的设计联合体成员的项目经理和设计总负责人承担着更大的责任，同时也拥有较大的权利。第四，国家体育场工程设计除一般工程中常见的总图、建筑、结构、给排水、暖通空调、电气、弱电通信、经济等专业外，又根据本工程的特殊情况，增设了景观、燃气、体育工艺等专业，建筑专业又分设地下、地上、屋顶及膜结构、体育工艺和三维设计等分项负责人，结构专业又分设钢结构和混凝土结构两专业并分设负责人，结合设计分包设混凝土预制构件、厨房工艺等专业，再加上 Herzog & de Meurn 建筑师、Arup 工程师以及钢结构加工设计方、膜结构加工设计方，设计分项配合专业多达 20 余种，使得各项设计分工细化明确，利于各负其责、提高设计深度和水平，但同时也加大了设计组织配合、协调管理的难度和复杂性。为此，设计联合体配备了远程传输的国际电视电话会议系统，建立了专用网络服务器（Ftp Server）在设计联合体之间传输配合文件，采用了外部引用的通用 CAD 绘图方式，还制订了详细的、采用国际化格式的、包含有关各方各分项专业的设计进度配合计划，建立了不同主题的周设计例会制度（业主例会、中建院专业例会、膜结构例会等）。上述措施有效地推动了设计进程，提高了设计质量，确保了设计里程碑的实现。

最后，特别值得一提的是中国建筑设计研究院作为国家体育场工程中发挥重大和关键作用的设计联合体成员，面对本院历史性的重大工程，配备了空前强大的设计团队：设立以主管设计副院长为总指挥的国家体育场设计总指挥部，指挥协调设计管理工作；以负责主管经营的副院长/院长助理担任项目经理、以院副总建筑师、设计方案中方主持建筑师担任设计总负责人，并设副设计总负责人，共同全面具体负责设计管理、控制、协调设计工作，并配备设计主持人助理；以院副总工、主任建筑师/工程师等技术骨干担任各专业负责人，并设副专业负责人负责各专业技术设计、配合工作；各专业均由院总、所总担任审定、审核人；各专业均抽调设计能力较强、有较多设计经验的建筑师、工程师担任设计人。中国建筑设计研究院国家体育场项目设计团队总人数达到近百人，进行密切的国际设计合作，而鉴于紧张的工期，国家体育场采取分批连续出图/审查/修改的方式，设计里程碑一个紧接一个，却能做到同心同德、协同配合，按时、高效、高质、高量完成了艰巨的设计任务，确保了施工进程，不能不有赖于出色的组织管理和良好的人员素质。

越是复杂和具有挑战性的建筑工程，越需要合理、有效、有力的项目组织和管理控制。国家体育场设计中所采用的先进、周密、合理、高效、专业、国际化的项目设计组织和管理方法，确保了这一具有空前复杂性和挑战性的工程的顺利实施。

第五节 结语

国家体育场国际设计竞赛评审委员会在评价国家体育场"鸟巢"方案时指出："建筑的历史是由一条创新的道路筑成的，而这一方案表现出建筑历史不断向前、推动性的革命性的发展，从任何意义上讲，都将提供一种对21世纪中国与世界建筑发展进程的见证"，"为一个新的地段，为北京正在发展的地区，输入了一种新的建筑语汇，为今后建筑的发展开辟了一种可能性"。

国家体育场于2008年6月28日竣工，"鸟巢"的真实形象正式完整呈现。它是当代先进的建筑设计理念、新技术、新材料、新方法和中国的优秀文化、观念、人才、技术、国力的成功结合和展现，体现了科技奥运、绿色奥运、人文奥运的主题，中外设计、科研、施工、管理等各方面人员付出了巨大的代价和努力，并通过这一建设项目多个重要关键技术难题的创造性解决，使中国建筑业在很多方面取得了宝贵的经验、能力和突破性的进展，为中国建筑早日跻身国际先进水平作出了重大贡献。

国家体育场作为2008年第29届奥林匹克运动会的主体育场，以独特的形象迎接了来自中国和世界四面八方的宾客和运动员，并分别在这里成功举行奥运会、残奥会的开闭幕式及完成所有预定赛事，完美地亮相于世人面前，成为奥林匹克运动留给北京的宝贵遗产和城市建设的亮点；它也必将以代表一个时代的、人类的宏伟建筑作品被载入中国建筑史和世界建筑史、奥运史（图2-36）。

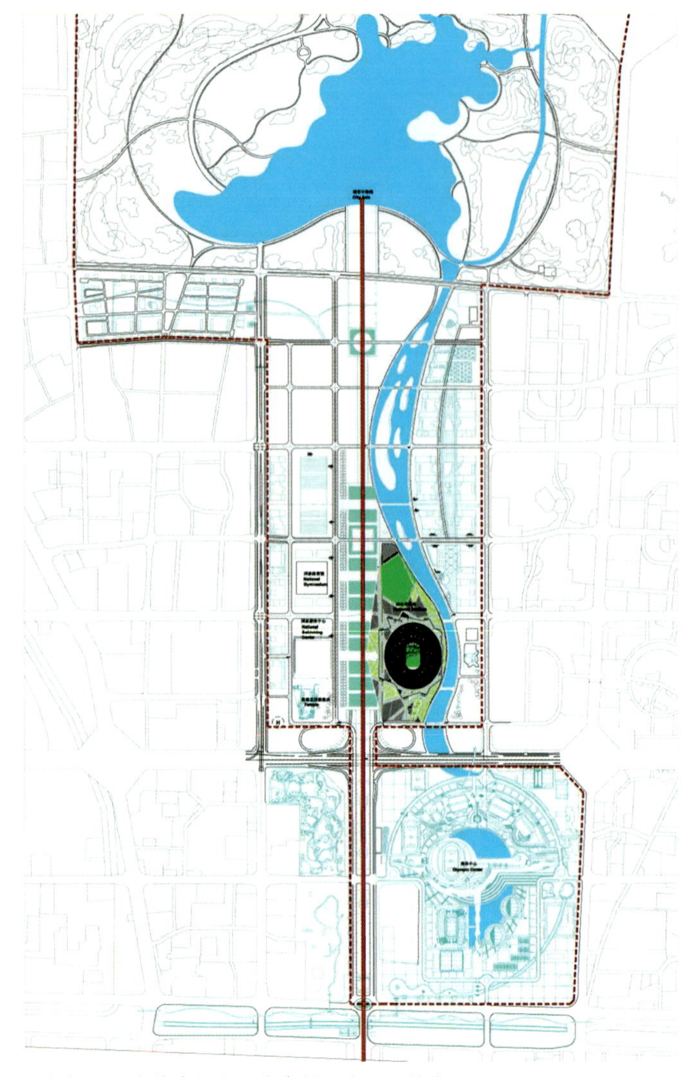

图2-36 国家体育场在北京奥林匹克公园的位置

第三章 设计内容

第一节 规划布局与交通组织

一、规划布局

国家体育场位于奥林匹克中心区内，规划容纳观众规模赛时为100000人（瘦身后调整为91000人），赛后为80000人，南邻南一路、西邻中轴路、北邻成府路、东邻湖边西路。依据奥林匹克中心区规划，在国家体育场西侧地下，规划有规模为1500辆的社会停车场。国家体育场停车场分为4层，分别为零层夹层、零层、负一层夹层和负一层，规模为1000辆，其中赛时安排要员（VVIP）停车泊位635个，其余为贵宾（VIP）车辆。社会停车场紧靠国家体育场停车场西侧，两停车场相互连通，共用出入口与城市道路衔接。根据原规划方案，北侧出入口与成府路连接为单车道入、单车道出；西南侧出入口与北四环路辅路连接为双车道入、双车道出；东北侧出入口与北辰东路连接为双车道（根据市政要求，此出入口在赛时可实行交通管制：入场时为双进，散场时为双出）。如此，入场和散场时，共有三个方向五个车道供使用。

在国家体育场内部及其西侧地下修建共用社会停车场为本项目的特色，在国外奥林匹克主会场和超大型体育场均无此类先例。此外，国家体育场停车场位于国家体育场西侧、国家体育场红线内，社会停车场位于国家体育场红线外侧、为社会招标项目。

二、交通组织

国家体育场交通组织设计包含交通影响评价和观众疏散设计两部分。交通影响评价是对国家体育场机动车的进出场的分析及对周边道路交通的影响情况分析；观众人流模拟设计则是对观众的入场和疏散的分析。

（一）交通影响评价的内容：

1. 要员车辆的入场和疏散分析。分析要员车辆的入场和疏散行进线路，停车、调车、疏散候车车位以及疏散时间。

2. 公共交通方式的入场组织和散场疏散分析。按照《奥运交通规划》的研究成果，从国家体育场容纳的总观众数中，划分出公共交通方式（包括地铁、公交车）的分担交通量，分析人员的入场、散场线路，并根据运输能力和需求的平衡关系，概算疏散时间。

3. 模拟计算分析。利用软件模拟计算，在出口衔接处道路结构和交通状况约束下，国家体育场散场时体育场停车场和社会停车场车辆的出口布局、交通流组织及疏散效果，提供各出口的疏散车辆数，给出停车场出口及车道数的优化方案。疏散效果考虑奥运会比赛时（以下简称“赛时”）车辆的疏散和奥运会比赛后的大型体育比赛（以下简称“赛后”）后车辆的疏散以及奥运会比赛后的平时（以下简称“赛后平时”）三种情况分别研究。出口衔接处道路交通状况依据《奥运交通规划》项目研究结果。

4. 其他交通方式的疏散分析。与上述第2点相同，划分出出租车、自行车和行人等交通方式的分担交通量，根据运输能力和需求的平衡关系，求出疏散时间。

（二）要员车辆的入场和疏散分析

在国家体育场项目，要员指参加奥运会及大型活动的中外国家领导人、奥运主要官员和外国使节等重要人员。在车辆疏散顺序上，原则上是要员车辆优先，待要员车辆疏散完毕之后，再疏散其他车辆。

要员停车位：国家体育场的停车场布置在负一层、负一层夹层和零层区域。国家体育场看台安排约500个要员座席，设计方案中配备了635个停车位，折合每位要员1.27个停车位。赛后安排了236个要员停车位。

要员车辆入场：入场时为要员车辆经过北侧成府路入口和南侧北四环路入口，所有车辆均是先从两入口进入地下通道，然后上至要员车辆停车场。

要员车辆散场疏散：要员车辆散场时分三个流线，其一是通往北侧成府路出口；其二是通过体育场北侧坡道疏散至北辰东路；其三是利用国家体育场的内部环路，通过西南侧通道疏散至北四环出口。三条疏散流线均需要车辆从停车场先进入地下通道，与社会停车场车辆共用一段车道后上至地上。

要员车辆散场疏散时间：为了保证要员和贵宾的安全，要求对其车辆实施提前、单独疏散，因此要员的上车点数（能同时上车的车辆停靠点数）和疏散时间对于这些人员本身的疏散和其他观众车辆的散场均非常重要。根据设计条件，在零层安排了 11 个上车点；负一层和负一层夹层各安排了 5 个上车点。

（三）人员入场和疏散分析

根据《奥运交通规划》中给定的赛时和赛后的交通方式划分比例，在分析国家体育场公交设施的供需的基础上，以方式之间协调、避免互相干扰和“以人为本”的基本理念，给出各自的交通流线和疏散时间。

1. 公交场站规划

大容量公交车站间距 1000~1500m。公交站采用靠边停车，站位长 40m，停靠 1 辆车。普通公交站间距基本为 400~500m。公交站一般采用港湾式，站位长 40~60m，可停靠 3~4 辆公交车，中心区设置两处公交场为公交起终场站，分别位于大屯路和北辰西路。大屯公交场站面积占地约为 5000m^2，北辰西路公交场占地约为 4000m^2。

2. 公交网络

规划中，城区大容量快线将承担望京等东部地区与中关村等西部地区的过境交通，及北部清河、北苑和回龙观居住区与南部城区的过境交通。东西方向在保留北四环路公交线路的基础上，增加了辛店村路作为大容量快线。南北方向在北辰西路的大屯路以北路段，结合公交起终点站设置大容量快线。

市区大容量快线运量可达 15000~20000 人 /1 条线小时，车速约为 25km/h，路口的交通信号优先快线通过。预计中心区大约 20% 的乘公交的人（3400 人 / 高峰小时）乘大容量快线。

普通公交：普通公交大约承担 13600 人 / 高峰小时，按每辆车 40 人，共需公交车 340 辆。东西方向在辛店村路、运动员村路、大屯路、成府路、南一路和北四环路布置普通公交线路。南北方向在北辰东路、北辰西路和白庙村路布置普通公交线路。

3. 轨道交通

奥林匹克公园周边有三条轨道交通线：5 号线、10 号线、奥运支线。

奥运支线属于北京市轨道交通线网中的 8 号线的一部分，起点为熊猫环岛，沿北中轴路中间绿化带和奥林匹克公园中轴线向北，穿过北四环路、成府路、大屯路、辛店村路后，终点设在规划森林公园南门，线路全长 4.5km，全部为地下线路。线路拟设双联络线与地铁 10 号线在安立路接轨。奥运会期间奥运支线与地铁 10 号线接轨贯通运营，全线设 4 座车站，分别为熊猫环岛站、奥体中心站、奥林匹克公园站、森林公园站。其中，在四环路以北的奥运公园内设两个站，分别是奥林匹克公园站和森林公园站。

地铁 5 号线为贯通北京城区南北方向的干线。线路北起北苑太平庄，途经立水桥、安慧北里、雍和宫、东单、崇文门、红桥、刘家窑，南至丰台区宋家庄，线路长度为 27.6km，共设 22 座车站，其中 10 座为换乘站。

地铁 10 号线由西北至东南、为轨道交通半环线。线路起点在海淀区的蓝靛厂，途经海淀南路、知春路、熊猫环岛、太阳宫、燕莎商城、团结湖、国贸、劲松、十里河，南至丰台区宋家庄，线路长度为 32.7km，共设 23 座车站，其中 15 座为换乘站。

至 2008 年，上述三条轨道交通线的单向小时运输能力：5 号线为 2.8 万人次 / 小时；10 号线为 2.8 万人次 / 小时（远期 4.22 万人次）；奥运支线为 2.8 万人次 / 小时，在超员情况下，可 4 万人次 / 小时。

4. 人员入场流线

除要员、贵宾和赛后的普通车辆等外，其余人员沿室外缓坡从地面步行进入国家体育场观看比赛，在体育场的周边分别设置了 12 处验票口供入场观众使用。人员与机动车流线分离无交叉，可以保证步行者的安全，符合“以人为本”的原则。

5. 人员散场流线

除要员、贵宾和赛后的普通车辆等外，其余人员沿室外缓坡步行至相应的交通节点离开。散场时无需考虑安全检查问题。

6. 疏散方案比选

由于国家体育场在赛时和赛后的使用功能和使用模式存在一定的差异，人员疏散方案按照赛时人员的疏散和赛后人员的疏散进行区分。

根据要求，将各种交通方式进行组合，依据不同交通方式所占比例形成了四种方案：

不同方案下各种交通方式所占比例　　表 3-1

交通方式	方案一	方案二	方案三	方案四
地铁	30%	58%	48%	32%
公交	25%	36%	46%	62%
其他	45%	6%	6%	6%

（1）赛时国家体育场人员的疏散

按照各种方案的交通方式比例，赛时需疏散人数如表 3-2 所示：

赛时不同方案下各种
交通方式疏散人数（人）　　表 3-2

交通方式	方案一	方案二	方案三	方案四
地铁	30000	58000	48000	32000
公交	25000	36000	46000	62000
其他	45000	6000	6000	6000

注：此人数依据初步设计修改前的赛时满场 10 万人进行计算。

赛时地铁和公交单位小时的运输能力：

2008 年，奥林匹克公园地区周围的三条轨道交通线路单向小时正常运输能力均为 2.8 万人次 / 小时，奥运支线按照单向能力计算；考虑到地铁 5 号线距国家体育场的距离等，按照双向能力的 50% 计算；对于地铁 10 号线，由于奥运支线的运行将占据一个方向，因此其能力按照单向计算。这样，3 条轨道交通线路的运输能力为：奥运支线单向 2.8 万人次 / 小时 +0.5 × 5 号线双向 5.6 万人次 / 小时 +10 号线单向 2.8 万人次 / 小时 =8.4 万人次 / 小时。

国家体育场附近还规划有 2 条大容量快运线路，主要有北四环路快运线路和北辰西路北部快运线路，暂将每条线路上定为一条快运线，根据每条运量 20000 人 /1 条线小时的标准，两条快运线的总运量 40000 人 / 小时；普通公交的运输能力大约为 13600 人 / 高峰小时。公交线路总的运量为 53600 辆 / 小时。

赛时的疏散时间计算：

根据地铁和公交单位小时的运输能力，计算出不同方案下各种交通方式所需要的疏散时间，如表 3-3 所示：

赛时不同方案下各种
交通方式疏散时间（min）　　表 3-3

	方案一	方案二	方案三	方案四
地铁	20	40	35	25
公交	30	40	50	70
其他	42	20	20	20

由上表可以看出：在方案二的地铁所占比例增加至 58%，在正常运输能力范围内（不超载），其疏散时间为 40 分钟，属于可接受范围之内，地铁运量能够满足赛时人群疏散需求。公交线路相对来说运输能力偏小，方案二中当其所占比例为 36% 时，疏散时间就会达到 40 分钟，而方案四中当其所占比例达到 69% 时，疏散所需时间即增加为 70 分钟。

方案一中，由于地铁和公交所占比例要远远小于其他方案，因此其疏散时间最少，但是在此方案下，其他交通方式所占比例增大，会增加小汽车出行，从而对道路造成一定的压力。

方案二中，地铁和公交疏散时间均在 40 分钟左右，基本能够达到人们的接受水平。

方案三中，地铁的疏散时间减少至约 35 分钟，可以达到人们的满意水平。但是公交疏散时间增加为约 50 分钟，会使人们的满意度下降。

方案四中，公交所占比例较高，为 69%，要使其降低至 40 分钟以内，实施起来比较困难。

根据普通公交调度车站的配备情况，可知公交站被配备于国家体育场的东侧和东南侧各两个调度站，再按照给定的普通公交的运输能力（13600 人 / 小时），可以计算通往两个调度站的通道（湖上两座桥梁）人员通行量为 6800 人 / 小时。对于此种需求，一般的桥面宽度均能满足。

总体看，方案二的疏散时间比较平衡。

（2）赛后国家体育场人员的疏散

按照各种方案的交通方式比例，赛后疏散人数如表 3-4 所示：

不同方案下各种交通
方式疏散人数（人）　　表 3-4

	方案一	方案二	方案三	方案四
地铁	24000	46400	38400	25600
公交	20000	28800	36800	49600
其他	36000	4800	4800	4800

注：此人数依据赛后满场 8 万人进行计算。

赛后地铁和公交单位小时的运输能力：

根据规划，到 2010 年时，奥林匹克公园地区周围的 3 条轨道交通线路单向运输能力分别为：5 号线 2.8 万人次 / 小时；10 号线 4.22 万人次 / 小时；奥运支线超载情况下为 4 万人次 / 小时。轨道交通线总的运输能力为 9.82 万人次 / 小时。

在国家体育场附近还规划有 2 条大容量快运线路，主要有北四环路快运线路和北辰西路北部快运线路，暂将每条线路上定为一条快运线，根据每条运量 20000 人 /1 条线小时的标准，两条快运线的总运量 40000 人 / 小时；普通公交的运输能力大约为 13600 人 / 高峰小时。公交线路总的运量为 53600 辆 / 小时。

赛时的疏散时间计算：

根据地铁和公交单位小时的运输能力，计算出不同方案下各种交通方式所需要的疏散时间，表 3-5：

赛后不同方案下各种交通方式疏散时间（min）　　表 3-5

	方案一	方案二	方案三	方案四
地铁	15	30	25	20
公交	25	35	40	60
其他	42	10	10	10

由上表可以看出，由于远期规划中，部分地铁线路运输能力的增加，使得其疏散时间也大大减少。四种方案的疏散时间均不超过 30 分钟，属于人们满意的范围，地铁运量能够满足赛时人群疏散需求。但是常规公交线路相对来说运输能力偏小，并且随着采用公交的比例的加大，疏散时间逐步增大，最大为 60 分钟（方案四）。

方案一中，由于地铁和常规公交所占比例要远远小于其他方案，因此其疏散时间最少，但是在此方案下，其他交通方式所占比例增大，会增加小汽车出行，从而对道路造成一定的压力，最长疏散时间为出租车的 42 分钟。

方案二、三、四中，地铁的疏散时间 30 分钟以内，基本能够达到人们的期望，按照规划的常规公交运输能力，疏散时间最长者为方案三的 40 分钟。

总体看，方案二的疏散时间比较平衡。

7. 其他交通方式分析

《奥林匹克公园控制性详细规划》中，规划了奥林匹克公园内部及周边的出租车停车点。2010 年出租车出行占总出行量的 13%，停靠站 47 个，各停靠站可以停靠 2~3 辆车，候车区可以停靠 10~20 辆车。

对于自行车停车，《奥林匹克公园控制性详细规划》中设置为地面停车。在地铁奥林匹克公园站和奥林匹克森林公园站出入口设置自行车停车场，并在大型赛事活动时，安排了最大可容纳 8000 个车位的自行车停车场。

表 3-5 表示各种交通方式所需疏散的人数中，各方案的其他（出租车和自行车）交通方式的疏散人员分别为方案一 45000 人（45%），其他方案均为 6000 人（6%）。对于出租车，按照每辆车乘坐 3 名乘客、发车间隔为 10 秒并且供给充足计算，那么 47 个停靠站的运输能力约为 50000 人 / 时。

对于方案二、三、四，由于交通需求为 6000 人，规划的最大 8000 个自行车停车车位和 47 个出租车停靠站的运输能力，可知均不存在问题。对于方案一，假定地铁奥林匹克公园站和奥林匹克森林公园站出入口自行车停车场各具存放 1000 辆自行车的规模，那么，出租车的运输需求为 35000 人，疏散时间约为 45 分钟。

（四）停车场机动车入场和疏散分析

停车场机动车入场的分析采用计算机软件进行仿真模拟。考虑到停车场机动车的疏散特殊性，本工程将采用直观视觉效果好的计算机微观模拟计算分析的方法。

1. 交通仿真软件简介

交通仿真是运用交通流理论和现代计算机技术再现或表现实际交通系统的特性、分析预见交通系统在各种设定条件下的运行结果，以寻求获得交通问题有效方案的科学手段之一，也是评价运输设施各类运用设计方案效果、避免规划与设计失误的有效方法。该方法近年发展迅速，在智能交通系统、交通管制方案等效果评价中发挥着越来越大的作用。

目前国内外广泛使用的交通仿真软件系统有：TRANSIMS、INTEGRATION、CORSIM、VISSIM 等。它们的共同特点是：均已得到较广泛的应用，能提供良好、完备的技术支持和培训；实现了商业化；应用平台门槛低，支持 Windows 系统和 UNIX 系统；具有友好的图形化界面，结果可实现动画演示。同时，各系统又拥有各自的特点。考虑到本项目的具体情况，结合软件的特点、在国内的应用以及北京交通大学城市交通研究所实验室设备储备等情况，这里主要采用 VISSIM 软件进行模拟，同时应用 INTEGRATION 软件进行比较分析验证，以保证结论的合理性。

INTEGRATION 软件为混合使用了单车和宏观的交通流理论，属于准微观模型软件。INTEGRATION 中跟车模型的算法采用运动学模型，单车的速度是基于自由流、达到通行能力、拥挤时的宏观交通流参数。INTEGRATION 能使沿路段的交通流密度连续变化，可以模拟车队的消散。它使用 5 种驾驶员类型来模拟实时交通条件下的行为，模型能在路网上以 0.1s 的步长再现跟车、变换车道、可接受车间距等行为。可以用动态 OD 进行高速公路、合流、分流、交织、瓶颈的分析。INTEGRATION 提供了详细的驾驶员（或车辆）行为模拟，能够评价路径诱导系统的有效性，匝道控制和信号控制策略的影响，事故的模拟等。该模型可以用于交通控制、路径诱导、分配、可变信息标志等，用户可以修改模型参数。它的弱点是不能进行多路径分配、且只能以二维形式向用户显示车流行驶情况。

VISSIM 软件是一个离散的、随机的、以 0.1s 为步长，可以在以公共交通和多模型交通为重点的城市地区模拟交通行为的微观模拟模型软件。车辆的纵向运动采用了心理—生理跟车模型，横向运动（车道变换）采用了基于规则的算法。不同驾驶员行为的模拟分为保守型和冒险型。VISSIM 提供了良好的人机对话图形化的界面，用二维或三维动画向用户直观显示车辆的运行状况，运用动态交通流分配进行路径选择，并能生成离线文件，这些文件可收集诸如延误、排队长度、车道变化以及公共汽车等待时间等统计数据。VISSIM 能够模拟许多城市内和非城市内的交通状况，特别适合模拟各种城市交通控制系统，主要应用在收费设施的分析，匝道控制运营分析，由车辆激发的信号控制的设计、检验、评价，公交优先方案的通行能力分析和检验，路径诱导和可变信息标志的影响分析等方面。

2. 前提条件的整理

（1）车场地块的 OD 分布比例

根据交通需求预测模型预测，国家体育场的车辆 OD 呈表 3-6 所示散场方向分布。考虑到东侧出口连接北辰东路，并且北辰东路为主要疏散道路的功能，模拟计算时，除规定其承担流向东侧的疏散车流外，还承担部分流向南侧（27%）车辆疏散的任务。同时，西南侧出口承担流向西侧（41%）和南侧（32%）车辆的疏散、西侧出口承担流向西侧（59%）和北侧（9%）车辆的疏散任务，北侧成府路出口仅承担流向北侧车辆的疏散任务。

国家体育场的散场车辆

OD 分布比例（%）　　表 3-6

东侧	南侧	西侧	北侧
25	33	19	23

（2）各拟定开口衔接处地面的交通数据

根据奥运公园地区交通规划资料，在与国家体育场停车场衔接的几条道路上，南一路由西向东方向、中轴路至湖边东路段的交通负荷度达到了 1.40 以上，超过了该路的通行能力，为阻塞流状态。因此，在处理停车场东南出口车辆疏散问题时，南一路不设出口，必要时入口采取交通管控方法解决，例如散场时将该入口做出口使用。

3. 停车场收费形式分析与建议

高速公路（含停车场）的收费形式分为停车收费和不停车收费（ETC-Electronic Tool Collection，以下简称 "ETC"）两种形式。停车收费又分为人工收费和 IC 卡收费。

（1）停车收费

1）人工收费

人工收费分为完全人工收费和半自动收费。在这种收费方式下，居民小区的出入口单车道通行能力为 90~120 辆 / 小时，高速公路收费站的通行能力为 70~140 辆 / 小时。出入口缴纳现金时间需要 20~40 秒。假设在 3 个出口 5 条车道的情况下，1 小时内最大可以通过的车辆约为 650 辆。此收费方式的工作效率低、收费员的劳动强度大，难以满足国家体育场内部及西侧地下停车场车辆疏散的要求。

2）智能 IC 卡收费

智能 IC 卡收费目前分为接触式和非接触式（感应式）两种。

接触式智能 IC 卡的管理，收费站的通行能力 260~280 辆 / 小时。假设 3 个出口 5 条车道 1 小时内最大可以通过的车辆约为 1400 辆，此方案不能满足国家体育场内部及西侧地下停车场车辆疏散的要求。

非接触式（即感应式）智能 IC 卡通行能力约为 500 辆 / 小时。假设在 3 个出口 5 条车道的情况下，1 小时内最大可以通过的车辆大约为 2500 辆，此方案基本满足国家体育场内部及西侧地下停车场车辆疏散的要求，但是该数据只是理论推算数据。

（2）ETC 系统

ETC 系统对一辆车的收费处理时间通常要求不超过 0.5s。若车辆在停车场内采用 10km/h 的速度，理论上单车道每小时可以通过的车辆数大约为 800 辆车，假设在 3 个出口 5 条车道的情况下，1 小时内可以通过的车辆数为 4000 辆。在假设 3 个出口的流量相同、且设置均匀的情况下，这 2500 辆车可以疏散的最短时间为：60（分钟）× 2500 辆 /4000 辆 =37.5（分钟）。

综合以上分析，从通行效率、科技含量和节省劳动力等角度出发，国家体育场内部及西侧地下停车场推荐使用 ETC 停车场收费方式，即不停车自动收费系统。

4. 停车场基本情况分析

（1）国家体育场内部停车场分为四层，分别为负一层（Level-1）、负一层夹层（Level-1 MEZZ）、零层（Level 0）、零层夹层（Level 0 MEZZ）（赛后加建）。通过负一层上至零层及零层上至零层夹层和零层夹层下至负一层及零层下至负一层四个坡道将四层停车场相互连通。

（2）国家体育场北侧成府路出口为单向单车道；国家

体育场与社会停车场西南侧北四环辅道出口为单向双车道设计；东北侧至北辰东路定向匝道桥出口为单向双车道。

(3) 根据国家体育场的方案设计，体育场的交通流线为：负一层夹层与零层的机动车可以利用停车场内设置的两层坡道疏散到负一层的北侧成府路出口。零层的另一部分机动车也可以通过零层与零层夹层的连接匝道上到零层夹层，与零层夹层的机动车流汇合，由零层夹层专用的单层匝道疏散到负一层的北侧成府路出口。由两层坡道疏散的负一层夹层与零层内部停车场的车流，有一部分可在坡道末端右转通过负一层北侧第一个机动车门，进入负一层停车场内部流线行驶至负一层南侧机动车门驶出负一层停车场并入社会停车场逆时针环形流线，通过国家体育场西南侧北四环辅道出口疏散。

5. 停车场车辆的疏散模拟

采用 VISSIM 对停车场机动车进行模拟时，参考交通流理论知识和实际交通流状况，对一些参数设置如下：车辆平均车长分别为 4.34m，4.11m 和 4.75m 的三种车型，所占比例分别为 75%，22% 和 3%；停车场内车辆自由流速度分布情况为行驶速度 5~10km/h 的车辆数占车辆总数的 90%，10~20km/h 的车辆数占车辆总数的 10%，均服从均匀分布；车辆最大加速度为 $3.5m/s^2$，最大减速度为 $-7.5m/s^2$；最小车头间距为 5.25m，平均车头间距为 6m；最小车头时距为 3s；平均车头时距为 4s；并线车道长度为 15m。

按照使用情况的不同，分别对赛时车辆的疏散、赛后比赛车辆的疏散和赛后平时车辆的疏散这三种情况分别进行模拟。

同时，为了验证系统软件的可靠性，本项目采用在相同的设置条件下使用 VISSIM 软件和 INTEGRATION 软件对同一情况进行仿真模拟。

模拟方案的基本条件为：北侧一个出口，单向双车道，通向成府路，南侧有两个出口，西南出口为单向双车道，通向北四环辅路。并根据规委意见，北侧增加经北辰东路上北四环路定向匝道桥的地下通道。增加西侧上景观路的地下通道。

国家体育场停车场内的车辆按照停车场内的交通流线逆时针行驶，其主要通过北侧成府路出口进行疏散。

模拟结构为：

第一种，赛时停车场车辆的疏散：

赛时仅体育场内停车场开放，社会停车场不开放。

在考虑停车场车辆的 OD 分布比例的情况下，模拟计算疏散时间约为 55min，东侧北辰东路出口、西南北四环辅路出口、西侧景观路出口和北侧成府路出口的车辆数分别为 284 辆、161 辆、168 辆和 169 辆。

第二种，赛后比赛日散场时停车场车辆的疏散：

赛后体育场内停车场和社会停车场同时对社会开放。

在考虑停车场车辆的 OD 分布比例的情况下，模拟计算疏散时间约为 80min，东侧北辰东路出口、西南北四环辅路出口、西侧景观路出口和北侧成府路出口的车辆数分别为 854 辆、601 辆、422 辆和 405 辆。

第三种，赛后平时非比赛日停车场车辆的疏散：

赛后体育场内停车场和社会停车场同时对社会开放。

在考虑停车场车辆的 OD 分布比例的情况下，模拟计算疏散时间约为 85min，东侧北辰东路出口、西南北四环辅路出口、西侧景观路出口和北侧成府路出口的车辆数分别为 849 辆、578 辆、465 辆和 390 辆。

6. 要员车辆疏散方案模拟

赛时国家体育场停车场全部供要员车辆使用，停车能力为 635 辆，其中零层 186 辆、负一层夹层 237 辆、负一层 212 辆，车辆均需要进入上车区等待要员的上车，然后沿着疏散道路分别行驶至北侧成府路、北辰东路和北四环出口。

赛后国家体育场停车场里包括要员车辆、贵宾（VIP）车辆和普通社会车辆，共 1000 辆，其中要员车辆分布在零层夹层北侧和零层北侧，分别为 115 辆和 96 辆，计 211 辆，这部分车辆需要进入上车区等待要员上车，然后沿着疏散道路分别行驶至北侧成府路、北辰东路和北四环出口。除了要员车辆外，其余为普通贵宾车辆和社会车辆，在各层的分布为：零层夹层南侧 88 辆、零层南侧 86 辆，负一层夹层 237 辆、负一层 212 辆。另外，赛后在负一层东南侧新增 166 个停车泊位的普通社会车辆停车场，普通社会车辆可直接沿着疏散道路分别行驶至北侧成府路、北辰东路和北四环出口。比赛或活动结束后，要员车辆优先疏散，其后是贵宾和普通社会车辆的疏散。

在进行计算机模拟计算时，考虑到要员车辆一般为高级豪华车辆，所以将这些车辆均按照大型小客车车长（5.33m）和车宽（2.5m）计算；停车场内车辆自由流速度为 25~30km/h，并且服从均匀分布；车辆最大加速度为 $3.5m/s^2$，最大减速度为 $-7.5m/s^2$；上车时间服从均值为 20 秒，方差为 10 的正态分布。

（1）赛时的疏散

赛时要员车辆为 635 辆，停车泊位分别安排在零层、负一层夹层和负一层，分别为186辆、237辆和212辆。为了疏散这些车辆，分别在零层上车区安排了11个乘车位，在负一层夹层和负一层上车区分别安排6个乘车位。各层的车辆都要行驶至本层的乘车位，供要员上车，然后沿着疏散道路分别行驶至北侧成府路、北辰东路和北四环出口。

根据模拟过程，由于零层北侧车辆和零层南侧的车辆在上车区合流，加上车辆进入上车区需要等待要员的上车，致使在后面的8个上车位附近产生冲突和排队现象，并且影响到前面的3个乘车位。由于要员的车辆均必须通过这11个上车停车位等待要员和贵宾的乘车，所以这11个乘车位前面附近的车辆随着车辆的增多，渐渐形成严重的排队现象，甚至影响到下层的车辆。因此这11个上车停车位前面区域是车辆疏散的瓶颈区域。在负一层夹层和负一层的情况和零层情况类似，上车区附近区域是车辆疏散的瓶颈区域。但是由于负一层夹层和负一层的车辆更多（分别为237辆和212辆），而乘车位相对少，因此这两层的排队更加严重，疏散时间更长，是整个停车场疏散的瓶颈。

模拟结果：635辆要员车辆疏散时间约为38分钟。北侧成府路出口、北辰东路出口、北四环出口的车辆数分别为149辆、352辆和134辆。

（2）赛后的疏散

赛后要员车辆停车位安排在零层北侧和零层夹层北侧，分别为96辆和115辆，共211辆。为了疏散这些车辆，在零层要员和贵宾上车区安排了8个乘车位。零层北侧的车辆行驶至乘车位，零层夹层北侧的车辆经过零层夹层的坡道下至零层乘车位供要员和贵宾上车，然后沿着疏散道路分别行驶至北侧成府路、北辰东路和北四环出口。

模拟结果：要员的211辆车疏散时间约为25分钟。北侧成府路出口、北辰东路出口、北四环出口的车辆数分别为52辆、90辆和69辆。

7. 停车场疏散对周边道路交通的影响

由于奥运会期间的交通状况属于管控状态，停车场的疏散对于交通负荷的影响不能准确估算。赛后，根据提供的通行能力和负荷度赛后平时晚高峰数据，在考虑OD分布比例的情况下，各出口衔接处道路的交通量和负荷度情况如表3-7所示。可知，几个出口处的交通负荷度最大者为北四环路辅路（西南出口）0.87。根据《道路通行能力手册》对交通流服务水平的判定标准，可知本方案的交通流状态能满足服务水平要求。

出口衔接处道路的交通状况

（赛后平时晚高峰） 表3-7

	无项目交通量	项目产生交通量	通行能力	负荷度
成府路	970	405	1800	0.76
北辰东路	1115	854	2700	0.73
景观路	390	422	1200	0.68
北四环路辅路	440	601	1200	0.87

第二节 平面布局与功能分区

国家体育场主要由基座平台和建筑主体两部分组成，基座平台北部还镶嵌着室外热身场地。室外热身场包含标准足球场、8道标准400m跑道、投掷热身场地。

基座平台以下有三层——地下一层、地下一层夹层、零层。其中零层部分位于看台下、部分位于基座平台坡地下，最高层高7.3m，地坪标高比比赛场地低0.5m，比室外地坪低约1.5~2.0m。地下一层西侧为车库（部分为人防区域），西南侧设有预留媒体转播区，南侧为雨水机房。地下一层夹层西侧为车库，西南侧为预留媒体办公区，北侧、南侧为高大层高的预留商业区域。零层为体育场的中枢楼层，设有一条最小净宽11m、净高达4.5m、全长700多米的环形通道。这条环形通道就像体育场的大动脉，对外联系着周边的市政道路；对内既联系着零层的大量各类功能用房，也连接着比赛场地——西北、东北方向设有2个宽11m、高4.5m的比赛场地出入口，西南、东南方向设有2个宽5m、高4.5m的比赛场地出入口；顶部更密布着各种设备主干管线。环形通道将零层分为环内和环外两部分。环内的西侧为田径比赛时的竞赛组织（竞赛官员、裁判员）用房和足球比赛时的运动员、裁判员用房，正西侧设有3.7m宽、2.3m高的颁奖仪式、足球比赛比赛场地出入口；南侧和东侧为场馆运行管理用房，其中正东侧预留了约1800m^{2}的厨房粗加工及库房区；北侧为技术类机房和体育器材储藏区。环外的西侧为贵宾车库、贵宾迎宾区、贵宾安保用房，贵宾既可以经地下道路系统驱车直接到达迎宾区，也可以从西侧的中轴广场（景观广场）驱车或步行进入迎宾区，迎宾区设有2部自动扶梯、4部载重2吨的电梯连接各层的贵宾区域；西南侧为包括新闻发布厅在内的媒体区；南侧为设备机房，并有通道连接地下一层夹层南侧的预留区域；东侧为设备机房；北侧为设备机房、安保用房、室内热身场，并设有2条3m宽、1条5m

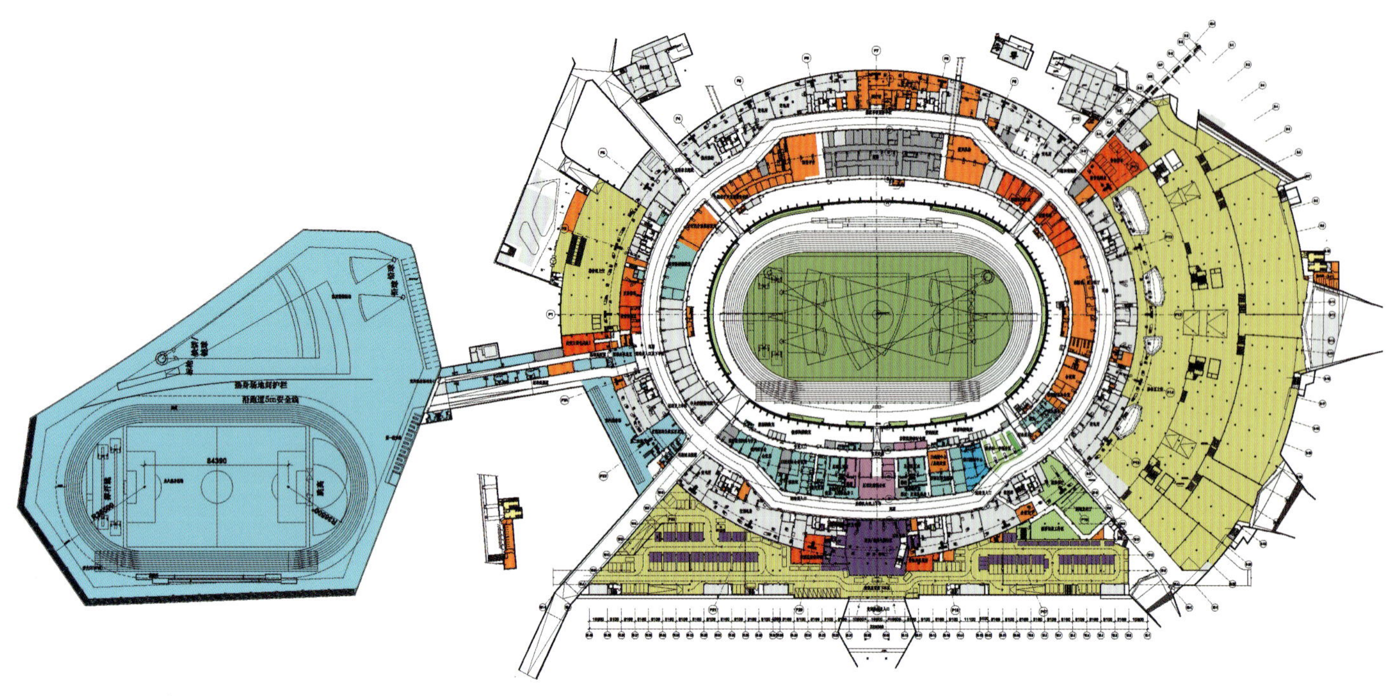

图 3-1　国家体育场零层平面布局

宽的通道连接室外热身场，还有通道连接地下一层夹层北侧的预留区域（图 3-1）。环形通道外侧还均匀分布着 12 个交通核，每个交通核包含 1~2 部电梯和 1 部楼梯，交通核联系着各个楼层，既是内部竖向交通，又用于消防疏散（图 3-2）。

基座平台的顶部为观众进出体育场的集散区，一圈长千余米的围栏将平台分成观众内区和观众外区。因为观众从基座上部进出体育场，贵宾、运动员、竞赛官员、裁判员、运行管理人员从基座下部进出体育场，从而保证了内外两种主要人流的分流。在基座平台的南侧和北侧各设有一组配套用房，各包括售票处和一组卫生间（男卫生间、女卫生间和无障碍卫生间），卫生间可供观众入场前使用。

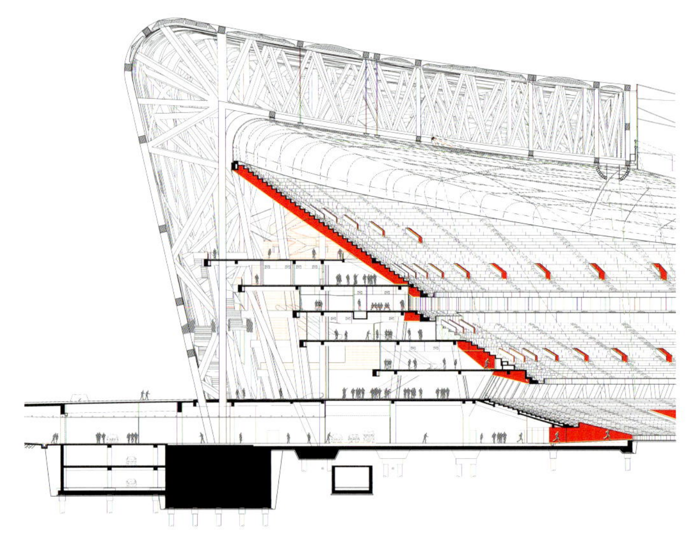

图 3-2　国家体育场联系各楼层的交通核

建筑主体从结构体系上分为钢结构外罩和钢筋混凝土结构的看台和配套用房。看台分为上、中、下三层，看台后部的配套用房共 7 层；服务于上层看台的主要竖向交通——立面大楼梯穿插在钢结构外罩中。下层看台同时也是零层部分用房的屋顶，一层是下层看台的观众集散厅，西南侧设有媒体临时工作用房；二层是中层看台的观众集散厅，其中与中层看台西侧的主席台相对应，在二层西侧设有贵宾休息区；三层为餐厅层，东南、东北、西南、西北 4 个方向各设置了厨房；四层为包厢层，设有 133 个自然间大小包厢（188 个标准间），其中西南侧布置了计时记分、体育展示等竞赛用房和安保用房；五层、六层为上层看台的观众集散厅；七层只有少量设备机房。各层的观众集散厅中均匀地成组分布着卫生间、餐饮售卖点、商店、医疗站等服务设施。钢结构外罩的屋顶部分虽然不是一个功能楼层，但它不仅承担着挡雨蔽日的功能，其间还布置了大量对观看比赛、演出及电视转播至关重要的照明、音像设备。

第三节　赛时运行与赛后运营改造

一、赛时运行

作为 2008 年北京奥运会的主体育场，国家体育场承担了奥运会田径比赛、男子足球决赛和残奥会田径比赛，奥运会、残奥会的4场开闭幕式等比赛和大型活动。在国家体育场尚未完全竣工时，就已经经历了两项“好运北京”测试赛的考验。在奥运会开幕前还举行了数次开闭幕式彩排。在所有北京奥运会场馆中，国家体育场是使用时间最长、使用强度最大的场馆，奥运会田径比赛有2120名运动员参赛，残奥会田径比赛有1198名运动员参赛，奥运会、残奥会期间共接待了贵宾5万人次、普通观众280多万人次。因为承办了多项活动和赛事，国家体育场共经历了8次运行转换。

国家体育场合理的空间布局、充足的配套设施、完善的设备系统，成为各项赛事、活动成功举行的坚实基础。基座上下的人员分流设置，使基座平台自然成为场馆前院、场馆后院*空间上的物理分隔。均匀合理的竖向交通，可以轻易地划分出空间上的运行分区、注册分区*，如7号、8号核心筒间的地下一层夹层、零层、一层、二层区域为媒体运行区域；9号、10号核心筒间的地下一层至四层区域为场馆礼宾区（贵宾区）。奥运会、残奥会期间在观众活动区的永久设施内设置了32个餐饮售卖点、4个特许商品零售点、8个观众信息服务厅（含婴儿车、轮椅存放）、3个邮政售卖点、6个票务咨询台、4个观众医疗站、1个失物招领处；看台区域设有男卫生间43间、女卫生间56间、无障碍专用卫生间70间，其中大便器1500多个、小便器近800个、洗手盆1000余个；充足的硬件设施，加上工作人员、志愿者的周到服务，国家体育场在赛时没有出现众多公共建筑中的长时间排队现象。合理的流线设计，使运动员不受外界不良干扰；高质量的比赛场地，充满激情的赛场氛围（科学合理的看台设计+热情的观众），使运动员不断创造出好成绩，奥运会期间在国家体育场打破5项世界纪录、17项奥运会纪录，残奥会期间在国家体育场打破126项世界纪录和160项残奥会纪录。

精心的工程设计、精心的工程建设，结合奥运会、残奥会实际需求的二次设计—运行设计，及国家体育场运行团队的出色组织管理服务工作，使国家体育场成为无与伦比的奥运会、同样精彩的残奥会中最璀璨的一环。

*注：场馆前院、场馆后院、运行分区、注册分区为奥运会的专有名词。场馆前院：持票观众活动区域，场馆后院：持证人群活动区域，运行分区：运行人员或服务对象不同的区域，注册分区：具有不同注册资格的人员的专属或混行区域（图3-3、图3-4）。

图3-3　奥运会田径比赛赛场

图3-4　冒雨进行的奥运会开幕式至田径比赛的场地转换

二、赛后运营改造

国家体育场的设计不仅很好地满足了奥运会、残奥会的运行需求，同时进行了赛后商业运营的预留设计。设计内容主要包括：看台部分改造、餐厅改造、北侧酒店改造、南侧俱乐部改造、南侧商业区改造等几个主要部分。

（一）看台部分改造：国家体育场奥运赛时的座席规模约为9.1万座，赛后将可改造为约8万座。

1. 下层看台

如果举行高水平的足球赛，媒体看台区应在正西侧，搭建带桌媒体席。在该区域预留了三个看台出入口，可以通过在零层正西侧搭建夹层的方式，实现媒体用房与其看台直接连接。

图 3-5　2008 年测试赛时三层餐厅

2. 中层看台

三层餐厅的面向场地一侧，在东、南、西、北 4 个方向预留了落地玻璃窗，拆除相应方向的临时看台后，餐厅可以直接面对看台区，优化了餐厅的采光和景观，并增加了室外营业面积（图 3-5）。

在东南、东北、西南、西北 4 个方向共预留了 16 个看台出入口。拆除覆盖着预留看台出入口的看台板，在室内增设楼梯，即可实现从餐厅内直接进入看台区。在对该区域的看台进行改造，每两排合成一排，即可以形成放置茶几、活动座椅的“开放式包厢”。

3. 上层看台

结合酒店、俱乐部客房的设置，拆除南北方向的临时看台，亦可将前部的看台改造为“开放式包厢”。

（二）餐厅改造

餐厅位于国家体育场的三层。结合酒店、俱乐部客房的设置，将北侧、南侧的餐厅改造为其专属餐厅。东西方向为对外营业的餐厅，其中东南、东北、西南、西北四个方向进深较小，可结合中层看台的“开放式包厢”，设置包间。

（三）酒店改造：将北侧地下一层夹层、三层、四层、五层的空间改造为酒店。

地下一层夹层为酒店的专属车库和库房区，车辆可经东北出入口下至北侧的下沉庭院，再经坡道进入。地下一层夹层为层高约 8~9m 的通高空间，在与零层标高接近的高度增设夹层，作为酒店的大堂，并设置酒吧等服务设施；酒店的客人可经下沉庭院直接进入，并通过预留的 2 部专用电梯上至餐厅、客房。三层设酒店专属餐厅。四层内环的包厢做好了酒店改造的预留，均为套间设置，房间内设置卫生间；外环的原服务用房亦改造为客房，客人可在房间内看到公园的景观。拆除临时看台、附属用房后，在五层平台上设置酒店客房，内环的客房与“开放式包厢”结合同时可作为体育场的包厢；外环的客房可以看到公园的景观；客房的地面与看台相对应，逐级抬高，与六层平台相连。最终形成一座规模为约 80 套客房的酒店。

（四）俱乐部改造：将南侧地下一层夹层局部、三层、五层的空间改造为俱乐部。

在南侧地下一层夹层辟出俱乐部专用停车场，客人通过预留的2部专用电梯上至餐厅、客房。三层设俱乐部专属餐厅（面积约为1110m^2）。拆除临时看台、附属用房，在五层平台上设置俱乐部客房，内环的客房与"开放式包厢"结合同时可作为体育场的包厢；外环的客房规模较大，可以看到公园的景观，可用于会议、公司聚会；客房的地面与看台相对应，逐级抬高，与六层平台相连。

（五）南侧商业区改造：南侧地下一层夹层、西南侧零层通过设置夹层形成两层约4万平方米的商业空间。

南侧地下一层夹层为层高约10~11m的通高空间，增设夹层后，下层南侧仍为车库，北侧为商业空间，顾客可停车后直接进入商业空间；上层全部为商业空间；结合北侧的4个采光天井，设计为两层通高的共享空间，给商业带来活跃的商业氛围。西南侧零层目前为层高7m多的通高空间，增设夹层后，下层仍为车库，上层为与南侧联通的商业空间。在基座南侧设有4个出入口，顾客可步行直接进入上层的商业空间。

（六）体育健身俱乐部改造：

零层北侧奥运会赛时运动员准备区，包括约38000m^{2}的室外场地（含一个标准田径场、一个投掷练习场、约1800座的室外看台）和约4200m^{2}的室内区域（含一个4条60米跑道的1100m^{2}的热身场、力量训练房、按摩室等设施），具有得天独厚的条件改造成一个体育健身俱乐部。

第四章　设计图纸

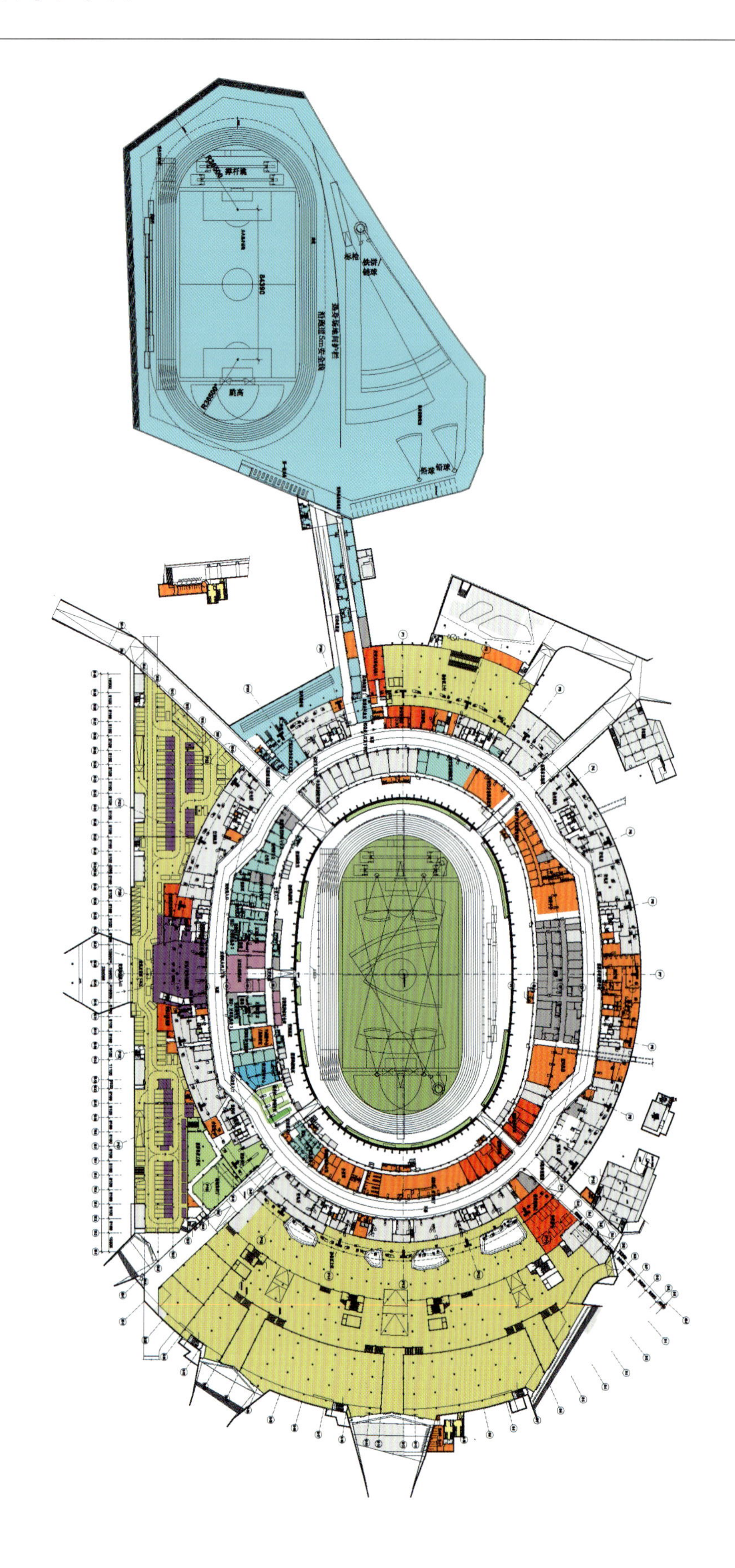

图 4-1　零层平面图

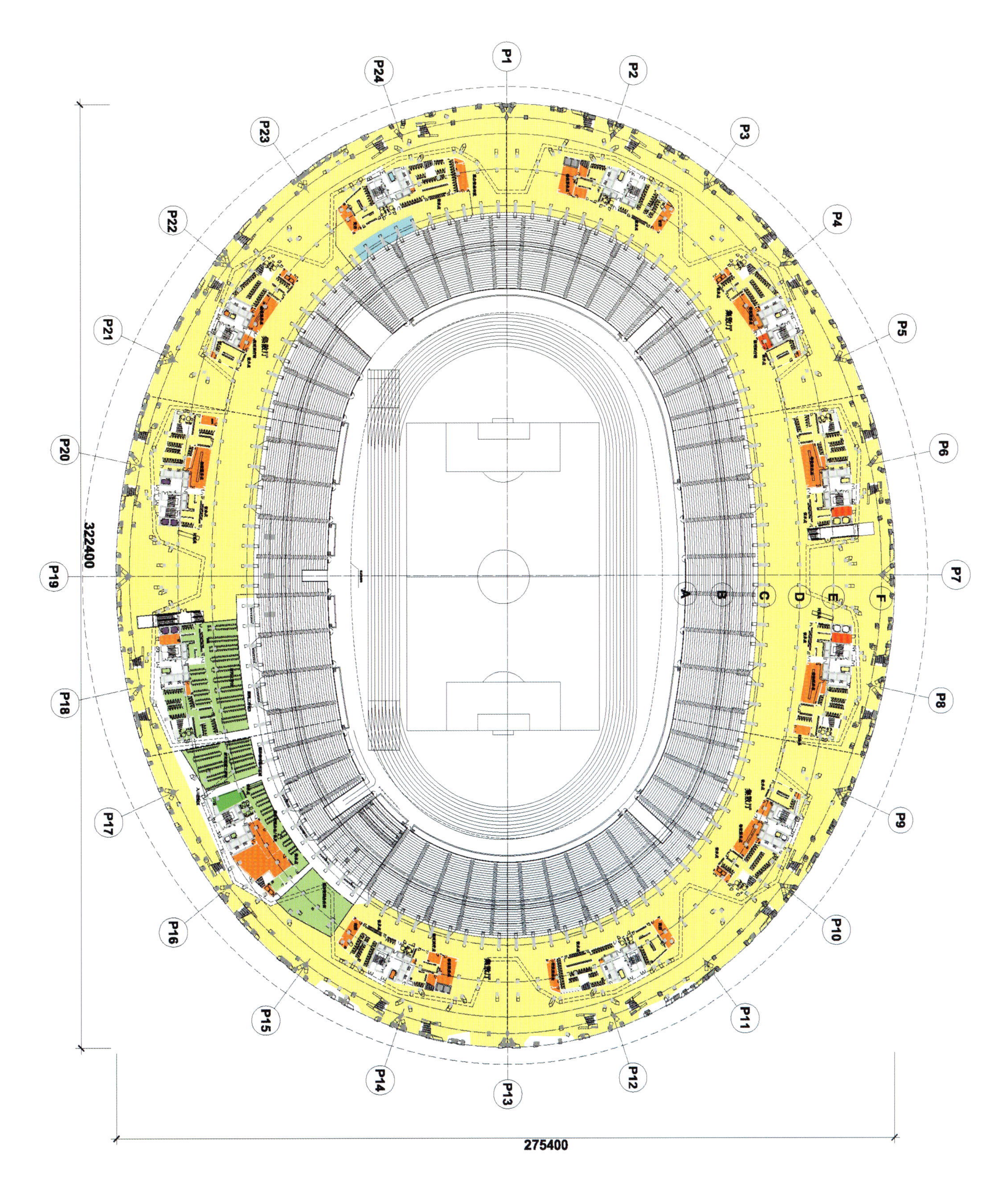
P1
P2
P3
P4
P5
P6
P7
P8
P9
P10
P11
P12
P13
P14
P15
P16
P17
P18
P19
P20
P21
P22
P23
P24
A
B
C
D
E
F
322400
275400

图 4-2　一层平面图

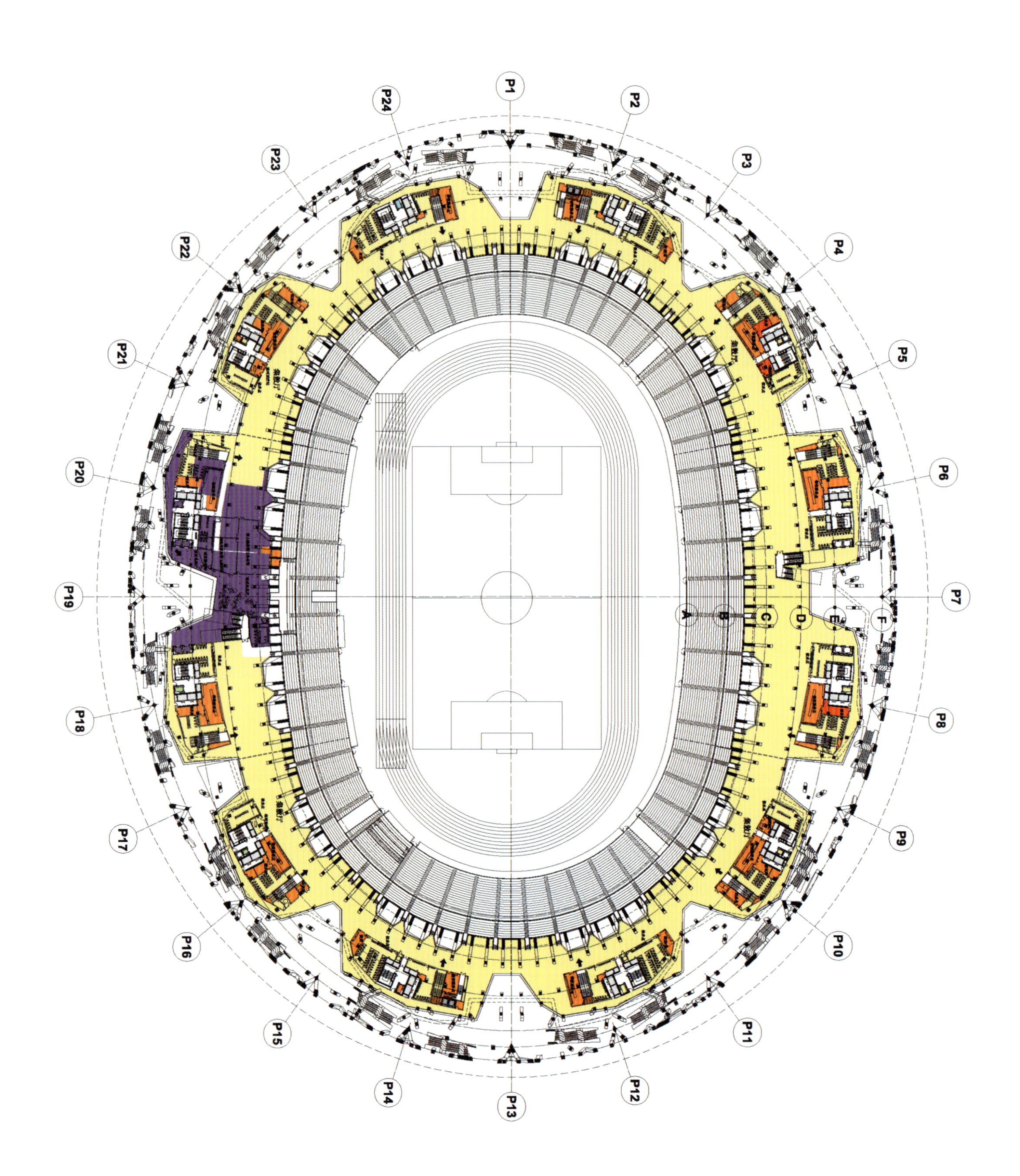
P1
P2
P3
P4
P5
P6
P7
P8
P9
P10
P11
P12
P13
P14
P15
P16
P17
P18
P19
P20
P21
P22
P23
P24
A
B
C
D
E
F

图 4-3 二层平面图

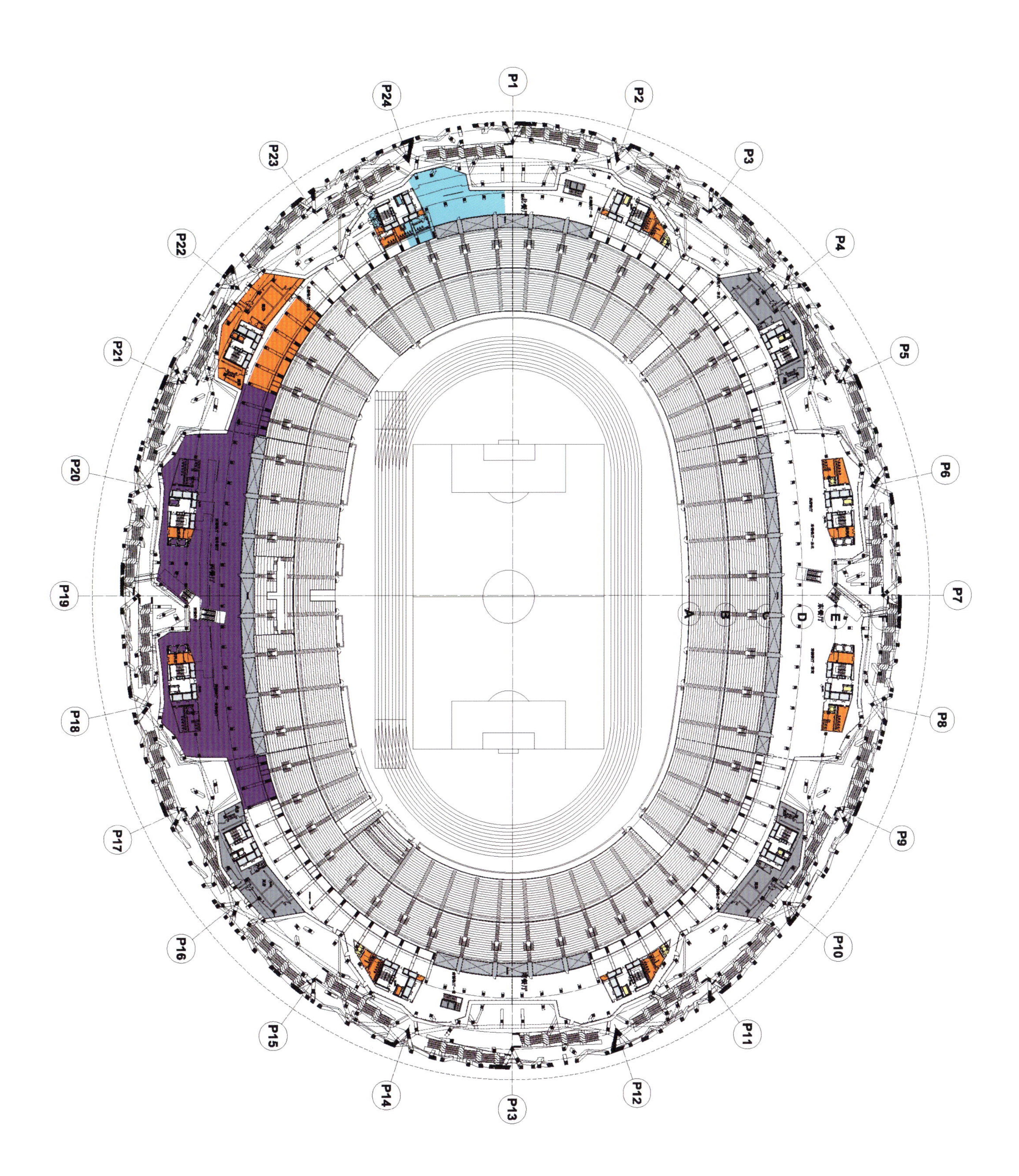
P1
P2
P3
P4
P5
P6
P7
P8
P9
P10
P11
P12
P13
P14
P15
P16
P17
P18
P19
P20
P21
P22
P23
P24
A
B
C
D
E

图 4-4　三层平面图

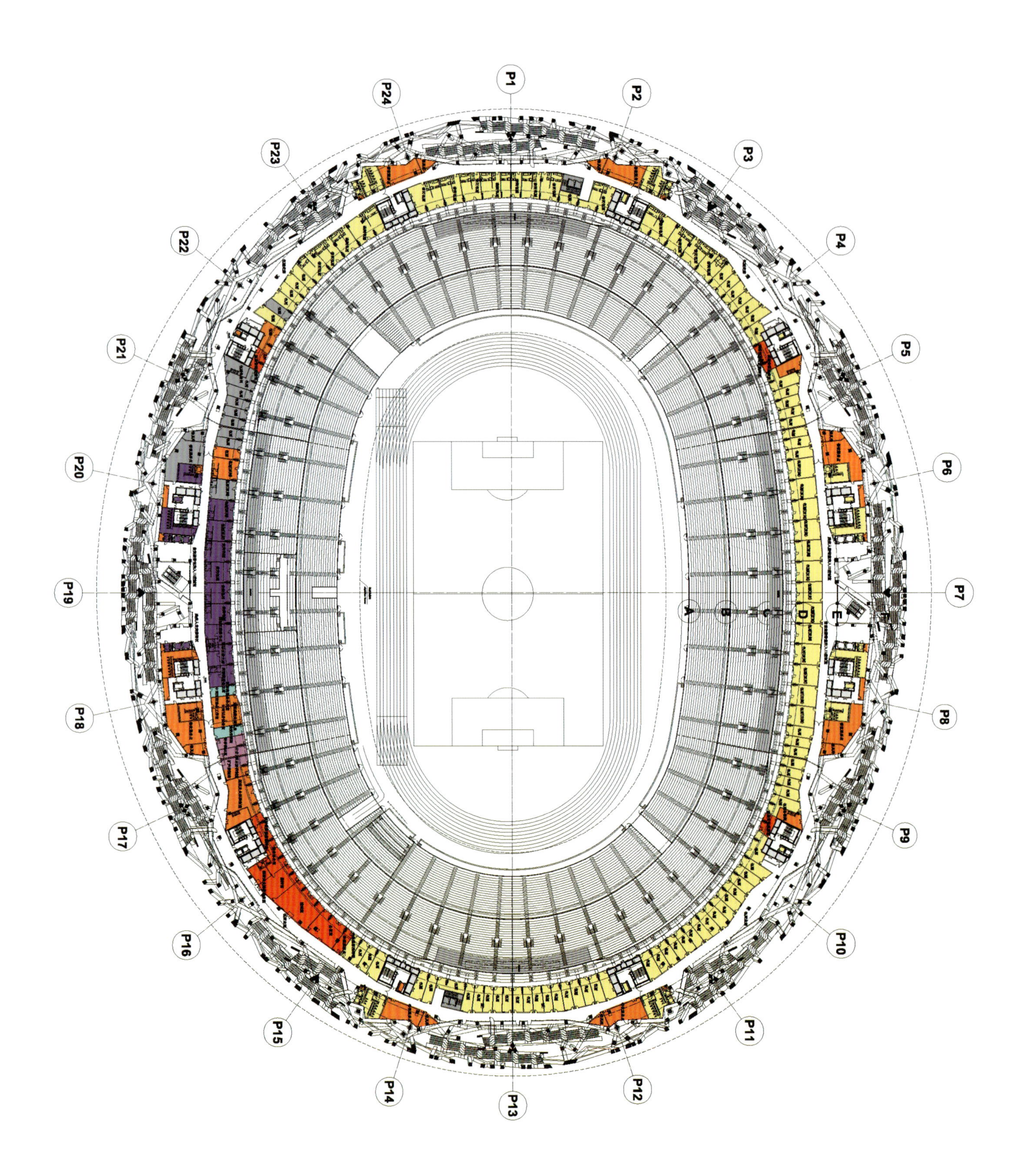
P1
P2
P3
P4
P5
P6
P7
P8
P9
P10
P11
P12
P13
P14
P15
P16
P17
P18
P19
P20
P21
P22
P23
P24
A
B
C
D
E

图 4-5　四层平面图

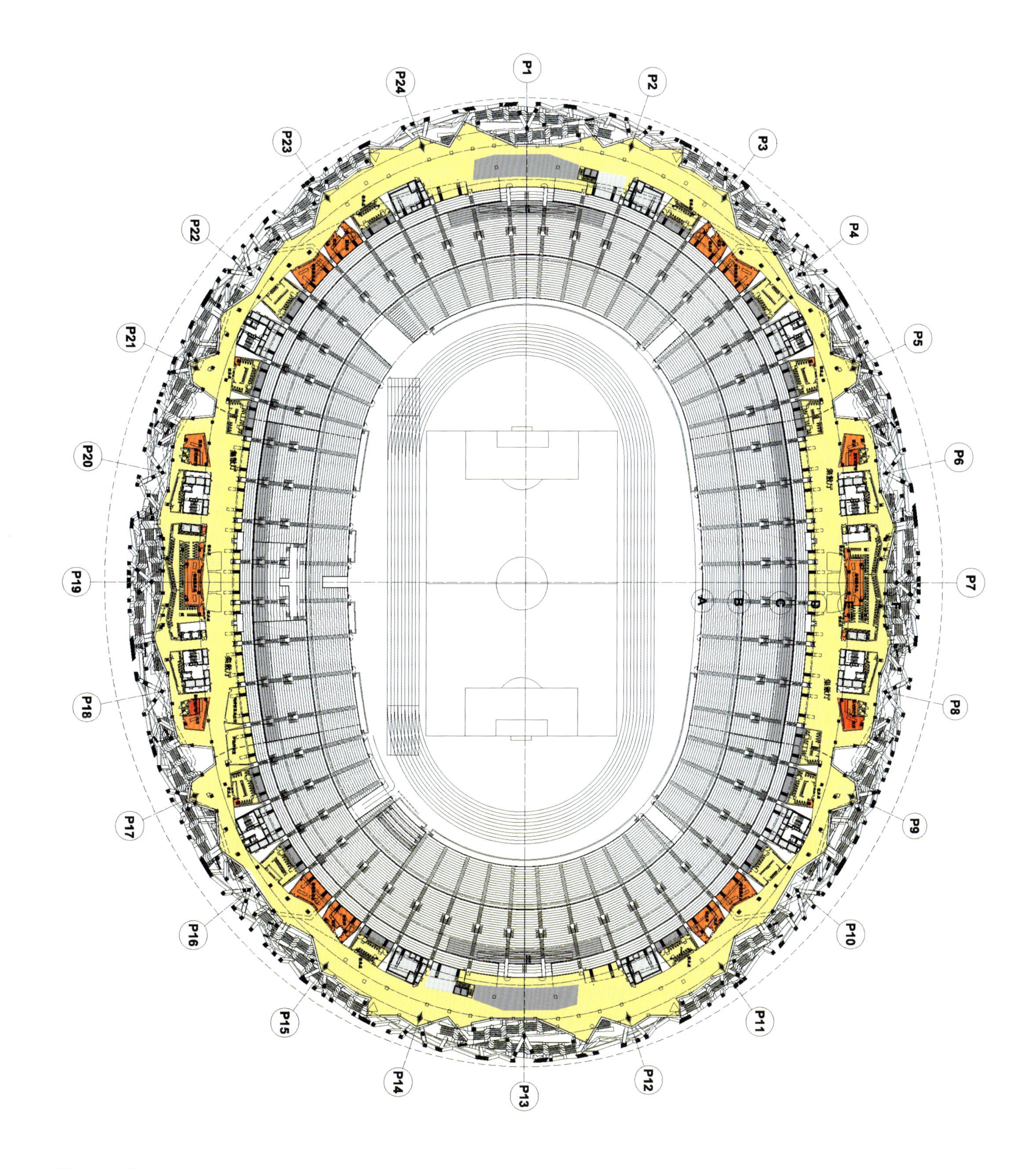
P1
P2
P3
P4
P5
P6
P7
P8
P9
P10
P11
P12
P13
P14
P15
P16
P17
P18
P19
P20
P21
P22
P23
P24
A
B
C
D
E

图 4-6　五层平面图

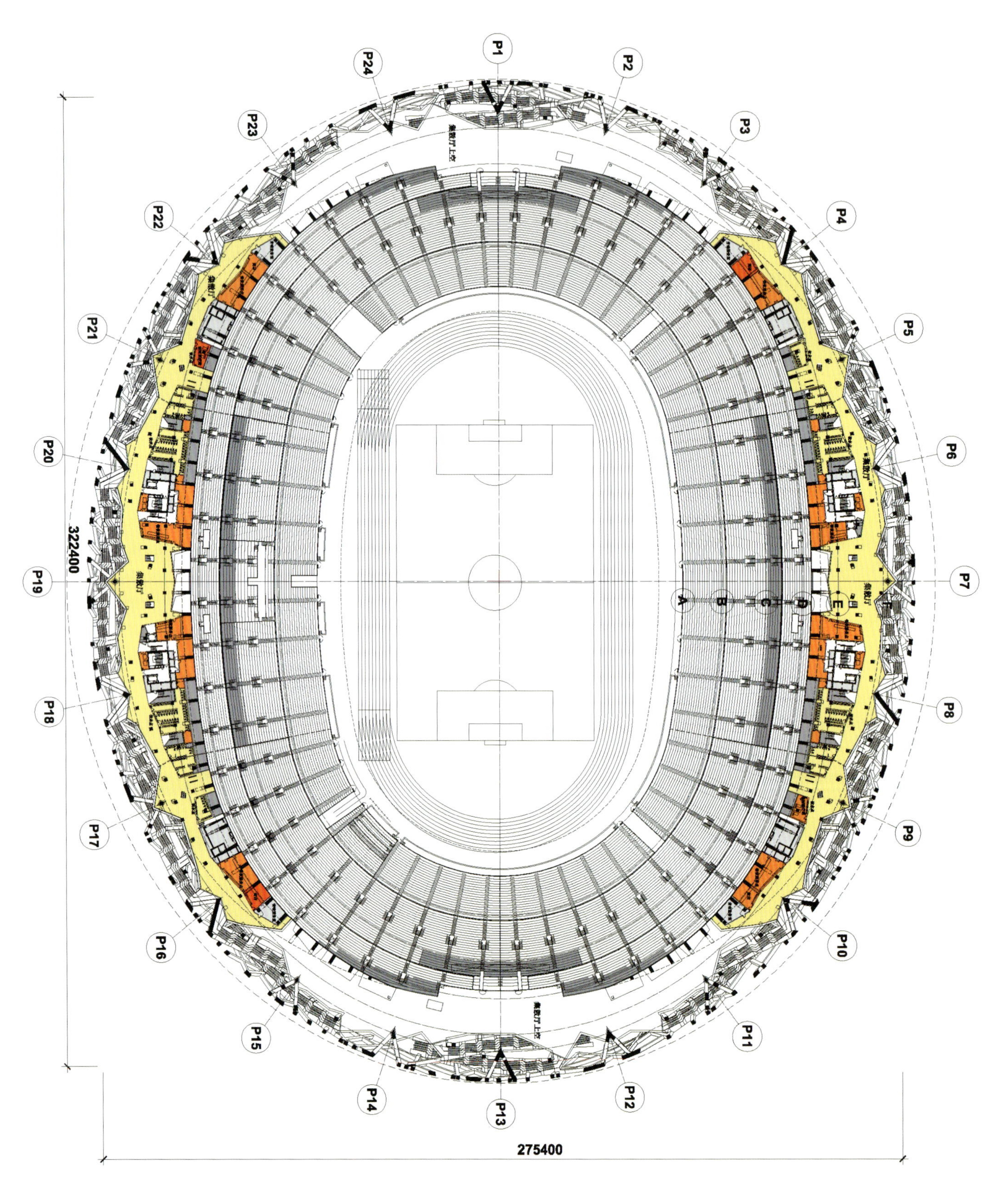

P1
P2
P3
P4
P5
P6
P7
P8
P9
P10
P11
P12
P13
P14
P15
P16
P17
P18
P19
P20
P21
P22
P23
P24
322400
275400
A
B
C
D
E
F

图 4-7　六层平面图

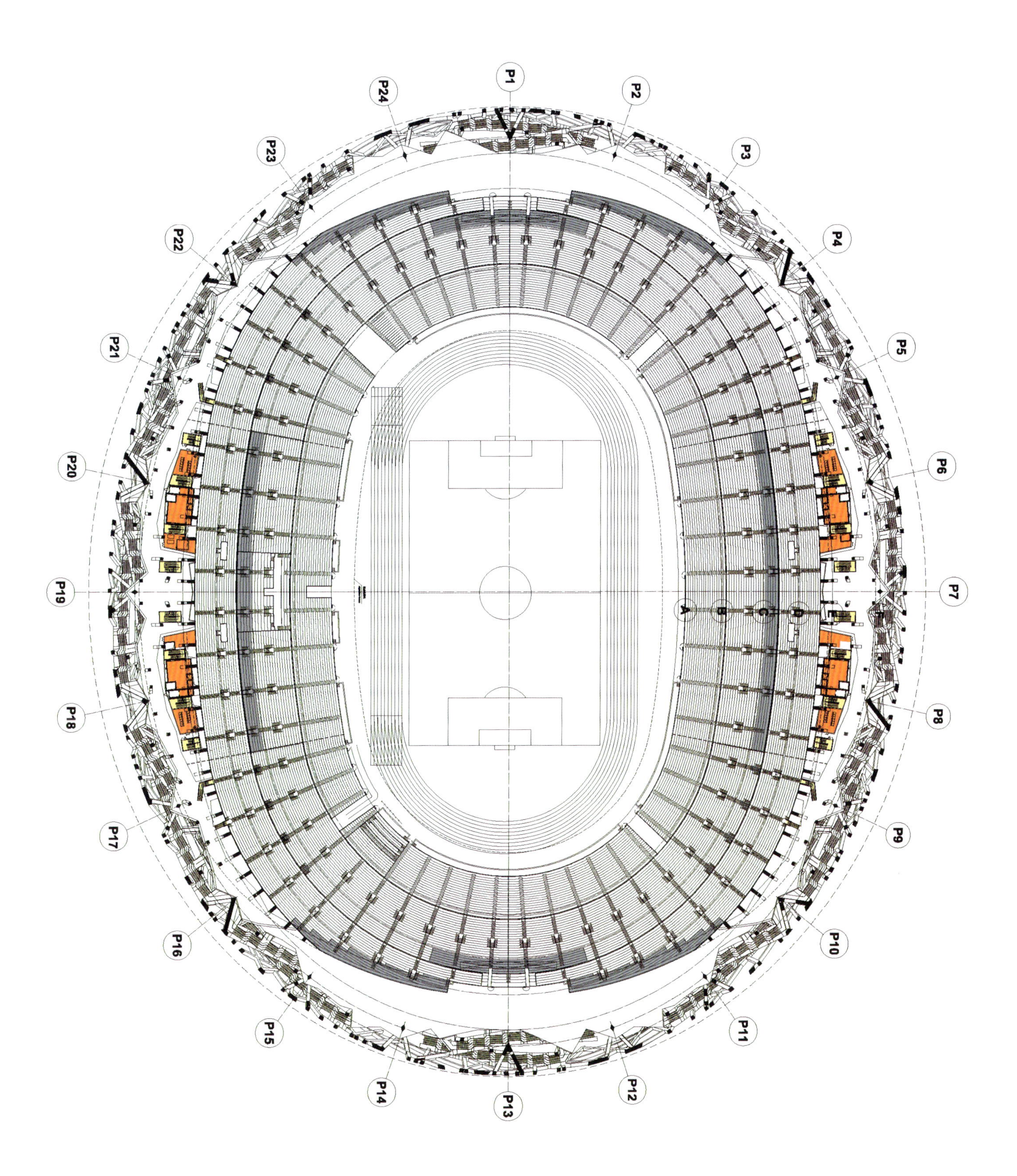
P1
P2
P3
P4
P5
P6
P7
P8
P9
P10
P11
P12
P13
P14
P15
P16
P17
P18
P19
P20
P21
P22
P23
P24

图 4-8　七层平面图

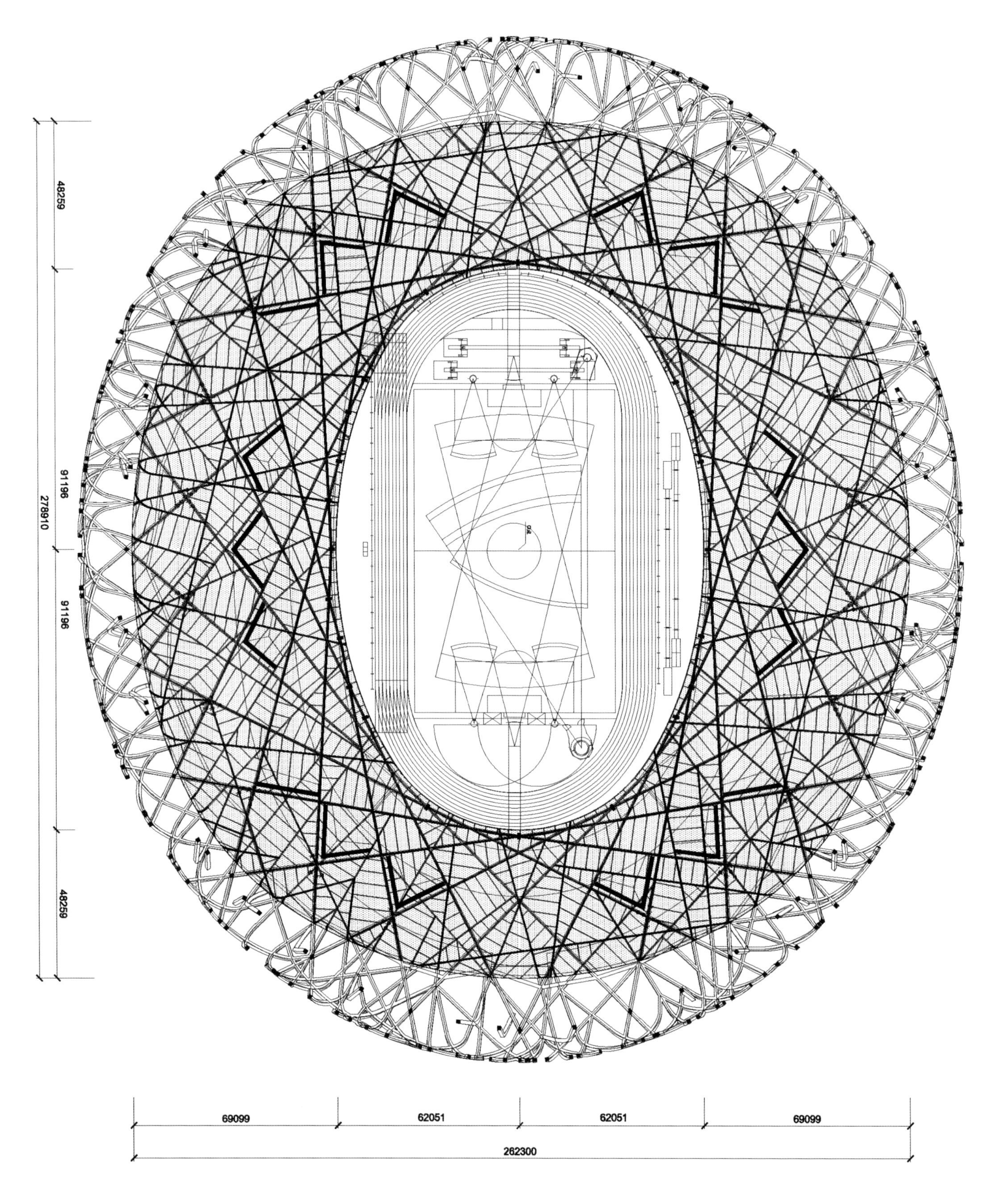
48259
91196
278910
91196
48259
69099
62051
62051
69099
262300

图 4-9　声学吊顶平面图

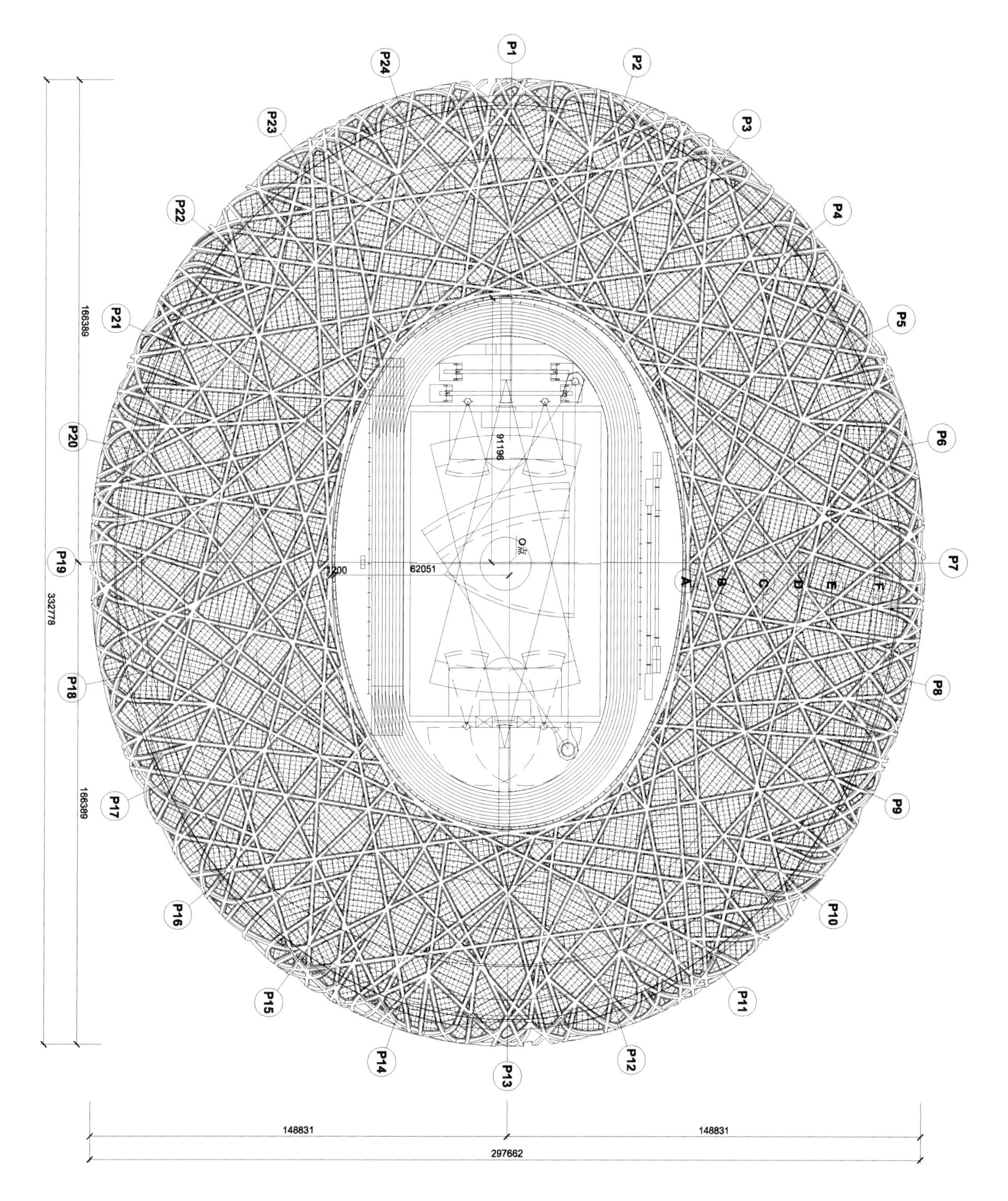
P1
P2
P3
P4
P5
P6
P7
P8
P9
P10
P11
P12
P13
P14
P15
P16
P17
P18
P19
P20
P21
P22
P23
P24
166389
332778
166389
91196
O点
1200
62051
A
B
C
D
E
F
148831
148831
297662

图 4-10　屋顶平面图

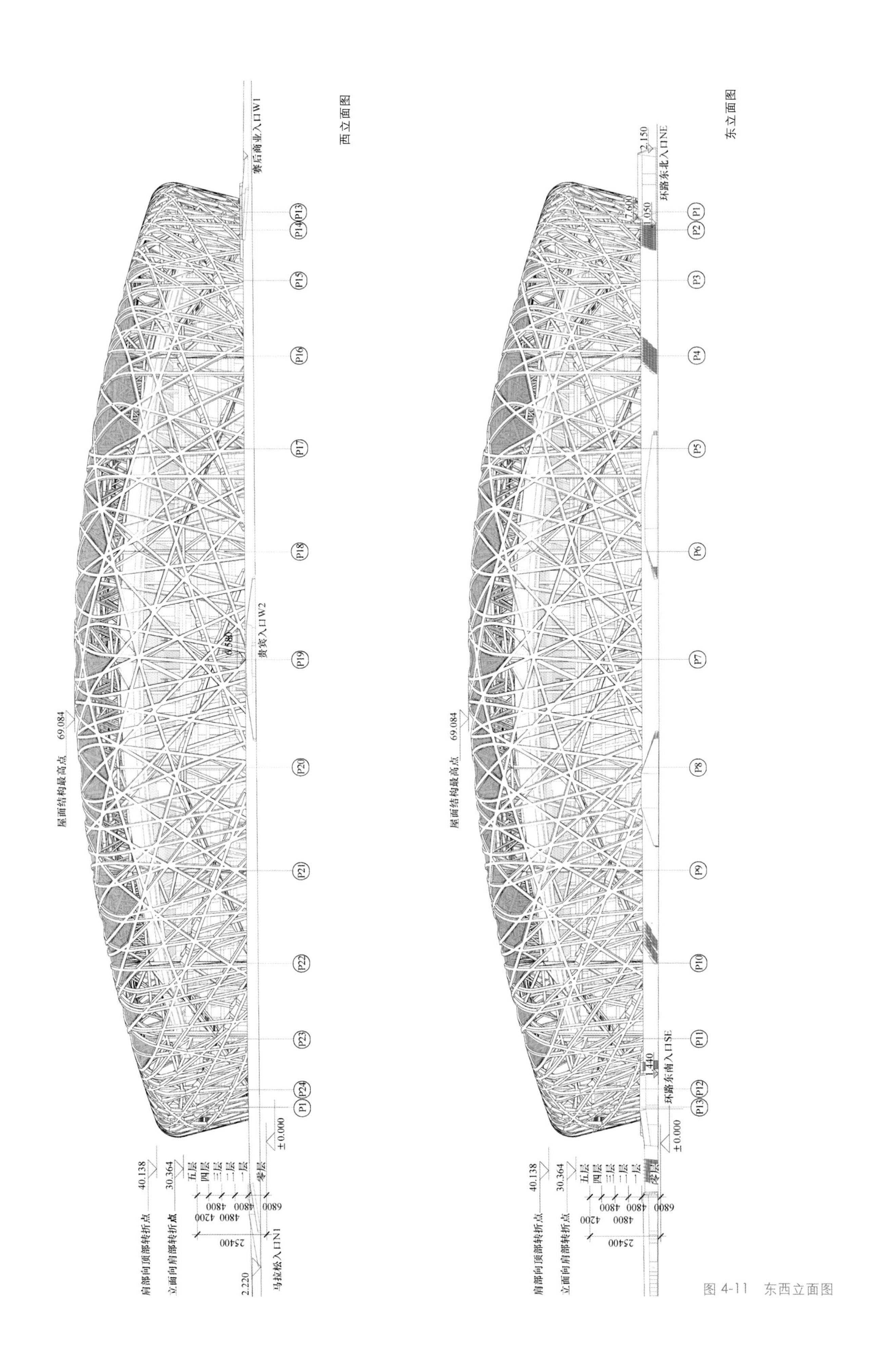
西立面图
东立面图
屋面结构最高点 69.084
肩部向顶部转折点 40.138
立面向肩部转折点 30.364
五层
四层
三层
二层
一层
零层
±0.000
25400
6800
4800
4200
赛后商业入口W1
贵宾入口W2
马拉松入口N1
环路东北入口NE
环路东南入口SE
P1
P2
P3
P4
P5
P6
P7
P8
P9
P10
P11
P12
P13
P14
P15
P16
P17
P18
P19
P20
P21
P22
P23
P24

图 4-11　东西立面图

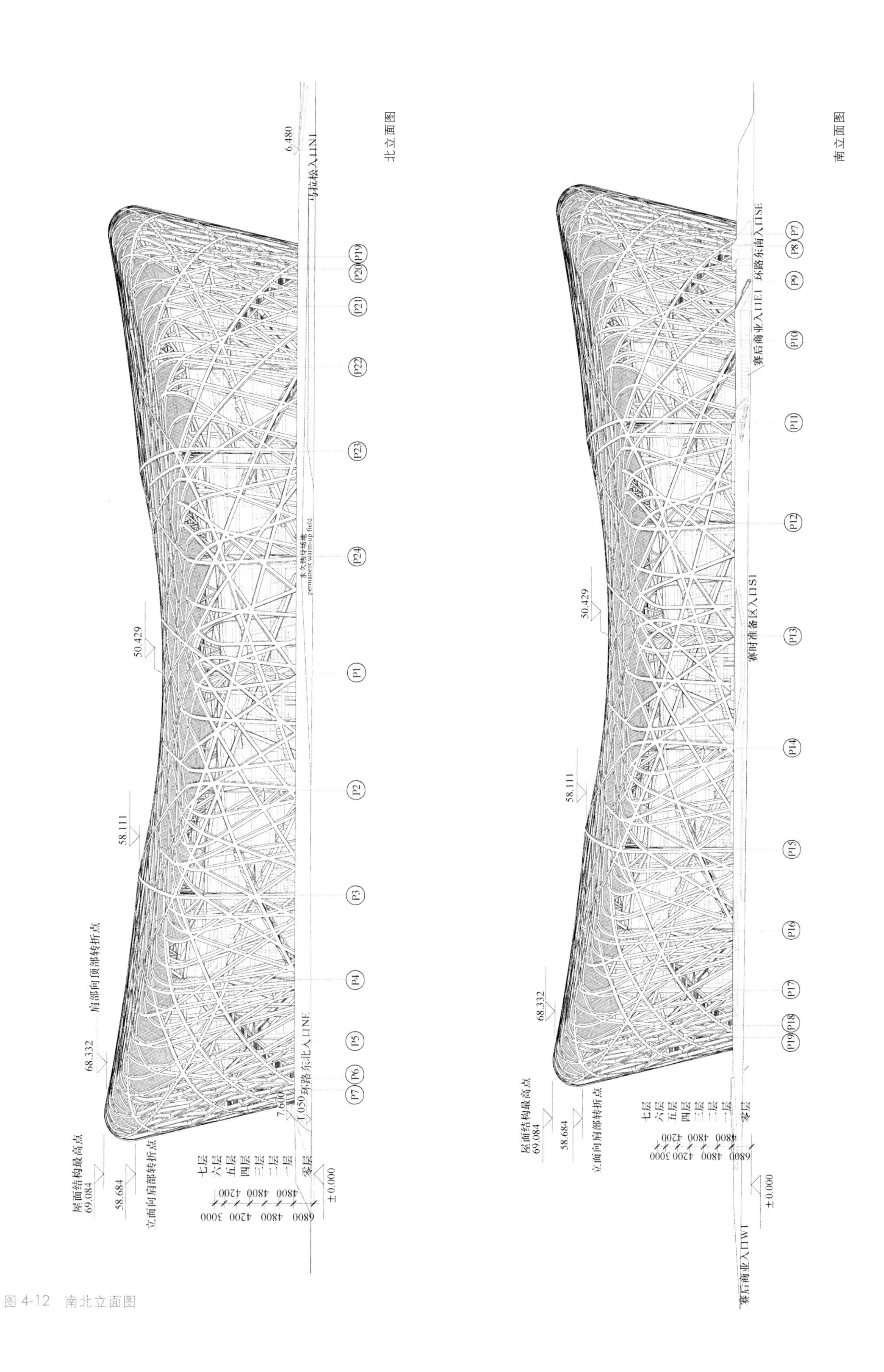
北立面图
南立面图
屋面结构最高点
69.084
58.684
立面向肩部转折点
68.332
肩部向顶部转折点
58.111
50.429
6.480
±0.000
七层
六层
五层
四层
三层
二层
一层
零层
马拉松入口N1
环路东北入口NE
永久热身场地
permanent warm-up field
环路东南入口SE
赛后商业入口E1
赛时准备区入口S1
赛后商业入口WT

图 4-12 南北立面图

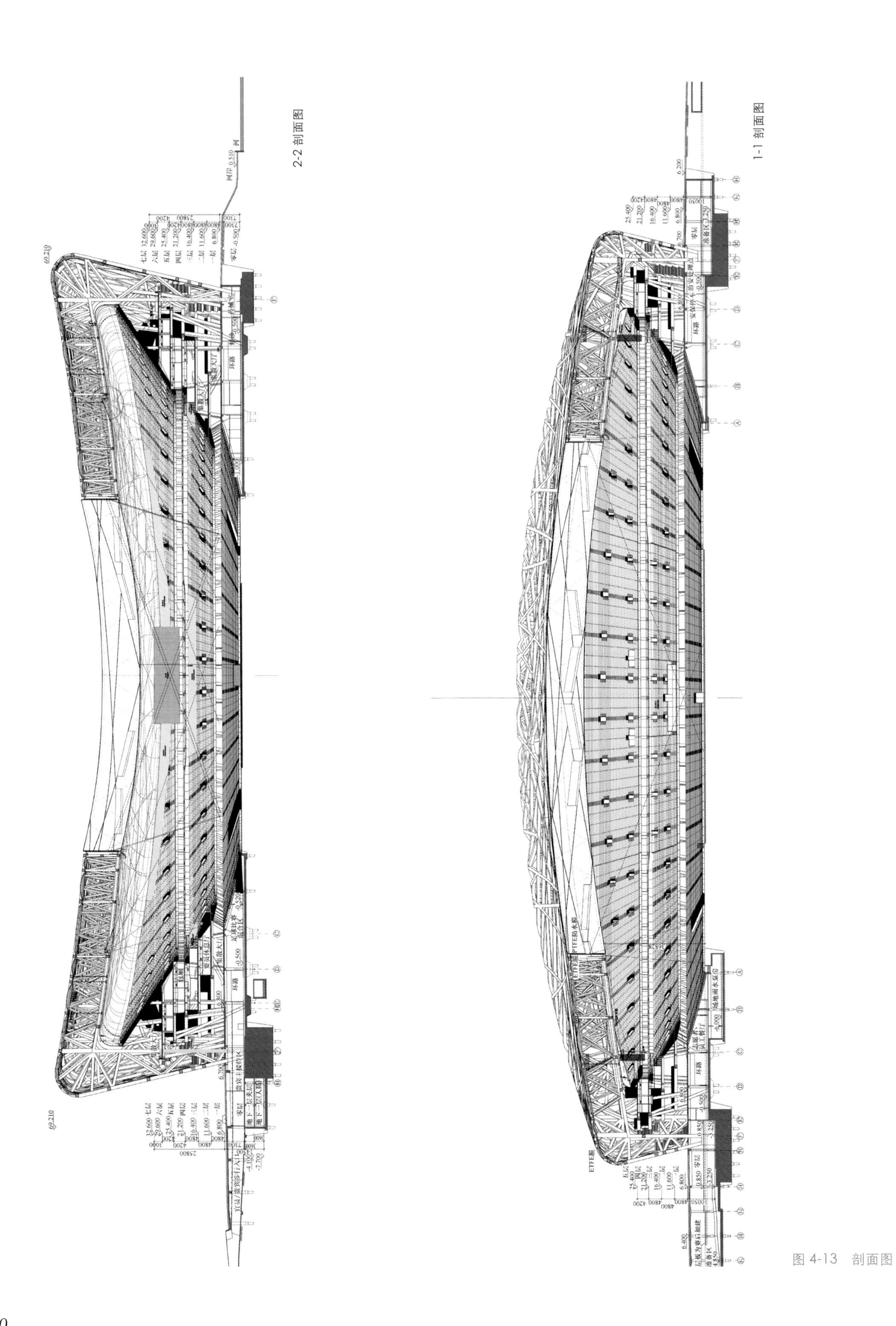

图 4-13　剖面图

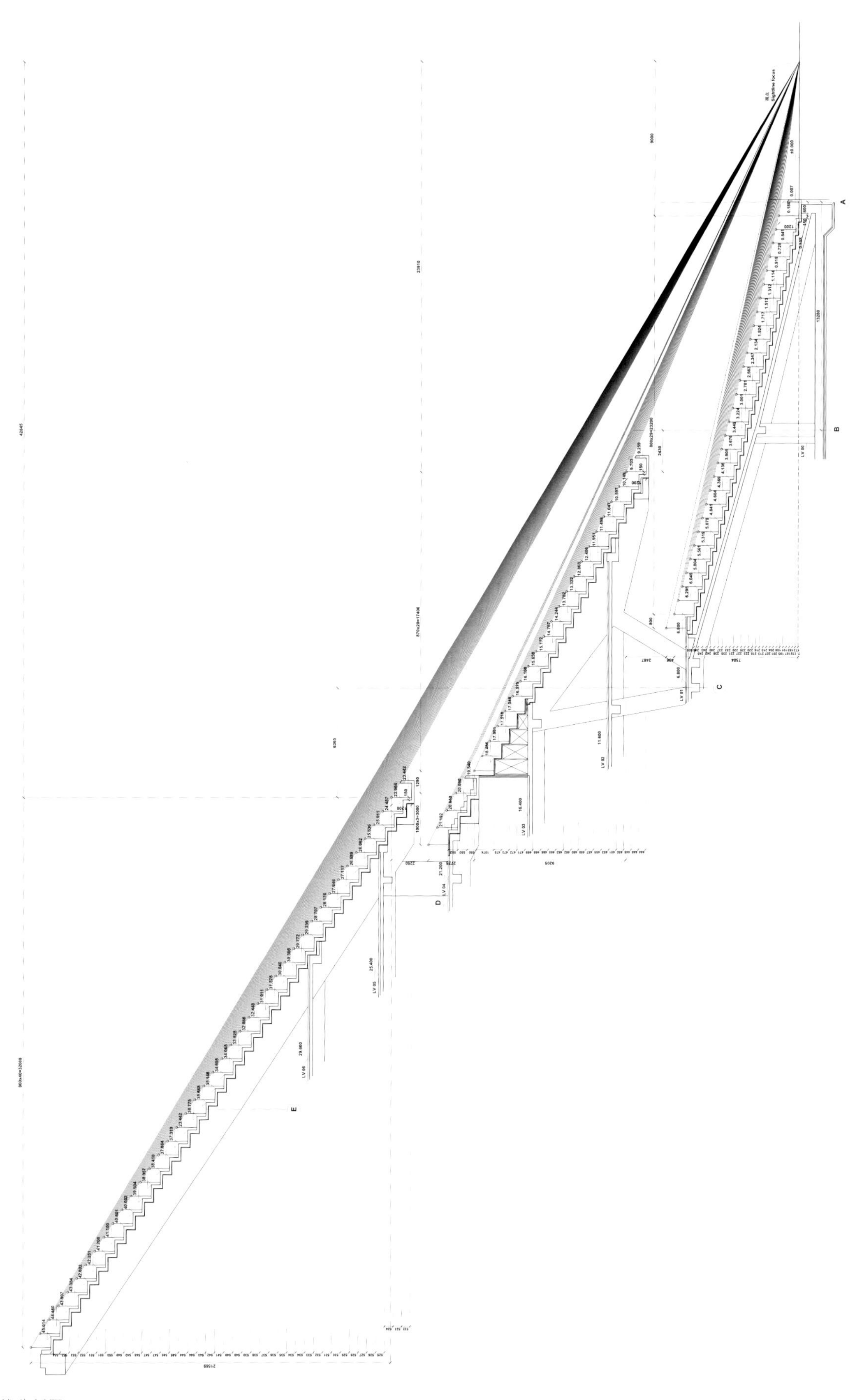

图 4-16　视线分析图

下篇 技术与实施

第五章 场地与景观设计

第一节 场地设计

国家体育场用地 20.41 公顷，被成府路隧道分成南北两块，南为建筑主体及比赛场地区域，北为热身场地区域。成府路隧道从地下穿过，地面仍为体育场景观用地。体育场周边现有建筑为东侧的凯迪克酒店（内部改造供奥运使用），西侧的国家游泳中心及国家体育馆，北侧的奥运转播塔等奥运建筑。

一、总述

1. 国家体育场（鸟巢）场地设计要点

（1）实现建筑和场地的一体化

国家体育场的方案设计由瑞士赫尔佐格和德梅隆设计事务所、中国建筑设计研究院合作完成，以其独特的“鸟巢”形象一举中标，早在设计之初就已经并入城市生活的一部分。对场地设计而言，就是要将“鸟巢”的建筑主体结合场地布置定位，合理确定竖向标高，保证道路管线等功能要求，实实在在地把建筑镶嵌在场地之中（图 5-1）。

（2）实现形象和功能的统一

作为大容量的公共建筑，体育场具有人员密集、高峰流量大、流线复杂等特点，建筑各方向的出入口多，疏散和交通组织要求高。需要搭建人流、车流相互分离的立体化场地系统，同时基座平台表面上的道路、广场形式，以及绿化，各种建筑的出入口，甚至铺地的形状都是体现“鸟巢”的景观元素，场地设计也要实现形象和功能的统一。

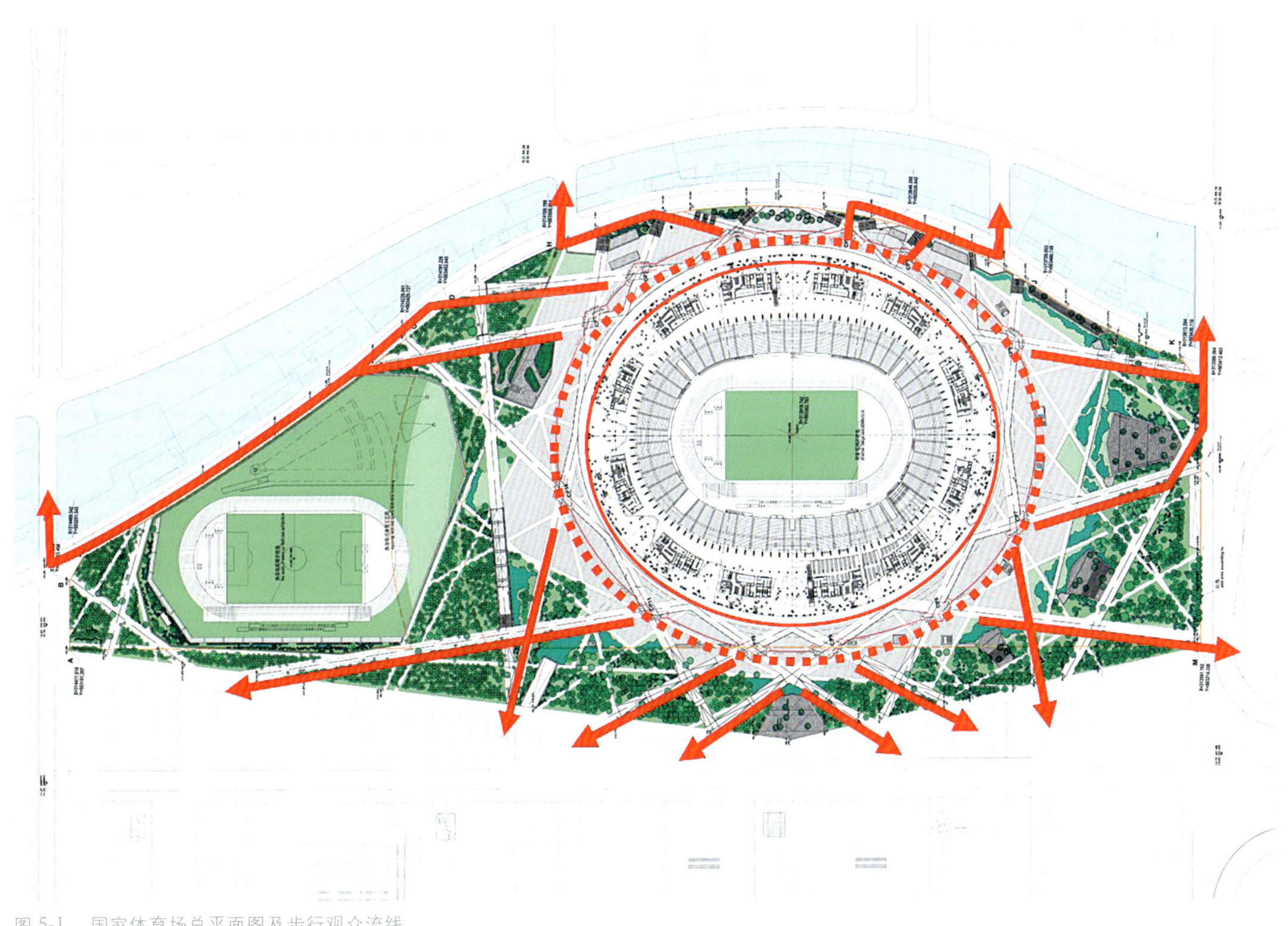

图 5-1 国家体育场总平面图及步行观众流线

(3) 地上、地下场地全景设计

国家体育场功能的复杂性，"鸟巢"的主体建筑被分为地上、地下两部分。基座平台及以上主要满足观众进出、人员使用，0层主要运动员，媒体，转播等车辆出入使用，-1层还要满足设备机房及赛后地下商业的使用要求。场地设计中的需要整合建筑地上、地下出口、道路及管线的不同需求，实现地上、地下场地全景设计（图5-2）。

(4) 实现场地设计与景观设计的有机衔接

"鸟巢"工程环境和景观要求很高，而体育场功能出口、赛事组织设施、地下管线等等不仅极其复杂，而且在施工中相互穿插，给场地和景观设计带来相当难度。我们采用场地设计与景观设计同时跟进、施工分步实施的方式，共同梳理场地条件和要求，场地设计重点满足建筑的功能使用要求，为景观设计落实、准备和预留条件，实现场地设计与景观设计的有机衔接。

(5) 实现"绿色、科技、人文"的奥运理念

"绿色、科技、人文"三大理念是奥组委对奥运工程的要求，在场地设计中，我们合理布置建筑、道路、管线，尊重保护场地内的原生树木；通过合理的竖向设计，布置环状

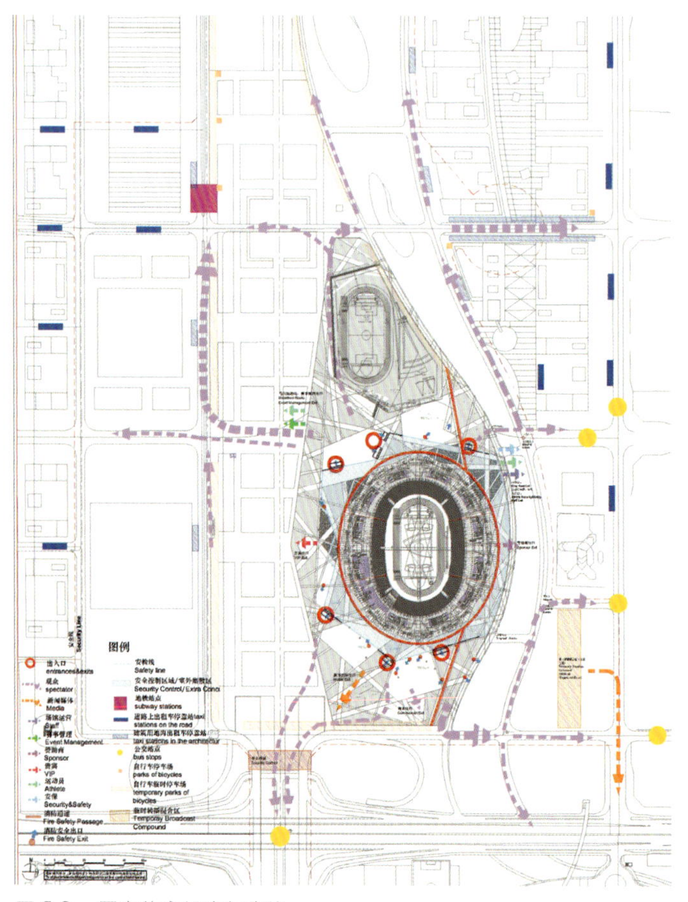

图5-2 国家体育场步行流线

排水沟，实现全场地雨水收集，体现了"绿色奥运"的理念。与柏诚公司合作，采用计算机模拟工具准确分析人流疏散状态，据此完善道路系统和交通组织，实现了"科技奥运"的要求。同时，在场地平面、竖向和道路设计中，不断分析整合，提供了周到完备的无障碍通道，方便设置各种助残设施，实现"人文奥运"的设计理念。

2. 国家体育场（鸟巢）场地设计内容：

根据中外方设计分工和各专业的技术分工，国家体育场（鸟巢）场地设计由中方设计院负责，设计范围为用地红线范围内总平面、竖向、道路、管线综合设计。同时，北侧成府路地面用地及西侧红线以外为体育场景观使用的用地，需完成其中建构筑物定位和场地标高控制、管线设计。比赛场地和热身场地具体设计为体育工艺，在场地设计中控制和配合。

场地设计阶段为设计全过程，即方案设计（深化方案设计）、初步设计、施工图设计、施工配合、运营配合。

3. 国家体育场（鸟巢）场地设计分图原则

考虑到（鸟巢）设计的复杂性和中外合作沟通的需要，本项目各专业按英文分别有自己的设计编号，场地设计英文为 Master plan，图号简称 M。M 系列图纸按设计阶段，使用需求的不同分为 M-000、M-100 两个系列。

(1) M-000 系列为设计说明、图纸分区、图纸目录、总平面图、竖向设计图、道路设计图、管线综合设计及详图，绘图比例为 1：1000，图纸大小为 A0。

此系列图纸场地范围完整，周边关系清晰，主要供政府协调、规划报批、奥运相关区域配合使用。

(2) M-100 系列为分区放大图。根据设计施工需要，将整个用地分为东北、东南、西南、西北、北（热身场地）五个分区，绘图比例为 1：400，图纸大小为 A0。

此系列图纸按分区设计，主要供建筑施工定位、道路施工、管线施工、景观深化设计使用。

二、总平面设计

总平面设计的任务是在给定的场地内，将建筑物、交通设施、室外活动设施、绿化和环境设施、工程设施等场地要素进行规划布局和定位。此项工作看似简单，其实需要综合规划条件、建筑平面、地下设施、交通组织等各方面因素，因而是场地设计中最基本、也最关键的一项工作。

1. 建筑功能分析

"鸟巢"的建筑主体，是一个南北长 333m、东西宽 280m 椭圆形建筑主体。其中包含 400m 比赛场地和观众看

台及各种设备用房等。

建筑地上部分共有6个自然层，主要为观众看台及服务区，首层地面主要供大量普通观众使用，观众可从用地四面八方到达。为保证疏散安全，建筑周边设有5.75公顷的基座平台。安检围栏设置在基座平台之中，距建筑首层墙柱距离为20~30 m，建筑外集散广场面积2.69公顷，分为12个安检出入口，引导观众直接进入建筑各观众看台观看比赛。

建筑地下层（0层、-1、-2层）则沿基座四周向外展开，容纳了国家体育场复杂的设计功能：包括贵宾、媒体、运动员、安保、场馆运营管理等等，不同要求的出入口也布置在场地的不同方位。

建筑0层设有内部环路，把整个体育场0层环绕起来，建筑内部12组交通核的垂直交流体系都跟这里相接，实现了水平和垂直的交通体系的串联。同时，0层环路还将城市外部道路以及内部的运动场地连接在一起，环路在体育场东南、东北分别设置出入口，直接和城市道路相连，消防车、救护车、后勤车等可以进入。

-1层的贵宾入口在建筑正西侧直通奥运中心区地面（图5-3）。

赛时准备区（赛后商业）的入口，分布在场地南侧、东侧，直通地面（图5-4）。

马拉松入口在贵宾入口的北侧，连接奥运中心区地面和体育场跑道。

热身场地与主体育场的联系通道则是上跨成府路隧道，在基座平台下通过（图5-5）。

通过建筑场地和建筑功能的分析，我们发现国家体育场（鸟巢）的总平面设计实际上是一个立体的设计。整合场地和建筑的条件和需求，总平面设计变得有章可循、有据可依。通过这种工作方式，伴随着设计深入和施工的进展，我们逐步完成了建筑定位、运动场地定位、建筑主出入口定位、安检围栏定位、道路广场定位、室外台阶挡墙定位、地下管线定位等，并通过总平面设计实现了建筑场地分区。

2. 总平面定位方法：

考虑到本工程场地范围大、建筑体量大、内外关系复杂，

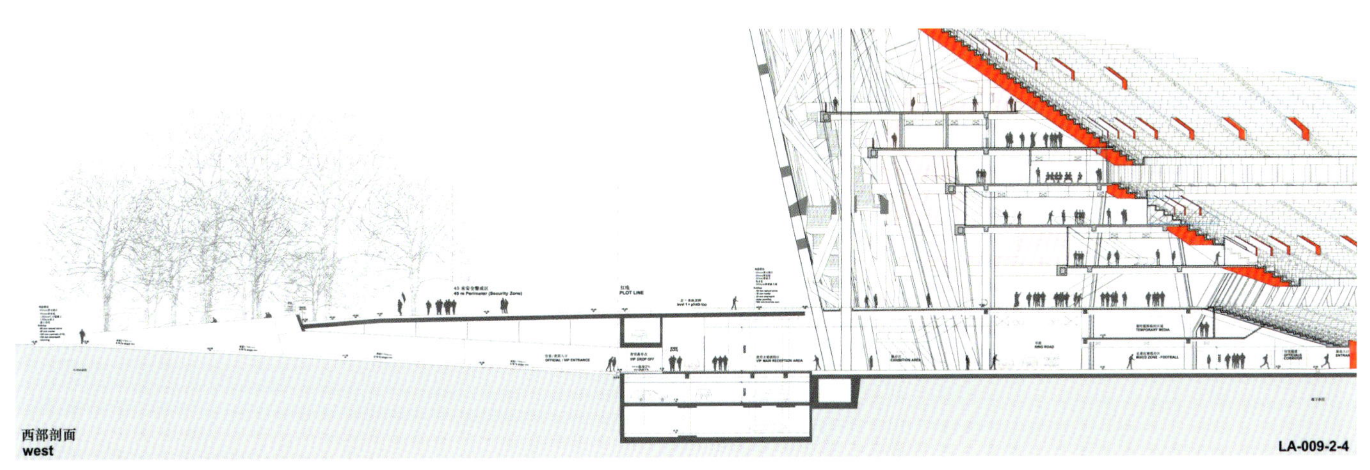

图5-3　西侧基座平台剖面图（要员通道）

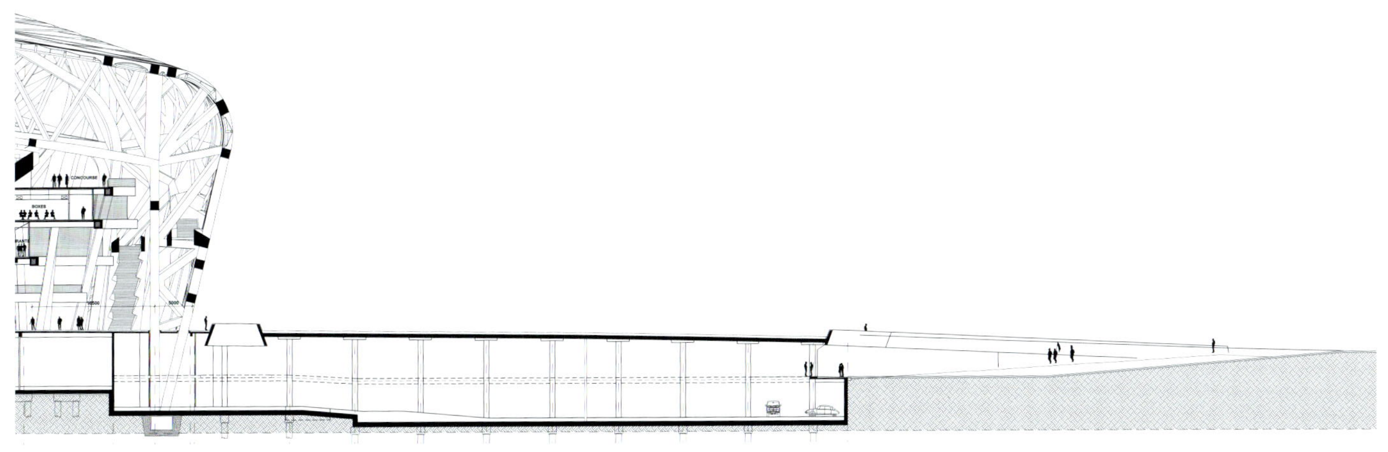

图5-4　南侧基座平台剖面图（商业入口）

且施工分区进行，我们把需定位的建构筑物分为几类情况：

（1）重要度、精确度高的建构筑物：如用地红线折点、建筑物外墙轴线交点、主要道路中心线起点、终点及交点等，是场地中关键定位点，采用坐标准确定位。施工时，关键点率先放线，并要求保护桩点，指引后续施工放线。

（2）一般重要建构筑物：如台阶、坡道、挡墙等，给定其内外专业配合需要控制点坐标。台阶、坡道、挡墙定位其起终点与道路中心线交点的坐标。田径场地给定其纵横轴线交点的坐标，方便与体育工艺图纸的衔接

（3）其他构筑物及管线定位：依托已定位的建筑及道路，采用相对尺寸标注定位，但同时也根据实际情况需要加注坐标定位点。建筑出入口等与建筑内部关系特别密切，总图专业与建筑专业配合后，总平面控制边界点，建筑平面控制墙体定位。

（4）景观构筑物：如树池、灯具、饮水台等室外小品，由于尺度较小，布置的灵活性较大，场地设计先控制其范围和区域，具体的定位及详图见景观专业图纸。

（5）本工程还在建筑轴网关系图中标示建筑定位坐标，可校核建筑坐标，方便实现建筑轴线和城市坐标系统的衔接和转换（图 5-6、图 5-7）。

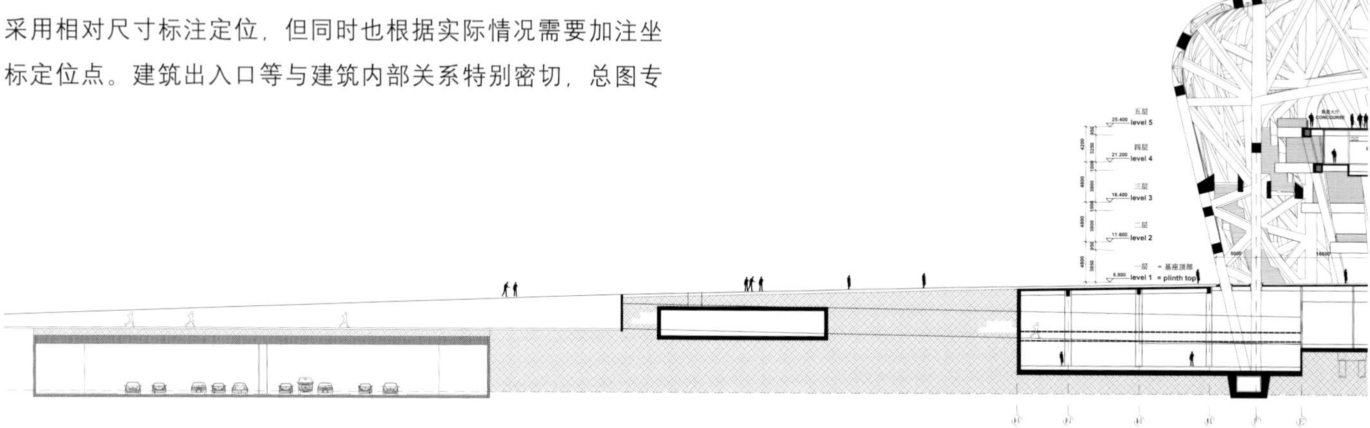

图 5-5 北侧基座平台剖面图（室外热身场）

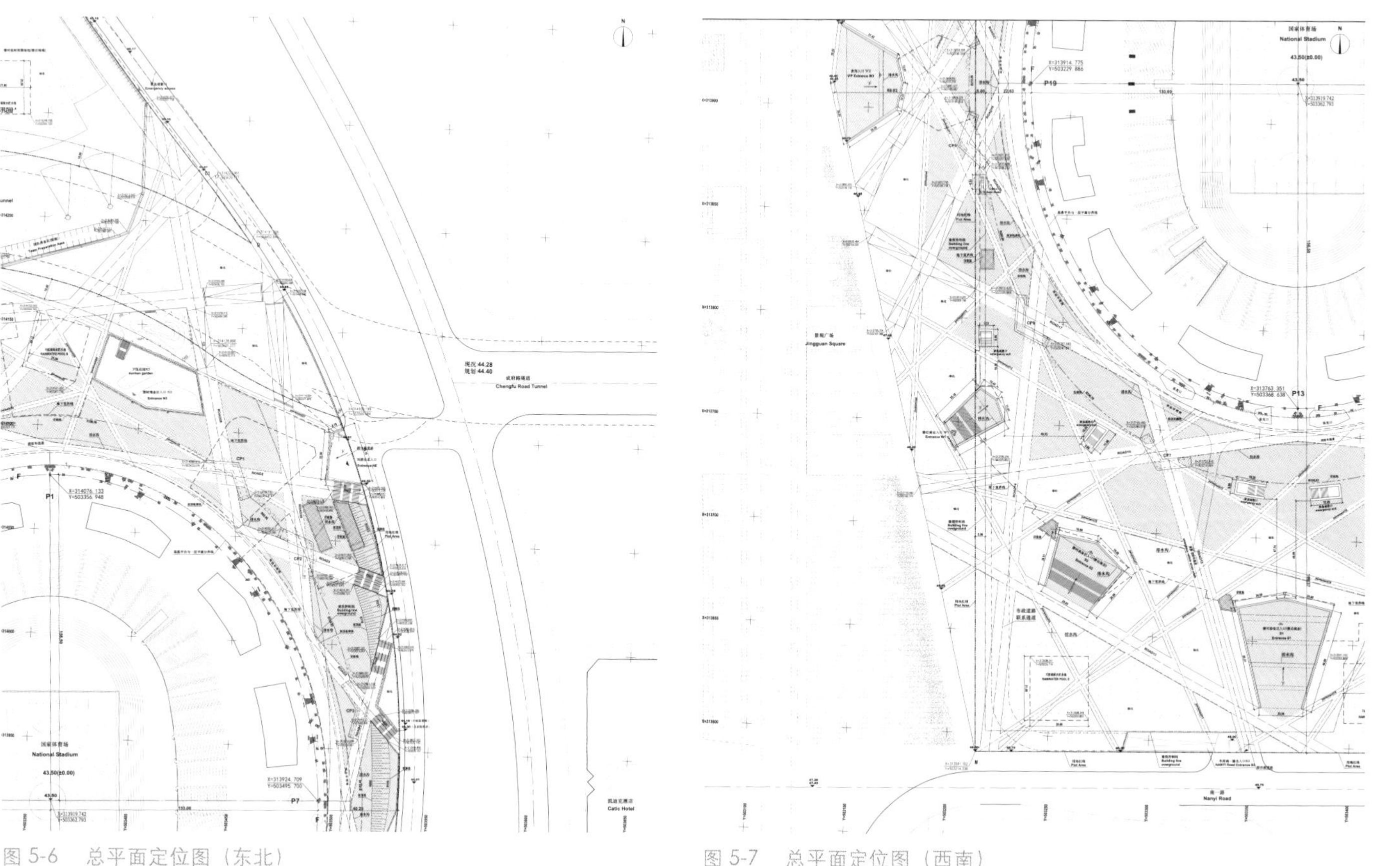

图 5-6 总平面定位图（东北）

图 5-7 总平面定位图（西南）

三、竖向设计

“鸟巢”建筑主体和场地就像雕塑和基座一样相互依存，是不可分割的整体，而竖向设计就是把这个雕塑固定在场地基座的过程。不仅如此，巧妙的竖向设计还能实现场地多重立体利用，既能满足建筑地上地下各种功能要求的需要，又可引导人流在不同标高，以不同角度观赏建筑，并自然地进入建筑主体。同时竖向也是整个场地的景观设计的基石。

1. 竖向方案的确定

竖向设计之初，“鸟巢”的建筑方案设计正在调整中，“鸟巢”和基座的关系只有一个设计的意向，而当时的奥运中心区几乎是一片荒地，包括中心区城市道路等市政配套设施也还在北京市规委的讨论和调整中。但工期不等人，需要设计方在很短时间内提前给定主体建筑的 +0.00，以便提前开始土方和基础施工，设计任务相当艰巨。面对压力，设计团队密切配合，中外建筑师、场地设计师紧密协同，从梳理场地和看台的关系入手，确定 +0.00 基准位置和内外高差关系，核算出建筑场地与城市道路及周边环境的衔接关系；又和结构、机电工程师一起，确定建筑地下室层高、确定建筑出入口位置标高等，然后采用等高线法搭建场地竖向模型，很快一个 0.5m 间距的初始等高线网铺满整个建筑场地，坡型建筑基座基本形成（图 5-8）。

“鸟巢”场地设计为以建筑为中心、围绕建筑的坡型基座，既满足建筑功能和景观设计需要，同时是实现场地雨水收集系统的重要保证。建筑四周由内向外、由高到低的单向坡面，方便场地内分区分层布置雨水沟，在基座平台和用地红线双层布置的环状雨水沟，实现了雨水的全场收集，收集的雨水通过雨水管进入雨水收集池，实现雨水回用。

2. 场地关键点标高的确定和控制

依据规划部门提供周边市政道路条件，场地周边市政道路控制标高为 43.80～45.80m（绝对标高）之间，西南角最高，东北角最低，与现状地面标高基本一致。随着设计的深化，在竖向方案确定后，设计方利用手中有限资料条件，逐步确定场地关键点标高并进行控制。

考虑到设计施工的便利性，体育场的建筑 ±0.00 定在建筑中心田径场地中心位置，绝对标高为 43.50m。0 层与中心田径场地直接相连，层高 7.3m，为体育场赛时各种用房及车流集散的主要平面，并安排商业、停车及其他设备用房。其相对标高为 -0.5m，绝对标高为 43.00m，方便各建筑出入口直接与市政道路相连。

建筑 0 层以下的地下一层为停车区，该区域既可通过建筑内部坡道到达 0 层标高连接市政路，又可通过南北两条隧道，与成府路地下隧道（绝对标高为 36.00m）相连，并在南侧与奥林匹克中心区地下环形隧道空间（绝对标高为 37.00m）衔接，而通道上方还要满足场地内管线、道路设计的需要。隧道衔接是内外配合的难点，设计方多次和市政院道路和结构专业配合沟通，最终确定衔接位置、接口大小和标高，实现了场地的无缝连接。

基座平台联系建筑一层，其相对标高为 6.8m，绝对标高为 50.3m，比周围市政道路平均高 4.5m，观众通过场地内道路引导至基座平台后，可以在基座平台俯视奥林匹克公园。观众从基座平台进入体育场一层后，中上层看台观众通过电梯、楼梯进入各自看台区。下层看台从基座平台 6.8m 标高引入并逐渐下降与田径场相接，实现了建筑和场地的完美衔接。

热身场地位于场地北侧，场地中心的绝对控制标高为 44.50m，设计巧妙利用基座平台与成府路地下隧道顶板间的高差，实现了比赛场地和热身场地的联系通道，保证了运动员的使用要求，景观上形成下垂式热身场地的效果。

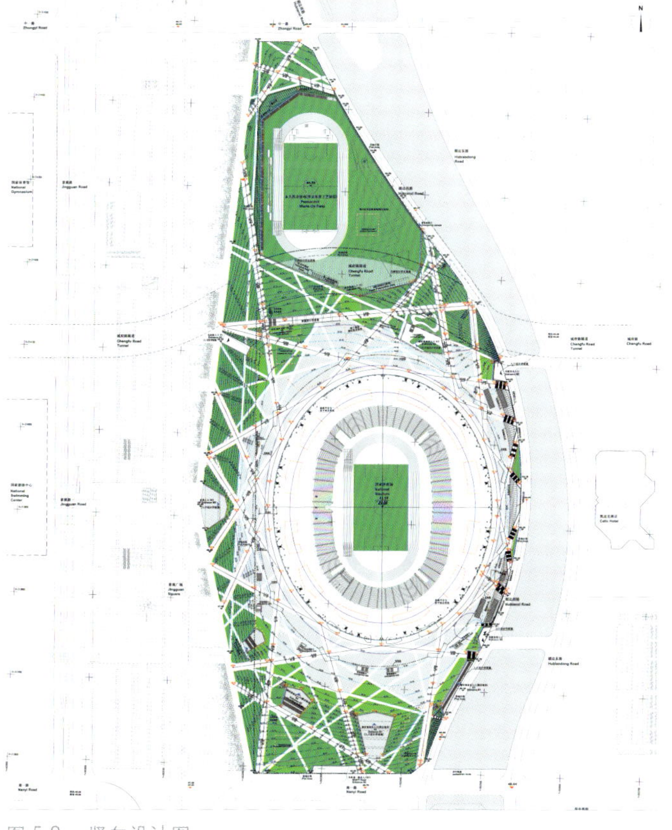

图 5-8　竖向设计图

3. 技术难点及处理

（1）控制地下室顶板的标高

“鸟巢”的基座平台，一方面是观众进出和疏散的平台，要考虑疏散广场的平整度，平台与建筑、放射路网的衔接，另一方面基座平台又是功能复杂的0层顶板，其控制标高又要保证地下室的层高及管线进出的要求。由于坡型场地的特点，地下室顶板标高渐次变化，场地完成面标高和地下室顶板间的覆土很薄，还要满足道路、景观（绿化，小品，照明等）做法、排水沟和临时设施布置的要求，因而需要对场地标高的控制相当严格和苛刻。面对这种情况，设计方同建筑师、结构工程师密切配合，把场地标高的控制深化到为对结构顶板标高的控制。把建筑地下室结构柱网和场地完成面等高线控制网相互叠加，分别求证上下控制面的标高，再逐点换算成地下室结构板顶、每个梁柱顶面的控制标高，这样精确到每个点的控制，实现了结构顶板面随场地竖向标高变化和找坡，满足了地上地下功能的使用要求。

（2）场地内构筑物的标高控制

“鸟巢”建筑主体周边布置有大量构筑物，如建筑人防出口、疏散楼梯出口、通风竖井、排水沟、煤气调压站、安检围栏、台阶、护坡及挡墙等，同时，贵宾、运动员、马拉松、商业出入口等结构顶板之上即为基座平台，这些出入口不仅需要控制地面标高，结构顶面和挑蓬处标高也同样需要控制。设计中，我们把这些构筑物同时纳入整个标高控制体系，根据其不同特点，分区分层次有针对性进行控制处理。比如，安检围栏布置在建筑周边基座平台上，场地竖向设计尽量平整，控制标高基本一致，与建筑主体保持相对稳定的竖向关系。通风竖井、排水沟，出入口地面等布置紧贴地面，根据等高线网给定控制标高，使它们和基座平台融为一体，对于体量较大的通风竖井则分面分段控制和拟合。台阶、护坡及挡墙等采用控制其与场地交接面的标高的方法控制，即竖向设计中给定其顶面及底面控制标高，其他内部标高做法由景观专业给出。

通过对场地内构筑物的标高控制，量身定做般将它们嵌入在场地之中，和基座融为一体，保证了基座的完整，实现了与建筑的一体化。

（3）场地周边的衔接处理

同“鸟巢”建筑主体和场地的关系一样，“鸟巢”和奥运中心区也是一个密不可分的整体。“鸟巢”西侧的中心区广场、东侧的龙形水系都是奥运中心区的重点控制区，分属不同的设计单位设计。由于工程的特殊性，“鸟巢”工程几乎是奥运工程最先开工、又最后一个完工的项目，因而场地和周边道路场地的衔接配合也从设计前期一直延续到施工后期，时间跨度大，配合面广，也是从未遇见的。竖向设计中，设计方充分考虑到问题的复杂性，不仅用等高线网覆盖了场地的每一个角落，还在用地红线边线给定关键控制标高，积极要求首规委多次组织相关设计单位相互配合，同时设计方还在场地周边适当预留竖向缓冲段，西侧道路预留5～10m段后期施工以方便与中心区的衔接；建筑东侧坡度较陡，设计有台阶、护坡及挡墙，设计方不厌其烦，逐个控制其顶面和底面的标高，并预留1-2步台阶与湖边西路衔接，有效地处理了场地衔接问题（图5-9）。

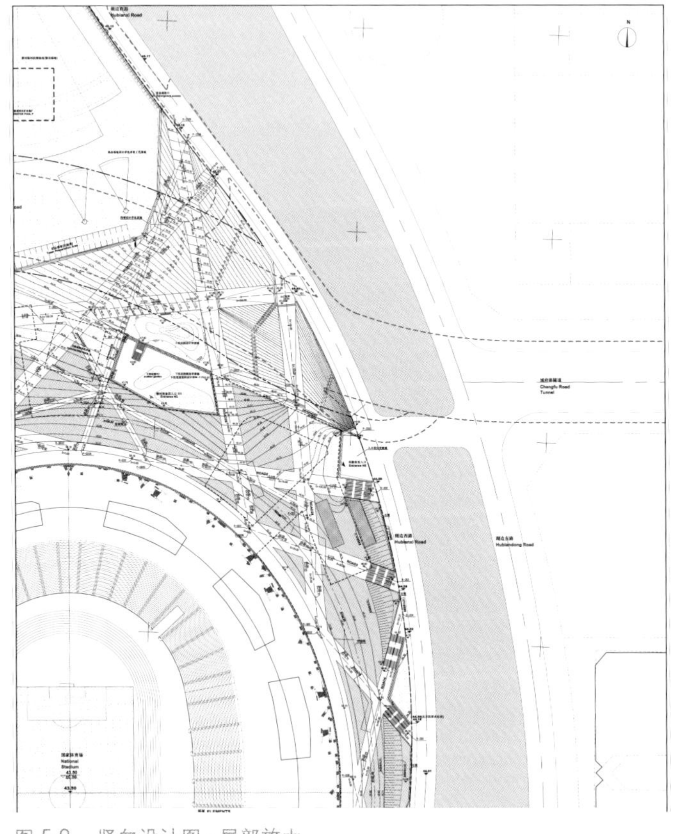

图5-9　竖向设计图-局部放大

4. 竖向设计方法

（1）等高线法

一般场地的竖向设计方法分为等高线法和高程箭头法两种。由于本工程场地竖向要求较高，竖向设计需要控制场地的每一点，同时为满足交通、疏散等要求，体育场-1层、0层、基座平台等多个标高上都设有车行、人行出入口，优先采用了等高线法进行设计，场地等高线向内延伸至建筑内部，可与搭建的建筑内部三维立体模型相通，向外延展至用地红线的边沿，可准确直观地与周边道路，中心区其他场地的配合和衔接，达到了内外配合和指导施工的目的。随着设计的深入，0.5m 间距的等高线逐渐深化为 0.2m，0.1m 间距的等高线设计，同时为兼顾到关键标高点控制，最终采用了等高线加关键点标高控制的方式进行竖向设计：即整个场地通过等高线覆盖每个角落，关键点处再加注标高控制点便于内外衔接。这样，分层次的控制不仅实现对场地的整体控制，从基座平台层层放射的等高线设计也较好地呼应建筑形象，为场地景观设计和雨水收集预留了条件。等高线设计的方式也得到了北京市规委的赞许和认可，在奥运中心区设计中也推广了这种竖向设计方式。

（2）等高线定位法

等高线法能够很好的控制场地的每一处标高，但等高线的精确定位一直是等高线法的难题。设计方将这个问题同道路设计图纸联系起来，在道路设计图纸对场地中每一条道路的中心线都进行了坐标定位和里程桩标注。同时，等高线和道路中心线的交点也进行了里程桩的标注，通过对照道路图上道路中心线定位，能够很容易推出该处交点的具体位置。密集的道路网和等高线形成了众多的交点，这些交点就是等高线控制的网格，实现了场地等高线的控制和定位，为场地竖向的精确施工提供了良好的技术保证。

（3）标高系统

考虑到体育场内外配合的需要，设计方在竖向设计中采用了相对标高和绝对标高两套系统。其中，绝对标高系统采用城市高程系统，用于对外市政及规划的衔接；相对标高系统以建筑 +0.00 为高程原点，用于建筑内外、场地内部的沟通和衔接。后期的施工组织中也延续了这种控制方法，两套系统不同使用、相互校核，收到了良好的效果（图 5-10、图 5-11）。

图 5-10　排水沟与道路

图 5-11　通风口

四、道路设计

道路被喻为城市的骨架和血脉，在建筑场地设计中也是如此，道路设计不仅连通场地内外各出入口，也把场地划分为不同的区域。体育场密集放射道路路网是与“鸟巢”特有的编织式结构相呼应的编织辐射系统，不仅联系了建筑及场地周边各个方向的城市路网，是体育场交通疏散要道，也是对建筑形象的呼应和延伸，是国家体育场建筑和景观一体化的设计重点。

1. 编织状放射路网的形成

作为特大型体育建筑，道路设计中以满足交通疏散要求为第一需求。“鸟巢”的建筑首层是一个可以自由进出的开放空间，围绕建筑主体基座平台是人流疏散的室外广场，安检围栏和 12 个安检出入口布置在平台中央。为保证疏散安全，每个安检口均设计两条不同方向的道路对外相连，成为来自奥林匹克公园中心区各个方向的观众进出国家体育场的主要路径，形成一系列由基座向场地四周辐射的主要道路，围绕建筑主体的椭圆型轮廓旋转编织而成。次级道路（支路）则综合人流疏散强度和构图要求，完善和加密路网，填充在主路之间，成为交通辅助流线和主要路径之间的联系通道。主路和支路的组合编织，形成了编织状放射路网。考虑到“鸟巢”的特殊重要性，设计中引入国际先进的计算机模拟体系，与英国柏诚公司合作，对体育场散场时的人流疏散流线，从建筑内部到基座平台，再通过场地道路到达市政道路集散点的全过程进行动态模拟分析，并据此验核和完善路网设计，为赛时提供合理人流疏散和引导方案，收到了良好的效果，成为实现“科技奥运”理念的一个亮点。

2. 道路坡度及无障碍设计

提供完善周到的无障碍设施，是体育场的设计中不可或缺的重要内容。“鸟巢”作为奥运会和残奥会的主场，道路设计以无障碍设计需要的原则。根据奥组委的要求，路网设计需要提供轮椅通道的设计方案，我们着重分析了场地条件和人流疏散要求，建筑东侧用地受限且建筑与道路高差过大，采用台阶式布置，不考虑无障碍通道，而场地北侧、西侧、南侧的主要道路，均按无障碍考虑。为此，设计方和建筑、景观专业密切配合，从确定建筑 +0.00 开始，到每一个建筑出入口的道路衔接，都按无障碍标准设计，通过调整建筑出口标高、道路平面标高，逐一核定各条道路的无障碍通行条件。对个别坡度较大的位置，及时报奥组委备案，加强赛时的疏导控制，确保了无障碍设计落实到位。9m 宽的主要道路满足轮椅和视力残疾者使用要求。3m 宽次要道路满足视力残疾者使用。主次道路直达体育场基座平台和各出入口，在道路转弯和变坡处设止步石提示视力残疾者。满足无障碍使用的要求，体现了“人文奥运”的理念。

3. 与竖向和景观设计的衔接配合

“鸟巢”工程中，道路路网既是竖向设计的控制骨架，又是景观设计的重要元素，因而与两者的衔接配合非常重要。设计方利用道路骨架，对道路中心线定位定标高，实现了场地与周边市政道路及场地的竖向衔接。同时，对道路的横坡、纵坡的精细控制，也是对整个场地竖向的控制和把握。不仅如此，还利用道路路网对场地进行分格，为景观设计确定基础框架和控制标高。为满足景观需要，在道路做法的选定中，道路构造满足结构荷载的要求，面层做法则延续建筑首层地面材质，采用青石板面材，以自然的、不规则的方式和规格铺砌，将建筑和场地连为一体，实现了景观和建筑一体化设计，有力地烘托建筑主体的纯净感，形成了具有雕塑感的建筑主体。

4. 设计手法

(1) 不同功能道路分级设计

体育场道路分为主路和支路两类。其中主路 9m（6.5m）路可通行车辆，与基座平台上的环形消防车道相连，平时为主要人流集散通道，道路荷载按车行道考虑。综合无障碍设计要求，道路横坡为 0.5%，单面坡设计，方便跟基座平台及建筑出入口单向坡相接。道路纵坡小于 5%，保证横纵坡的综合坡满足无障碍坡道要求。

支路 3m 路为次要人流集散通道，与主通道交错相接。3m 道路荷载按人行道考虑，道路坡度按广场做法，控制其关键点标高，保证衔接。并顺应竖向等高线布置控制横坡、纵坡并通过核算道路综合坡度，确定其无障碍通行条件。

(2) 多层次的道路定位方法

体育场的道路定位采用坐标加里程桩两种定位相互校核。主路编号为 road 系列，列表给定其起点、终点、交点及其与红线交点坐标，方便内部控制和外部协作。次路编号为 pavement 系列，以与其相交主路为起点、终点，在 1：400 图中直接给定坐标，利于现场放线施工。

由于“鸟巢”工程场地范围大，工期紧张，道路施工时为分段、分时施工，设计中还给定主路和次路的道路里程桩，便于划分工作界面和施工现场校核。同时，利用道路里程桩加密场地竖向控制，实现等高线定位，也给景观绿化种植，小品定位提供依据。

(3) 细部设计

为配合雨水收集和景观需要，集中绿地与道路之间采用平道牙设计，使绿地与道路和集散广场平顺连接。环形排水沟结合在道路路网设计中，设置在基座道路外侧，顺应道路坡向与道路平接，完整有序。绿地中雨水口采用节水型绿地雨水收集方式，雨水口高出绿地 3 ～ 5cm，既方便收集道路雨水，又保证绿地中雨水先渗后排，真正实现雨水的收集利用，响应了“绿色奥运”的理念（图 5-12 ～图 5-14）。

五、管线综合设计

作为大型的体育建筑，“鸟巢”工程的室外管线种类繁多，主要涉及管线有生活给水、优质中水、雨水、污水、电力、电信、热力、燃气、火炬用气等，再加上各类施工临时管线、赛时临时管线、地下通道和通风道等等，应该说“鸟巢”工程室外管线综合设计异常复杂。同时，“鸟巢”工程施工周期短，施工队伍众多，内外衔接点多，也都给管线综合设计带来了巨大挑战。

1. 管线设计条件分析

表面看来，鸟巢用地很大，但真正可供管线通行的场地却相当有限。如建筑西侧和南侧由于地下室功能复杂，地下室面积远远大于建筑首层面积，加之地下室层高要求，这部分场地的部分区域覆土仅0.5m，根本无法通行室外管线，而场地南部的原生树木、地下通道又给场地南侧的南一路管线布置和市政接口限定了条件。场地东侧是市政管线接口的主方向，但东侧场地与市政路高差大，不仅需安排台阶、边坡等构筑物，并把体育场出户室外管线和市政接口分隔在不同标高，需要管线绕道，加入更多的管井方能衔接。场地北侧中一路是奥运中心区的主要干道，市政管线齐全，但中一路据“鸟巢”主体过远，管线需要跨越成府路地下隧道，通过的位置和标高条件相当受限。

为落实“绿色奥运”的理念，本工程需考虑雨洪利用，需要在场地中采用排水沟收集雨水、在东南西北及体育场中部分别设雨水回用贮水池，这也给管线综合设计增加了难度。

2. 全过程内外配合设计

考虑到“鸟巢”工程的复杂性，管线综合设计中我们采用全过程控制的方式。由于奥运工程的特点，鸟巢及周边场馆，市政道路几乎是同期设计、同期施工。这样设计方在设计的初期一方面是缺乏市政资料的先导，另一方面又需要不断提供市政需求，而在设计后期和施工阶段则会同时接受新设计条件和施工现场的要求，设计需要及时调整和变更，因而需要我们全程设计，内外配合。

在方案阶段，首先是场地和市政条件的输入，分析各种条件和制约因素，合理对管线主方向进行排布，并提示建筑室内机房布置、管线设计与外部市政条件匹配。同时，和相关专业配合，对燃气调压站、雨水收集池、化粪池等重要管线节点初步分区、定位，以指导建筑内部管线和室外管线的设计。设计中，设计方还积极进行规划和市政部门的衔接配合，将管线需求和接口条件向规划市政部门输出，争取获得有利的外部条件。

初步设计及施工图阶段，逐步完善设计方案，具体排布水、暖、电、通信、热、气等各室外管线路由，精确控制线位和井位，保证室外管线对内准确接至室内管线和设备机房，对外准确衔接市政管线接口。

施工阶段，设计方和市政和体育场管线施工单位共同努力，在施工前逐一复核外部管线接口和内部管线甩口，然后按既定的坐标、标高严格实施，实现点对点的精确对位衔接。

3. 精确化设计和施工

由于各类条件所限的原因，室外管线施工一般精度不高，但在“鸟巢”工程设计中我们提出精确化设计和施工的理念。这是因为，“鸟巢”工程不仅要求在有限的时间内完成，而且要求提交精品，特别是室外管线施工时已是整个工程的施工

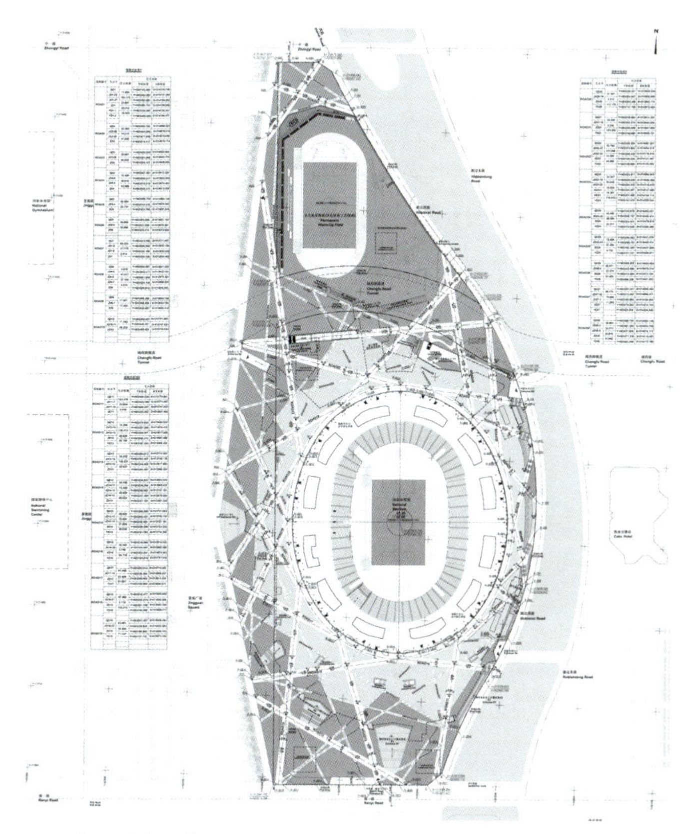

图 5-12　道路设计图

图 5-13　中心区道路系统

图 5-14　国家体育场基座平台道路

后期，施工现场异常复杂，施工单位交叉作业日夜赶工，根本没有整改返工的时间，因而要求一步到位，实现精确化设计和施工。为此，设计和施工单位达成共识，都付出了巨大的努力，设计精确到位，施工严格实施。同时，在奥运08办和工地的例会中，和不同的设计、施工单位间相互校核，圆满地完成了任务。

4. 设计手法

（1）分区设计和施工

由于“鸟巢”工程场地范围大，施工单位也不相同，如：燃气管线由燃气集团施工，热力管线由热力集团施工，雨污水管线由城建集团分区施工。结合体育场的特点，将管线设计按东北、东南、西南、西北、北（热身场地）共五个区分别设计，各区解决各自建筑接口，布置管线路由和构筑管井，各区之间按管线类别衔接到位，最后汇总与市政管线衔接。实际施工中，结合施工现场的实际情况，按不同管线类型，和施工单位一起分区进行点到点对位衔接，确定施工界面，衔接点施工双方确认，确保各区管线衔接顺畅。

（2）管线精确定位

“鸟巢”工程的管线定位分两个层次进行。一是通过1：1000图纸控制整个场地管线，梳理整个管线系统和布局，坐标给定市政接口、关键构筑物及管井的坐标、标高和管径等，实现内外衔接。二是在1：400图纸的施工图设计中，对施工管线坐标定位。优先对雨水，污水等重力流管线的检查井给坐标定位，给水、中水、燃气、热力等有压管线转折点、标高变化点给坐标定位，电力、电信电缆的检查井给坐标定位。出户管、支管结合建筑和主管位置，用相对尺寸定位。为保证景观设计需要，施工图后期，我们又将管线综合图纸提交景观设计专业，并和景观专业一起再次梳理管线位置，逐点确认管井的位置，保证同步设计，一次施工后达到景观要求的效果。

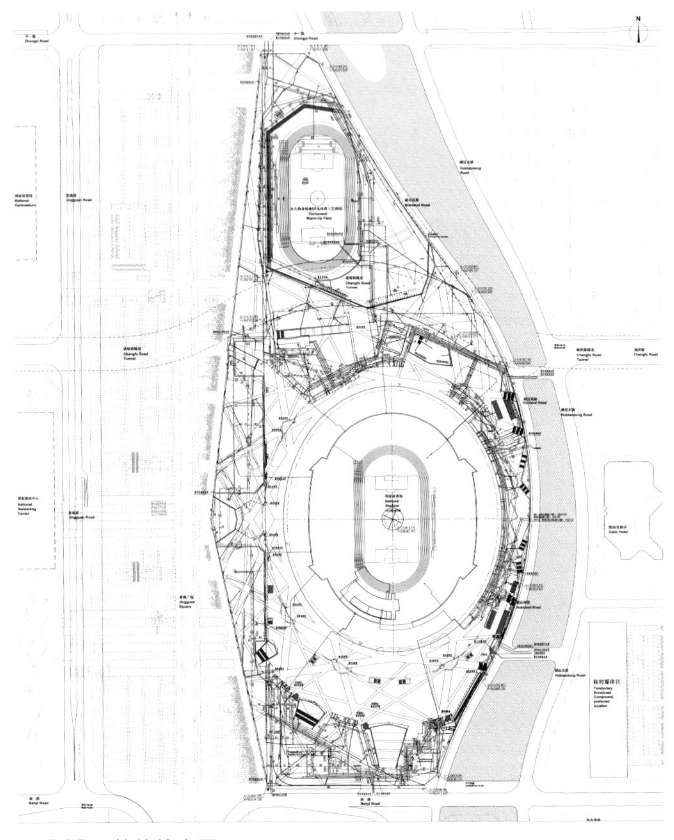

图5-15　管线综合图

“鸟巢”工程的管线综合设计又分为平面综合和竖向交叉点综合两部分。平面综合时利用场地条件，通过管线对位、共线，性质相同的管线集中布置等方法合理布线，使管线各行其路，尽量缩短管线长度，减少管线交叉。竖向综合时，我们针对不同管线的交叉点进行编号，逐点验算确定每一个交叉点的两种不同管线类型、管径和标高等，保证交叉点各管线各在其位、标高分层敷设。通过管线竖向综合表，各管线交叉点列表校核，施工时一目了然，有效地指导了工地施工。

（3）景观及临时管线处理

景观设计管线主要有场地照明、重点照明、绿化喷洒等，它们一方面需要场地主管线的引入，另一方面需要和景观构筑物对位，一般设计施工较其他管线晚，设计中有一定的变化和不确定性。设计方在设计前期充分考虑预留其容量、负荷条件，保证其衔接条件，施工图设计时，汇同景观专业对个管线衔接点严格控制其位置、标高、管径等接口条件。施工时先进行主管线施工，景观管线预留接口再后期施工，实现了景观设计管线有序衔接。

对于临时管线，坚持“临时让永久”的原则，根据永久管线的布置，综合现场条件和临时管线的使用要求，合理排布，防止其乱搭乱建，影响永久管线的施工。如赛时用临时电缆布置时，依据设计管线综合图，见缝插针，保证永久管线的使用。为施工供热，热力管线2007年先行施工，曾占用其他管线路由，供暖结束后即要求施工单位及时调整管线，保证其他管线的正常施工（图5-15～图5-17）。

六、设计和施工配合

“鸟巢”工程的重要性和复杂性，将设计和施工各个环节紧密地联系到了一起，面对技术和施工的双重挑战，设计方在长达5年的过程中，协作沟通，密切配合，合作完成了各项工作。

1. 设计配合

参与“鸟巢”工程的设计团队很多，有外方设计伙伴、外单位设计伙伴，还有设计内部各专业，配合的密度和强度都超出以往项目。例如：建筑定位和 +0.00 的确定，是中外建筑师和场地设计师共同配合的结果。建筑地下室顶板标高的确定则是由建筑、结构、机电专业内部配合，场地、景观设计师外部配合而最终确定的。雨水收集利用是建筑师、给排水工程师、场地设计师、景观设计师共同努力实现的。场地内道路、台阶的定位做法，安检围栏设置，都与景观设计师密切配合。同时，设计方还和市政设计院配合，实现了地面道路、成府路地下隧道的衔接；和北京市建筑设计院配合，完成了鸟巢和中心区广场的竖向和道路衔接。

正是通过连续紧密的沟通和配合，保证了“鸟巢”在内的奥运工程的顺利完成。

2. 施工配合

设计和施工一直是一对相互关联的矛盾体，在“鸟巢”工程中更是一对密不可分的合作伙伴。在工程的设计施工之初，场地及周边几乎为一片空地，各种资料和条件缺乏，设计需要施工单位的协助才能获取场地的第一手资料。在设计和施工的后期则是全面开花，工期特别紧张各种施工交织在一起，这不仅增加施工的难度，而且要求设计人根据现场条件及时调整设计、协调施工。

例如：道路设计施工需要衔接场地内外，建筑各出入口的标高，由于先期设计条件的不完备及施工误差的因素，道路施工中需要的现场配合较多。一方面建筑施工误差造成许多道路起点标高变化，另一方面与市政道路、中心区广场交接面复杂多变，需求不断增加。加上施工后期工期极度紧张，各施工单位都想提前施工。针对这种情况，设计方一方面请施工单位配合，及时验核建筑各出入口、道路接口标高，适当调整部分道路坡度，并做设计预留；另一方面请奥运 08 办和规委协调兄弟设计施工单位合作，共同验核分界面、衔接点，同时下达设计指令，确保各方施工的正确性，最终保证了道路、广场的顺畅连接。

“鸟巢”地下室顶板的实施也是设计和施工密切配合的成果。场地标高控制结构顶板标高，对设计和施工都是一个前所未有的难题。通过双方配合，设计方在施工前逐点确认地下室结构板及每个梁柱顶面的控制标高。施工单位严格控制每一处梁、板、柱顶面按标高支模施工，施工完毕后及时逐点检测、修正标高，再把完成面标高反馈设计方。最后根据现场条件，设计对部分道路标高进行调整，最终保证了结构施工准确、场地最终设计标高满足要求（图 5-18）。

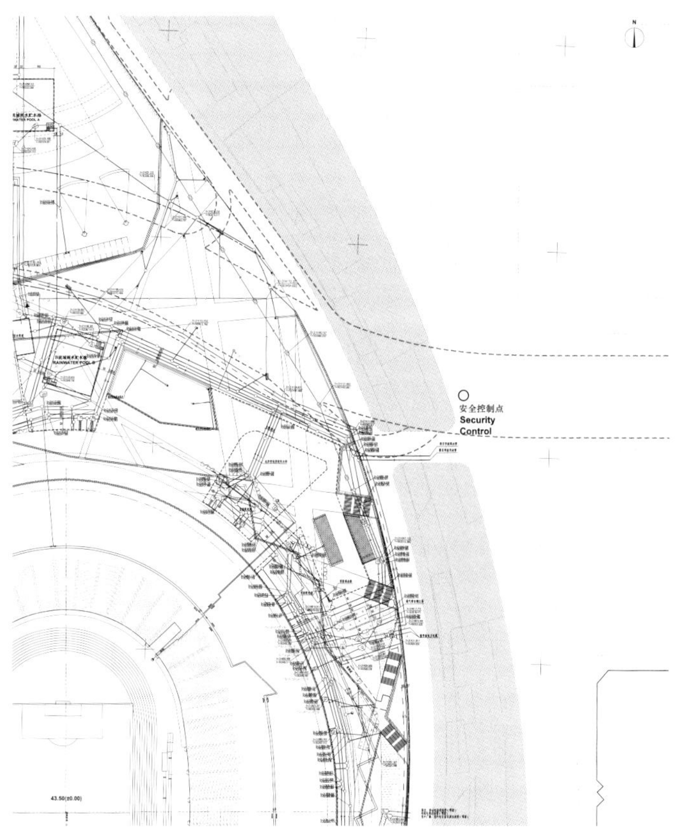

图 5-16　管线综合放大图

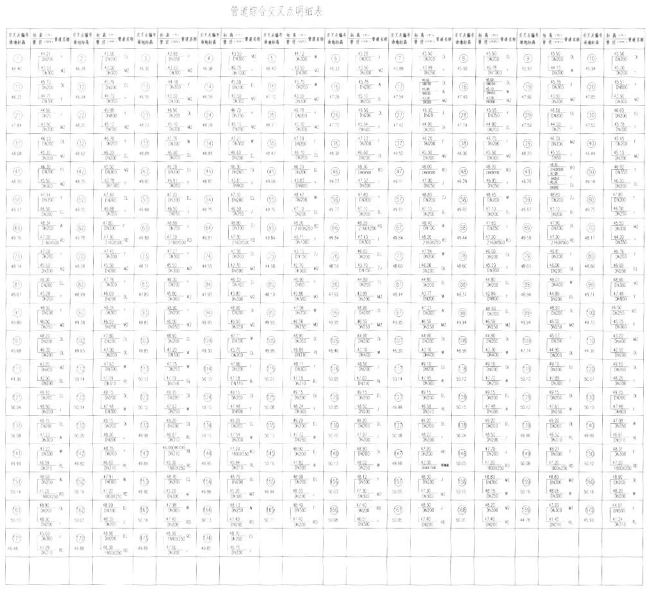

图 5-17　管线交叉点编号图

图 5-18 施工现场

第二节 景观设计

一、现状分析

1. 基地位置和在城市区域中的地位

国家体育场位于北京奥林匹克中心区的南部，主体建筑紧邻城市中轴线，其东为湖边西路和中心区景观水面；西为北中轴路和 200m 宽景观绿化带；南为北四环路及南一路，北为中一路。体育场用地为不规则四边形，东侧沿景观水面为弧形边界，用地北端拟建规划成府路隧道以 36.691~36.331m 标高从地下穿过，将用地切分为南、北二块。其中北块用地 3.68hm^2，南块用地 16.73hm^2。

2. 基地内地形地貌

用地范围内地形相对平缓，地面标高一般在 42~47m 之间，地势总体为西北和南部较高，由西向东，由南向北，地势逐渐降低。用地范围原有农田、村庄及一些企事业单位，沿大屯路、成府路、辛店村等道路区域有地下管线等设施，现用地已完成拆迁和场地清理，满足建筑施工条件。

依据规划部门提供的周边市政道路条件，场地周边市政道路控制标高为 43.80~45.80m（绝对标高）之间，西南角最高，东北角最低，与现状地面标高基本相符。

3. 基地内绿化状况

场地其他区域已基本完成树木移阀，场地内南侧原别墅区小范围内，有各种树木留存。

图 5-19 国家体育场与基座平台上的道路系统

图 5-20　基座平台的景观

4. 自然状况

国家体育场位于北京市朝阳区。地处东经 116°23′ 附近，北纬 40° 左右的北京平原，雄踞华北大平原北端。北京的西、北和东北，群山环绕，东南是缓缓向渤海倾斜的大平原。北京平原的海拔高度在 20~60m，山地一般海拔 1000~1500m，北京的地势是西北高、东南低。

北京的气候为典型的暖温带半湿润大陆性季风气候，夏季炎热多雨，冬季寒冷干燥，春、秋短促。年平均气温 10~12℃，1 月 -7~-4℃，7 月 25~26℃。极端最低 -27.4℃，极端最高 42℃以上。

全年无霜期 180~200 天，西部山区较短。年平均降雨量 600 多毫米，山前迎风坡可达 700 毫米以上。降水季节分配很不均匀，全年降水的 75% 集中在夏季，7、8 月常有暴雨。平均海拔 34m，土地肥沃，宜于耕种，暖温带大陆性季风气候，四季明显，气候宜人。

5. 基地的交通状况

体育场南部的北四环路段已根据规划竣工。东部的北辰东路目前为辅路。根据规划，许多市政道路如：成府路、中一路、湖边东路、南一路、景观路和湖边西路将环体育场建设。根据交通规划，将沿中轴路建设地铁，并建设一条奥林匹克支线，贯穿北部森林公园的中心区。体育场的北边在中一路和大屯路之间将设奥林匹克公园站。体育场南侧沿北四环路南边为奥林匹克中心站。

二、规划设计理念

逐渐地，同时几乎是在察觉不到的情况下，将城市的地面慢慢地抬高从而形成了国家体育场的基座。体育场的入口处地面轻微升高，因此，可以浏览到整个奥林匹克公园建筑群的全景。基座的几何体延续了体育场的结构肌理并与体育场合二为一，如同树根与树。行人行走在不规则的由坚固并耐久的本地产自然石英岩铺成的网状石板步道上。主道路聚合了十二个控制点，将“休息区”分成不同的入口。安保围墙设置在离体育场大约 20m 的位置，从而形成了宽广的外部集散空间。步行道之间种植了不同种类或高或矮的植物构成了丰富并高品质的传统中国式花园。这些空间同时为体育场来宾提供了令人愉快的娱乐空间：配有长椅，雕刻的石头，小树林，灌木以及位于北面的下沉式庭院。在北面，南面和西面，同样为来宾提供了入口可以进入到基座内不同设施（图 5-20）。

三、总体规划

（一）地形设计

依据规划部门提供的周边市政道路条件，场地周边市政道路控制标高为 43.80 ～ 45.80m（绝对标高）之间，西南角最高，东北角最低，与现状地面标高基本相符，设计考虑场地从市政路缓缓升起，形成一个平均高于周围 5.3m 的缓坡平台，自然形成了体育场的基座。基座与建筑一层相连，体育场的观众人流入口即在这个平台上，观众可以俯视奥林匹克公园。基座平台下为 7.3m 层高的零层，为体育场赛时各种用房及车流的主要集散平面，并安排商业、停车及其他设备用房。负一层为停车区，并与奥林匹克中心区地下空间（绝对标高为 37.00m）衔接。观众从基座平台进入体育场一层后，中上层看台观众通过电梯、楼梯进入各自看台区。下层看台观众由基座平台向下进入看台区，下层看台从基座平台引入并逐渐下降与田径场相接。田径场标高定为 ±0.00，既方便观众区观看，又保证零层平面各种车辆通过各自坡道进入场地的需要。这样通过竖向标高的变化设计，实现了人流与车流、内部与外部、赛时与赛后各种不同功能需要的合理组织。

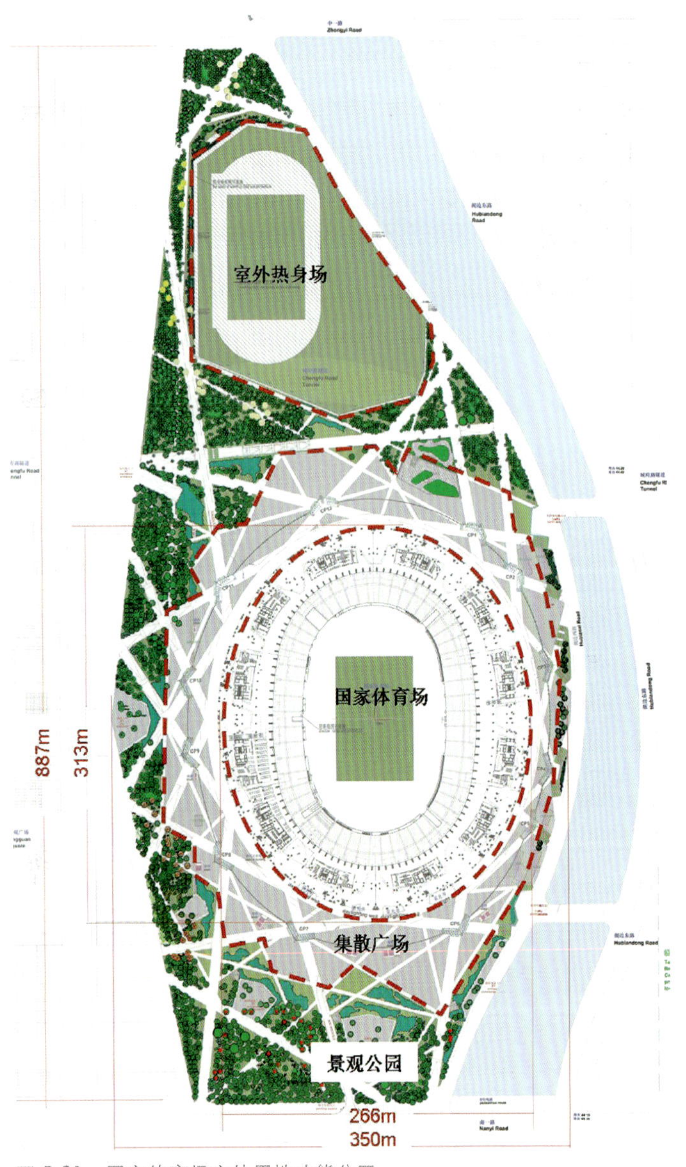

图 5-21　国家体育场室外用地功能分区

综合考虑场地标高、道路控制标高、地下空间、地下水位标高及市政管线接口标高等因素，初定 ±0.00=43.50m。根据城府路道路设计标高，室外热身场地标高为 44.50m。

（二）功能分区

国家体育场室外用地，根据主要功能需求，大体分为以下三个区域（图 5-21）：

1. 集散广场区

由安检围栏分隔为内外两区，安检围栏成环状将国家体育场围在中央。安检围栏上布置有 12 个安全控制点，控制点下有检票闸机，观众由此检票进入内场，之后进入国家体育场一层集散大厅，再通过楼梯到达上部的各层集散大厅。

2. 热身场区

在基地北侧，半下沉的区域布置了室外热身场。其西侧带看台。热身场通过地下通道进入国家体育场。

3. 景观公园区

集散广场与周边城市环境之间，为景观公园。9m 宽的主路和 3m 宽的辅路穿过公园，联系城市与国家体育场。公园南侧布置有四处商业入口，西侧有贵宾出入口和马拉松通道入口，这些入口成缓坡状向下通向体育场零层。

在公园中，南侧和北侧设计了下沉式的公共服务区，每个服务区布置了售票处、公厕、ATM 机、公用电话。服务区满足无障碍设计要求。

公园中的草地上布置有雕塑般的座椅，这些座椅如同放置在地上的一段段主体建筑采用的钢结构构件。

（三）规划结构

按照主体建筑钢结构放射状旋转编织的构成原则，主要景观道路围绕建筑主体旋转，编织成网状的道路。景观道路与主体钢结构的构成原则一致，如同树与树根。道路之间多边形的区域成为绿化或人们活动的铺装场地（图 5-22）。

（四）交通规划

交通组织包括地下和地面系统。地面交通主要为行人系统。观众通过几个公共交通服务设施进入奥林匹克中心区。观众由南、北和西安全检查口和沿周边栅栏设置的十字转门进入体育场。经十字转门，观众进入主集散大厅，从此处通

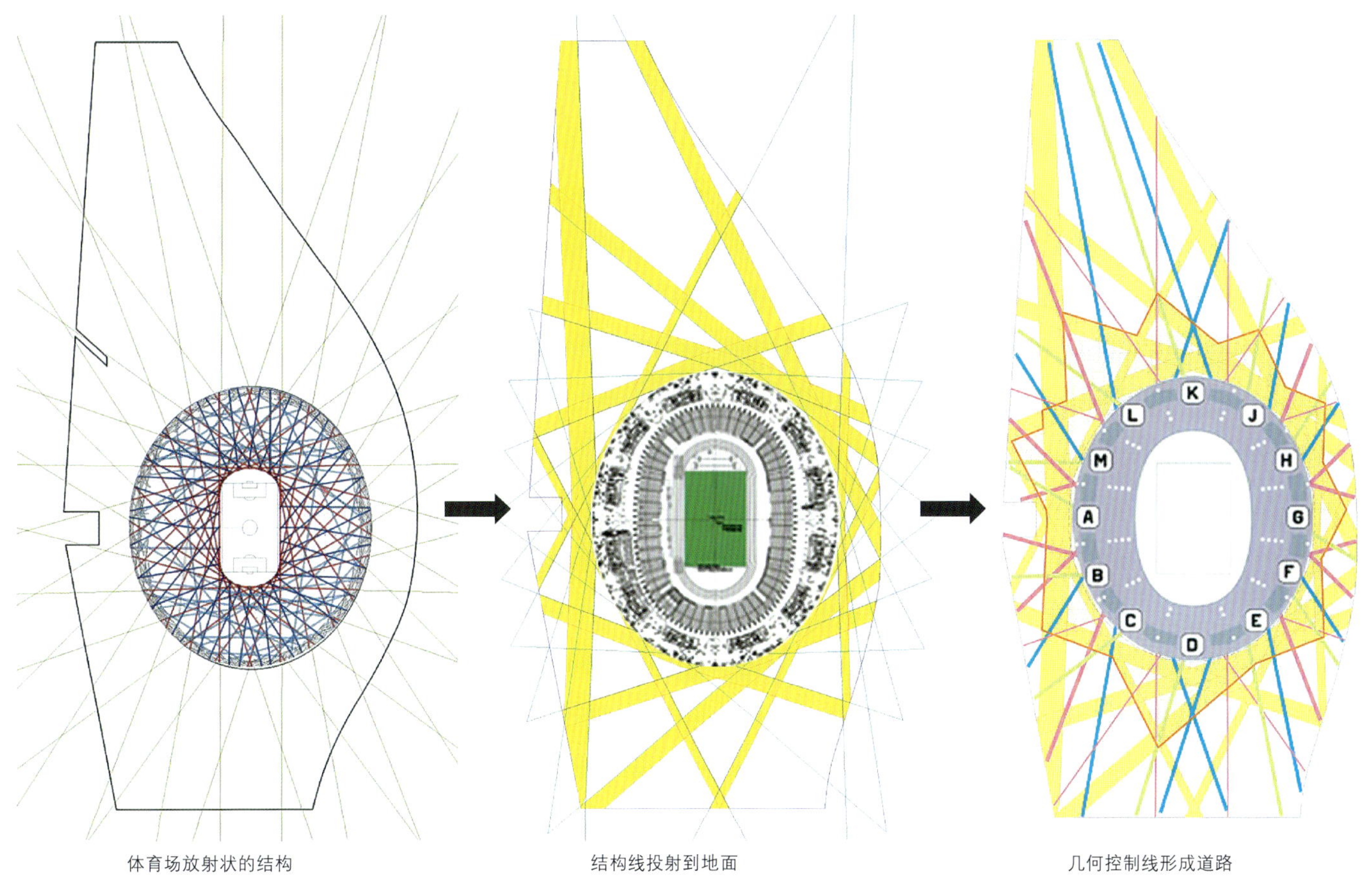

图 5-22　景观构成原则与建筑主体钢结构的构成原则一致

过楼梯进入中层和上层看台，或直接进入下层坐席。在下层，通往出入口或座间通道的入口处进行第二次检票。地下交通为多系统，为要人、贵宾、赞助商、运动员及赛事、场馆和安全工作人员提供隔离开的安全通道。

（五）硬质景观设计

由于本地的石英岩有优美的肌理和较高的强度，被选用来做通道和石铺面的石头：这种石头的强度和耐久性可以承受消防车的通过。铺石的尺寸和形状将随其天然开采的多样化以便形成乱石拼纹的样式。这种粗开采的不规则石块的方法在经济上比规则的石块更节省。石块的尺寸变化：道路的石块的尺寸大致从 600mm 到 900mm 不等；道路之间大块铺装的石块的尺寸大致从 400mm 到 600mm 不等（图 5-23）。

（六）种植规划

1. 种植设计概念

茁壮生长的树木托起鸟巢，形成了浓荫覆盖环境宜人的景观公园。放射状编织的道路通往鸟巢，道路间的绿地上种植着或高或矮的植物，构成了自然大气的开敞公园。

绿地中，国槐和毛白杨形成了突出的北京特色。不同季节的开花灌木布置在林缘和休憩空间周边，形成近人的特色

图 5-23　广场地面和道路地面的铺装图案

空间。各种鸟儿在树枝上筑巢，在林间嬉戏。人们在林下具雕塑感的长椅和饮水台间休憩。

行走在步道上，近处交叉的树枝和远处编织的鸟巢钢架交相辉映，树木绿色的枝叶映衬着鸟巢红色的碗状结构。

在奥运盛会以及其他重大节日时，道路入口以及林间空地摆放鲜花，形成花团锦簇的节日气氛。

2. 植物配置目标

（1）充分考虑乔灌草的合理搭配和种植的季相变化。

（2）强调并表现北京本土植物的种群美，大量运用北方特色的本土树种。

（3）体现绿色奥运、人文奥运的精神。

（4）与中心区景观树种协调。

3. 植物配置特点

（1）基调树种不均等的自然状种植，形成完整的绿色林带，与外围绿色的城市界面融为一体。

（2）在道路交叉口点缀乔木和灌木，通过植物特性起到空间识别的作用。

（3）自然状选择点状区域，混合种植各种乔木，营造不同种植空间和多样化的季相变化。

（4）在乔木林缘、建筑入口边界成片种植花灌木，丰富入口景观并增强标识性，并体现植物配置的多样性。

（5）在下沉庭院规则密植早园竹，围合细腻个性的小空间，同时四季葱郁。

（6）在沿河的边界，采用中国传统造园手法，种植垂柳。

4. 平剖面布置原则

树木的选择和结构模拟华北暖温带稳定的自然群落结构，以国槐、毛白杨作为基调树种，以太平花、珍珠梅、丁香等较耐阴的植物作为林下灌木，以野牛草和麦冬作为地被。由外向内的种植：外围是高大的乔木环抱，中间有片植的灌木丛，再向内地下室顶板上是开阔的草地，形成一个向心的圆环。

5. 体现绿色奥运的精神

（1）现场原地保留树木：悬铃木、毛白杨、雪松等。

（2）对受管线以及设计标高影响的树木进行场地内移栽。

（3）选用抗病的乡土树种，增强病虫害防治能力。

（4）采用中水和雨水浇灌。

（5）用喷灌的方式浇灌。

（6）绿地中雨水口高出绿地 3~5cm，保证绿地中雨水不外流，保证雨水下渗。

（7）整个区域无裸露地面。

（七）照明规划

1. 整体概念

外部照明应离地面较近，像根茎一样沿着体育场的几何轮廓蔓延。主要重点是照亮通向各个入口的主路，将人们引到体育场；辅助照明则提供次要区域的安全级别的灯光。在可能的情况下，将使用建筑本身溢出光。

整体而论，外部使用相对较低的光线较为适合，使体育场本身成为空间焦点。但这要和确保环境安全照明度相平衡。

邻图显示了体育场本身泛光对体育场的大约照明度，这是依据以前发布的建筑照明辅助设计报告中概述的集散广场照明。如所看到的一样，安全围区内不需要额外照明。

在邻图中还有沿南一路街道照明对体育场的估算泛光。此街道现有照明可能是橘黄色钠灯，即典型的街道照明，这是为了让基座与体育场形成对照。

商业入口，由于这些入口的内部照明需要充足，可以利用内部的溢出光。

2. 主路照明

主路的照明概念是沿路使用低度照明灯具将人们引到体育场。低度照明可以使道路末端的体育场突现出来。这要通过在沿路安装定制的“灯笼”来实现。以 7.5m 的间距装在绿化区路的两边。对于路旁的铺装区，则不需要安装灯笼。这时，可以使用某些绿化照明来辅助路的照明（图 5-24）。

该照明的所有线缆要地下安装。

3. 绿化照明

绿化区需使用泛光对树照明。这些灯具的反射光对这些区域和辅助路提供基本照明。

此区域使用两种灯具。对于铺装区需要照明的树，使用完全缩入式 35W 金属卤化、地面安装、可调节的泛光灯具。对于非铺装区，泛光为地装的 35W 金属卤化灯具，地上安装，高度和方向完全可调。

灯具的方向要完全可调节并可以固定。预计照射目标在夏季和冬季需要为适应不同的绿化状况而改变。

所有照明线缆要置于地下。所有灯具要适合室外条件。

4. 安全控制点照明

安全控制点上的雨篷照明将与区域照明同时。

一体化的宽泛照射缩入式下照灯将装在雨篷下，照射十字转门。它们是 35W 的金属卤化灯（和其他景观照明匹配），提供的照度能看清门票等。

所有灯具需要适合室外地点放置。

在安全围区内，由体育场建筑内的集散大厅照明提供溢光照明。

（八）室外家具设计

家具是国家体育场景观设计整体中的一部分。室外家具在道路的十字交叉处和绿地的空白处形成密集点，给人一种场地延伸的感觉。家具被均匀地分布，从而形成了由长椅，石头和垃圾桶组成的区域。

由长椅，石头构成的组合和周围的事物构成了鲜明的对比，但垃圾箱的设计是和照明的设计相联系的，而且恰到好处地隐藏和伪装在景观中。

长椅的形状如图所示，如同散布在地上的一段段鸟巢主体钢结构的钢梁，也如中国的老式桥梁。长椅的材料是大块的自然石材。三个或四个长椅为一组，将其放置在场地内的空白休息区或狭窄道路的十字交叉处。

独立的石头被随意地放置在草地上，像自然岩石一样，人们可以随意坐在上面（图 5-25）。

图 5-24 “鸟巢”形状的景观灯

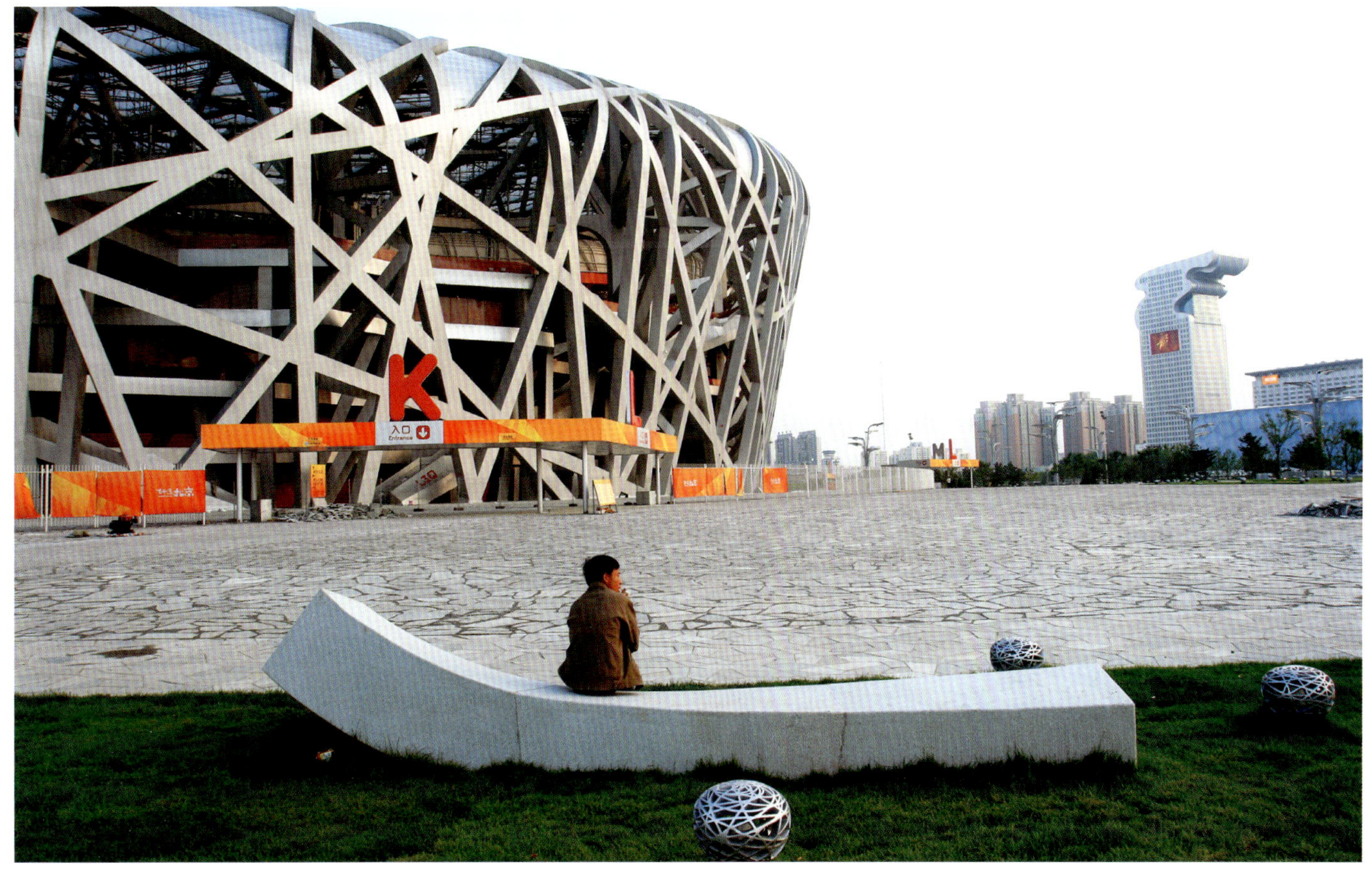

图 5-25 草地中的状如弯扭钢构件的石制景观座椅

第六章 建筑与装修设计

第一节 建筑设计、材料与构造

一、建筑设计

作为体育建筑中最重要的运动场地、看台设计及无障碍设计将在后面的章节中进行介绍，本部分仅对国家体育场的观众配套设施设计、建筑节能设计等进行简要的介绍。

（一）观众配套服务设施设计

国家体育场的观众（含观赛贵宾、媒体、运动员）活动区在基座以上。因为不同比赛或活动，不同类别的人群在看台上的分布位置有所不同，所以相应配套服务设施的位置、数量亦会有所不同。这里除对贵宾有部分有针对性的简述外，只对观众配套服务设施进行不分人群的概述。

观众配套服务设施设置在看台后部的集散厅内。集散厅为室外空间，观众配套服务设施像在集散厅内盖的“小房子”，成组均匀分布在开阔的集散厅内。以一层集散厅为例，集散厅总面积为32000多平方米，成组分布的配套服务设施形成12个“服务核”，面积为7000余平方米，服务核间间距约为60~70m，净距约为20~30m。除六层的集散厅在南北方向不连续外，一层、二层、五层的集散厅均成连续的环状（二层正西侧为室内贵宾区，从管理上阻断了观众人流的通行），方便了观众综合利用各种配套服务设施（图6-1）。

观众配套服务设施包括设有售卖窗口的餐饮服务点和商店、卫生间、医疗站、直饮水点等。售卖窗口的总长度约为470m（奥运会期间因设置临时媒体区，有25m售卖窗口未实施），按场馆总座席数91000计，每百人售卖窗口长度0.5m（图6-2）。观众卫生间洁具指标见下表，主席台区卫生间厕位指标（奥运会比赛间期）：每一厕位使用人数约13人。为了适应奥运会的国际化需求，贵宾区、运动员区、媒体区均采用坐便器，其他区域也适当提高了坐便器的比例，男厕蹲座比约为0.6：1，女厕蹲座比约为1：1；在奥运会开幕前夕又在此基础上将300个蹲便器改造为坐便器。直饮水系统的饮水龙头成组镶嵌在“服务核”的外墙上，饮水龙头共228个（奥运会期间因设置临时媒体区，有3个饮水龙头未实施），按场馆总座席数91000计，每千人2.5个（图6-3）。

观众卫生间洁具指标　　表6-1

男厕			女厕	
大便器（个/1000人）	小便器（个/1000人）	洗手盆（个/1000人）	大便器（个/1000人）	洗手盆（个/1000人）
4	16	6	26	12

注：按场馆总座席数91000计，男女比例1：1。

图6-1　国家体育场一层观众集散大厅

（二）建筑节能设计

国家体育场施工图设计完成、施工开始时，《公共建筑节能设计标准》（GB 50189—2005）尚未实施；而且体育场严格意义上是室外建筑，很难按建筑节能标准进行评价。但国家体育场的设计贯彻了“绿色奥运”理念，按照《绿色奥运建筑评估体系》、《绿色奥运建筑实施指南》认真进行了建筑节能设计。

1. 建筑围护结构节能设计

基座平台、一层集散厅楼面、下层看台板作为基座以下用房的屋顶，保温层采用50mm厚挤塑保温板；零层环形通道多处与室外相同，零层用房环形通道一侧的墙体采用300mm厚陶粒混凝土空心砌块。基座以上集散厅内的空调房间上下楼层不对位，楼层板层层出挑，集散厅的楼面有时是空调房间的屋面，有时是空调房间的地面，可以视为“底面接触室外空气的架空或外挑楼板”，集散厅楼面保温层采用30mm厚挤塑保温板；“服务核”作为“盖”在集散厅内的小房子，外墙为轻钢龙骨非石棉纤维水泥板墙体，内填100mm厚玻璃棉。中层看台板、上层看台板作为部分用房的屋顶，保温层采用板底喷涂40mm厚硬泡体聚氨酯防水保温一体化材料。

作为特殊的室外建筑，有较多的卫生间排水管暴露在室外。这些管道采用40mm厚黑色塑料发泡保温材料（零摄氏度导热系数≤0.036W/（m·K），湿阻因子≥ 4.5×10^3）。

三层、四层整层均为室内空间，内外两侧的落地带形窗按幕墙设计。朝向场外一侧的幕墙采用12A双彩釉LOW-E中空玻璃，朝向场内一侧的幕墙采用12A、LOW-E中空玻璃。玻璃幕墙采用隐框体系，减少了冷、热桥；外侧幕墙玻璃的双彩釉印刷，增加了遮阳效果。

建筑层层向外出挑，再加上钢结构外罩，形成了有效的遮阳体系。

2. 自然通风

（1）作为室外建筑，在看台区域和看台后部的集散厅区域，通过各种建筑处理均形成了自然通风系统。

各层集散厅位于弧形看台的后部，随碗状看台层层向外出挑，而集散厅的边界在平面上又相互错动，再加上二层集散厅、五层集散厅楼板上开设的洞口，形成了有效的导风系统。

在下部，零层西北、东南、东北方向的通道形成了建筑外围至比赛场地的通风道，而一层集散厅各个方向均直接与外部连通；在上部，屋顶覆盖全部看台区域，但在比赛场地上空为露天区域，屋顶下层材料为一种织物可以透风，材料板块间设有通风缝；上下两部分形成了一个大型的导风“烟囱”。中层看台、上层看台的看台出入口还起到了补风作用。看台区域的风环境、热环境在设计时经过了计算流体力学（CFD）技术模拟，进行了设计的校核，并提出了改进建议。

（2）三层、四层的玻璃幕墙上均匀设置了检修用落地玻璃门，同时作为过渡季的自然通风窗。

图 6-2 售卖窗口

图 6-3 饮水台

二、建筑材料、构造设计与实施

由于建筑与结构的同一性，编织在一起的钢结构梁柱即是立面，集散厅内的钢筋混凝土梁柱直接参与空间构成，使钢材和混凝土成为人们接触到的最主要的建筑材料。覆盖于其上、填充于其间的是简单、朴素的涂料、膜材、轻质水泥板和玻璃。

如鸟儿用柔软的材料填充用来筑巢的树枝间的空隙一样，屋顶钢结构间的空间采用膜材填充。上层膜为透明、防水的 ETFE 膜，下层膜为半透明、乳白色的 PTFE 膜。ETFE、PTFE 膜材的特点、构造将在本篇第十一章中具体介绍。

看台区域采用朴素而精致的清水混凝土预制构件，栏杆采用与之匹配的镀锌钢管。清水混凝土预制构件的设计与实施将在第七章第一节看台设计与实施中详细介绍。

从功能角度出发，基座以下采用陶粒混凝土空心砌块作为钢筋混凝土框架填充墙；基座以上为减轻结构荷载，集散厅内的"服务核"采用轻钢龙骨（局部较高墙体采用钢龙骨）非石棉纤维增强水泥板墙体。

为了弱化边界，保持各层集散厅、看台的连续感，同时满足采光和观赛的需要，三层、四层的围护结构采用连续落地玻璃幕墙（图 6-4、图 6-5）。集散厅边沿的栏板也采用连续的玻璃栏板。三层、四层的玻璃幕墙虽然不是常规跨层的幕墙体系，但高度为 4~5m 的整层高，采用全隐框系统，内侧竖框采用纤细、高强的钢材，钢框平面尺寸仅有 30mm × 95mm。玻璃栏板采用钢化夹胶玻璃，直接嵌入 100mm 厚的建筑面层做法中，通过钢卡件固定于结构板上，外部见不到任何其他支撑固定物；在玻璃栏板内侧另外设置钢质扶手，两者没有任何连接。

图 6-4　奥运会时的三层餐厅

图 6-5　四层包厢玻璃幕墙

第二节　装修设计、材料与构造

国家体育场的装修设计除 2007 年才确定的 3 个贵宾厅的装修设计外，均为建筑与室内一体化的、建构式的装修设计。3 个贵宾厅的装修设计也在总建筑师控制下的基于国家体育场建筑风格的装修设计，置身其中，你会明确感觉到这是"鸟巢"中的贵宾厅。

一、建筑装修设计

除贵宾区外，从室内到室外，几乎所有建筑空间及其细部都控制在红、黑、白、灰的色彩体系范围内（图 6-6）。建筑装修使用的材料只是普通的天然石材、地毯、自流平地涂、涂料、墙面马赛克、金属格栅吊顶，材料的图案均经过精心设计，且都源于“鸟巢”的外形的构成体系，同一种手法不断应用于各种材料的处理中。影响建筑装饰整体效果的材料，都经过了材料样板比选、实体样板比选的确定过程。这里的实体样板是指在土建工程已经完工的建筑内进行墙、地、顶的较大面积装修样板施工（图 6-7）。

在建筑装修的概念中，强调建构的点、线、面及其空间构成关系，保持建筑构成元素的完整性，不做线角等附加的装饰。同时，门、配电箱、开关、插座、风口等设施均与相应的墙面、顶面、地面、柱面同色，尽量不破坏面的完整性。

（一）基座以下功能用房及基座以上次要空间

基座以下的功能用房（除贵宾区外）及基座以上服务用房、楼梯间等次要空间均为极简装修。室内热身场等运动员可能穿钉鞋进出的区域的地面为红色橡胶地面，卫生间、淋浴间为白色墙、地砖饰面，新闻发布厅等有声学要求的用房采用白色吸声墙面、吊顶，其余用房、区域均为灰色水泥基自流平地面（或水泥地面）、白色乳胶漆墙面、黑色顶棚（外露管线同样做黑色喷涂）（图 6-8）。原本施工图设计未设踢脚，但实施阶段从使用的实际角度考虑，在楼梯间等区域设置了灰色涂料踢脚。

（二）集散厅

一层集散厅的地面采用灰色机切乱型天然石英岩板，试图达到古典园林中碎石板地面的效果（图 6-9）。但为保证其大面积可实施性，采用了标准单元拼砌的方式。二层、五层、六层集散厅的地面原设计为灰色水泥基自流平地面，但因为当时的施工季节无法很好控制施工温湿度等原因，地面出现了开裂、空鼓等现象，最终在修补平整后，面层改为灰色亚麻环保地板（6-10）。地面与墙面的交接只是简单的留缝处理，即便是石材地面也没有做收边石等过渡措施，使人感觉墙体、柱子是直接从石材中“长”出来的。

钢结构外罩可以视为集散厅的镂空外墙，这些 1m 见方的梁柱表面为反映其原本金属感的银灰色氟碳漆，为了让人们将注意力集中于空间感受，而不被不同材料干扰，钢筋混凝土柱和集散厅的钢筋混凝土边梁同样被银灰色氟碳漆覆盖，两种不同材料的梁柱统一为构成空间的线性元素。那些银灰色钢结构梁柱远眺时显得那么明亮、纤细，像一件镂空的外衣轻轻地罩在建筑上，而站在集散厅回望时它们看起来变成得粗壮了很多、变成了灰黑色，组合成无数大大小小的

图 6-6　红、黑、灰是集散厅的主色调

图 6-7　实体样板

图 6-8　简洁的零层环道同时是精心排布的管线走廊

图 6-9　一层西侧集散大厅

图 6-10　四层包厢层走廊

图 6-11　钢梁组成的景框

景框，框住了"水立方"、"玲珑塔"……（图 6-11）集散厅内服务核的外墙、看台的背面被喷涂成红色，有所不同的是服务核的外墙采用的是亚光油性涂料（不需要再做踢脚），看台的背面采用的是无光普通涂料。而集散厅边沿的"矮墙"——玻璃栏板采用了红色双面彩釉印刷处理。彩釉图案同样采用了标准单元拼接的组合方式，通过标准图案的旋转、两层图案的叠加，使彩釉图案形成了有规律中无规律的自然、丰富效果。墙面上的扶手、玻璃幕墙的立框、玻璃栏板内侧的栏杆等金属构件均被覆以黑色氟碳涂料。

顶棚和顶部的外露管线均做黑色喷涂。

（三）公共卫生间

地面为深灰色环氧防滑自流平，墙面为黑色滚涂环氧涂料，顶棚为黑色喷涂；黑色的基调与纯白色的吊挂安装的洗手盆、小便器形成极鲜明对比。而大便器隔间内的墙面为红色色滚涂环氧涂料，因为隔断板外侧均被涂刷成黑色，为防止视力残疾的使用者找不到门，隔断门上下均做了 100mm 高留空，从外侧即可部分看到内部的红色，给人一种神秘感（图 6-12）。卫生间内的独立柱仍然被涂成银灰色，强调了这一"鸟巢"的重要构成元素。

（四）贵宾区（含餐厅层、包厢层）

零层迎宾厅的地面为红色地毯，墙面为黑色喷涂外敷深灰色彩釉印刷玻璃，玻璃上隐约反射着厅内的景物，顶棚和顶部的外露管线均做黑色喷涂，下面是金色的铝合金格栅吊顶，格栅吊顶同样采用了标准单元拼接的组合方式，同样通过标准单元的旋转打破其规律性。

二层公共休息厅、三层餐厅、四层公共休息廊的地面均为灰色地毯，外围护玻璃幕墙均为红色双面彩釉印刷设计，同样通过标准图案的旋转、两层图案的叠加，让这种现代"窗花"赋予玻璃幕墙丰富、自然的生气。为彰显二层要员公共休息区（位于主席台后部）的尊贵气质，墙面采用金色涂料，吊顶亦为金色的铝合金格栅。三层餐厅服务核的墙面采用了给人柔软感觉的壁布，原设计为采用传统工艺裱糊红色绸缎，但因施工现场解决不了变形、收边等问题，最终只能改为一种定制图案的红色壁布；看台底部仍为红色涂料。四层公共休息廊外侧服务核墙体为亚光红色涂料，内侧包厢墙体为银灰色涂料。除西侧餐厅为与奥运会的贵宾区相对应采用了金色吊顶，三层餐厅的其他区域和四层公共休息廊均采用银灰色铝合金隔栅吊顶。不多的几种颜色，通过不同的组合，给空间带来了不同的气质。

包厢内部只是灰色的地毯、白色的墙面、白色的平吊顶，最大限度地将再创作的余地留给了未来的包厢主人。

与银灰色柱子一样，自动扶梯被当作一个空间构成元素来设计。自动扶梯被设计为穿梭于各层间的筒状物。外部被钢板覆盖，表面是与柱子一样的银灰色氟碳漆；内部采用定制的拼贴金色马赛克，加上灯光的烘托，随自动扶梯上下就像漂移在时光隧道中。

贵宾区公共卫生间的色彩设计风格基本与观众区卫生间一致。地面材料换成了石材——黑金砂，采用与一层集散厅的地面石材一样的图案，但因贵宾区公共卫生间的尺度远远小于观众区卫生间，石材标准单元的尺寸也做了适当的缩小。大便器隔间内的墙面改为较精致，更具迷幻色彩的由下部金色向上部黑色过渡的花拼马赛克（图 6-13）。

图 6-12　红黑相间的卫生隔断设计

（五）看台区

看台区域的主要组成元素是比赛场地、看台、座椅及从看台最高处延伸而上的屋顶。比赛场地的橡胶跑道及辅助区采用了通常使用的红色，遗憾的是由于跑道供应商没有配合做定制加工，跑道的红色不是国家体育场其他部分统一的那种红色。看台板是朴素的清水混凝土灰色，只有看台出入口的内侧被涂成了红色，这既是集散厅红色墙面的延续，又与引导人流的功能要求相契合；栏杆、扶手、座椅支架等均为镀锌钢材——表面有着自然形成的图案，刚刚出厂会比较光亮，随着在自然环境中的氧化，会归于平凡（变成朴素的灰色）。座椅由两种颜色组成——红色和灰色（图 6-14），从下层看台到上层看台，每个座椅就像一个像素点，9 万多个像素点构成了一个由红色渐变为灰色的图案。屋顶覆盖着白色的 PTFE 膜。这样就形成了一个由地面向看台、屋顶渐变（红色—灰色—白色）的整体空间，像一个巨大的容器、一个巨大的舞台承载着运动员与观众共同参演的戏剧。

不同颜色的均质处理，最大限度地展现了建筑组成元素的体量感，这些元素既有实体——梁、柱等；也有空间体——服务核、自动扶梯筒、大便器隔间等，空间体的外部与内部被赋予了不同的气质。最终整个建筑的外部与内部也被赋予了不同的气质——巨大静谧的外罩、热闹丰富的集散厅、规律稳健的看台区。

图 6-13　贵宾卫生间坐便器

二、贵宾厅装修设计

（一）基本概况

2008 年北京主办的第二十九届奥林匹克运动会是历史上规模最大的、参加运动员及国家元首人数最多的一届奥运会，为了使奥运会期间国家领导人及外国元首有进行高级会

图 6-14　国家体育场由场地向看台、屋顶颜色渐变的整体空间

晤及休息的场所，经北京市委、北京奥组委指示在国家体育场的西部二层主席台后面的空间中划出三个空间，分别设计了大接见厅、中方贵宾休息厅和国际贵宾休息厅。奥运会期间党和国家领导人及外国贵宾是在国家体育场西面零层入口下车然后搭乘电梯直达二层贵宾接待区。大接见厅、中方贵宾休息厅和国际贵宾休息厅的面积总合约 475m^2，面积虽然不大，但作为奥运会期间最高规格的贵宾接待场所其作用十分重要。

（二）室内设计指导思想

作为国家级接待中外贵宾的礼宾活动场所其设计风格要求庄重、大气、典雅，充分体现中国自改革开放以来所取得的巨大进步，整体创意在追求时代潮流的同时还要恰当地反映出作为东道国典型的中国文化元素，成为向世界展示中华民族整体形象的一个窗口。我们根据三个空间使用要求和所要表现的氛围分别赋予其不同的设计主题。除采纳典型的中国元素外，还着重体现了空间的氛围与体育运动精神的关系，力争主题创作采用的元素、风格与国家体育场主体建筑元素之间建立联系：与主体建筑的创作语汇追求形似、神似，又避免雷同；拓扑渐变富有层次，有对比但又协调统一。

（三）切题设计空间

设计上首先对各个空间分别确定了不同的主题。如大接见厅的设计主题为“喜鹊登枝”。中方贵宾休息厅以“运筹帷幄”为主题。国际贵宾休息厅采用“天行健，君子以自强不息”为主题。主题确定后针对各自想要表达的空间氛围及主题意境进行设计（图 6-15~ 图 6-18）。

主色调的确定参考了北京城市中心区的色彩元素，以故宫建筑为例，金顶代表着至高无尚，红墙代表尊贵，而灰色基石则代表承载了上千年历史的亘古不变。红、金、灰色恰恰也是国家体育场“鸟巢”的主色调。室内外空间设计由此产生色彩上的关联。

红、金、灰色三种主题色调的确定直接影响设计所用主材的选取意向。如红色漆雕（图 6-19）、金色琉璃陶盘、银灰色锡金属等都是材料本身特有的色彩特征。之后在对每个空间的设计过程中选材及色彩搭配，艺术配饰和家具五金设计、照明方式及光源色温等环节的处理始终是围绕着各自所要表达的主题意境而展开。

1. 大接见厅的设计主题“喜鹊登枝”，以红色为主色调。

典型的中国传统文化题材及颜色，表达喜庆临门的创作

图 6-15　大接待厅立面图

图 6-16　大接待厅

图 6-17　中方贵宾休息厅

图 6-18　国际贵宾休息厅

图 6-19　红色漆雕

主题，非常切合奥运盛会即将在中国成功举办和作为主办国家人民喜庆欢乐的心情。红色主色调较好地体现了主会场的热烈气氛，表达了中国人民欢迎、欢庆、欢聚、欢乐的心情。

国家体育场建筑与结构语言是像用树枝编织的‘鸟巢’，“喜鹊登枝”就是吉祥之鸟回巢，与主体育场建筑产生密切的含义关联。用鸟的元素进行创作十分贴切主题并容易使人产生联想。推拉隔断门的设计表面装饰着由传统连理树枝交织组成的图案，在连理树图案下面还有表现人们把酒庆祝、会见言欢的情景，鲜明地表达中国人民向往和平追求和谐的愿望。这正与开幕式表演所表达的“合”的主题不谋而合。推拉隔断门面层装饰材料采用传统红色雕漆工艺制造，细滑如肌，温婉华贵，恰当地烘托了空间的热烈气氛（图 6-20）。红色雕漆门扇施以暗绿色青铜材质包框是大胆吸取使用传统中国装饰元素的结果。推拉隔断装置艺术品形式组合摆放，双面红色雕漆饰面的门扇可随不同会见使用模式灵活变换出

图 6-20　红色漆雕隔断

不同的空间组合形式。主题背景墙面设计由巨幅《喜鹊登枝》画卷采用传统漆画技艺精心制作。墙面及顶面的饰面设计思路采用类似著名画家埃舍尔小鸟拓扑图形渐变而形成从墙面到顶面连绵飞翔的效果（图 6-21）。晶莹轻巧的饰面材料与厚重华丽的红色雕漆隔断对比产生富有前后空间层次变化的效果。地面满铺特别设计的红色主调祥云纹样羊毛手工编织地毯与主题创作一致，与本届奥运会核心图形祥云装饰的主流风格相符。

2. 中方贵宾休息厅以“运筹帷幄”为主题，以金色为主色调进行设计。

借鉴中国文化典故与成语，以传统围棋博弈中所包含的深厚哲理及丰富的中国文化内涵，比较切合国家领导人的身份地位。方格处理理性、庄重、大气，主色调金色代表着尊贵至上、庄重典雅。

主题墙设计大型巨幅壁画《松下对弈图》表现古代高人对弈的传统题材（图 6-22）。四周墙面与顶面采用特殊加工定制的方形挂墙金色陶板，形成经纬方格图案。LED 灯具被设置在陶板的后面，柔和的灯光透过陶板之间缝隙巧妙地投射出来，避免了眩光。隐蔽的灯光使陶板仿佛漂浮在光的空间中，由此产生轻盈之感。由陶板金色金属釉表面直接及间接反射，形成金碧辉煌的耀目效果，从而产生金色帷幄的感觉（图 6-23）。理性的方格间洒下点点光晕与围棋产生联想并与主题壁画遥相呼应，表达“治国如行棋”的主题意境。地面满铺蓝色调加金色图案地毯，起到对比衬托金色的效果，而且与主题壁画的整体基调协调一致，有深远开阔之感。地毯的图案是特别设计的，随意自然在理性氛围中增加一些自由跳跃氛围，与主建筑创作元素产生关联。

3. 国际贵宾休息厅采用“天行健，君子以自强不息”为主题，以银灰色为主色调进行设计。

“天行健，君子以自强不息”出自周易（乾卦），意谓：天（即自然）的运动刚强劲健，相应于此，君子处世，应像天一样，自我力求进步，刚毅坚卓，奋发图强，永不停息。

中国人自古就知“生命在于运动”这一生命哲理。用“天行健，君子以自强不息”表达体育运动的精神，通过设计让海外来宾了解中国自古源远流长的生命哲学和崇尚体育运动的传统（图 6-24~ 图 6-26）。主色银灰色很国际化，与“鸟巢”外观主色调相一致。银灰色钛金属吊顶板的块状处理方式与建筑外走廊网状吊顶形式形成阴阳拓扑的关系。通过对比使设计富于变化，又加强了与主体建筑设计风格的关联。

图 6-21　墙面及顶面的飞鸟装饰

图 6-22　主题画《松下对弈图》

图 6-23　陶板金色金属釉表面装饰产生金色帷幄的感觉

主题屏风《天行健》采用当代艺术创作理念来诠释传统艺术的精髓。通过借鉴我们采用银灰色金属浅浮雕材料的做法来抽象地表现中国古代传统体育运动题材。通过用新的理念、新的形式、新的材料、新的工艺来体现中国古代竞技体育运动精神。墙面壁画使用中国传统丝绢材料来表现中国传统古代体育运动题材。画风采用中国传统绣像人物的画法，用多幅表现我国特有传统体育项目如足球、马球、射箭、武术、举重、对弈等画面组成一系列表现中国古代体育运动发展历史的横幅长卷。这些传统的体育项目有的延续至今并在世界上广泛流传。地面铺设浅灰色似水波纹图案的羊毛手工编织地毯也是为本空间专门设计的，具有强烈的运动内涵。自由、灵动、浪漫与屏风及吊顶相呼应，有效柔化了空间几何造型所带来的生硬感觉。

4. 选择装饰材料

一项设计除有好的主题外，选择合适的装饰材料也是保证室内设计成败的关键，在国家体育场贵宾接待区设计过程中如何选择合适装饰材料的问题始终困扰着设计师。我国有五千年的文明发展历史，为向世界各国来宾展示中国传统文化，在设计中鲜明地使用了中国元素及中国特有的传统工艺材料，如用传统雕漆材料作推拉隔断门的饰面，用青铜材料作门框，用磨漆镶嵌画创作主题背景墙，用陶瓷材质的材料作墙，顶饰面材料用传统锡金属材料作屏风墙饰面，用丝绸材料制作壁画等。这些传统材料装饰效果特别理想，能取得表现意境的特殊效果，但选择上是困难重重。因为这些材料多属于文化遗产的范畴，有个体作坊的生产模式，却无法规模化生产。有些品种的制作工艺濒临失传，或产品工艺复杂加工周期长，价格相对也比较昂贵。除此以外有些材料因为存在着安全、环保、加工尺寸等方面的问题而最终被放弃。

在发扬使用传统材料的同时设计方积极开发使用新的装饰材料，以弥补传统材料的不足。

图 6-24　主题屏风《天行健》（局部）

图 6-25　主题屏风立面图（一）

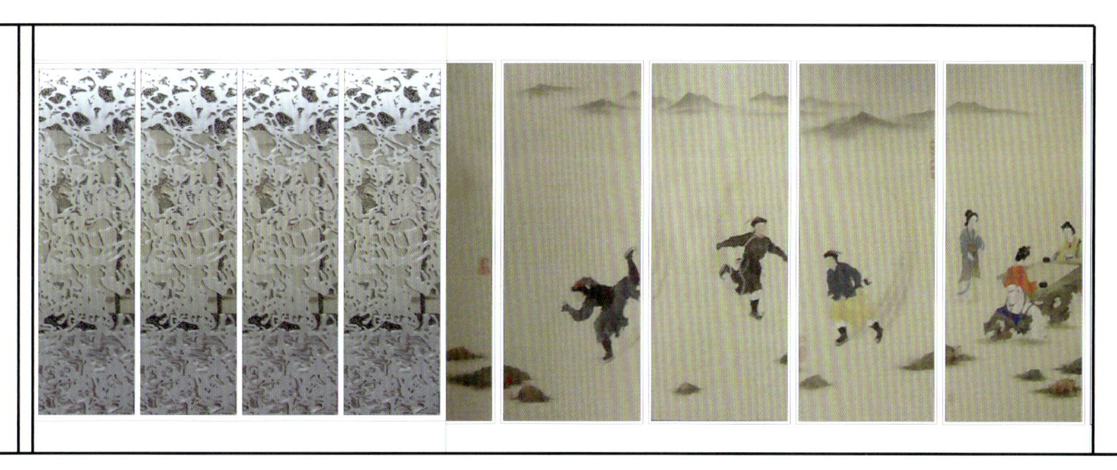

图 6-26　主题屏风立面图（二）

例如大接见厅的墙、顶面材料采用浮雕鸟纹样琉璃玻璃砖作为饰面材料，主要是想运用琉璃玻璃的质感使空间产生晶莹剔透的效果，样品试制了好几轮都不理想，因为玻璃加工过程中容易脆裂，塑造形象比较难，价格十分昂贵。玻璃本身有自爆及自重大的缺点，安全上没有把握所以最终放弃了。为解决上述问题后来又尝试以有机玻璃材料替代的方案，

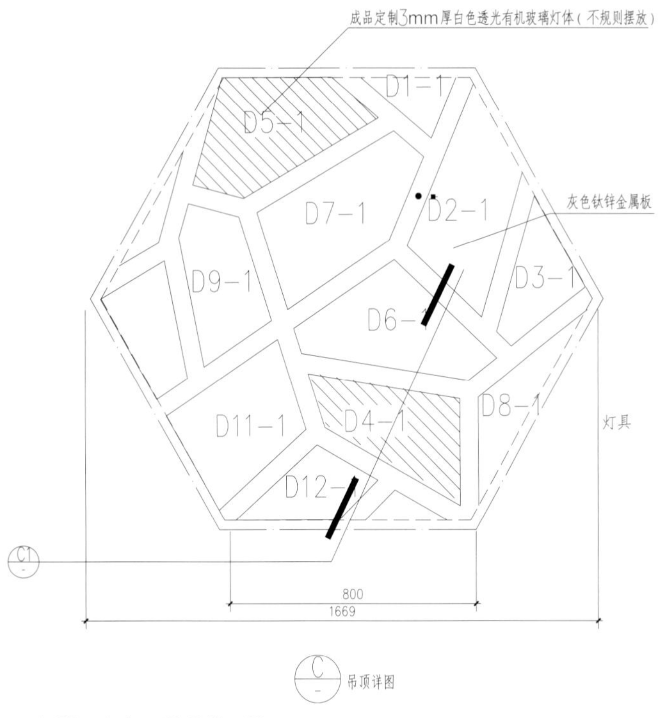

图 6-27　贵宾厅吊顶单元平面图

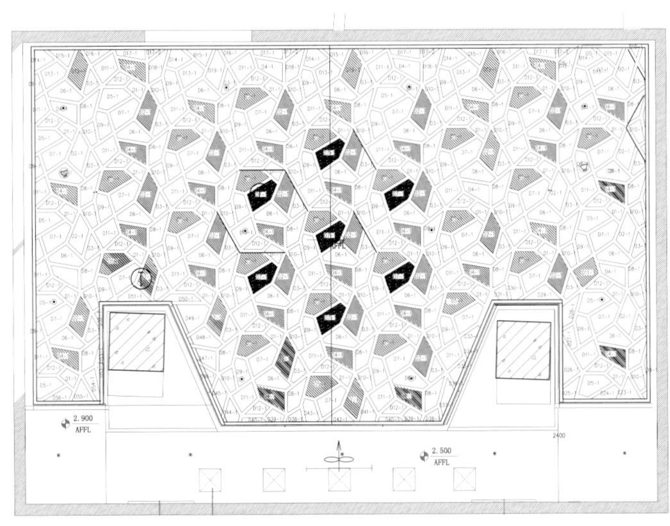

图 6-28　贵宾厅吊顶平面图

但最终以视觉效果不理想，不能满足防火要求而被取消。最后采用了特殊加工的金属板材来解决。实施方案是受当代艺术作品的启发，借鉴折纸立体构成的方法，用工艺相对成熟的在冲压成型浮雕鸟纹样金属板上采用不同穿孔率的方法来满足不同透光及视觉变化。穿孔率的决定因素不只是视觉变化效果，还要满足灯光透过一定数量和大小的孔隙使空间有足够的照度要求。用不同材料反复试验了多次方案才最终确定下来（图 6-27、图 6-28）。

中方贵宾休息厅的墙、顶面材料原设计采用金色琉璃釉陶瓷挂盘作材料的方案也是由于种种条件的限制没有成功。取而代之的是使用加工成型比较容易的 GRG 材料表面贴金箔的方法。贴金箔可以比琉璃釉更容易地把握表面丰富的效果。经过多次对比试验加工出来的挂盘现场效果还是比较理想的。

国际贵宾休息厅银灰色金属屏风墙面原本打算采用传统锡金属工艺制作，但实施起来也是因模具制作复杂、成本高、尺寸大小有局限、题材创作的自由度等困难放弃了。后来还试制过铸铁、敲白铜、人造石表面镀金属等多个方案，也因为表面效果不符合要求而没成功，最后采用激光雕刻不锈钢板的方案才得以解决，后因怕不锈钢表面将来有氧化变色的现象，所以又在外表面贴上银箔才满足了设计要求。

5. 主题艺术饰品创作

为保证室内设计效果，避免以往工程中由甲方自行选购陈设品的现象，我们采用先入为主的方法，不留空白。在方案开始设计阶段就设计策划了艺术饰品的实施方案，并与整个室内设计主题所要表达意境相一致。艺术饰品是营造室内艺术环境不可或缺的部分。此次室内设计主题艺术装饰品采用设计师与艺术家、工艺美术师共同参与设计制作完成的方式。首先，由设计师按设计所要达的意图提出创作主题、尺寸及材料要求。然后由艺术创作人员先设计成方案草稿，经与设计师交流，讨论，改进完成创作。创作得到认可后制作小尺寸实物样板，设计人员再以样板实际效果来最终确定能否满足设计要求，才可以进行实际尺寸的制作。在本室内设计中大型的漆画《喜鹊登枝》、红色雕漆推拉隔断的《盛世和谐图》、大型国画《松下对弈图》、大型不锈钢屏风的《天行健》、大型丝绢壁画《中国传统体育运动》都是设计师与艺术家、工艺美术师共同努力的结果。

第七章 体育工艺与场地设计

第一节 看台设计

作为国家体育场的主要组成部分——看台，其设计与实施经过了：建筑设计、构件设计与制作、施工安装3个大的阶段。

一、看台建筑设计概述及设计特点

（一）看台设计概述及视线设计

国家体育场的看台座席规模原设计奥运会期间为10万人，经“奥运瘦身”修改为9.1万人；奥运会后将降至8万人（图7-1）。

国家体育场是一座综合体育场，作为世界先进水平的体育场，在确定视点轨迹线时将其设计为一个覆盖几乎全部9条跑道、并穿过两组跳远场地中外侧沙坑中心点的四段弧线组成的近似椭圆，视点距地高度为0m，视线升高差（C值）为60mm，观众眼位取本排看台后沿向前150mm，眼位高度为1200mm（略高于《建筑设计资料集》中国人坐视眼高值——1150mm）。

为保证观众有良好的视距和合理的疏散设计，在设计之初进行了多次渐进的计算机及实物模型的模拟研究，最终确定看台分为三层（图7-2~图7-4）。各层看台与视点轨迹线的视距、视高、俯视角度，看台前后排高差、看台角度见表7-1。

在保证田径比赛要求的前提下，尽量缩短了看台的起始距离，下层看台前沿距110m栏预跑线的最近距离仅为1.1m多。在看台与比赛场地间还结合田径比赛项目分段设置了摄影沟（宽度2.1m，深度1.05m），保证摄影记者可以有针对性地拍摄某项比赛。这一紧凑的场地设计经过了国际田联的特别批准。因为摄影沟不是连续设置的，在实际赛事组织时，在摄影沟之间设置了用临时围栏与场地分隔的临时通道。临时通道仅允许摄影记者穿行，不许停留拍摄。

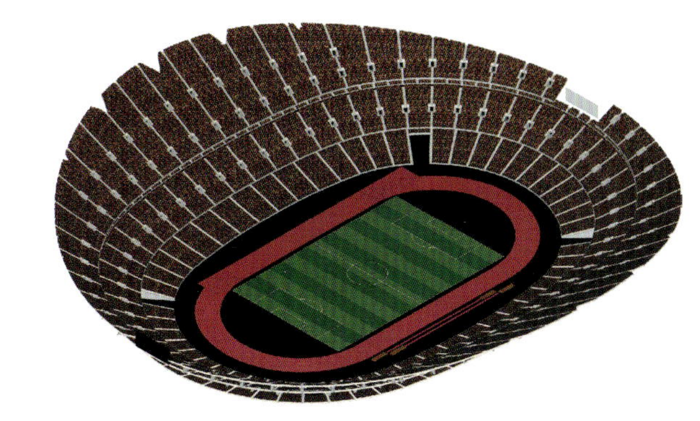

图7-2 碗型看台模型

图7-3 三层碗型看台实景

图7-1 国家体育场巨大的碗型看台

图7-4 看台与场地

各层看台的视点轨迹线统计表 表 7-1

	视距（m）		视高（m）		俯视角度		前后排高差（m）		看台角度
	最近	最远	最低	最高	最小	最大	最小	最大	
下层看台	9.000	33.800	1.215	8.000	7° 41′	13° 38′	0.173	0.257	15° 25′
中层看台	23.910	45.600	10.467	22.400	23° 39′	26° 10′	0.413	0.552	29° 7′
上层看台	42.845	74.845	24.650	46.219	29° 55′	31° 42′	0.522	0.554	34° 0′

从上表中各层看台视距的数据可以看出，三层看台之间是有重叠的。这种平面上的重叠，优化了观众的视觉质量，保证了碗状看台的连续性。观众至场地中心的最远视距为129.90m（即使是在10万人规模时，观众至场地中心的最远视距也控制在140m内），而观众至场地中心的最大俯视角仅有19° 35′。紧凑的看台设计也带来了一个小问题：下层看台东西向最后两三排的部分观众看不到位于南北两个方向的大型电子显示屏的全部影像，也看不到标枪、铁饼、链球投掷轨迹的高点部分。这一问题通过在相应区域增加小电子显示屏的方式得到了解决。

看台的视线设计采用作图法，精确到毫米。看台的建筑和结构施工图中，看台板标高、看台梁标高等均严格按照作图法所得的数据设计，而在进行看台板构件设计时，考虑到预制构件制作的实施性，将构件高度末位取为0和5(0~4mm取为0，5~9mm取为5)，安装时再通过垫块、坐浆进行调节，以达到标高设计值。

看台分为主席台、贵宾席、包厢席、一般观众席、残疾观众席、带桌媒体席等几个主要部分（图7-5）。各类观众座席的控制尺寸及座椅类型见表7-2。

国家体育场的主席台经过多次修改，规模从方案设计的560席，最大调整到1036席。最终确定的奥运会主席台规模为787席（含无障碍席4个），残奥会主席台规模为674席（含无障碍席42个）。因为规模大，在实际运行时被称作高级贵宾区，而首长席仅为其中的三排，其中第一排为带桌活动扶手软椅，座宽0.95m，排距2.15m；第二、三排为固定扶手软椅，座宽0.60m，排距1.10m。

贵宾席按奥运赛后运营考虑，设置于方位角和俯视角均较好的中层看台的东西两个方向。

包厢席位于中层看台最上部的3~4排，与前部看台有实体栏板分隔，并有较大高差，从而优化了包厢席的视线。包厢席成环状连续布置，为室外座席。其最后一排可以与后面的包厢（室内）实现无障碍通行。

奥运会赛时无障碍席布置于下层看台的东西两侧和上层看台的东西两侧，分别为201席和16席，另外主席台还设有4个无障碍席。残奥会赛时下层看台经过改造（拆除最后一排座席），无障碍席增至538席；主席台拆除临时座席后，无障碍席增至42个。残奥会赛后，随着临时看台、临时设施的拆除，无障碍席最大规模为：下层看台570席，中层看台356席，上层看台16席，另外包厢前亦可布置一定数量

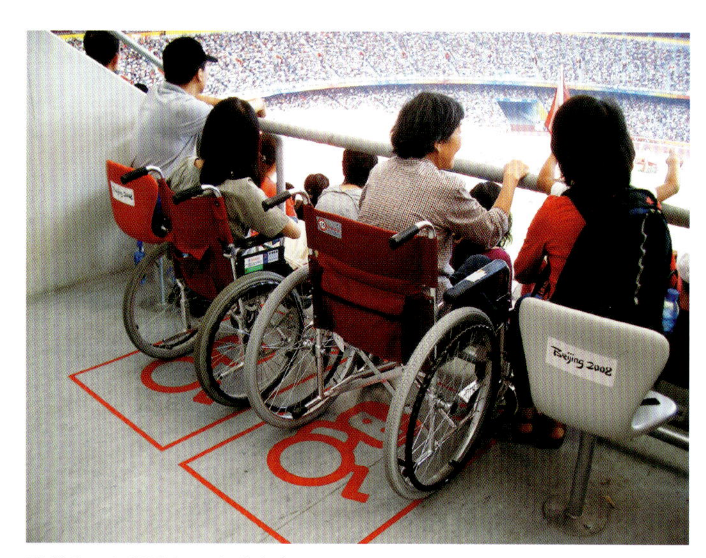

图7-5 上层看台无障碍座席

观众座席控制尺寸与座椅类型 表 7-2

	主席台	贵宾席	包厢席	一般观众席	无障碍席
座宽（m）	0.59	0.53	0.53	0.48	0.80
排距（m）	1.00	0.87	1.00	0.80	1.10
座椅种类	固定扶手软椅	固定硬椅	固定扶手软椅	固定硬椅	观众自带轮椅

的无障碍席。

国家体育场的带桌媒体席为赛时临时设施。奥运会、残奥会的带桌媒体席分为带桌文字记者席、普通评论员席、双倍深度评论员席、播音席 4 种，其标准尺寸（深 × 宽）分别为 2.0m × 2.0m、2.0m × 2.0m、4.0m × 2.0m、3.0m × 3.0m（或 3.0m × 4.0m）。受座席数量的限制，为减少对普通座席的占用，国家体育场奥运会、残奥会期间的带桌文字记者席实际尺寸为 1.60m × 1.98m（图 7-6）。

（二）疏散设计

国家体育场在疏散设计上采用英国《运动场所安全通则》建议的做法，将每个安全出口的控制疏散时间定为不超过 8 分钟（同时也满足《体育建筑设计规范》条文说明中容量大于 60000 人的体育场，看台疏散时间应控制在 8 分钟之内的规定）。研究表明，在观众对体育场馆比较熟悉或能够确认出口位置的情况下，以正常速度通过安全出口的时间小于 8 分钟时，观众一般不会出现激动、焦虑和紧张的情绪。这里的"疏散时间"指的是看台观众全部离开看台进入集散厅的时间。

有一个与看台观众疏散相关的问题需要简单介绍一下——看台的标识（编号）系统。国家体育场采用的是纵走道、看台出入口、看台区（台）为同一编号的标识系统，观众进入了自己的纵走道就进入了自己的看台。而国内通常的看台标识系统是将两条纵走道间的区域当作一个看台区，同一看台区的观众通过不同的看台出入口（纵走道）按大小号或单双号进入自己的看台区。相比之下，国家体育场采用的看台标识系统会更方便观众找到自己的看台区，并迅速建立归属感，从而在离开时也更容易确认自己的出口位置。

国家体育场的看台走道均为纵走道，未设置横走道。各层看台的走道、出入口设置不尽相同。下层看台为上行式疏散，由纵走道直接连接集散厅；中层看台为中间式疏散；上层看台亦为中间式疏散，在东西两侧为两层出口中间式疏散。看台出入口、纵走道、座席数量等的具体数据见表 7-3。

图 7-6 媒体记者席

（三）看台构件总体设计及结构设计

虽然国家体育场看台设计十分紧凑，但看台的短轴最小半径仍有近 60m，弧度不是很大。但如果加工制作弧线形的清水混凝土预制构件仍有一定难度，而且会造成模板的浪费。考虑到建筑轴线间的看台板最小板长仅有约 4m，看台板的弧长和弦长非常接近，经过计算机模拟将看台板的弧线变成直线处理，用折线来代替弧线，完全满足建筑设计整体效果

看台出入口、纵走道与座席数量统计表　　表 7-3

	出入口净宽（m）	主要纵走道净宽（m）	次要纵走道（出入口两侧）净宽（m）	最大看台区座席数	最多连续排数	纵走道间最多连续座位数
下层看台	—	1.2	—	736	32	25
中层看台	1.2	1.2	0.9	479	24	26
上层看台	1.2/1.5	1.2/1.5	0.9	683（单层出口）	27（单层出口）	32
				1040（双层出口）	41（双层出口）	

图 7-7 悬挑看台板

的要求，确定了“以直代曲”的总体方案，参见图 7-8。经过进一步讨论，看台出入口侧墙作为看台板的支撑结构，需满足结构整体性要求；主席台进深 2m 以上的看台板尺寸过大；上层看台外边缘部分“月牙形”异型板尺寸过小、缺少支撑端。除上述 3 部分采用现浇方式进行清水混凝土施工，其余看台区域的清水混凝土构件均采用预制方式施工。

经统计看台部分清水混凝土预制构件包括看台板、踏步板和楼梯三种主要类型，预制构件总数量为 14726 块，其中看台板 10056 块，踏步板 4600 块，楼梯 70 件。清水混凝土预制看台板的截面类型主要有 L 型、L + U 型和平板型，看台板长度一般为 6~8m，板重为 3~5t（图 7-9）。

看台板按支撑受力状态划分可分为简支板、连续板和悬挑板三种形式，下层看台标准看台板按两跨连续板受力工况计算，中层、上层看台标准看台板按单跨简支梁受力工况计算，二、三层第一排看台板按悬挑结构受力工况计算。

标准板为 L 型，安装在按建筑轴线布置的现浇框架梁上。由于下层看台的看台板截面高度较小，采用两端简支无法满足结构承载力和变形要求，在不改变板的平面分块整体效果的原则下，通过在框架梁间的结构板中部增设一道反梁作为支点将简支板改为两跨连续板。

（四）看台防排水设计

看台区域的水主要为降雨和清洗用水。从平面上看，屋顶可以有效地遮盖全部看台区域，影响看台区域的降雨为斜向降雨和飘雨。看台区域采用的是“有组织”的无组织排水——看台板板面有约 1% 的找坡，以保证水顺着看台逐级排走；看台前缘栏板间的竖缝不打胶，水可以自板缝排至下面的看台或场地（摄影沟）内。由于中层、上层看台受降雨影响的可能性极小，不用担心“无组织排水”的水流会影响到观赛的观众。

看台区域的防水采用的是防排结合的方式。

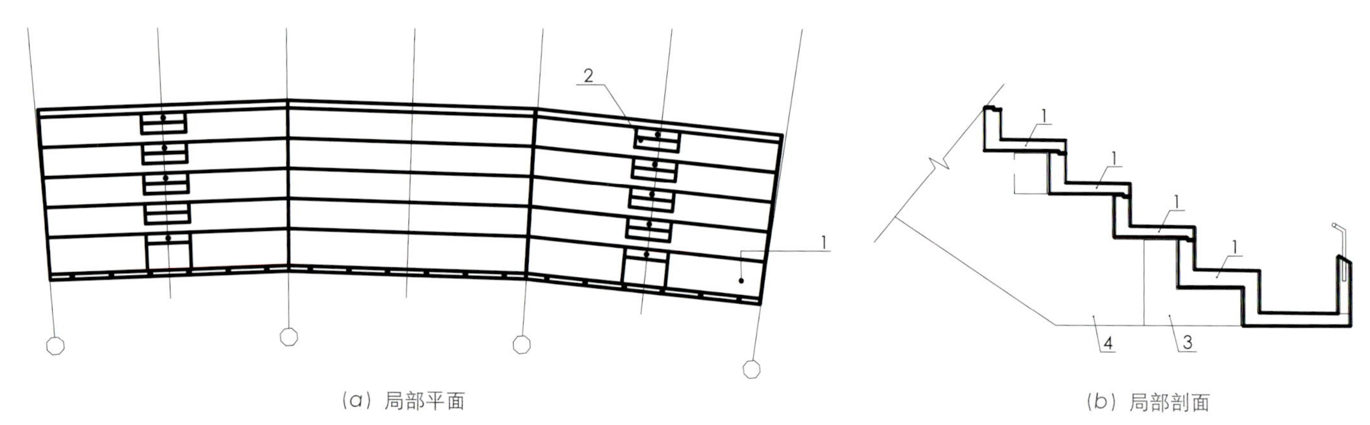

（a）局部平面

（b）局部剖面

图 7-8 看台板总体设计方案

1. 看台板 2. 踏步板 3. 现浇主体环梁 4. 现浇主梁

图 7-9　标准看台板

图 7-11　看台栏板门

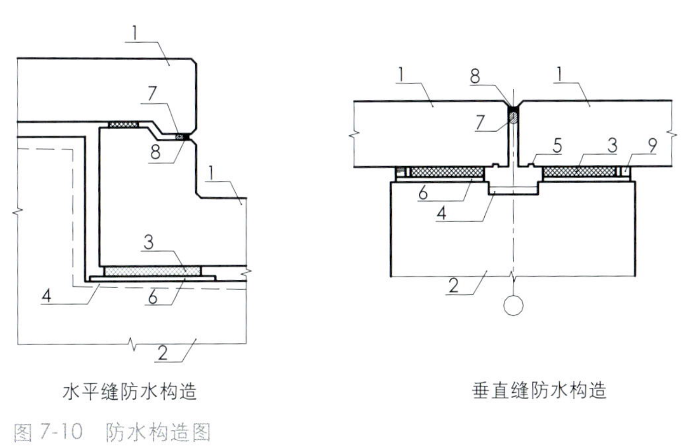

图 7-10　防水构造图

1. 看台板 2. 看台梁 3. 橡胶垫块 4. 构造积水槽 5. 滴水槽 6. 砂浆找平层 7. 背衬发泡聚乙烯圆棒 8. 密封胶 9. 找平砂浆

清水混凝土预制看台板密实性强，具有一定的防水能力，问题在于板缝的处理。看台板缝尺寸设计是保证清水混凝土看台板装饰和防水效果的关键，板缝尺寸主要依据看台板极限温差变形量、看台板制作安装施工偏差、板缝防水构造、防水材料变形性能等因素确定。国家体育场看台板长度方向缝（垂直缝）宽度为 20mm，宽度方向缝（水平缝）宽度为 12mm。如图 7-7 所示，看台板水平缝采用材料防水和构造防水相结合做法；垂直缝为朝天缝，很容易积水，板自身无法设置防水构造，由于板长度尺寸较大，板缝收缩变形也大，因此垂直缝的防水要求较高。经充分研究，结合本工程看台梁较宽（1m）的特点在看台梁中间增设构造积水槽，看台板板底两端增设滴水槽，将由于垂直缝表面材料防水缺陷导致的漏水通过沟槽有组织排放，从而确保看台板防水效果实现。实际施工中采取了浇筑时预埋木条和预留负偏差后期抹灰两种方式施工看台梁上的积水槽（图 7-10）。

对于看台下部的用房（室内）来说，看台就是该用房的屋顶，所以在上述看台区域又增设了一道防水。由于下层看台下部设有结构板，所以直接在板上设置了一道卷材防水；中层、上层看台则在看台板板底喷涂了一道硬发泡聚氨酯防水保温一体化材料。

（五）节点设计

1. 看台变形缝

为保证看台清水混凝土整体效果，看台变形缝参照国家建筑标准设计参考图《变形缝建筑构造（一）》、《变形缝建筑构造（二）》中的抗震型（承重型）变形缝机构设计，盖板改为 60mm 厚清水混凝土小型预制构件。

2. 看台与场地间栏板门

下层看台前缘的栏板分隔了看台和场地，在栏板上开设了部分门，在必要时可以提供看台与场地的通行可能。为保证看台清水混凝土整体效果，栏板门同样设计为清水混凝土预制构件。看台栏板厚度为 150mm，为减轻门的自重，采用了钢筋混凝土空心板（内填聚苯板）的工艺制作，并专门设计、制作了不锈钢铰链和插销式门锁（图 7-11）。

3. 栏杆、栏板、扶手

按凌空高度的不同，看台前缘栏杆的高度有 0.9m 和 1.05m 两种，其中观众视线以下的部分为清水混凝土栏板，而栏杆扶手为直径 40mm 的钢管，基本不影响观众视线。而对于视线要求较高的主席台，实体栏板以上的部分为驳接式玻璃栏板。

在看台前后排高差超过 0.5m 的区域，按规范规定在纵走道上设置了栏杆扶手，栏杆扶手设置在纵走道中间，按两至三排看台为一组间断式连续布置，以保证纵走道一侧出现问题时观众可以迅速更换路线至纵走道另一侧。为提高上层看台的安全度，还以两至三排为间隔在部分区域设置了横向栏杆，其横杆的高度低于观众视线。

栏杆、扶手采用在清水混凝土构件上预留孔洞，金属杆件插入后灌浆的方式安装，效果简洁干净。

4. 座椅安装

座椅的安装高度为0.42m。除下层看台因前后排高差小，为落地安装（落地部分为圆形金属盘）外，座椅支架均固定于看台板的立面上，从而降低了看台板的清洁难度。

二、清水混凝土预制看台构件设计

总结以往工程的经验，在进行清水混凝土预制看台构件设计时主要从以下几个方面进行研究和完善。

（一）连接构造设计

清水混凝土看台板与主体结构混凝土梁的连接构造是工程设计的重点，除要满足连接构造在极限状态和正常使用状态条件下的可靠性和安全性设计要求；还应考虑连接构造满足看台施工安装便捷性和吸收变形能力要求，连接节点要能够进行三维方向的微调以保证看台板安装精度和质量标准的要求；同时在四季和昼夜温差变化的极限状态，连接节点要满足看台板热胀冷缩变形的适应能力。

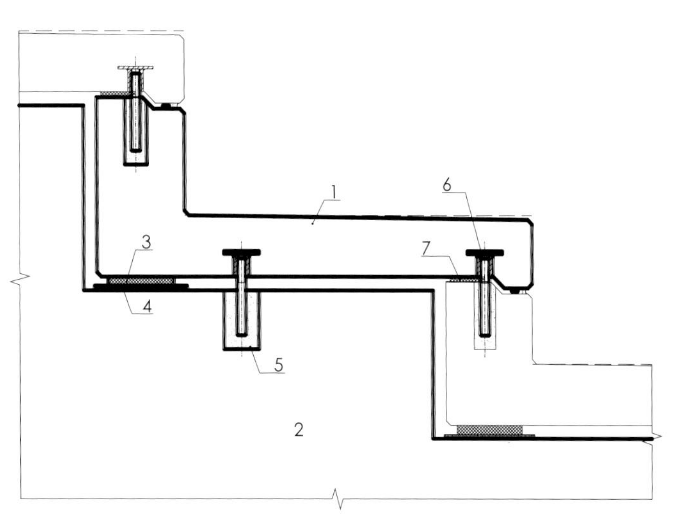

图 7-12　标准板安装节点横剖面图

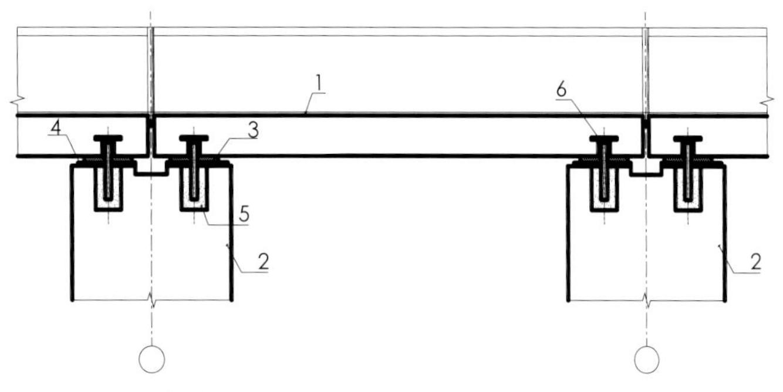

图 7-13　标准板安装节点纵剖面图

1. 预制看台板　2. 现浇主体梁　3.GJZ 橡胶支座　4. 砂浆找平层　5.C60 无收缩灌浆料　6. 连接件　7. 氯丁橡胶垫块

在已完成工程的看台设计的基础上，对其连接节点设计进行必要改进，保证了预制看台结构受力明确的要求，同时便于施工安装。具体改进方案如图 7-12、图 7-13 所示。

该方案设计主要改进之处是：采用高度方向可调整的桥梁用氯丁橡胶支座（GJZ）代替传统座浆承受看台板垂直方向的荷载，板面荷载通过在水平缝处每 2m 设置一块氯丁橡胶垫板传递。

水平方向的固定采用不影响看台清水表面效果的暗装浆锚节点连接构造，连接件一端通过螺栓与看台板内预埋螺母连接，另一端通过 C60 无收缩灌浆料锚入看台梁中，连接件锚固深度要求大于 100mm，经过计算和试验验证每个节点水平承载力可超过 50kN，可以满足预制看台水平承载的设计要求。

（二）悬挑构件设计

中层、上层看台板前排及部分包厢看台板前排为悬挑结构构件，在本工程中悬挑部分是看台设计方案研究的重点和难点，一是看台板规格尺寸大（单件自重达 12t）、形状复杂、结构承载要求高，二是构件与主体结构连接要求高，经过结构设计计算和节点试验论证，采用高强螺栓斜拉节点设计。如图 7-14 所示，成功地解决了悬挑看台的连接构造技术，同时也对看台的预制和施工安装质量进行了研究落实，保证该部位看台设计方案的可行性要求（图 7-15）。

（三）预制看台板细部设计

清水混凝土看台板必须一次设计到位，设计时充分考虑看台板的细部设计内容，力求避免由于设计考虑不周而造成清水混凝土预制看台表面缺陷，制订详尽的清水混凝土看台

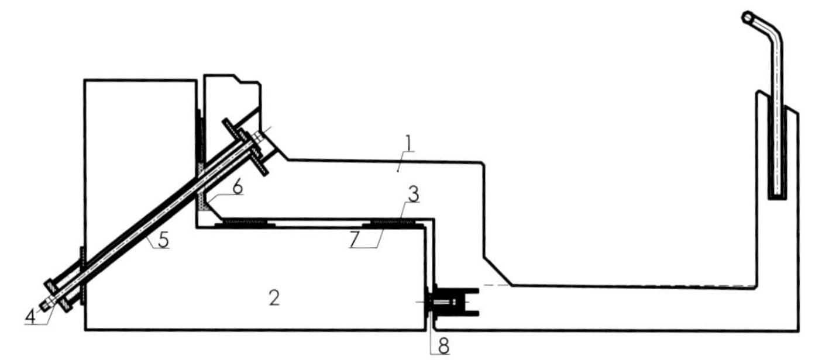

图 7-14　悬挑板安装方案

1. 看台板　2. 现浇主体梁　3.GJZ 橡胶支座　4. 配套高强螺母　5.C60 无收缩灌浆料　6. 聚乙烯衬垫　7. 砂浆找平层　8. 安装用顶丝

细部设计技术方案。如为防止施工和使用过程中造成看台板边角破损，要求外露阳角部位必须倒角；设计时要采取措施保证制作和安装用的起吊吊环不能外露在清水面上；踏步与看台板的连接要采用暗装连接节点；预留孔及预埋件必须采取精确定位措施固定；排水坡度要一次到位避免造成积水；本工程看台板的细部设计如图 7-16 所示。

本工程看台板的起吊吊环设计采用凹在构件梁中的吊杆和预埋内螺母形式，用专用吊具进行吊装，可以保证吊环在安装后不用切割处理隐藏在构件中，提高了施工安装效率，在以后的改造过程中可以继续使用。如图 7-17 所示。

图 7-15　施工中的清水混凝土看台

三、清水混凝土预制看台构件制作技术研究

清水混凝土系直接利用混凝土在模板中成型后得到的自然表面效果，要求外观质量好、颜色均匀一致、尺寸偏差小、没有严重质量缺陷的混凝土，其表面除作必要的透明保护，不做其他外装饰来改变其表面的颜色和质感，具有致密光滑、自然朴实的观感和坚固耐久的特点。

预制看台板的外露面设计要求达到清水混凝土效果，对于国家体育场 9 万多席座位的看台规模是一个挑战，生产前组织技术人员认真研究，策划产品生产质量的控制重点和难点如下：

• 技术要求和质量标准高，整个体育场的看台要求颜色均匀一致无色差，尺寸偏差均控制在 1 至 2mm 范围内。必须采用高精度模板技术。

• 构件单体尺寸大，规格型号多，共有一千多个型号。必须考虑模板配置的可改性和通用性要求。

• 构件细部要求高，预埋件及预留孔的尺寸偏差为 ±1mm，要采取精确定位措施。

• 构件混凝土强度高，收缩变形小，结构设计使用年限（耐久性）为 100 年，必须采用高性能混凝土技术，采取提高混凝土耐久性技术措施。

• 清水混凝土预制看台板工程量大，数量为一万多件，合一万多立方米。时间跨度长，生产时间历时一年。必须考虑冬季施工、高温施工与常温施工的构件生产质量控制技术，要求原材料的质量必须稳定。

基于上述要求，在生产前进行了针对性试验研究工作，并在生产过程中采取切实可行的技术措施。

为保证施工进度，除悬挑构件等少数特殊构件由北京榆构有限公司制作、安装外，大量构件由北京榆构有限公司和北京城建集团构件厂分别生产。正式投产前，除两家生产厂在各自工厂内进行各种实验外，施工总包单位还组织业主、设计、监理、施工等各方进行了多次式样对比，直至 1：1 的样品对比，以统一两家生产厂的材料配比和生产工艺、标准。

（一）生产工艺技术研究

工程实施前组织技术人员充分研究制订看台板生产加工

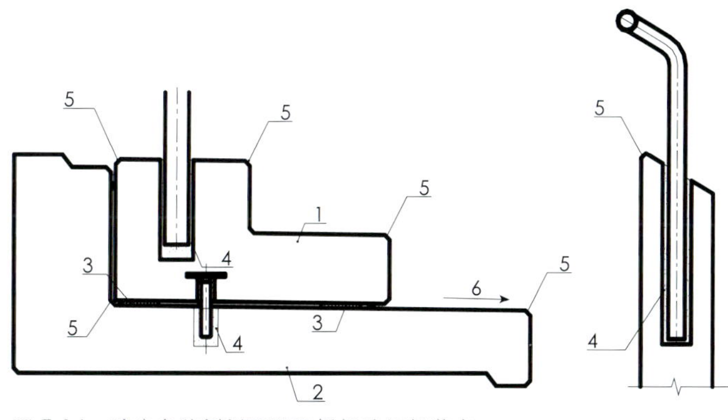

图 7-16　踏步安装侧剖面图及栏杆孔细部节点

1. 预制踏步　2. 预制看台板　3. 氯丁橡胶垫块　4.C60 无收缩灌浆料　5. 倒角 10×45°　6. 1% 坡度

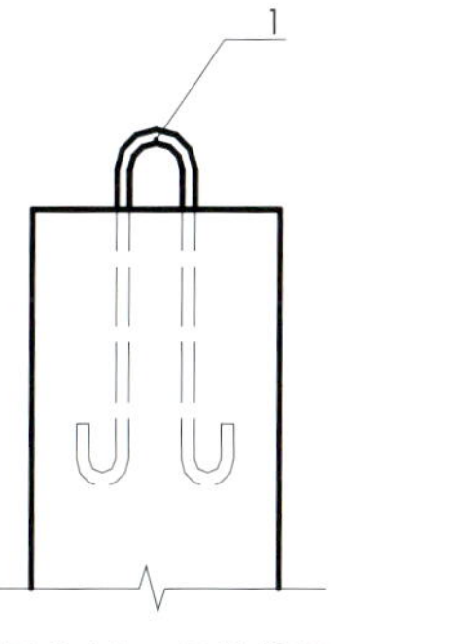

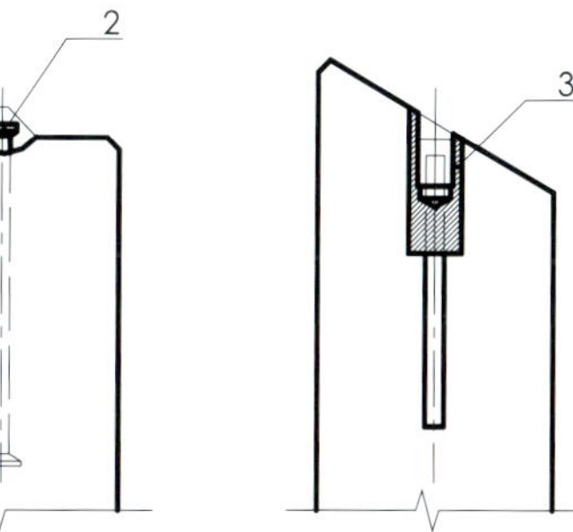

图 7-17　起吊吊环

1. 起吊吊环传统方案　2. 改进后的吊杆式吊环　3. 改进后的螺母式吊环

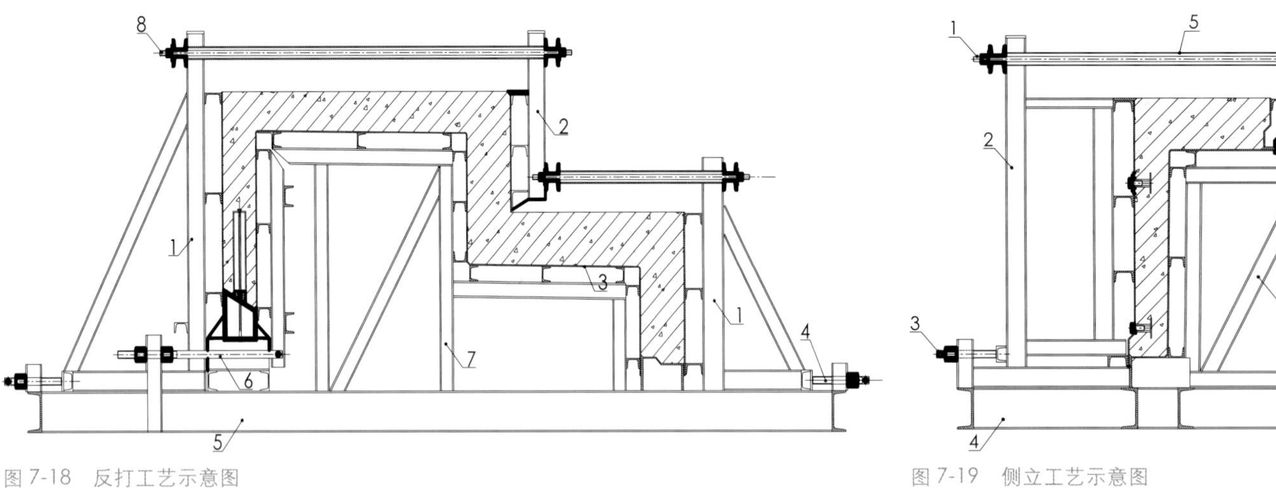

图 7-18　反打工艺示意图

1. 侧模　2. 吊模　3. 底模　4. 定位丝杠　5. 底架　6. 拉紧丝杠　7. 支架　8. 定位拉杆

图 7-19　侧立工艺示意图

1. 定位拉杆　2. 活动侧模　3. 调整丝杠　4. 底架　5. 定位管　6. 螺栓、螺母　7. 固定侧模

方案，力求最大限度地保证清水混凝土看台的制作质量和外观效果；通过优化生产工艺方案、样品试制研究，最终确定本工程看台板中下层看台平板和悬挑板采用平模反打工艺生产，如图 7-18 所示。中层、上层看台简支的 L 型板采用模板侧立工艺生产，如图 7-19 所示。该工艺方案较好解决了清水混凝土看台板的生产技术问题，可有效控制产品质量，同时又确保构件生产加工方便可行，有效提高构件生产效率。

（二）清水混凝土模板技术研究

模板是保证清水混凝土预制看台板加工尺寸偏差和外观质量的关键，本工程清水构件规格型号多，要求模板数量多；由于不定型的特点，设计时必须考虑模板通用性以降低成本，从而造成模板的设计难度大，制作过程中模板改制工作量相应加大。

为达到清水混凝土预制看台的加工精度要求，必须采取措施保证模板制作精度要求，本工程模板尺寸偏差要求严格

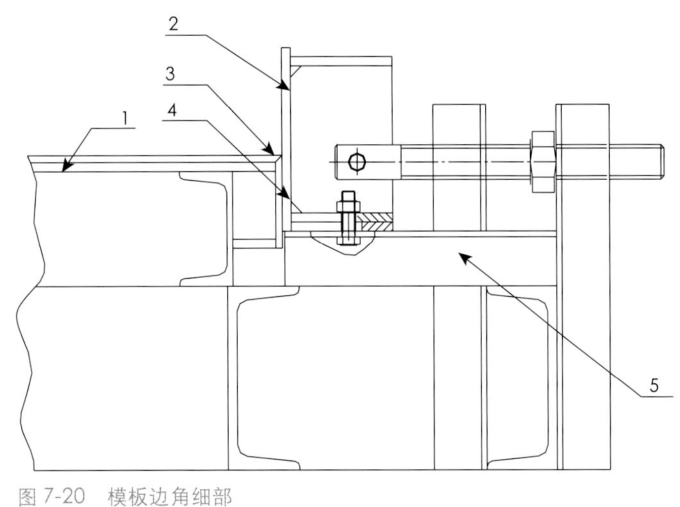

图 7-20　模板边角细部

1. 底模面板　2. 侧模面板　3. 倒角 10×45°　4. 密封条　5. 模板支座

控制在 1mm 以内。

模板结构设计时除要满足一般构件的刚度要求外，还应重点研究模板的侧模与底模、端模的连接和密封，只有做到接缝密封处不漏水的要求才能保证构件制作的清水效果。

通过明确模板技术要求和质量标准，做好模板设计和加工质量控制，有效解决了模板技术难度大、质量要求高的问题。

1. 清水模板技术要求

看台板模板设计必须根据构件生产工艺特点，结合构件制作质量标准来进行设计，经过样板试制工艺研究确定本工程模板设计应满足以下技术要求：

看台板清水表面应尽最大可能由模板面成型，选用平整度好、保护膜完整的钢板作为清水混凝土成型面，尽量减少钢板平面接缝。设法避免或减少清水面采用手工压面成型。

模板结构要结合生产工期和数量要求，满足在批量生产和长期使用条件下刚度变形要求，对于需要改制的模板，可移动部件要采用螺栓连接，生产时要从最大规格尺寸逐步向小尺寸改制，同时便于组装和拆卸。

清水模板不但要求制作精度高，还要求模板接缝严密，不得出现漏浆和漏水以免构件产生外观缺陷。本工程模板均采用弹性密封材料进行密封以防构件加工时漏水或漏浆。

模板的底模和侧模及侧模与端模结合部位要满足构件细部设计要求，构件阳角边棱部位要做成圆弧角或 45° 倒角，以防施工和使用过程中磕碰破损。

为此本工程模板设计及加工方案确定为两层底和帮包底的模板结构形式，有效解决了倒角的制作质量难题。如图 7-20 所示。

模板要通过构件试制验收后，方可批量加工制作；用于正式工程生产的模板，如有缺陷应及时进行完善。

2. 清水模板质量验收标准

鉴于清水构件目前国家或行业还没有专用标准，采用普通构件的标准根本无法满足工程设计要求，结合本工程的要求和我单位的构件加工制作水平，编制完成本工程的清水看台施工质量验收标准作为本工程的质量控制和验收标准，其中包括构件和模板的质量验收标准。

本工程清水混凝土模板的加工精度要求要高于构件的加工精度，模板加工尺寸偏差要求控制在构件尺寸偏差的 1/2 以内。模板质量标准是目前国内外同类清水构件模板的最高水平，在生产时通过严格质量检验措施，所有模板都要对所有项目进行细致系统的检验，达到质量标准要求才能进行生产，确保构件的加工质量。

（三）原材料选择及混凝土配合比设计

1. 原材料选择

清水混凝土构件采用的原材料除应满足《混凝土结构工程施工质量验收规范》（GB 50204—2002）的要求外，还应满足混凝土强度和耐久性设计要求，同时要满足清水混凝土装饰性能的要求。为此本工程对原材料选择进行专题研究并采取专项技术措施。

水泥与外加剂选择应侧重清水混凝土颜色和外观质量要求进行试验研究，制订试验方案时要明确以下原则：整个工程看台统一采用一个厂家的同一品种水泥和外加剂；水泥与外加剂适应性好；配制的混凝土应具有良好的工作性和施工匀质性；试制的样品的色泽深浅度及均匀性要满足设计要求；适宜低温养护制度的早强型脱模生产要求。经过对拟选用的水泥和外加剂进行试验研究，发现选用北京水泥厂水泥和天津雍阳的聚羧酸系外加剂配制的混凝土各项技术性能指标较好，试件颜色均匀、色度偏深灰色，较好满足设计要求，最终确定本工程采用北水 42.5MPa 水泥和天津雍阳的聚羧酸系外加剂。

砂、石骨料的选择重点在于：砂含泥量要严格控制在 2.5% 以内，细度模数在 2.4~2.6 之间，5mm 以上石子不能超过 10%。石子选用低碱活性 5~20mm 山碎石，含泥量控制在 1% 以内，孔隙率控制在 40% 以内。生产过程中要严格控制砂石的含泥、泥块、杂物及有机物含量。

掺合料选择一级粉煤灰和优质矿渣粉，应通过试配确定其适宜掺量；试验结果表明，清水混凝土中掺合料的掺量不宜太大，以 20%~30% 为宜，若掺量太大，会影响早期脱模强度和混凝土表面的颜色偏差，尤其是要控制矿渣粉用量。

生产时通过固定原材料供应厂家和性能指标，加强进场验收，保证原材料的性能稳定。

2. 混凝土配合比设计

本工程的所有清水构件混凝土强度等级均要求 C50，结合工厂质量控制水平，混凝土的配制强度按 60MPa 设计，配合比设计在满足强度要求的基础上，还应满足低收缩、高耐久性混凝土配制要求：

采用聚羧酸系外加剂，控制胶凝材料的用量及水泥用量，通过掺加适量的优质矿渣粉和一级粉煤灰双掺技术优化混凝土配合比。

为预防碱骨料反应，采用低碱活性骨料和低碱水泥，严格控制混凝土中碱含量低于 $3kg/m^3$。

在固定水灰比和用水量的基础上，经过试验对 C50 混凝土配合比掺合料用量进行优化选择，同时制作了 4 种配合比的 400mm × 600mm × 60mm 样品，通过试验选择出了外观质量好、颜色均匀、气泡少，强度适宜的样品，其配合比见表 7-4。通过样品试制较好满足清水构件质量标准要求。

为控制混凝土早期的塑性收缩及抑制看台板后期表面龟裂纹产生，有效提高混凝土耐久性，采取在混凝土中掺加聚丙烯纤维的技术措施。

通过对市场上供应的几种纤维性能比较和分散性试验研究，最终选用掺量为 $0.6kg/m^3$ 的格雷斯聚丙烯纤维，较好满足清水混凝土外观质量效果。

3. 混凝土拌合物质量控制

清水混凝土构件要求混凝土拌合物质量必须稳定均匀，从而保证混凝土浇筑成型时不会出现分层泌水现象。采取下列技术措施严格控制混凝土拌合物质量：

由于混凝土中掺加纤维和掺合料，混凝土强度等级要求较高，混凝土的搅拌时间要根据搅拌机类型适当延长，本工

混凝土优化配合比　　表 7-4

水	水泥	砂	石	粉煤灰	矿渣粉	外加剂	纤维	坍落度	28d 强度
170	349	692	1082	50	87	6.5	0.6	110mm	60.2 MPa

程采用双卧轴强制型搅拌机搅拌，常温季节搅拌时间为2分钟，冬季施工则延长至2.5分钟。

严格控制混凝土坍落度，基于在保证满足混凝土浇筑工艺的基础上尽量减小坍落度的原则，确定本工程混凝土坍落度为80~120mm。

（四）清水混凝土构件生产质量控制技术研究

清水混凝土构件质量标准要求高，在保证模板、钢筋和混凝土等分项质量的基础上，主要通过质量策划和科学管理严格控制构件生产环节各工序质量，制订专项质量控制技术措施；加强检查，保证生产全过程稳定和可控。

1. 隔离剂选择

选择合适的隔离剂是实现清水混凝土表面颜色和观感的重要环节，经过对目前市场上常用的几种隔离剂隔离效果和表面观感试验研究，试验结果表明：油质隔离剂会造成混凝土表面颜色偏暗无光泽、气泡多、有轻微污染等现象，最终选用北京榆构有限公司自行研制的石蜡质隔离剂，较好地保证了清水混凝土的外观质量和色泽要求。

应注意的是生产时要均匀涂刷，并用干棉丝擦净表面，才能生产出平整光滑、颜色均匀的清水混凝土构件。

2. 钢筋骨架加工与固定

考虑混凝土碳化收缩影响及构件设计使用年限要求，为有效控制混凝土保护层厚度，本工程采用与混凝土颜色相近的专用塑料垫块来固定钢筋和模板间距离，塑料垫块的间距和位置要相对固定，满足清水混凝土装饰面要求（图7-21）。

在钢筋骨架制作和安装过程中，主筋混凝土保护层设定为30mm，板面分布钢筋的保护层为20mm，要严格按标准要求控制骨架的尺寸偏差，清水混凝土看台板平板部分采用

图7-21　钢筋骨架加工与固定

双层点焊钢筋网片，梁部分为绑扎钢筋骨架成型。绑扎时要防止绑丝外露，安装时要防止其他杂物落入模板中，确保混凝土构件清水面的外观质量和结构性能。

3. 混凝土浇筑成型

本工程看台板生产时保证混凝土振捣达到均匀密实效果的技术措施如下：

选择适宜的振捣方式，侧立模浇筑工艺采用附着式振捣器和振捣棒配合振捣成型，平模反打工艺则采用振捣棒成型，严格控制混凝土振捣成型时间。

混凝土浇注时要求分层均匀布料；振捣时要选择长期作业有经验的混凝土振捣工来操作，严禁漏振或过振。

4. 蒸汽养护

为加快清水看台板生产场地和模板的周转，采用蒸汽养护方式，制定适宜统一的蒸汽养护制度并严格执行是保证清水混凝土颜色统一和控制颜色深浅的重要措施。试验研究表明：养护温度越高，混凝土表面颜色越浅；混凝土早期强度上升越快，脱模时间可有效缩短；但应注意构件尺寸和环境温度的限制，高温养护对混凝土后期强度发展会产生负面影响。

本工程清水混凝土看台板的养护制度为：静停为1~2小时，升温3小时，恒温6小时，降温4小时，恒温温度控制为58~60℃；升温和降温速率均应控制在15℃/h以内，脱模时构件表面与环境温差应控制在15℃以下。

5. 构件脱模起吊

由于水汽冷凝渗入构件中会造成表面颜色深浅不一，所以混凝土构件在达到脱模强度时应尽快拆模，保证混凝土构件表面水汽的均匀挥发；脱模后要对构件清水面采取保护和防污措施。

侧立成型的看台板，出模时须翻成水平状态，可在看台板梁侧设置起吊吊环，出模后可以采用在空中翻转，通过在主钩上增加一套调整姿态的倒链来实现看台板的水平状态，如图7-22所示。平模反打成型的看台板，要在板背面看台梁可以遮挡的部位设置平起吊环，出模后再用吊带或翻转架将构件翻身，翻身时要注意采取安全和保护措施。

6. 构件表面修整

清水混凝土构件表面严禁出现严重缺陷，应尽量减少出现一般缺陷，对于出现极少的一般缺陷主要包括表面气泡、色差及楞角损伤等质量问题，必须采用专用修理材料与调色剂进行调配，保证颜色与原浆面基本一致，修补部位与基层要结合牢固，当修补部位体积较大时应采用专用

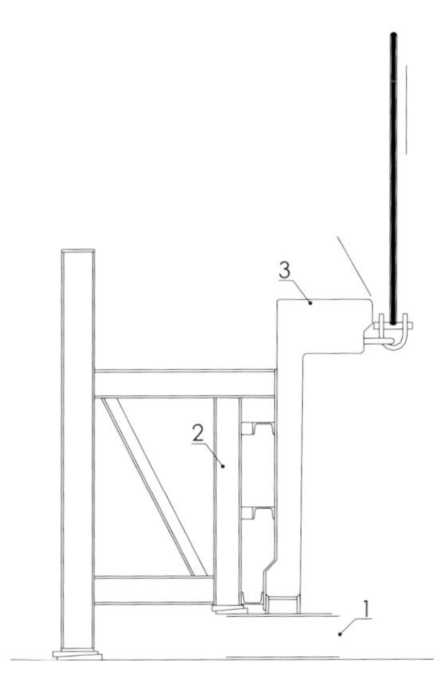

（a）拆模后开始吊起翻

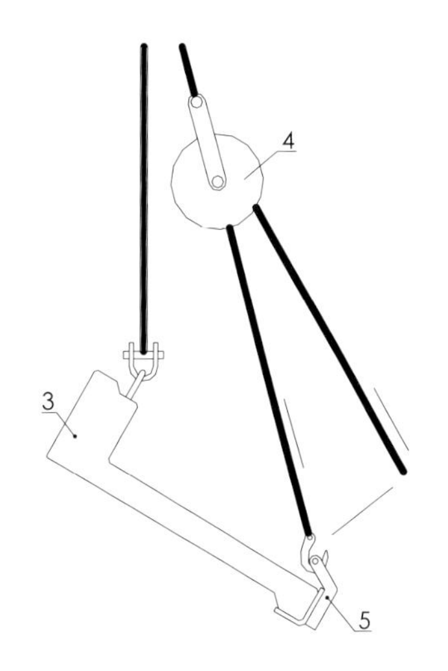

（b）出模后辅助吊具动作

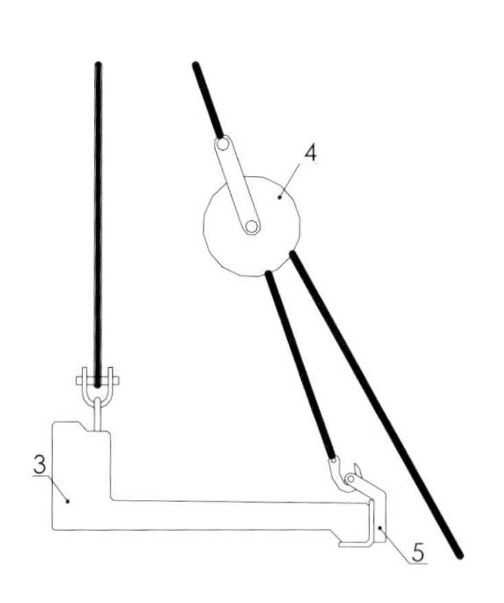

（c）看台板转至水平状态

图 7-22　侧倒生产看台板翻转起吊示意图

1. 底模 2. 一侧模板 3. 看台板 4. 手动倒链 5. 辅助吊钩

修理砂浆修复，面层再采用专用修理材料与调色剂进行调配找色，最大限度地保持清水混凝土表面的整体观感，达到设计要求。

7. 成品检验

本工程的看台板的质量标准是在《混凝土结构工程施工质量验收规范》（GB 50204—2002）基础上，制订专项工程标准，该标准通过专家论证并经过政府主管部门备案。

编制标准时参考的各国构件尺寸偏差要求见表 7-5，由表中数据可看出该标准达到国际领先水平。

清水混凝土预制看台板在加工前应制作样板，经业主和设计方确认其外观质量、尺寸偏差和结构性能指标，方可进行批量生产。

8. 成品码放与保护

为防止清水混凝土看台板在储存、运输及安装过程中受到外界污染而影响外观效果，码放时选用专用塑料垫块分批码放，用塑料布苫盖，同时采取措施防止看台板边角磕碰破损。

为预防外界环境造成看台板表面的污染，经过试验选用德国瓦克公司的渗透型透明保护产品，存放前在看台板清水表面涂刷一道表面防护剂进行保护，可以满足混凝土表面色泽保持不变的同时，收到防水和防污效果。

预制混凝土板尺寸允许偏差对照表（mm）　　**表 7-5**

项目＼标准	本工程质量标准	国家标准（GB50204）	日本标准（JASS10）	美国标准（PCI）	香港房屋署标准
长　度	±3	±5	±3	±3	±12
宽　度	±2	±5	±3	±3	±8
高（厚）度	±2	±5	±2	±3	±4
侧向弯曲	L/1500	L/1000 且≤20	3-5	L/1500	12
翘　曲	3	L/750	5	2	2
板面平整	2	5	2	2	3
对角线差	3	10	5	2	6
埋件、预留孔洞中心位移	3	5-10	5	3	3

四、清水混凝土预制看台板安装技术研究

在设计和制作阶段应研究编制预制看台板安装方案，充分研讨看台板安装方式、安装顺序、施工组织、施工工艺及与其他工种施工的协调配合等内容，确定看台板安装的重点和难点问题，争取在设计和制作阶段予以解决或简化，保证看台设计的深度和制作安装可行性要求。

（一）施工安装方案制定

由于看台安装作业面积大，现场塔吊无法满足吊装看台板重量要求；本工程看台板安装的平面组织和安装方式主要采用可移动重型汽车吊来完成；由于上层看台后半区起吊半径较大，看台与上部主钢结构间的净空尺寸限制，最小净距只有 8m 多，无法满足在钢结构施工完成后从场内吊装看台的要求；通过调整施工计划和安装连接节点设计，该部分看台板改在上部主钢结构施工前从场外吊装完成，待钢结构施工完成后再从体育场内安装剩余的看台板。如图 7-23 所示。对两个安装阶段搭接处的看台板，进行了连接构造的修改，采用后塞法安装。

（二）安装设备选型

在确定看台板安装方案的前提下，吊装设备的选型是看台板安装的关键工作，要具体落实安装设备的型号、规格、数量。

本工程看台板最大重量达 20t，最远起吊半径为 60m，最大起升高度为 50m，结合工期要求，一期上层看台板的安装选用大型吊装机械 250t 履带起重机和 300t 液压履带式起重机各 1 台，两台大吨位吊车主要负责中层、上层看台板的吊装就位工作；中层、下层标准型看台板安装选用二台 150t 履带起重机；实际施工时四台吊车按现场条件依次进场，从而保证吊装设备的充分利用。

（三）安装技术要求

看台板安装前应按验收规范要求对看台板作结构性能试验，合格后方可进行安装。本工程分简支和悬挑两种受力状态的构件分别进行结构性能检验，试验结果表明看台板承载力和刚度变形指标均达到设计要求。

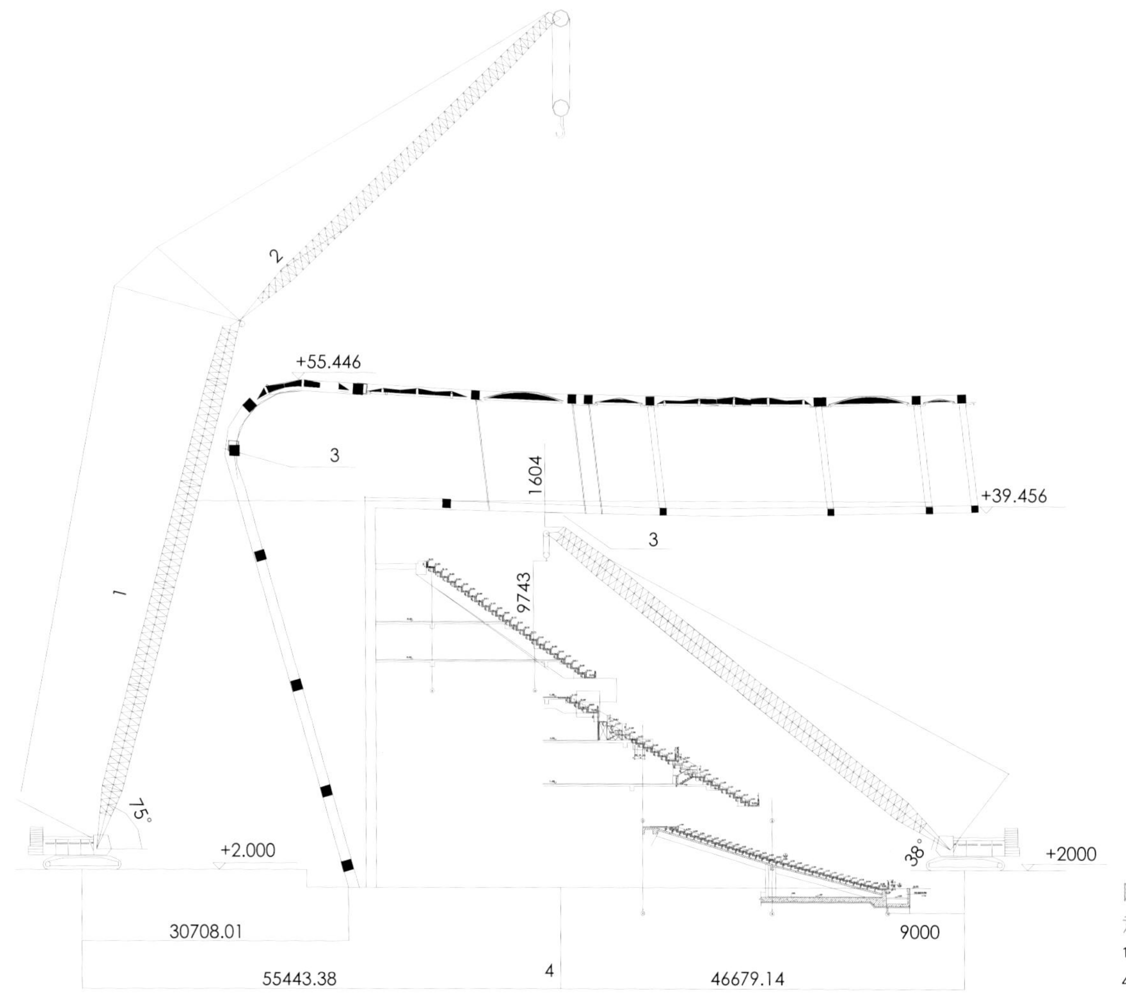

图 7-23 看台板施工安装示意图
1. 主杆 2. 副臂 3. 安全距离大于 1m
4. 两个安装阶段划分线

看台板的定位放线是确定看台板平面位置的关键环节。在主体结构完成后应全面测量、统一复查校对主体结构偏差。

看台板支座处标高偏差应控制在＋0.00～-1.00mm；确保构件安装偏差控制在验收标准偏差范围内后方可灌浆锚固。

构件安装时看台板与主体结构的水平方向连接销要保证销孔的设计深度和灌浆料的施工质量，垂直方向依靠橡胶垫传力，要保证传力的有效性和合理性（图 7-24、图 7-25）。

（四）板缝防水施工

混凝土板缝防水材料的选择是保证防水效果的关键，设计时必须要考虑防水材料与混凝土粘接界面的相容性、使用环境类别、材料耐候性和使用年限要求等，本工程经过大量试验比较，选用品质较好的进口聚氨酯密封胶作防水材料。

防水施工时，严格按照防水材料说明进行操作，打胶前应将板缝两侧清理干净，嵌入背衬材料严格控制胶缝深度，并由经过培训的专业工人进行打胶作业，注意在十字缝处要保证胶缝一次完成，保证胶缝的外观效果。还应注意构件安装与防水施工的顺序，应在安装踏步板之前完成看台板的打胶施工，以免踏步板挡住看台板水平缝。踏步板与看台板之间的缝隙可作开缝处理。

（五）清水混凝土预制看台施工质量验收标准

本工程执行的安装质量标准是专门制定的专项工程标准。看台板安装质量验收主要包括看台板、连接件、配套材料的质量验收，安装连接节点的质量验收，板缝防水，外观质量及尺寸偏差等项目的质量验收等内容。

图 7-24　看台板的吊装

图 7-25　安装后的看台板

第二节　运行设计与赛时运行及转换

在国际奥委会的要求与北京奥组委的指导协调下，奥运场馆设计工作在沿袭传统的方案设计、初步设计与施工图设计的基础上，创造性地开展了以满足赛时运行需求为目标的运行设计（Operational Design）。包括国家体育场在内的奥运会使用的近 30 个竞赛场馆，奥运村、媒体中心、总部饭店等 10 余个非竞赛场馆，以及奥林匹克公园整体区域均进行了科学严谨的运行设计。北京奥组委在赛后总结报告中指出，运行设计为奥运会的顺利举办，特别是场馆层面运行组织工作的圆满完成奠定了坚实的基础。中国建筑设计研究院先后与北京奥组委签订了两份《场馆运行设计服务合同》，配合奥组委场馆管理部、工程与环境部、国家体育场运行团队对国家体育场的需求进行了深入、科学、细致的研究，编制了针对各项活动和赛事的运行设计方案。

常规的体育建筑设计注重对建筑造型和结构的设计，对建筑功能研究仅停留在较为宽泛的赛事组织及日常商业经营等；而场地工艺设计相对较为精细，已经形成了一个专门的学科，由专业的设计单位承担。但是，这样设计完成后的建筑，在承接高水平赛事和大型活动时，经常会遇到功能不全、设施不完备、不能完全满足需要的诸多问题。应该说，运行设计作为一项重要的专业技术，是对常规体育建筑设计的延伸和拓展，弥补了常规设计方法的不足。它有机整合了设计、施工和运营使用全过程。它第一次从系统研究各类客户群、各专业、各领域的需求出发，通过软性的运行组织和硬性的设施建设两种手段，解决各项需求之间的矛盾，达到最大化的协调；它以场馆的建筑设计及现状条件为基础，通过功能分区、流线组织和各赛事专业系统的二次设计，合理有效地使用建筑已有设施空间，并在此前提下最大限度地使用临时设施（Overlay），妥善解决赛时需求与赛后利用的矛盾，节省资金投入。

一、运行设计的基本概念

（一）什么是运行设计

运行设计，是根据赛事活动组织运行对场馆的特定要求，以场馆的建筑设计及现状条件为基础，对赛事运行各项需求进行整合，对场馆的空间分配、流线安排以及运行所需的安保、技术、电视转播、强电、景观与标识等专业系统和临时设施进行妥善规划和布置。

运行设计的目标是进一步明确和完善体育场馆的功能，最大限度地实现场馆运行工作与场馆工程建设及外围环境整治的衔接，细化对场馆永久设施和临时设施建设的要求，对周边设施改造和整治提出具体要求，减少后期硬件改造工作量和重复投资，并通过临时设施解决好赛时需求与日常运营需求的矛盾。

运行设计不同于一般的建筑设计，其主要特点如下：

第一，是基于已有建筑或在建建筑的设计，是对建筑的二次设计；

第二，是以解决功能问题为主要任务的设计，不涉及建筑造型和结构改动；

第三，是整合综合性、复杂性功能，满足多种人群需求的最优方法；

第四，是针对某一时间空间的特殊设计，具有高度的灵活性和开放性；

第五，设计成果对解决建筑硬件设施建设和运行组织工作具有双重作用。

（二）运行设计需要遵循的总体原则

1. 合理确定需求：搞好场馆运行设计，首先要做好服务对象的需求分析，针对各个不同客户群的不同需求，合理确定服务标准、功能分区与软、硬件标准。按照以竞赛为中心、运动员需求优先的原则，合理确定各类运行服务设施的优先级别。明确在有限的资源条件下优先保证哪些需求，哪些需求则可以适当放低标准。

2. 系统有机整合：运行设计要综合场馆运行涉及的各方面工作要求，把各专业设计整合为场馆整体设计，以赛时竞赛、媒体、安保交通和技术等专项方案为工作重点。针对综合性赛事、活动，要通盘考虑场馆内外及各场馆之间的运行需求，要在区域整体运行设计的基础上完成单个场馆的设计工作。

3. 资源总量调控：运行设计要以永久场馆的现实条件为基础，满足赛时运行需求，资源总量调控。首先对现有条件和资源作深入全面的掌握，包括：场馆用地总量、现有功能用房规模、现有基础设施保障条件等。进而以资源总量为限，对各方面的运行要求进行整合平衡，保证重点，统筹兼顾，尽可能利用现有资源，减少对永久设施的改造量和临时设施的搭建量，体现节俭原则。

4. 设计标准规范：根据运行设计的特点和基本规律，实现运行过程规范化，运行成果标准化。设计中的同类设施要进行“单元化设计”，确保运行工作规范，提高设计效率与空间的使用效率。赛事组织者要针对运行设计提出翔实的设计要求，提前做好标准化单元设计。

在上述总体原则的指导下，结合不同赛事活动的特殊要求，还要对运行设计的各个分项环节制定具体政策。

（三）运行设计的主要内容与设计成果

场馆运行设计的内容涉及功能分区、流线组织、房间分配、系统设计等方面。与常规的设计任务类似，工作成果主要包括图、表和文字说明三部分。

图纸：场馆总平面运行分区图、场馆各层平面运行分区图、场馆运行注册分区设计图、比赛场地详细布局图、场馆座席与摄像机位布置图、场馆临时管线综合设计图、场馆指路指示标识点位图、临时设施初步设计图。

列表：场馆功能用房与物资分配列表。

说明：对场馆永久设施调整要求、对场馆外围环境整治与设施调整要求、临时设施需求清单。

在运行设计基础上，各专项系统还要进行深化设计和施工图设计，主要包括：比赛场地体育工艺设计、电视转播系统、安保技防系统、供配电系统、弱电技术系统、标识系统、景观设计、临时设施施工图设计等。

二、运行设计的基本方法

从准备开始进行运行设计到设计结束需要经过一个过程，这个过程中既要进行独立工作又要进行集中讨论，其中可以分成三个工作阶段，即前期准备、初步运行设计和详细运行设计阶段。运行设计成果形成后，还要在建设中加以实施，并通过赛事运行的实践持续改进，与工程设计的施工配合阶段类似，运行设计会贯穿在成果实施、实际运行的全过程中。

（一）前期准备阶段

前期准备阶段，旨在设计开始之初对资料和信息进行收集和整理，为下阶段的工作提供基础。主要任务包括：

1. 组织核心设计团队：一般来说，运行设计团队由专业设计人员、场馆业主单位人员和赛事组织人员共同组成。特别要求专业设计人员全面掌握场馆现状情况。对于像奥运会、残奥会这样的综合性运动会，不同场馆的设计单位不同，有可能造成设计标准不统一，这就要求赛会组委会在专业设计机构或设计行业专家的支持下，加强指导、协调和监督。

2. 制定设计规范和标准：运行设计和常规的建筑设计不同，没有完全适用的国家和地方规范。奥组委通过示范场馆研究，拟定了一整套运行设计指导文件，包括设计原则、设计过程与步骤分解、设计成果要求、标准单元设计、制图手册等。其中的部分文件在后来的设计实践中，不断被补充完善。2007 年 11 月，北京市及北京奥组委领导听取了国家体育场运行设计汇报，特别要求要以此为范本，在其他场馆予以推广。

3. 系统整合运行需求：场馆竞赛信息，包括如比赛日程和项目要求是应该获取的第一需求。其他运行需求来自外部和内部两个方面。外部需求主要是指赛事期间在场馆内活动的各类客户群对空间设施的要求。北京奥运会将场馆内的客户群细分为运动员和随队官员、技术官员、奥林匹克大家庭成员、电视转播人员、文字记者和摄影记者、赞助商、观众等七类。每一类客户群还可以进行细分，比如仅运动员就可分为参赛运动员、本项目观赛运动员（持证）和非本项目观赛运动员（持票）等。不同人群在场馆内有不同的活动特点和服务要求，在运行设计中要加以区别考虑。内部需求主要是指赛事组织团队必要的工作需求。奥运会针对每个场馆组建了场馆团队。国家体育场运行团队内部细分为 31 个职能业务部门，每个部门都有各自的办公管理空间。例如，国家体育场内的安保用房包括指挥室、观察室、会议室、办公室等大大小小 40 多间，每个房间都有具体的强弱电配置要求，这些需求都需要通过运行设计妥善安排。

4. 获取场馆现状信息：要对场馆及其外围区域进行现有设施情况，或者现有设计情况进行全面了解。包括场馆现状功能分区、结构形式、外围交通组织等。组织设计团队，以及需求提出和设计审核部门进行现场踏勘，实地了解情况。同时要获取场馆竣工验收图纸，像国家体育场这样的在建场馆要获取最新的设计图纸，作为运行设计工作的底图。对在建场馆还要在以后的运行设计过程中，随着工程施工、设计的变更不断更新底图。

（二）初步运行设计阶段

初步运行设计（Preliminary Operational Design）旨在对场馆进行初步功能分区规划、流线设计安排和使用空间分配，是对场馆运行的概念性设计。

1. 主要任务

第一，基本确定场馆安保规划方案（包括控制区、封闭区和安检口）；第二，基本确定场馆交通组织方案（包括各类车辆、人员流线和停车场）；第三，基本确定场馆运行各功能区域和注册分区，包括确定为注册人员预留的看台区；第四，重点对竞赛、贵宾、媒体、技术等功能区域进行详细的房间布局分配；第五，对场馆无障碍设施进行初步核查。

2. 设计过程

初步运行设计工作分 5 个步骤落实：第一，初步划定场馆功能区域，确定前后院划分；第二，初步明确安保交通规划方案；第三，与体育、贵宾、媒体等客户群代表部门沟通确定各类客户群出入口、通道和流线；第四，确定主要工作用房位置，调整功能分区，确定注册分区、看台分配方案、比赛场地布置；第五，提交本项赛事的国际主办方，如国际单项体育组织确认；同时与业主讨论设计的可行性，在场馆永久设施上落实运行设计，初步确定临时设施配置。国家体育场与上述设计过程相对应的集中工作周期约为 2 个月，但因涉及开闭幕式等复杂问题断断续续经历了约 7 个月才形成最终设计成果。

3. 设计成果

初步运行设计成果主要包括：场馆总平面运行分区图、场馆各层平面运行分区图、场馆运行注册分区设计图、场馆房间分配列表等（图 7-26）。

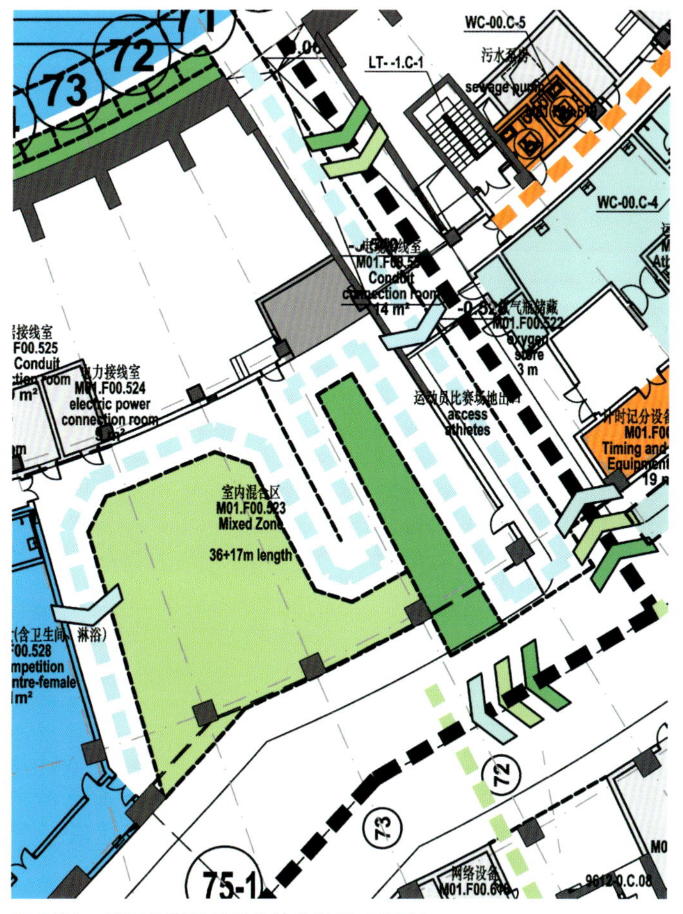

图 7-26 国家体育场运行设计分区图（局部）

（三）详细运行设计阶段

详细运行设计（Detail Operational Design）是在初步运行设计基础上，对场馆各项业务运行需求在空间和路由上的详细安排。详细运行设计是整合运行需求、落实硬件设施、细化运行计划的重要载体；是指导场馆运行工作与场馆永久设施及临时设施建设的基础依据。

1. 主要任务

第一，细化完善初步运行设计成果，包括确定分区布局、人员流线、用房分配，房间编码、座席编排、根据房间布局与物资安排明确用房的基础设施配套条件（水、电、气、热等）和装修标准；第二，设计并综合专业系统：包括比赛场地体育工艺设计、临时土建工程系统设计（含给排水、暖通、线缆通道等子系统）、强电系统设计（含供配电、照明等子系统）、电视转播系统设计、安防系统设计（含安保指挥、安保技防、图像监控、安检、通信与网络、公安专用信息等子系统）、技术系统设计（含通信、信息、有线电视、视频、音频、计时计分、综合布线等子系统）、标识系统设计、景观系统设计等；第三，提出对永久工程建设的详细需求，结合在建场馆工程施工进度，提出需要业主落实的建设需求，包括结构预埋、管道预留、空间预留和装修要求等；第四，明确场馆临时设施建设需求并进行施工组织设计。临时设施指为赛时运行需要而在赛前加建，并在赛后拆除的临时性设施，包括临时看台及座席、临时用房、临时地面铺装、临时隔离设施、指路标识和旗杆等。

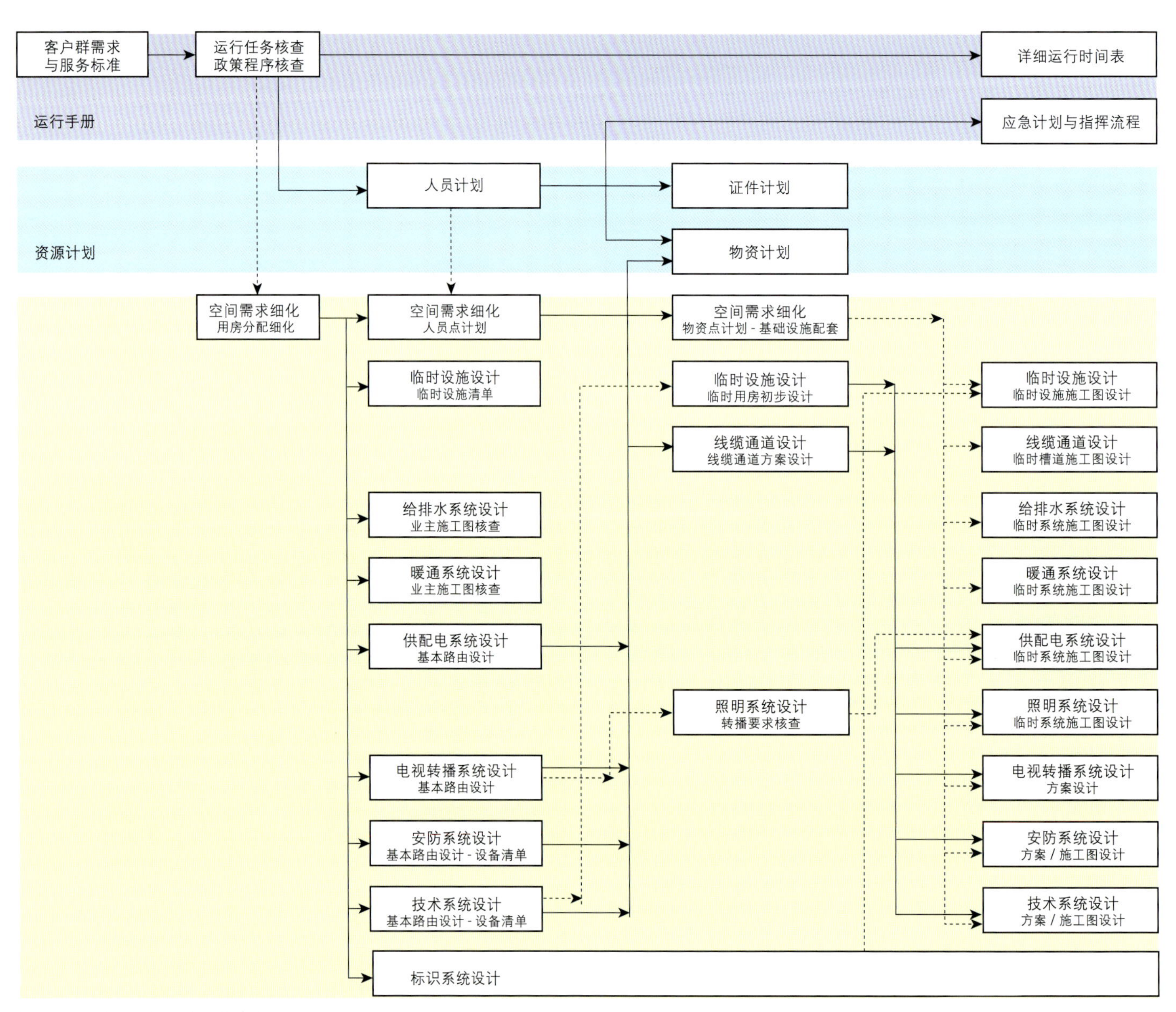

图 7-27　详细运行设计工作流程图

2. 设计过程

详细运行设计工作分 3 个阶段，与场馆运行手册、资源计划的编制同步开展，详细流程如图 7-27 所示。详细运行设计涉及的内容很多，各分项工作彼此关联，需要组织者、设计人有高度的综合协调能力。为保证国家体育场工程的施工进度，2007 月 3 月底完成了国家体育场详细运行设计对建设调整要求，而各专业系统的运行设计伴随着临时设施的施工，不断改进几乎一直持续到开赛前（图 7-27）。

3. 设计成果

详细运行设计应达到运行设计成果的全部要求，在此展示几张详图，来体现设计深度要求。关于专业系统设计与建设实施要求文件，将在后续部分中说明。

三、运行设计中的重要专业系统设计

在上一部分已经提到，详细运行设计中涉及的专业系统设计包括 8 大类，近 20 个子系统。相比一般的体育场馆，这些系统设计在像国家体育场这样的奥运场馆的工程设计中都达到了较高的水平，多数系统不需调整或稍加补充就可满足赛事需求。在此就其中三项主要系统设计作简要介绍。

（一）电视转播系统设计

北京奥运会电视转播工作由北京奥运会转播服务公司（BOB）承担。该公司由国际奥委会转播机构与北京奥组委共同组建。其工作人员参与过多届奥运会的转播工作，具有丰富的经验。在和他们共同进行电视转播系统设计的过程中，设计人员和赛事组织人员有机会了解到国际最先进的转播设计技术。

在开展运行设计之初，北京奥运会转播服务公司（BOB）针对各个场馆、各个比赛项目都提出了详细的技术手册，即《场馆调查报告》(Venue Survey Report)。一方面针对场馆现有硬件设施提出整改意见，一方面根据比赛转播的制作计划提出新的要求。主要需求包括电视转播综合区布局和基础设施要求、混合区、评论员席、摄像机位、停车场、线缆通道、供配电等 7 个方面，这些需求都应在运行设计中一一落实（图 7-28）。

围绕这一要求，设计师首先要通过视线分析核实其可实施性，同时核实观众座席占用、遮挡情况，提出调整方案，做到既满足转播效果，又少占用座席或遮挡观众视线；进一步考虑搭建摄像平台、预留线缆通道，特别是场地内的强电

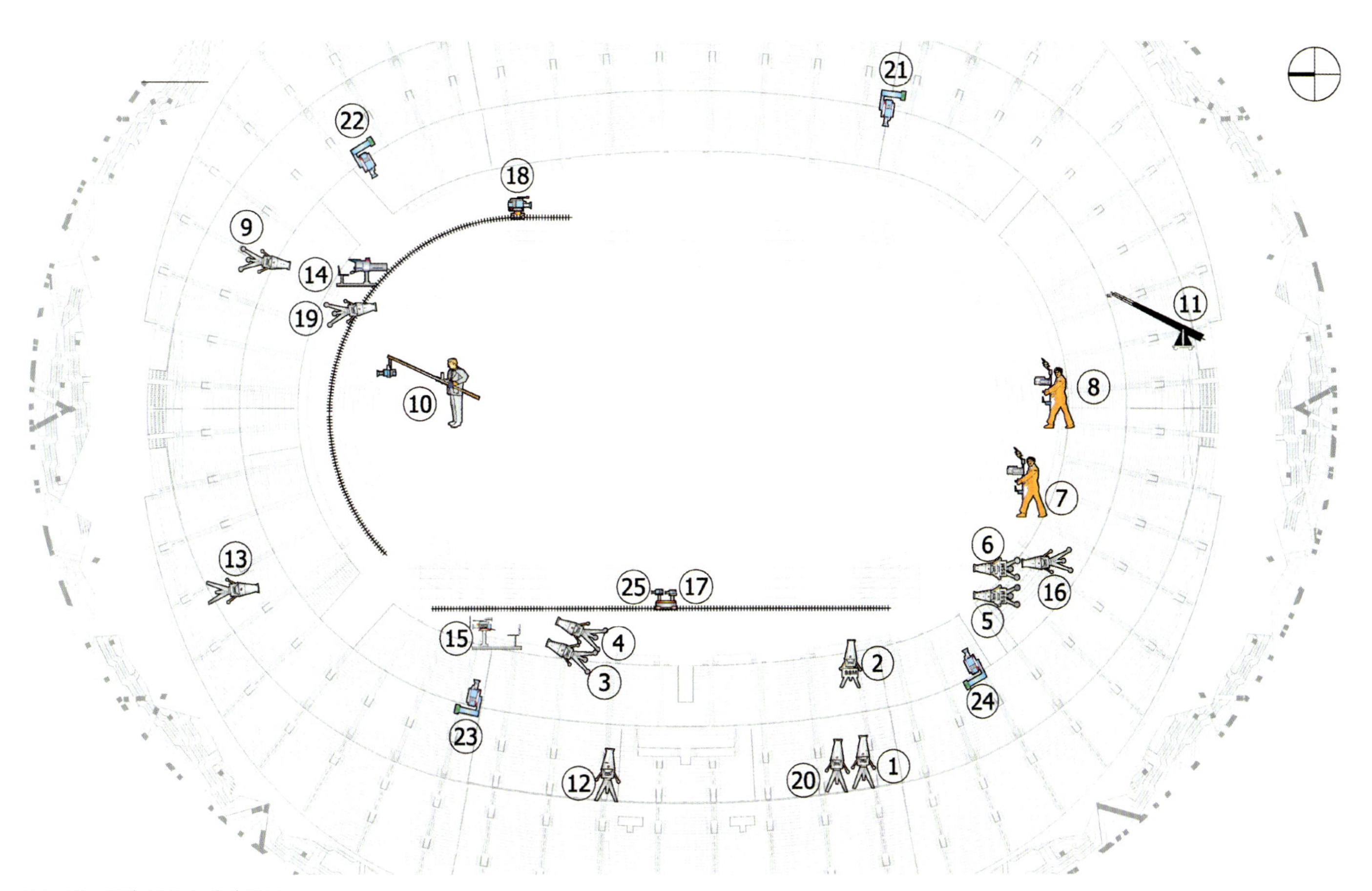

图 7-28　径赛摄像机位布置图

接口。在实际运行中，有一些视线不得不遮挡的席位，均未对外售票。

当然，也有一些需求是通过设计师的精心设计，有利说服 BOB 而最终彻底改变方案的。例如，BOB 曾提出在国家体育场在西侧上层看台下部悬挂长 330m 吊篮。此方案经过中国建筑设计院结构专业核算，提出了吊篮结构设计方案。但经视线分析，这种吊篮悬挂方式，会对上层看台观众观看比赛、包厢观众观看开闭幕式上空演出有较大影响。最终 BOB 同意适当减少机位，在主席台后侧搭建摄像平台。

摄像机位是电视转播系统中最前沿、最重要的一环，而混合区、评论员席等需求也需要结合现场情况精心设计落实。混合区是运动员接受电视采访的第一现场，位于距 100m 终点最近的位置，是由单向的运动员通道和摄像机和转播记者位组成，本届奥运会两者之间采用硬质隔板隔开，运动员通道宽 1.2m、长约 110m（有效采访长度约 60m），摄像机和转播记者位进深为 2.1m（第一排 1.8m）、宽度为 1.6m、1.2m、0.6m 三种，前后排高差结合永久看台台阶设计约为 0.8~0.9m。结合国家体育场的现状，最终确定的评论员席有 2.0m × 2.0m、2.0m × 3m（2.8m、3.2m）、2.0m × 4.0m（带摄像机 ）三种，评论员席为带桌席，前后排升起可按标准视线设计，但为减少对后部摄像机的遮挡，同时减小临时看台搭建的工程量，媒体临时看台只是就着永久看台的台阶搭建，并未严格按视线标准搭建。正面摄像、摄影平台位于面向 100m 终点的看台区域，为“兵家必争之地”，包括前部的摄影沟、中部的摄像平台、后部的摄影平台，摄影沟深 1.3m、宽 2.2m，分两排，前后排高差 0.3m，摄像平台进深 1.8m、前后排高差 1.0m，摄影平台进深 1.0m、前后排高差 0.45m，为避免摄影记者对电视转播效果的无意间影响，摄影沟上设置了局部拦挡架，摄像平台和摄影平台的结构钢架为分别独立设计（图 7-29）。

（二）比赛场地工艺详细设计

比赛场地工艺设计是体育建筑设计中的一项较为专业的设计内容，也是赛事成功举办的基本保障。

运行设计对比赛场地的设计主要包括场地基础划线与出入口；场地体育器材、技术设备、颁奖台、旗杆等设施布局；场地技术工作台布局；场地摄影位置；技术官员与工作人员点位等方面内容，必要时应按照竞赛项目分项、小项绘制比赛场地详细布局图（图 7-30）。

参与比赛场地运行设计的，除了专业设计公司、运行设计师，还要充分利用国家体育总局田管中心、中国田协和国际田联的赛事组织专家。北京奥组委组织专家对国家体育场场地设计进行了多次审查，审查意见细到预埋管线敷设方式、具体数量、规格。对于管线、设施的详细设计不仅要考虑场内布置的合理性，还要考虑其与建筑主体内管线的衔接，及

图 7-29　混合区与正面摄像、摄影平台

对建筑主体内设施的影响。针对场地礼宾旗杆及颁奖旗杆位置，直到 2008 年 5 月开幕式创意方案确认后，才提出详细要求。根据场地礼宾旗杆及颁奖旗杆最终布置方案，相应调整了受影响的摄像机位。

（三）临时管线综合设计

与日常运营相比，体育场馆举办大型赛事和活动时对强弱电系统需求大大增加。以往我国举办大型赛事，各专业系统的责任单位仅仅在场馆现场临时选择路由，系统布线和设备安装的随意性较大。作为世界最高水平的综合性运动会，奥运会对场馆供电、电视转播、技术、安保系统的要求标准极高。如果在奥运会同样采取以前的办法，不仅不能满足复杂的功能需求，也会造成场馆内线缆横飞，影响形象。为此，北京奥组委在开展运行设计之初就提出，各个场馆要结合临时系统设计，由专业人员在场馆永久管线的基础上，对临时管线的主要路由进行统筹考虑、综合设计，并以此为依据，提出临时线缆支架、桥架等的具体要求，由临时设施施工单位安装、布线。确保各类临时线缆的铺设满足功能要求并做到有序、美观。

进行临时管线综合设计，需要先收集各管线设计单位的专项管线设计图，再由详细运行设计单位对主路由进行综合设计。临时棚房内可由临时设施供应商结合临时设施进行内部管线综合设计。

弱电主路由综合设计包括：电视转播系统音视频信号系统（由 BOB 提供）；数据 / 语音 / 有线电视综合布线、计时计分、音视频等临时技术系统（由技术部提供）；安防系统，主要是安保周界临时部分设计（由安保部提供）。

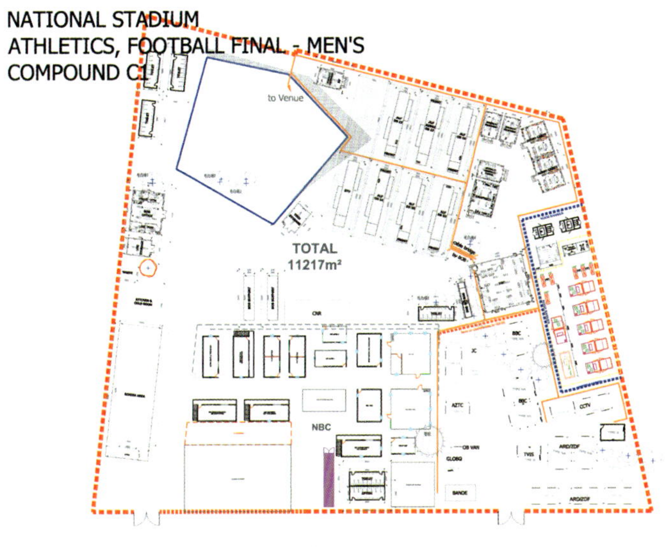

NATIONAL STADIUM
ATHLETICS, FOOTBALL FINAL - MEN'S
COMPOUND C1

TOTAL
11217m²

图 7-30　奥运会男子足球决赛场地工艺设计

强电主路由综合设计包括：为电视转播服务的强电系统设计（由工程与环境部协调亚历克 / 市电力公司提供）；补充照明临时供电系统设计（由工程与环境部协调市电力公司提供）。

局部管线综合设计包括：BOB 评论员席（连接到终端用户点位）；文字媒体带桌席与文字摄影记者工作间（连接到终端用户点位）；临时用房（连接到终端用户点位）。

除上述总体、局部系统外，国家体育场内还有开闭幕式专用的 LED、音响、通信系统需要统一综合设计。

上述各类管线都有规范的路线，在设计时须予以全面考虑。例如：为电视转播提供的信号线缆通道需要联系摄像机位（含场地，看台和混合区的摄像机）到评论员控制室，评论员席到评论员控制室，评论员控制室到电视转播综合区；为新闻媒体提供的线缆通道需要联系文字记者席到媒体工作区，媒体工作区到数据网络中心，数据网络中心到通信设备机房；为现场成绩发布提供的线缆通道需要联系比赛场地倒计时记分机房，计时记分机房到现场成绩处理机房，计时记分机房到显示屏控制室，现场成绩处理机房到数据网络中心，数据网络中心到通信设备机房等。

在进行综合布线的过程中，要充分利用场馆已有的线缆通道，减少由于墙体穿洞、固定支架而对场馆永久设施造成的影响。对电视转播线缆来说，BOB 要求所有的线缆均为明线，以确保出现紧急状况时可以及时找到问题源。这些特殊要求都需要在设计中予以考虑（图 7-31）。

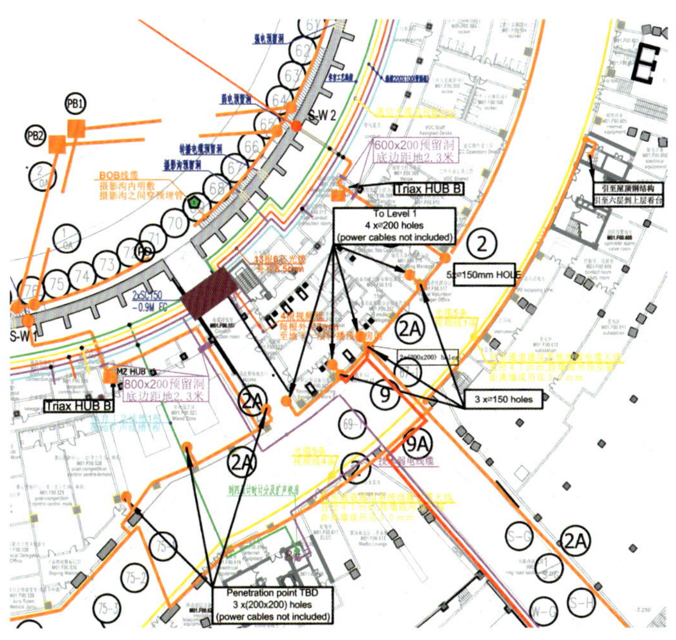

图 7-31　零层临时管线综合设计局部放大图
（注：除轴线号外，圆圈内的数字、字母为线缆的安装方式）

虽然运行设计的主要目的是满足赛事活动组织运行对场馆的特定要求，但运行设计的组织者、设计师仍然可以像前述的“吊篮”问题那样，结合场馆实际情况提出自己的改进意见，从而达到与场馆完美整合的设计效果。

自悉尼奥运会以来临时搭建的媒体看台（含桌子）均为一种较深的蓝色，这是电视转播公司选择的一种他们认为对电视转播画面最好的颜色，该颜色被命名为“奥林匹克蓝”。因为开闭幕式和田径比赛的转播和采访需求极高，不算散布于座席间的摄像机平台，集中的媒体临时看台区域就占到下层看台、中层看台的四分之一。但国家体育场的座椅颜色为红色和灰色。如果国家体育场的临时媒体看台也按BOB的要求采用“奥林匹克蓝”，可以想象建筑效果将非常不协调。经过运行设计的组织者、设计师与BOB各相关负责人的多次协商，最终国家体育场的临时媒体看台颜色确定为灰色（图7-32）。

北京奥运会标识规范规定标识以黄底黑字为主，实施方式主要为PVC板用强力海绵胶粘贴。国家体育场是依据《国家体育场奥运工程设计大纲》设计的，用房的使用率很高，但因功能转换及部分需求未最终确定，在国家体育场工程施工中要求施工方仅实施观众服务用房、设备机房等内部功能用房以外的房间名称。如第十七章体育场标识设计中将介绍的，国家体育场有包括房间名称在内的一整套成体系的标识设计，不同颜色的门上采用与之对比的不同颜色的标识，永久标识是采用喷漆的方法实施的。通过现场试验和电脑模拟，如内部功能用房的标识采用“奥运会”标识体系，将造成室内空间整体效果不协调，如两种标识体系的房间间或共存在同一空间内，还会使人感觉很零乱。经过报请奥组委领导特批，内部功能用房的房间标识采用国家体育场工程设计体系，而其他指示标识采用“奥运会”标识体系。为方便赛后拆除内部功能用房的房间标识采用及时贴的方式实施，其中的观众服务设施的标识更是将奥运会标识图标和国家体育场工程设计体系的文字标识完美结合在了一起（图7-33）。

图7-32　媒体临时看台

图7-33　观众服务设施标识

四、运行设计的建设实施

运行设计作为场馆运行与场馆建设过程中重要的环节，一方面为场馆运行计划的制定与实施提供了基础条件，另一方面，为确保场馆建设充分满足赛事要求提供了科学依据与根本保障。在开展运行设计的过程中，高度重视与国家体育场有限责任公司、永久设施和临时设施施工单位的协调，本着奥运工程“五统一”的原则，实现了从设计到建设的顺利衔接。下面简要介绍运行设计实施的主要途径。

（一）由运行设计提出对场馆永久设施改造的要求

前面已经说过，运行设计是在场馆现状（现有方案）基础上的二次设计，因此运行设计实施面临的首要问题就是对场馆永久设施的改造与调整。形象地说，运行设计的“底图”是场馆施工图，需要在设计过程中进行“偏差分析”，即运行所需与施工图纸呈现的现状是否有差异，如果有，首先考虑可否调整运行设计，再考虑对场馆永久设施调整，所做调整力求省时、经济。由于奥运会场馆建设与运行使用主体的复杂性，对于电气、电信专业还需要明确奥组委与国家体育场有限责任公司的施工界面划分。

国家体育场运行设计场馆建设的调整要求细致到具体房间、具体点位，涉及除结构外的各个专业，包括：

建筑专业：增设门窗、机房增加防静电地坪漆、暂不铺设地毯等。

给排水专业：为医疗站增加上下水、部分机房暂不安装水喷淋喷头，增设手提式灭火器等。

暖通专业：主要由于个别机房装机容量增加，需要局部调整空调系统设计。

电气专业：包括根据用房（空间）设备用电量局部调整供配电系统设计；按照 BOB VSR2.0 要求局部调整照明设计；为电视转播和部分开闭幕式用电预留管道和高压配电柜。

电信专业：包括为部分用房（空间）增加数据、语音、有线电视点约 200 个；为电视转播及临时技术系统增加预留管道；为移动、固定通信等机房提供电力、地线、进线孔、消防等基础条件引入。

运行设计在场馆永久设施范围内的实施涉及方方面面的利益，实施难度大，需要在设计过程中就加以统筹考虑，避免做出脱离实际的理想方案，导致无法实施。

除了上述对场馆建设调整要求，还要考虑到场馆周边区域对运行工作的影响。对于大型活动组织，由于安保交通运行工作的特殊性，这一区域超出了国家体育场的建筑红线范围。运行设计中提出了大量对周边地块使用功能调整、调整铺装方式，树木移植或者临时线缆沟的要求。这一工作需要协调的关系更多、难度更大，需要审慎思考、精心设计、科学决策（图 7-34）。

（二）由运行设计提出对场馆临时设施建设的要求

运行设计实施的第二个途径是搭建临时设施。这也是大型运动会或活动组织常用的手段。临时设施，从狭义的概念看，是指临时看台及座席、临时用房、临时地面铺装、临时隔离设施、指路标识和旗杆等临时性构筑物；从广义的概念看，为满足奥运会赛时运行需要而在赛前加建并在赛后拆除的临时性设施都可以叫临时设施。国家体育场广义范围的临时建设项目包括：

临时技术弱电系统：临时移动通信系统、临时固定通信系统、临时信息系统、临时有线电视系统、临时视频系统、临时音频系统、计时记分系统、临时综合布线系统、验票系统、转播布线系统、安防弱电系统。

临时供配电系统：临时用房供配电（配电箱以上部分）、电视转播临时 / 备用供电（含转播综合区、评论员席）、比赛场地照明临时供电、开闭幕式临时外电源（源头）、开闭幕式专用系统临时供电。

开闭幕式专用系统：通信指挥监控系统、灯光系统、音响系统、视频系统、地面设备系统、上空设备系统、烟花系统、火炬塔系统。

临时构筑物：临时看台、临时隔离设施、临建隔断、活动板房（含配电箱以下强电布线）、临时帐篷（含配电箱以下强电布线）、临建平台 / 楼梯、临时地面、防静电地板、景观标识临时支撑结构、临时线缆槽道。

景观标识系统：景观物品、交通标识、行人指路指示标识。

运行设计应能指导临时设施的施工图设计、建设和验收，运行设计师需要配合、控制临时设施的施工图设计、建设，参与临时设施的验收。而临时设施的施工图设计、建设和验收的依据是奥组委编制的《北京奥运会临时设施工程建设指导意见》、《北京奥运会临时设施实施质量验收标准》等一系列指导性文件，以及国家和北京市的相关规范。

作为运行设计的重要工作成果，需要编制临时设施的初步规划，提出详细清单，作为临时设施建设的任务要求。其工作重点包括：结合临时设施标准规格、对设施进行准确定位，以便于统计临时设施需求；对电视转播综合区等进行详细设计，包括用房布局、临时发电机位置、上下水接入位置等；对临时看台，特别是通过标准座席改造的媒体看台进行详细设计，包括位置、间距、数量，以精确测算场馆可售票座席数量；还要绘制家具、技术设备布局图，为综合布线工作提供参照依据，指导奥组委配置的家具、设备的移入、布置（图 7-35）。

五、赛时运行转换

国家体育场承担了奥运会、残奥会的多项活动和赛事，而不同活动、赛事的运行中，从运行分区、注册分区到人员的安排、使用的房间、临时设施的布置，均有所不同。运行转换工作也是运行计划、运行设计的重要环节。

算上从测试赛到奥运会开幕式的转换工作，国家体育场共经历了 8 次转换，每一次都是时间和空间上的〝争夺〞，运行设计要将其体现在使用房间、物资调配列表和所有相关图纸上。最为大家熟知的转换工作是比赛场地、表演舞台设施的转换，而这种转换工作实际上是在全场馆展开的——人员安排、物资配备、临时线缆、分区栏杆、标识、形象景观等等，工作需要深入到场馆的每个角落。奥运会、残奥会室内混合区体现的是奥运会和残奥会室内混合区的转换设计和成果（图 7-36）。转换工作的实施必须在保证效果的前提下，简单易行。以标识为例，因为时间紧、且有可能反复转换，结合不同类型的标识采取了两种主要方式：一为即时贴覆盖，二是标识板反转（反面不外露）。

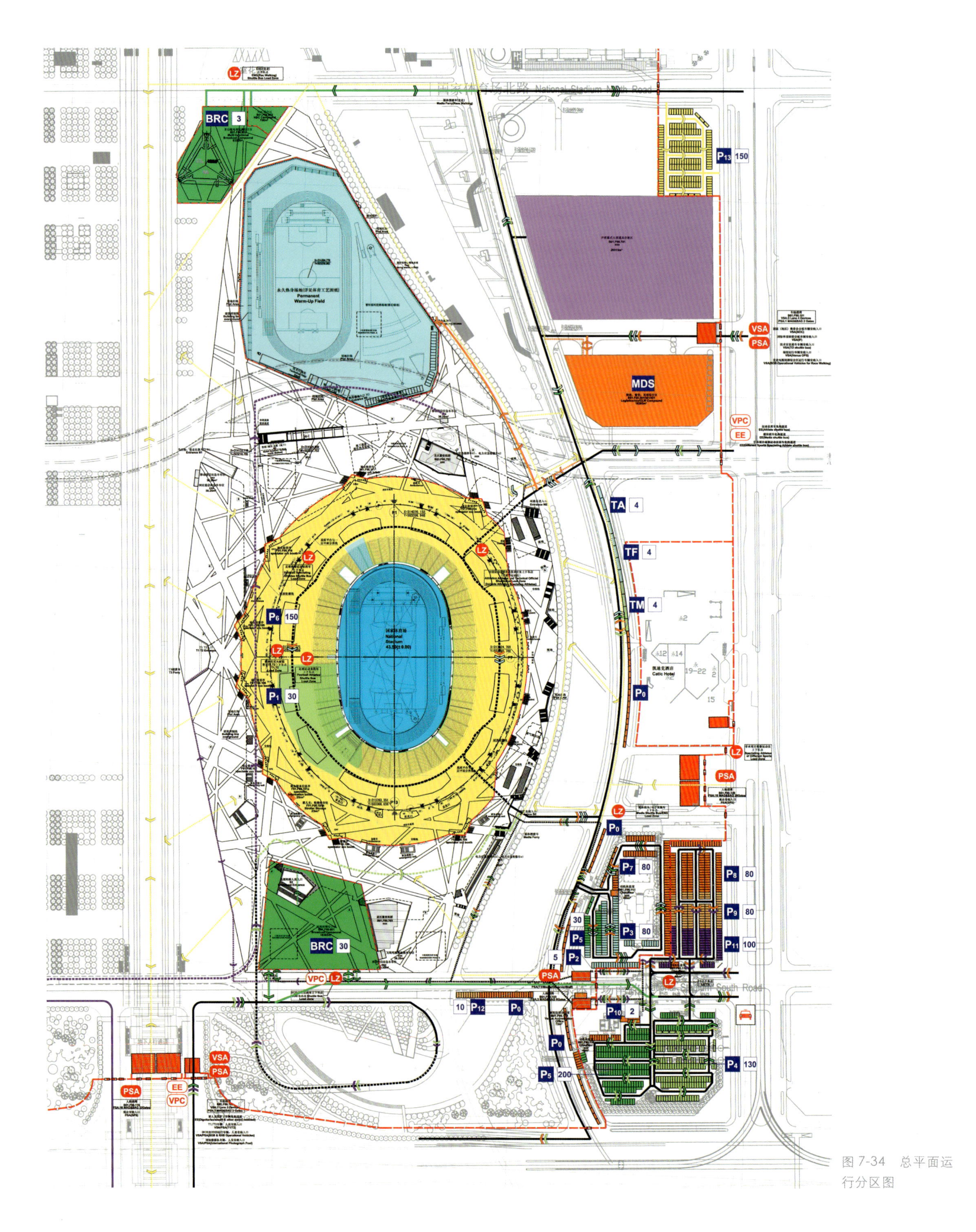

图 7-34 总平面运行分区图

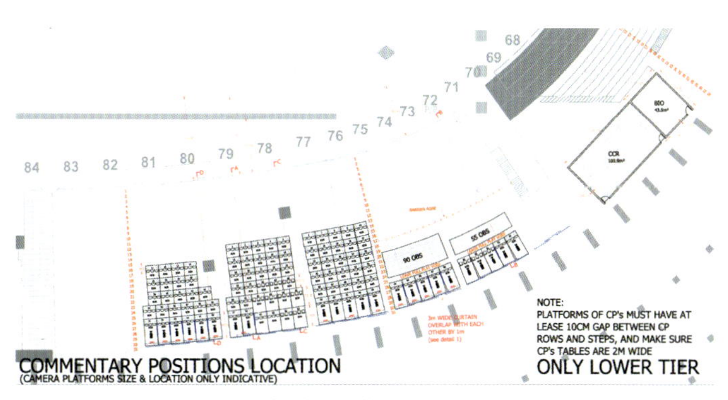

图 7-35　下层看台评论员席详细设计

图 7-36　奥运会室内混合区

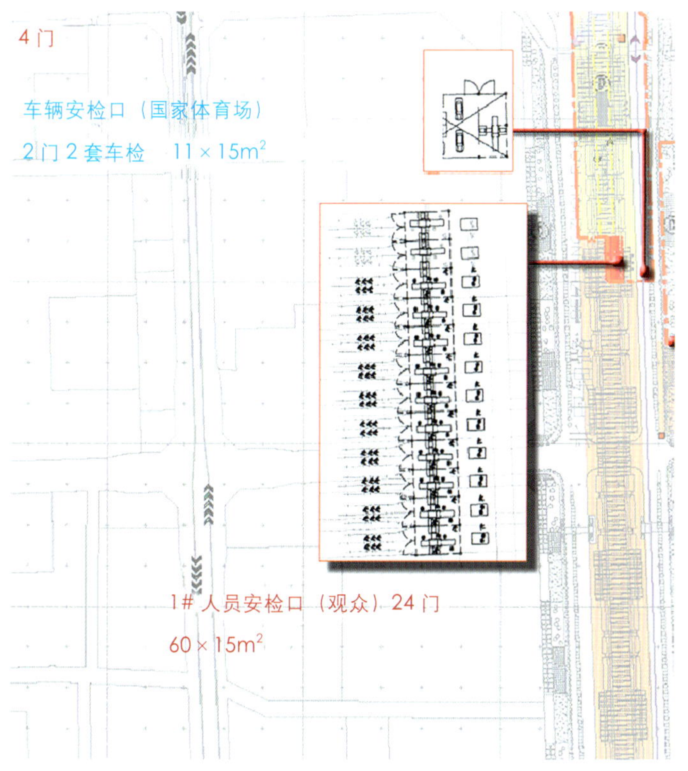

图 7-37　安检口设计

六、赛事实践对运行设计的进一步优化

国家体育场在赛前 2 年就开始了运行设计工作，并且边设计、边协调、边整改，解决了大量在原来的设计方案中存在的问题，但是通过测试赛的实际检验，还是暴露出运行设计以及场馆建设中考虑不周的一些问题。

2008 年 5 月“好运北京中国田径公开赛”是国家体育场的最后一场测试赛。赛后，场馆团队就赛时出现的问题进行了全面的盘点，与运行设计相关的问题，大大小小近百个，主要包括空间分配、流线组织、硬件设施、景观标识四类。

典型问题及解决措施举例如下：

人员与车辆交叉问题：零层环道东北和东南入口，运动员、技术官员、媒体班车与观众流线交叉。增设了隔离护栏，加强车辆、人员疏导（图 7-37）。

竞走外场赛道：位于奥林匹克公园景观大道上的竞走赛道路面过硬，增加铺设塑胶面层。

运动员用房无障碍设施：部分运动员用房入口处有台阶，主要为热身场地通道用房；运动员休息室和训练房内的临时坡道过陡；运动员淋浴间缺少抓杆。

观众卫生间整改：要解决由于蹲改座产生的渗水、感应龙头“不出水”、使用者不知如何冲水等问题；全面检查挂钩、厕位反锁装置、闭门器（特别是无障碍卫生间）是否安装到位；设置大盘纸盒。

部分关键技术机房室内温度较高：交换机设备所在的零层 10 个和四层 2 个网络设备间温度均偏高，建议尽快启用空调，若没有空调的则使用风扇对设备进行散热；为四层体育展示办公室加装分体式空调；零层主成绩处理机房中央空调已开通，但制冷不能达到要求；灯光控制室室内温度过高。增设分体式空调。

东侧验票围栏：东侧围栏为临时设施，无法与地面固定，容易晃动，高峰时刻观众排队、拥挤时存在一定安全隐患。最后的解决方案是在开闭幕式与高峰赛事散场时拆除东侧栏杆。

媒体桌及线缆防雨：部分媒体桌上方没有顶棚，没有防雨措施。增加媒体桌及电源插座和线缆的防水性。

礼宾旗帜悬挂装置：目前场馆内尚无悬挂 200 多面所有参赛国国旗的装置。确定由总包单位完成场内礼宾旗帜悬挂装置建设，另外由临时设施部门负责在主入口处安放三根礼宾旗杆。

摄影沟栏杆改造：栏杆过密，栏杆上的横绳影响摄影沟后排摄影记者视线。建议拆除部分栏杆和横绳。

部分区域标识缺失：注册人员看台没有标识，指向兴奋剂检查站的标识不够；通往无障碍电梯、座席、卫生间、出入口的引导标识不全；普通卫生间内友好厕位门外应加标识。力量训练房面对通道2的门上增加标识。另外，应在体育场内、热身场地增设禁烟标识。

针对这些问题，进一步调整和完善了运行设计，并落实责任部门，逐个予以整改，做到了在奥运会之前所有问题“归零”，确保了奥运会和残奥会的顺利进行。

七、运行设计的重要价值

北京奥运会在学习往届奥运会经验的基础上，探索了一套系统的运行设计方法，并在实践中加以运用。相较于国家体育场、国家游泳中心等一批奥运场馆，运行设计同样应当作为重要的奥运非物质遗产，加以总结并在相关领域予以利用。

总的来看，运行设计的重要价值可以从以下几个方面进行概括：

（一）基于设计的运行

对体育场馆的运营者、大型赛事及活动的组织者而言，要充分认识运行设计与运行计划的重要性和必要性。高水平的组织工作离不开高质量的计划，要利用好运行设计这一工具，在时间、空间上对运行工作加以量化，合理配置资源，协调解决矛盾。减少工作的随意性和盲目性，实现组织工作的科学化。

（二）基于运行的设计

对体育场馆的建设方、设计者而言，要全方位考虑场馆设计与建设的目标、功能需求与资金投入。既不要一味追求场馆的大而全，也不要为了节省投入而导致场馆无法承接高水平赛事。设计人员要从运行设计的角度，在满足赛时需求的同时，解决好场馆长远利用的问题。充分利用运行设计的基本思路、工作方法，实现设计的灵活性与开放性，真正做到统筹兼顾、科学设计。

（三）具有广泛的利用价值

从更大的领域看，运行设计不仅可以运用在体育建筑设计中，对于承担重要活动、人流较为集中、功能较为综合的大型公共建筑，如剧场、会展中心等，都可以通过运行设计来提高设施的使用效率、优化运行功能、降低运营成本。为了达到这一目标，需要行业内进一步深入对运行设计的研究，推广运行设计的方法，充分发挥其利用价值。

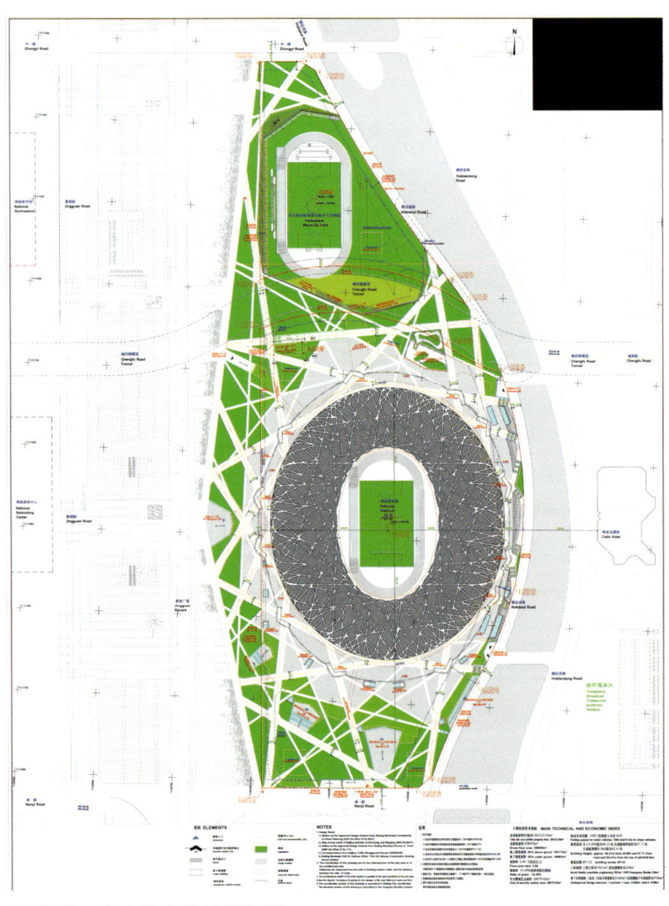

图 7-38　国家体育场总平面图

第三节　场地设计

国家体育场场内设有主赛场，场外西北部设有热身场（图 7-38）。因避让成府路下钻隧道等市政设施，热身场比主赛场抬高 1m，通过“鸟巢”基座内的运动员和教练员专用通道连通。

一、主赛场场地布置

主赛场按标准 400m 综合田径场设计，半径为 36.5m，共设 9 条主跑道和一个国际标准尺寸的草坪足球场，场地内设全部田径比赛项目，所设项目均符合奥运会及国际田径比赛、国际足球竞赛标准。在场地南端、北端跑道外设置旗杆，分别用于悬挂会旗和运动员颁奖的升旗仪式。为满足比赛项目布置的要求，田径场地的中心与体育场主体建筑物的中心略有偏差，即，田径场地的纵轴向西侧偏移建筑纵轴 1.5m，田径场地的横轴向南侧偏移建筑横轴 0.5m。

竞赛项目的设置情况为：环形跑道上可进行所有国际田联规定的径赛项目；在西侧直道设置 100m 和 110m 栏；在北侧半圆区内设置 3000m 障碍水池。田赛项目（图 7-39）的设施包括：东侧直道的外侧设有两条独立的跳远、三级跳远助跑道和4个砂坑落地区；北侧半圆区内设有4个东西向的撑杆跳高场地，以增加对比赛场地选择的灵活性、方便组织比赛；南北半圆分别设有两个铅球投掷区，以足球场草坪为落地区；南侧半圆区内设置两块跳高场地，可避免眩光对运动员的影响；南北半圆区的东侧各设一个铁饼、链球同心投掷圈，以适合不同风向情况下链球、铁饼比赛的需要；南北半圆区的中央各设一条标枪助跑道，其落地区亦为足球场草坪。在400m标准跑道内设有一块105m×68m的国际标准天然草坪足球场，采用国际先进的模块移动式草坪（图7-40）。

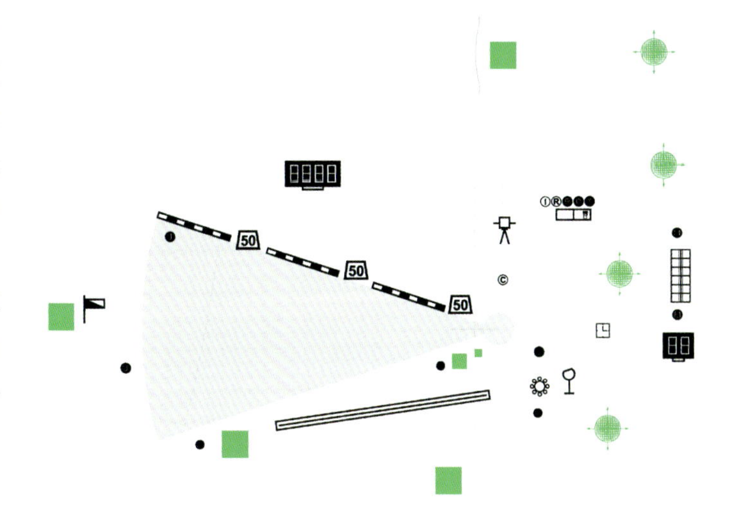

图7-39 田赛项目场地设计

图7-40 模块式草坪

二、热身场场地布置

热身场（图7-41）供比赛时运动员热身使用，亦按标准400m综合田径场设计，半径为36.5m。南北半圆和东直道段位8条跑道，西直道为9条跑道。在400m标准跑道内含有一块105m×68m的国际标准天然草坪足球场，按传统的固定式草坪设计。北侧半圆区内设4个东西向的撑杆跳高场地，方便组织训练；同时设有3000m障碍水池。南侧半圆区内设置两块跳高场地。西侧直道的外侧设有两条独立的跳远、三级跳远助跑道和4个砂坑落地区。东侧直道的外侧为投掷训练区，设一个标枪热身场、一个铁饼、链球同心投掷圈热身场，以及两个铅球热身场。

热身场南侧临近运动员和教练员专用通道出入口处，预留一次检录区域，供赛时布置一次检录临时设施。热身场西侧、北侧结合景观坡地设置看台，为教练员和运动员提供约200个座位。实际上，热身场设计成为嵌在“鸟巢”基座北端的半下沉庭院，边缘环绕着景观墙和参赛各国的国旗杆。

图7-41 位于基座平台北侧的热身场地

三、跑道面层

除场地中央的草坪外，比赛场地满铺红色橡胶跑道。其中，主场地及热身场地的主跑道及助跑道面层为13mm厚；辅助区域面层为9mm厚；撑杆跳高、跳远及三级跳远、跳高的起跳区、标枪助跑道的投掷区、100m、110m栏起跑区等部位的加厚区为20mm厚；3000m障碍水池的落地加厚区为25mm厚。为达到平整度要求，加厚区与相邻的非加厚区顶面齐平，采用降低加厚区混凝土基础的做法。

根据国际田联规定，国际田径比赛必须采用人工合成跑道。人工合成跑道按面层材料可分为聚氨酯（塑胶）类和橡胶类两大类产品。国家体育场所采用的人工合成跑道是获得国际田联认证的意大利MONDO预制型橡胶跑道，该品牌已连续九届成为国际奥组委官方供应商。与传统的塑胶跑道相比，这种预制型橡胶跑道无毒害、无污染，更符合生态安全要求，并且施工便捷、性能恒定。该产品分为二层，上层为耐磨层，采用人造橡胶，表面凹凸图案使其具有适度的止滑效果；下层为弹性层，采用天然橡胶，具有独特的蜂窝设计，能够为运动员提供减振和能量回送。经过"好运北京"测试赛、2008奥运会田径赛等重大比赛检验，各国运动员普遍反映脚感良好，有利于提高田径运动成绩。

四、场地内其他设施

国家体育场草坪利用中水水源进行草坪灌溉，设喷洒器均匀覆盖全部草坪。另外，沿主赛场、热身场外环沟设有冲洗跑道的上水龙头。虽然国际足联未对场地雨水排出时间做出明文规定，但有时即使遭遇暴雨仍需进行足球比赛。为确保国际比赛正常进行，国家体育场场地雨水排放采用自然排水和负压强制快速排水两套系统。一般下雨情况下依赖自然排水系统，场内雨水由表面坡度汇集至内外环沟内。遭遇暴雨时启动负压强制快速排水系统，确保雨水从比赛场地快速排除。考虑到国家体育场所进行的田径赛项目对电源、信号传递的功能需求，在主赛场周围设有电源及信号箱、在场内设电源及信息信号井。主赛场信息信号与终点摄像室、计时记分控制室、中央计算机处理室等相连接，满足比赛信息传输的要求。主赛场100m、110m、200m竞赛项目在第9条跑道外侧设跟踪计时、摄像系统及轨道。

为满足奥运会等重大赛事的电视转播、媒体报道要求，在主赛场外围与看台之间设有摄影沟，供摄影记者使用。根据奥运会开闭幕式、田径赛等摄影位置的分布，摄影沟内部分区域采用双层摄影位，以便提供更多摄影位置。摄影沟的深度、宽度、摄影记者的视线以及摄影沟后方看台的观众视线均经过计算确定，以取得最佳的观赏效果。在摄影记者工作界面按摄影位置配有电源、网络等接口，满足摄影记者随时向外界传输信息的需要，在第一时间将现场图像传递到世界各地媒体。

在主赛场草坪中央下方，为配合北京奥运会开闭幕式演出需要，设有地下室仓体以及与主体建筑物地下室相连通的地下通道，便于舞台升降、演员候场和道具调动。在主赛场草坪地下还设有地源热泵系统的埋管，是国家体育场绿色奥运的一大特色。

第四节　移动式草坪

为了将国家体育场设计成技术上先进的奥运会主会场，2003~2004年，设计联合体对国家体育场内的微环境开展了计算机模拟研究。在此基础上，2004年，中国建筑设计研究院委托北京林业大学草坪研究所对国家体育场的草坪进行了初步研究。各项模拟和研究均结合国家体育场的建筑特色，分别就草坪的生长条件、建造方式等进行了分析。基于上述研究，2004年完成的国家体育场初步设计成果中提出，在2008年北京奥运会主体育场国家体育场采用国际上先进的模块移动式草坪（简称ITM系统）技术方案。该方案最终通过审核得以实施，并经历了北京奥运会和赛后运营的检验，反映良好，成为该技术在亚洲应用的第一个成功范例。

一、国家体育场内的草坪生长条件

一般而言，体育场周围的看台及不透明顶棚会减少球场内的自然光照，增加场地内的空气湿度，影响风速及风向，改变球场内的温度，进而影响草坪草的生长发育。在影响场地草坪质量的重要因素中，遮阴影响最为严重。据北京林业大学草坪研究所的研究，目前世界上足球场地约有35%~60%处于遮阴的环境下，其中遮阴程度较为严重的达到70%以上。在遮阴严重的环境下，任何草坪草都无法长期适应，必然会对草坪的生长产生一系列不利的影响，给足球场草坪的日常养护增加了难度。

国家体育场属于综合体育场，设上、中、下三层看台，在看台上方设有半透明顶棚。2004年，设计联合体对国家体育场内的微环境进行了计算机模拟分析，其中包括场内草坪的日照、温湿度、空气流动情况等等。模拟结果表明，国家体育场由于采用半透明的顶棚（外层为透明的ETFE膜，内层为半透明的PTFE膜），与一般不透明的体育场顶棚相比，具有可透光的优势，能够缓解体育场内草坪的遮阴程度，减少遮阴对草坪生长的不利影响。另外，国家体育场初步设计修改后，屋面开口较初始方案显著扩大，开口部位的轴向尺寸分别扩大到南北向182m、东西向124m，使屋顶开口的投影扩大到跑道外侧边缘及看台边缘，这些修改有力地改善了场地内草坪的生长条件。国家体育场主赛场和热身场均采用天然草坪。

二、国家体育场草坪的建造方式

（一）固定式草坪

所谓固定式即将草坪场地建造在比赛场内。其建造过程主要包括场地规划、场地整理、坪床建造、草坪建植等一系列程序。固定式草坪因为与比赛场地（以及体育场馆）建造在一起，草坪的生长条件受所在场地土壤类型、气候特点（宏观和微观环境）的影响较大，维护比较困难。此外，由于经济水平等因素的差异，致使草坪建造的施工复杂程度及技术含量差异较大，进而导致草坪质量参差不齐。尤其在坪床结构设计与建造、草坪草种选择等方面，地区差异显著。目前，国际上尚无统一的固定式草坪场地建造标准，常见的运动场草坪坪床结构主要有美国高尔夫球协会（USGA）推荐的果岭坪床结构、韦格拉斯坪床结构、加利福尼亚坪床结构及PAT结构等。国际上一些高质量的运动场草坪多采用美国高尔夫球协（USGA）推荐的果岭坪床结构，亚洲地区的范例包括2002年韩日世界杯韩国赛区场地，均采用USGA结构。多年来，运动场草坪的主要建造方式一直是固定式。国家体育场的热身场采用固定式草坪。

（二）移动式草坪

移动式草坪是20世纪90年代中期开始提出的一种全新建造理念：草坪不再与场地固定成整体，而是成为可移动的、相对独立的个体。移动式草坪把草坪和场地分别解放出来，前者可以获得更为理想的生长条件，后者可以开展多功能利用，堪称体育场馆草坪建造技术的一次飞跃。目前国际上流行的主要有两种做法，即整体移动式草坪和模块移动式草坪。

整体移动式，顾名思义是将整块草坪建造在可以移动的结构框架上。在非比赛日，将整个草坪平移或旋转至场馆外进行养护管理，而场馆内可以举行各种各样的娱乐活动或比赛，根据需要铺设人造草坪或搭建临时舞台。当进行正规比赛时，再通过专门的动力设备将场馆外的天然草坪整体移入场馆内。2002年韩日世界杯札幌体育场草坪场地采用的就是整体移动式草坪。整体移动式草坪虽然解决了光照不足、使用频率低等问题，但是由于草坪是个整体，依然存在受损部位更新困难等问题。而且这种建造方式技术含量高，对体育场馆的建筑要求严格，造价昂贵。

模块移动式草坪问世仅短短十几年，属于目前世界上最先进的体育场草坪建造技术之一。近年来，国际上许多高水平的综合体育场都采用模块移动式草坪。例如：1999年美国女足世界杯玫瑰碗体育场、2000年悉尼奥运会主体育场、2004年雅典奥运会主体育场、2008年北京奥运会主体育场等。模块移动式草坪由若干个可移动的草坪模块组装而成，每个草坪模块都是一个独立的单元。建造草坪时，首先通过配套的固定装置将所有模块固定在预先选好的水平空地上；然后在模块内根据草坪生长需要填充基质及排水砾石等；再进行草坪建植，可以采用种子直播或草皮铺植等；待草坪生长成熟后，将模块分开，根据比赛需要移入场馆内拼装（图7-42）。

与常规草坪做法相比，模块移动式草坪优势十分明显：1.模块系统的底盘设计具有通风、排水、换气、升降温等功效，能够为草坪草在比赛前后的生长提供良好的条件。2.根据比赛日程及其他娱乐活动需要，在最短时间内将养护良好的草坪移进或移出体育赛场，既能提高球场的使用效率，又能延长草坪的使用寿命。3.组成球场的绝大多数草坪模块均为标准单元，而且任何一个单元模块都能够移动并与其他模块拼接。只需培育一定数量的备用草坪模块，可以随时替换受损严重的草坪模块，保证体育场的全天候正常使用。同时，受损草坪模块被移到场外进行养护，实现可持续利用。4.模块移动式草坪的培育地点更为自由灵活，其培育场可选在比赛场外任何地方。为了便于运输，宜选在离比赛场地较近、交通便利的地方。草坪培育场的建造时间宜先于体育场馆，不仅为体育场馆建造提供充裕的时间和施工场地，还能保证草坪根系生长更加成熟。

三、国家体育场采用模块移动式草坪的成功经验

2004年春，国家体育场尚在设计过程中。设计团队通过分析和借鉴雅典奥运会主会场的设计资料，推测出雅典奥运会开幕式场地将采用水作为演出主题；考虑到奥运会的特

图7-42　移动草坪的安装

定赛程，这必将产生开幕式后迅速由演出场地变为草坪赛场的转场问题。事实上，2004年雅典奥运会开幕式的确在一片水面上举行，开幕式完成后仅仅30多个小时，工作人员就完成了水面与球场的转换。大量的演出用水看似来无影去无踪，奥秘就隐藏在比赛场地的草坪下。如果采用传统的固定式草坪就不能满足这样的转场要求。经分析研究，设计团队认为，有雅典的先例，2008年北京奥运会的开幕式演出极有可能采用“上天入地”式的全方位演员和道具调动，因此比赛场地的设计必须跳出传统思路，为新的演出手段提供可能。故而在国家体育场初步设计成果中提出，采用模块移动式草坪的技术方案，并提出应尽早开展有关产品国产化和草种培育的研究。国家体育场2008年北京奥运会和赛后两年的运营实践证明，采用模块移动式草坪有效地保障了奥运会开闭幕式和各种比赛的顺利进行，圆满地实现了竞赛日与庆典、演出等不同需求的顺利转换，为赛后多功能运营奠定了基础。

图7-43 转场时移动草坪的安装

据统计，国家体育场主赛场内铺设的模块移动式草坪共计7811m^2，由5460个1.159m见方的草坪模块组装而成，是亚洲第一个建成的模块移动式草坪。在2008年北京奥运会和残奥会的一个月内，为配合国家体育场开幕式、闭幕式和田径、足球等相关赛事要求，共完成四次大型场地转换任务（图7-43）。5460个草坪模块每个高30cm，重约800kg，总重量约4600t。这些模块从位于北京来广营的草坪培植基地运输到国家体育场，全部安装就位仅24小时，创造了移动草坪安装史上的奇迹。

模块移动式草坪技术又称ITM系统（Integrated Turf Management System，整体草坪管理系统），为美国GreenTech公司专利技术，专为多功能、综合体育场设计（图7-44）。考虑到造价因素，设计团队早在2004年就呼吁推动模块移动式草坪相关产品的国产化进程，遗憾的是由于种种原因未能实现，导致国家体育场使用的草坪模块载体不得不全部依赖美国进口产品。这种载体采用承重力强的高硬度聚乙烯塑料盒，底部设孔和叉车凹槽。所幸通过研究和测试，确定北京密云和秦皇岛卢龙的沙子混配作为模块内填充的种植基质，避免了基质的进口。在草种培育方面，由于北京属于夏季高温高湿、冬季寒冷干燥的特殊气候带，目前尚未找到一种草坪草既能四季常绿，又能抗病抗害。尤其是北京奥运会在8月份举行，正值北京地区的高温高湿季节，雨热同

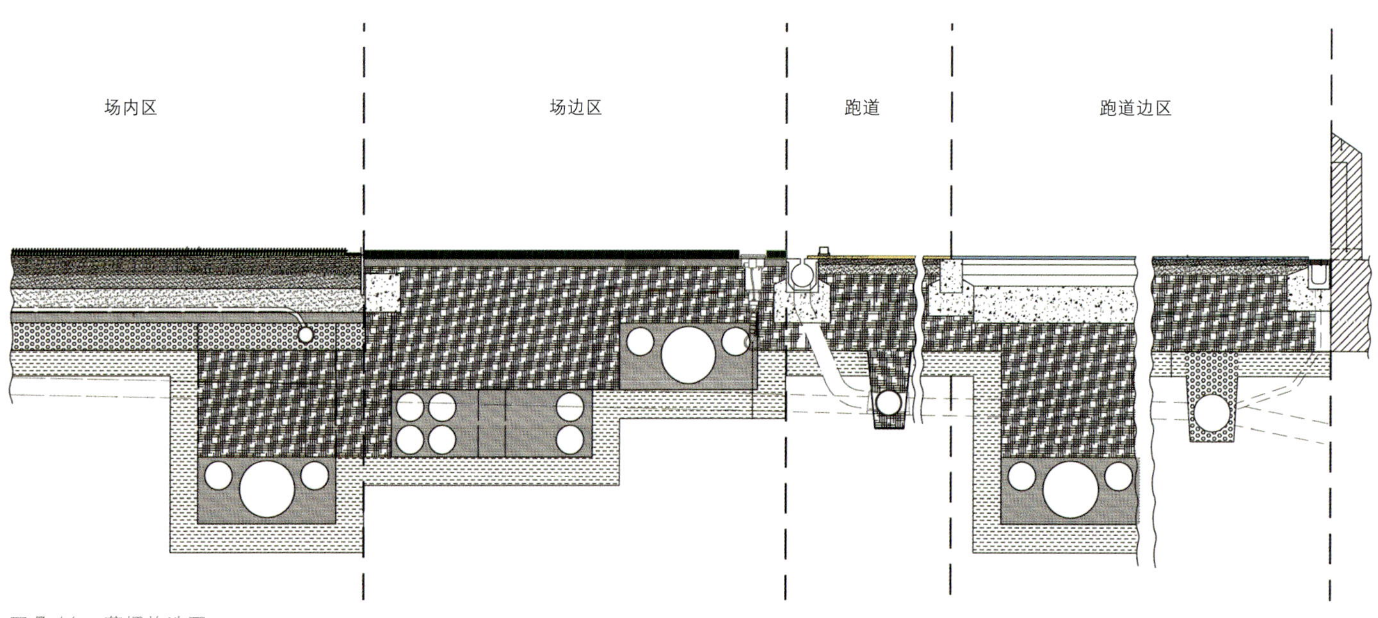

图7-44 草坪构造图

期。如果选用冷季型草易感染病虫害，影响奥运比赛进程及美观。如果选用暖季型草，又存在绿期短的严重缺陷。经过研究试验和专家论证，最终采用的是美国冷季型草种，为三种草地早熟禾混配，综合抗病性强，绿期达 9 个月（3~11 月）。2008 年奥运会期间，国家体育场草坪的质量得到各国运动员和观众一致好评。

采用模块移动式草坪，不仅使国家体育场在北京奥运会期间运行良好，而且为赛后利用创造了商机。奥运会结束后的两年间，国家体育场积极利用模块移动式草坪在场地转换方面的优势，不仅成功举办若干场国际足球邀请赛，以及《图兰朵》等多台大型演出，而且曾变身为赛车场举办世界车王争霸赛，并在冬季变身为冰雪世界……采用模块移动式草坪，使国家体育场的比赛场地能广泛适应多姿多彩的赛后利用，让奥运主体育场成为服务广大市民文娱生活的奥运遗产，取得良好的经济和社会效益。然而，由于赛后场馆参观游措施不完善，草坪遭过度踩踏而损毁严重。体育场运营方应结合中国国情和模块移动式草坪的特点，借鉴国际上类似体育场的先进经验，统筹安排赛后运营，并切实加强对场地的保护。尤其是，应妥善解决赛后草坪培育基地问题，实现草坪的持续养护。只有这样，才能发挥模块移动式草坪的长期优势。

第五节　大屏幕设计

国家体育场大屏幕共 2 组，分别悬挂在体育场南北两端的 PTFE 膜结构下方，每组包括数字屏和图像屏各一块（图 7-45~图 7-47）。根据奥运会大屏幕赞助商提供的经验数据，为保证观众对 LED 大屏幕的视觉清晰度要求，奥运场馆大屏幕的屏高与远端观众对大屏幕的最大视距成正比，且比值一般为 1：30 至 1：20 之间；其中大型场馆倾向于 1：30，小型场馆倾向于 1：20。国家体育场大屏幕最大视距约 273m，图像屏为 16.51m × 9.22m（宽乘高，不含边框），面积 152.2m^2（16：9），满足开闭幕式及比赛日等的视觉清晰度要求（悉尼奥运主场图像屏面积 135m^2，雅典奥运主场图像屏面积 111m^2）。

北京奥运会之前，历届奥运会的大屏幕设计均执行国际田联标准，即显示 12 行字母文字 / 数字。以此为基础，北京奥组委特别提出，北京奥运会主体育场的大屏幕需增加显示两行中文，即 12 行字母文字 / 数字外加 2 行汉字。汉字与字母文字 / 数字相比，结构更加复杂，视觉清晰度要求更高。相同条件下，清楚地显示汉字大约需要两倍于字母文字 / 数字的高度。

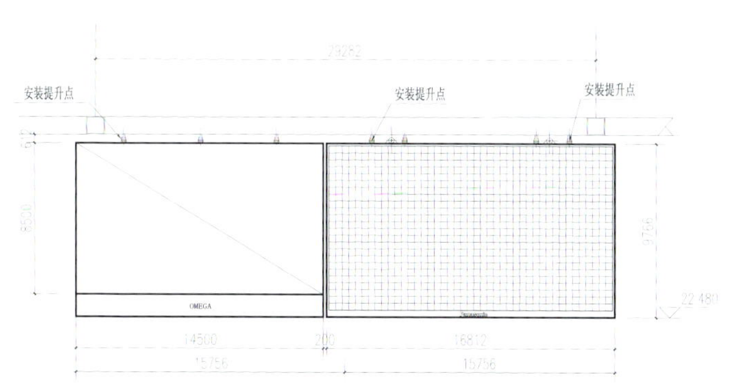

图 7-45　大屏幕立面图

图 7-46　国家体育场的大屏幕位于南北两端 PTFE 膜下方

图 7-47　国家体育场的大屏幕

一、文字高度与最大视距的关系

国家体育场的大屏幕设计参照了日本道路协会（Japan Road Association）关于字高与最大视距的计算公式（资料来源：根据与松下公司会议资料整理）：

$$\text{最大视距 } \max.D \text{（m）} = 5.67 \times k_1 \times k_2 \times k_3 \times \text{文字高度 } H \text{（cm）}$$

k_1：文字类型修正系数，与文字的种类有关，例如：汉字楷体 9 画取值为 0.6；日语片假名（字母文字 / 数字）楷体取值 1.0；日语片假名（字母文字 / 数字）窄高体取值 1.2；

k_2：复杂程度修正系数，与笔画数量有关，例如：10 画以下取值 1.0；10~15 画取值 0.9；15 画以上取值 0.85；

k_3：观察者速率修正系数，与观看文字的人移动的速度有关，例如：徒步者取值为 1；速度每小时 20 公里者取值 0.96；速度每小时 60 公里者取值 0.87；速度每小时 100 公里者取值 0.77；

5. 67 是基于试验数据的常数。

根据上式推导，

$$\text{文字的高度 } H\,(\text{cm}) = \frac{\max.D\,(m)}{5.67 \cdot k_1 \cdot k_2 \cdot k_3}$$

若国家体育场最大视距 max.*D* 取值 275m，则按上式计算字母文字 / 数字、汉字的高度分别为：

字母文字 / 数字的高度：

$$H\,(\text{cm}) = \frac{275}{5.67 \times 1.2 \times 1.0 \times 1} = 40.4\text{cm}$$

汉字文字的高度：

$$H\,(\text{cm}) = \frac{275}{5.67 \times 0.6 \times 1.0 \times 1} = 80.8\text{cm}$$

二、字符间距与最大视距的关系

除了字高，笔画之间、字符之间的间距也是影响人们识别字符的重要因素。

我国标准对数视力表对于设计距离 *D* 的规定是，"指某视标的每一笔画或缺口宽度在眼结点处所夹的角正合 1 分（1′）视角时，该视标至眼结点的距离，亦称 1 分视角距离，或正常视力 1.0 的距离。"这个标准在实际应用中演化出不同的计算公式。

国家体育场大屏幕在设计中采用了与我国标准类似的日本经验公式。仍以视力 1.0 为基准，当设计距离 *D* 为 5m 时，视标选用字高 7.5mm 的标准字母"C"，其缺口高度为 1.5mm 时，该字符能够清晰识别。

以公式表达字符间距 *A* 与视距 *D* 的关系为：

$$\text{字符的间距：} A\,(\text{cm}) = \frac{D \cdot 0.0015}{5}$$

根据此公式，若国家体育场设计视距 *D* 按最大视距取值 275m，则字符间距的计算过程为：

$$\text{字符的间距：} A\,(\text{cm}) = \frac{275 \times 0.0015}{5} = 8.3\text{cm}$$

三、数字大屏与图像大屏的关系

2005 年初，国家体育场设计方为综合控制全场视线，与大屏幕赞助商紧密合作，向北京奥组委递交了大屏幕设计多方案比选。最终，北京奥组委确定的方案为：图像屏高（不含边框）9.22m，面积 152.2m^2，共显示 12 行字母文字 / 数字，2 行汉字。数字屏的高度与图像屏相当。

北京奥运会国家体育场大屏幕赞助商分别为松下及 OMEGA。其中，松下提供图像大屏，OMEGA 提供数字大屏。图像大屏悬挂在屋顶南北两端各 1 块，合计 2 块，每块（含边框）尺寸为 16812mm × 9766mm。数字大屏（公共记分牌）悬挂在屋顶南北两端各 1 块，合计 2 块，每块（不含边框）尺寸为 14500mm × 8500mm。由于赞助商所提供的产品规格不同，每组大屏幕（数字屏和图像屏各一块）存在屏高的差别。对此，设计方建议奥组委利用增加边框等办法，实现两种大屏幕在视觉上的美观和谐。经过奥组委与赞助商的沟通协商，此建议最终得到采纳和实施。

根据奥组委选定的大屏幕方案，赛时，大屏幕正后方个别包厢的高球视线受大屏幕底部的遮挡，这一问题可通过包厢内增设小屏幕解决。赛后，国家体育场缩减座席容量拆除临时座席，理论上最大视距因此减小，大屏幕尺寸可相应减小，则不再遮挡包厢高球视线。实际上，根据奥组委赞助商与奥组委、体育场公司的协商，北京奥组委赛时特别要求增加的两行汉字显示屏将在赛后拆除，剩余的图像大屏高度由此变小，不再遮挡赛后包厢的高球视线。

四、大屏幕赛时 / 赛后转换移位

国家体育场大屏幕在赛时 / 赛后转换过程中顺利移位，成功地解决了赛时 / 赛后对于大屏幕的不同需求。这是因为，赛时大屏幕是由奥运会赞助商提供的临时设施，奥运会后需拆除并由赞助商收回；赛后体育场内永久使用的大屏幕须由体育场业主自行购买。经奥组委、大屏幕赞助商和国家体育场公司协商，最终确定松下公司赛时提供的图像大屏在赛后由体育场公司购买并继续在体育场使用。无论是松下的图像屏还是 OMEGA 的数字屏，每块大屏幕重达 33~40 吨；若想实现赛时 / 赛后转换移位，在体育场设计时必须综合考虑赛时、赛后两种状态的视线、荷载以及转换期移位施工方案。

经过多方案比选，最终确定的方案是：赛时 / 赛后大屏幕均吊装在体育场屋顶钢梁下方，图像屏和数字屏并排设置在正中位置（图 7-48）。在屋顶钢结构主梁之间专设一根横梁，采用 1000mm × 1000mm 箱形截面钢梁，长 29.2m；每块大屏幕通过横梁以及大屏幕框架上的吊点与横梁吊接。这样就能既满足赛时两块屏（图像屏和数字屏，总长度约 33m）的要求，也满足赛后一块屏（图像屏，屏长约 16.5m）的要求。赛后，OMEGA 的数字屏拆除，松下的图像屏水平移动约 7m，即可移至正中位置，再次利用横梁以及大屏幕框架上的吊点实现吊挂。这个方案赛时 / 赛后大屏幕视线变化小，并且赛时 / 赛后共用同一根横梁，结构的改造量小，有利于控制造价和施工进度，得到国家体育场公司、奥组委、赞助商以及移屏施工单位各方面一致认可。

图 7-48　大屏幕马道及吊点

五、小屏幕和其他显示屏

下层看台最后一排坐席局部区域由于中层看台悬挑的遮挡，对大屏幕的视线受到影响，为此相应增设悬挂在中层看台下方的电子小屏幕和记分牌，同时满足集散厅内人员对场内信息的需求（图 7-49）。在体育场中层看台下方增设的电子小屏幕和记分牌各 40 套。其中，电子小屏幕尺寸约 800mm × 450mm，按 16：9 的一般尺寸确定；电子记分牌尺寸与小屏幕相当。

此外，在集散厅内观众主要入口区域额外增设部分大屏幕，能更好地为在集散厅内逗留的观众提供比赛场地内的信息。为满足奥运会使用要求，在比赛场地、热身场地内，预留流动式电子记分牌及显示屏，属奥组委提供的赛时临时设施，其尺寸、数量、位置等均由奥组委及其计时记分系统赞助商确定。

图 7-49　一层座席上方的小屏幕

第八章 无障碍设计

在成功举办2008年夏季奥运会和残奥会后，2009年11月，国家体育场设计分别获得国际奥委会、国际残奥委会在德国科隆颁发的最高设计奖项：国际体育建筑设计金奖和无障碍设计奖。

第一节 无障碍设计原则

一、国家体育场无障碍设计原则

国家体育场的无障碍设计，不仅必须满足奥运会的赛时需求，还要符合残奥会的特殊要求，另外要统筹兼顾赛后利用的长久使用需求。在这种情况下，国家体育场的无障碍设计并没有采用一般体育场馆先设计后改造的设计思路，而是把无障碍设计融合进建筑设计中进行一体化的整体设计；从造型、流线、设施等基本元素方面入手，全面、系统地考虑遍布全场、针对不同使用者的无障碍设施；以永久设施为主、临时设施为辅，提供一整套完善的无障碍设计，满足体育场在奥运会、残奥会以及赛后使用等不同模式的需求，这样才能以奥运会和残奥会的无障碍需求为契机，尽最大可能使国家体育场内的无障碍设施成为赛时、赛后共享的宝贵财富。

二、国家体育场无障碍设计方法

国家体育场的无障碍设计主要是根据国际奥委会规定的六大人群的需求来设计的：一是运动员，二是裁判和技术官员，三是媒体，四是观众，五是贵宾，六是赞助商。奥运会和残奥会对场馆的要求是，六大人群的流线不能交叉，且流线经过的区域都必须满足无障碍要求。这个无障碍标准比较高。例如，运动员的典型流线是：运动员大巴驶入体育场内的运动员接待区，运动员下车、检录、热身、比赛、接受采访、更衣，按通知进行药检，登上大巴返回住宿地；整个流线需要全程无障碍。又例如贵宾的流线，贵宾又分国际贵宾和国内贵宾，他们从贵宾专用入口进入国家体育场、到贵宾接待区、休息区、看台、颁奖嘉宾休息区、颁奖台等等，也必须是无障碍的。此外，媒体等其他人群的流线均自成一体，也都有无障碍需求。这就意味着国家体育场的无障碍设计必须要针对不同人群的特殊需要，提供多种无障碍设施；同时要遍及全场，而不仅仅是局部区域。

在实际工作中，六大人群以及赛事组织、安保等各种体育场的使用者可以分为两大类别，分别是持票人员（普通观众）和持证人员（除普通观众外的其他使用者）。这样的分类与体育场运行情况相吻合，有利于根据各自的特点选择适当的无障碍设计策略。

三、国家体育场无障碍设计策略

持票人员的特点是人数众多但流线简单，活动范围主要集中在体育场入口、集散厅和看台。这些普通观众来自社会各阶层，人口构成复杂，总的来说残疾人数量远少于老年人及婴幼儿，并且健全成年人是主流。无论是奥运会还是赛后使用，普通观众的这种人口构成并不会发生特别剧烈的变化；即使残奥会期间有可能吸引更多比例的残疾人，但总观众人数亦可能有所减少。对于持票人员流线区域，无障碍设计的策略是尽量按永久设施设计，使之成为奥运会和残奥会能够留下的宝贵遗产；无障碍设计要全面、系统、完善；设施的配置要数量充足、分布均匀、种类齐全。

对于持证人员，其特点是人数虽然相对普通观众较少，但流线复杂、各自独立，并且活动范围广。持证人员包括参赛运动员、教练员、裁判和技术官员、媒体、贵宾和赞助商；其流线不仅涉及专用出入口和看台，还包括特定的功能区域。此外，持证人员还包括流线不要求独立、但要考虑功能区域的赛事组织、安保和后勤服务人员。前一组持证人员根据奥运会、残奥会以及赛后使用的不同模式（例如足球比赛），无论人数、构成以及残疾人比例均有显著变化。其中，残奥会对流线区域内无障碍设施要求最高，具有短时、量大、专业性强的特点。后一组持证人员以健全人为主，场内永久无障碍设施基本满足使用需求。因此，针对第一组持证人员，无障碍设计的策略是，采取永久设施与临时设施相结合的做法，适当利用运行措施满足高峰容量的特殊需求，既达到残奥会的技术标准，又杜绝浪费、节约造价。

第二节 无障碍设计的主要内容

一、无障碍入口和通道

国家体育场的外观造型是坐落在巨大基座上的钢结构鸟巢。基座表面是几乎覆盖全用地范围的缓坡，缓坡上分布着树枝形的道路网络，一端连接体育场周边的城市道路和广场，另一端直达体育场的12组主入口。除受地形限制的区域外，大部分通道均符合无障碍通行要求，既满足大容量的观众集散需要，也满足轮椅、婴儿车以及老年人、行动不便者等无障碍通行。当人们沿着这些道路，经过缓坡抵达主入口时，几乎觉察不到观众入口层设在比赛场高出一层的位置。12组主入口的安检门、包括十字转门处均可提供无障碍通道。12组主入口全部为无障碍入口，使残疾人等所有行动不便的人士都能使用与健全人一样的入口，充分体现平等、便利的原则（图8-1）。

基座缓坡上的道路主要作为步行道路使用，同时辟有消防车专用通道，可环绕体育场主入口处一周。特殊情况下，可通行残疾人团体包车、急救车、应急通讯车、警车等机动车辆。正常状态下，各类机动车流线均在基座平台以下，比观众主入口层低一层，与观众流线不交叉。

在12组主入口与首层集散厅之间设有环绕体育场一周的人员集散广场，广场直通一层集散厅，且表面平坦，满足无障碍要求。一层集散厅与广场之间不设任何门，集散厅直通下层看台的最后（高）一排，无障碍座席主要分布在这一排，距离观众入口最近。这些无障碍座席的观众，从入场至座席全部为满足无障碍要求的缓坡或平地，即使没有陪同人员辅助也能方便到达。

二、无障碍席位

国家体育场共设有200个无障碍（轮椅）观众席位，每个无障碍座席除了设有轮椅位置以外，还配有陪同人员座位，配比达到1:1。无障碍座席的视线均经过设计，每个无障碍座席的排深相当于普通座席排深的2倍，其地面与前排座席地面的高差相当于普通座席排间高差的2倍，以确保轮椅观众的视线不被前排遮挡，使轮椅观众在观赛时享受到公平的视野（图8-2）。

其中，绝大多数无障碍座席分布在下层看台，可从观众入口直达；这些席位基本环绕比赛场地一周布置，在购票

图8-1 国家体育场入口前不易察觉的无障碍缓坡

图 8-2　下层看台无障碍座席

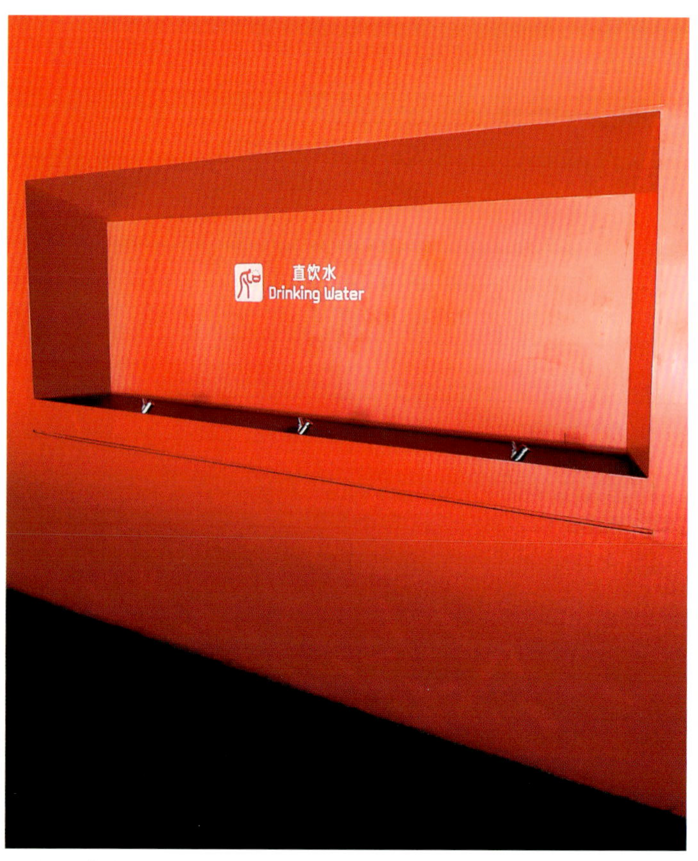

图 8-3　镶嵌在服务核上的直饮水台

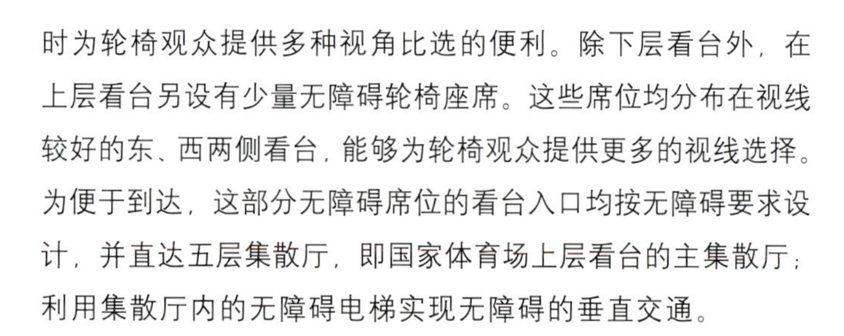

时为轮椅观众提供多种视角比选的便利。除下层看台外，在上层看台另设有少量无障碍轮椅座席。这些席位均分布在视线较好的东、西两侧看台，能够为轮椅观众提供更多的视线选择。为便于到达，这部分无障碍席位的看台入口均按无障碍要求设计，并直达五层集散厅，即国家体育场上层看台的主集散厅；利用集散厅内的无障碍电梯实现无障碍的垂直交通。

三、无障碍集散厅、功能区和服务区

国家体育场共设上、中、下三层看台，每层看台均设有专用的集散厅，便于人员分流和安全疏散。其中，下层看台对应一层集散厅，中层看台对应二层集散厅，上层看台对应五层和六层集散厅。集散厅不仅是观众入场、散场时的重要通道和集散场所，也是观赛间隙休息，使用餐饮、卫生间等服务设施的重要公共场所。与集散厅相连的看台入口均按无障碍通道设计，确保看台观众的通行便利和安全疏散。集散厅地面无高差，集散厅与同层看台入口之间无高差或设置符合无障碍标准的坡道。在各层集散厅内，以 12 组核心筒为依托，均匀分布着楼电梯、卫生间、餐饮点、饮水台（图 8-3）、纪念品商店、邮局、医疗点、服务台、轮椅 / 婴儿车寄存、电话等各种服务设施，均充分考虑使用者的无障碍需求。此外，在各种凭证人员的专属功能区域、服务区域，也参照观众集散厅配备各种无障碍设施。

（一）无障碍电梯

国家体育场在环绕比赛场地一周均匀分布的 12 组核心筒内，共设置无障碍电梯 12 部。在体育场设计过程中，参照了国际上先进的体育场无障碍设计规范，无障碍电梯设计标准比国家规范要求有所提高；无障碍电梯的尺寸较大，按轮椅和担架床进入所需要的尺寸设计。12 部无障碍电梯分布均匀，均靠近观众主入口；利用无障碍电梯可以抵达国家体育场所有楼层。无障碍电梯轿厢的装修符合国家规范和残奥委标准，设置扶手、低位按钮，按钮设有盲人触摸点。此外配备中英文语音提示，盲人运动员也可以独自进出。

（二）无障碍卫生间

国家体育场在设计中引入了国际上先进的“无性别卫生间”概念，不仅便于轮椅者等残障人士独立使用，也便于异性陪同人员或家庭成员辅助使用（例如父母照顾婴幼儿、晚辈照顾长辈、夫妻互助等）。国家体育场内这类无障碍卫生间不仅在数量上高于国家和残奥委标准，并且平面分布均匀，方便到达，避免与男、女卫生间集中设置时所导致的尴尬和歧视。

考虑到我国已进入老龄化社会的实际需求，以及多数老年人不愿意使用无障碍卫生间（怕别人觉得自己年老体弱）的心理特点，在男、女卫生间内补充设置部分"友好厕位"，配备坐便器和扶手，供行动不便者和老年人使用。此外，在男、女卫生间内还按规范要求设置轮椅厕位、儿童便器、婴儿台和无障碍洗手盆等设施，满足各种年龄、性别、健康程度的观众使用需求（图 8-4）。

四、无障碍停车位和交通

国家体育场内的地下停车场按照规范设置无障碍停车位，供残疾人使用。无障碍停车位的位置靠近核心筒内的无障碍电梯，能够到达体育场各层。此外，在无障碍交通方面，国家体育场零层设有允许大巴双向行驶的机动车环路，环路入口符合无障碍要求。奥运会和残奥会期间，在环路设置无障碍大客车上下车点和临时无障碍上下车站台，并配备低底盘大巴车、无障碍电瓶车等无障碍车辆，保障赛会顺利进行。

图 8-4　友好厕位

五、无障碍标识

根据国际标准要求，国家体育场设计团队专门为国家体育场设计了一套标识系统，包括无障碍电梯、无障碍卫生间、无障碍席位、无障碍停车位等无障碍标志，并提供清晰易读的到达、出口和导向标识，帮助使用者在国家体育场内使用无障碍设施（图 8-5）。这套无障碍标志得到广泛认可，并在奥运会、残奥会期间推广到国家奥林匹克体育中心体育馆等场馆。此外，在体育场外的景观区域，还结合景观标识系统设置无障碍标识，指明公共交通、场馆和主要目的地的方向，把国家体育场与外围城市公共设施联系在一起。不仅如此，门票作为标识系统的一部分也实现了无障碍设计。国家体育场残奥会开闭幕式门票设置了盲文标识，用中英文两种盲文书写。

六、无障碍通信和信息

国家体育场的扩声系统、广播系统、记分牌等大小屏幕和网络、电话等设施均按永久设施设计，符合无障碍设计要求。奥运会及残奥会期间，为实现通信无障碍的目标，通信赞助商与设计团队配合，在国家体育场硬件设施的基础上，增加了部分临时无障碍通信设施和服务。例如，在现场广播系统的基础上，为听力障碍人群提供无线助听器，使他们听

图 8-5　友好厕位标识

到现场播音和场内的环境声音，感受现场观赛的乐趣。此外，结合国家体育场的大屏幕、小屏幕、观众触摸屏等设施，还为聋哑人提供数字手语视频交流平台、为视障人提供同步手语播报和超大字体的操作系统等等。

第三节　残奥会模式下无障碍设计

残奥会起源于“二战”后的欧洲，初衷是促进下肢瘫痪的伤兵尽快康复。2001 年，国际奥委会（IOC）和国际残奥委会（IPC）签订协议，以文字方式正式确定从 2008 年起，残奥会将在奥运会之后一个月内举行，并使用与奥运会相同的场馆和设施。

一、北京残奥会的空前规模和巨大挑战

残奥会在历史上经历了从无到有，从与奥运会无关到与奥运会同期，再到与奥运会同城，继而与奥运会同赛场的发展变化，反映出国际残疾人体育运动事业在追求平等方面的蓬勃发展和不断进步，也反映出国际社会对残疾人体育运动的逐步理解和大力支持。不足 50 年间，从最初的只有 23 个国家和地区的 400 多名运动员报名，到第 13 届北京残奥会 147 个国家和地区的 4032 名运动员参赛，残奥会的规模和影响力在不断扩大。此外，北京残奥会还接待约 2500 多名教练员、官员，以及约 4000 名文字、摄影、广播、电视记者和技术人员。

北京残奥会的盛大举办和圆满成功标志着时代的发展和人类社会文明的进步。由于残奥会开、闭幕式和田径比赛在国家体育场举办，如此巨大规模的残疾人运动员、教练员、官员、媒体和技术人员，以及在“两个奥运同样精彩”号召下空前规模的残奥会观众，也对国家体育场的无障碍设施接待能力提出了很高的要求，对于无障碍设计无疑是一次巨大的挑战。

二、国家体育场残奥会无障碍设施

2008 年北京残奥会前，国家体育场无障碍设计和实施情况顺利通过奥组委组织的检查，入口、通道、电梯、坡道、洗手间、观众座椅、公共电话、公共饮水、服务台等等各项无障碍设施都远远高于国家标准，并完全达到了国际残奥委会的无障碍设施建设标准。

国家体育场残奥会模式下的无障碍设施数据如下：

— 运动员座席：792 个座席中设 58 个无障碍席位；

— 媒体座席：9024 个座席中设 24 个无障碍席位；

— 观众座席：40368 个座席中设 483 个无障碍席位；

— 贵宾座席：914 个座席中设 121 个无障碍席位；

— 110 个无障碍卫生间和无障碍厕位便于轮椅进出，安装了较低的坐便器、扶手和烘干器（图 8-6）；另设友好厕位

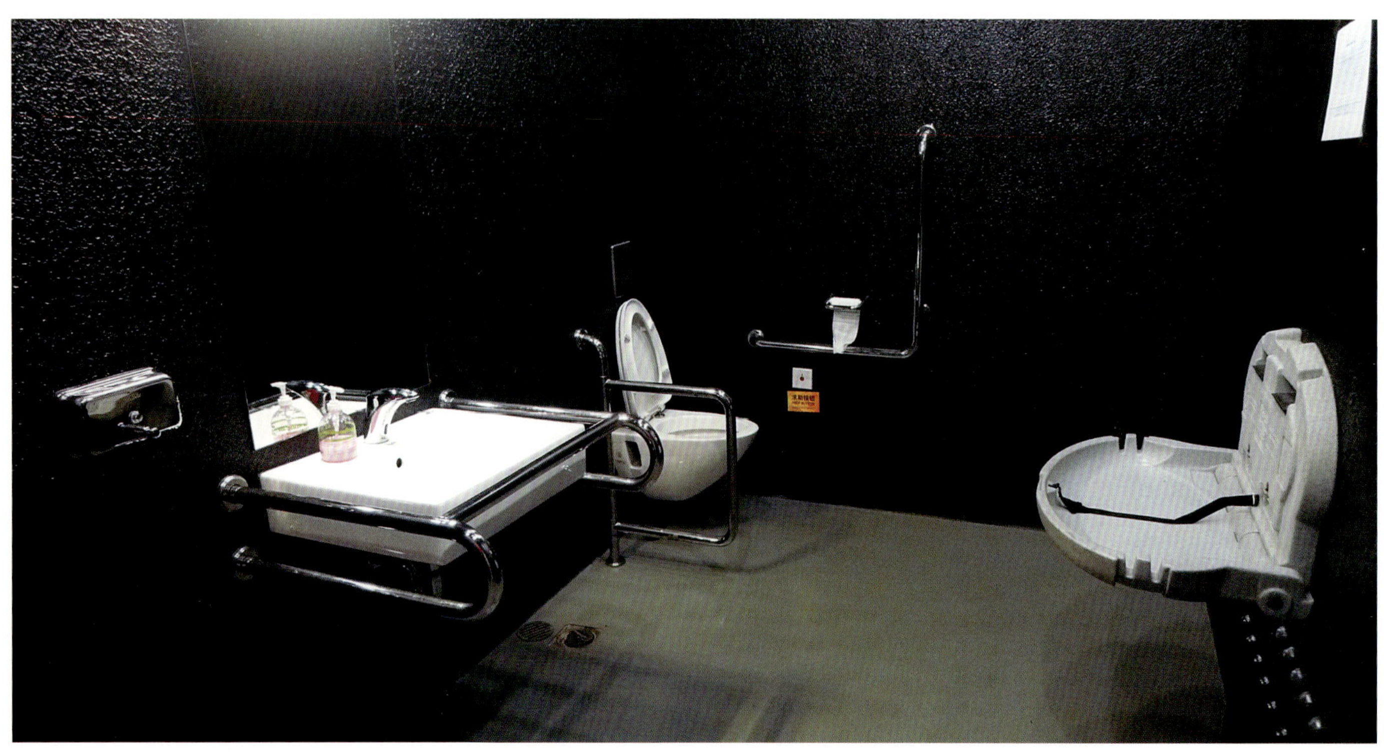

图 8-6　无障碍专用卫生间

供老年人、行动不便者使用；

— 12部无障碍电梯，设置低位按钮、盲文数字键、扶手以及中英文语音提示；

— 体育场交通、入口、通道、座席、功能区、通信等各项无障碍设施均符合残奥会和国际标准。

三、残奥会无障碍设计策略

2008年北京残奥会期间，因举办残奥会开闭幕式和田径比赛，按开闭幕式和残奥会的特殊需求对已有的无障碍设施进行了部分改造，主要集中在运动员功能区改造、媒体功能区改造和残奥会开闭幕式改造。针对残奥会，无障碍设计遵循的策略是：对于那些与奥运会需求无冲突的无障碍设施，尽量在奥运会前落实；凡符合赛后利用需求的，采用永久设施；与赛后利用需求冲突的，采用临时设施（图8-7）。

图8-7　低位售卖窗口

（一）运动员功能区改造

残奥会田径比赛项目包括径赛、田赛、马拉松和五项全能四大类。参加残奥会田径比赛的选手为脑瘫、脊髓损伤、截肢及其他残疾和视力残疾的运动员。根据残奥会规则，所有项目将根据运动员的残疾类别和残疾程度进行分级，在比赛时有些需要借助轮椅。残奥会运动员使用的轮椅是按照比赛项目要求特制的，与普通残疾人的轮椅不同。在国家体育场运动员区域、技术官员区域、轮椅维修站等功能区域必须考虑通行的轮椅为竞速轮椅。

竞速轮椅是径赛中轮椅竞速项目运动员使用的特殊装备。国际残奥委规定，这类轮椅通行的门的净宽（门框之间的净距）不得小于0.9m，比国内标准宽0.1m。由于施工误差、门框产品等原因，尽管设计图纸规定这些门的门洞宽度为1m，残奥会前实测仍发现个别门净宽小于规定。即使是毫米级的误差也可能导致运动员轮椅卡在门框处，给运动员造成伤害和不便。因此，设计方、施工方、建设方和奥组委技术人员一起，按照图纸对这几樘门逐一复测、分析误差原因、提出整改措施，并利用奥运会后、残奥会前的短暂间歇落实到位，终于全部达到规定要求。

此外，运动员功能区域尚有部分残奥会与奥运会需求冲突的无障碍设施。为了不影响奥运会使用，利用奥运会后、残奥会前的短暂间歇，通过调整设备、改造或增设临时设施等手段满足残奥会的需求，达到投资少、见效快、不影响后续使用的目的。这些措施包括：

1. 运动员淋浴间：拆除运动员淋浴间内部分隔板，以便容纳大量轮椅运动员同时使用（赛后可视需要恢复隔板）；除已有扶手和淋浴凳外，根据残奥会需求增设部分扶手和淋浴凳。

2. 标识：义肢轮椅维修站等残奥会功能房间、残奥会运动员功能房间的盲文标识等问题，均参照奥运会做法，采用临时标识予以解决。

（二）媒体功能区改造

国家体育场的媒体功能区域及流线经过的区域，包括媒体记者工作区、看台、评论员席、摄影记者工作区、新闻发布厅、综合服务区、混合区等等，均满足无障碍要求。残奥会期间，针对运动员和媒体人员中残疾人比例大幅提高的特点，利用临时设施对有关设施进行了补充和完善。例如，为便利媒体记者与运动员之间的交流，混合区中隔开媒体记者和运动员的护栏高度降至40cm，以方便采访坐在轮椅上的运动员。新闻发布厅、媒体座席以及评论区增设部分无障碍坡道，方便残疾人运动员和媒体工作人员进出。

（三）残奥会开闭幕式改造

北京残奥会开幕式与奥运会开幕式不同的是，残奥会开幕式先进行入场仪式，然后再进行文艺表演。这样做是为了便于残疾人运动员欣赏盛大的开幕式演出和参加互动，体现对残疾人运动员的人文关怀。根据开幕式总进度安排，残疾人运动员参加完入场仪式后，在志愿者的辅助下，只有20分钟的时间从场内撤出并在看台就座，随即进行文艺演出。由于本届残奥会规模空前，有近3000名残疾人运动员参加入场仪式，20分钟就座对于健全人而言也许并不困难，对于残疾人却非常紧迫，特别是那些下肢残疾和视力残疾的运动员。要解决这个问题，首先，比赛场地和看台之间必须有足够多、足够宽的通道能够同时使用；其次，要根据运动员的残疾程度和出行特点分配座席，并制订相应的出场和入席流线；最后，要根据运动员流线的具体要求对通道采取相应的无障碍措施。

2008 年 3 月，当残奥会开、闭幕式需求最后明确时，国家体育场施工已接近完成，此时任何设计修改都必然涉及对已建成设施的改造，进而影响造价和工期。体育场设计方与奥组委残奥会开、闭幕式团队紧密合作，从看台座席、看台入口、场地至看台的通道等一系列环节入手，采取灵活的设计对策，在尽可能少增加造价和工期的前提下，满足残奥会开闭幕式的特殊需求。为此，在已设置符合正常使用需求的入口和通道之外，专门为了残奥会开、闭幕式，在首层看台与比赛场地之间的混凝土围栏处增设 9 个场地至看台的入口，采用 180° 平开混凝土预制活门；在活门的对应位置，设计了跨越摄影沟的可拆卸式连桥。当举办奥运会和残奥会比赛时，活门关闭、连桥拆除，以确保场地安全和摄影沟正常使用；当举办残奥会开、闭幕式时，活门打开，安装连桥，以满足残奥会开、闭幕式需要的无障碍通行宽度。此外，还根据残奥会开、闭幕式需求，按残疾人运动员、教练员、官员、媒体和技术人员的数量，以临时设施的方式对全场无障碍座席的数量和分布进行调整，保障了残奥会开、闭幕式顺利进行。

第四节　体育场馆无障碍设计标准的探讨

体育场馆无障碍设施的完善情况，很大程度上取决于无障碍设计标准的高低。2008 年北京残奥会对于我国现有的体育场馆无障碍设计标准而言，无疑是一次接触国际一流水准的机会。对照残奥会所带来的量大、面广、且尽可能完善的体育场馆无障碍设计标准，也显示出我国现有无障碍设计标准的不足。

国家体育场的无障碍设计不仅符合国家行业标准《城市道路和建筑物无障碍设计规范》、《体育建筑设计规范》，而且满足国际残奥委规定的《残奥会比赛场馆技术手册》要求；部分永久设施的指标参照欧盟和英国有关体育场无障碍标准进行修正，优于国家标准。

国家体育场无障碍设计标准对照表　　表 8-1

类别	项目	IPC 要求	国标要求	国家体育场永久无障碍设施情况
交通	上下车点和车站与场馆距离	≤ 60m	—	运动员和媒体班车、T1 和 T2 贵宾上下车点在场馆内
停车位	数量比例	无障碍停车位占总停车位 3%	2%	3%
场馆入口	观众入口和出口	至少有一个宽度不少于 100cm 且不安装磁强计装置的观众入口。此门的安检通过便携式磁强计进行	—	满足 IPC 要求
通行区	步行通道坡度	≤ 1∶20	室内≤ 1∶12 室外≤ 1∶20	≤ 1∶20
	地面	地面应该平坦、防滑。 应尽量减少反光地面的使用，因为它们会导致视力损伤的人失去方向感。路面材料、位置和坡度的选择应使苔藓生长和其他引起地面变滑的情况的发生率降至最低	应平整，应用遇水不滑材料	满足 IPC 要求
功能区和服务区	门宽度	从门的内框测量≥ 90cm	≥ 80cm	满足 IPC 要求
	门亮度	门扇与门框或相邻墙壁的亮度对比≥ 30%	—	借助标识系统满足 IPC 要求
	电梯	最小面积为 900mm × 1200mm。最佳为大于 1100mm × 1400mm	轿厢深度≥ 1.4m 轿厢宽度≥ 1.1m	1200mm x 2000mm
	应急方案	场馆的每一个区域都应提供无障碍紧急出口或消防疏散区。消防疏散区应该位于安全出口内；或者与通向安全出口的通道相邻；或者在建筑物的外部；或者在建筑物的顶部的开放空间。无障碍紧急出口或消防疏散区应经过详细策划并进行测试。主要区域应提供适当的视频系统，帮助耳聋 / 听力损伤的人对紧急情况作出反应。这些视频系统包括使用记分板或视频屏幕	—	满足 IPC 要求

续表

类别	项目	IPC 要求	国标要求	国家体育场永久无障碍设施情况
功能区和服务区	卫生间设计原则	每组卫生间中至少应该提供一个无性别的无障碍卫生间。若能够满足这一条件，则任何多于此数量的卫生间应该设在区分性别的区域	男、女公共厕所应各设一个无障碍厕位；大型公共建筑应设无障碍专用厕所	满足 IPC 要求
	服务台	倾向于所有的服务台均为无障碍服务台。如果不能满足这一要求，则服务台至少应该有 100cm 是无障碍台。无障碍服务台高于地面 850 ± 20mm	—	满足 IPC 要求
	标识	标牌的颜色和字体的选择应增强标牌的易读性，亮度对比至少应为 30%	—	满足 IPC 要求
坐席	无障碍观众座席比例	轮椅无障碍席位占场馆座席总数的总体比例不应少于 1%	体育建筑设计规范 0.2%	2%
	无障碍观众座席位置	各种价位的座席都应该提供无障碍席位，以提供自由广泛的选择余地	便于到达和疏散及通道的附近，不得设在公共通道范围内	满足 IPC 要求
	陪同	在无障碍席位旁边或与邻近的座席应提供陪护席位，其所占比例应与无障碍席位比例相同	—	满足 IPC 要求
赛事体验和通讯	扩音	公共区域应提供扩音系统以使耳聋或听力损伤的人能够同样欣赏赛事及其展示并同等参与各种活动。扩音系统应该顾及各价位的座席。能够显示公告的记分板或视频屏幕必须能够对有线广播系统进行补充	—	满足 IPC 要求
	电话	每组公用电话中必须有一部是轮椅无障碍电话，上面应明确标明国际标准符号。为使轮椅能够停靠在无障碍电话的侧面，无障碍电话与侧面障碍物之间的距离应不小于 300mm	—	满足 IPC 要求
	信息中心	残疾人应该能够平等地获取向公众发布的信息，例如每日的竞赛日程等。作为信息中心的替代形式，场馆的观众信息台在接到要求后应提供服务（例如盲文或音频）	—	满足 IPC 要求

注：1. 数据来源：根据国家体育场设计和实施情况整理，略去各项标准一致的内容，仅选择不一致的标准中有借鉴意义的部分。
2. IPC 要求指国际残奥委会规定的《残奥会比赛场馆技术手册》要求。
3. 国标要求指国家行业标准《城市道路和建筑物无障碍设计规范》、《体育建筑设计规范》要求。

从表 8-1 可以看出，国际残奥委会在场馆的交通及停车设施、出入口和通行区、功能和服务区、座席、通信和信息等诸多方面，对残奥会场馆设施提出了很高的要求，多项属我国现有的标准、规范未完全覆盖的领域。然而，像残奥会这样大规模的残疾人运动会是百年不遇的，如果体育场馆的无障碍设计标准全部按照国际残奥委规定的《残奥会比赛场馆技术手册》统一，将会在实际使用中造成一定的浪费。因此，有选择地吸收《残奥会比赛场馆技术手册》中的先进条款，促进我国现行无障碍设计标准，特别是体育场馆无障碍设计标准的修订和完善，是摆在我们面前一项刻不容缓的重要任务，也是奥运会和残奥会留给我们的一份宝贵礼物。

残奥会开幕式中央电视台解说词说，我国残疾人体育事业取得了令人瞩目的成绩，全国经常参加残疾人体育活动的达 600 万人以上。这个数量若与我国近 8300 万的残疾人总量相比，所占比例很小。究竟是什么原因导致这种现象？除了社会整体环境，一个重要的因素就是，现有体育场馆的无障碍设计标准普遍偏低，尤其是运动员功能区域的无障碍设施普及率不高，阻碍了残疾人像健全人一样便利地参与体育运动。

为迎接北京残奥会，北京市和全国新建和改造了一批残奥会专用训练、比赛场馆，对全面提升我国体育场馆无障碍水平是一次可喜的飞跃。作为其中的一分子，国家体育场无障碍设计的成功经验也为我国无障碍设计标准的提高提供了有益的参考。

第九章　消防性能化设计与安全疏散设计

第一节　消防设计的难点

一、消防设计依据

国家体育场是2008年第29届奥林匹克运动会的主体育场，属于特级体育建筑。虽然其室内最高楼层第4层的屋顶距道路地坪的建筑高度仅约为23.90m，但考虑到工程的重要性，并为赛后的改造预留条件，其主体部分的消防设计原则上执行《高层民用建筑设计防火规范》（简称《高规》），按一类高层建筑设计，同时参照了《体育建筑设计规范》中有关体育场的相关内容；主体以外的基座部分（停车库、赛后商业预留空间等）的消防设计执行《建筑设计防火规范》。

二、面临的主要问题

国家体育场的设计在建筑形式、空间形态、新技术和新材料应用等方面均有创新之处，而且按照《国家体育场奥运工程设计大纲》的设计要求，国家体育场的建设应参照世界上体育建筑设计的成功经验，结合中国的设计规范，并满足国际奥林匹克委员会（IOC）、国际残疾人奥林匹克委员会（IPC）、国际田径协会联合会（IAAF）和北京奥运会组委会（BOCOG）的要求。因此，对于国家体育场这一特殊的建筑，其设计水平必然是世界一流的。由于按照国际标准进行设计，国家体育场的设计方案融合了许多国际先进的设计理念，所以其建筑设计方案中不可避免地会出现国内有关标准与规范不能涵盖的设计问题，包括相关的建筑消防设计。

国家体育场的消防设计中存在的现行建筑设计防火规范无法涵盖的问题可归纳为以下几类。

（一）防火分区的划分

建筑设计防火规范在防火分区划分方面，不仅规定了防火分区的最大面积，同时对每个防火分区的疏散出口数量和宽度提出了严格的要求。由于国家体育场规模宏大，加上赛事的需要以及使用功能的复杂性，在某些区域划分防火分区时遇到了困难：《高规》中规定“高层建筑内的商业营业厅、展览厅等，当设有火灾自动报警系统和自动灭火系统，且采用不燃烧或难燃烧材料装修时，地上部分防火分区的最大建筑面积为4000m^2。”体育场的三层为餐厅层，整层建筑面积近1.5万m^2，设有4个精加工厨房，是否可以参照上述规范条文划分防火分区？环形的连续餐厅层对疏散设计有何影响？四层为包厢层，包厢结合休息厅（廊）的功能设置不同于通常的办公建筑或居住建筑，是否可以适当扩大防火分区的面积，即经济合理又保证安全疏散？零层环形通道两侧的用房为场馆运行、新闻运行、竞赛组织、运动员准备、贵宾接待、安保消防等功能用房和主要设备机房，相互间联系紧密，而且在特定条件下环形通道内可能出现大量人员聚集、甚至同时有少量车辆通行的情况，不宜划分防火分区，如何解决安全疏散问题？地下一层夹层赛时准备区为为赛后改造预留的空间，奥运会赛时将临时用于赛事运行和开闭幕式运行，如何结合赛后功能合理地进行消防设计，避免不必要的浪费？

（二）看台人员安全疏散设计

体育场馆的疏散设计一般依据《建筑设计防火规范》和《体育建筑设计规范》的相关规定，上述规范对体育场馆内走道间座椅数量、疏散走道宽度和出口宽度、观众厅出口数量等都提出了相应的要求，其主要目的是控制看台或观众厅内人员的疏散时间。为了保证看台人员的顺畅疏散，设计中一般只要求“通向安全出口的纵走道设计总宽度应与安全出口的设计总宽度相等”，而实际设计中经常出现不同纵走道的使用人数不尽相同的情况。这种纵走道使用人流的不均衡可能导致看台出口的通行能力无法得到充分地发挥，使得看台实际疏散时间大于设计时间，而这往往在传统的疏散设计中被忽视，也是传统疏散设计方法难以解决的。

（三）钢结构的防火保护

按照《高规》的规定，建筑的钢结构需要进行防火保护并达到一定的耐火极限。对于耐火等级一级的建筑，其柱、梁和屋顶承重构件的耐火极限分别为3.0h、2.0h和1.5h。国家体育场的钢结构外罩是其设计中的最大亮点，由于其独特的造型很难界定其结构构件属于柱、梁还是屋顶承重构件。即使确定了各部分构件的耐火极限，如果对这些钢结构采用防火涂料进行保护，将会影响到钢结构的建筑效果，并造成工程造价和工程难度的增加。另一方面，《体育建筑设计规范》的相关规定又无法涵盖国家体育场的钢结构外罩形式。如何处理国家体育场的钢结构外罩的防火问题？

另外，国家体育场采用了膜材料作为屋架的覆盖物，而如何要求膜材料的防火性，目前并无相应的标准、规范要求。

三、解决思路

国家体育场的设计属于现行规范无法全面涵盖的特殊类设计，如果严格套用现行的规范条文显然是不合理的，因此有必要引入新的设计理念和方法。

为了保证国家体育场的顺利建设同时保证其消防安全性能，在消防设计中采用了我国现行建筑设计防火规范和性能化设计相结合的设计模式，在满足建筑使用功能特殊要求的前提下，尽量依照现行建筑设计防火规范进行设计，对于确有困难的设计内容采用性能化的设计方法。

消防性能化设计的理念及如何应用这种设计方法解决国家体育场的消防设计难点将在第二节中论述，观众安全疏散设计将在第三节中单独论述。

第二节 消防性能化设计的理念及应用

一、消防性能化设计的理念

（一）概念和特点

消防性能化设计是运用消防安全工程学的原理与方法，对建筑物的火灾危险性进行定性或定量的预测和评估，从而得出满足既定消防安全目标的设计方案的一种防火设计方法。具体地讲，消防性能化设计运用消防安全工程学的原理与方法，首先确立消防设计的安全目标和达到安全目标应满足的各项性能指标，然后根据建筑物的结构、用途、可燃物的性质和分布等方面的具体情况，对建筑的火灾危险性进行定性或定量的预测和评估。性能化的消防设计综合考虑了火灾的发生发展、烟气的蔓延和控制、火灾的蔓延和控制、火灾探测和报警、主动和被动灭火措施以及人员安全疏散等各个方面，因此能够得出更有针对性的、更经济合理的消防设计方案。与传统的消防设计相比，性能化设计有以下特点：

1. 目标明确

在传统的防火设计中，设计人员主要依照相关标准规范的条文进行设计，一般不关注设计方案最终所要达到的安全水平或目标。在性能化设计中，设计人员则必须确定设计的安全目标，然后才可以根据建筑物的各种不同结构形式、空间条件、功能要求、及其可燃物的性质和分布等相关条件，对建筑的火灾风险进行定量和定性分析，最后根据分析结果自由选择达到安全目标而应采取的各种防火措施，并将其有机地结合起来，构成建筑物的总体防火设计方案。

2. 方法灵活

在传统的防火设计中，疏散、探测报警、防排烟、灭火等消防系统一般都是分专业独立进行设计。在性能化设计中，对建筑物的火灾危险性进行预测和评估需要综合考虑火灾的发生发展、烟气的蔓延和控制、火灾的蔓延和控制、火灾探测和报警、主动和被动灭火措施等各个方面在整个设计方案中的作用，而不是将各个子系统单纯地叠加。然后，针对可能发生的火灾特性，优化组合各种消防措施，运用消防安全工程学的原理与方法对发生火灾时的火灾特性进行预测，并判断其结果是否与既定的安全目标相一致。因此，性能化的设计方案可能不止一种，可以根据具体情况进行选择。

3. 合理优化

现行的建筑设计防火规范通常具有一定的普遍性，不可能考虑到各个建筑的具体功能和使用情况，如果严格按照其条文要求执行，有时会使得建筑原有的设计意图、使用功能无法实现，有时会使得建筑物的安全等级过高造成不必要的浪费。性能化设计方法是针对具体建筑的设计方法，它可以根据不同建筑的特点提出不同的解决方案，通过优化组合各种消防措施，以达到要求的安全水平。因此，性能化防火设计能够做到建筑艺术、经济、安全的统一，是一种更合理的防火设计。换句话说，性能化设计是针对具体建筑"量身定做"的设计方案，它可以在保证建筑物满足防火安全水平的前提下，更合理地配置各个消防系统。

（二）一般流程

1. 确定设计范围

在设计范围的确定方面，一般需要建筑业主、建筑使用方、建筑设计单位、性能化防火设计咨询单位会同消防主管部门协商确定。对于设计者提出的需要进行性能化防火设计的内容，设计者应提供充足的理由说明需要采用性能化设计的必要性。

2. 确定消防安全目标

消防安全目标是防火设计应该达到的最终目标或安全水平，消防安全目标可分为总体目标、功能目标和性能目标三类。

一般来说，消防安全应达到的总体目标包括：保护生命安全、保护财产安全、保护建筑的使用功能或服务的连续性、保护环境不受火灾的有害影响。这也是消防规范对消防设计最基本的要求。功能目标则是为了达到总体目标，建筑及其系统所具有的功能要求。性能目标是对建筑及其系统应具备的性能要求的表示，例如：为了保证人员的安全疏散，疏散通道两侧隔墙的耐火极限应达到1.0h。性能指标是性能目标的量化表示，是判断设计方案安全与否的重要指标，所以设计小组确定的性能指标应该取得权威机构或第三方咨询机构的认可。

3. 设定火灾场景

火灾场景描述了影响火灾后果的各种关键因素。一个火灾场景代表一组对建筑本身、建筑内的人员、建筑内的物品的安全性产生影响的工况。每个火灾场景都应该包括火灾场景设计理由、场景描述和火灾载荷、人员状况、设计火灾等的确定过程。火灾场景的选择应重点考虑发生频率高、火灾后果严重的情况。

4. 评估设计方案

设计方案的安全性评估是性能化设计的核心。安全评估不仅是为了验证在设定火灾场景下设计方案是否能够达到既定的安全目标，同时也为进一步改进现有的设计方案提供有

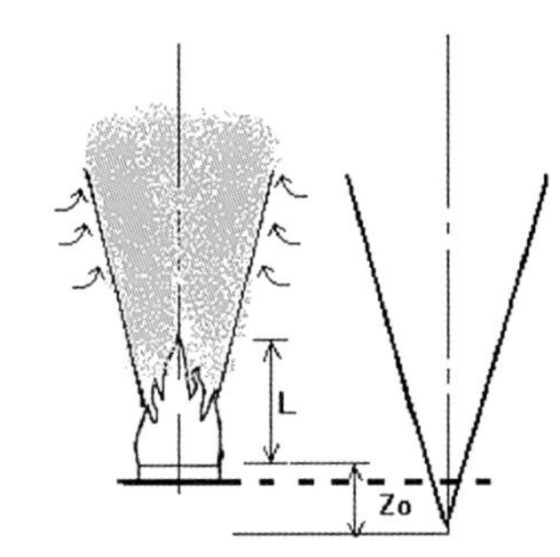

图 9-1　对称羽流示意

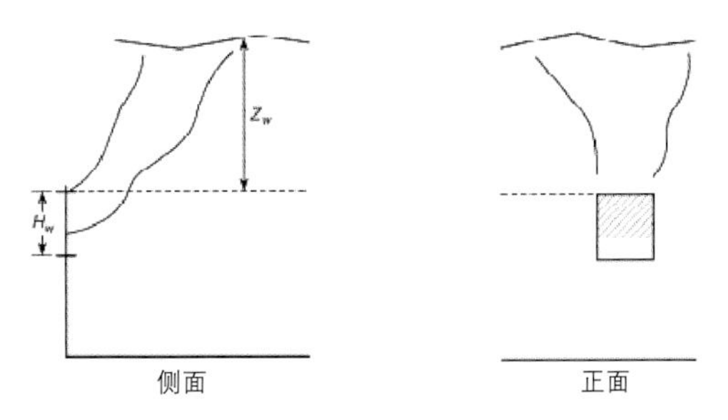

图 9-2　窗口羽流示意

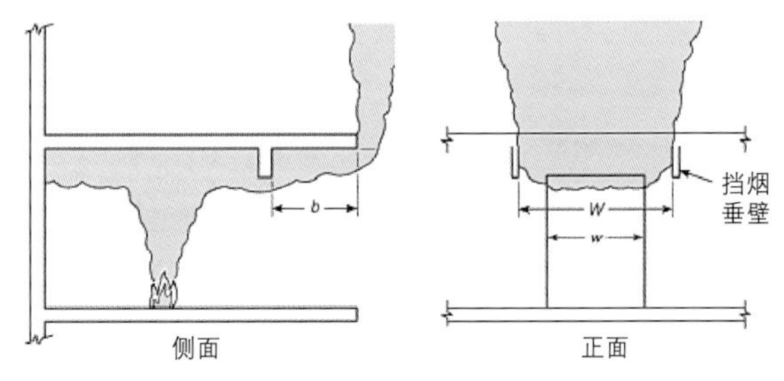

图 9-3 阳台羽流示意

力的依据。评估过程是一个不断反复渐进的过程，在此过程中一般会应用到多种火灾分析模型或工具。

5. 编制评估报告

评估报告是性能化设计能否被批准的关键因素，所以报告需要包括分析和设计过程中的全部步骤。编写的报告中应明确表述评估的范围、消防安全目标、所设定的火灾场景以及所采用的分析模型和工具，详细地描述评估的计算和分析过程，充分地解释如何来满足所确定的安全目标，并提出相应的消防措施。

6. 进行专家评审

由于目前在性能评估过程中存在许多非规范化的内容，如性能指标的确定、火灾场景的设计、一些边界条件的设定等，同时也为了保证设计过程的正确性，减少设计中可能出现的失误，一般有必要对设计报告进行专家评审，对于特殊的工程项目还需要第三方的复核或再评估。

（三）常用评估模型和工具

在消防性能化设计的方案评估阶段，需要对不同火灾场景下的人员疏散状况以及火灾危害情况等方面进行定量的计算和分析，因此开展消防性能化设计离不开相关分析模型和工具的支持。许多国内外的消防性能化设计标准和指南提供了人员疏散和火灾危害分析的评估模型和工具。评估模型是建立在科学实验、计算模型和概率分析基础上的，可对设计方案在建筑火灾中的实际应用效果进行测算和模拟，并判断其是否能实现既定的性能目标。在性能化设计中，针对不同的问题有多种评估模型可供选择。

1. 火灾烟气分析模型

目前常用的用于火灾烟气分析的火灾模型有区域模型和场模型两种。

（1）区域模型

区域模型是一种比较简单的火灾模型，它将分析的空间划分为上层和下层两个区域，其中上层区域由火灾产生的热烟气组成，下层区域为环境空气。区域模型采用热量与质量守恒方程来计算上下层之间质量和能量的传递、上层的热量与质量流失（排烟）以及其他的一些特性，并假设每个区域内的各项属性是均匀的。在区域模型中烟羽流是流向上层的能量流。因此在所有的区域模型中都包含羽流方程。目前常用的羽流形式有3种，分别为对称羽流（图9-1），窗口羽流（图9-2）和阳台羽流（图9-3）。

（2）场模型

在场模型中，所分析的空间被划分成更多的区域，又称

为网格或单元体，然后采用守恒方程来求解各单元体之间热量和质量的流动情况。由于场模型中划分的单元体的数量很多，单元体的尺寸又比较小，因此能够进行更精细地分析，并且能够解决不规则的空间形状和特殊的气流运动等在区域模型不能解决的问题。

2. 人员疏散分析模型

目前国内外的人员疏散分析模型有很多种，根据对人员的描述方式的不同可分为水力模型和行为模型两大类。

（1）水力模型

水力模型以人群整体作为分析目标，对于建筑空间的构造通常采用粗略网络模型（coarse network model）。该类模型假定人们的运动是质量均一的人群流动，人员特性和疏散路线趋向于最佳，同时流动状况仅由物理因素决定（比如人群密度、出口容量等）。因此，可以使用类似描述流体的数学方程式来描述整个疏散过程中人群的流量和流速。

由于没有模拟每个人在任一时刻的确切位置，因此就不能得到个人运动和个人之间的相互作用的详细描述。但是由于其使用方便，只需较少的计算量，生成结果迅速，因此适用于简单的疏散分析或初步设计与评估。

（2）行为模型

行为模型以人员在人群中的个体特性作为分析目标，人的行为受到与环境相互作用的影响，对于建筑空间的构造通常采用精细网络模型（fine network model）。该类模型趋向于真实地反映人员在疏散中的行为，采用精细网络模型将建筑物的空间分为众多精细的网格。网格形式可以是正方形网格（如 EXODUS 模型），或者是六边形网格（如 AEA EGRESS 模型），或者是等距图的形式（如 SIMULEX 模型）。在这类模型中，人员的行为反应可以添加进去用于改变人员的运动，可以准确描绘出每个人的运动轨迹和他们对环境刺激的反应以及个人的特征等，可以表现接近真实的疏散行为和运动。但是，在处理人员众多的复杂建筑物时它们经常需要更大的计算量和更多存储资源。

二、消防性能化设计的解决方案

（一）常见消防问题的分析思路

1. 防火分区扩大问题

设置防火分区的目的是为了控制火灾的最大规模，限制火灾的大面积蔓延，从而减少由此带来的财产损失和人员伤亡。增大防火分区面积将会增大火灾大面积蔓延的可能性，同时由于疏散距离和人员数量的增加也将导致人员疏散的危险性增加。因此针对防火分区划分问题，应从保证财产安全和人身安全两个目标出发，对火灾蔓延的可能性、人员疏散状况以及相关的火灾探测报警、防排烟和自动灭火系统进行分析，并采取必要的消防措施保证人员的安全疏散，有效地控制火灾的蔓延。

2. 人员安全疏散问题

在常规的人员疏散设计中，通常通过控制疏散出口的数量、宽度和最大疏散距离来保证人员的安全疏散。疏散距离超长或疏散宽度不足将使得疏散时间增加，可能导致部分人员不能安全疏散。所谓人员安全疏散，即保证建筑中的所有人员能够在危险到来之前到达安全的地点，这样疏散时间（RSET）及危险来临时间（ASET）就成为判定人员能否安全疏散的主要参数。疏散时间小于或等于危险来临时间，则疏散是安全的，二者差值越大则安全裕度越高；反之则不安全，需要修改设计方案或设计参数。疏散时间一般包括探测报警时间、疏散行动前时间和疏散行动时间三部分，危险来临时间主要由结构的安全性、疏散通道周围分隔构件的耐火性能、火灾烟气的影响和人员的心理承受能力等决定。

3. 钢结构的保护问题

结构消防安全设计的目标是保证火灾发生时建筑结构能够在一定的时间保持其稳定性，避免建筑坍塌造成巨大的财产损失，同时也为人员的安全疏散提供足够的时间。火灾对钢结构的影响主要来自火灾的热作用，火灾的热作用将导致钢结构的强度降低，使之失去应有的承载力。因此，防火规范要求对不同功能的钢结构采取外包敷布燃烧材料、喷涂防火涂料等措施进行防火保护，并达到一定的耐火极限。

对于采取上述措施确实困难的情况，则需要通过控制钢结构周围的可燃物和火灾规模来实现对结构的保护。此时，需要分析在可预见的火灾规模下，火灾对钢结构的影响，并采取相应的措施将火灾产生的影响控制在可接受的安全范围之内，为建筑内人员的疏散提供充足的时间，为消防救援人员开展灭火工作提供安全的场所，并尽量降低由此造成的财产损失。

（二）常用的分析方法

1. 火灾燃烧蔓延的分析

造成火灾燃烧蔓延的因素很多，如飞火、热对流、热辐射等。除了采用防火分隔墙划分防火分区来控制火灾蔓延外，对于一个扩大的防火分区，为了控制火灾在该防火分区内的蔓延通常可以采取以下措施：控制可燃物之间的间距、控制火灾的规模、将主要的火灾危险源进行隔离保护等。体育场馆中可燃物的分布通常是很不均匀的，可以将其中的库房、店铺等可燃物较多或火灾危险性较大的区域作为防火单元来处理，以防止这些区域发生火灾后影响到其他的区域。对于可燃物比较集中但是难以进行分隔处理的区域则需要对可燃物之间的距离提出要求，防止发生火灾时引燃相邻的可燃物导致火灾的大面积蔓延；或者通过加强自动灭火措施来控制火灾的规模，达到阻止火灾蔓延的目的。

2. 人员疏散时间的分析

人员疏散时间的分析是人员安全疏散评估的重要内容，影响人员疏散时间的因素除了疏散通道外，还与人员数量、人员的组成、人员的速度、人员的状态等因素有关。至于人员疏散时间的计算可以分为两种：经验公式法和计算机模拟法。

经验公式法一般可以手工完成，适用于较简单的疏散模式。

但是，当疏散路径比较复杂（比如多股人流的汇聚）时，采用经验公式法计算疏散时间会比较困难，不够精确，此时就需要采用计算机模拟的方法。计算机模拟分析中所采用的分析模型主要包括水力模型和行为模型两种。

3. 火灾烟气的影响分析

火灾烟气的影响分析主要包括对人员疏散的影响和对结构的影响两个方面。火灾烟气对人的影响主要表现在烟气温度、烟气能见度和烟气的毒性方面，而火灾烟气对结构的影响主要表现在温度方面。

火灾情况下烟气温度、烟气能见度和毒性的分析，可根据具体情况选择区域模型分析工具或场模型分析工具。

4. 钢结构安全的分析

火灾中钢结构的失效一般表现在承载力和变形两个方面，对承载力的降低和变形量的要求一般都可以通过临界温度指标来反映。承载力降低对应的临界温度可以通过计算来确定，如果没有明确所采用的钢材类型或者只是进行简单的试评估，则可以考虑一般的钢材大于200℃时逐渐开始丧失承载力，因此，可以将200℃作为评价的大致标准。结构变形涉及到结构中应力的重新分布，是一个比较复杂的问题，需要结构工程师通过计算和分析得出。

在确定临界温度的情况下，我们可以分析对钢结构产生较大威胁的火灾场景，并对这些火灾场景下钢结构可能的最大温升进行计算。如果温升不超过临界温度则钢结构在不采用额外防火保护的情况下也是安全的，如果温升大于临界温度则需要限制地面可燃物或采用必要的灭火措施控制火灾的规模。

为了计算钢结构构件的温度，首先需要计算火灾情况下钢结构周围火灾烟气的温度。烟羽流的平均温度可根据热力学第一定律得出。为了简化计算，同时考虑到安全起见，一般取火灾烟气最高温度作为钢构件的温度进行结构安全性的分析。

（三）性能化设计举例

1. 屋顶钢结构的防火安全

（1）火灾危险源分析

国家体育场具有高大的空间，其钢结构外罩的屋顶结构设计采用膜结构，该承重结构主要承受自重。而火灾对结构的可能威胁主要来自三个地方，分别为：

①来自体育场内部比赛场地的火灾。

②来自看台区域的座椅发生火灾。

③屋顶的膜材料。

（2）火灾场景的选择

经过分析，以下地点发生火灾后对钢结构的影响较大（表9-1）

钢结构安全分析的场景设定　　表9-1

位置	火灾规模	火灾说明	分析内容	采用的分析方法
体育场内部比赛场地的火灾	20MW	花车起火	对屋顶的影响	经验公式
看台区域的座椅发生火灾	2MW	座椅起火	对屋顶及钢柱影响	经验公式

（3）钢结构临界温度

根据钢材的强度和弹性模量与温度的关系曲线，当钢材的温度在200℃以内时，钢材的强度和弹性模量同常温相比变化不大，因此，保守地考虑将性能化分析的钢材温度定为200℃。当钢结构的温度低于200℃，认为钢结构不受影响。当高于200℃时，将采用对钢结构有火灾危险影响的区域做可燃物控制或者采用有限元对结构进行结构承载力分析。

（4）计算分析

①体育场内部比赛场地的火灾

考虑国家体育场的使用性质，在开幕式、闭幕式或者举办大型活动的时侯，会有庆祝的花车进入体育场表演，因此，需要分析花车对屋顶钢结构的影响。

计算结果表明，场地发生火灾时屋顶结构处的烟羽流平均温度最大为45℃，羽流中心最大温度为72℃。屋顶钢框架钢材表面的温度低于200℃，结构安全。

②看台区域的座椅发生火灾

看台区主要可燃物为座椅，火灾规模设定为2MW，计算得到火源高度6.5m处火羽流中线温度达到200℃。因此，需要限制火荷载的区域见图 9-4。该区域的座椅须采用不燃材料制作。

同时，考虑到在座椅区内的钢柱会受到座椅火灾的影响，在对钢柱的影响中，辐射是关键系数。因此，对钢柱采用 850℃ 的火焰温度，放射率为 1，计算从辐射源到一个平行点的辐射情况，并使用简单热平衡程序计算该点钢构件稳定状态时的温度。当火焰的高度为 3.6m，火焰的直径为 1.34m，在距离火焰锋面 3.6m 处，钢构件表面的温度最高为 200℃。在以该钢柱为圆心，半径为 3.6m 的范围内，需要限制火荷载。该区域的座椅须采用不燃材料制作。

2. 屋顶的膜材料

在国外膜材的防火安全性已被许多防火研究与管理机构所认可，在很多标志性体育场馆和机场的建设中得到了应用。由于我国目前还没有专门的膜结构材料的技术性能要求与测试方法的标准规范，因此对膜材的应用缺乏必要的技术支持，为此，中国建筑科学研究院建筑防火研究所在进行性能化设计的同时，开展了膜材燃烧性能的试验与研究工作，主要采用了锥型量热计试验、防火涂料火焰传播性试验和燃烧竖炉试验以及实体模型燃烧试等方法。

研究表明国家体育场中采用的 ETFE 膜材料受火后很快变软、形成孔洞，在明火作用下不产生火灾蔓延及飞火的现象，燃烧性能等级为 B1。PTFE 膜材料在火焰长时间烧灼下，炭化成灰，也不传播火焰，燃烧性能等级为 B1。从防火安全的角度讲，膜材料是良好的阻燃材料，在场馆中可以放心地使用（图 9-5）。

3. 三层餐厅防火分区扩大

国家体育场的三层为餐厅层，整层建筑面积近 1.5 万 m^2，设有 4 个精加工厨房，通过设置防火墙、防火门，4 个厨房分别被处理为独立的防火单元。由于功能布局的需要，希望餐厅层能够按照图 9-6 进行防火分区的划分，而《高规》中没有针对餐厅防火分区划分的明确规定。结合功能需要，设计中参照《高规》中有关商业营业厅、展览厅的规定，按照地上部分最大建筑面积 $4000m^2$ 进行防火分区的划分，因此需要对其防火安全性进行评估。

（1）火灾危险源

虽然三层餐厅防火分区面积较大，但是最可能引起火灾的区域应该是餐厅的厨房区，餐厅的就餐区引起火灾的可能性极小。就餐区地面、墙面和顶棚依照规范应采用不燃或难燃材料装修，主要可燃物为餐桌和椅子，一般的点火源难以引燃，即使引燃，该区域发生火灾蔓延的可能性也很小。厨

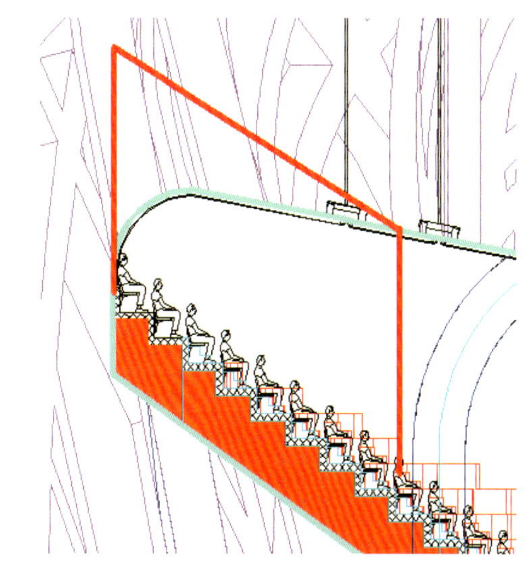

图 9-4　限制火荷载的区域

图 9-5　PTFE 膜燃烧试验

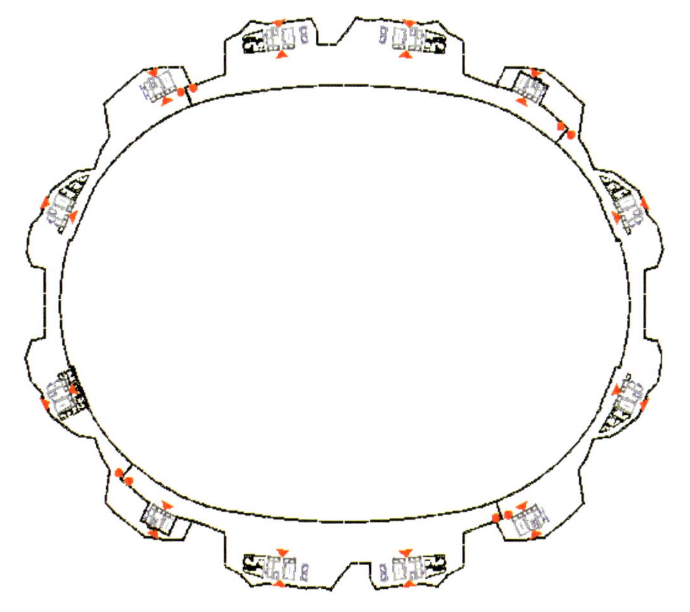

图 9-6　三层防火分区划分示意

房区域和相邻区域之间已采用耐火极限 2.0h 防火隔墙和甲级防火门窗进行分隔，以防止火灾的燃烧蔓延。对于人员密集的就餐区，应主要分析在一定的疏散条件和防排烟设计条件下，人员疏散的安全性。

（2）火灾场景设计

为保证餐厅的设计有效地应对各种火灾情况，分析中尽量选择疏散危险性大的火灾场景，以这些火灾场景为基础进行的评估与分析将具有较高的安全裕度。基于上述原因，综合考虑三层餐厅的具体情况，选择其中最大的一个防火分区（防火分区 3-2）进行计算分析，同时考虑封闭其中一个疏散出口（疏散楼梯 2 出口），如图 9-7 所示。该防火分区设计有两个独立的疏散出口和两个借用的疏散出口。

三层餐厅的标准可燃物为 8 把椅子和一张桌子，参照 NFPA92B 提供的椅子燃烧试验的数据（如表 9-2），取每把椅子最大热释放速率为 0.25MW。参照《高层建筑性能化防火设计案例汇编》（142 页）取一张餐桌的热释放速率为 1MW，则三层餐厅设计火灾场景的最大热释放速率为：8 × 0.25MW + 1MW = 3MW。

NFPA92B 提供的椅子燃烧试验的数据　　表 9-2

样品编号	总质量 /kg	可燃质量 /kg	类型	框架	填充物	织物	内衬	功率峰值 /kW
C13	19.1	18.2	一般休闲椅	木制	聚氨酯	尼龙	氯丁橡胶	230

（3）安全判定指标

建筑物内发生火灾时整个建筑系统（包括消防系统）应该能够为建筑中的所有人员提供足够的时间疏散到安全的地点，整个疏散过程中不应受到火灾的危害。疏散过程中，火灾对人员的危害主要来源于火灾产生的烟气，表现为烟气的热作用和毒性，另外烟气的能见度也是一个重要的影响因素。所以在分析火灾对疏散的影响时，一般从温度、毒性气体的浓度、能见度等方面进行讨论。目前，一般采用如下的人员安全疏散判定指标：

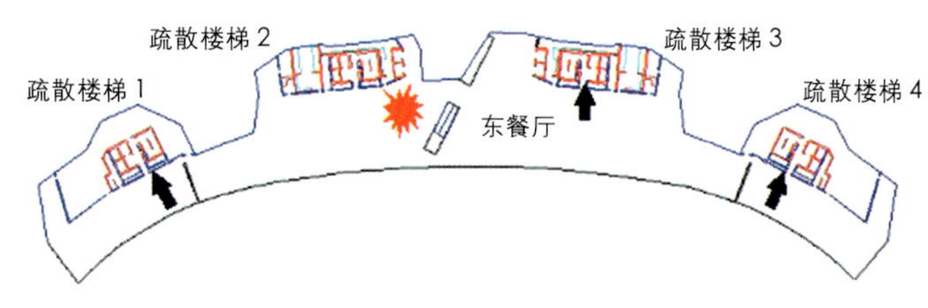

图 9-7　防火分区 3-2 火灾场景位置示意

当烟层位于临界高度（2m 高）以上时，烟气层主要通过热辐射对人产生影响，辐射强度不应超过 2.5 kW/m^2，或烟层温度小于 200℃；

当烟层下降到临界高度以下时，烟气主要通过直接的热作用对人产生影响，如果烟层温度小于 60℃时，则人可以在此环境中坚持约 30min；如果烟层温度小于 80℃时，则人可以在此环境中坚持约 15min。对于疏散距离较短的房间内或走道内可选择较高的温度值；

疏散通道中的烟气能见度，小房间 5m，大房间 10m；

对于烟气的毒性，一般认为在可接受的能见度的范围内，毒性都很低，不会对人员疏散造成影响。

（4）计算分析

a. 危险到来时间的计算

这里的危险到来时间指从火灾发生开始到火灾烟气危害到人员安全疏散的时间。对于烟气蔓延状况的预测，采用了流体力学软件 FLUENT 进行火灾烟气的场模型分析。

依据《高规》的规定，当排烟系统担负两个或两个以上防烟分区排烟时，应按最大防烟分区面积每平方米不小于 120m^3/h 计算，且每个防烟分区的建筑面积不宜大于 500 m^2，因此餐厅每个防火分区的排烟量不宜小于 60000m^3/h。

当排烟量取 60000m^3/h 时，通过模拟分析可得各疏散出口的危险到来时间如下面的表 9-3 所示。

餐厅疏散安全性评定　　表 9-3

疏散出口	疏散楼梯 1	疏散楼梯 2	疏散楼梯 3	疏散楼梯 4
C13	19.1	18.2	一般休闲椅	木制

模拟结果如图 9-8 所示，图中无色区域为超标（即超过色标上限）的区域。

b. 探测报警时间 Td

一般可取火灾探测器或自动喷水灭火系统启动的时间作为探测报警时间。对于人员集中、空间开阔的场所来说，其中的人员往往在火灾报警系统发出报警信息之前就感知到火灾的迹象。三层餐厅设置了点型感烟火灾探测器，应用美国国家标准预技术研究院（NIST）提供的 DETECT 工具软件可预测得出，火灾探测时间约为 67s，考虑一定的报警延迟时间，取探测报警 Td 为 90s。

c. 疏散行动前时间 Tp

人员疏散行动前时间是指从报警到人员开始疏散行动这段反应时间，不同场所的人员疏散行动前时间有很大的不同。

统计数据表明，发生火灾时，人员的响应时间与建筑物内采用的报警系统类型以及人员对建筑物环境的熟悉程度有直接关系。不同类型的人员和报警系统的典型反应时间有不同的参考值。

在 3 层餐厅里，因为人员位于同一个空间内，当发生火灾时餐厅人员马上会发现火灾，无需广播系统的通知人员就会本能地疏散，因此人员的疏散行动前时间是非常短的。如果人员没有马上发现火情，那么餐厅内安装的采用非录音型现场广播方式报警将会告知人员发生火灾，依相应参考值得到人员响应时间小于 120s，保守的取疏散行动前时间 Tp 为 120s。

d. 人员疏散行动时间 Tt

疏散行动时间

疏散行动时间是指从疏散行动开始到建筑内所有人员到达安全地点的时间，本工程中采用了 STEPS 疏散模拟软件对疏散行动时间进行预测。预测疏散行动时间前首先需要确定疏散人数、人员行走速度和出口的流量等参数。

疏散人数

餐厅区域的疏散人数根据餐厅使用面积和餐厅内人员密度进行确定，这里分别取 0.7 人 / m^2 和 0.5 人 / m^2 两种情况进行分析。两种情况下的疏散人数设定如表 9-4 所示。

餐厅疏散人数设定　　　　表 9-4

情况	区域	使用面积（m^2）	人员密度（m^2）	人数
1	东餐厅	3060	0.7	2142
2	东餐厅	3060	0.5	1530

人员速度

考虑餐厅区人员由男士、女士、儿童和老人四类基本人员组成，各类人员的比例和行走速度设定如表 9-5 所示。

餐厅疏散人员类型　　　　表 9-5

人员种类	平地平均速度 m/s	速度分布	楼梯间内速度 m/s	比例
男士	1.3	正态	0.8	40%
女士	1.1	正态	0.7	40%
儿童	0.9	平均	0.6	10%
老人	0.8	平均	0.6	10%

出口流量

出口流量主要限制门或楼梯间的最大通行能力，通常以单位时间通过单位宽度出口的人员数量来表示。疏散出口的最大通行能力：平地 89 人 /min.m，楼梯 / 坡地 71 人 /min.m。

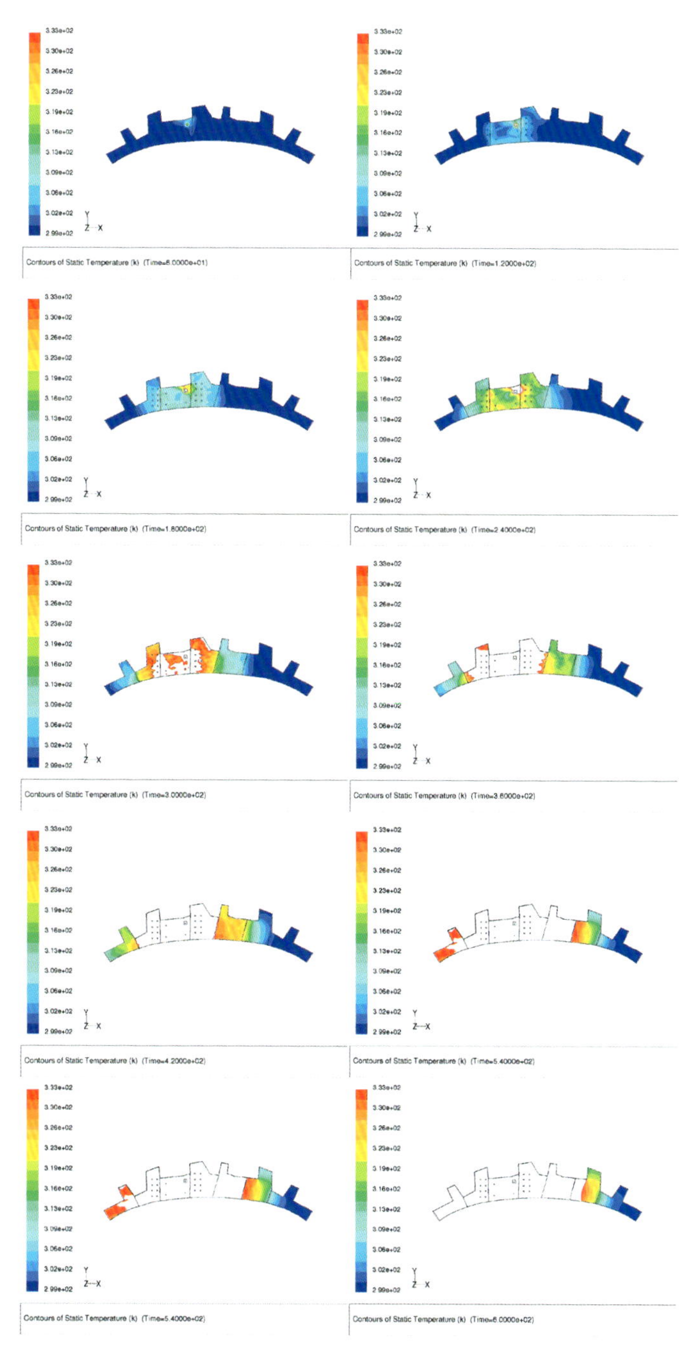

图 9-8　东餐厅烟气蔓延模拟疏散时间的计算

针对设定的火灾场景，可得 STEPS 预测的疏散行动时间如表 9-6 所示。

餐厅疏散行动时间预测　　　　表 9-6

情况	1			2		
	出口 1	出口 3	出口 4	出口 1	出口 3	出口 4
疏散行动时间 Tt（s）	526	545	544	360	389	393

（5）结论和建议

通过上述分析可得东餐厅的疏散时间 REST 和危险到来时间 ASET 分别如表 9-7 和表 9-3 所示。

餐厅人员疏散时间预测　　表 9-7

情况	1			2		
	出口 1	出口 3	出口 4	出口 1	出口 3	出口 4
疏散时间 REST（s）	736	755	754	570	599	603

则餐厅人员疏散安全性评定结果如表 9-8 所示。

餐厅疏散安全性评定　　表 9-8

情况	1			2		
	出口 1	出口 3	出口 4	出口 1	出口 3	出口 4
疏散时间 REST（s）	736	755	754	570	599	603
危险到来时间 AEST(S)	575	620	>1200	575	620	>1200
安全性评定	不安全	不安全	安全	安全	安全	安全

根据上述分析结果可知，在现有设计条件下，三层餐厅的最大就餐人员密度应控制在 0.5 人 /m^2 以下，餐厅的使用面积乘以最大人员密度得到餐厅最大人数，即东、西餐厅各自的最大人数应控制在 1530 人，南、北餐厅各自的最大人数应控制在 1073 人。

采用相同的分析方法得出结论，四层（包厢层）的防火分区面积可以适当扩大。

4. 零层环形通道的防火安全

零层环形通道及其周围设备用房和办公用房无法按照规范的要求进行防火分区的划分，拟将整个区域作为一个分区处理，形成一个超大的防火分区。同时，环行通道是联系零层各区域的主要通道，也是进出赛场内外的必经之路，环形通道不仅作为进出车辆通行的场所，也是零层人员疏散逃生设施的主要部分，在一定程度上起到集散大厅和疏散通道的作用。其附近区域人员安全疏散时必须首先进入环形通道。同时，消防队员的到来也是首先进入环形通道，然后再经过四周的 12 组防烟楼梯（核心筒）到达各层集散大厅、包厢区、餐厅区和看台。因此，充分保障环形通道的安全性是非常重要的，其火灾危险主要从火灾燃烧蔓延和火灾烟气蔓延两方面考虑。

（1）火灾蔓延的分析

由于本项目中环形通道的特殊性，不宜在通道内采用有形的分隔物进行防火分隔，且采用水幕分隔亦有现实困难，所以通道内不进行防火分区的划分，但是要求通道两侧的隔墙均为防火墙，开向通道的门为甲级防火门。通道内车辆较少且容易控制，所以在通道内不会发生火灾蔓延的情况，可通过合理的设计排烟系统将火灾的危险限制在局部的区域。对于通道两侧的房间之间以混凝土砌块墙相互分隔，形成独立的防火单元，可以有效防止火灾大面积蔓延。

（2）烟气蔓延的分析

当比赛场地、通道内侧的办公用房、以及通道内发生火灾时，相关人员需要通过环形通道进行疏散，因此需要把环形通道看做一个相对安全的疏散走道，不能看做行车隧道来进行排烟的设计。特别是在通道内发生火灾时，应尽量控制火灾在通道内的蔓延，为人员疏散提供一个相对安全的区域，以便通过通道内的安全区域进入核心筒进行疏散。因此，不建议在环形通道内进行射流风机纵向排烟，而应该在通道内划分防烟分区，采用管道排烟，并合理确定排烟量。

防烟分区的划分

防烟分区划分的目的主要是控制火灾烟气蔓延的范围，并形成一个蓄烟仓以利于排烟风机排烟。一般情况下，烟气在顶棚下水平流动时的最小厚度为净高的 10% 左右，所以通常要求挡烟垂壁的下垂最小高度为净高的 15% ~ 20%。另外，为了防止火灾烟气水平流动距离过长导致冷却沉降，每个防烟分区的长度不宜超过 60m。根据环形通道直通室外的出入口位置和核心筒布置情况，通道内的防烟分区可按图 9-9 进行划分。

a. 火灾规模的确定

环形通道是联系零层的主要通道，其中仅有少量内部服务车辆通行，因此通道内的火灾为汽车火灾。文献《Standard for Road Tunnels，Bridges，and Other Limited Access Highways》NFPA 502（1998 Edition）提供的汽车燃烧数据如表 9-9。

汽车燃烧的热释放速率　　表 9-9

汽车类型	火灾规模 / MW	当量汽油池面积 / m^2
小汽车	5	2
大客车	20	8

由上表可知，大客车的最大热释放速率可达 20MW。但是在设置了自动喷水灭火系统的场所，火灾的规模将受到喷淋系统的抑制。喷淋系统启动时的火灾规模，可采用美国国家标准预技术研究院（NIST）提供的 DETECT 工具软件进行预测。分别考虑普通标准喷头和快速响应喷头两种情况，可得喷淋控制下的汽车火灾规模如表 9-10 所示。

喷淋控制情况下的车库火灾规模　　表 9-10

增长速率	火源距喷头距离 / m	喷头安装高度	火灾规模	
			RTI=350$m^{1/2}s^{1/2}$	RTI=50$m^{1/2}s^{1/2}$
超快速	2.6	4.5	4200kW	1200kW

b. 排烟量的计算

根据 NFPA 提供的预测方法，预测车辆燃烧时产生的烟气量，当排烟量等于烟气的生成量时，排烟系统能够有效控制火灾烟气的蔓延。环道净高为 4.5m，挡烟垂壁下降高度（即蓄烟仓的厚度）不小于 0.7m 时，每个防烟分区的最小排烟量计算结果如表 9-11 所示。

排烟量预测结果　　表 9-11

喷淋系统	火灾规模 / kW	排烟量 / (m^3/h)
无喷淋	20000	285154
标准喷头 RTI=350$m^{1/2}s^{1/2}$	4200	77776
快速响应喷头 RTI=50$m^{1/2}s^{1/2}$	1200	33595

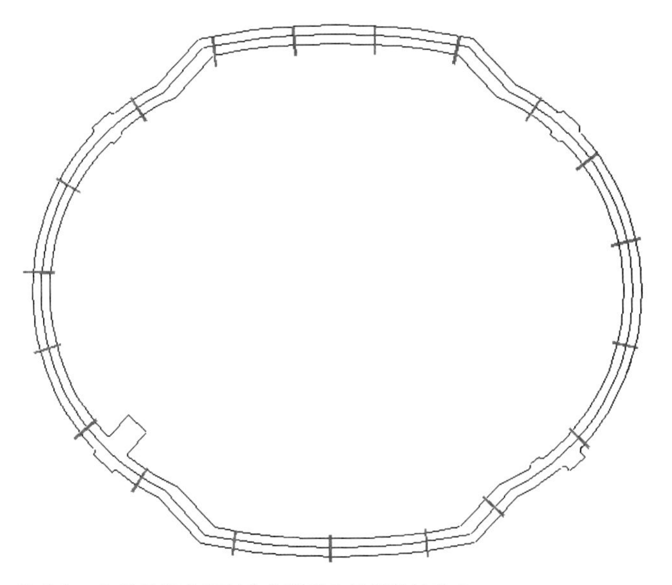

图 9-9　环道防烟分区划分位置示意排烟量的确定

三、国家体育场消防性能化设计大记事

（一）2003 年 12 月 16 日中国建筑设计研究院与中国建筑科学研究院建筑防火研究所签订了《国家奥林匹克住体育场消防性能化设计》合同。2004 年 12 月 31 日中国建筑设计研究院与中国科学技术大学火灾科学国家重点实验室签订了《国家奥林匹克住体育场防火设计性能化评估》合同。按照北京市公安局的相关规定"工程是否符合进行性能化消防设计的要求，应由业主先向消防主管部门申请认可，才能委托有相应资质的性能化消防设计单位进行设计。"鉴于国家体育场的特殊性，国家体育场的性能化消防设计是有设计方进行委托，由业主向消防主管部门进行了申请。

（二）2004 年 5 月 18 日召开了由北京市规划委员会和北京市公安局消防局联合组织的"国家体育场消防性能化设计与评估专家论证会"。与会专家对国家体育场钢结构防火及膜材燃烧性能、零层环形通道及相邻区域防火安全、三层和四层防火安全、集散平台的安全性、看台人员疏散、室外立面扑救等问题进行了论证，对所涉及的消防安全问题基本达成共识，并对大多数问题给出了肯定意见。而对于钢结构防火和赛时准备区安全疏散两个问题，专家认为需进一步论证。

（三）经过初步设计修改和相应的消防性能化设计与评估，2004 年 11 月 10 日召开了由北京市规划委员会和北京市公安局消防局联合组织的"国家体育场消防性能化设计与评估第二次专家论证会"。与会专家对上述两个遗留问题进行了论证，对所涉及的消防安全问题基本达成共识，并出了肯定意见。

消防性能化设计与评估及其专家论证会结论为国家体育场施工图设计的消防设计提供了充分的设计依据，保证了施工图设计的顺利进行。

第三节　观众安全疏散设计

一、引进国际先进准则进行安全疏散设计

为确保正常使用和紧急情况下的安全疏散，国家体育场在设计过程中参照了一些国际先进的设计准则，借鉴了国外有关规范和相关数据，有的超出了国内现行规范的覆盖范围。例如：确保文体活动安全的理论和规范；体育场馆安全疏散的"8 分钟原则"以及两个概念，"离场时间（egress time）"和"紧急疏散时间（Emergency evacuation time）"；有关安全出口通行率的指标（rate of passage），以及有关集散厅（Concourse）的概念和人员安全密度的指标，等等。

（一）离场时间 8 分钟

英国规范《运动场所安全通则》（图 9-10，因封皮为绿色而俗称"绿皮指南"）10.7 条款定义："离场时间是指在常规状态下，全部观众能够离开观演区域并进入一个免

费而且顺畅的疏散系统所经历的总时间。不含拟定整个疏散路线所需的时间。”并且规定：“一般情况下，运动场所最大离场时间为8分钟。”这项规定是为了计算安全出口的容量，使之与观众容量对应，若缺乏安全出口则需相应减少观众容量。“离场时间”关注的是正常状态下的安全疏散。8分钟的由来是通过实测多个已建成场馆而综合得出的经验数值。调查表明，“离场时间”在8分钟内，观众不易产生愤怒、沮丧、紧张等情绪，使得他们能够以比较正常的速率通过安全出口。这就是目前在体育场馆设计方面被世界各国广泛接受的“8分钟原则”。我国规范目前尚未就此作出规定，而是控制出口疏散人数和百人宽度等指标，详见后文。

图9-10　英国规范：《运动场所安全通则》

国家体育场共设上、中、下三层看台，最大座席容量91000座，总计看台安全出口191个（图9-11）。其中，下层看台设安全出口56个；中层看台设低区安全出口56个，主席台另设高区安全出口3个，合计中层看台安全出口59个；上层看台设低区安全出口52个，高区安全出口24个，合计上层看台安全出口76个。国家体育场的各层

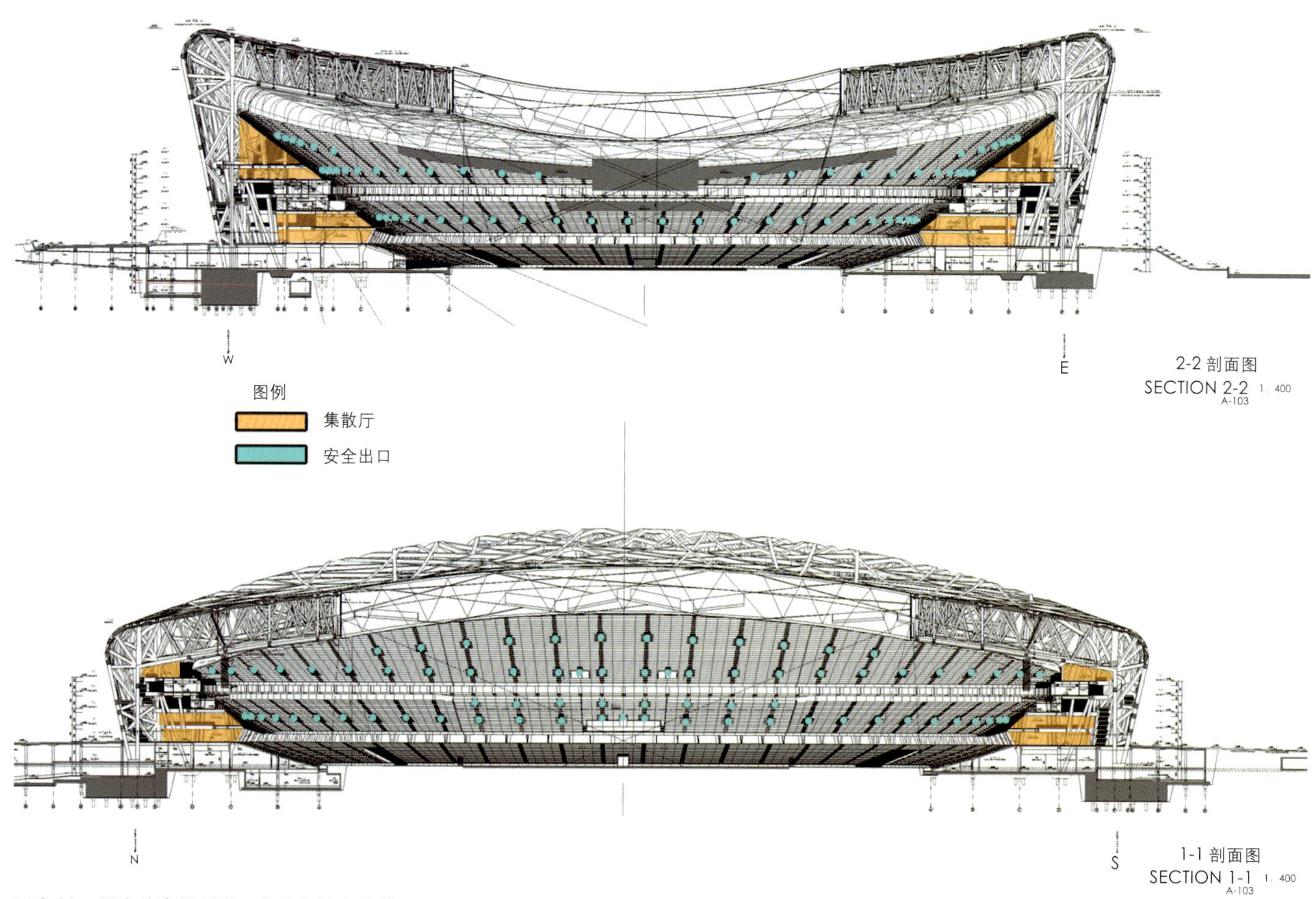

图9-11　国家体育场剖面：集散厅及安全出口

看台后方均设有宽大的集散厅，是看台口与楼梯口等通道之间的缓冲区。在集散厅内设有楼、电梯间、卫生间、餐饮点等服务设施。作为疏散系统的一个组成部分，经核算，集散厅的容量符合“绿皮指南”关于人员密度的要求，集散厅所连接的楼梯、散场通道等符合疏散宽度、出口数量、通行率等要求。国家体育场的“离场时间”指最远端观众离开看台到达集散厅的时间。

我国规范目前尚未对集散厅人员密度作出规定，《高层民用建筑设计防火规范 GB50045-95》6.1.13.3 条款针对高层建筑的避难层提出的人员密度指标为 5 人 / m^2（公安部，2005）。英国“绿皮指南”10.4 条款规定，为保障安全，集散厅内站立人员的密度不得超过每 10$m^2$40 人。这相当于最大允许人员密度为 4 人 /m^2。可见，参照更加严格的国外规范，进一步提高了国家体育场集散厅的安全标准。

除了集散厅之外，“离场时间”这个数据还受到多方因素的制约，例如观众人群的构成情况、男女老幼的步速、是否有残疾人、是否饮酒、疏散通道是否通畅等等。作为计算依据，“绿皮指南”10.4 条款和 10.6 条款规定，新建场馆的最小疏散通道宽度为 1.2m；对于每 1.2m 的疏散宽度，在阶梯地面的情况下，每分钟通行人数为 79 人（相当于每米疏散宽度每分钟 66 人）；在水平地面的情况下，每分钟通行人数为 100 人（相当于每米疏散宽度每分钟 82 人）。据此通行率计算国家体育场的“离场时间”，各层看台均在 8 分钟之内（表 9-12）。

国家体育场离场时间计算表　　表 9-12

	观众容量（人）	看台出口数量（个）	每个看台出口净宽（m）	折合成 1.2m 疏散单位数量	通行率（人 / 分钟 /1.2m）	离场时间（分钟）
上层看台	33300	76	1.2/1.5	76	*79/73	**5.5/6.0
中层看台	27400	59	1.2	59	*79/73	5.9/6.4
下层看台	30300	56	1.2	56	*79/73	6.8/7.4
合计	91000	191	1.2	191	*79/73	6.0/6.5

注：1. 国家体育场上、中层看台出口宽度分别为 1.35m 和 1.65m；下层看台出口宽度大于过道宽度，取过道净宽 1.2m。

2. * 者数据 79 人为“绿皮指南”2008 年第 5 版数据，国家体育场设计时参照的是“绿皮指南”第 4 版，当时此数据为 73 人。

3. ** 者数据为上层看台低区情况，对于高区观众，按中国建筑科学研究院建筑防火研究所数据，需增加 0.5 分钟经楼梯抵达集散厅的时间。

（二）紧急疏散时间 8 分钟

与“离场时间”不同，“紧急疏散时间”关注的是紧急状态下的安全疏散。“绿皮指南”10.9 条款将其定义为：“紧急疏散时间是按照通行率计算的结果，用以确定在紧急情况下，从观演区域到安全区域的紧急疏散系统的疏散能力。”该条款规定，体育场馆最大“紧急疏散时间”在 2.5 ~ 8 分钟之间，视火灾风险评级而定。火灾风险评估由权威部门或责任人每年进行一次，共分为低风险、一般风险、高风险三个级别。评估结果为低风险级的体育场馆最大“紧急疏散时间”为 8 分钟，高风险级的为 2.5 分钟，一般风险级的界于 2.5 分钟和 8 分钟之间。

低风险级的条件为要求看台区域：

1. 发生火灾的可能性小；

2. 万一着火，火焰及其热量和烟的蔓延几乎可以忽略不计；

3. 对生命的威胁极小。

国家体育场看台为室外看台，采用现浇混凝土梁和预制混凝土看台板，属于不燃材料，其配套餐饮服务设施（在集散厅内）采用完备的防火设施，符合英国关于低风险级的规定。

鉴于我国规范目前尚未就“紧急疏散时间”作出规定，在国家体育场设计过程中进行了新材料防火性能测试、消防性能化分析、复核及论证，以便分析和评估火灾风险、完善安全疏散设计。国家体育场上层看台后缘与屋面膜结构相接，膜材 ETFE 和 PTFE 经国内权威部门测试认证，防火性能均为 B1 级，为难燃材料。并且，消防性能化分析及其复核认为，集散厅属于安全区域；比赛场地、看台和集散厅发生火灾均不影响屋面和立面钢结构的安全性；看台座椅起火后不易蔓延；观众席发生火灾产生的烟气不会对人员疏散造成直接的影响；等等。可见评估结果契合英国火灾低风险级规定的条件。因此，国家体育场的最大“紧急疏散时间”根据火灾风险等级确定为 8 分钟，与“离场时间”算法相同。

（三）安全出口标准超过国内规范

我国规范尚未明文规定安全疏散时间，而是规定安全出口标准，如《中华人民共和国行业标准：体育建筑设计规范 JGJ 31-2003》4.3.8 条款：“体育场每个安全出口的平均疏散人数不宜超过 1000 ~ 2000 人”；同时规定，观众座位数 60001 以上的室外看台，门和走道是阶梯地面时，安全出口和走道的疏散宽度指标为 0.19m/ 百人（建设部、国家体育总局，2003）。

国家体育场各层看台分别设有独立的疏散通道，疏散情况以各层看台“独立核算”为准。粗略估算国家体育场看台安全疏散情况，可以取每层看台安全出口最小值为 56 个，每层看台疏散人数约为 3 万人，则看台每口平均疏散人数为 30000/56=536 人，远小于我国规范数字。同时，每层看台安全出口最小总疏散宽度为 1.2×56=67.2m，若按我国规范百人指标核算，则最小通行人数为 67.2/0.19×100=35368 人，超过每层看台约 3 万人的情况。实际上，国家体育场上、中、下层看台每个安全出口平均疏散人数分别为 438、464、541 人，全场平均值为 476 人。与国内外类似规模的体育场相比（表 9-13），国家体育场看台安全出口的特点是数量多、分布匀，而且看台上每个过道对应至少一个安全出口，服务效率高。以上特点为安全疏散提供了有力的保障。

体育场安全出口平均疏散人数　　表 9-13

体育场	观众总容量（人）	看台安全出口数目（个）	每口平均疏散人数（人）
国家体育场（北京）	91000（2008 奥运）	191	476
伦敦温布利体育场 **	90000（2007 改造）	148	608
伦敦奥运会主体育场 **	80000（2012 奥运）	112	714
悉尼奥运会主体育场 **	110000（2000 奥运）	140	785
上海体育场（上海）*	80000	63	1269
雅典奥运会主体育场 **	72000（2004 奥运）	34	2117
工人体育场（北京）*	70000	24	2917

* 资料来源：《中华人民共和国行业标准：体育建筑设计规范 JGJ 31-2003》。

** 资料来源：ArupSport

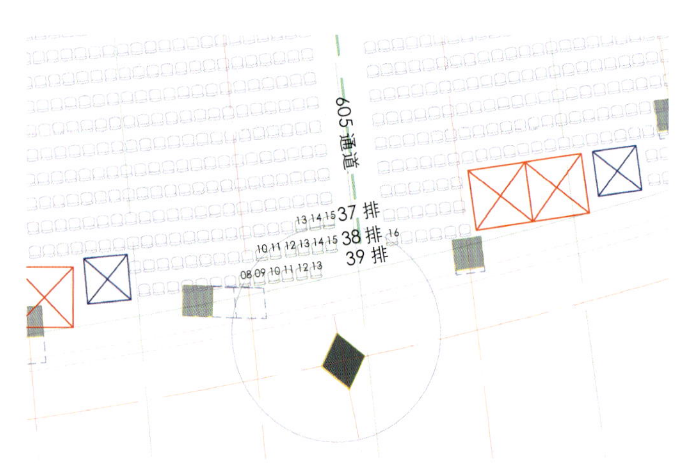

图 9-12　菱形主柱防火保护范围内采用钢制座椅

二、火灾模拟和安全疏散模拟

在国家体育场设计过程中，受中国建筑设计研究院委托，中国建筑科学研究院建筑防火研究所对国家体育场进行了消防性能化分析，中国科学技术大学火灾科学国家重点实验室对消防性能化分析成果进行了复核。利用国际先进的计算机模拟技术，对比赛场地、看台、集散厅、零层环路、VIP 停车场、三层餐厅、四层包厢等区域分别进行火灾模拟和分析，并对看台、包厢、餐厅等观众密集区域的安全疏散进行整场和局部模拟，结论为国家体育场设计符合 8 分钟原则。

为保障疏散通道安全，预防过度拥堵和集体踩踏事故，在设计过程中，对场内、场外以及周边疏散通道的疏散安全均进行了论证和疏散模拟。例如立面大楼梯疏散安全模拟、体育场外围步行人流疏散安全模拟等等。另外，结合周边市政条件，对地下车库和零层环路内的机动车安全疏散进行了模拟。全部模拟成果对设计优化、场馆运营、赛事组织、市政配套等工作提供了有力的技术支持。

（一）火灾模拟及钢结构安全论证，确保结构安全

由于国家体育场屋顶和立面采用钢结构，消防性能化分析和复核针对钢结构安全等内容进行了专项火灾模拟和论证：

1. 针对屋顶钢结构的消防验算：采用国际上较为成熟的两种羽流模型对火羽流中心线温度进行计算，将该温度与钢结构耐火温度下限 200℃进行比较。结论是，对于比赛场地火灾，比赛场地距离体育场顶部钢结构距离在 60m 以上，且顶部敞开，场地中央花车起火后不会对体育场屋顶钢结构产生影响。对于看台火灾，明确了有关钢结构菱形主柱需保护的区域，规定此区域采用不可燃的座椅。实际采取的措施为，在上层看台后方靠近钢结构菱形主柱、半径 3.6m 以内的座椅为钢制座椅（图 9-12）。

2. 对立面钢结构的消防验算，采用场模拟软件 FDS 对溢出后的烟气温度进行计算。结论是，对于核心筒内服务设施火灾，现有的机械排烟措施可保证从服务核内溢出的烟气到立面钢结构边缘时的烟气温度不超过 100℃，不会对立面钢结构造成影响。

（二）全场安全疏散模拟，疏散时间符合 8 分钟原则

安全疏散模拟场景以国家体育场建筑设计为基准，根据国家体育场设计的中心对称特征，选取含各层看台、集散厅、楼梯在内的有代表性的 1/4 区域进行研究，按 10 万座

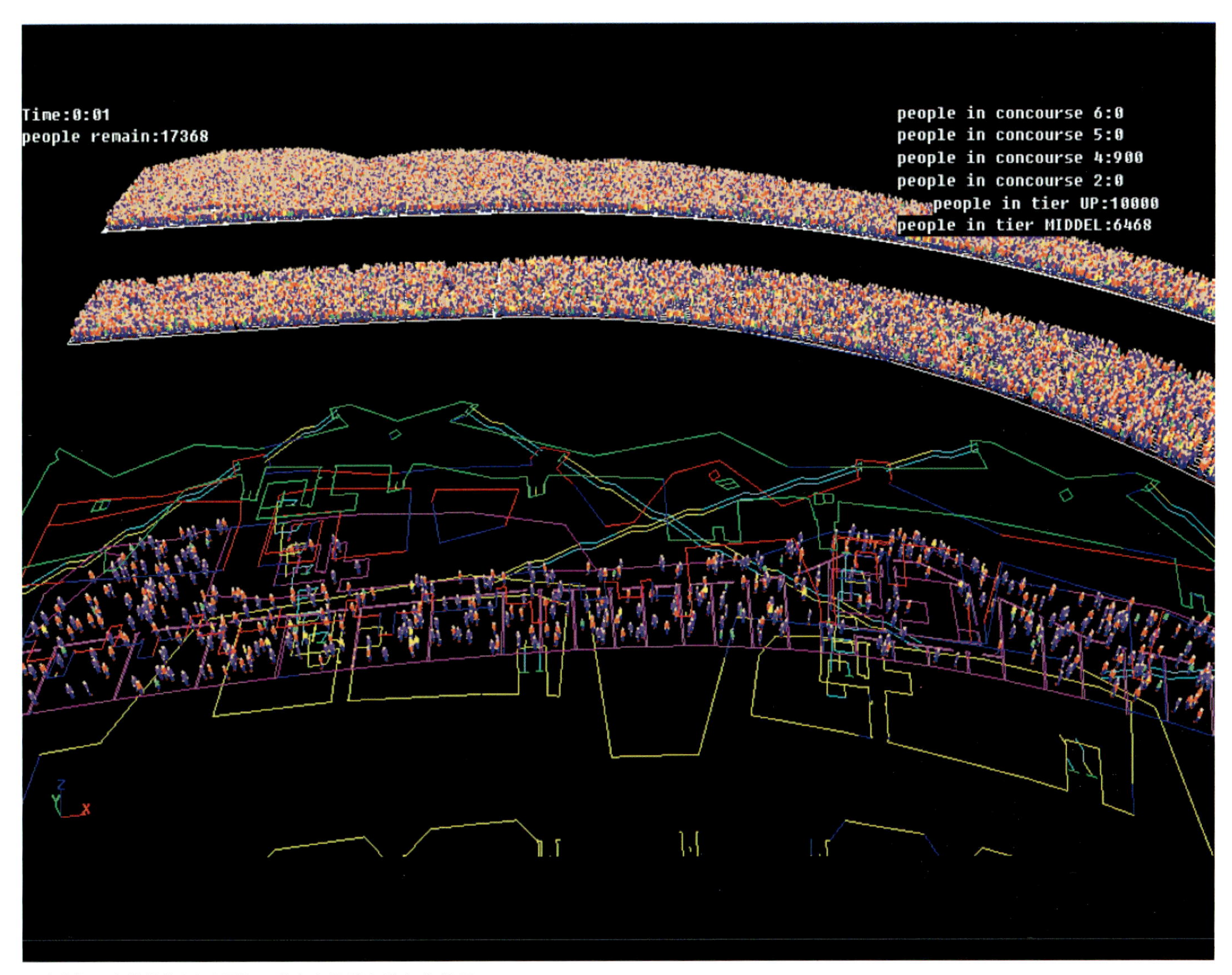

图 9-13 疏散模拟刚刚开始，观众离开看台进入集散厅

满场时座席数量确定看台疏散人数，根据设计确定的疏散路线，分别测算各层看台在正常状态下的疏散时间，以及当一个安全出口因突发事件而关闭时（紧急状态下）的疏散时间。模拟观众人群的构成和步行速度取值参考国际经验数字并按中国国情增加安全系数（表 9-14）。由于下层看台集散厅即地面层，与室外相通，因此全场模拟主要针对中层和上层看台的观众进行（图 9-13 ~ 图 9-16，根据中国建筑科学研究院建筑防火研究所 2004 动态模型截取）。正常状态下的疏散模拟全过程从第一名观众离开座席开始，到最后一名观众抵达地面层结束，总耗时 15 分钟；其中看台最后一名观众到达看台口不足 7.5 分钟，到达集散厅不足 8 分钟（9.1 万座满场时疏散到集散厅 7.2 分钟，资料来源：中国建筑科学研究院建筑防火研究所 2006）。模拟分析为看台出口设计提供了依据。

国家体育场观众安全疏散模拟人群数据　　表 9-14

	占总量百分比	水平速度（m/s）	楼梯和看台速度（m/s）
成年男人	40%	1.3	0.8
成年女人	40%	1.1	0.7
儿童	10%	0.9	0.6
老人	10%	0.8	0.6

资料来源：中国科学技术大学火灾科学国家重点实验室《国家体育场性能化消防设计复核评估报告 2004.5》。复核采用与中国建筑科学研究院建筑防火研究所疏散模型相同数据。

（三）立面大楼梯安全疏散论证及模拟，确保紧急疏散安全

国家体育场的上、中、下三层看台每层约 3 万人，各层看台分别使用独立的疏散系统，以避免人流交叉造成拥堵，确保安全、快速的疏散。这种流线设计在我国体育场

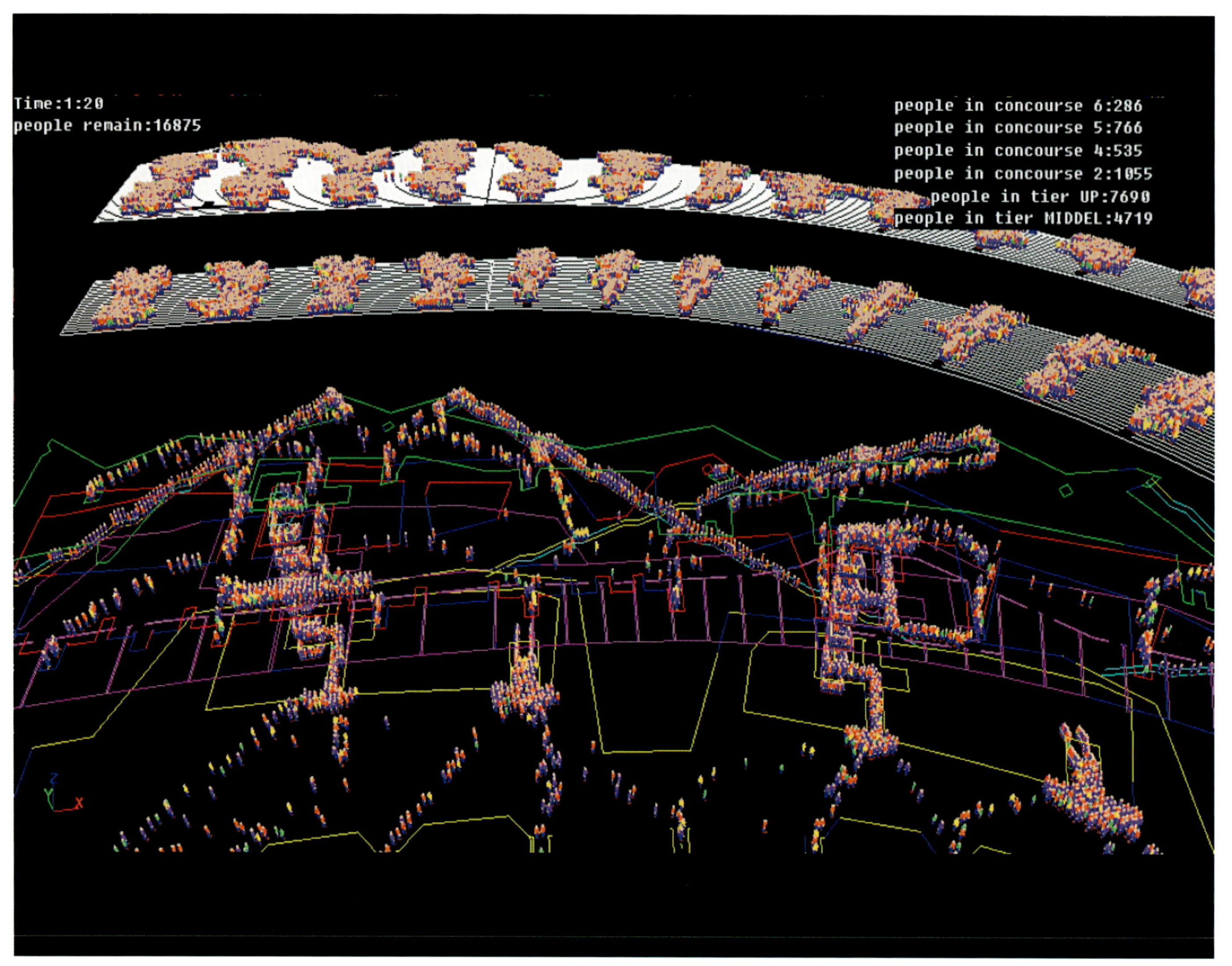

图 9-14　疏散模拟过程中，集散厅观众利用楼梯向地面层疏散

设计中尚属首次。正常状态下，国家体育场上层看台观众在入场时，通过设在室外立面钢结构内的大楼梯（图 9-17）直达五层、六层集散厅，进而到达上层看台；散场时反之。这是因为人们倾向于按照来时的路线离开。也就是说，正常状态下，上层看台的观众利用立面大楼梯进行疏散，而不必使用核心筒内的消防楼梯。为保障立面大楼梯在紧急疏散时的安全性，设计过程中针对立面大楼梯进行了安全疏散论证，并进行了设计优化，例如：在休息平台处改变行进方向，以防止跌倒者沿梯段滚落行程过长；在中间楼层集散厅位置增设应急连桥，以增加紧急救助人员入口；等等。

计算机模拟分析由英国 Crowd Dynamics 公司完成。分析报告认为，国家体育场在立面大楼梯等设计方面为安全疏散提供了硬件基础；当出现突发的紧急事件时，如果现场有软件设施辅助，例如经过培训的工作人员，就能够确保紧急疏散安全进行。根据模拟结果，对可能存在安全隐患的部位有针对性地进行优化，例如，为避免“烟道效应”，对立面大楼梯入口形式进行了调整。

（四）体育场外围区域安全疏散模拟，改善东部配套交通条件

国家体育场观众入场层位于缓缓隆起的景观坡地上，高于比赛场地层（与周边市政道路相接），使普通观众（凭票人员）流线与运动员、竞赛组织人员、媒体人员、安保人员等（凭证人员）的流线不交叉，并且与机动车流线不交叉，流线组织实现立体分流。12 对 24 组出场口环绕主体结构外围均匀布置，出口宽度确保全场观众迅速、安全地离开体育场。用地西、南、北侧均有充分的缓冲区域和缓坡道路用于从出场口到周边市政道路的安全疏散。在体育场东侧，受用地条件制约，部分观众需通过景观楼梯疏散。为保障紧

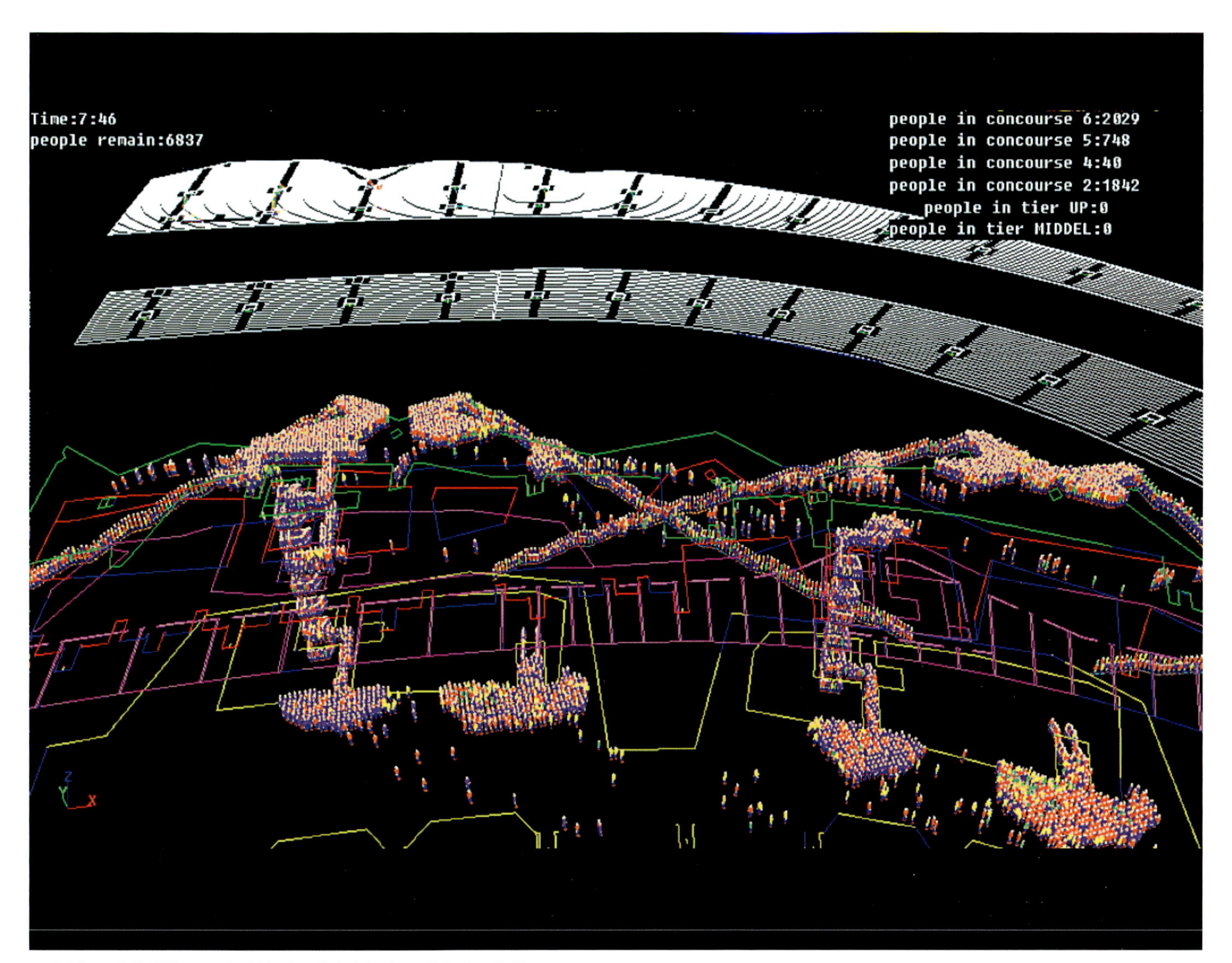

图 9-15　疏散模拟不足 8 分钟时，观众全部离开看台进入集散厅

急状态下景观楼梯疏散的安全性，由美国柏诚（北京）公司对体育场外围区域行人安全疏散进行了模拟。

计算机模拟按设定的行人平均速度（步道 1.05m/s，台阶 0.65m/s），测算国家体育场外围道路的人流密度，并采用弗洛因（Fruin）服务水平评价指标进行评价。参照悉尼奥运会步行人流模拟的阈值标准，将密度阈值定为步道 2.17 人 /m^2，台阶 2.69 人 /m^2。针对密度超过阈值的区域，主要是东侧市政路段，提出改进建议并得到实施。这其中包括：拓宽湖边西路，拓宽跨河桥梁宽度，修改成府路跨河桥梁角度，修改体育场东侧个别景观楼梯角度等等（图 9-18）。

三、安全疏散设计创新的启示

国家体育场作为 2008 北京奥运会主体育场，经过奥运会、残奥会和一系列测试赛的检验，在安全疏散设计方面为世界上同类型体育场的设计提供了可借鉴的实例。同时，国家体育场安全疏散设计中应用的国际上先进的设计概念、设计标准和设计方法，对于今后国内大型体育场馆的设计具有一定的参考价值和推广意义。另外，国家体育场的安全疏散设计标准和实测数据，也为今后国内有关法规、规范的编制和修订提供了素材。

国家体育场的设计实践表明，体育场作为人员密集场所，当火灾风险得到有效抑制的时候，在安全疏散方面存在的风险主要表现为：由于举办文体活动而引发的群体激动行为、或者由于小的事件而引发的大的连锁反应，例如拥堵和排队等现象。也就是群体动力学（Crowd Dynamics）所研究的范围。在西方发达国家，为了有效地应对突发事件，保障紧急状态下的安全疏散，专门出台了有关法规和设计规范，要求此类场所必须建立一整套长效机制，涵盖场馆设计、

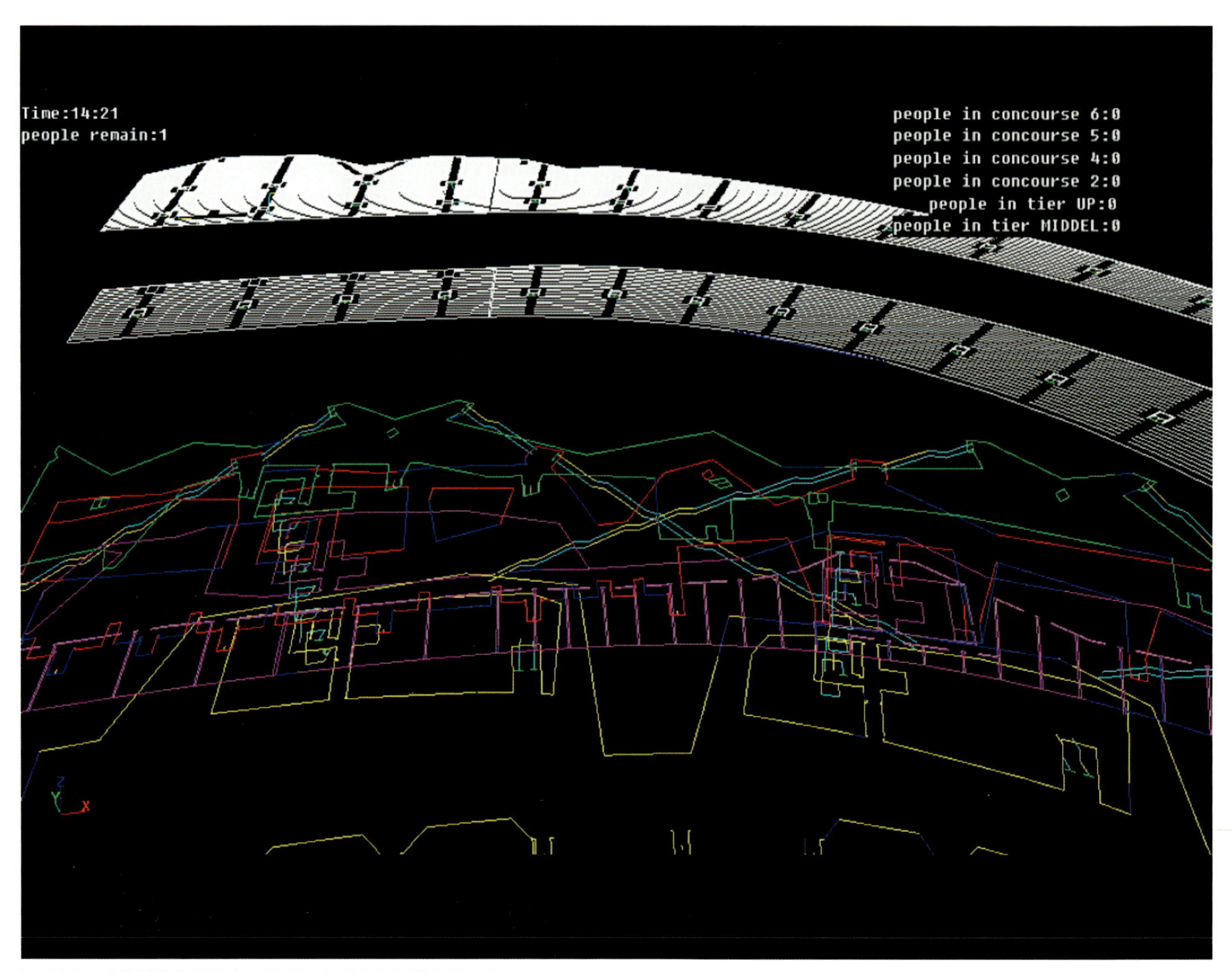

图 9-16 疏散模拟临近结束，最后一名观众即将到达地面层

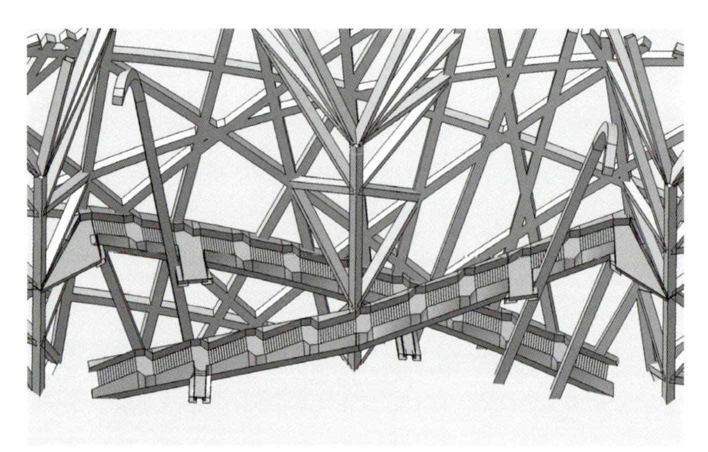

图 9-17 立面大楼梯

场馆管理、赛事组织、员工培训、应急预案、反恐防爆、社会支援等各个方面。可见体育场馆的安全疏散并非仅仅注重场馆硬件设施的建设，还需要与之相应的法律法规和管理等软件设施。

目前，人员聚集区域容易引发灾难事故的隐患越来越得到社会各界的重视。在国家体育场设计过程中，针对安全疏散设计形成了“业主 + 设计 + 安保 + 专家论证 + 运营团队”的决策机制，共同研究薄弱环节，制定相应的对策，为今后国内类似场所的设计提供了可借鉴的方法。

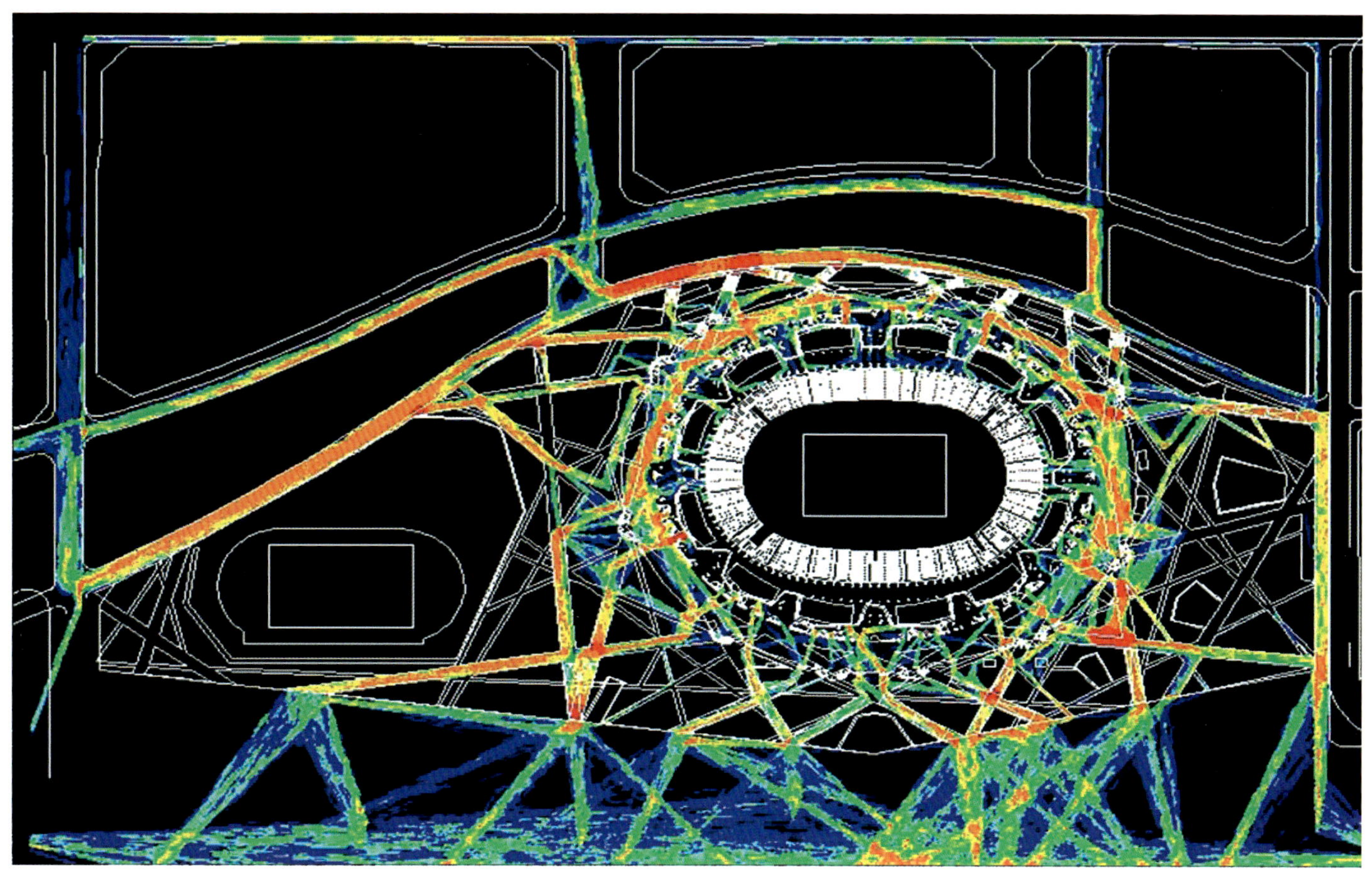
图 9-18 国家体育场外围区域安全疏散模拟

第十章　结构设计

第一节　国家体育场结构方案

国家体育场是目前世界上跨度最大的钢结构体育建筑之一。巨型交叉编织空间结构形成独特的建筑外形，顶面呈双曲线马鞍形，建筑和结构浑然一体，独特、美观，充分体现了自然、和谐之美（图 10-1）。

在国家体育场设计中，坚持"绿色奥运、科技奥运、人文奥运"三大理念，通过大量科技创新，解决了设计和施工中的难题。在设计上重点应用较成熟并具有科技含量的技术，体现一流的体育场馆建设和运营的科技水平。如首次在建筑工程中应用基于 CATIA 空间模型的三维设计方法，成功地解决了复杂空间结构、扭曲构件与特殊节点建模问题。在 ANSYS 软件平台上开发了大跨度结构设计与优化功能模块，满足鸟巢复杂大跨度结构设计需求。创造性地提出了大跨度结构温度场计算方法与合拢温度的控制原则。在新材料新技术方面应用了 Q460 高强钢材、ETFE 和 PTFE 膜结构等。

一、钢结构体系

国家体育场钢结构支撑在 24 根桁架柱之上，柱距为 37.958m。屋盖中间开洞长度为 185.3m，宽度为 127.5m。国家体育场大跨度钢结构大量采用由钢板焊接而成的箱形构件，交叉布置的主结构与屋面及立面的次结构一起形成了国家体育场的特殊建筑造型。主场看台部分采用钢筋混凝土框架 - 剪力墙结构体系，与大跨度钢结构完全脱开。

图 10-1　大跨度钢结构编织之美

国家体育场钢结构的主桁架围绕屋盖中部的洞口放射形布置，有 22 榀主桁架直通或接近直通，并在中部形成由分段直线构成的内环桁架。为了避免节点过于复杂，4 榀主桁架在内环附近截断。为了减小构件加工制作难度，降低施工的复杂性，对主桁架的几何构型进行了适当的简化。主桁架弦杆在相邻腹杆之间保持直线，代替空间曲线构件，同时有效地避免 P-Δ 效应。由于主桁架主要采用规则的箱形截面，从而大大降低构件加工的成本。为了减小主桁架受压下弦的面外长度，在主桁架第 1 节间中间三分之一的范围内布置水平支撑。

主桁架上、下弦的节点尽量对齐，腹杆夹角一般控制在 60° 左右，网格大小比较均匀，使其具有较好的规律性。将临时支撑塔架设置在主桁架交点的位置，将下弦腹杆设置为双 K 形式，减小钢结构安装过程中的局部弯曲应力。当主桁架上弦节点与顶面次结构距离很近时，将腹杆的位置调整至次结构的位置。

国家体育场钢结构的 24 根桁架柱均由一根垂直的菱形内柱和两根向外倾斜的外柱以及内柱与外柱之间的腹杆组成，如同垂直放置的变高度三角形管桁架，在桁架柱的顶部外柱连续弯扭逐渐成为主桁架的上弦；在外柱之间的次结构对两侧桁架形成侧向约束；桁架柱上端与主桁架连接，各桁架柱通过与主桁架、立面次结构、顶面次结构、立面大楼梯连接形成整体大跨度空间结构体系。

由于桁架柱底部内柱与外柱之间的距离已经很近，但柱底的弯矩和轴力很大，继续采用分离形式对受力与柱脚构造已不合适，故此，在柱底部标高 1.5m 处将三根柱合并为一个 T 形构件。

屋顶与立面次结构的主要作用是增强主结构侧向刚度、减小主结构构件的面外计算长度，为屋面膜结构、排水天沟、下弦声学吊顶、屋面排水系统等提供支承条件，形成结构的抗侧力体系。

屋面次结构布置主要考虑控制屋面膜结构板块面积的大小，通过调整立面次结构的疏密程度，达到有效减小外柱计算长度的目的。在标高 6.8m 以下机房与商业的位置，需要截断某些立面次结构构件。在设计中严格控制截断次结构的

图 10-2　钢结构与立面大楼梯施工

数量，同时使保留的立面次结构布置均匀、对称。

国家体育场在建筑立面次结构的内侧设有12组大楼梯，每组楼梯均由内楼梯与外楼梯构成，是观众从基座进出较高层看台的通道，主要用于人员疏散，是建筑立面的重要特征之一。外楼梯沿着立面次结构盘旋而上，内、外楼梯交叉布置，支撑条件非常复杂。立面大楼梯主要由楼梯柱、楼梯梁、联系构件、休息平台板和折叠踏步板等组成。外楼梯的外侧楼梯梁由立面构件支承，内侧楼梯梁支承于内柱、楼梯柱、组合柱腹杆之上。内楼梯的支承相对较少，内侧楼梯梁由内柱、楼梯柱支承，外侧楼梯梁由内柱、楼梯柱伸出的悬臂构件支承。为了与立面次结构协调一致，大部分楼梯柱继续延伸至主桁架上弦或顶面次结构（图10-2）。

二、混凝土结构体系

国家体育场主体结构采用后注浆钻孔灌注桩基础，共有2700根桩。基础受力复杂，在设计时考虑了桩、土、承台共同作用，根据现场试验确定单桩承载力特征值，为工程桩设计优化和施工质量控制提供了充分依据。

国家体育场混凝土看台支撑在框架-剪力墙结构上。整个看台结构外部由巨形空间钢桁架国家体育场包裹覆盖。看台外围为基座，基座在西面有两层地下车库，其余部分为一层（图10-3）。

国家体育场的看台结构平面为椭圆形，南北长322m，东西宽276m，东、西看台高，南、北看台低，看台面积向上逐层缩小。为体现“由外部不规则的布置逐步过渡到内部规则，从无序到有序”的建筑设计理念，混凝土看台外围柱都是不规则倾斜的，与钢结构无序的结构布置相呼应，并形成大量的与楼层不相连的脱开柱，有些达到四层，在视觉上形成很强的冲击力。

综合考虑建筑使用功能、抗震设防、经济指标等因素，看台部分采用钢筋混凝土框架-剪力墙结构体系，选择在楼梯间、电梯间等交通核心筒部位设置了12组剪力墙，底层框架柱按轴网交点布置，向上则依据建筑的要求倾斜布置，框架梁与框架柱的倾斜相适应，大多与柱斜向相交。

图10-3　国家体育场混凝土基座平台

混凝土看台结构平面尺度很大，属于超长结构，设计时将混凝土看台结构分成六个结构单元，沿南北中轴线分开，利用结构的对称性，形成基本对称的两种结构单元布置形式，即南、北结构单元和东、西结构单元。每种结构单元拥有两组剪力墙，与若干榀框架共同形成各自独立单元的框架 - 剪力墙结构体系。东西单元结构为 7 层，高度为 51m，南北单元结构为 6 层，高度为 45m（图 10-4）。

为了使观众获得更好的视线，二层看台从柱轴线挑出大约 15m，为了减小悬挑长度，设计采用了 Y 形柱的形式，支撑看台的框架柱在一层由一根分为两根，斜向支撑住看台梁，与看台梁形成一个稳固的三角形钢架，悬挑尺寸降至 9m，Y 形柱沿环向均匀布置。

国家体育场看台观众席具有承重、防水、维护、装饰的作用，在外观和抗裂方面有很高的要求，要达到清水混凝土的效果。设计采用了预制纤维混凝土看台板的方案。看台板与看台框架梁以锚栓连接，周边用建筑密封胶密封，既牢固、美观，也起到了防水的作用，同时也减少了结构的温度应力。

国家体育场看台基座呈一缓坡，由看台结构边缘向外伸展。南、北方向的基座结构受到建筑层高的限制，顶板选用了大跨度无粘结预应力无梁楼盖体系，跨度由 8.8m × 8.7m 逐渐加大到 8.8m × 13.2m，无梁楼盖的板厚也随之由 250mm 分段加厚至 450mm。东边基座地下车库跨度为 7.8 ～ 8.1 m × 8.1 ～ 10.8m，结构采用了普通的梁板结构。

国家体育场采用了世界上独一无二的结构形式，其设计和施工难度非常大，在很大程度上已经超出了现有国家标准（规范）的范畴，对于 2008 年北京奥运会的场馆设施建设具有重大的象征意义。国家体育场是所有奥运工程中社会关注度最高、科技含量高、施工难度大的项目。国家体育场设计用总钢量 4.2 万吨，是目前国内外体育场馆中规模最大、施工难度最大、拥有多项世界顶级施工技术难题的大型钢结构工程。结构设计中，首次在我国建筑工程中采用三维建模软件 CATIA 解决复杂空间结构的建模问题，采用国产优质高强、高性能超厚钢板，对于改善结构的安全性与施工性能、控制用钢量起到了重要作用。

图 10-4　看台施工

三、主要科研成果

国家体育场大量采用由钢板焊接而成的箱形构件，交叉布置的主结构与屋面及立面的次结构一起形成了国家体育场的特殊建筑造型，其设计施工的难度前所未有。为此，本项目必须解决其结构设计与施工中的关键技术问题，主要包括：

（1）由于大型桁架柱柱脚的特殊复杂性，可参考的国内外工程经验很少，需要结合其实际受力特点，提出新型的柱脚形式，保证内力合理传递、减小承台厚度、优化布桩方案、控制工程造价。

（2）节点形式极其复杂，交汇杆件数量众多且汇交方式多样，几何尺寸巨大，是结构受力的关键部位，在国内外尚无工程应用实例，其设计方法在国内外钢结构设计规范中均无相应的规定。

（3）立面和肩部均为扭曲箱形构件，构件随着屋盖表面曲率的变化而弯曲、扭转，受力机理非常复杂，在建筑工程领域尚属首次应用，国内外目前均无相关的技术规程与工程应用实例可以借鉴。

（4）国内外钢结构设计规范中，均未考虑受弯构件与拉弯构件的受压区板件可能出现的屈曲问题，存在安全隐患，在确定箱形构件的有效宽度时，仅根据构件的拉、压状态进行判别，没有考虑板件局部稳定与构件整体稳定承载力之间的关系，有效截面宽度取值偏于保守。

（5）国家体育场大跨度结构平面尺度很大，温度变化对内力和变形影响之大在建筑结构中尚属少见。迄今为止，太阳辐射照度引起结构温升的计算方法在相关的设计规范中并没有明确提及，可参考的经验较少。

（6）国内外对于如何通过合理设置临时支撑塔架与安装顺序，达到加快施工进度、改善结构抗震性能、降低用钢量的研究还很少。迄今为止，结构优化也主要针对静荷载作用，对结构抗震优化计算方法的研究还较少。

（7）大跨度结构向上的风吸力一般起控制作用，但当风振系数大于2时，上吸风可能引起结构的反向风振，有可能成为主要控制工况，国内外均未有相关的设计方法。

（8）为了准确把握工程的质量与安全状况，有必要依靠现代高精度的监测分析系统对结构工作状态进行长期监测。

（9）混凝土主体结构耐久性设计年限为100年，需要研究从原材料选取、配合比设计、配筋构造、施工养护、面层保护等综合措施。

（10）超长、大体积混凝土结构温度收缩效应显著，需要在准确的数值模拟基础上，采取综合的设计、施工抗裂措施。

国家体育场是目前世界上钢结构跨度最大的体育建筑之一，造型非常独特，构件尺寸巨大，存在大量空间扭曲构件，很多方面均超过现有技术规范的涵盖范围，其设计、加工制作及安装的难度前所未有，具有极大的挑战性。在设计中大量采用新技术、新材料、新工艺，进行了许多研究工作与技术创新，填补了多项国内空白，很多成果达到国际先进水平。

国家体育场是"鸟巢"新建筑空间结构形式在国内外的首次应用，工程规模大，技术难度高，工期紧迫。针对国家体育场工程建设中亟待解决的关键技术问题，于2005年3月在国家科学技术部立项国家科技攻关计划课题——《国家体育场结构设计与施工的安全关键技术研究》（课题编号：2004BA904B01），并于2005年12月在北京市科委立项研究课题《国家体育场钢结构设计与施工关键技术研究》（课题编号：H050630210720）。为了积极配合奥运工程，中国建筑设计研究院从人力与资金上大力支持。结构团队先后在中国建筑设计研究院申请立项院科研课题《大跨度结构的动力响应分析技术研究》、《ANSYS软件设计技术研究》、《超长和大跨度预应力混凝土结构设计技术研究》。

《国家体育场结构设计关键技术研究与应用》共包含十个子课题（表10-1），中国建筑设计研究院作为研究课题的主持单位与课题成果的主要完成单位，针对国家体育场设计与施工中的技术难题组织了由清华大学、同济大学、北京工业大学、北京交通大学、国家体育场有限责任公司、中国建

《国家体育场结构设计关键技术研究与应用》子课题情况 表10-1

子课题名称	完成单位	主要参加单位
ANSYS软件设计技术研究与应用		
超长和大跨度预应力混凝土结构设计技术研究与应用		
国家体育场钢结构焊接薄壁箱形构件研究与应用		
国家体育场钢结构扭曲薄壁箱形构件研究与应用		清华大学
国家体育场钢结构复杂节点研究与应用	中国建筑设计研究院	同济大学
国家体育场大型柱脚-混凝土承台研究与应用		北京工业大学
国家体育场钢结构温度场与合拢温度研究与应用		北京城建集团 中国铁道科学研究院
国家体育场钢结构地震安全性研究		清华大学
国家体育场钢结构风致响应研究		北京交通大学
国家体育场钢结构监测与安全性研究		中国铁道科学研究院

筑科学研究院、北京城建集团、中国铁道科学研究院参加的高水平的研究团队，并投入了大量经费保证研究工作的顺利进行，确保了国家体育场建设的顺利实施，提升了中国建筑设计领域在国际的影响力，取得了显著的社会效益与经济效益。

在国家体育场设计过程中主要取得了以下成果：

（1）创造性地提出了超大型半埋入式柱脚的结构形式，抗倾覆能力强，锚固件埋入深度小，有效减小了承台厚度。

（2）对柱脚锚固构件在混凝土承台中的受力机理与破坏形态进行了开创性研究，提出了大型锚固件抗拔承载力计算方法。

（3）创造性地提出了焊接薄壁箱形单K节点和双弦杆KK节点、桁架柱菱形主管KK（K+KT）和双KK（双KK+T）节点的形式和构造，节点几何构型合理，材料用量较少，适用范围广。

（4）首次提出在主桁架节点域设置扭转过渡段的设计理念，实现了不同偏转角度的直线弦杆在节点区的可靠连接，从而大大简化了构件加工制作难度。

（5）首次提出复杂扭曲薄壁箱形构件的设计理念与工程构型方法。

（6）在对扭曲薄壁箱形构件受力机理进行深入研究的基础上，提出了扭曲构件在复杂受力状态下的作用机理，并创造性地提出设置内部加劲肋的方法，大大改善了扭曲箱形构件的整体刚度、应力分布及局部变形性能。

（7）首次提出了复杂扭曲薄壁箱形构件的空间坐标表示法，很好地满足了钢结构加工详图设计、构件加工制作及现场安装定位的需求。

（8）提出基于板件应力状态的焊接薄壁箱形构件有效截面计算方法，全面考虑了受压板件应力值较低对有效宽度的有利影响与有效截面偏移量的影响，建立了构件在拉、压、双弯、双剪、扭转作用下的成套设计公式。

（9）在综合考虑构件夹角、受力状态以及板件壁厚、宽厚比等因素的基础上，首次建立了多个焊接薄壁箱形构件相交节点的设计方法。

（10）首次提出了在薄壁焊接箱形构件设置加劲肋的方法，有效地改善了薄壁箱形构件应力集中与翘曲效应。

（11）开创性地提出了太阳辐射引起大跨度钢结构温度升高的成套计算方法，并首次明确提出了对大跨度钢结构防腐涂装太阳辐射吸收系数的限值要求。

（12）首次明确提出了大跨度钢结构的合拢概念与确定合拢温度的原则，确保超长大跨度钢结构的安全性与经济性。

（13）开创性地提出了“临时支撑塔架卸载后再安装顶面次结构”的方式，大大改善了结构的抗震性能，显著降低了结构的内力与用钢量，加快了施工进度。

（14）首次提出了“先静力优化，后动力验算调整”的抗震优化计算方法，编制了相关软件。

（15）首次提出大跨度结构上风振系数和下风振系数的定义与公式，有效地解决了风振系数大于2时大跨度结构上吸风反向风振的计算问题，极大地推动了大跨度钢结构风振计算理论的发展。

（16）根据振型响应对总响应的贡献大小，提出了振型能量参与系数的计算公式和振型的选取方法。

（17）创造性地提出了大跨度钢结构卸载施工的仿真计算方法，用支撑千斤顶反力之和表征卸载上顶力，用支撑塔架顶部处结构下降量的平均值表征结构卸载变形量，为指导钢结构卸载施工提供了科学依据。

（18）首次提出了采用测点的平均应力与最大应力与理论计算值进行对比的结构安全状态评价方法，有效地排除了各种不确定因素对实测应力值的影响。

（19）首次在国内民用建筑中全面进行了混凝土结构耐久性年限为100年的设计，为在我国混凝土结构耐久性设计提供了实例。

（20）综合集成了混凝土结构设计关键技术，在基础设计中的桩、土、承台共同作用，上部复杂结构分析计算，超长混凝土结构设计，清水混凝土设计，纤维混凝土设计，预应力混凝土设计等方面均取得了成功的经验。

课题研究成果已经在国家体育场大跨度钢结构设计中得到应用，提出的各种新型构件与节点构造形式具有很好的施工可实施性，施工详图深化、加工制作、现场组拼安装、钢结构合拢与卸载、次结构、膜结构及设备安装等各环节均进展顺利，钢结构构件工厂加工、现场拼装及安装的质量均属良好，圆满解决设计和施工中的关键技术难题，大大加快了设计、施工的进度，保证了工程的质量，进而节约造价，确保工程如期完工，树立了良好的国际形象，取得了显著的经济效益与重大的社会效益。

随着我国建筑工程的高速发展，大型结构将越来越多。研究成果对于提高大型复杂钢结构工程设计水平、确保结构的安全性具有重要的实际意义，具有广泛的推广应用前景和指导意义。

第二节 钢结构设计

一、国家体育场钢结构布置

（一）概述

国家体育场的主体钢结构由主结构与次结构两部分构成，主结构包括主桁架与桁架柱，次结构包括顶面次结构、立面次结构以及立面大楼梯。其中位于屋顶的主桁架相互交叉，与顶面和立面的次结构共同编织，形成了国家体育场结构体系。在屋盖上弦采用膜结构作为屋面围护结构，选用透明的 ETFE 膜材料，屋盖下弦的声学吊顶采用白色 PTFE 膜材料。主场看台部分采用钢筋混凝土框架－剪力墙结构体系，与大跨度钢结构完全脱开。

国家体育场钢结构的几何构形非常复杂，建筑造型与结构体系高度一致。屋顶和立面的几何曲面与各种构件布置是通过应用一些基本的设计规则来确定的，这些规则是整个建筑造型的基础。在设计过程中，为了满足建筑的使用功能，或基于减小用钢量、降低钢结构加工制作难度等原因，对这些规则进行了适当调整（图 10-5）。

在设计过程中应用 CATIA 软件确定国家体育场钢结构的几何形状与构件布置，其中一些几何定位原则只有通过 CATIA 这类高级建模软件才能够得以实现，这也是 CATIA 软件在中国建筑工程中首次得到应用。

在不影响整体建筑效果的前提下，对主桁架与顶面次结构的外形进行了适当简化，以降低构件的加工难度及成本。

（二）国家体育场钢结构的几何模型

坐标原点位于体育场中心，采用右手坐标系，X 轴方向为正东方向，±0.000 相当于绝对标高 43.5m。首先在 -9.0m 标高的平面上建立一个长轴与短轴分别为 313m 和 266m 的椭圆，然后将椭圆周长 24 等分，如图 10-6 所示。该椭圆为体育场屋盖立面的内表面在水平面的投影，24 个等分点分别为 24 根桁架柱内柱的位置。

图 10-5 复杂的钢结构

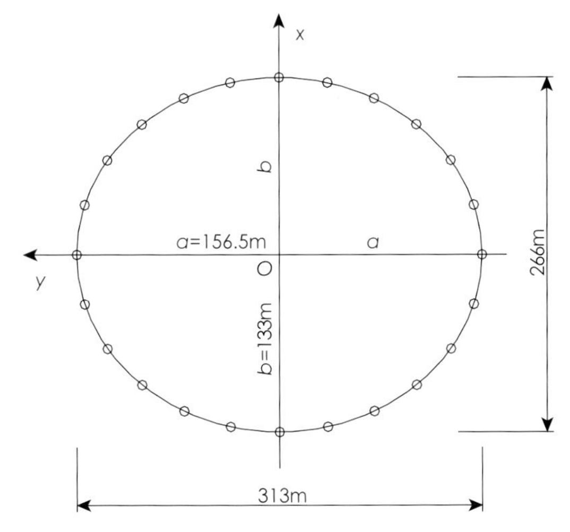

图 10-6　国家体育场屋盖立面的内表面定位轴线

将椭圆沿 Z 轴方向拉伸，形成内柱轴线所在的椭圆柱面。屋盖外立面呈倒置的椭圆台形，椭圆台母线与椭圆柱面母线的夹角根据位置的不同而逐渐变化，在长轴端点与 Z 轴的夹角为 13.786°，在短轴端点与 Z 轴的夹角为 13°。屋盖立面的内表面与外表面的构型方法如图 10-7 所示。

在标高 60.0m 的参考点处，沿 xz 平面放置半径为 719.900m 的圆弧 R_1，沿 yz 平面放置半径为 882.706m 的圆弧 R_2，将 R_2 以 R_1 为母线平行滑动，即可得到屋顶外表面的双曲面，如图 10-8（*a*）所示。将屋盖上表面的双曲面向下平行拷贝形成屋盖下表面，屋盖上、下表面之间的距离为 12m，如图 10-8（*b*）所示。

将椭圆台与屋盖曲面相交，形成体育场屋盖立面的外表面轮廓线，如图 10-9（*a*）所示。对屋盖立面与屋盖顶面交线的位置进行圆化处理，倒角半径为 8m，如图 10-9（*b*）所示。

屋盖内环开洞的轮廓由 2 段椭圆弧与 2 段圆弧构成。椭圆的长轴和短轴分别为 190.344m 与 124.103m，形心为坐标原点；圆弧半径 *r* 为 52.841m，在 *y* 轴方向偏移 *e*=±30.355m，椭圆和圆弧的交点坐标分别为（39.109，73.809）、（39.109，-73.809）、（-39.109，-73.809）和（-39.109，73.809），如图 10-10 所示。

通过 24 根内柱的形心做直线与屋盖内环相切，可以得到 48 榀交叉布置主结构的平面定位轴线，如图 10-11 所示。

沿主结构定位轴线做垂直于地面的平面，该平面与屋盖表面的交线即为主桁架与桁架柱的轴线，如图 10-12 所示。使尽可能多的主桁架直通或接近直通，增加整体结构的冗余度，并在中部形成由分段直线构成的内环。为了避免出现过于复杂的节点，4 榀主桁架在内环附近截断，如图 10-13 所示。

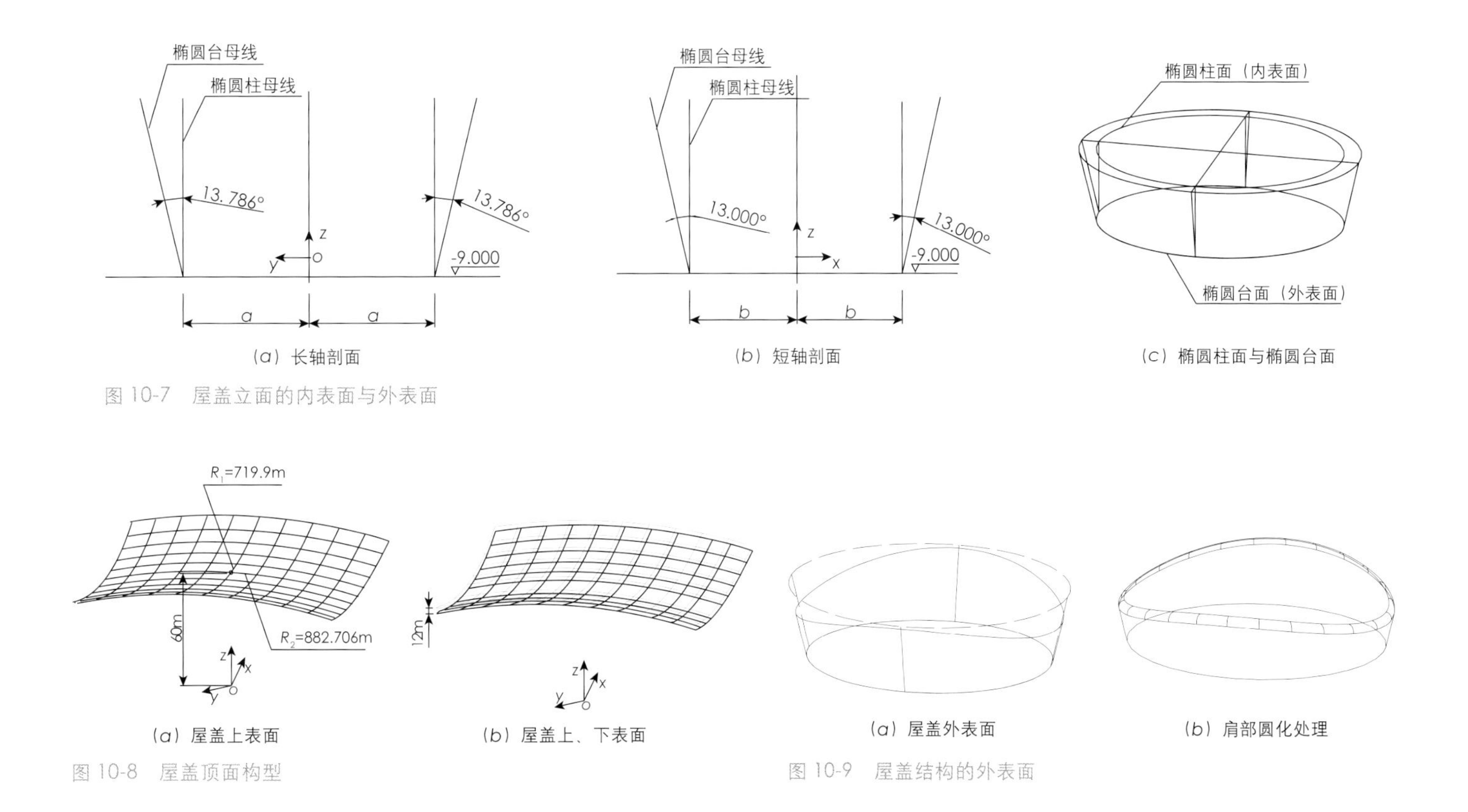

（*a*）长轴剖面　（*b*）短轴剖面　（*c*）椭圆柱面与椭圆台面

图 10-7　屋盖立面的内表面与外表面

（*a*）屋盖上表面　（*b*）屋盖上、下表面

图 10-8　屋盖顶面构型

（*a*）屋盖外表面　（*b*）肩部圆化处理

图 10-9　屋盖结构的外表面

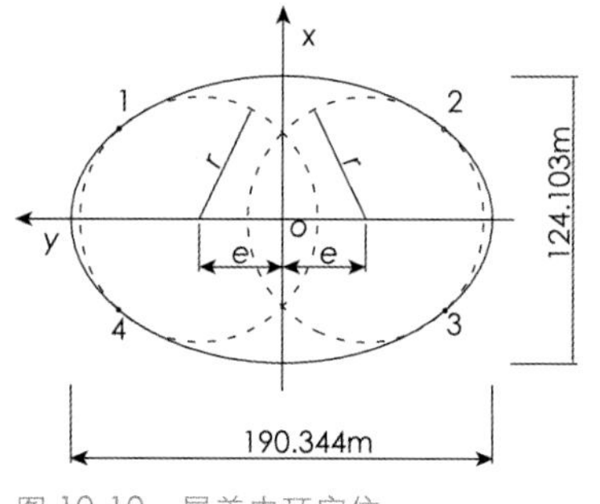

图 10-10　屋盖内环定位

图 10-11　屋盖主结构的平面定位轴线

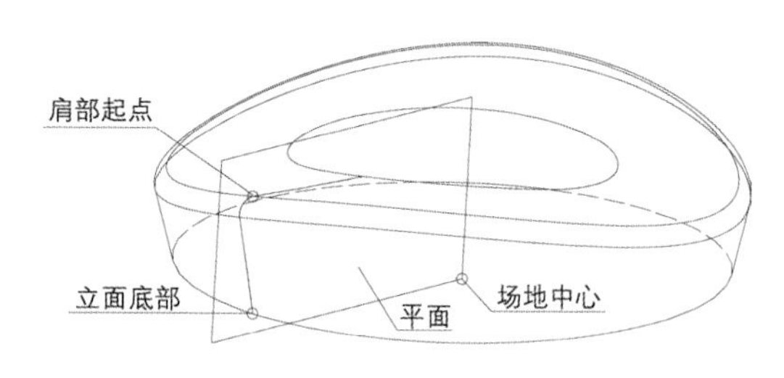

图 10-14　屋盖次结构的定位轴线

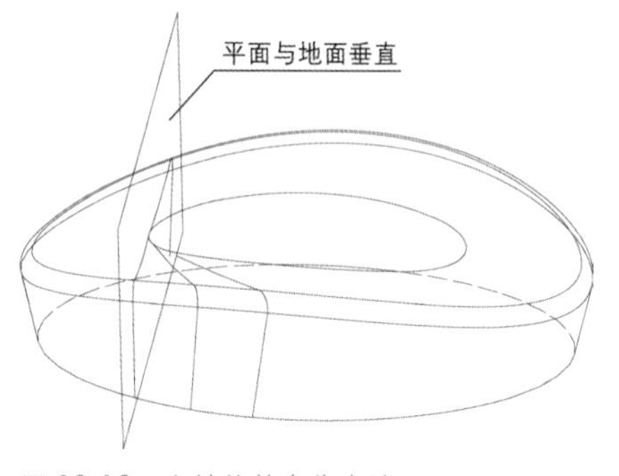

图 10-12　主结构的定位方法

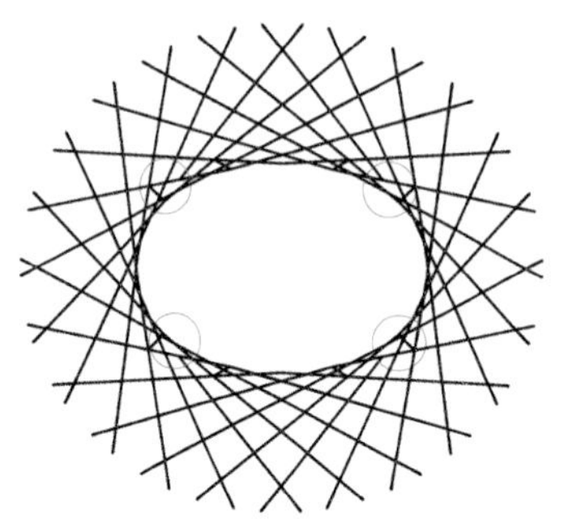
图 10-13　主结构的平面布置

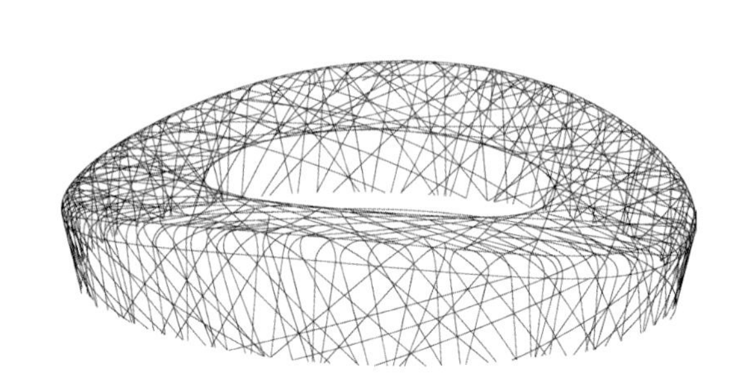
图 10-15　屋盖外表面主、次结构的定位轴线

顶面次结构与立面次结构均位于屋盖结构的外表面。次结构轴线定位的基本原则如下：由体育场中心点（标高为 ±0.000m）、屋盖肩部圆弧起点与立面底部的点构成一个平面，该平面与屋盖外表面的交线即为次结构的定位轴线，如图 10-14 所示。

次结构的主要作用是减小主结构构件面外的无支撑长度，增强其侧向稳定度；顶面次结构将屋盖顶面划分为较小的板块，便于安装屋面膜结构；桁架柱之间的立面次结构形成交叉支撑，用于提高屋盖结构的侧向刚度。

屋盖次结构的布置尽量做到疏密均匀，最终形成了建筑师要求的"鸟巢"艺术效果，如图 10-15 所示。

（三）结构模型的调整与简化

1. 主桁架

主桁架围绕屋盖中部的洞口放射形布置，有 22 榀主桁架直通或接近直通，并在中部形成由分段直线构成的内环桁架。为了避免节点过于复杂，4 榀主桁架在内环附近截断。国家体育场屋盖结构平面布置如图 10-16 所示，其中实线构件表示主结构，虚线构件表示次结构。上弦杆截面尺

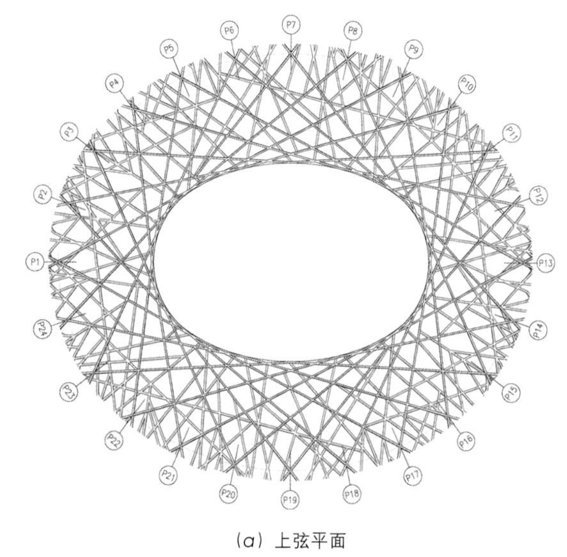
(a) 上弦平面

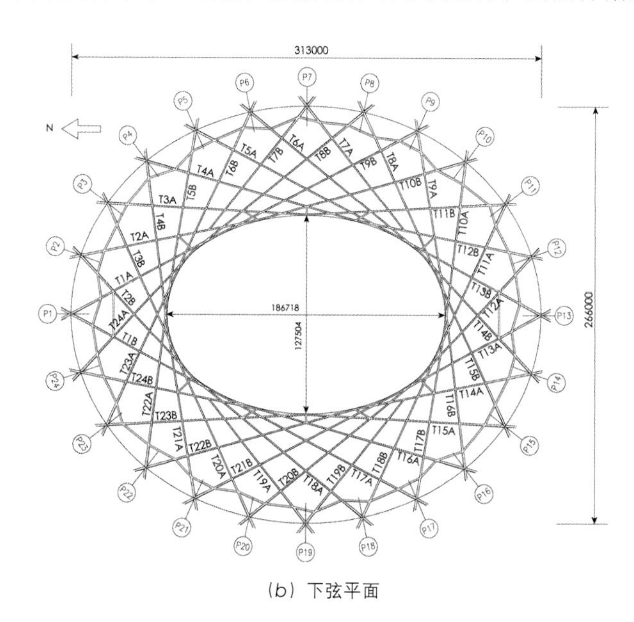

(b) 下弦平面

图 10-16　国家体育场屋盖结构平面布置图

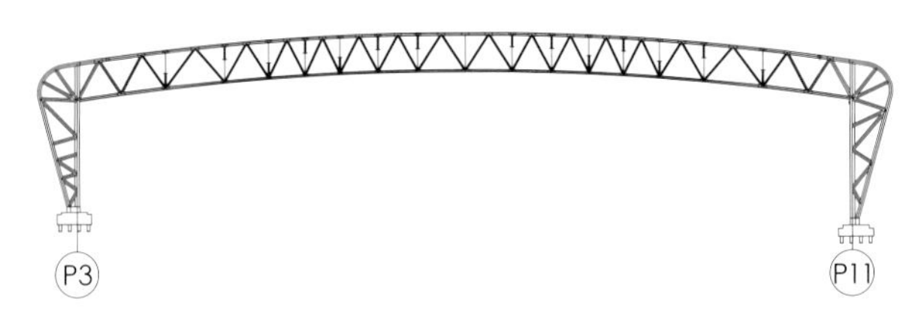

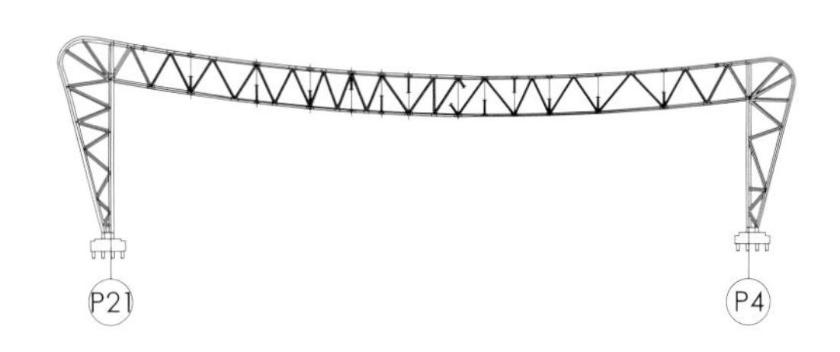

图 10-17　典型主桁架立面展开图

寸为□ 1000 mm×1000mm ～□ 1200mm×1200mm，下弦杆截面尺寸为□ 800mm×800mm ～□ 1200mm×1200mm，腹杆截面尺寸主要为□ 600mm×600mm ～□ 750mm×750mm。

为了减小构件加工制作难度，降低施工的复杂性，对主桁架的几何构型进行了适当的简化。主桁架弦杆在相邻腹杆之间保持直线，代替空间曲线构件，同时有效地避免 P-Δ 效应。由于主桁架主要采用规则的箱形截面，从而大大降低构件加工的成本。为了减小主桁架受压下弦的面外长度，在主桁架第 1 节间中间三分之一的范围内布置水平支撑。主桁架立面展开图如图 10-17 所示。

2. 桁架柱

国家体育场钢结构的 24 根桁架柱均由一根垂直的菱形内柱和两根向外倾斜的外柱以及内柱与外柱之间的腹杆组成，如同垂直放置的变高度三角形管桁架，在桁架柱的顶部外柱连续弯扭逐渐成为主桁架的上弦；在外柱之间的次结构对两侧桁架形成侧向约束；桁架柱上端与主桁架连接，各桁架柱通过与主桁架、立面次结构、顶面次结构、立面大楼梯连接形成整体大跨度空间结构体系。菱形内柱的对角线尺寸从 P1 轴的 1353mm×2599mm 变化到 P7 轴的 1552mm×1892mm。桁架柱两根外柱的夹角在 54.987°～78.748° 之间变化，外柱截面尺寸均为近似 1200mm×1200mm 的箱形截面。 腹杆尺寸均为 1200mm×1000mm 的箱形截面，与内柱同宽，增加传力的直接性。桁架柱腹杆尽量连接于外柱与立面次结构的交点的位置。内、外柱节间长度尽量均匀，避免腹杆之间的夹角过大或过小。

3. 顶面与立面次结构

屋顶次构件均被主结构所包围，最典型的情况是在主桁架形成的菱形区域。次结构之间交点的 Z 坐标保持不变，次结构与主结构的交点因为主结构进行直线化处理导致 Z 坐标发生变化。

屋檐次结构。对于该区域的主结构和次结构，它们随着屋盖表面的曲率变化而同时弯曲、扭转，通过在中面内 1200mm 宽条带向上、下表面（相距 1200mm）投影得到的外形尺寸接近 1200mm×1200mm 的方形截面，从而可以保证构件平滑连续性。

立面次结构。立面区是建筑外观要求最高的部位。与屋檐区域类似，立面区域构件的外形几何尺寸也是通过中面投影法得到的，构件的外形尺寸均为接近 1200mm×1200mm 的方形截面，从而可以保证构件平滑连续性。

构件优化设计是减小结构用钢量的关键技术之一。在国家体育场钢结构中，屋面次结构的外形尺寸为 1000mm×1000mm 的焊接箱形截面，立面次结构为 1200mm×1200mm 的焊接箱形截面。次结构的主要作用是为主结构提供面外的侧向支撑、减小主结构构件的计算长度，为屋面膜结构、排水沟、下弦声学吊顶、屋面排水系统等提供支承条件。如何在保持国家体育场建筑风格和艺术品位的同时，次结构截面进行进一步优化在设计中受到了高度重视。

如何在保持国家体育场建筑风格的同时，对屋面次结构进行适当的简化，对于减小加工难度、降低工程造价是非常重要的。对于立面次结构，由于与观众的距离很近，建筑师非常强调钢结构加工应保持理想曲面的效果，故此构件形式主要为弯扭构件。与立面次结构不同，屋顶结构距地面高度较大，行人的视线很难直接看到，故此可以进行适当的简化处理。位于屋盖理想曲面上的次结构的轴线为曲线，次结构箱形截面且随着屋面曲面的法线方向变化而扭转。次结构简化的主要方法是将空间扭曲形次结构构件简化为轴线为直线或分段直线箱形构件。

将空间弯扭次结构构件简化为普通箱形构件后，加工成本可以显著降低。屋面次结构经过简化处理后，与理想建筑曲面误差很小。

采用 CATIA 软件建立的国家体育场钢结构的实体模型如图 10-18 所示。

4. 立面大楼梯

国家体育场在建筑立面次结构的内侧设有 12 组大楼梯，每组楼梯均由内楼梯与外楼梯构成，是观众从基座进出较高层看台的通道，主要用于人员疏散，是建筑立面的重要特征

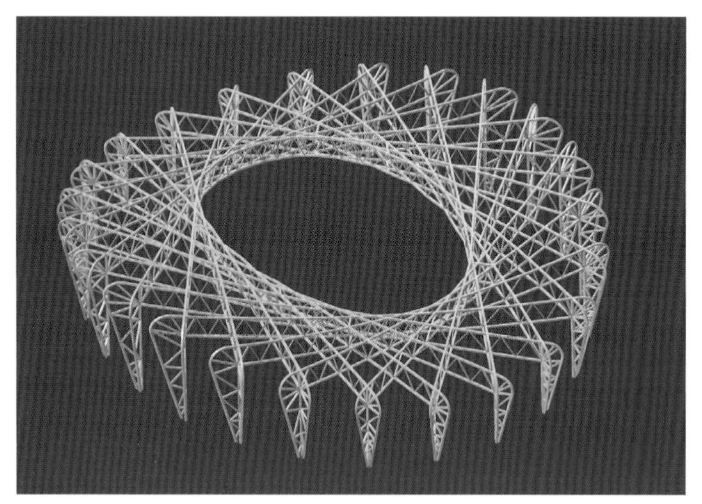

（a）主结构

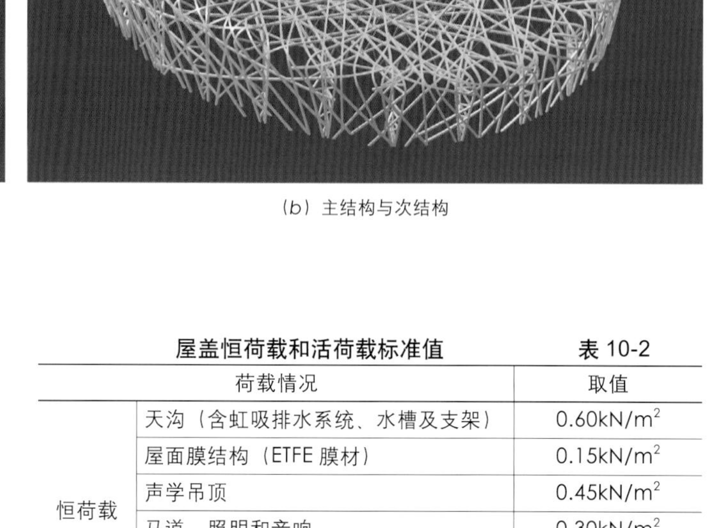

（b）主结构与次结构

图 10-18 国家体育场钢结构的实体模型

之一。外楼梯沿着立面次结构盘旋而上，内、外楼梯交叉布置，支撑条件非常复杂。立面大楼梯主要由楼梯柱、楼梯梁、联系构件、休息平台板和折叠踏步板等组成。立面大楼梯采用梁式结构，楼梯梁截面主要为□ 1200mm × 420mm × 16mm × 18mm，高度为 1200mm，与立面次结构截面尺寸相同，楼梯柱截面尺寸为□ 1200mm × 1200mm × 20mm。每组楼梯位于相邻的 3 个桁架柱之间。外楼梯的外侧楼梯梁由立面构件支承，内侧楼梯梁支承于内柱、楼梯柱、桁架柱腹杆之上。内楼梯的支承相对较少，内侧楼梯梁由内柱、楼梯柱支承，外侧楼梯梁由内柱、楼梯柱伸出的悬臂构件支承。为了与立面次结构协调一致，大部分楼梯柱继续延伸至主桁架上弦或顶面次结构。

二、结构设计条件

按照设计任务书的要求和相关建筑设计规范，国家体育场结构耐久性设计年限为 100 年，设计基准期为 50 年，建筑结构的安全等级为一级，抗震设防分类为乙类，抗震设防烈度为 8 度；场地类别为 II 类与 III 类之间，设计地震分组为第一组。在结构设计中，除屋盖恒荷载（包括天沟、屋面膜结构、灯具）和活荷载外，还考虑了风荷载、雪荷载、屋面积水以及温度和地震作用等荷载与作用的影响。

（一）恒荷载与活荷载

屋盖恒荷载和活荷载标准值如表 10-2 所示。在计算模型中，通过调整不同类型构件的折算容重方式，考虑构件加劲肋、节点构造以及焊缝重量对钢结构自重的影响。此外，屋顶维修活荷载和屋面积水荷载与雪荷载不同时发生。

屋盖恒荷载和活荷载标准值　　表 10-2

荷载情况		取值
恒荷载	天沟（含虹吸排水系统、水槽及支架）	0.60kN/m^2
	屋面膜结构（ETFE 膜材）	0.15kN/m^2
	声学吊顶	0.45kN/m^2
	马道、照明和音响	0.30kN/m^2
	灯具（作用在屋盖内环）	15.0kN/m
	永久大屏幕（两个）	1000kN/ 个
活荷载	屋顶维修活荷载 / 屋面积水	0.30kN/m^2
	赛后商业利用吊挂荷载	0.20kN/m^2
	立面楼梯活荷载	3.5kN/m^2

吊挂荷载包括设备自重、吊挂结构、提升设备、管线及连接件等的总重量。对大于 500kg 的吊挂荷载，在位置确定后由设计方按实际情况进行复核。如果在使用过程中出现增加吊重、更改悬吊位置、设置临时张拉索等使用荷载变化情况，应事先通知设计方认可。

（二）风荷载

北京地区 100 年重现期的基本风压为 0.50 kN/m^2，场地地面粗糙度类别为 B 类。国家体育场的风洞试验在英国伦敦的 BMT Fluid Mechanics 公司进行，模型比例为 1：300，采用刚性模型，考虑距离场地中心 450m 半径范围内建筑物的影响。

屋盖试验模型在 250° 风向角与 350° 风向角时的平均风压分布情况如图 10-19 所示。风洞试验结果表明，绝大多数板块的风压为负值，说明屋盖结构在风荷载作用下，以上吸效应为主，仅个别板块存在下压风的情况，但下压风系数与上吸风压系数相比较小。

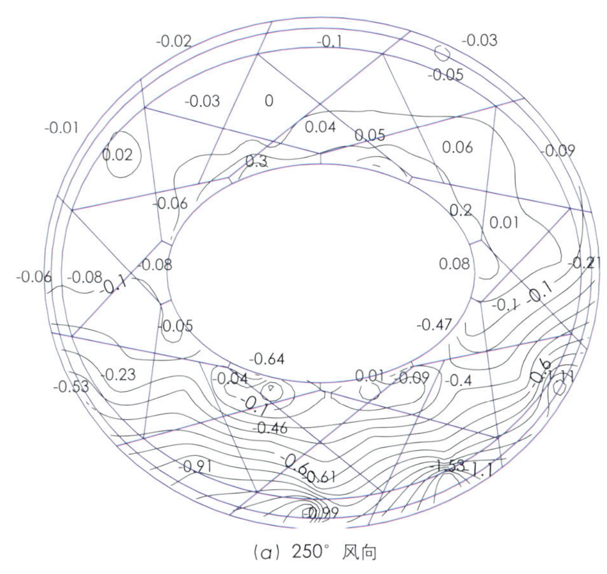

(a) 250° 风向

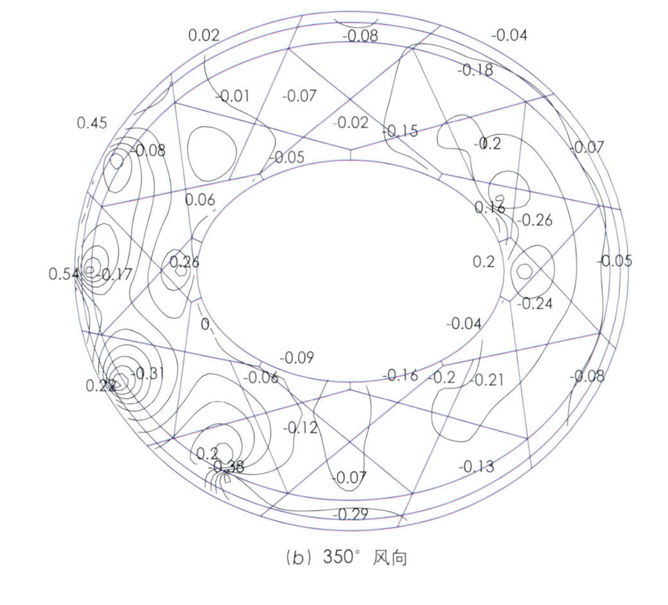

(b) 350° 风向

图 10-19　屋盖结构的风压系数分布

当计算风吸力的作用时，应考虑对恒荷载的分项系数进行适当折减，并相应调整荷载组合公式中结构重要性系数的位置。

根据国家体育场钢屋盖结构的特点，按照最大风吸力、最大风压力、半跨风吸与半跨风压最大差值的原则，确定 250°、350°、170°、340°、90° 和 280° 为 6 个最不利风向角。

（三）温度作用

北京地区的气候类型属典型的温带大陆性气候，季节气温变化很大。根据北京气象局近 30 年统计数据，北京地区年平均最低气温为 -9.4℃，年极端最低气温为 -27.4℃；年平均最高气温为 30.8℃，年极端最高气温为 40.6℃，年平均相对湿度 58%。由于国家体育场结构的钢构件直接暴露于室外，在冬季时可以认为钢构件的温度与室外气温相同。夏季时室外气温最高，同时太阳照射强度也最大，太阳照射将引起构件温度显著升高。由于屋架上、下弦膜材之间的空气流动性较差，屋架内部温度明显高于室外气温，形成“温箱”效应。另外，结构在迎光面与背光面的温差，以及屋面、立面钢构件的温差将形成梯度较大的温度场分布。由于国家体育场大跨度钢结构的平面尺度很大，温度变化将在结构中引起很大的内力和变形，对结构的安全性与用钢量将产生显著的影响，这在建筑结构中是很少见的。

在进行国家体育场大跨度钢结构设计时，将主体结构合拢时的温度作为结构的初始温度（也称为安装校准温度）。在确定结构的合拢温度时，首先需要考虑当地的温度气象条件，合拢温度应比较接近年平均气温，有利于合拢施工；二要考虑施工进度计划与可能出现的变化情况，预留一定的允许温度偏差范围；三是合拢温度应尽量接近结构可能达到的最高温度与最低温度的中间点，使结构受力比较合理，用钢量较小。

国家体育场大跨度钢结构设计时采用的初始温度与最大正、负温差如下：

合拢温度：　14.0℃ ±4℃

最大正温差：　50.6℃（主桁架与顶面次结构）

　　　　　　40.6℃（桁架柱与立面次结构）

最大负温差：　-45.4℃。

（四）雪荷载与积水荷载

北京地区重现期为 100 年的基本雪压为 0.50kN/m^2。屋面主桁架上弦与顶面次结构形成许多面积较小的板块，屋面 ETFE 膜低于主体钢结构顶面 0.95m，且整个屋盖坡度不大，在风力作用下不会形成板块之间积雪的迁移，因此在设计时可以认为屋盖区域雪荷载均匀分布。

屋面采用重力排水与虹吸排水相结合的方式，在设计时考虑到在暴雨时屋面个别板块可能出现排水不畅问题。假定屋面局部板块排水不畅可能应起的积水荷载为 0.30kN/m^2，但不与雪荷载同时出现。

（五）地震作用

国家体育场抗震设防烈度为 8 度，设计基本地震加速度峰值为 0.2g，设计地震分组为第一组。根据《岩土工程勘察报告》和《国家体育场工程场地地震安全性评价工程应用报告》，确定场地的等效剪切波速为 226m/s，覆盖层深度为 51m，场地介于 II 类与 III 类之间，计算得到场地的特征周期为 0.41s。国家体育场设计基准期为 50 年，抗震设计采用的地震动参数如下表所示。

国家体育场抗震设计地震动参数　　表 10-3

地震	地震方向	超越概率	重现周期（年）	地面加速度峰值（GaL）	地震影响系数最大值 α_{max}	场地特征周期 T_g（s）
多遇地震	水平	63%	50	70	0.16	0.41
	竖向			45.5	0.104	0.41
设防烈度	水平	10%	475	200	0.46	0.41
	竖向			130	0.30	0.41
罕遇地震	水平	2% ~ 3%	2475	400	0.90	0.46
	竖向			260	0.59	0.46

多遇地震与设防烈度地震下的时程分析采用三组地震波：El Centro 波、台湾集集波和北京市地震局提供的场地人工地震波。时程分析法中步长不宜大于 0.02s 和 $T_1/10$（T_1 为结构的最小基本自振周期），结构阻尼比 ζ_E=0.02。

根据《国家体育场工程初步设计抗震设防专项审查意见》（建抗超委 [2004]（审）007 号，2004 年 7 月 6 日），当多遇地震仅考虑竖向地震作用时，竖向地震作用取重力荷载代表值的 15%，抗震承载力调整系数取 1.0；当同时考虑水平与竖向地震作用时，竖向地震作用采用反应谱法计算。对于设防烈度的地震，采用反应谱法计算竖向地震作用，竖向地震影响系数最大值取水平地震影响系数最大值的 65%。

在抗震设计时，考虑双向水平地震作用的效应。

三、主要计算结果

（一）计算模型

在国家体育场钢结构设计中，利用 CATIA 空间造型软件建立了精确的三维空间计算模型，模型包括了主结构、次结构和楼梯构件等全部结构构件，主要采用 ANSYS 和 SAP2000 软件进行结构的静、动力分析、截面验算与优化设计。

国家体育场屋盖结构的整体计算模型、整体计算模型中的主结构、次结构、楼梯与楼梯柱分别如图 10-20 所示。

（二）静荷载作用下的主要计算结果

对结构整体计算模型进行在恒荷载、活荷载、风荷载和温度作用下的内力与变形分析，并通过施工模拟真实地反映

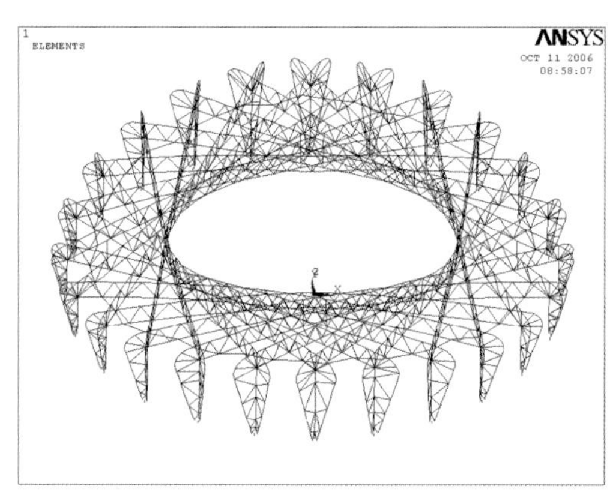

（a）主结构

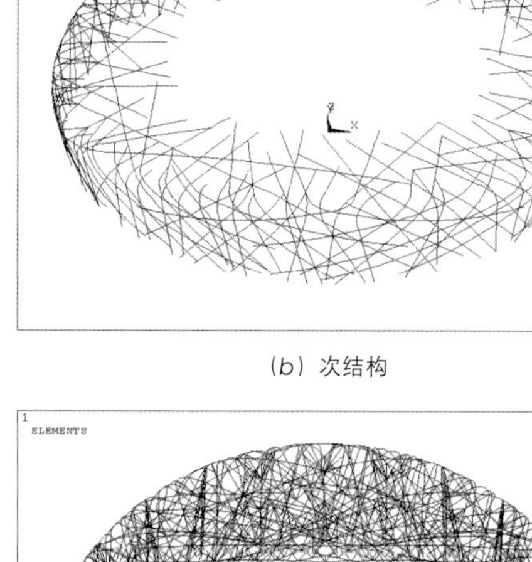

（b）次结构

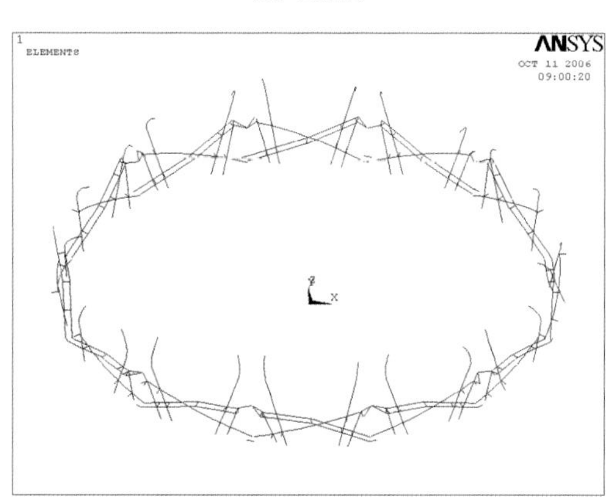

（c）楼梯与楼梯柱

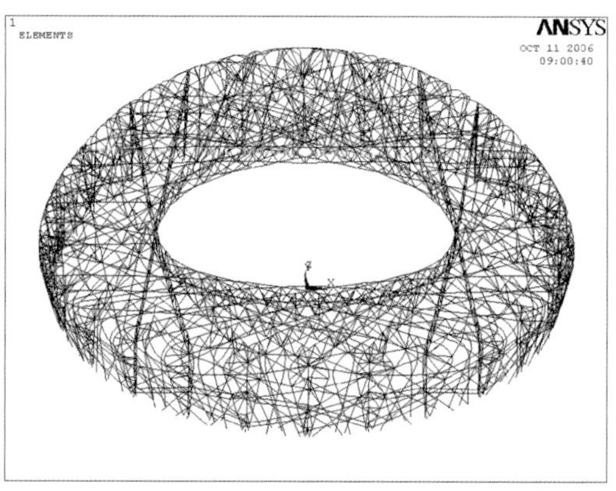

（d）整体模型

图 10-20　国家体育场屋盖结构的整体计算模型

结构刚度与内力在建造过程中的变化情况。主桁架在各种工况下的最大竖向位移如表 10-4 所示，桁架柱在各种工况下的最大侧向位移如表 10-5 所示，顶面次结构在各种工况下的最大挠度如表 10-6 所示。

主桁架在各种工况下的最大竖向位移　　表 10-4

荷载与作用	最大竖向位移 w_{max}（mm）	w_{max}/L	备注
恒荷载 + 活荷载	-471.8	1/564	含钢结构自重
活荷载	-44.2	1/6018	雪荷载 + 商业吊挂
最大上吸风	30.5	1/8721	250° 风向
最大下压风	-14.9	1/17850	350° 风向
最大正温差	149.7	1/1777	+50.6℃（顶面）/+40.6℃（立面）
最大负温差	-136.3	1/1952	-42.4℃
竖向地震作用	-26.1	1/10190	15% 重力荷载代表值

注：L 为屋盖短跨方向的直径。

桁架柱在各种工况下的最大侧向位移　　表 10-5

荷载与作用	最大侧向位移 u_{max}（mm）	u_{max}/H	备注
恒荷载 + 活荷载	35.3	1/809	含钢结构自重
活荷载	3.9	1/7321	雪荷载 + 商业吊挂
风荷载	2.3	1/12413	90° 风向（正西方向）
最大正温差	92.7	1/592	+50.6℃（顶面）/+40.6℃（立面）
最大负温差	85.5	1/642	-42.4℃

注：H 为桁架柱下柱顶节点的高度。

顶面次结构在各种工况下的最大挠度　　表 10-6

荷载与作用	最大挠度 w_{max}（mm）	w_{max}/l	备注
恒荷载 + 活荷载	-41.5	1/621	包括钢结构自重
活荷载	-5.7	1/4521	雪荷载 + 商业吊挂
最大上吸风	2.8	1/9204	250° 风向
最大下压风	-2.4	1/10740	350° 风向

注：l 为主桁架之间顶面次结构的跨度（30m）。

（三）动力特性与地震作用下的主要计算结果

利用 ANSYS 和 SAP2000 等多个软件对整体结构进行动力分析，得到整体屋盖结构的动力特性，ANSYS 与 SAP2000 前 5 阶振型的周期对比如表 10-7 所示，从计算结果可以看出，ANSYS 与 SAP2000 的结构动力特性非常接近。为了说明简单起见，后面仅给出基于 ANSYS 分析模型的计算结果。小震作用下柱顶位移、水平地震剪力以及反应谱法与时程法的主要计算结果分别如表 10-8 与表 10-9 所示，中震作用下柱顶位移、水平地震剪力以及反应谱法与时程法的主要计算结果分别如表 10-10 与表 10-11 所示。

结构的周期与振型　　表 10-7

振型数	周期（s）		振型描述	第 1 扭转周期 / 第 1 平动周期
	ANSYS	SAP2000		
1	1.063	1.074	竖向振动	—
2	0.982	0.993	X 方向平动	—
3	0.914	0.923	Y 方向平动	—
4	0.858	0.862	竖向弯曲振动	—
5	0.731	0.733	扭转振动	0.69 < 0.85

四、罕遇地震下的弹塑性时程分析

国家体育场建筑造型特殊，单栋建筑平面尺度大，屋盖结构跨度巨大，准确把握其地震作用下的结构性能，对其进行结构抗震性能研究，保证节约用钢量的同时防止结构在罕遇地震时发生倒塌具有十分重大的意义。由于结构的特殊重要性和复杂性，除进行多遇地震和设防烈度地震作用的抗震设计外，还需要检验其是否达到罕遇地震作用下的抗震性能目标。通过对结构进行弹塑性分析，掌握结构在遭受强烈地震作用时的受力与变形情况，找出结构的薄弱环节，以采取

小震作用下柱顶位移与水平地震剪力　　表 10-8

地震作用	最大侧向位移（mm）	平均侧向位移（mm）	最大位移与平均位移比值	柱顶位移角	水平地震剪力 V_{Ek}（kN）	重力荷载代表值 G_0（kN）	V_{Ek}/G_0
X 方向	10.9	10.8	1.009	1/2619	40059	539230	0.074
Y 方向	19.2	19	1.011	1/2860	38132	539230	0.071
X 为主方向的双向地震作用	20.2	20.1	1.005	1/1413	62489	539230	0.116
Y 为主方向的双向地震作用	22.6	22.4	1.009	1/2430	62392	539230	0.116

小震作用时程分析法的计算结果 **表 10-9**

计算方法	*X* 方向			*Y* 方向		
	地震剪力（kN）	时程 / 反应谱 [≥ 0.65]	平均值 [≥ 0.85]	地震剪力（kN）	时程 / 反应谱 [≥ 0.65]	平均值 [≥ 0.85]
反应谱法	40077	—	1.08 满足 要求	37082	—	1.12 满足 要求
时程法 1（El-centro）	43631	1.09		49642	1.34	
时程法 2（台湾集集波）	57993	1.45		50569	1.36	
时程法 3（人工波）	28413	0.71		24509	0.66	

中震作用下柱顶位移与水平地震剪力 **表 10-10**

地震作用	最大侧向位移（mm）	平均侧向位移（mm）	最大位移与平均位移比值	柱顶位移角	水平地震剪力 V_{Ek}（kN）	重力荷载代表值 G_0（kN）	V_{Ek}/G_0
X 方向	31.2	31	1.006	1/915	115170	539230	0.214
Y 方向	56.5	55.9	1.011	1/972	109630	539230	0.203
X 为主方向的双向地震作用	57.6	57.2	1.007	1/496	181878	539230	0.337
Y 为主方向的双向地震作用	64.5	63.5	1.016	1/851	181418	539230	0.336

中震作用时程法分析的计算结果 **表 10-11**

计算方法	*X* 方向			*Y* 方向		
	地震剪力（kN）	时程 / 反应谱 [≥ 0.65]	平均值 [≥ 0.85]	地震剪力（kN）	时程 / 反应谱 [≥ 0.65]	平均值 [≥ 0.85]
反应谱法	112717	—	1.10 满足 要求	104293	—	1.14 满足 要求
时程法 1（El-centro）	124658	1.11		141832	1.36	
时程法 2（台湾集集波）	165692	1.47		144481	1.39	
时程法 3（人工波）	81179	0.72		70025	0.67	

适当的抗震措施，防止出现关键构件失效引起连续倒塌。

目前结构的弹塑性时程分析大都限于多、高层建筑，而对于大跨度结构还很少对整体结构进行弹塑性地震反应分析，很多问题目前在国内外尚处于研究阶段。本文采用动力弹塑性分析法以及在静力弹塑性分析的基础上采用能力谱法计算国家体育场钢结构的罕遇地震反应，检验在罕遇地震作用下结构抗震性能是否达到抗震设防目标。

（一）杆件恢复力模型

采用集中塑性铰杆模型表征构件的弹塑性性能，其广义力（轴力或弯矩）—广义位移（轴向变形或转角）关系曲线如图 10-21 所示，屈服后强化段刚度取为弹性刚度的 3%。图中，Q 和 Q_y 表示塑性铰的广义力和广义屈服力；Δ 和 Δ_y 表示塑性铰的广义位移和广义屈服位移；A 为起始原点，B 为屈服点，C 为极限承载力点，D 点为破坏后塑性铰的残余承载力，E 点为塑性铰失效、退出工作；a 和 b 分别为塑性铰达到极限承载力和失效时的塑性变形与屈服变形的比值，c 表示残余承载力与屈服力的比值。IO（Immediate Occupancy）表示构件有轻微损伤、不需修理就可继续使用；LS（Life Safety）表示构件损伤、尚不危及生命安全，修复后可继续使用，但不一定经济；CP（Collapse Prevention）表示构件严重破坏，即将出现或已经出现承

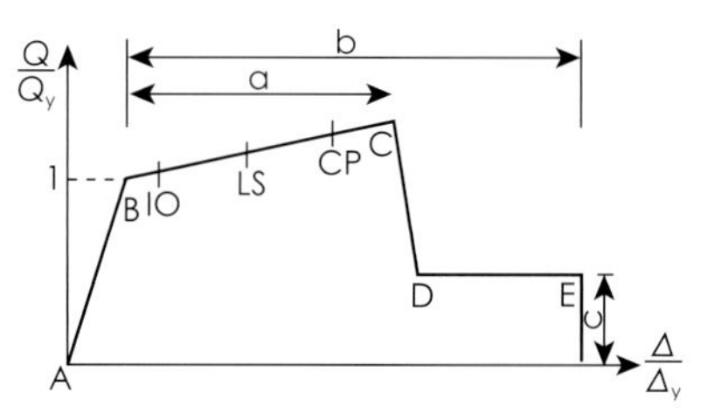

图 10-21　塑性铰广义力—广义位移关系曲线

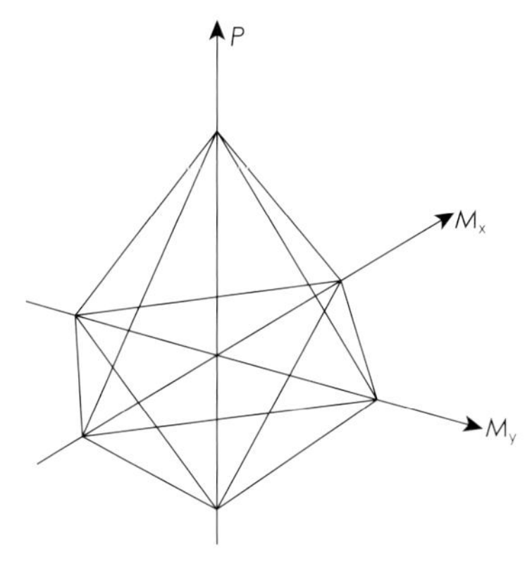

图 10-22 P-M-M 铰屈服面示意图

载力退化，已不可修复，但构件尚能承受重力荷载而避免倒塌。IO、LS、CP 为基于性能的抗震设计提供了分析依据，对计算过程不产生影响。

根据国家体育场钢结构构件的受力特点，定义两种塑性铰：P 型铰和 P-M-M 铰。P 型铰用于承受轴向力为主的构件，设置在构件中部；P-M-M 型铰用于承受轴向力和弯矩为主的构件，设置在构件端部。构件的屈服承载力考虑了局部屈曲和整体屈曲的影响，P-M-M 铰的屈服面按照《钢结构设计规范》（GB50017-2003）规定的屈服准则得到，即轴力和弯矩按下式进行线性组合，如图 10-22 所示。

$$\frac{N}{N_y}+\frac{M_x}{M_{xy}}+\frac{M_y}{M_{yy}}\leqslant 1 \quad \text{式（10-2-1）}$$

采用材料强度标准值计算塑性铰的屈服轴力和屈服弯矩，并考虑构件初始缺陷、残余应力、局部屈曲和整体屈曲的影响。

根据国家体育场钢屋盖结构杆件的受力情况，定义了两种塑性铰，即 P 铰和 P-M-M 铰，分别用于杆单元和梁柱单元，塑性铰参数均考虑了杆件屈曲的影响。采用 P 铰的杆件主要包括主桁架腹杆、组合柱腹杆及顶面次结构构件，采用 P-M-M 铰的杆件主要包括主桁架弦杆、组合柱弦杆及立面次结构构件。

参照前述焊接薄壁箱形构件非线性计算结果与分析，结合 FEMA 356 中所推荐的数值，并根据在大跨度钢结构中不同构件的重要性，确定塑性铰转动能力和变形能力 a 和 b 的取值以及与防倒塌抗震性能目标对应的塑性铰转角、位移变形限值。

（二）计算参数与地震波输入

国家体育场钢结构的构件均为箱形构件，杆件之间连接采用焊接，因此全部杆件均采用梁单元进行模拟。在整体计算模型中假定柱底为固定边界条件，其他立面构件的底部取为铰接。长轴方向为 x 方向，短轴方向为 y 方向。

静、动力弹塑性分析采用 SAP2000 V9 有限元软件。计算时，考虑了 P-Δ 效应的几何非线性影响。

在对整体结构进行施工过程模拟计算的基础上，进行静、动力弹塑性分析。施工过程分为四个阶段：（1）24 根桁架柱、立面次结构、主桁架、立面楼梯吊装完毕，主桁架上弦在临时支撑塔架上方的施工分段处断开，形成分段简支的十字交叉桁架；（2）主结构形成后卸载；（3）顶面次结构与转角区立面次结构、楼梯柱的上半部分安装完毕；（4）膜结构、马道、音响设备、灯具、排水管及各种管线全部安装完毕。计算分析时，支撑塔架采用单点 link 模拟。

根据《建筑抗震设计规范》GB50011 的要求，选取地震动记录应与拟建工程场地反应谱在统计意义上相符。设计时选取了四组为实际强震记录和一组为人工模拟地震记录（即人工波）。四组实际强震记录分别为 El Centro 1940 记录、Taft 1952 记录、Petrolia 1992 记录和 Meloland 1979 记录。每组地震地面加速度时程由两个水平分量和一个竖向分量组成。

首先进行重力荷载作用下的分析，并且考虑了施工过程的影响，然后在此基础上输入三向地震波，进行弹塑性时程分析，采用 Newmark-β 法。

（三）动力弹塑性计算结果与分析

国家体育场钢结构 x 向最大位移角在 1/457 ~ 1/308 之间，平均值为 1/358；y 向最大位移角在 1/207 ~ 1/172 之间，平均值为 1/187；竖向最大位移（不包括重力荷载代表值产生的位移）在 0.1609 ~ 0.2841m 之间，平均值为 0.2192m。各地震波作用下，x 向和 y 向最大位移角都小于其限值 1/50。限于篇幅，仅给出了人工波 -2 工况各方向最大位移点位移时程曲线，如图 10-23 所示，图中 t=0s 对应的值为重力荷载代表值作用下的位移。该工况 x 向、y 向及 z 向最大的位移节点分别为 5569、3654 及 4426，节点 5569 位于顶面次结构，节点 3654 位于主桁架的下弦杆，节点 4426 位于主桁架的上弦杆。x 向位移峰值为 -0.1205m（t=8.32s），y 向位移峰值为 0.2637m（t=17.48s），z 向位移峰值为 -0.6441m（t=14.56s）。

各工况 x 向、y 向及 z 向基底反力最大值及对应的剪重比（或竖向反重比）列于表 10-12。x 向剪重比峰值在 0.315 ~ 0.478 之间，平均值为 0.385；y 向剪重比峰值在 0.318 ~ 0.462 之间，平均值为 0.382；竖向反重比峰值（不包括重力荷载）在 0.095 ~ 0.211 之间，平均值为 0.160。

人工波 -2 工况各方向基底反力时程曲线如图 10-24 所示，图中 t=0s 对应的值为重力荷载代表值作用下的基底反力。该工况的 x 向基底剪力峰值为 1.634×10^5kN（t=8.32s），y 向基底剪力峰值为 -2.292×10^5kN（t=18.48s），竖向基底反力峰值为 5.979×10^5kN（t=12.28s）。

动力弹塑性分析各工况的基底最大反力及剪重比（或反重比） **表 10-12**

分析工况	x 向		y 向		z 向	
	基底剪力（$\times 10^5$kN）	剪重比	基底剪力（$\times 10^5$kN）	剪重比	基底反力（$\times 10^5$kN）	反重比
Elcentro-1	1.833	0.370	1.660	0.335	5.430	0.095
Elcentro-2	1.561	0.315	1.932	0.390	5.784	0.166
Taft-1	2.373	0.478	1.669	0.337	5.887	0.187
Taft-2	2.008	0.405	1.935	0.390	5.886	0.187
Petrolia-1	1.821	0.367	1.576	0.318	5.797	0.169
Petrolia-2	1.587	0.320	1.910	0.385	5.784	0.166
Meloland-1	2.290	0.462	1.829	0.369	5.446	0.107
Meloland-2	2.124	0.428	2.202	0.444	5.388	0.107
人工波 -1	1.855	0.374	1.935	0.390	6.006	0.211
人工波 -2	1.634	0.330	2.292	0.462	5.979	0.206
平均值	1.909	0.385	1.894	0.382	5.739	0.160

注：z 向反重比不包括重力荷载代表值产生的反力。

10 组弹塑性时程分析的计算结果中，结构均出现塑性铰，其中主结构构件塑性铰数量很少，均处于 B-IO 或 IO-LS 阶段；次结构构件极少塑性铰承载能力下降至剩余强度，其余铰处于 B-IO 或 IO-LS 阶段。

弹塑性时程分析结果表明，国家体育场钢结构在罕遇地震作用下，结构的最大位移远小于其抗震设防性能目标的位移限值。罕遇地震影响下构件的塑性铰分布为：主结构有极少数构件进入塑性，塑性铰主要出现在桁架柱，数量很少，不大于全部主结构构件数量的 0.1%，均处于不需修复就可继续使用的阶段；次结构有少量构件进入塑性，但塑性铰的数量不大于全部次结构构件数量的 0.52%，极少数杆件的承载力下降至残余承载力。计算结果表明，国家体育场钢屋盖结构设计达到了罕遇地震作用下的设防性能目标。

第三节　混凝土结构设计

一、国家体育场混凝土结构布置

国家体育场的钢筋混凝土结构看台内部功能上分为上、中、下三层，形同碗状，支撑在六层框架 - 剪力墙结构上。整个看台结构外部由巨形空间钢桁架“鸟巢”包裹覆盖。看

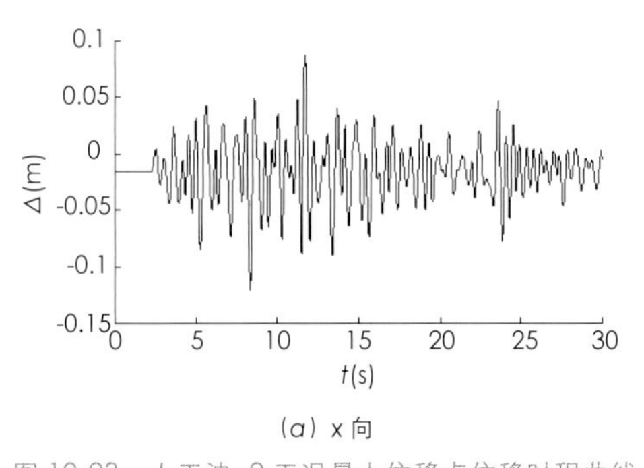

（a）x 向

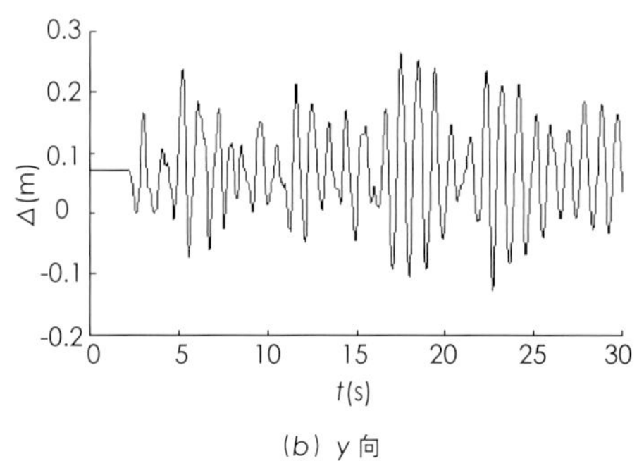

（b）y 向

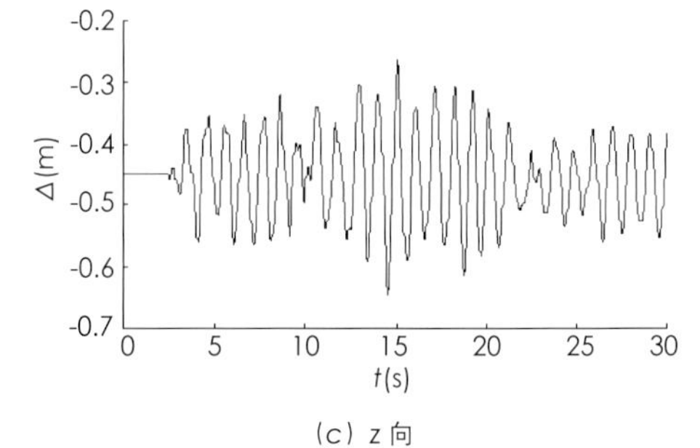

（c）z 向

图 10-23　人工波 -2 工况最大位移点位移时程曲线

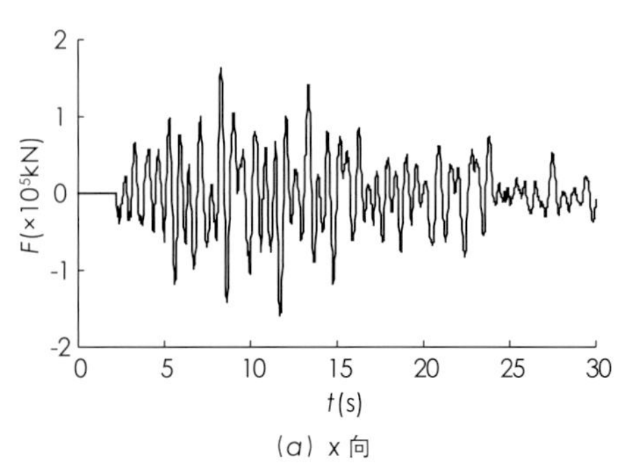

（a）x 向

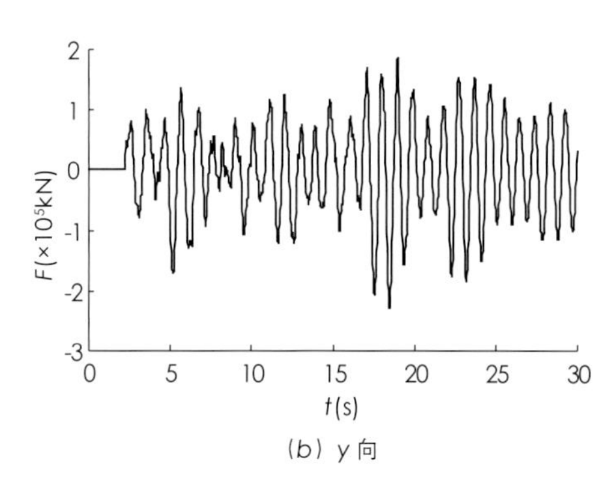

（b）y 向

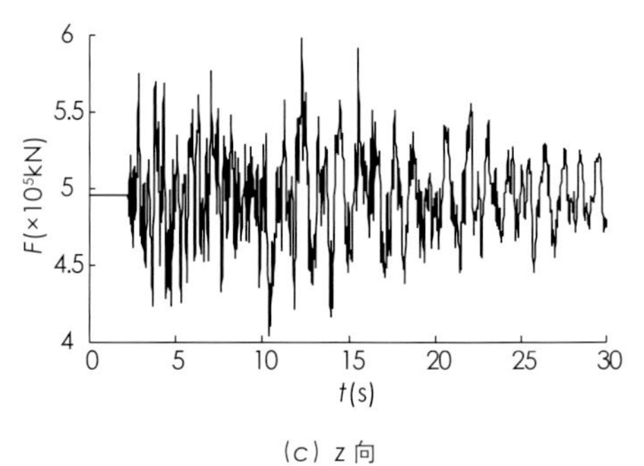

（c）z 向

图 10-24　人工波 -2 工况基底反力时程曲线

图 10-25　混凝土看台

台共有 80,000 个固定观众席和 11,000 个临时观众席。混凝土看台结构平面布置呈椭圆形，柱网由一系列径向和环向轴线交织而成(图 10-25)。径向轴线共有 102 道，呈放射性布置，南北向轴线之间的夹角为 1.30 度和东西向轴线之间的夹角为 3.98 度。环向轴线为 6 道，轴线跨度分别为 13280mm、15000mm、12500mm、12000mm、6529 ～ 17002mm、4700 ～ 4747mm。看台外围为基座，基座在西面有两层地下车库，其余部分为一层。基座结构轴网在南北两面沿环向向外扩展，南面扩出 11 道环向轴线，跨度分别为 6100mm、6800mm、8mm × 8800mm、4750mm。北面扩出 4 道环向轴线，跨度分别为 2 × 8700mm、2 × 6300mm，径向轴线放射形布置，南面夹角为 3.67 度，北面为 4~8 度，与环向轴线相交，形成 4.75 ～ 8.8m × 8.0 ～ 14.0m 跨度的轴网。西面轴网沿切线向外扩出，跨度为 5 × 8800mm、2 × 7800mm，与其垂直的轴线跨度为 8100mm 和 10800mm，形成 7.8 ～ 8.1m × 8.1 ～ 10.8m 的垂直相交轴网。

国家体育场的钢筋混凝土结构看台结构布置从平面看为椭圆形。南北长 322m，东西宽 276m，看台东西向高，南北向低，看台面积逐层向上缩小。为实现建筑理念和趣味，沿外延分布有不规则的凹凸缺口，在与钢结构相邻部位形成多处混凝土结构环绕钢结构的结构形式。从竖向看，为体现"由外部不规则的布置逐步过渡到内部规则，从无序到有序"的设计理念，混凝土看台外围柱都是不规则倾斜的，与钢结构无序的结构布置相呼应，并形成大量的与楼层不相连的脱开柱，有些达到四层，在视觉上形成很强的冲击力。而在看台内侧，结构布置则形式相同，整齐划一。看台座席形成的水平线条平滑流畅，极富韵律，与外部无序的布局形成鲜明的对比。

设计根据建筑使用功能、建筑理念、结构跨度、抗震设防烈度、经济指标等因素综合考虑，确定看台部分采用钢筋混凝土框架 - 剪力墙结构体系，选择在楼梯间、电梯间等交通核心筒部位设置了 12 组剪力墙，底层框架柱按轴网交点布置，向上则依据建筑的要求倾斜布置，框架梁与框架柱的倾斜相适应，大多与柱斜向相交。整个结构形成几何上布置很不规则的布局（图 10-26）。

在零层环路转角处、马拉松通道处入口、开闭幕式演出通道出入口、卸货平台等部位，由于局部建筑功能要求的跨度变化，与上部结构柱网不一致，设计采用了竖向不连续的转换结构。

混凝土看台结构平面尺度很大，属于超长结构，虽然结

图 10-26　混凝土结构施工现场

构按整体不设缝设计抗震性能较好，也可免去各种缝的处理，手法简洁，但经过初步温度应力分析，我们看到，整体结构的温度应力与将结构分为六段后的温度应力沿环向分布的平均最大值相差不大，但由于楼板平面存在很多凹凸，有些部位非常窄，应力集中现象严重，结构处理困难很大，并且如果在温度应力作用下，某个部位出现裂缝，将使结构形成超长的开口环形结构，有可能造成结构的连锁反应，出现多道裂缝，且此种裂缝均易出现在结构的薄弱部位，对结构非常不利。基于以上分析，设计将混凝土看台结构分成六块，沿南北中轴线分开，每边三块，利用结构的对称性，形成基本对称的两种结构单元布置形式，即南北结构单元和东西结构单元。每种结构单元拥有两组剪力墙，与若干榀框架共同形成各自独立单元的框架－剪力墙结构体系。东西单元结构为 7 层，高度 51m，南北单元结构 6 层，高度为 45m。

国家体育场看台的观众席设计十分紧凑，与运动员有着很好的互动性。为了使观众获得更好的视线，二层看台采用了挑出形式，从柱轴线挑出大约 15m，为了减小悬挑长度，设计采用了 Y 型柱的形式，支撑看台的框架柱在一层由一根分为两根，斜向支撑住看台梁，与看台梁形成一个稳固的三角形钢架，悬挑尺寸降至 9m，Y 型柱沿环向均匀布置，形成了一道规则有序的风景线。

国家体育场看台观众席具有多重作用，不仅作为观众观看体育比赛和文娱演出的座席，也是下层建筑的屋顶和外维护结构，还是建筑的外装饰，具有承重、防水、维护、装饰的作用，在外观和抗裂方面有很高的要求，需要达到清水混凝土的效果。设计采用了预制纤维混凝土看台板的方案。看台板与看台框架梁以锚栓连接，周边用建筑密封胶密封，即牢固、美观，也起到了防水的作用，同时也减少了结构的温度应力。

国家体育场看台基座呈一缓坡，由看台结构边缘向外伸展。南、北方向的基座结构受到建筑层高的限制，顶板选用了大跨度无粘结预应力无梁楼盖体系，跨度由 8.8m × 8.7m 逐渐加大到 8.8m × 13.2m，无梁楼盖的板厚也随之由 250mm 分段加厚至 450mm。东边基座地下车库跨度为 7.8 ～ 8.1m × 8.1 ～ 10.8m，结构采用了一般的梁板结构。

而在基座零层19.7m跨贵宾入口大厅顶板采用了有黏结的预应力大梁。在21m×27m跨度的新闻发布厅，由于建筑层高的限制，需要尽量减小结构高度，设计采用了大跨度有黏结和无黏结预应力混合配制的空心板结构。

二、结构设计条件

（一）结构的安全等级及设计使用年限

建筑结构的安全等级：1级

地基基础设计等级：甲级

设计使用年限：100年（耐久性）

设计基准期：50年

建筑抗震设防类别：乙类

（二）结构的环境类别

露天或与土层接触的环境：Ⅱb

室内潮湿环境：Ⅱa

其他：Ⅰ

（三）自然条件

基本风压：w_0=0.45kN/m^2

地面粗糙度类别：B类

基本雪压：s_0=0.30kN/m^2

（四）抗震设防有关参数

拟建场地地震基本烈度：8度

抗震设防烈度：8度

基本地震加速度：0.2g

设计地震分组：第一组

建筑场地类别：Ⅲ类

建筑抗震设防类别：乙类

根据北京市地震局震害防御与工程地震研究所2003年9月提供的《国家体育场工程场地地震安全评价工程应用报告》，基于50年基准期，结构阻尼比为5%时的地震动参数如表10-13所示。

地震动参数表　　表10-13

设防水准	设计地震动峰值加速度 Am_{ax}（GaL）	反应谱特征周期 T_2（s）	地震影响系数最大值 αm_{ax}
第一设防水准	65	0.35	0.16
第二设防水准	195	0.5	0.49
第三设防水准	370	0.8	0.9

（五）非抗震组合与小震作用下的整体分析

国家体育场设计中采用了中国建筑科学研究院CAD所最新推出的SpaSCAD（复杂空间结构建模软件）和PMSAP（特殊多、高层建筑结构分析与设计软件）等国产软件分别作为建模软件及主要的结构分析软件；采用国际通用的成熟软件ETABS进行内力复核；利用SAP2000进行温度应力计算。利用两个空间结构计算软件进行计算，互相校核，确保计算结果的正确，关键位置取用较大的计算结果，确保结构安全。

在进行构件的承载能力计算时，根据国家体育场混凝土结构的受力特点，看台斜梁和水平梁均考虑了水平力的作用，按拉弯或压弯构件进行了计算组合。

（1）多遇地震下的振型分解反应谱法（考虑偶然偏心、双向地震力）及弹性时程分析法；

（2）对于少数顶层径向单跨框架，按中震不屈服进行截面验算；对于多跨连续复式斜框架和顶层环向框架，采用将地震力放大1.5倍进行截面验算；

（3）根据安评报告提供的参数，按规范限值，进行弹塑性静力分析（Pushover）。

国家体育场混凝土部分建筑空间极为复杂，结构是一个由空间斜柱、Y形柱、脱开柱、跨层斜梁、大跨度悬挑梁、局部转换梁、楼板凸凹、楼板开大洞、楼板与钢结构组合柱穿插咬合等复杂因素组合而成的综合体。设计采用SpaSCAD（复杂空间结构建模软件），对结构进行准确的模拟，中层和上层看台按铰接梁模拟输入。

三、主要计算结果

由于场地地震安全性评估报告给出50年基准期的多遇地震动参数小于现行国家标准《建筑抗震设计规范》中的地震动参数，因此本工程按照《建筑抗震设计规范》规定的地震动参数进行多遇地震的设计。分析时考虑扭转耦连效应，采用总刚模型。由于看台框架为放射型布置，计算考虑了多角度的地震作用，每15°作为一个地震方向。验算结构最大水平位移和层间位移与平均值的比值时采用刚性楼板假定，计算结构内力和配筋时考虑弹性楼板。框架和剪力墙的抗震等级均为一级，转换梁、转换柱为特一级。

东-西段结构的PMSAP模型共取35个振型，有效质量参与系数X方向为95%，Y方向为96%；ETABS模型共取120个振型，有效质量参与系数X方向为91%，Y方向为94%。北-南段结构的PMSAP模型共取30个振型，有效质量参与系数X方向为96%，Y方向为96%；ETABS模型共取350个振型，有效质量参与系数X方向为96%，Y方向为95%.

混凝土结构的周期与振型分别如表10-14与表10-15所

示，层间位移分别如表 10-16 与表 10-17 所示。

东 / 西段看台结构的周期与振型　　表 10-14

计算模型	PMSAP			ETABS		
振型数	周期（s）	振型描述	周期比 T_t/T_1	周期（s）	振型描述	周期比 T_t/T_1
第 1 振型	0.77	X 方向平动	0.81<0.9	0.78	X 方向平动	0.78<0.9
第 2 振型	0.62	扭转		0.61	扭转	
第 3 振型	0.60	Y 方向平动		0.60	Y 方向平动	

北 / 南段看台结构的周期与振型　　表 10-15

计算模型	PMSAP			ETABS		
振型数	周期（s）	振型描述	周期比 T_t/T_1	周期（s）	振型描述	周期比 T_t/T_1
第 1 振型	0.57	X 方向平动	0.75<0.9	0.61	X 方向平动	0.72<0.9
第 2 振型	0.43	扭转		0.44	扭转	
第 3 振型	0.40	Y 方向平动		0.41	Y 方向平动	

东 / 西段看台结构的层间位移　　表 10-16

计算模型	PMSAP		ETABS	
层数	X 方向	Y 方向	X 方向	Y 方向
1	1/7643	1/6325	1/6840	1/5108
2	1/1622	1/1935	1/1614	1/1834
3	1/1090	1/1498	1/1259	1/1544
4	1/1241	1/1504	1/1167	1/1574
5	1/1264	1/1745	1/1142	1/1617
6	1/1802	1/1941	1/1238	1/1978
7	1/1942	1/5129	1/1270	1/2408
8	1/2407	1/6300	1/1807	1/3721

北 / 南段看台结构的层间位移　　表 10-17

计算模型	PMSAP		ETABS	
层数	X 方向	Y 方向	X 方向	Y 方向
1	1/6983	1/4047	1/6983	1/4047
2	1/1706	1/1957	1/1706	1/1957
3	1/1174	1/1860	1/1174	1/1860
4	1/1173	1/2220	1/1173	1/2220
5	1/1486	1/2324	1/1486	1/2324
6	1/1784	1/4041	1/1784	1/4041
7	1/2577	1/7460	1/2577	1/7460

最大层间位移与平均层间位移的比值一般均能满足规范限值的要求，仅个别情况比值较大，这主要是由于结构存在斜梁，计算模型中同层的柱高有很大的差别，此时层的概念与规范中层的概念有较大不同，结构的水平位移和层间位移均远小于规范允许值，当按全框架模型和单榀框架模型进行了计算并采取构造加强措施后，可以保证结构安全。

四、罕遇地震下的弹塑性静力分析

罕遇地震下的弹塑性分析采用 Pushover 方法，按安评报告给出的 50 年基准期的罕遇地震的地震动参数进行静力弹塑性分析。

根据《建筑抗震设计规范》（GB 50011—2001），对于不规则的建筑结构，应按规范有关规定进行罕遇地震作用下的弹塑性变形分析，结构在罕遇地震下应满足大震不倒的设计目标。GB 50011—2001 还规定了罕遇地震下框架 - 剪力墙结构的最大层间位移角应小于 1/100。为了验算罕遇地震下结构的弹塑性变形，对混凝土看台结构进行了非线性静力分析，并参考了 ATC-40 中基于性能的抗震设计方法。

结构在罕遇地震下的弹塑性水平位移（性能点）由 ATC-40 中介绍的能力谱法确定，该方法将静力非线性分析得到的顶层位移 - 基底剪力曲线转化成能力谱曲线，该曲线代表结构承受地震作用的能力，并将设计地震反应谱转化成同坐标系下的需求谱曲线，该曲线代表设计地震反应谱对结构反应的要求。抗震性能较好的结构应该同时满足能力谱曲线和需求谱曲线，因此两条曲线的交点即为结构顶层在设计地震反应谱下的弹塑性水平位移（性能点）。

结构的非线性静力分析采用了中国建筑科学研究院的三维静力弹塑性分析程序 EPSA。

在进行 Pushover 分析前，第一步应首先给结构施加重力荷载，分项系数及可变荷载的组合系数按规范规定取值。

接着在第一步基础上对结构施加水平地震作用，水平荷载从零开始逐步增加，并记录水平荷载方向的顶层位移。从理论上讲，水平荷载模式应与地震作用下的各层结构惯性力的分布一致。显然水平荷载模式与地震动的输入有关，不同的地震动输入强度，使结构进入非线性的程度不同，结构的屈服机制也不同，相应的惯性力分布也就不一样；在同一地震动作用下，在不同时刻由于构件的开裂、屈服，结构的刚度发生变化，相应的惯性力分布也不一样。所以，水平荷载的模式应当考虑结构惯性力的重分布。但在实际的分析中，为了简化起见，往往采用固定分布形状的荷载模式，故要求水平荷载的模式最大限度地体现各层结构惯性力的分布。

在本工程中采用了如下两种加载方式：

（1）重力 + 振型 1

（2）重力 + 均匀加速度

南、北段模型的加载方向为：

整体坐标 45° 方向正向

整体坐标 45° 方向负向

整体坐标 135° 方向正向

整体坐标 135° 方向负向

同样，东、西段模型的加载方向为：

整体体坐标 X 轴正向

整体坐标 X 轴负向

整体坐标 Y 轴正向

整体坐标 Y 轴负向

南北段看台和东西段看台在两个主轴方向正方向的能力谱需求谱曲线见图 10-27、图 10-28。

南北段看台和东西段看台在 45° 和 135° 正方向层间位移角曲线见图 10-29、图 10-30、表 10-18。从图中可以看出，在罕遇地震下，结构的层间位移满足规范要求。

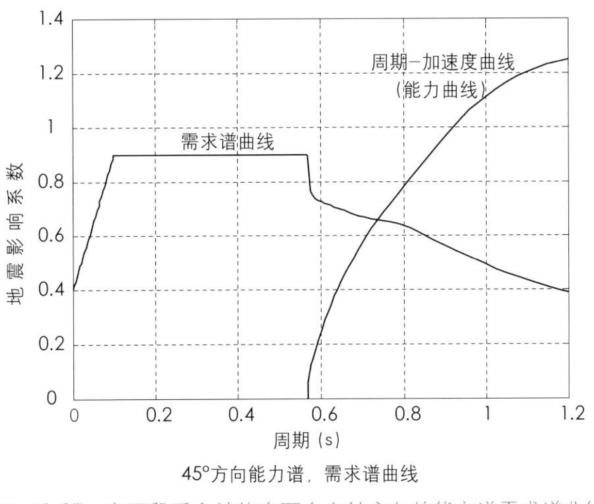

图 10-27　东西段看台结构在两个主轴方向的能力谱需求谱曲线

东 / 西段

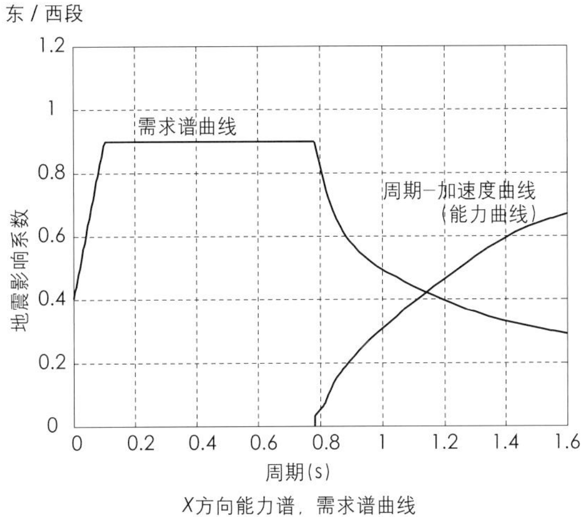

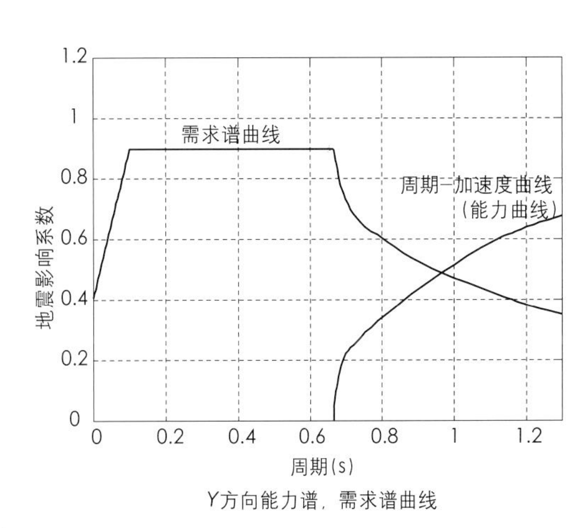

图 10-28　南北段看台结构在两个主轴方向的能力谱需求谱曲线

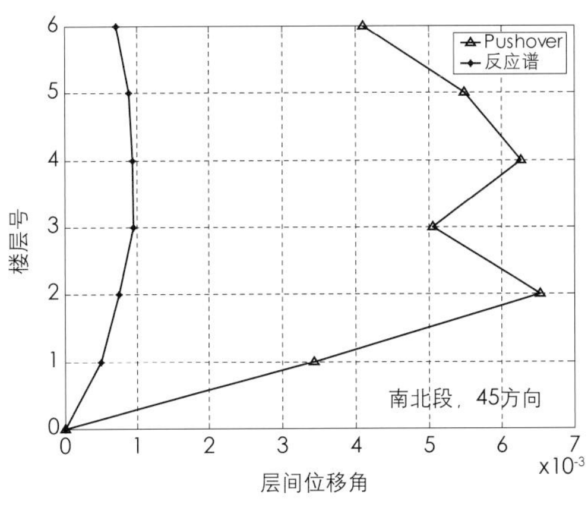

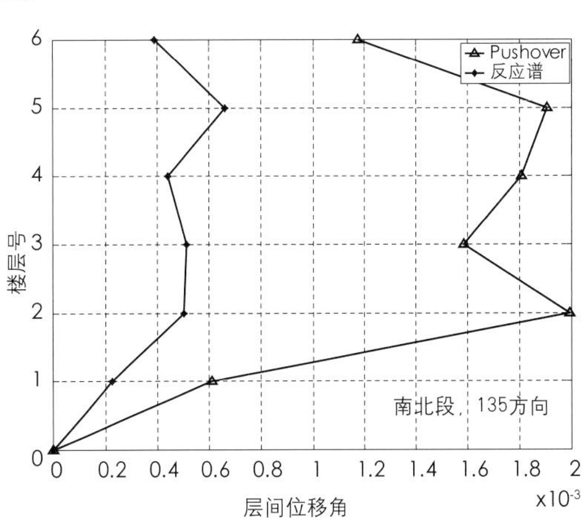

图 10-29　南北段看台结构在两个主轴方向的弹性和弹塑性层间位移角分布图

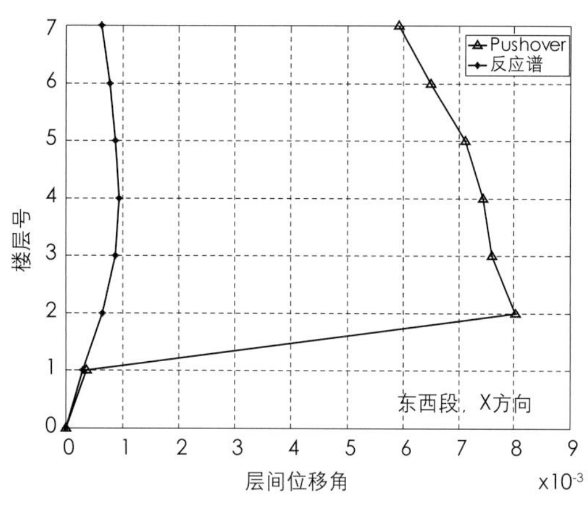

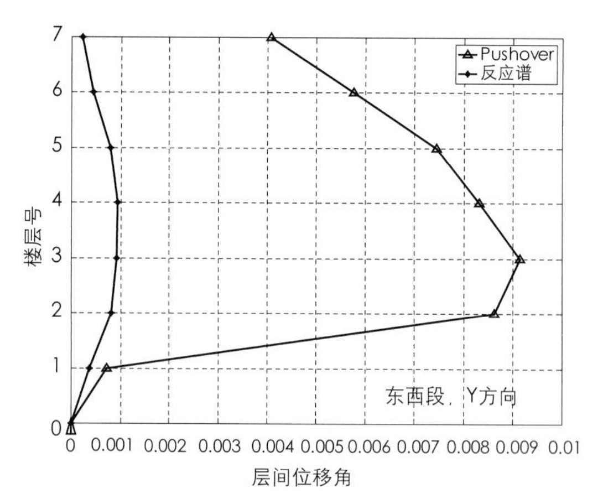

图 10-30　东西段看台结构在两个主轴方向的弹性和弹塑性层间位移角分布图

弹塑性层间位移角　　　　　　**表 10-18**

南北段看台

层数	45° 方向	135° 方向	[≤ 1/100]
6	1/243	1/852	OK
5	1/182	1/525	OK
4	1/160	1/533	OK
3	1/198	1/631	OK
2	1/153	1/502	OK
1	1/291	1/1637	OK

东西段看台

层数	X 方向	Y 方向	[≤ 1/100]
7	1/169	1/245	OK
6	1/154	1/173	OK
5	1/140	1/134	OK
4	1/134	1/120	OK
3	1/132	1/109	OK
2	1/125	1/116	OK
1	1/2815	1/1414	OK

五、基础设计

（一）场地的工程地质及水文地质条件

根据北京市勘察设计研究院 2003 年 9 月 30 日提供的《国家体育场岩土工程勘察报告 2003 技 208》和 2003 年 9 月 28 日提供的《国家体育场水文地质勘察报告 2003 水 053》，拟建场区的工程地质条件及水文地质条件如下：

1. 地形及地物条件

拟建场区地形基本平坦，勘探期间的钻孔孔口处地面标高为 44.33 ～ 46.59m。

2. 场区地层岩性及分布特征

根据现场勘探、原位测试及室内土工试验成果，按地层沉积年代、成因类型，将本工程场地内最大勘探深度 72m 范围的土层划分为人工堆积层和第四纪沉积层两大类，并按地层岩性及其物理力学数据指标，进一步划分为 11 个大层及亚层。按照自上而下的顺序对各土层的基本特征综述如表 10-19 所示。

地层岩性特征一览表　　　　　　**表 10-19**

成因年代	大层编号	地层序号	岩性	各大层层顶标高变化范围（m）	各大层厚度变化范围（m）	压缩模量 E_s（MPa）	静止侧压力系数 K_0	桩极限侧阻力标准值 q_{sik}（kPa）	桩极限端阻力标准值 q_{pk}（kPa）	分层承载力标准值 f_{ka}（kPa）
人工堆积层	1	□1	粉质黏土填土、黏质粉土填土	地面标高：44.33 ～ 46.59（局部 51.28）	0.90 ～ 4.80（局部厚 7.50）	6.9	0.55			
		□	房渣土							

续表

成因年代	大层编号	地层序号	岩性	各大层层顶标高变化范围（m）	各大层厚度变化范围（m）	压缩模量 E_s（MPa）	静止侧压力系数 K_O	桩极限侧阻力标准值 q_{sik}（kPa）	桩极限端阻力标准值 q_{pk}（kPa）	分层承载力标准值 f_{ka}（kPa）
第四纪沉积层	2	②	黏质粉土、粉质黏土	40.56 ~ 44.84	1.40 ~ 6.50	8.0	0.34	60		180
		②1	砂质粉土			19.5	0.32	65		230
		②2	黏土、重粉质黏土			5.7		55		140
	3	③	粉质黏土、重粉质黏土	37.01 ~ 40.39	2.70 ~ 9.00	6.9	0.56	60		160
		③1	黏质粉土、砂质粉土			16.9	0.35	65		220
		③2	粉砂、砂质粉土			26.3		60		240
	4	④	细砂、粉砂	31.11 ~ 35.15	1.40 ~ 8.70	30		60	650	290
		④1	粉质黏土、重粉质黏土			10.6		70		200
		④2	砂质粉土、黏质粉土			24.3		70		260
		④3	圆砾			60		120		300
	5	⑤	粉质黏土、黏质粉土	26.06 ~ 32.17	4.60 ~ 13.10	13.8		70		230
		⑤1	黏土、重粉质黏土			10.3		70		210
		⑤2	砂质粉土			27.5		70		280
		⑤3	细砂、粉砂			35.0		65	900	340
	6	⑥	粉质黏土、黏质粉土	17.63 ~ 23.04	0.30 ~ 6.30	16.7	0.46	70		250
		⑥1	黏土、重粉质黏土			14.7		70		230
		⑥2	砂质粉土			30.7		70		290
		⑥3	细砂、粉砂			35.0		65		320
	7	⑦	细砂、中砂	14.62 ~ 20.43	最大厚度10.20m（该大层在场区东北部缺失）	50.0		70	1300	350
		⑦1	圆砾			100.0		130	1600	380
		⑦2	黏质粉土、砂质粉土			23.9		70		270
		⑦3	粉质黏土、重粉质黏土			18.5	0.70	70		240
	8	⑧	粉质黏土、黏质粉土	9.08 ~ 16.22	0.30 ~ 7.90	19.8	0.44	70		260
		⑧1	黏土、重粉质黏土			14.6		70		240
		⑧2	黏土、重粉质黏土			15.9		70		240
		⑧3	粉质黏土、黏质粉土			21.7		70		260
	9	⑨	卵石、圆砾	4.98 ~ 11.24	7.60 ~ 11.60	140		160	2800	600
		⑨1	细砂、中砂			60		75	1700	400
		⑨2	粉质黏土、黏质粉土			16.3		70		260
		⑨3	黏土、重粉质黏土			9.3		70		220
	10	⑩	粉质黏土、重粉质黏土	-8.07 ~ 0.70	最大厚度5.90m（该大层在场区西南、西北部缺失）	18.6		70		270
		⑩1	黏土、重粉质黏土			20.3		75		260
		⑩2	黏质粉土、砂质粉土			25.1		75		280
	11	⑪	卵石	-11.74 ~ -3.32	至标高-26.57m（深72.00m）仍为该大层	150		160	3000	600
		⑪1	细砂、中砂			80		75	1800	400
		⑪2	粉质黏土、黏质粉土			25.0				
		⑪3				22.3				

3. 不良地质作用评价

在本工程拟建场地范围内，不存在影响拟建场地整体稳定性的不良地质作用。

4. 地下水埋藏条件

在现场勘察过程中，实测到5层稳定的地下水位。综合本次岩土工程勘察和水文地质勘察成果，第1层承压水的承压水头高约4～6m；第2层承压水的承压水头高约17～25m。此外，受到顶板黏性土的阻隔，表中的层间水也具有不同程度的承压性，由于层间水的水位更加接近基础埋置标高，在设计与施工中应特别注意该层的这种承压性可能对设计与施工造成的影响。

5. 防渗设计水位和抗浮设计水位

拟建场区1959年最高地下水位标高44.70m，在场地地面低洼处接近自然地面；近3～5年最高地下水位为

44.60m，在场区地面低洼处接近自然地面。建议本工程的建筑防渗最高水位和抗浮设计水位可按标高 43.00m 考虑。其外墙承载力验算的水压力分布可按静水压力计算。

6. 本场区深度 15m 范围内的土对混凝土结构及钢筋混凝土结构中的钢筋均无腐蚀性。第 1 层地下水（台地潜水）、第 2 层地下水（层间水）、第 3 层地下水（潜水）和第 4 层地下水（承压水）对混凝土结构均无腐蚀性，但在干湿交替作用条件下对钢筋混凝土结构中的钢筋均具有弱腐蚀性。上述 4 层地下水对钢结构均具有弱腐蚀性。

7. 根据国家体育场工程场区氡浓度测试评价报告检测结果，国家体育场工程场地土壤中氡浓度与工程场区外土壤氡浓度接近，因此工程设计中可不采取防氡工程措施。

8. 地基土层的地震液化判定

在地震烈度为 8 度且地下水位按历史最高水位标高（即接近自然地面）考虑时，本场地地基土不会产生地震液化。

9. 场地标准冻深：0.8m

（二）基础设计

本工程混凝土看台楼层由一层至七层，跨度变化大，造成基础荷载差异巨大，柱底轴力在 1000~20000kN 之间变化。钢结构屋盖的 24 根组合支撑柱的基础和钢结构次结构的基础荷载差异也非常大，柱底轴力在 3000~46000kN 之间变化，特别是钢结构屋盖的 24 根组合支撑柱的柱底力的特点是水平力和弯矩很大而轴向力相对较小。同时钢结构屋盖基础又与混凝土看台基础交织在一起，无法分开。经分析计算后确认天然地基无法满足承载力和沉降的要求，根据地勘报告的建议，设计采用了桩基，以卵石、圆砾层⑨层作为桩端持力层，桩型为直径 800mm 和 1000mm 的钻孔灌注桩。为了提高单桩承载力，减小基础沉降，运用了后压浆技术。其中 A 轴看台前沿由于荷载小未采用压浆，B 轴仅采用了桩端压浆，其余部位采用了桩端和桩侧压浆。

由于基座南部和西部的局部区域上部结构自重和基础自重不能满足抗浮的要求，需要采取抗浮措施。设计采用抗拔桩的方案，桩型同样采用后压浆钻孔灌注桩，此桩同时亦为抗压桩。在水位较低时，水浮力小于结构自重，此时桩受压。在水位较高时，水浮力大于结构自重，此时桩受拉。由于北京地区目前的地下水水位很低，但考虑环保措施的完善、南水北调、官厅水库放水的因素，水位的上升预期较高，对桩基同时考虑为受压和抗拔是必要的。桩基布置根据上部结构形式和荷载的分布情况，分别采用一柱一桩、一柱多桩、墙下条形承台布桩，墙下桩筏、钢结构组合柱下群桩独立承台，钢结构次结构下条形承台布桩等方式。

基础受力从总体上看，混凝土看台结构产生向内的推力，钢结构屋盖产生向外的推力，整体承受地震水平力，有必要将两者的基础用基础底板拉结成整体，同时基础底板兼有防水和抗浮的作用。设计采用整体基础防水底板将整个基础连为一体，不设永久结构缝，在混凝土看台内沿和钢结构次结构基础处设置基础环梁，加强基础的整体性。

对于国家体育场钢结构桁架柱基础，柱脚承台受力情况通常非常复杂，需要考虑重力荷载、风荷载、雪荷载、地震、温度作用等许多荷载与作用，极端最高温度、最低温度可能引起柱脚不同方向巨大的内力，三向地震作用产生的反力大小与方向具有很大的不确定性。此外，施工顺序的影响、承台上部覆土分阶段回填的作用，以及承台高度的不同，这些因素均应在设计中得到反映。

桩基混凝土设计最不利工况选取：在进行组合柱下桩基承台设计时，根据钢结构柱脚柱底力与弯矩大的特点，应选取竖向力最大、竖向力最小（最大拔力）、最大水平推力、最大弯矩大、最大扭矩等作为桩基础设计的控制工况。在一些情况下，某种荷载工况组合的内力值虽然略小于最大内力，但其他内力分量较大，可能造成桩的内力值更为不利。故此，在选择荷载控制工况时，增加了次最大内力组合工况。

对于组合柱柱底弯矩值巨大而轴力相对较小的情况，如按常规将柱脚置于群桩形心，桩受力不均衡，部分桩将受拉，部分桩压力很大，这也将增加布桩的数量，受力不合理，造价不经济。为了改变这个状况，有效控制桩的最大拉力值、最大限度发挥桩对竖向压力的抵抗能力，使桩基受力较为均衡，设计师在柱脚形心和群桩形心之间设置了较大的偏心距，利用上部竖向自重荷载平衡部分弯矩。

第四节 结构设计关键技术

一、大跨度结构风荷载效应

由于国家体育场建筑体型复杂，在《建筑结构荷载规范》（GB 50009—2001）及其他规范、规程中没有给出相应的风压系数和风振系数的取值，这给结构设计工作带来一定的困难，故需要通过风洞试验确定屋盖表面的实际风压分布情况，通过风振响应分析确定屋盖结构的风振系数，为确定主体钢结构与膜结构的风荷载提供设计依据。

根据风工程理论，风荷载由平均风荷载与脉动风荷载两部分叠加而成，风振系数是结构在总的风荷载作用下的位移与平均风荷载作用下位移之比。

对于大跨度屋盖结构，风荷载作用主要表现为上吸力。对于风荷载起控制作用的结构，结构自重对于控制上吸风是有利的。对于自重作用较大的大跨度结构，虽然上吸风对于结构来说是安全的，然而当风振系数大于2时，屋盖在脉动风作用下必然会产生反向风振效应，对屋盖形成向下压力，出现与结构自重相叠加的不利荷载工况组合。此时仅考虑风荷载的上吸作用显然会导致结构不安全。然而，在我国现行《建筑结构荷载规范》(GB 500009—2001)中并未明确给出下压风振系数的概念与相应的计算方法。

根据国家体育场主次结构的布置情况，结合整体计算模型风荷载施加要求，将屋盖划分成74个测压板块，既可以准确地描述屋盖风压分布规律，也便于在计算模型上施加风荷载。根据风洞试验结果，得到在各风向角下的上层膜上表面、上层膜下表面、下层膜上表面、下层膜下表面的平均风压系数、最大风压系数、最小风压系数与均方差。通过对膜的上、下表面风压系数进行叠加，得出上层ETFE膜、下层PTFE膜、屋盖结构各板块的风压系数。提出了根据屋盖结构瞬时最大升力、最大压力、最大半跨升力/半跨压力差值的原则，确定最不利风向角与相应的体型系数的实用方法。

在设计中首次提出大跨度结构上风振系数和下风振系数的定义与公式，有效地解决了风振系数大于2时大跨度上吸风反向风振的计算问题，为国家体育场大跨度屋盖结构设计提供了科学依据，大大推动了大跨度屋盖结构的风振计算理论的发展。

由于屋面形状的复杂性，风振系数对风向角变化敏感。在平均风压较小的部位，风振系数常常很大。本研究提出系统的处理方法，经过对风振系数的奇异部位进行适当处理后，结果合理可靠，可以应用于整体结构风荷载效应分析。

风振系数反映了在风荷载作用下结构反应的动力放大效果。因此，将风振系数定义为总的风荷载（脉动风荷载与平均风荷载之和）作用下的结构z方向位移响应极值与平均风作用下的结构z方向位移响应之比，并分别计算屋盖节点、加载板块的向上、向下风振系数。

结构在平均风作用下的方程如下，

$$[K]\{X_s\}=\{F_{ws}\} \quad \text{式 (10-4-1)}$$

式中，$\{F_{ws}\}$是作用在结构上的平均风荷载，$[K]$是结构的刚度矩阵，$\{X_s\}$是结构在平均风荷载作用下的位移向量并且

$$\{X_s\}=\{x_{sx,1}\quad x_{sy,1}\quad x_{sz,1}\quad x_{sx,2}\quad x_{sy,2}\quad x_{sz,2}\cdots\quad x_{sx,n}\quad x_{sy,n}\quad x_{sz,n}\}^T$$

结构在总的风荷载作用下的方程如下

$$[M]\{\ddot{x}_d\}+[C]\{\dot{x}_d\}+[K]\{x_d\}=\{F_{wd}\} \quad \text{式 (10-4-2)}$$

式中，$\{F_{wd}\}$是作用在结构上的总的风荷载时程向量，$[M]$是结构的集中质量矩阵，$[K]$是结构的刚度矩阵，$[C]$是结构的阻尼矩阵，$\{x_d\}$、$\{\dot{x}_d\}$、$\{\ddot{x}_d\}$分别是结构的位移向量、速度向量和加速度向量，其中

$$\{X_d\}=\{x_{dx,1}\quad x_{dy,1}\quad x_{dz,1}\quad x_{dx,2}\quad x_{dy,2}\quad x_{dz,2}\cdots\quad x_{dx,n}\quad x_{dy,n}\quad x_{sz,n}\}^T$$

假定屋盖结构第i个节点在平均风荷载作用下的竖向位移是$x_{sz,i}$，在总的风荷载作用下的竖向位移是$x_{z,i}$。屋盖结构第i个节点的上吸风振系数可按如下定义：

$$\beta_{z,i}^{up}=\frac{(x_{z,i})_{max}}{x_{sz,i}} \quad \text{式 (10-4-3)}$$

对于上吸风振系数，可能存在如下问题：1）在平均风压作用下的位移与最大位移响应方向相反；2）虽然平均风压作用下的位移与最大响应下的位移方向相同，但平均位移的绝对值很小，两者相差倍数过大。按照上吸风振系数的定义，修正后的上吸风振系数的取值范围为1.0~4.0。

屋盖结构第i个节点的下压风振系数按照下式定义：

$$\beta_{z,i}^{down}=\frac{(x_{z,i})_{min}}{x_{sz,i}} \quad \text{式 (10-4-4)}$$

根据下压风振系数的定义，修正后的取值范围为-2.0~1.0。

根据动力时程分析的一般要求，加载步长是第一阶周期(1.07s)的1/10～1/20，即0.11～0.055s。由于荷载原始采样间隔为0.2s，故将荷载步分为4个子步作为计算加载步，每个计算加载步的时间间隔为0.05s，以满足计算精度要求。

动力方程中的质量矩阵和刚度矩阵是ANSYS自动生成的，阻尼矩阵采用瑞利阻尼，即

$$[C]=\alpha[M]+\beta[K] \quad \text{式 (10-4-5)}$$

式中，阻尼系数按下式确定：

$$\begin{cases}\alpha=\dfrac{2(\omega_1\zeta_2-\omega_2\zeta_1)\omega_1\zeta_2}{\omega_1^2-\omega_2^2}\\ \beta=\dfrac{2(\omega_1\zeta_1-\omega_2\zeta_2)}{\omega_1^2-\omega_2^2}\end{cases} \quad \text{式 (10-4-6)}$$

其中，$\zeta_1=\zeta_2=0.01$，ω_1，ω_2分别是结构的第1、4阶自振圆频率，$\alpha=0.0653$、$\beta=0.0015$。

风荷载时程曲线是风洞试验测得的数据经反算后得到的全尺结构的风荷载时程，全尺模型的风压数据的采样频率为5Hz，每种风向角的数据为98000个。

荷载时程是一个平稳随机过程。任取1000步(200s)时程(图10-31(a))也近似是一个平稳的时程。图10-31(b)

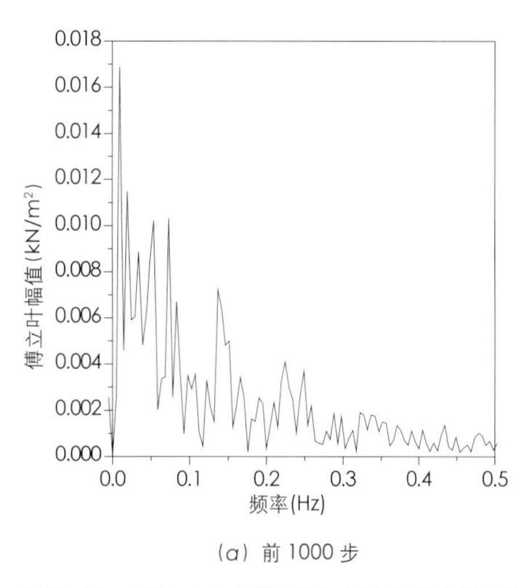

(a) 前 1000 步

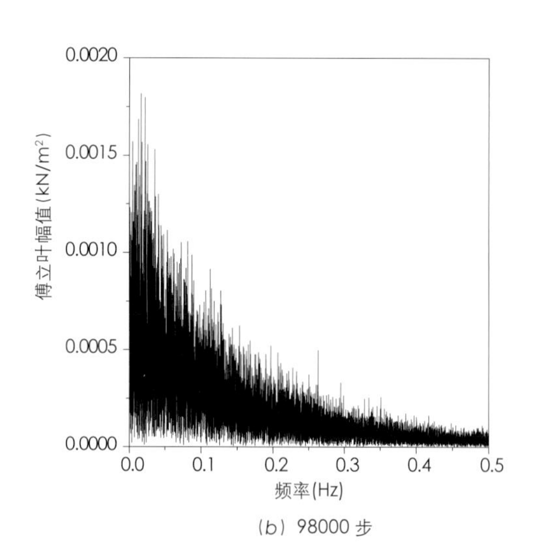

(b) 98000 步

图 10-31 板块 4 在 340° 风向角下的脉动风幅值谱

分别给出了板块 4 在 98000 步和前 1000 步两种情况下脉动风（已去除平均值）的傅立叶幅值谱，可以看出，幅值在频域上的分布及主频大致相同。

每个加载板块上作用单位面荷载时，等效为 3 个平动自由度的节点集中荷载。98000 步与 1000 步得到的平均风作用下的位移反应十分相似，证明了结构反应的平稳特性。因此，分析时可取前的 1000 步时程进行计算。

由于有些区域的平均风反应极小，动力反应也比较小，但这些区域的风振系数非常大，属于奇异区域。另外一类风振系数奇异区域是由于平均风反应较大并且动力反应也较大造成的，这些区域位于反应变化剧烈的位置。由于奇异区域的实际动力反应比较小，分别采用较大的风振系数和较小的风振系数乘以平均风反应得到的动力反应对整个结构的动力反应影响不大。在设计中采用以下方法对风振系数进行调整。

(1) 在平均风作用下，对于 z 方向位移响应小于 z 方向最大位移 10% 的节点，其向上、向下风振系数等于 z 方向最大位移节点的向上、向下风振系数；

(2) 在平均风作用下，对于 z 方向位移反应小于 z 方向最大反应 10% 的加载板块，其向上、向下风振系数等于 z 方向最大位移板块的向上、向下风振系数；

(3) 向上风振系数大于 4.0 的节点或板块，按 4.0 取值；

(4) 向下风振系数小于 -2.0 的节点或板块，按 -2.0 取值。

按照上述风振系数的计算方法，计算了屋盖节点、板块的向上风振系数和向下风振系数。调整后的风振系数乘以平均风反应得到的结构动力响应极值与调整前的最大动力响应差别极小。

二、大跨度结构的温度场

北京地区的气候类型属典型的温带大陆性气候，季节气温变化很大。由于“鸟巢”钢结构的构件直接暴露于室外，在冬季时可以认为钢构件的温度与室外气温相同。夏季时室外气温最高，同时太阳照射强度也最大，太阳照射将引起构件温度显著升高。由于屋架上、下弦膜材之间的空气流动性较差，屋架内部温度明显高于室外气温，形成“温箱”效应。另外，结构在迎光面与背光面的温差，以及屋面、立面钢构件的温差将形成梯度较大的温度场分布。由于国家体育场大跨度钢结构的平面尺度很大，温度变化将在结构中引起很大的内力和变形，对结构的安全性与用钢量将产生显著的影响，这在建筑结构中是很少见的。

由于太阳辐射照度引起结构温升的计算方法在结构设计规范中并没有明确的规定，可以参考的经验较少，温度分布计算采用的各种参数、室外风速取值等很难确定。此外，漫反射、空气流动性差等影响因素，在箱形构件热传导计算边界条件中考虑比较困难，目前只能根据工程经验确定。在国家体育场工程中，温度场研究的主要内容如下：

(1) 对温度差异引起桁架结构杆件的内力效应进行分析；

(2) 通过分析统计确定结构各区域箱型钢构件的太阳辐射照度；

(3) 确定温度应力计算采用的各种参数及室内外风速，并考虑漫反射、空气流动性差等因素的影响，合理确定热传导计算边界条件；

(4) 计算箱形构件各表面的辐射温升及构件整体的平均温升，从而确定各区域结构构件的温度分布；

（5）确定用于大跨度钢结构计算分析的合拢温度与最大正、负温差；

（6）研究通过物理降温方式控制大跨度钢结构合拢温度的可行性。

在国家体育场钢结构设计时考虑了多种荷载因素的影响，如风荷载、雪荷载、积水荷载等。在活荷载中，除需要考虑检修荷载外，还考虑了奥运会开闭幕式与赛后商业利用的需求。

由于国家体育场大跨度钢结构的平面尺度很大，温度变化将在结构中引起很大的内力和变形，对结构的安全性与用钢量将产生显著的影响。"鸟巢"结构的钢构件直接暴露于室外，在冬季时可以认为钢构件的温度与室外气温相同。夏季时室外气温最高，同时太阳照射强度也最大，太阳照射将引起构件温度显著升高。由于屋架上、下弦膜材之间的空气流动性较差，屋架内部温度明显高于室外气温，形成"温箱"效应。另外，结构在迎光面与背光面的温差，以及屋面、立面钢构件的温差将形成梯度较大的温度场分布。由于国家体育场大跨度钢结构的平面尺度很大，温度变化将在结构中引起很大的内力和变形，是结构设计中主要控制因素之一，温差愈大，引起的结构效应也愈大。

对于主桁架来说，恒荷载引起的应力为44.57%，所占比重最大；活荷载、雪荷载、风荷载所占比例均很小；正温差与负温差引起的应力分别占12.32%与9.52%，略低于设防烈度的地震作用，但高于多遇地震引起的作用力。

对于桁架柱来说，恒荷载引起的应力为40.86%，所占比重最大，但比主桁架略有减小；活荷载、雪荷载、风荷所占比例也很小；正温差与负温差引起的应力分别占14.43%与16.0%，已经高于设防烈度的地震作用。

对于顶面次结构来说，恒荷载引起的应力为29.93%，所占比重比主桁架与桁架柱显著减小；雪荷载、风荷载所占比例均很小，活荷载所占比重有所加大；正温差与负温差引起的应力分别占10.66%与10.04%，低于设防烈度的地震作用24.95%较多，但高于多于地震引起的作用力。

对于顶面次结构来说，恒荷载引起的应力为21.28%，所占比重比顶面次结构相比进一步减小；活荷载、雪荷载、风荷载、多遇地震所占比例均很小；正温差与负温差引起的应力分别占30.85%与18.88%，已经高于设防烈度地震作用的16.41%较多。

对于柱脚来说，恒荷载引起的应力为23.51%，所占比重与立面次结构比较接近；活荷载、雪荷载、风荷载、多遇地震所占比例均很小；正温差与负温差引起的应力分别占25.17%与25.17%，已经高于设防烈度地震作用的14.93%较多。

研究降低太阳辐射引起温度升高的措施，对于有效减小结构的温度效应、节约用钢量具有重大意义。由于国家体育场钢结构暴露于室外，主要部分均无防火涂料，防腐涂层的总厚度仅为250μm左右，其保温隔热作用很小。在太阳辐射引起温升的影响因素中，结构表面涂层的太阳辐射吸收系数ρ影响很大。在钢结构表面应选择太阳辐射吸收系数小、红外线反射能力强的浅颜色面漆，有效控制面漆红外线反射率，尽量降低太阳辐射吸收系数。结合国家体育场钢结构防腐涂装设计，明确提出了对防腐涂装太阳辐射吸收系数的限制要求。为了减小太阳辐射能量的输入，钢结构面漆采用金属浅银灰色。

箱形构件各个表面的瞬时辐射温度t_r由下式计算：

$$t_r=\frac{\rho \cdot J}{\alpha_w} \qquad \text{式 (10-4-7)}$$

式中，ρ——太阳辐射热的吸收系数；

J——太阳辐射照度（W/m^2）；

α_w——围护结构外表面换热系数。

结构外表面的太阳辐射吸收系数随面层材料的不同变化幅度很大，故在选取钢结构面漆时应注意控制其太阳辐射吸收系数。

太阳辐射照度与所在地区的纬度、季节、时间、大气透明度等有关。一年中夏季的太阳辐射照度最强，一天之中正午时间太阳辐射最强。

国家体育场钢结构主要采用焊接薄壁箱形构件。典型的箱形构件截面外形尺寸为1200mm×1200mm，计算表明，传热对钢板厚度不敏感。箱体内表面的传热途径主要是辐射传热，考虑辐射边界条件计算时的复杂性，在分析时将其等效为对流和传导边界条件。箱形构件内部充满几乎静止的空气，紧靠内表面的空气流动性很差，可以视为热阻，其余内部的空气可以形成对流，传热性能好，可以认为是热阻很低的导体。

对于截面尺寸为1200mm×1200mm×20mm的箱形构件，箱体内部空气边界层导热系数0.7，空气对流层导热系数40作为基本条件。从计算结果可知，内部边界条件对构件的平均温度影响较小，当箱体中间空气的传热系数增大时，箱形构件的平均温度变化不超过0.5℃。当箱形构件的外形尺寸与壁厚变化时，构件的平均温度变化不敏感，一般不超过0.5℃。

箱形钢构件在稳态热传导假定条件下，采用有限元法计算可以得到各单元的温度，分别对箱形构件各单元进行积分，可以得到箱形构件的平均温度升高值$\bar{t}_r$。各分区内箱形构件的平均温度升高值如表 10-20 所示。

箱形构件表面的太阳总辐射照度及平均温度升高值　表 10-20

位置	朝向		太阳辐射照度（W/m²）	太阳辐射热的吸收系数	围护结构外表面换热系数[W/(m²·℃)]	瞬时辐射温度（℃）	平均温度升高值（℃）
屋面区	顶面		948	0.55	14.0	37.24	17.13
	侧面		248	0.55	14.0	9.74	
	底面		—	0.55	8.7	5.00	
架区	顶面		544	0.55	8.7	34.39	16.13
	侧面		142	0.55	8.7	8.98	
	底面		—	0.55	8.7	5.00	
立面区	S1	正面	446	0.55	14.0	17.52	9.59
		侧面	162	0.55	14.0	6.36	
		背面	—	0.55	8.7	5.00	
	S2	正面	429	0.55	14.0	16.85	9.42
		侧面	162	0.55	14.0	6.36	
		背面	—	0.55	8.7	5.00	
	S3	正面	396	0.55	14.0	15.56	9.06
		侧面	162	0.55	14.0	6.36	
		背面	—	0.55	8.7	5.00	
	S4	正面	346	0.55	14.0	13.59	8.50
		侧面	162	0.55	14.0	6.36	
		背面	—	0.55	8.7	5.00	
	S5	正面	279	0.55	14.0	10.96	7.77
		侧面	162	0.55	14.0	6.36	
		背面	—	0.55	8.7	5.00	
	S6	正面	202	0.55	14.0	7.94	6.93
		侧面	162	0.55	14.0	6.36	
		背面	—	0.55	8.7	5.00	
	S7	正面	162	0.55	14.0	6.36	6.82
		侧面	162	0.55	14.0	6.36	
		背面	—	0.55	8.7	5.00	

三、钢结构复杂节点设计

国家体育场钢结构属于一种特殊的空间结构形式，建筑造型与结构体系高度一致，屋盖结构跨度很大，构件主要采用由钢板焊接而成的箱形构件。屋盖由从周边柱顶伸出的多榀直通或接近直通的平面主桁架与内环相切构成，各榀主桁架之间网状交叉，与不规则布置的顶面与立面次结构一起，形成“鸟巢”结构的特殊建筑效果。主桁架的弦杆在轴线方向分段折线变化，且随着屋盖表面不断扭转，腹杆侧壁与弦杆翼缘内表面不再保持垂直，弦杆内加劲肋不能与腹杆翼缘对应设置，造成主桁架节点的特殊复杂性，加工制作难度很大。此外，钢结构的 24 根桁架柱均由一根垂直的菱形内柱和两根向外倾斜的外柱以及内柱与外柱之间的腹杆组成，如同垂直放置的变高度三角形管桁架，在桁架柱上端与主桁架连接，连接处最多出现 14 根杆件汇交的情况，节点构造非常复杂。

国家体育场大跨度钢结构节点形式极其复杂，交汇杆件数量多，节点几何尺寸巨大，是整体结构受力的关键部位。对大跨度空间结构体系而言，节点的安全性至关重要。一旦节点失效，相连杆件将丧失部分或全部承载功能，可能造成传力路径改变、结构体系的局部破坏，甚至可能成为整个体系连续性破坏的起点。北京地区抗震设防烈度为 8 度，风荷载与雪荷载均较大，冬夏季节温差很大，保证节点设计安全的重要性不言而喻。由于国家体育场工程的特殊性与复杂性，在国内外尚无工程应用实例，其设计方法在国内外钢结构设计规范中均无相应的规定，合理确定节点的几何构型、节点板件厚度与节点加厚区域的范围以及加劲肋的设置方式，是保证结构安全性、提高材料利用率、有效减小用钢量的关键问题之一。

（一）主桁架单 K 节点设计

在进行方管桁架设计时，节点的承载力通常低于杆件的承载力。由于国家体育场“鸟巢”结构焊接箱形构件截面尺寸较大，有条件设置内部加劲肋。在方管桁架节点设计中，遵循“强节点、弱构件”的原则，充分发挥构件材料的强度，确保节点不先于构件破坏，构造简单，传力直接，保证其在各种荷载作用下的安全性。此外，在进行节点构造设计时，如何简化加工制作也是需要重点考虑的因素之一。国家体育场典型单 K 节点如图 10-32 所示。

焊接方管桁架单 K 节点在节点域内将弦杆与腹杆端部局部加厚，在相邻腹杆之间设置竖向连接板，调整腹杆端部板件的角度，以改善传力，保证焊接操作条件，在主桁架弦杆内设置横向加劲肋和局部纵向加劲肋，提高节点承载能力。

为了使单 K 节点构造简单，形式统一，受力合理，在单 K 节点构型设计时采用在相邻腹杆之间设置连接板的方式来解决不同角度腹杆的连接问题，并通过调整腹杆连接板的位置，保证相邻腹杆在相同高度对接，从而避免两不同角度腹杆因连接不当而引起的局部剪力。

在国家体育场钢结构节点计算中，从屋盖结构整体模型的计算结果中提取与节点相连的杆件在各种工况组合下的设计内力值。弦杆加强区、腹杆加强区、横向加劲肋和纵向加劲肋 Mises 应力如图 10-33 所示。

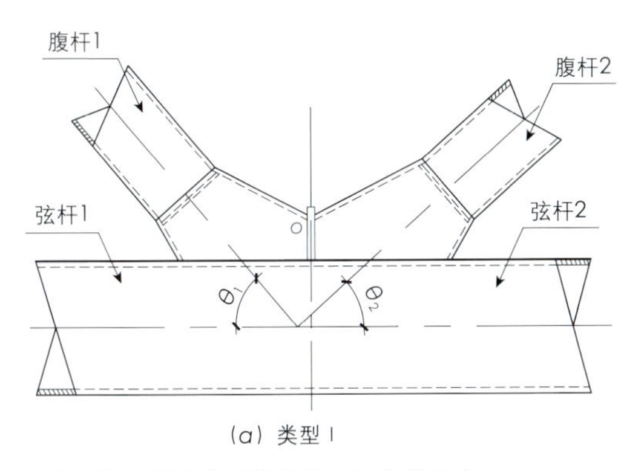

(a) 类型 I

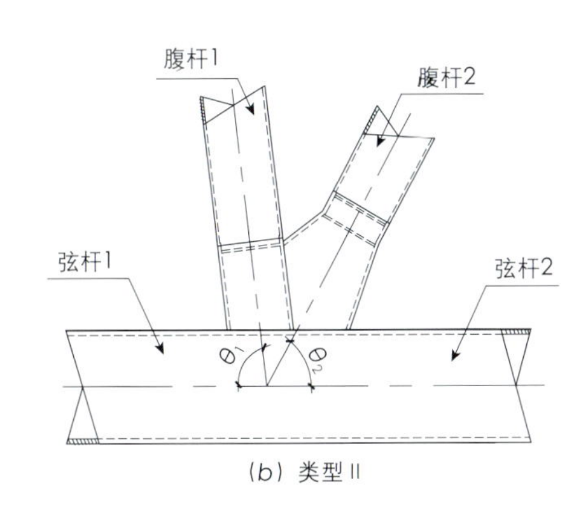

(b) 类型 II

图 10-32　焊接薄壁箱形构件的单 K 节点

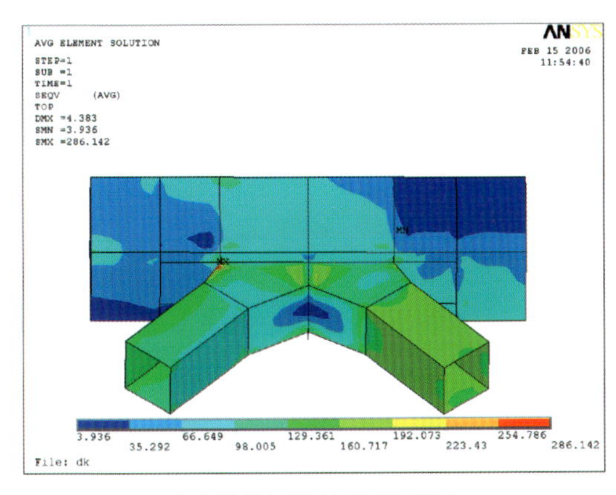
(a) 弦杆加强区与腹杆加强区

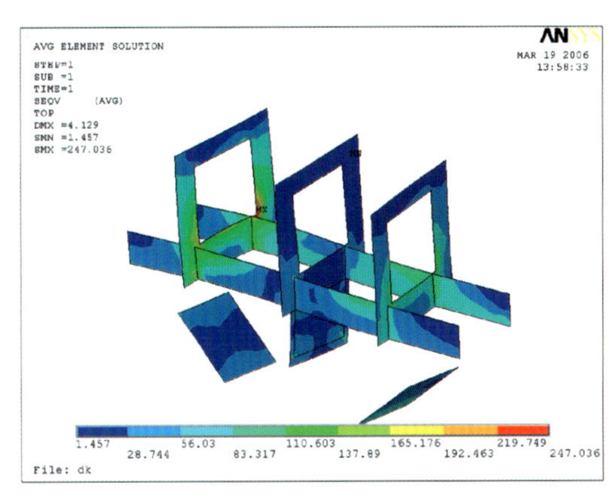
(b) 横向加劲肋与纵向加劲肋

图 10-33　T10-5a 节点 Mises 应力云图

本试验为缩尺模型试验，缩尺比例为 1∶3，钢材材质为 Q345 钢。试件设计时考虑了几何相似、材料相似和物理过程相似等相似条件，以尽可能反映原型结构的性能。试验桁架左端通过端板与反力支撑桁架的 T 形转换件相连，右端通过反力桁架进行加载。

通过对国家体育场主桁架单 K 节点 T10A-5a 和 T9A-6 进行 1∶3 缩尺模型试验和有限元分析，得到了如下结论：

(1) 试验加载的方式较好地符合实际节点的受力状况，加载准确；实际加载均已达到节点的极限承载力。

(2) 杆件测点先于节点核心区域测点进入塑性；节点核心区测点在达到或超过设计荷载水平后才开始进入塑性；随荷载增大，不断有测点进入塑性；至加载结束，节点核心区测点大部分进入塑性，但未发现核心区板件的局部失稳和断裂等宏观破坏现象。节点 T10A-5a 在加载结束时出现受拉腹杆上对接焊缝的热影响区开裂、受压弦杆板件局部失稳现象。整体而言，主桁架单 K 节点的节点构造可以保证节点核心区不先于相连杆件部位发生破坏。

(3) 节点有限元分析结果与试验结果吻合良好。有限元分析结果表明，在设计荷载作用下，主桁架单 K 节点各板件均处于弹性状态。

(4) 缩尺模型试验和有限元分析结果表明，节点是安全的，具有一定的安全储备。

（二）主桁架双弦杆 KK 节点

国家体育场钢结构两榀不同方向的桁架梁水平交叉布置形成的节点。一个方向的 A 榀桁架在下弦相交处为 K 形节点，下弦贯通；另一个方向的 B 榀桁架在下弦相交节点处也为 K 形节点，但是其下弦在节点处断开，分别焊接在 A 榀桁架的两侧，称此节点为双弦杆 KK 节点，此类节点有 4 根弦杆和 4 根腹杆。双弦杆 KK 节点形式对于杆件外形尺寸、壁厚、弦杆倾角、弦杆之间夹角、腹杆夹角等几何参数具有较大的适用范围。为尽量避免采用曲线构件，将节点之间的杆件简化为直线构件或者分段直线构件，在节点域通过过渡段实现与直线构件的连接，可以大大降低加工难度，有效降低加工成本。

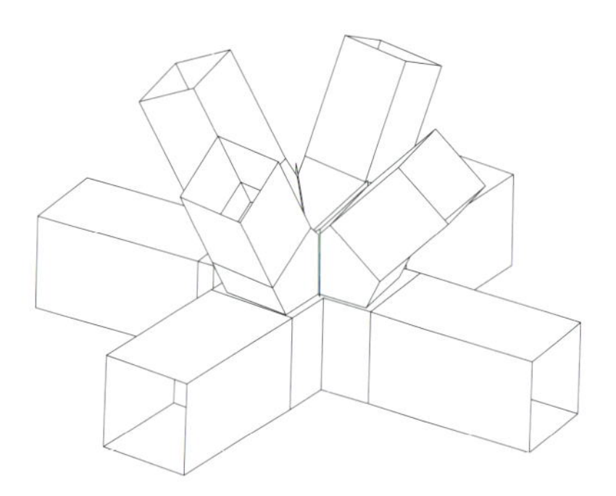

图 10-34　双弦杆 KK 节点示意图

提出的双弦杆 KK 节点形式如图 10-34 所示。双弦杆 KK 节点由腹杆加强区、弦杆加强区和扭转过渡区三部分组成。

主桁架 T10A/T13B 下弦 KK 节点（T10A-5）在 1.1 ×（1.35 恒 + 0.98 活 + 0.84 风）+ 低温工况组合时弦杆加强区、腹杆加强区、横向加劲肋和纵向加劲肋 Mises 应力如图 10-35 所示。从图中可以看出，靠近腹杆的中部应力分布均匀，在端部受到节点约束弯矩作用的影响较大。腹杆加强区应力变化较大，采取调整腹杆下翼缘角度、增加板厚等措施后，使最大应力值得到控制。在腹杆加强区上翼缘的弯折处，出现局部的应力集中，由于在接口位置设置了横向加劲肋，板件的刚度与承载力大大提高。弦杆加强区的应力分布均匀，应力值明显低于受力较大的弦杆。由于扭转过渡区板件的偏转角度很小，因此环形肋的应力值很小。

试验时同时在两榀桁架的上弦节点各施加一个集中荷载，使得与双弦杆 KK 节点相连的各个杆件所受的应力符号和大小与原型节点一致。由于桁架节点具有一定程度的刚性，节点杆件除了主要承受轴力外还承受弯矩，因此应力的模拟是按照轴向应力与弯曲应力之和的最大值来进行等效的。模型节点的构造处理、制作方式与原型节点完全相同。

从原型节点的杆件受力来看，最大拉应力处在弦杆 C4 上，数值为 153MPa，最大压应力处在腹杆 W2 上，数值为 108MPa；次大压应力发生在腹杆 W4 上，数值为 -67.2MPa。由于难以严格保证模型节点各杆件的受力与原型节点各杆件一致，因此，模型节点的设计目标尽量使得第一榀桁架的杆件压应力模拟准确，同时兼顾第二榀桁架的杆件受力。

主桁架双弦杆 KK 节点靠近支座位置，从受力角度看，弦杆受压，腹杆分别承受拉压作用，压杆稳定控制，拉杆强度控制。受拉腹杆 3 壁厚较薄（12mm），应力较高，最大 Mises 应力为 336MPa，考虑节点的几何非线性和初始缺陷后应力水平稍有增大，为 340 MPa。弦杆内 X 形连接板的交叉部位应力也较大。试验设计较好地模拟了双弦杆 KK 节点的受力情况，试验结果较为真实地反映了节点设计中的受力、变形情况，最大应力出现的位置也和理论分析较为一致。

（三）桁架柱内柱多腹杆 KK 形节点设计研究

对于国家体育场桁架柱，交汇于菱形内柱的腹杆数量多，角度复杂，对称性差，在设计中提出腹杆与菱形内柱同宽的方法，使腹杆侧壁与菱形内柱壁板共面，传力直接有效。在菱形内柱内设置水平加劲肋，增强节点域的刚度，使得腹杆翼缘的内力能够有效传递给菱形内柱。

内柱与主桁架下弦之间的下柱顶节点是屋盖结构中杆件最多的节点，最多有 14 根杆件交汇在一起。下柱顶节点构造除需要满足受力要求，而且还考虑了加工制作、运输、安装等各个环节的可行性。

在下柱顶节点设计中，对焊接节点方案与铸钢节点方案进行了深入的分析比较。如果采用铸钢节点，构件吨位很大，最大的节点近百吨，长度 8m，对钢材的性能要求很高，均

（a）弦杆加强区

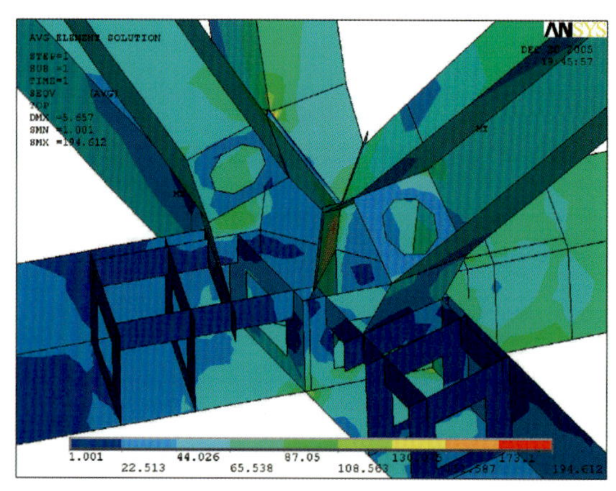

（b）X 形连接板与加劲肋

图 10-35　双弦杆 KK 节点 T10A-5 的 Mises 应力

超过我国目前建筑铸钢件生产的实际能力，质量控制也比较困难。铸钢件造价较高，生产周期长，构件的重复率低。钢结构桁架柱内柱节点一侧为桁架柱的腹杆，另一侧为主桁架的腹杆与下弦，几何构形非常复杂，受力很大，典型的下柱顶节点如图 10-36 所示。

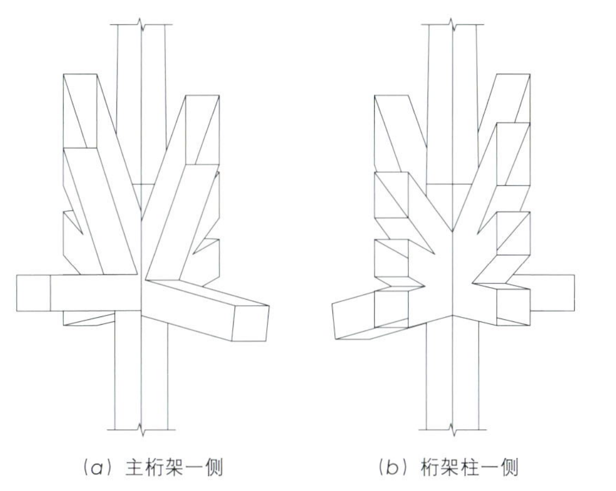

（a）主桁架一侧　（b）桁架柱一侧

图 10-36　桁架柱广义双 KK 形节点

在考虑节点构型时，使菱形内柱与腹杆及主桁架下弦同宽。在进行菱形内柱组焊设计时，尽量将与腹杆侧壁连接的板件向外延伸，避免焊缝重叠，如图 10-37 所示。在主桁架一侧，综合考虑内柱两侧杆件传力与建筑外观要求对主桁架腹杆位置进行调整。主桁架下弦与腹杆交汇区，壁厚较大的主桁架下弦翼缘贯通，如图 10-37 所示。

与单侧腹杆内柱节点类似，在节点内设置横向加劲肋与局部竖向加劲肋。为了方便焊接操作，横向加劲板设置椭圆形人孔，长轴为 650mm，短轴为 450mm。

采用大型三维图形处理软件 CATIA 建立内柱节点的几何模型，采用通用有限元分析软件 ANSYS 进行计算分析。与节点相关杆件在 1.1×（1.35 恒 + 0.98 活 + 0.84 风）+ 低温工况组合下的弦杆加强区、腹杆加强区、横向加劲肋与纵

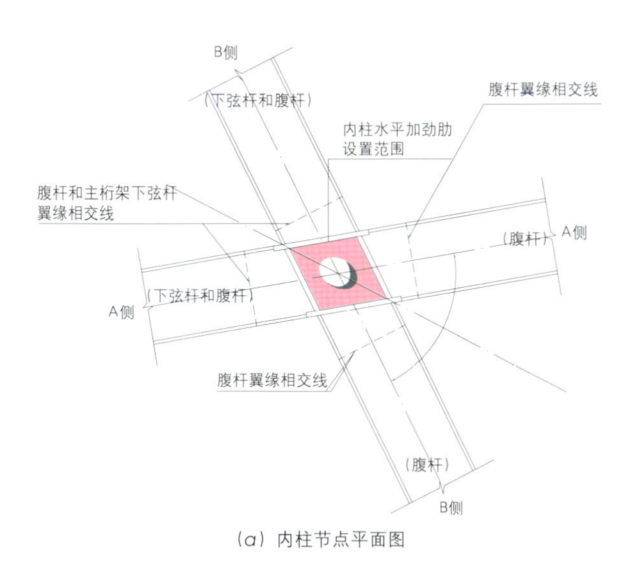

（a）内柱节点平面图

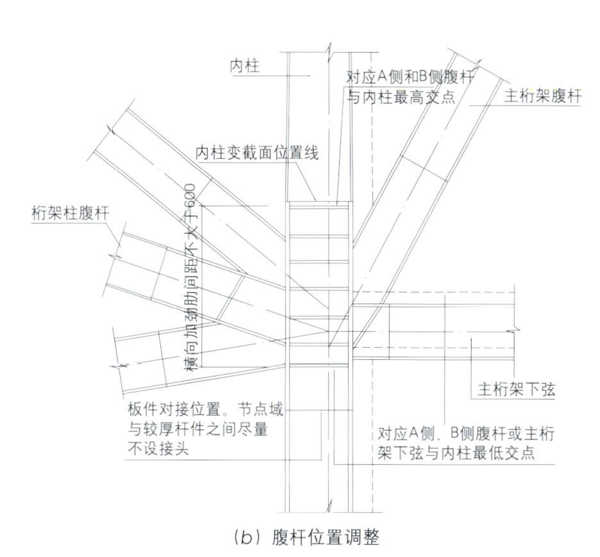

（b）腹杆位置调整

图 10-37　内柱下柱顶节点构造

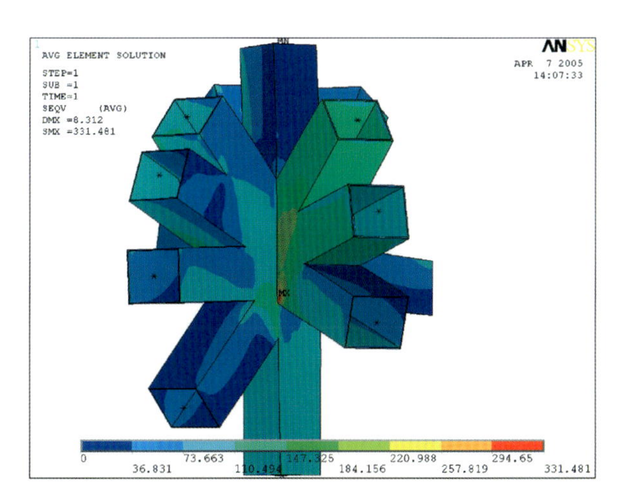

图 10-38　广义双 KK 形节点 C4-02 节点 Mises 应力云图

向加劲肋 Mises 应力如图 10-38 所示。各受压腹杆应力水平相近，但在腹杆相交区域总的截面明显减小，应力相应增大。内柱在节点域附近应力值较大，在端部与横向加劲肋相应位置存在应力峰值。对于下柱顶节点，交汇于节点的杆件均为受压杆件，此时，横向加劲肋应力较大，但纵向短加劲肋应力值较小。

综合考虑试验室现有的条件（场地、加载吨位等），试验模型缩尺比例为 1：5 的，采用自平衡加载反力架以及千斤顶对各杆件端部施加荷载。考虑到个别杆件由于杆端弯矩引起的次应力影响较大，不能忽略，所以这些杆件采用偏心加载来模拟实际结构在该节点处的受力状态。

试验采用单调静力加载。试验中使用 3 个 320 吨位、3 个 200 吨位和 6 个 100 吨位的千斤顶，分别对每个杆件的端部进行同步加载。

试验模型和加载方法很好地模拟了节点原型的几何和受力状况，试验结果基本反映实际结构的情况。试验节点的薄弱环节和破坏模式是受压腹杆因板件宽厚比较大而在节点处局部屈曲。此时节点处少量测点进入塑性发展，大多数测点还处在弹性阶段。除此之外，节点处没有发生其他宏观可见的破坏现象。内柱（即弦杆）因壁厚大，明显地提高了弦杆在连接节点处的强度和刚度，同时弦杆内横向加劲肋、局部纵向加劲肋的构造措施进一步加强了节点，防止了弦杆板件的塑性破坏和局部屈曲。有限元数值分析以及压杆局部稳定理论分析结果与节点试验结果基本符合，能解释试验节点最终丧失承载力的机理。

四、焊接薄壁箱形构件设计

国家体育场“鸟巢”结构造型特殊、屋盖结构跨度巨大，钢结构自重在构件内力中所占比重很大。由于钢结构直接暴露于室外，温度变化将在结构中引起很大的内力和变形。对于这种特殊的结构体系来说，保证结构在罕遇地震作用时的安全性至关重要。因此，减少用钢量不但对节约投资、控制造价有直接的益处，同时对于减小地震与温度作用、增强结构的安全性也具有十分重大的意义。在国家体育场大跨度屋盖中，主结构与次结构均采用焊接箱形截面，杆件之间焊接连接。为了满足建筑造型要求，构件外形尺寸受到较大限制，主桁架上弦杆主要为 1000mm × 1000mm，下弦杆主要为 800mm × 1000mm，腹杆为 600mm × 600mm。屋面次结构杆件尺寸为 1000mm × 1000mm，立面次结构杆件尺寸为 1200mm × 1200mm。

为了减轻结构自重，对于受力较小的次结构构件，可以考虑采用格构式构件加外覆装饰性薄钢板的做法。由于格构式构件外覆钢板厚度很薄，对与屋面膜结构支撑体系的连接和雨水天沟的安装造成困难。薄板的局部稳定性差，在喷砂、焊接运输、吊装时都可能产生较大变形，耐候性差，影响建筑外观效果。格构式构件的交汇节点构造复杂，在加工制作成本上无明显优势。

在设计中提出基于焊接薄壁箱形构件应力状态确定板件有效宽度方法的基本思想如下：

（1）将焊接箱形截面构件视为由 4 块独立的板件组成，板件之间互为腹板；

（2）将板件按毛截面计算时的应力分布状态分为 4 类，参见表 10-21。其中，σ_1 为板件计算高度压应力较小边缘相应的应力，σ_2 为板件计算高度边缘的最大压应力；σ_1 与 σ_2 为拉应力取负值，压应力取正值；计算时不考虑构件的稳定系数和截面塑性发展系数；

（3）分别对每块板件的受力条件进行判别，并考虑应力值对板件有效宽度的影响，确定其相应的有效宽度；

（4）根据各板件的有效宽度确定构件的有效截面特性；

（5）不考虑初始缺陷与焊接残余应力的影响。

第 1 类板件：板件全截面受拉（$\sigma_2 < 0$）

板件全截面有效。

第 2 类板件：板件同时存在受压区与受拉区，且 $|\sigma_1| \geq |\sigma_2|$

参照 Eurocode-3 中对柔薄截面纯弯构件腹板有效宽度的规定，并将其推广至板件的拉弯受力状态，

2a）当 $b_0/t_w \leq 120\sqrt{235/f_y}$ 时，板件全截面有效；

2b）当 $b_0/t_w > 120\sqrt{235/f_y}$ 时，在靠近受压翼缘一侧，腹板有效宽度 $b_{e1}=24t_w\sqrt{235/f_y}$；在靠近受拉翼缘一侧，腹板有效宽度为 $36t_w\sqrt{235/f_y}$ + 受拉区宽度。当 $60t_w\sqrt{235/f_y}$ + 受拉区宽度 $\geq b_0$ 时，板件全截面有效。

第 3 类板件：板件同时存在受压区与受拉区，且 $|\sigma_1| < |\sigma_2|$

参照 Eurocode-3 中对半厚实截面纯弯构件腹板有效宽度的规定，并将其推广至压弯板件，并参照《钢结构设计规范》（GB50017-2003）第 5.4.2 条、第 5.4.3 条和第 5.4.6 条对受压构件腹板的规定，

3a）当 b_0/t_w 满足判断条件式（10-4-8）或式（10-4-9）时，全截面有效；

3b）当 b_0/t_w 不满足判断条件式（10-4-8）或式（10-4-9）时，在靠近受压翼缘一侧，腹板有效宽度 $b_{e1}=20t_w\sqrt{235/f_y}$；在靠近受拉翼缘一侧，腹板有效宽度为 $20t_w\sqrt{235/f_y}$ + 受拉区宽度。

板件高厚比限值判断条件如下：

当 $0 \leqslant \alpha_0 \leqslant 1.6$ 时，

$$\frac{h_0}{t_w} \leqslant 0.8(16\alpha_0+0.5\lambda+25)\sqrt{\frac{235}{f_y}} \qquad \text{式（10-4-8）}$$

当 $1.6 < \alpha_0 \leqslant 2.0$ 时，

$$\frac{h_0}{t_w} \leqslant 0.8(48\alpha_0+0.5\lambda-26.2)\sqrt{\frac{235}{f_y}} \qquad \text{式（10-4-9）}$$

其中，$\alpha_0 = \dfrac{\sigma_2-\sigma_1}{\sigma_2}$

式中，λ—构件在弯矩作用平面内的长细比；当 $\lambda < 30$ 时，取 $\lambda=30$；当 $\lambda > 100$ 时，取 $\lambda=100$。

第 4 类板件：板件全截面受压（$\sigma_1 < 0$）

参照《钢结构设计规范》（GB50017-2003）第 5.4.2 条、第 5.4.3 条和第 5.4.6 条对压弯构件腹板的规定，

当 $\dfrac{b_0}{t_w}$ 满足判断条件式（10-4-8）或式（10-4-9）时，全截面有效；

当 $\dfrac{b_0}{t_w}$ 不满足判断条件式（10-4-8）或式（10-4-9）时，可考虑板件两端的有效宽厚

$$b_e = 20t_w\rho\sqrt{\frac{235}{f_y}}$$

其中，ρ 为板件有效宽度修正系数，主要考虑当板件最大压应力值较低时对有效宽度的有利影响。

$$\rho = \sqrt{\frac{\max|\sigma_A,\sigma_B,\sigma_C,\sigma_D|}{\sigma_2}} \qquad \text{式（10-4-10）}$$

式中，$\sigma_{A,B,C,D}$—分别为按毛截面计算时构件 4 个角点的应力值。

四类板件的应力状态与相应的有效宽度取值方法如表 10-21 所示，单轴受弯与双轴受弯薄壁箱形截面构件的中性

板件应力状态与有效宽度取值 **表 10-21**

	第 1 类板件	第 2 类板件	第 3 类板件	第 4 类板件
应力状态	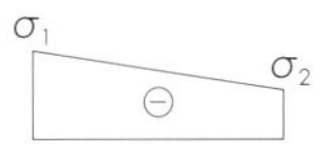 σ_1 ⊖ σ_2	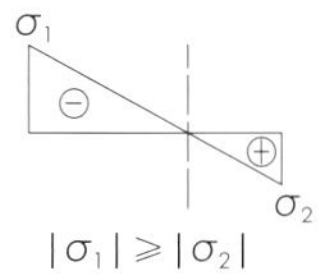 σ_1 ⊖ ⊕ σ_2 $\lvert\sigma_1\rvert \geqslant \lvert\sigma_2\rvert$	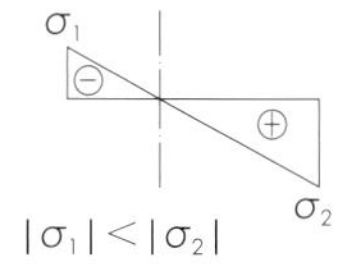 σ_1 ⊖ ⊕ σ_2 $\lvert\sigma_1\rvert < \lvert\sigma_2\rvert$	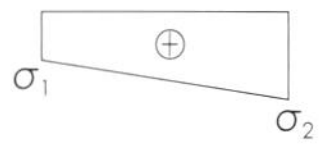 ⊕ σ_1 σ_2
有效宽度	1） 	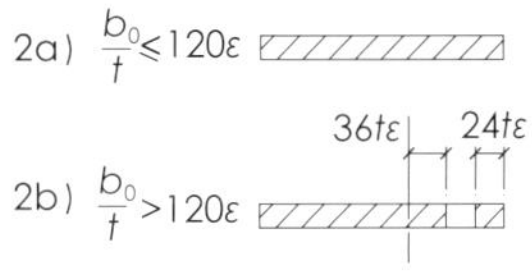 2a）$\frac{b_0}{t} \leqslant 120\varepsilon$ 2b）$\frac{b_0}{t} > 120\varepsilon$ $36t\varepsilon$ $24t\varepsilon$	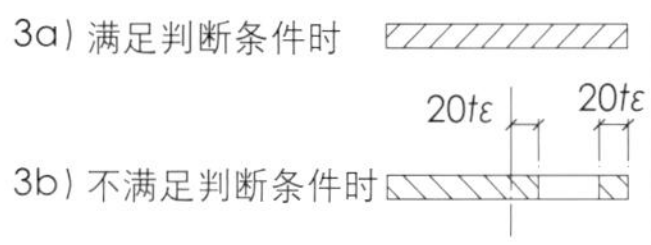 3a）满足判断条件时 3b）不满足判断条件时 $20t\varepsilon$ $20t\varepsilon$	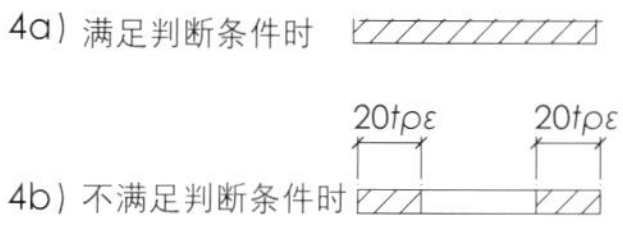 4a）满足判断条件时 4b）不满足判断条件时 $20t\rho\varepsilon$ $20t\rho\varepsilon$

注：$\varepsilon = \sqrt{235/f_y}$。

单向受弯薄壁箱形截面构件应力状态与有效截面示意 **表 10-22**

	全截面受拉	部分受拉，部分受压		全截面受压
应力状态	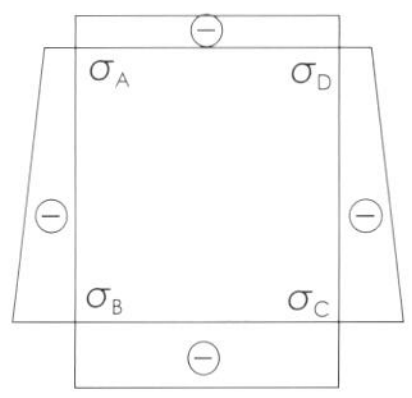 ⊖ σ_A σ_D ⊖ ⊖ σ_B σ_C ⊖	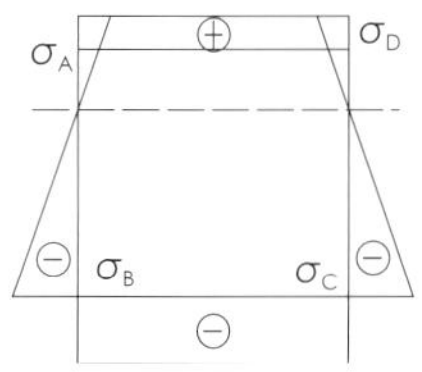 σ_A ⊕ σ_D ⊖ σ_B σ_C ⊖ ⊖	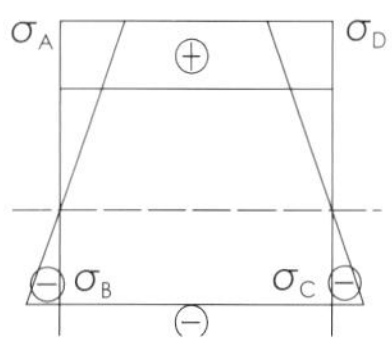 σ_A ⊕ σ_D ⊖ σ_B σ_C ⊖ ⊖	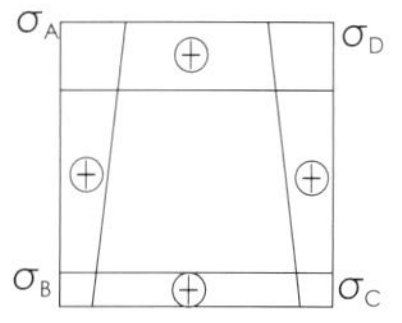 σ_A ⊕ σ_D ⊕ ⊕ σ_B ⊕ σ_C
有效截面		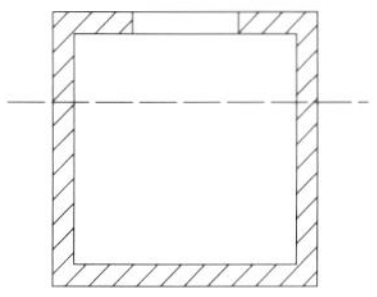	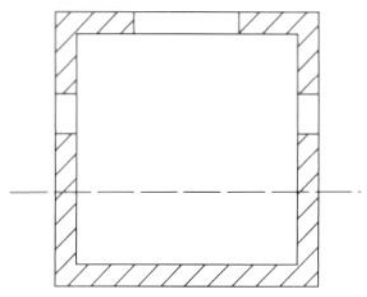	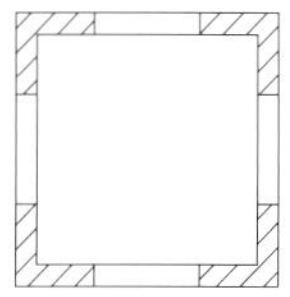

双向受弯薄壁箱形截面构件应力状态与有效截面示意　　表 10-23

	全截面受拉	部分受拉，部分受压			全截面受压
应力状态					
有效截面					

轴与有效截面特性如表 10-22、表 10-23 所示。

在空间结构中，薄壁箱形构件可能受到拉、压、弯、剪、扭等各种内力的作用。由于约束扭转效应产生的翘曲应力较小，在薄壁箱形构件正截面验算时可不考虑。在按上节所述的方法得到薄壁箱形截面构件的有效截面特性后，可以分别进行正截面强度、抗剪强度、受压稳定性验算。此时，应考虑有效截面形心与毛截面形心之间偏移量的影响。

五、扭曲薄壁箱形构件设计

国家体育场屋盖结构的几何构型非常复杂，建筑造型与结构体系完全一致，立面和肩部构件均为扭曲箱形构件，随着屋盖表面曲率的变化而弯曲、扭转，从而保证了立面箱形构件的光滑平顺。桁架柱由菱形内柱与近似方形的外柱及腹杆组成，位于桁架柱顶部的外柱主要承受拉力。由桁架柱和主桁架构成的主结构与屋面及立面的次结构一起形成了国家体育场“鸟巢”结构的特殊建筑造型。

扭曲箱形构件的几何构型特殊，加工制作难度大，受力机理复杂，受拉时会产生很大的弯曲效应。虽然柱顶辐条式腹杆和立面次结构对扭曲箱形构件有较大的约束作用，但由于构件的壁厚较薄，板件容易出现面外变形。

迄今为止，国内外对于焊接薄壁箱形构件、圆弧形构件的研究较多，但尚未见到针对扭曲箱形构件的相关研究。由于扭曲箱形构件在建筑工程中的应用尚属首次，国内外目前均无相关的经验，在设计过程中对其受力机理与设计方法进行了深入的研究，除了进行大量的有限元计算分析外，还在清华大学土木工程系进行了缩尺模型试验，验证设计方法的可靠性，确保扭曲箱形构件设计安全合理。

扭曲构件的截面尺寸均为□ 1200mm × 1200mm，随着屋盖表面曲率的变化而弯曲、扭转，从而保证了构件的光滑性与相交构件之间的连续性。

由主桁架与桁架柱形成的主结构，在竖向荷载作用下，桁架柱外柱顶部受拉，辐状腹杆受压。为了对扭曲箱形构件的受力性能进行能深入研究，选取外柱在相邻腹杆之间的区段作为研究对象。同时，为了把握桁架柱整体受力性能，考察连续扭曲箱形构件、外柱与辐状腹杆 T 形节点的受力特点，避免边界条件的影响，对桁架柱顶局部模型进行分析。

由于扭曲箱形构件截面的角度沿轴线不断变化，且构件的壁厚较薄，板件受力不均匀，板件面外变形量很大，弧形翼缘容易发生面外变形。为了解决以上问题，在设计中提出设置横向加劲肋的方法，有效约束弧形翼缘的面外变形，使构件截面应力分布比较均匀，增强构件的整体刚度。扭曲箱形构件设置内部加劲肋的方式如图 10-39 所示。

为了考察构件内部加劲肋的作用机理，优化加劲肋的形式、间距和厚度等各种参数对构件受力性能的影响，进行了大量的计算分析、试验研究与加工制作可行性研讨。在国家

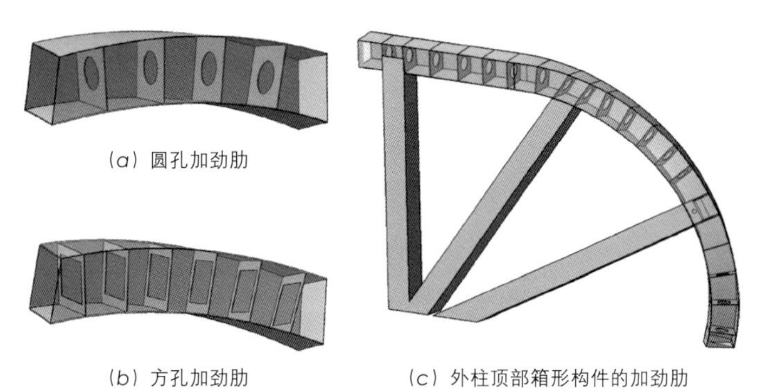

(a) 圆孔加劲肋

(b) 方孔加劲肋　　(c) 外柱顶部箱形构件的加劲肋

图 10-39　扭曲箱形构件内部加劲肋的形式

体育场设计中，扭曲箱形构件采用如下设计原则：

（1）通过设置内部加劲肋的方式，改善扭曲箱形构件的刚度、应力分布及局部变形性能。

（2）通过调整板件厚度、加劲肋间距等措施，使实体单元模型达到与杆件单元模型强度等效与刚度等效。

（3）确定加劲肋形状时，除考虑结构受力要求外，兼顾焊接操作空间、节约材料等方面的因素。

扭曲箱形构件的几何特征是，构件翼缘为扭曲的弧形板，以单向圆弧为主；腹板为扭曲平板，以平面为主。尽管构件在实际结构中的受力状态非常复杂，但对于箱形构件的板件而言，则主要表现为受拉或受压等简单情况。为了便于理解弧形扭曲箱形构件的基本受力形态，首先以箱形构件受弯情况为例进行分析。典型的空间扭曲构件如图 10-40 所示，构件截面尺寸为□ 1200mm × 1200mm，弧形轴线位于垂直地面的平面内，两端作用弯矩，上翼缘受拉，下翼缘受压。受拉上翼缘下凹，有被拉直的趋势，应力分布极不均匀，角部拉应力大，内部拉应力逐渐降低，中间应力接近于零；下翼缘与上翼缘相反，中部内凹变形显著，角部压应力很大，内部压应力逐渐降低，中间应力接近于零；腹板受力状态与普通箱形构件相同，应力基本上为直线分布。此外，翼缘的内、外表面应力存在一定差别，说明翼缘有面外弯曲变形；应力分布沿构件的长度方向逐渐变化，反映出构件逐渐扭曲的影响。

薄壁扭曲箱形构件在纯弯状态下截面的应力分布如图 10-41 所示。

在国家体育场大跨度结构设计中，采用杆件单元进行结构的整体计算分析，并在此基础上进行构件验算与截面优化。同时，为了准确把握扭曲箱形构件的受力机理及影响因素，利用大型三维建模软件 CATIA 建立扭曲箱形构件模型，采用实体单元对扭曲箱形构件进行计算分析。

壳单元模型的应力分布于变形情况如图 10-42 所示。从图中可以看出，扭曲箱形构件受拉时的应力分布情况与双向偏心拉弯构件比较接近。空间扭曲箱形构件在拉伸作用下的受力形态与拱形构件类似，构件矢高在跨中产生很大的附加弯矩，附加弯矩与拉力叠加后将在跨中内侧弧形翼缘出现较大的拉应力值，翼缘板件产生显著的面外变形，有被拉直的趋势。反之，外侧弧形翼缘的应力值较小。扭曲箱形构件腹板的受力状态与箱形构件接近。在扭曲箱形构件内部设置加劲肋后，应力分布得到改善，板件面外变形受到有效的约束。

扭曲构件试验模型，几何缩比为 1/4。扭曲构件与三根斜柱均采用焊接箱形截面，但三根斜柱均为普通箱形截面。从内柱 A 顶部开始到左支座，扭曲构件在其平面内弯曲，圆

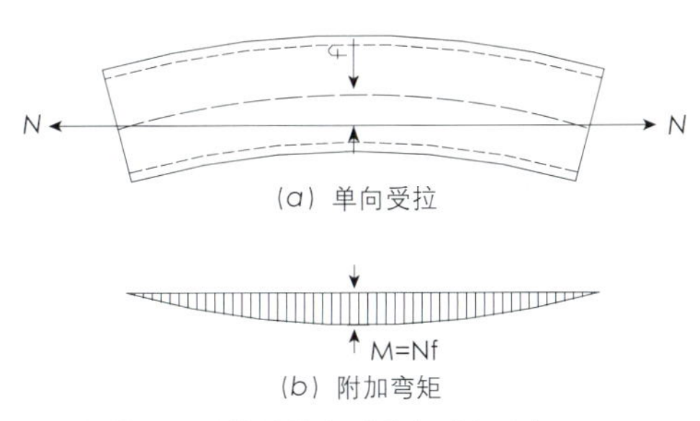

图 10-40　弧形构件单向受拉与附加弯矩

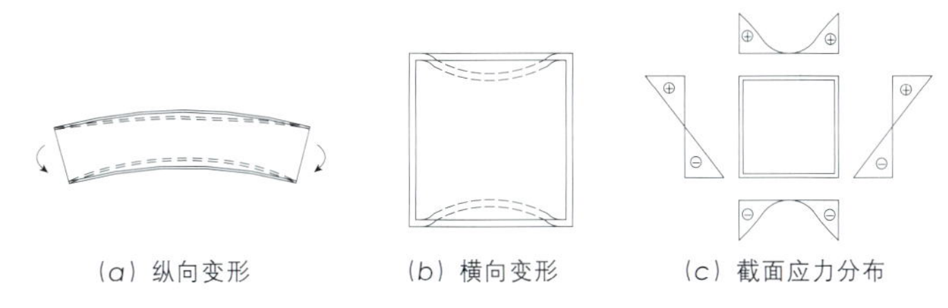

图 10-41　薄壁扭曲箱形构件在纯弯状态下的变形与应力分布

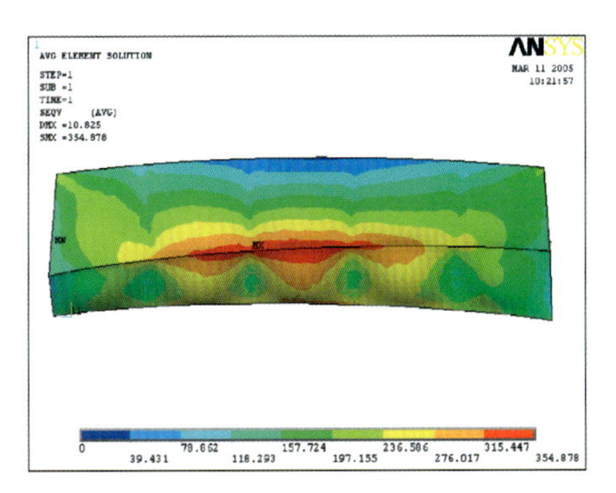

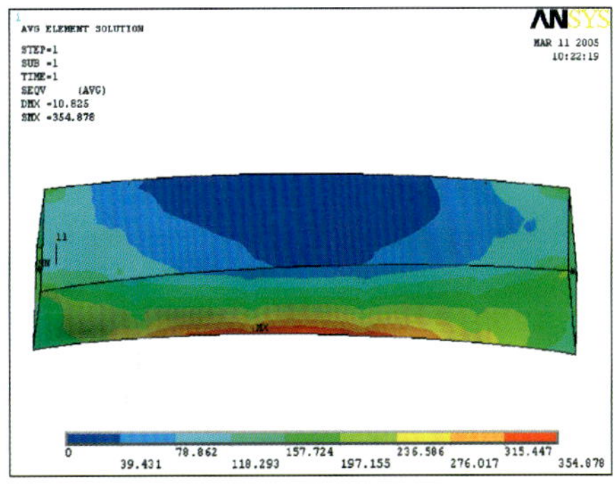

(a) Mises 应力（MPa）

(b) 变形（mm）

图 10-42　加劲肋间距为 1200mm 的扭曲箱形构件

心角约 104°，同时，箱形截面沿构件轴线方向逆时针旋转约 45°。节间 1、2 杆件截面边长 300mm、板厚 4.9mm；节间 3 杆件截面边长为 300mm，板厚为 5.8mm。扭曲构件内部设有间距 300mm 的横向加劲肋。

模型的右支座通过压梁固定在试验台座上，左支座通过螺杆固定在试验台座上。左、右支座之间用工字钢梁连接，保持模型的整体性，并共同抵抗水平力。在右支座与反力墙之间设置一根钢梁，防止模型受拉时发生水平滑动。用两个加载能力各为 1000kN 的电液伺服千斤顶给模型施加拉力。两个千斤顶的一端通过加载梁与模型顶部铰接连接，另一端与反力墙铰接连接，拉力作用线保持水平。用位移控制加载，两个千斤顶给模型施加的位移相等。

扭曲构件模型试验可以有效避免边界条件的影响，试验结果比较真实地反映构件的实际受力状态。扭曲构件在拉力达设计拉力水平时，实测的拉力 - 顶点水平位移关系为线性弹性，结构整体处于弹性；在试验过程中没有发现构件有焊缝撕裂或局部屈曲等明显的破坏现象。根据试验结果，扭曲构件的极限承载力至少可达构件设计承载力的 2.28 倍，说明结构具有较大的安全储备。

六、大型柱脚设计

国家体育场桁架柱由两根外柱和一根菱形内柱构成，几何关系复杂，构件尺度很大，柱底内力巨大。其受力特点是：在各工况下桁架柱柱脚均受到竖向压力作用，且受到向外的环向弯矩 Mx 非常大，其反向弯矩较小；径向弯矩 My 的绝对值比环向弯矩小得多且正反向相差不大；除扭矩外，其余内力项如轴力和剪力的绝对值虽然很大，但比环向向外的弯矩小得多。由于国家体育场桁架柱的柱底内力、特别是向外的环向弯矩 Mx 非常大，且桁架柱底部的截面尺寸达 5 ~ 6m，若按照普通外露式柱脚设计则柱脚刚度及受弯承载力均远远不够；若按照《高层民用建筑钢结构技术规程 JGJ99》中箱形柱脚埋入 3 倍截面高度的要求进行设计，混凝土承台尺寸将过于庞大，不仅造价大大增加，而且施工难度大、工期长；若采用普通外包式柱脚则不仅要求外包混凝土的体积大，而且同样 3 倍截面高度的外包混凝土高度要求，不仅建筑师不能接受，在经济技术性能上也不合理。

由于国家体育场桁架柱柱脚的特殊重要性与复杂性，可以参考的国内外工程经验很少，迄今为止，在混凝土承台设计时，对柱底向下冲切与桩顶向上冲切的效应研究较多，而对钢柱脚锚固件的承载力计算方法研究很少。因此，如何根据国家体育场实际受力特点，提出适当的柱脚形式，保证柱底内力传递，减小承台厚度、优化桩型与布桩方案，是保证结构安全性、控制工程造价必须解决的问题。

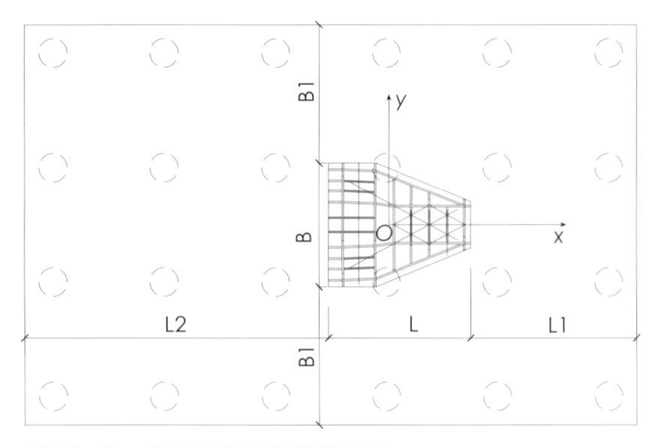

图 10-43　典型承台及柱脚平面图

国家体育场钢屋盖设计时柱脚采用固定式，整体计算时假定为理想嵌固边界条件，典型柱脚及承台平面如图 10-43 所示。固定式柱脚具有传力简单可靠、无需维护以及施工过程基本不需要临时支撑的优点。

设计时根据国家体育场大跨度钢结构柱脚的实际受力特点，提出了一种适用于大型钢结构的半埋入式柱脚，可以有效地传递柱底内力，减少柱脚埋深。一般而言，埋入式柱脚受弯承载力和刚度较大，但同时埋深也较大，当钢柱截面尺寸增大将导致基础高度相应增大；外露式柱脚的受弯承载力和刚度较小，但基础高度容易控制。可见，如何在有效地传递柱底弯矩、保证抗弯刚度的同时，尽量减小基础承台的高度，是柱脚设计中的主要问题，经过反复的比较论证，并通过有限元分析和试验研究，针对国家体育场桁架柱的柱底内力、特别是弯矩巨大的特点，提出一种新型的半埋入式柱脚构造。半埋入式柱脚主要由箱形刚性底板、锚固件和配筋承台三部分组成，其不同于外露式与埋入式柱脚的主要特点为：

1. 刚度很大的箱形底板。整个箱形底板均埋在混凝土承台内部，并在基础表面和其他适当的位置处设置水平与竖向加劲肋，同时在箱形底板内部灌注无收缩混凝土，以增强柱脚底板的刚度与耐久性；

2. 型钢锚固件。为抵抗柱底弯矩产生的巨大拉力，在箱形底板下部设置了型钢锚固件，以保证柱脚具有足够的抗拔承载力和刚度；

3. 在混凝土承台中配置三向钢筋网，提高柱脚的抗拔与受剪的承载力，增强钢柱脚－混凝土承台的整体抗弯性能。

国家体育场钢结构桁架柱典型柱脚构造的三维视图见图 10-44。

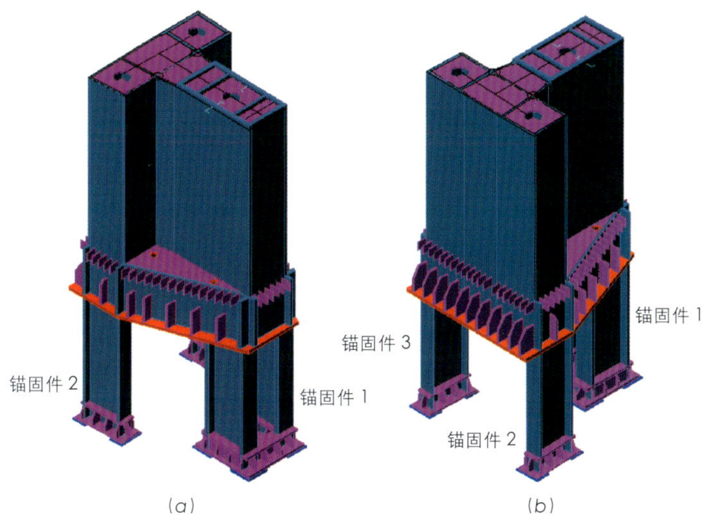

图 10-44　柱脚构造三维视图

试件包括柱脚锚固件和混凝土承台两部分。锚固件的原型为 P9 桁架柱柱脚锚固件，包括锚臂和锚座；混凝土承台根据锚固件抗拔要求及试验能力，在原型的基础上作了适当调整。试验模型均按 1：5 缩尺，并根据埋深和配筋的不同分为两组共四个试件。其中混凝土承台试验室浇筑，钢柱脚锚固件由钢结构厂加工。

柱脚锚固件上沿埋深方向各测点的应变在前期上大、下小，后期上、下应变比较接近，说明开始阶段栓钉对锚固段的锚固起到了重要作用，但随着混凝土的开裂直至破坏的过程中，这种作用逐渐趋弱。柱脚锚固件拔出的破坏形态为整个锚固件沿 45° 左右的冲切线拔出，抗拔锥体呈斗形。这一规律与混凝土承台在柱底压力下发生冲切破坏的特征非常接近。

未配抗拔钢筋试件延性较差，破坏呈脆性；配置抗拔钢筋后，试件混凝土承台的初始开裂荷载、进入弹塑性荷载、显著开裂荷载和极限荷载均较不配抗拔钢筋的混凝土承台显著提高，其极限荷载的提高程度均高于前几个阶段。说明抗拔钢筋对提高其后期承载力的作用明显。

配抗拔钢筋的混凝土承台进入明显弹塑性时的位移、显著开裂时的位移、最大弹塑性位移以及相应的荷载值均明显大于不配抗拔钢筋的混凝土承台，说明配置抗拔钢筋能较大地提高混凝土承台的延性。

埋深对构件的承载力有较大影响，埋深较浅的试件极限承载力较小，拔出位移量较小；埋深较深试件的极限承载力较大，拔出位移量较大，增加埋深对抗拔承载力有明显提高。在配置足够抗拔钢筋的情况下可适当减小锚固件的埋深。

对柱脚锚固件的锚座上混凝土应变块的应变监测表明，在有肋板位置的应变值明显大，且应变值的变化与锚座的变形密切相关，显示了二者相互作用的特点。在破坏的最后阶段，锚臂上拉力基本均传递至锚座翼缘，因此，锚座的设计应充分考虑此荷载作用。

七、超长混凝土结构设计

（一）超长混凝土结构概念设计

国家体育场超长混凝土结构在概念设计方面都是遵循研究成果而采取的措施，措施包括：

1. 将整个看台部分用伸缩缝分为 6 块；
2. 每块的核心筒尽量向中间靠拢；
3. 适当增加板厚，加大梁宽；
4. 看台采用预制看台，看台板两端处理成铰节点；
5. 进行混凝土组分专项设计；
6. 集散大厅层均设保温层；
7. 间隔 40m 左右，设置结构后浇带；
8. 双向设置双层通长温度钢筋，应力集中部位加强配筋；
9. 不同部位采取有针对性的不同措施，如施加预应力、使用适宜的外加剂、采用纤维混凝土等。

（二）上部结构

此处所指上部结构为二层集散大厅层及以上部分。

根据前面各节的研究，计算条件及参数选取如下：

1. 冬季室外空气日平均温度：-15.9℃（取 30 年一遇最低日平均温度）；
2. 冬季特殊使用地上部分室内日平均温度：同室外空气温度；
3. 后浇带浇注后 24 小时平均气温：10±5℃；
4. 混凝土当量温差：16.2℃；
5. 混凝土收缩应力的松弛系数均取为 0.3；
6. 温度应力的松弛系数均取为 0.4。

将上述计算外部条件输入计算程序 PMSAP 进行温度应力计算，得到的结果如下：

1. 三层及三层以上的楼板拉应力较小，普遍小于 0.5MPa；
2. 二层的楼板拉应力较大，个别应力集中处达 3MPa，一般位置的拉应力为 1.0～2.1MPa，小于 f_{tk}=2.39MPa；
3. 竖向构件温度内力远小于有地震工况组合并经调整后的设计内力。

依据计算结果，上部结构的水平构件及竖向构件的裂缝控制主要是针对静力荷载及地震作用下的裂缝控制，与普通工程相同，不考虑温度应力与混凝土收缩应力的影响。

在构造方面，采用双层双向设置通长钢筋 ϕ12@150，配筋率不小于 0.8%，结果证明效果良好，极少见到裂缝情况。

一层集散厅部分计算模型分四部分给出计算结果：下层看台部分、水平楼座部分、板柱部分和板柱与楼座连接部分。

（三）超长混凝土结构地下室底板及外墙裂缝控制措施

在上一节中已经提及，当地下室底板及外墙受到较大约束时（尤其是采用桩基础的地下室），在其上采用预应力技术的效果较差，希望通过施加预应力来抵消轴向拉应力是十分困难的，在处理超长地下室轴向力的问题时通常是仅采用非预应力钢筋。主要是采用增大地下室底板及外墙的普通钢筋配筋率，使得裂缝以细而密形式出现，然后采取堵漏措施进行弥补。

在定量控制方面，分为两个层次：在正常使用情况下，尽量避免地下室底板及外墙开裂；在特殊使用情况下允许开裂，但要控制裂缝宽度小于 0.2mm。

对于正常使用情况，地下室空气温度一般日平均不会低于 0℃，而基础底板与外墙一侧还与土体接触（地面 800mm 以下就可不考虑受冻了），平均温度分别取为 5℃和 3℃。在特殊使用情况下，由于地下室有相当的埋深，地下室空气温度也会高于室外空气温度，再考虑到基础底板上一般有 300mm 或 400mm 厚的建筑面层做法，所以将特殊使用时基础底板的平均温度定为 2.5℃，应该是偏于保守的；将特殊使用时地下室外墙的平均温度定为 0℃，也是比较合适的。

对于特殊使用情况，主要是采取构造措施限制裂缝宽度。基础底板双向配筋率均不小于 0.6%，外墙水平筋配筋率不小于 0.8%，再辅之以一定量的纤维，很多工程的实践证明是行之有效的。国家体育场项目采取上述措施，部分地下室施工完成至今已经一年多了，未发现明显开裂情况。另外还需要强调一点，由于温度及混凝土收缩变形引起的轴向内力，当有裂缝出现时，将得到很大程度的释放。这一点对于控制裂缝宽度比较有利。

（四）超长混凝土结构楼板裂缝控制措施

在超长结构设计时，控制混凝土楼板贯通裂缝主要有以下两种方法。1. 在楼板中布置保证一定的配筋率的间距较密的普通温度应力钢筋。配置普通钢筋虽然不能避免楼板出现裂缝，但可以有效控制裂缝的数量及宽度，形成细而密的裂缝形式。单纯考虑混凝土收缩应力或温度应力所产生的裂缝属于贯通型裂缝（此处忽略由于构件内外温度不均匀而产生的表面裂缝），所以在计算钢筋面积时不能考虑混凝土的作用。根据以往的设计经验，对于薄板而言，在钢筋布置较密的前提下，当满足板中双面通长钢筋配筋率不小于 0.6% 时，即便板中拉应力略大于混凝土抗拉强度，开裂情况也不严重，多为细而密的非贯通裂缝且裂缝宽度不大于 0.2mm。2. 在楼板中设置预应力钢筋，对楼板施加预压力，保证在正常使用条件下楼板不出现贯通裂缝。此时，可以考虑混凝土的抗拉强度。

如果采用普通钢筋方案，一般说来钢筋用量较大，且会有裂缝出现。而采用预应力钢筋方案，可以充分利用混凝土的抗拉强度，具有较好的技术经济指标；并可做到使楼板不开裂。但是，预应力钢筋的施工过程较为复杂。

对于竖向荷载较大，挠度要求较高的楼板、承受动荷载的楼板，混凝土板一旦出现贯通裂缝，将会由于振动的影响而继续开展、或者是防水、结构的耐久性要求较高的楼板，一般还是采用在楼板中设置预应力钢筋的方法较为合理有效。

在应用后张预应力技术时，应注意预应力钢筋的张拉顺序。施工时，应与后浇带结合采用分段张拉，一般每 2 ~ 3 跨张拉一次。此项措施对于保证预应力的效果有非常重要的意义。一方面可以减小预应力损失；另一方面可以大大减小预压力对于竖向构件的影响，提高水平构件中的有效预压力。

超长结构设计中，应避免贯通裂缝出现，但一般应允许混凝土楼板表面开裂，裂缝控制等级为三级，应满足 $w_{max} \leq w_{lim}$，见《混凝土结构设计规范》中式（8.1.1-4）式。对于普通钢筋楼板，裂缝宽度就可以按照《混凝土结构设计规范》中 8.1.2 条分别计算；对于预应力钢筋楼板同样按照上条计算，但是 σ_{sk} 的计算时规范只给出了轴心受拉构件和受弯构件两种情况。当预应力构件为偏心受压时，利用纯弯公式计算偏于安全，此处不考虑；但是当预应力构件为偏心受拉时，σ_{sk} 的取值可否采用轴心受拉和受弯公式计算得到的 σ_{sk} 之和规范没有明确说明，我们认为这样处理是可以的。新近出版的《无黏结预应力混凝土结构技术规程》（JGJ 92—2004）中提出采用受拉边缘混凝土与裂缝宽度相应的名义拉应力控制。

八、混凝土结构耐久性设计

国家体育场项目的耐久性设计使用年限为 100 年，其中的混凝土部分（包括基础、基座和看台）无论整体还是局部构件，耐久性设计使用年限均为100年，不考虑正常使用条件下更换局部构件的情况，包括预制看台。

综合分析国家体育场项目周边的环境条件及使用过程中的环境因素，可以初步判定：国家体育场混凝土结构所处的环境分类为一般环境等级，主要的环境危害是由于碳化引起的钢筋锈蚀。

国家体育场地上混凝土看台部分的环境状况大致可分为四种：1. 三层（餐厅层）和四层（包厢层），四周有玻璃幕墙封闭，属于室内环境；2. 一层、二层、五层、六层及七层，虽然四周不封闭，属于开敞空间，但是由于其上有看台遮挡及空间钢桁架上下弦膜结构的遮挡，与雨雪不直接接触；3. 预制看台部分，属于露天结构，但由于空间钢桁架上下弦膜结构的遮挡，与雨雪不直接接触；4. 下层预制看台前端及摄影沟，虽然位于钢结构中央开口投影之外，但是应当考虑雨雪飘落的情况及冻融作用的可能。

国家体育场地下混凝土部分的环境状况大致可分为三种：1. 地下室属于室内环境；2. 桩基、承台、基础底板及地下室外墙，属于长期与水或湿润土体接触的土中构件；由《国家体育场岩土工程勘察报告》及《国家体育场水文地质勘察报告》得知："本场区深度15m范围内的土对混凝土结构及钢筋混凝土结构中的钢筋均无腐蚀性。第1层地下水（台地潜水）、第2层地下水（层间水）、第3层地下水（潜水）和第4层地下水（承压水）对混凝土结构均无腐蚀性，但在干湿交替作用条件下对钢筋混凝土结构中的钢筋均具有弱腐蚀性。" 3. 基座顶板，应考虑干湿交替的环境影响；另外由于覆土厚度小于标准冻深厚度，基座顶板可能受冻，所以应考虑冻融作用。

依据《混凝土结构设计规范》（GB 50010—2002），国家体育场混凝土部分的环境类别分为三类：1. 室内部分（包括三层、四层及地下室）环境类别为Ⅰ类，属于室内正常环境；2. 有顶盖遮挡的露天环境（包括一层、二层、五层、六层、七层及预制看台部分）为Ⅱ a类，属于室内潮湿环境；3. 露天或与土壤接触的环境（包括桩基、承台、基础底板、地下室外墙、基座顶板、摄影沟及下层预制看台前端）为Ⅱ b类，属于寒冷地区的露天环境及与无侵蚀性的水与土层直接接触的室外环境。

同《混凝土结构设计规范》相比，《混凝土结构耐久性设计与施工指南》（CCES01—2004）在环境分类上更加明确；按照对混凝土结构的不同腐蚀作用机理，将结构所处环境分为5类。同时按照环境作用对混凝土结构侵蚀的严重程度的不同，划分了6个环境作用等级。

参照《指南》，国家体育场混凝土部分的环境分类可分为两类：Ⅰ类和Ⅱ类。Ⅰ类为一般环境，无冻融、盐、酸等作用；主要的环境损伤为碳化引起的钢筋锈蚀。Ⅱ类为冻融环境，主要的环境损伤为反复冻融引起的混凝土冻蚀。结合环境作用等级，进一步可将环境作用对于混凝土结构的侵蚀分为4个级别：Ⅰ-A级、Ⅰ-B级、Ⅰ-C级、Ⅱ-C级。具体解释如下：

Ⅰ-A级：环境类别Ⅰ类，环境作用等级A级，作用程度可忽略。具体结构部位为三层、四层及地下室等室内部分。

Ⅰ-B级：环境类别Ⅰ类，环境作用等级B级，作用程度轻度。具体结构部位为一层、二层、五层、六层、七层及预制看台等有顶盖遮挡的露天环境，以及桩基、承台、基础底板、地下室外墙等与土层接触的环境。

Ⅰ-C级：环境类别Ⅰ类，环境作用等级C级，作用程度中度。具体结构部位为基座顶板，因为基座顶板属于干湿交替环境。虽然基座顶板有受冻的可能，但是考虑基座顶板上有永久的挤塑板保温措施及防水做法和混凝土刚性地面做法，基座顶板受冻及遇水的可能性很小；即使受冻，由于存在较厚的覆盖层（最薄处300mm厚），所以冻融循环的次数很少（每年一至两次），对混凝土造成冻融损伤的可能性就更小了。综上分析，不考虑基座顶板处于冻融环境。

之所以认为基座顶板的环境作用等级为C级，是考虑防水的有效使用寿命小于100年，当局部防水失效时，基座顶板局部会处于干湿交替环境。但是客观地说基座顶板并不属于严酷的干湿交替环境。一方面，覆盖层的存在会大大减少干湿交替循环的次数；另一方面，防水失效只会造成局部基座顶板的环境恶化，且可以通过维修恢复防水效果。所以，基座顶板可以按照略低于C级的环境作用等级标准进行耐久性设计。

Ⅱ-C级：环境类别Ⅱ类，环境作用等级C级，作用程度中度。具体结构部位为摄影沟及下层预制看台前端，因为摄影沟及下层预制看台前端属于寒冷地区受雨雪影响环境，且雨雪中不考虑存在氯盐。

由于摄影沟及下层预制看台前端是完全暴露的构件，便于及时发现问题，及时检修；而且即便出现了耐久性问题，对于整体结构也没有影响。所以，在设计中，针对上述部位并不采取特殊的措施，结构做法与周围构件相同，方便施工。

（一）混凝土及混凝土组分设计

混凝土及混凝土组分设计在耐久性设计中具有重要的意义，一方面可以保证混凝土的耐久性品质；另一方面可以通过控制混凝土各组分，达到减小混凝土水化热，减小混凝土收缩，防止混凝土开裂的目的。

混凝土设计主要包括：混凝土的强度等级、水胶比、胶凝材料的最大与最小用量、混凝土中有害物质总量控制、混凝土特殊性能等。具体内容如下：

1. 混凝土强度等级：主要受力构件混凝土强度等级不小于 C40，预制混凝土构件的混凝土强度等级为 C50。

2. 水灰（胶）比：水灰（胶）比应适中。满足混凝土和易性前提下，综合考虑掺合料及外加剂等其他因素后，水灰（胶）比应取小值，混凝土水胶比控制在 0.42 以下，不宜过小。

3. 水泥用量（含掺合料）：最小胶凝材料用量不得小于 320kg/m^3。混凝土的胶凝材料总量不宜高于 450kg/m^3。

4. 避免使用碱活性骨料，当使用碱活性骨料时，混凝土各组分（含外加剂）中的含碱量小于 3kg/m^3。

5. 混凝土各组分（含外加剂）中的氯离子含量小于胶凝材料重量的 0.06%。

6. 混凝土特殊性能要求：基础底板、桩承台采用补偿收缩混凝土，抗渗等级 P8 级；地下室外墙采用补偿收缩混凝土，抗渗等级 P8 级，掺加聚丙烯纤维；基础底板、承台、地下室外墙可采用 60 天的混凝土强度等级；人防顶板采用防水混凝土，抗渗等级 P8 级；预制混凝土构件掺加聚丙烯纤维。

（二）钢筋保护层厚度

《混凝土结构设计规范》与《混凝土结构耐久性设计与施工指南》在钢筋保护层的定义上存在着差异。《混凝土结构设计规范》规定：混凝土保护层自纵向受力钢筋边缘算起；而《混凝土结构耐久性设计与施工指南》中规定：混凝土保护层自钢筋（包括主筋、箍筋和分布筋）边缘算起。显然，《指南》对于钢筋保护层的要求比《混凝土规范》提高了很多。综合考虑依据的权威性、结构强度、结构造价及结构自重等因素，设计中主要还是依据《混凝土规范》，兼顾《指南》的要求。

（三）裂缝控制

裂缝控制是国家体育场混凝土结构耐久性设计的重点。由于国家体育场混凝土结构部分属于超长混凝土结构，其裂缝的形成与控制措施具有与普通混凝土结构不同的特点。为此，设计过程中，针对超长混凝土结构的裂缝控制进行了深入的研究。

第十一章　膜结构设计

第一节　膜结构与膜材料

一、膜结构建筑的发展

（一）发展演变

膜结构是由帐篷结构发展而来。它充分利用材料的特性，轻盈、透光，可有一定跨度，易于安装、拆卸和搬运。随着材料的发展，膜结构所用的覆盖材料也逐步发展演变，结构体系和设计方法也在逐步发展演变。根据不同的结构受力特性形成了不同的结构形式，可分为充气式膜结构、张拉式膜结构、骨架式膜结构、组合式膜结构等几大类。

从材料上讲，早期的膜结构主要采用PVC涂层的聚酯纤维膜。由于优秀的耐久性和自洁性，PTFE涂层的玻璃纤维膜正得到更广泛的应用。而作为非纤维基材类的ETFE膜材，随着对其材料性能的研究不断探索，在欧洲也得到了很大发展，成为独特的一类膜结构建筑。

（二）膜结构的特点

膜结构属于柔性结构。膜材的透光性使膜结构的内部形成明亮的空间，单位面积内相对较轻的重量使其能轻易地跨越较大距离，形成完整的大空间，其结构形式具有很强的适应能力，可应用于大到体育场馆、展览馆、会议厅、机场候机厅等有大空间需求的建筑，小到街景小品等构筑物。

由于膜材料具有轻质、柔软、透光的特性，使得膜结构具有的造型独特、安装快捷、易于拆卸和更换等特点。

（三）膜材料的物理、力学性能

膜结构和膜材料的发展是相辅相成的，每当新型材料用于膜结构时都会促进膜结构的发展和演变，而新型膜结构形式又会对膜材料的性能提出新的要求从而促进膜材料研究的发展。现在已经有丰富的材料种类可以用于不同的膜结构形式。由于膜结构建筑多为永久性或半永久性建筑，其使用的膜材料就应具有高强、阻燃、耐久、自洁等特性，而在目前使用的膜材料中，氟化物树脂类膜材由于其优异的物理和化学性能，正越来越多地得到使用。

氟元素是元素周期表中最活泼的非金属元素，具有最强的氧化性。氟聚合物中的碳-氟键具有很高的键能，只有在阳光中占比例很小的波长小于220nm的光子才能使氟聚合物的碳-氟键破坏，因此氟聚合物具有高耐候性和极高的化学稳定性。

氟聚合物分为两大类：合成树脂和合成橡胶。其中常见的是合成树脂类即氟树脂，有聚四氟乙烯（PTFE）、聚全氟乙丙烯（FEP）、乙烯-四氟乙烯共聚物（ETFE）、乙烯-三氟氯乙烯共聚物（ECTFE）、聚偏氟乙烯（PVDF）、聚氟乙烯（PVF）、氟乙烯-乙烯基醚共聚物（FEVE）等众多氟树脂种类，其中聚四氟乙烯（PTFE）的产量最大，约占80%左右。在建筑膜材中，PTFE膜材也是应用最广泛的氟树脂材料。在国家体育场中使用的材料是PTFE和ETFE两种氟树脂。

PTFE的化学名称为：聚四氟乙烯（F4），PTFE为白色蜡状热塑性树脂，具有摩擦系数小、不吸水、不粘、不燃、耐候性好等特点，常温下PTFE不能被所有的化学药品侵蚀。聚四氟乙烯涂覆在纤维基布上而制成的PTFE膜材继承了PTFE树脂优良的物理和化学性能，是目前建筑界所使用的有机材料中化学性质最为稳定的一种材料。

PTFE膜材具有良好的防水性和自洁性，其表面不会产生去除不掉的污物，表面的灰尘和污物随着雨水的冲刷而易被带走，使表面光洁如新，这在雨水充沛的地区表现得尤其明显。PTFE膜材具有良好的抗老化性和耐候性，经过长时间使用后，还能保持较高的强度，根据实验和实际工程的数据，在PTFE使用20年后，其强度保持率为80%；PTFE膜材在高温和低温环境时也具有良好的柔韧性和伸展性。PTFE膜材的燃烧特性在德国被定为A2级，在中国经检测为B1级。

PTFE膜材根据涂覆工艺的不同，可以控制在玻璃纤维表面的涂覆的厚度，可制成无孔的防水膜材和穿微孔的吸声膜材。防水膜材多用于结构膜材，吸声膜材多用于室内膜材。

ETFE的化学名称为：乙烯和四氟乙烯共聚物（F40）。与聚四氟乙烯和聚全氟乙丙烯树脂相比，乙烯和四氟乙烯共聚物除耐热温度稍低外，保持了良好的电性能、耐化学品性能和耐老化性能等。它具有极好的耐磨性，冲击强度也很高；耐辐射性能大大提高，力学性能也得到改善，如刚性、韧性、硬度、冷流和蠕变都比聚四氟乙烯和聚全氟乙丙烯好；其尺寸稳定性也很好。ETFE已经成为高性能工程塑料的重要一员，广泛应用于家用电器、食品工业、模具、输送系统、医用器械、电器产品、建筑物的外表面、装饰材料等领域。

ETFE 膜材是 ETFE 母材经过热压成膜而成。单纯的 ETFE 薄膜为无色透明，类似胶片，ETFE 薄膜具有和母材相同的化学和物理特性。ETFE 膜材具有良好的防水性、抗老化性、自洁性、耐候性，并在高温和低温环境时也具有良好的柔韧性和伸展性，同时 ETFE 对不同波段的光线具有良好均匀的透过率，不会像玻璃一样有温室效应。

ETFE 还可通过添加填充剂，制成无色透明、蓝色透明、白色不透明以及具有抗紫外线、可吸收红外线等功能的膜材。还可通过物理方法制成磨砂型，以及在膜材表面印刷上不同的图案。国家体育场选用的 ETFE 膜材是无色透明，印刷银色小圆点。

ETFE 膜结构是一种新型的膜结构类型，目前在欧洲应用较多，多是气枕式结构，并开始出现单层的 ETFE 膜结构。由于目前 ETFE 膜结构主要是德国的公司在制作，其普及程度不大。随着更多的公司对 ETFE 膜材性能的深入研究，相信 ETFE 膜结构的形式将更加丰富。

二、国家体育场屋面维护结构是由钢结构和膜结构共同组成

（一）钢结构是屋面结构的主要支撑构件

国家体育场钢结构是由 24 根组合桁架柱向上经过肩部区域延伸至屋面，并与和内环相切的 48 榀 12 米高的主桁架梁为主要受力构件构成，同时钢结构也编织了次钢结构构件以及楼梯梁结构在一起，形成一个整体的钢结构体系。由于钢结构的主次结构、楼梯梁结构在外观上均保持一致，在立面至肩部的截面尺寸为 1.2m×1.2m，在屋面经过转换区截面变成上弦 1m×1m，下弦 0.8m×0.8m。主桁架上下弦之间连接有腹杆，同时主桁架与内环相切，且互相交织在一起。最终钢结构形成了空间交织的平面桁架结构体系。钢结构是膜结构的主要承力构件。

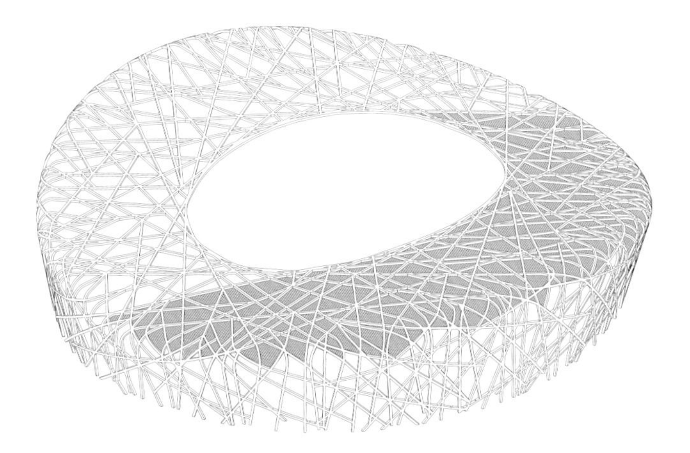

图 11-1　1/2 旋转对称的屋面钢结构

（二）膜结构的组成

1. 在上面的是位于钢结构上弦的透明的 ETFE 膜结构，它由内环边缘起至钢结构肩部为止，满铺于钢结构的格构之中，低于钢结构上表面 750mm，通过天沟与钢结构相连，同时 ETFE 膜结构自身也有支撑体系以保证其稳定。ETFE 膜结构的曲面与钢结构上弦及肩部平行；

2. 在下面的是位于钢结构下弦的半透明的 PTFE 声学吊顶膜结构，范围由内环边缘至看台后部。声学吊顶采用的是具有吸声特性的 PTFE 膜材。声学吊顶悬挂于下弦钢结构之下 600mm，为独立的板块。板块的形状与其对应的上部 ETFE 板块为相似形，声学吊顶的曲面在大面上与下弦钢结构的中心线所在曲面平行，并在看台后边缘的上空通过圆弧过渡至看台后部为止，最后成为看台后部的屏风；

3. 在内环边缘环绕一圈的是垂直于地面的半透明内环 PTFE 膜结构，由于此部分暴露于露天，采用的是防水 PTFE 膜材，内环立面的板块分割依据钢结构腹杆的投影；

4. 位于内环开口上空钢结构表面上的活动屋盖 ETFE 膜结构，活动屋盖是一套移动的机构，整体位于轨道上，平时卧于钢结构上表面南北两端，需要时通过传动装置将活动屋盖关闭起来。整个活动屋盖采用双层 ETFE 膜结构（活动屋盖在“奥运瘦身计划”时被取消）。

5. 整个屋面钢结构和膜结构依据中心点呈 1/2 旋转对称（图 11-1）。

（三）膜结构的作用

膜结构具有自重轻的特点，在膜结构中，除了支撑骨架及钢索、边缘构件之外，材料的重量几乎可以忽略不计，膜结构的自重比其他传统建筑轻几个数量级，非常适合大跨度建筑。由于国家体育场的钢结构跨度巨大，其钢结构的跨度在 340m 左右，使用其他结构体系的屋面将极大地增加屋面设计的难度。

膜结构所选用的 ETFE 和 PTFE 材料具有优良的自洁性、材料本身具有良好的耐候性和耐久性，因此减少了大量的日常维护工作。ETFE 和 PTFE 的透光性使其在白天具有一定的光线条件，减少了灯光的开启，有利于节约能源；声学吊顶选用的 PTFE 膜材具有吸声性，可以改善场内的声环境。同时乳白色的膜材也可以作为投影的幕布使用（图 11-2）。

第二节　ETFE 膜结构设计

一、ETFE 膜结构的构成

ETFE 膜结构位于上层钢结构的格构之间。ETFE 膜结构的作用是与钢结构一起构成外维护结构，阻挡雨雪。与通常的膜结构不同，国家体育场的 ETFE 膜结构是镶嵌于钢结构的格构之间，被钢结构分割成不同大小的板块，膜面最低点距离钢结构上表面 750mm。钢制天沟作为膜结构的边缘构件，与钢结构和 ETFE 膜材相连，同时 ETFE 膜结构的钢拱和钢索也与天沟相连，所承受的力也通过天沟传递给钢结构。天沟作为 ETFE 膜结构承力构件的同时，也是屋面的排水构件，同时还是屋面 ETFE 膜结构的检修通道。每个天沟在最低点的位置布置雨水斗，雨水斗的数量根据面积的不同分别设置 1 至 3 个。天沟的截面尺寸为 320mm 宽，200mm 深，是依据排水以及雨水斗尺寸和检修通行几方面的共同要求确定的（图 11-3，图 11-4）。

透明的 ETFE 膜材还可使光线尽可能地透过，增加场内的照度。国家体育场选用的 ETFE 膜材料厚度为 250μm，透光率约 90% 左右，膜材表面印刷直径 4mm 的银色圆点以调整膜材的透光率。同时透明的 ETFE 膜材还使膜板块在视觉效果上显得弱化一些，更加突出了外立面上钢结构的效果，完美地展现出结构的美。

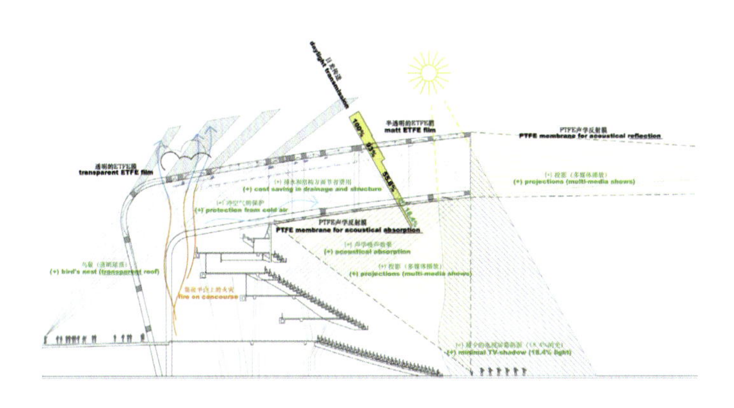

图 11-2　膜结构功能示意

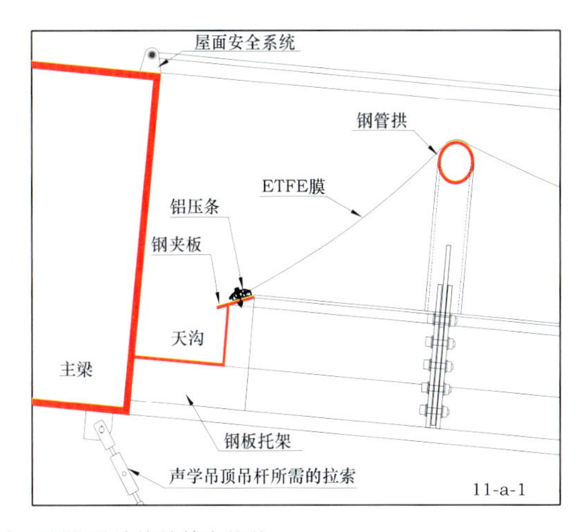

图 11-3　ETFE 膜结构的等力构件

二、ETFE 膜结构的构造

由于 ETFE 膜材本身材料特性的限制，单靠 ETFE 膜材本身不能支撑每个板块的 ETFE 膜结构，因此需要有一些结构构件将 ETFE 膜材所受的作用力传递至主体结构上，这些结构构件包括有支撑拱和谷索、支撑索以及膜附属构件。支撑拱位于膜材的下表面，固定于天沟上，支撑拱是板块内的主要受力构件，同时起到对膜材的支撑作用和膜结构板块找型的作用；支撑索位于 ETFE 膜材的下表面，固定于天沟上，主要承担下压风荷载以及雨雪荷载，同时与支撑拱相交，将力传递给支撑拱和天沟；谷索位于 ETFE 膜材的上表面，在支撑拱之间，谷索主要承担上升风的力和给膜表面施加力以张紧膜表面，与支撑拱一起维持 ETFE 膜结构的外形；膜附属构件固定于天沟上，是膜边缘的张紧构件。支撑拱、支撑索、谷索和膜附属构件与 ETFE 膜材一起共同构成屋面 ETFE 膜结构。

根据建筑外观以及结构受力的要求，每个板块中的支撑拱间距 4m，支撑拱的起拱高度为长度的 1/10；支撑索垂直于支撑拱，间距 1.5m；谷索位于支撑拱之间，距离支撑拱

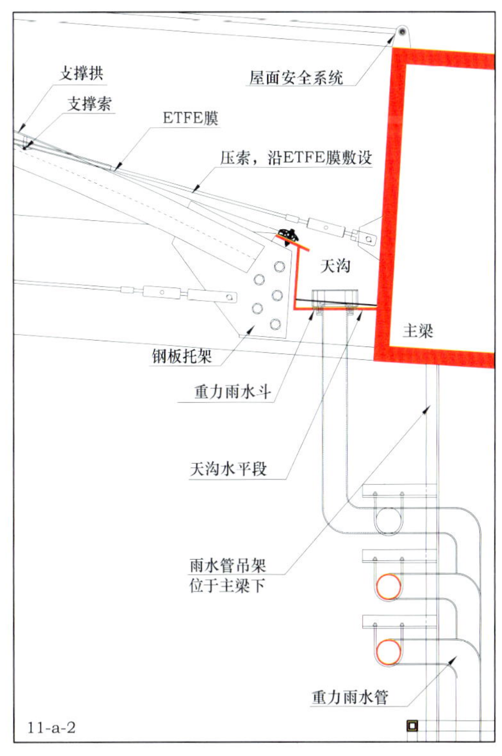

图 11-4　ETFE 膜结构及屋面排水构造

2m。膜结构整体外观要求为一种“无序”的状态，即拱、索不能形成一种固定的图案，同时又要为今后的膜结构实施创造条件（图 11-7）。因此在拱索的布置时按照如下的原则：对于每个板块，先判定板块的最长边，由于 ETFE 膜结构板块的外形分别有三边形、四边形、五边形、六边形、七边形几种，某一边会有突出的点位于边外，因此设定将各角点向各边及其延长线投影，取最外两点的距离为边长，寻找出最长边；其次，以最外两点之间的距离为最长边的边长，以最长边的中点起，垂直于最长边，向两侧做间距 2m 的平行线，在平行线上间隔布置拱和谷索，确保最外沿的支撑拱距离最外点的距离大于 2m，小于 4m。支撑索平行于最长边，距离最长边 1.5m 起，索间距 1.5m（图 11-5）。由于钢结构布置的“无序”性，使得 ETFE 膜结构板块的大小和形状的分布也呈“无序”性，依据以上原则布置的 ETFE 膜结构构件也呈现出一种“无序”性。同时由于钢结构呈 1/2 中心旋转对称，屋面膜结构也呈 1/2 中心旋转对称（图 11-6）。

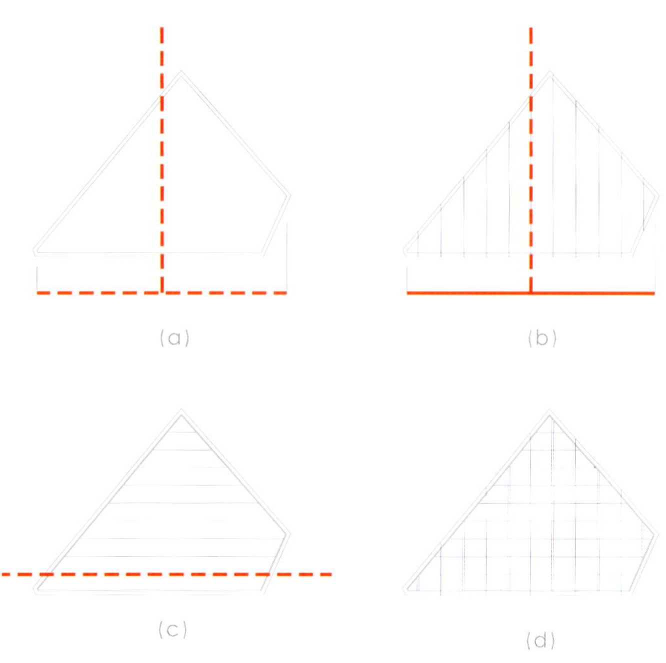

图 11-5　ETFE 膜结构布置原则示意
（a）确定最长边及中线
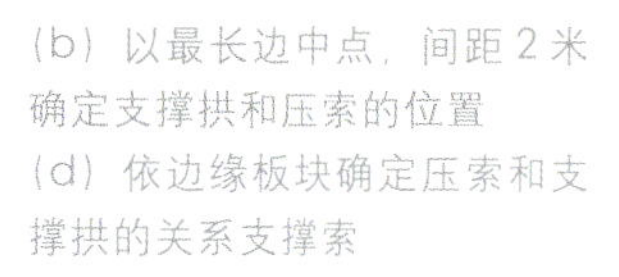
（b）以最长边中点，间距 2 米确定支撑拱和压索的位置
（c）依最长边，间距 1.5 米布置　支撑索
（d）依边缘板块确定压索和支撑拱的关系支撑索

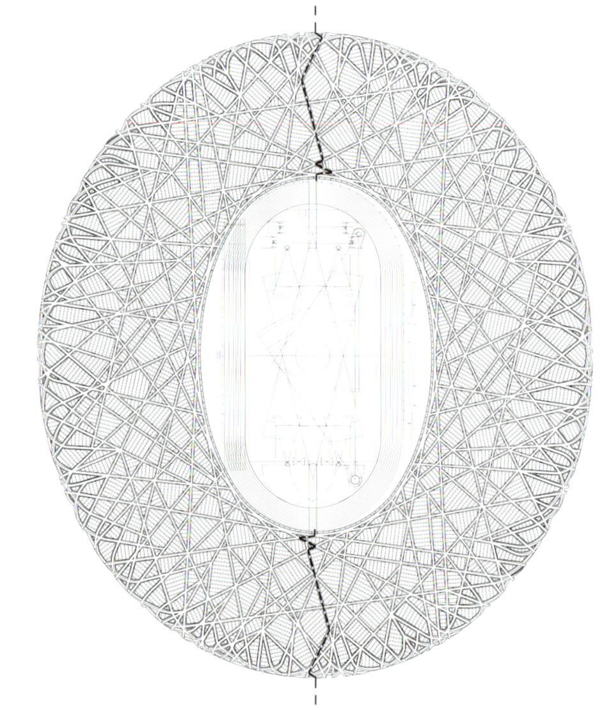

图 11-6　屋面膜结构呈 1/2 中心旋转对称

钢结构由顶面至立面是通过曲面圆滑过渡，同时由于编织的钢结构形成的钢结构格构大小不一，高低位置不同，因此确定 ETFE 膜结构的范围依据以下的原则：ETFE 膜结构仅覆盖在屋面上，立面上不做 ETFE 膜结构；屋面与立面的界限则依据以下原则确定：以钢结构中心线所在曲面为基准，以曲面最外围所在的垂直地面的桶型曲面与曲面的交线为界，将所有肩部钢结构板块分成上下两部分，当上部分的面积大于下部分时，此板块判定为屋面板块；当上部分的面积小于下部分时，此板块判定为立面板块（图 11-7）。所有的屋面板块均作了 ETFE 膜结构。膜结构的总数为 836 块。

由于国家体育场钢结构交叉编织，在屋面上形成了大小不等的屋面板块，最大的板块大于 240m^2，最小的板块为板块边长仅 0.3m 左右的小三角形，其中面积小于 1.5m^2 的板块就有几十块（图 11-8）。这些小板块除去排水用的天沟后，剩下的面积已不能满足 ETFE 膜张拉的要求，甚至一些小板块除去天沟后已经没有膜材，因此对于这部分的板块，按照以下的原则进行了处理：

（1）板块内除去天沟之外的面积不能满足 ETFE 膜张拉要求的板块，膜材部分改用 4mm 厚钢板（与天沟相同）与天沟焊接（图 11-9）；

（2）除去天沟后无 ETFE 膜材面积的板块，在距离钢结构上表面 750mm 的位置封钢板，钢板的形状位置平行于钢结构上表面所在的曲面，并在钢板的最低点做雨水斗；

（3）板块的顶点到对边的最大距离小于 600mm 的板块，在距离钢结构上表面 200mm 的位置封钢板，钢板的形状位置平行于钢结构上表面所在的曲面，板块不做雨水斗（图 11-10）；

（4）板块的顶点到对边的最大距离小于 150mm 的板块，在钢结构上表面用钢板封平。

三、ETFE 膜结构排水设计

（一）屋面雨水排水系统设计：由于国家体育场的屋面不同于一般建筑，被钢结构分为大小不同的板块，每个板块都是相对钢结构上表面下沉，形成一个个独立的排水单元，屋面排水系统设计为：采用两段式排水，经过对标高的整合，将屋面分为120个排水单元，每个单元设置集水槽，每个单元里有一定数量的板块，每个板块都将雨水用重力雨水系统由屋面排至集水槽；集水槽采用虹吸雨水系统，通过整合将虹吸雨水系统雨水管排到南北各7根的雨水柱里。雨水柱同时又是立面大楼梯的楼梯支撑柱，通过在柱内的转化使该柱同时满足立面大楼梯的支撑要求和雨水柱的要求。

（二）屋面排水范围的设置26°线原则：肩部区域的屋面板块的坡度变化剧烈，并不是所有的板块都适合将雨水进行收集。考虑到雨水斗的实际安装条件和坡度变化对雨水实际收集的效果的影响以及雨水斗设置对整体建筑外观视觉效果的影响，以肩部钢结构坡度为26°处做一条连续的分界线，这条线被称为26°线。在26°线以里的区域的雨水通过雨水斗进行有组织排水；以外区域为无组织排水。由于存在仅有极少部分被26°线划在有组织排水区域而排水量非常少，设置雨水斗比较浪费且排水效果不明显的板块，最终对26°线进行了少量的手工调整，将这些板块划入无组织排水的区域（图11-11）。

（三）屋面雨水斗根据板块的尺寸大小设置不同的数量的雨水斗，最终，有656个板块设置一个雨水斗，有114个板块设置两个雨水斗，有10个板块设置3个雨水斗。

（四）由于雨水斗排水的要求，每个雨水斗都垂直于地面安装，而国家体育场屋面呈弯曲的马鞍形曲面，因此在每个板块的最低点位置均为雨水斗设置了一个下沉的雨水斗安装区域以保证雨水斗的排水功能（图11-12）。

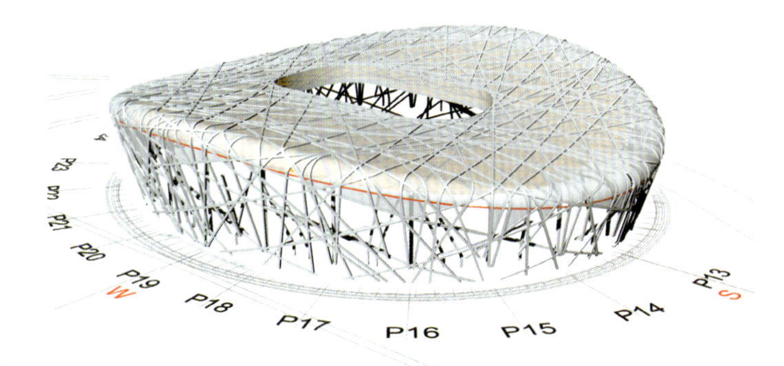

图11-7 ETFE膜结构屋面与立面分界线示意

图11-8 ETFE膜的小板块

图11-9 封钢板的小板块

四、屋面安全防护系统的设计

由于钢结构屋面的ETFE膜结构低于钢结构的上表面，为了保证在屋面检修人员的安全，同时国家体育场的屋面与一般的建筑屋面不同，其暴露的外观就是建筑外观，要求防护系统不影响钢结构的整体外观效果，因此在钢结构表面设置屋面安全防护系统，这种安全防护系统目前在国内建筑业中采用较少，在石油开采等工业项目应用较多，在国外的建筑中使用较多，而且一般多与金属屋面系统或金属、玻璃幕墙等系统中联合使用。其单独作为一套系统比较少见。

屋面安全防护系统按照以下原则设置：

屋面安全防护系统采用钢索系统，钢索距钢结构上表面10cm，通过连接件与钢结构连接，屋面安全防护系统的起始点在屋面内环检修马道边缘，截止点设置在肩部26°线内1m的位置。

屋面安全防护系统分为主索系统、副索系统和单点系统三部分。主索系统是从内环检修马道开始，沿钢结构主结构呈放射型直线布置，共设置 12 道主索系统，主索系统为连续通过型系统，其作用是使检修人员能迅速到达相关区域（图 11-13）；在主索之间的区域内设置副索系统，副索系统为非连续通过型系统，其作用是保证局部区域内检修人员的安全；单点式安全防护系统位于肩部板块的钢结构内侧天沟边缘，其作用是保证检修人员检修肩部区域时的安全（图 11-14）。

屋面安全防护系统的使用条件主要受到使用者的使用要求决定，经与业主协商，确定为每组屋面检修人员为 3 人 / 组，

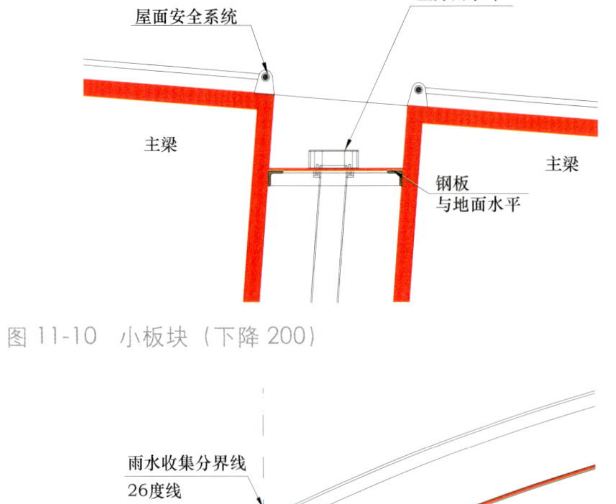

图 11-10　小板块（下降 200）

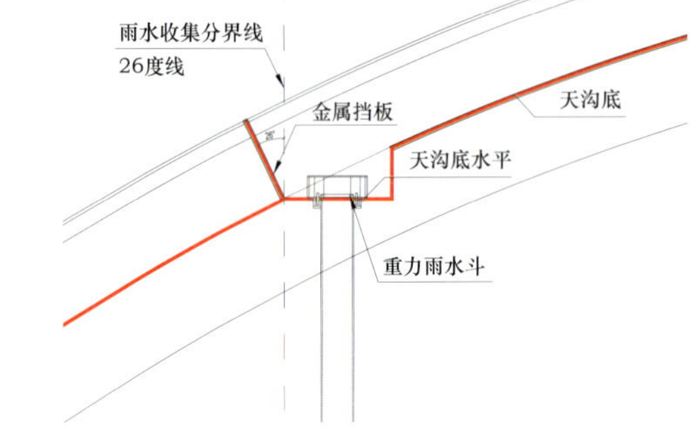

图 11-11　26° 线及重力雨水斗

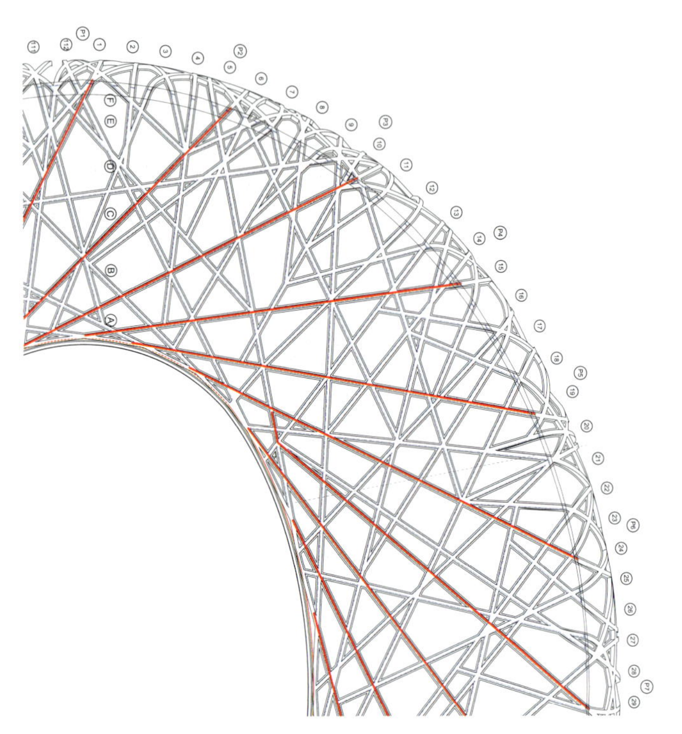
图 11-13　屋面安全系统主索系统布置图

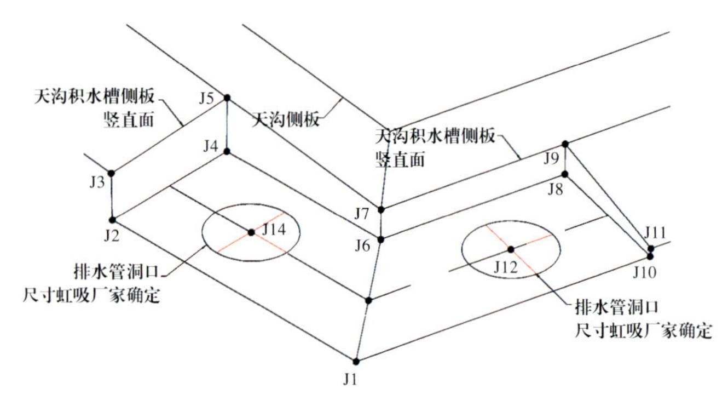

图 11-12　雨水斗安装区域做平

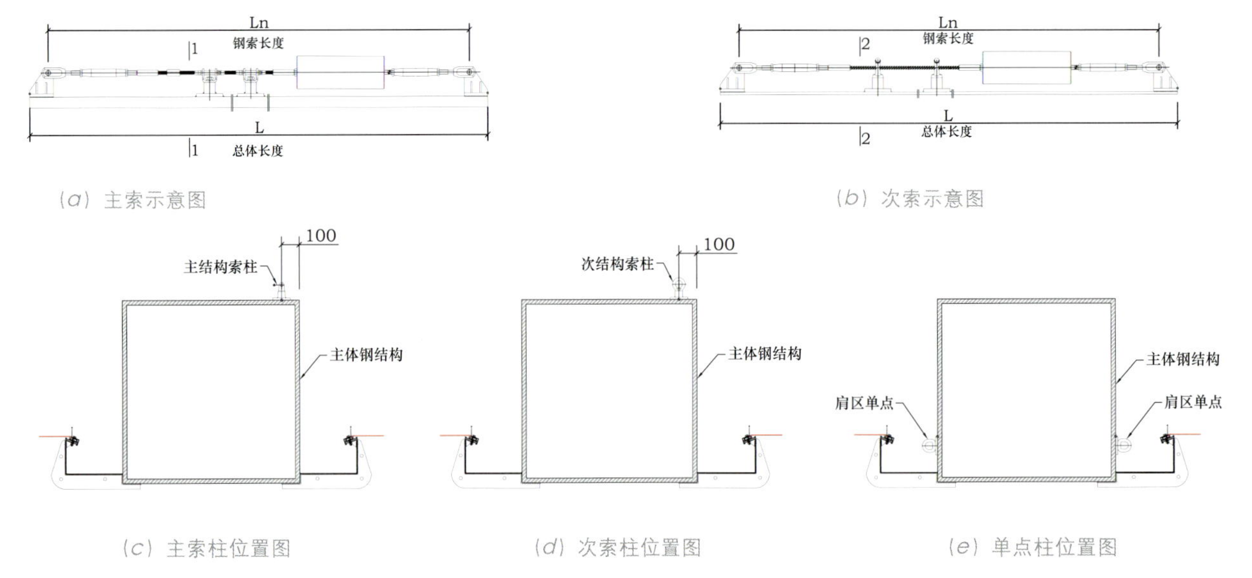

（a）主索示意图

（b）次索示意图

（c）主索柱位置图

（d）次索柱位置图

（e）单点柱位置图

图 11-14　屋面安全系统

受力条件要在满足国家体育场钢结构的受力要求的基础上，按照每组的荷载进行计算。在构造上，每组钢索在内侧端部设置缓冲装置，以减小瞬间荷载对钢结构的影响。

五、ETFE 膜结构的优化

膜结构招标完成后，ETFE 膜结构的承包商在对设计方案进行深化设计的过程中，提出了对国家体育场 ETFE 膜结构的优化设计方案。优化设计方案可以概括为“拱改平”，即将拱取消，改为平膜。根据承包商的深化意见，原方案中采用支撑拱将膜支撑起来，通过谷索和天沟边缘张拉使膜材表面具有张力，而支撑索起到支撑的作用，这个方案将使膜内的应力分布不均匀，在拱的位置膜应力最大，而谷中的应力最小。由于 ETFE 膜材的特殊性，这种应力差值已超出膜材的承载能力，会出现在拱附近的膜材应力超出弹性变形的范围，这部分的膜材容易被撕裂变形；而应力小的区域膜材的应力还未加载到设计要求的值，这部分的膜材容易起皱折，易积水和积雪。而优化方案采用平膜的形式，膜材的内力均衡，有助于对膜材施加预应力；同时由于国家体育场膜结构所处的曲面存在一定的坡度，平膜的表面坡度满足排水的要求。

修改后的 ETFE 膜结构的构造为：在 ETFE 膜结构下布置间距 4m 的方形梁，梁的断面尺寸根据受力计算确定，在跨度大的梁做成鱼腹梁的形式；梁的上方与梁相交的方向布置钢索，钢索位于 ETFE 膜材制成的索袋中，索的两端固定在天沟的托架上，中间固定在梁上伸出的支座上，ETFE 膜面的上压风荷载和下压风荷载通过索袋传递至钢索，再传递至钢梁及天沟支座并传递到主体钢结构上（图 11-15~ 图 11-17）。

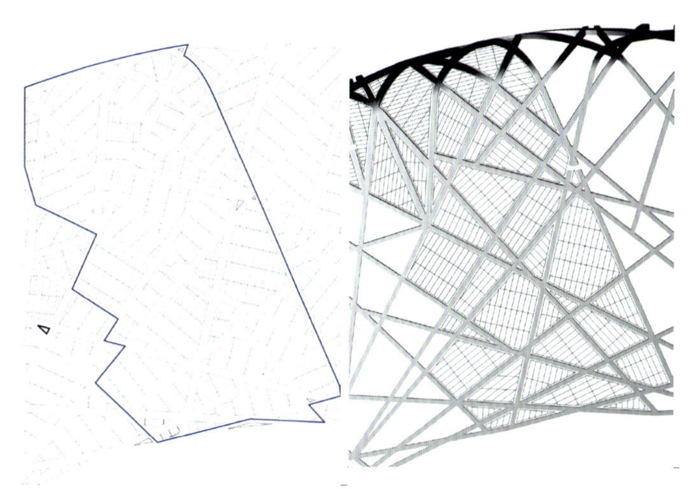

图 11-15　ETFE 膜结构优化前（左）和优化后（右）布置对比

图 11-16　优化后的 ETFE 膜结构

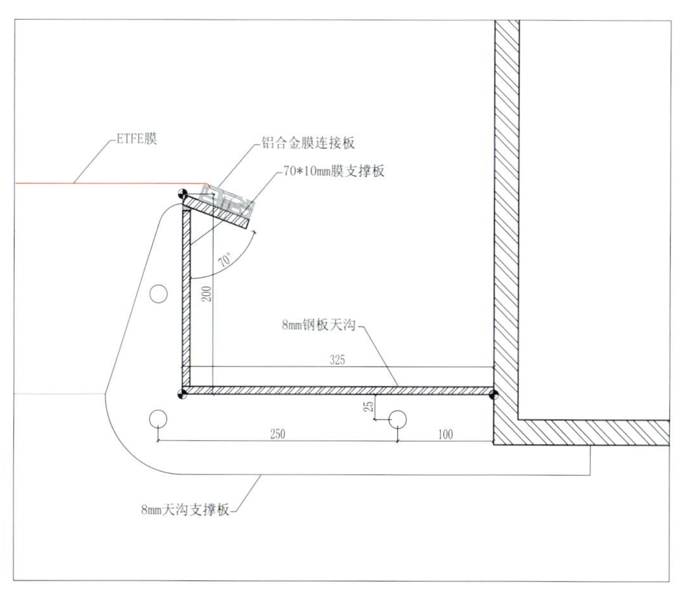

图 11-17　优化后的 ETFE 膜结构节点构造

六、ETFE 膜结构技术规程和施工验收标准的编制

由于在国家体育场设计和施工过程中，ETFE 膜结构在国内还没有大规模使用的先例（国家游泳中心与国家体育场同时开工修建，并且国家游泳中心采用气枕式 ETFE 膜结构，与国家体育场的单层 ETFE 不同），工程中缺少施工及验收的依据。因此由设计方牵头，结合业主、总包方和膜结构承包方一起，编制了《国家体育场 ETFE 膜结构技术规程》，由总包方牵头，结合业主、设计和膜结构承包方以及监理单位一起，编制了《国家体育场 ETFE 膜结构施工验收标准》并报建委备案，此两个文件作为膜结构施工和验收的指导性文件。

第三节 PTFE 膜结构设计

一、PTFE 声学吊顶

（一）声学吊顶的作用

国家体育场的内层 PTFE 膜结构位于下弦钢结构的下表面，与钢结构所在的曲面平行，同时在看台环梁处经过圆弧过渡到垂直并与环梁相接。与起到防水功能的 ETFE 膜结构不同，内层 PTFE 膜结构不必具备防水的功能，它如同一般建筑室内的吊顶一样，同时又具有一定的声学作用，因此被称为声学吊顶（图 11-18）。

由于没有防水功能的要求，声学吊顶采用的 PTFE 膜材与一般膜结构使用的膜材不同，它是一种比较薄的膜材并带有微小的孔洞，这些孔洞在声音穿过时通过摩擦而消耗声能从而起到吸声的作用，同时较薄的膜材也使透过的声能更多而更利于场内声音的衰减。较薄的 PTFE 膜材能使更多的光线透过，而 PTFE 不透明的特性也使声学吊顶遮挡了纷杂的钢结构阴影，避免阴影投在场地上；声学吊顶的形状与钢结构中心线所在曲面平行，平整的表面也可以作为投影的屏幕，为今后的使用增添了一种可能性。声学吊顶并不是一个完整的一块，它是由若干块大小不同的板块拼装而成，这些板块的形状与垂直向上 ETFE 膜结构板块呈相似形，大小沿着钢结构中心线左右各偏移 50mm，板块间保留的缝隙尺寸除了兼顾建筑外观效果之外，还满足了 CFD 模拟的结果要求。

（二）声学吊顶的构造

与上层 ETFE 膜结构镶嵌在钢结构格构之间不同，下层 PTFE 膜结构悬挂于下层钢结构的下表面以下 600mm。所形成的曲面与钢结构下弦中心线所在的曲面平行，并结束于看台的后部成为看台后的屏风。由于主体钢结构上下钢结构的中心线处在一个垂直面内。膜结构的 ETFE 和 PTFE 的板块也是上下对齐。由于 ETFE 在梁空处；PTFE 在梁下，以钢结构的中心线分开，因此 ETFE 板块和 PTFE 板块的形状相似，PTFE 的面积稍大于 ETFE 板块。PTFE 和 ETFE 的支撑结构上下对齐，对应的支撑结构处在一个垂直面上。

国家体育场的下层 PTFE 膜结构所选用的膜材与传统的 PTFE 膜结构所选用的 PTFE 膜材不同。首先，PTFE 膜结构具有一定的吸声功能。由于国家体育场的 PTFE 膜结构与看台形成了连续的面，空间相对封闭，同时开口面积小，上面还有活动屋盖。在活动屋盖闭合时，整个体育场的场内成为一个封闭的空间，其内部体积约 125 万 m^3；在活动屋盖打开时，整个场内也是一个接近封闭的空间。对于这样一个巨大

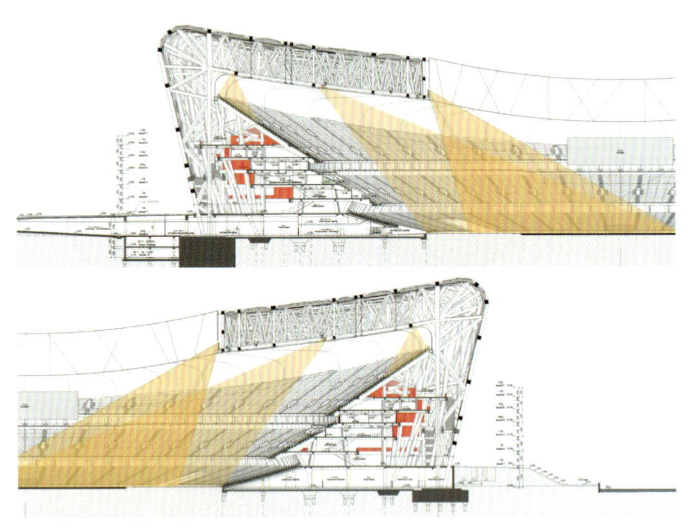

图 11-18 PTFE 膜结构

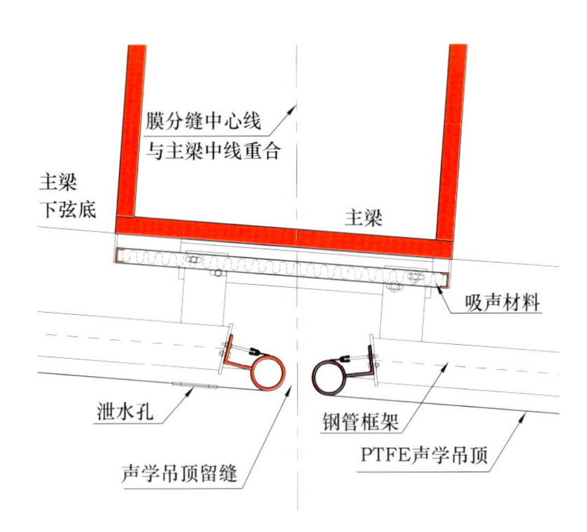

图 11-19 PTFE 声学吊顶在主梁下的构造

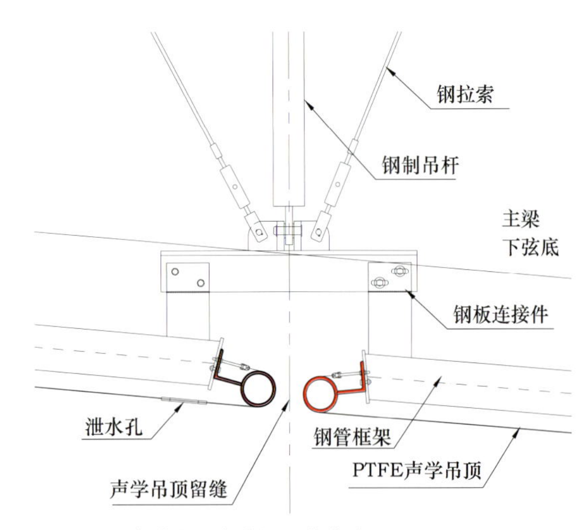

图 11-20 PTFE 声学吊顶在次梁下的构造

的空间，对于声学特性有非常不利的影响，因此，如何采取措施控制声学效果是设计必须考虑的问题。而在整个场内空间中，许多区域的声学特性已经确定，如场内的草坪和跑道，看台和座椅，只有在顶面的 PTFE 膜结构可以采取措施进行声学调整。采用带有微孔的 PTFE 膜材，这种微孔在声音穿过时通过摩擦吸收声能，从而起到吸声的作用。因此国家体育场的 PTFE 膜结构顶棚也叫 PTFE 声学吊顶。声学吊顶选用的 PTFE 膜材的吸声系数为 0.75，并依据此进行了声学模拟。通过声学模拟，国家体育场场内的语言清晰度（Rasti）达到 0.60，满足奥组委的要求。

PTFE 膜结构的另一个作用就是尽可能地将光线透过以增加场内的照度，同时 PTFE 膜结构背后的钢结构异常复杂，如将其投影至场内，将产生纷乱的阴影，影响比赛和电视转播的效果，因此声学吊顶又不能完全透明；另外设计理念之一还有一条就是：当观众在室外向室内行走时，会被整个建筑的效果所吸引，所震撼；而当观众走进场内观众席时，观众应该更关注于体育赛事而不是建筑本身，因此 PTFE 膜结构也同时起到遮挡建筑屋面结构的屏风作用；白色的膜材还可以成为投影的屏幕，在一些文艺表演和演出时会有良好的效果。

在构造上，PTFE 声学吊顶板块为相对独立的板块，其形状是钢结构上弦的主结构、次结构的中心线垂直向下投影至声学吊顶所在的曲面上分割而成，因此其形状与上层对应的 ETFE 板块呈相似形。由于国家体育场钢结构的上下弦包含的钢结构不尽相同，上弦包含了主桁架梁、次结构、楼梯梁结构等，而下弦仅有主桁架梁，没有次结构，因此悬挂于钢结构下弦的下表面的 PTFE 声学吊顶在连接方式上也有所区别，在主结构下时与主结构桁架梁之间用连接件连接；而在没有主结构的地方则由上弦次结构的交叉点向下悬挂吊杆支撑 PTFE 膜结构板块（图 11-19、图 11-20）。吊杆的位置选择依据板块大小，受力情况等综合考虑，吊杆的尺寸依据风压等作用力计算而得。吊杆同时连接了相邻的几个板块，使相邻的板块形成一个统一的整体。每个相邻板块之间留有 100mm 的空隙以便于通风和膜材的安装，这个空隙尺寸的设定是依据暖通专业 CFD 的模拟计算结果。

PTFE 声学吊顶的每个板块之中设置有撑杆，撑杆的位置与方向与其垂直上方的 ETFE 板块的支撑拱的水平投影相重合。因此也符合"无序"图案的设计原则（图 11-21）。声学吊顶在看台后部成为屏风膜，其板块分割线则是将肩部和立面的钢结构中心线投影到声学吊顶而成。由于钢结构和混凝土结构之间存在相对位移，因此在肩部声学吊顶设计成铰接的形式以适应钢结构和混凝土结构位移产生的变形（图 11-22）。

根据功能的需要，声学吊顶上的东西方向共有十个主体钢结构的空格内的 PTFE 膜结构向上斜向翘起，露出马道上的后排场地灯光；在声学吊顶下的内环边缘悬挂有 20 组队

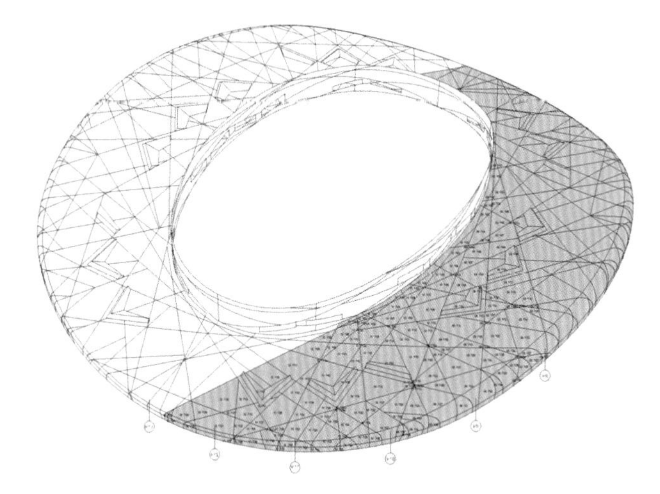
图 11-21　PTFE 膜结构模型

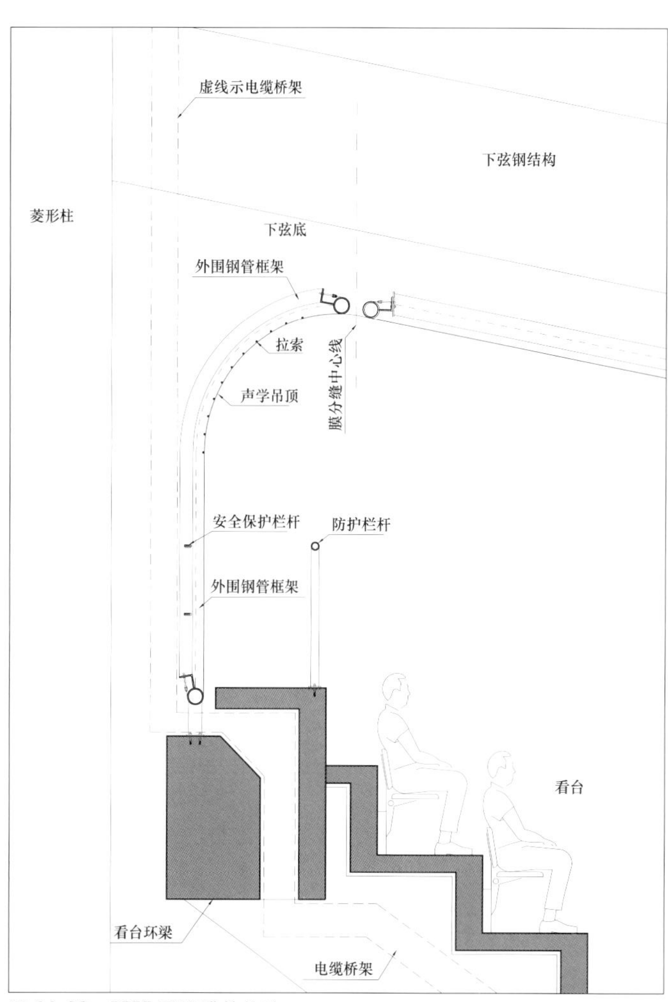

图 11-22　PTFE 屏风膜的构造

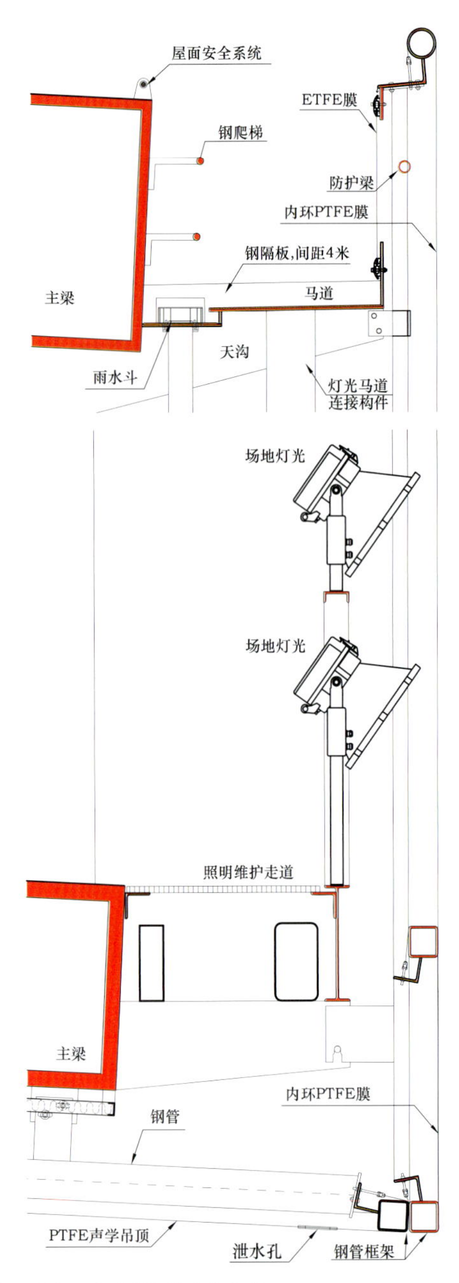

图 11-23 内环立面 PTFE 膜结构构造

观众席的场地音响和 4 组对场地的场地音响；由于东西观众席的排数多，观众席上部距离场地太远，在转播摄像时的后排观众席会光线不足，因此在东西方向观众席后排悬挂有 10 组观众席灯光照明设备。

二、内环立面 PTFE 膜结构

内环也采用 PTFE 膜结构，但是与声学吊顶有区别，内环 PTFE 膜结构为防水 PTFE 膜材，膜材的透光率与声学吊顶采用的膜材接近，最终选择的 PTFE 膜材透光率为 7% 左右。内环 PTFE 膜结构总高 14m，其基本构造与声学吊顶相近。内环表面的垂直于地面，同时与钢结构内环表面相切而拟合出一个四心椭圆（其中长边两段弧线为椭圆弧线），内环 PTFE 膜结构和主体钢结构在钢结构上弦之间留有一个 1.2m 宽的检修马道用于屋面的检修工作，在奥运会开闭幕式时也作为开闭幕式的使用通道（例如奥运会的火炬点火仪式以及残奥会的表演等等）。内环表面也用直线划分成大小不同的板块，同声学吊顶 PTFE 膜结构相呼应。为了合理地布置结构受力方式，减小内环膜结构的边缘构件的尺寸，在内环膜结构的背面间距约 4m 左右做一道吊挂桁架以承担内环膜结构的自重和水平风压，吊挂桁架悬挂于上层钢结构内环边缘的内环支撑桁架上，下部与下层钢结构以铰支座相连；同时内环立面上沿膜结构板块分割线的走向布置有 16 组前排的场地灯光开口。这些场地灯光开口在奥运会开幕式时用相同材质的 PTFE 膜结构进行封堵，开幕式结束后再拆除。场地灯光的灯光马道布置在吊挂桁架之间，由吊挂桁架承担其荷载（图 11-23）。

与声学吊顶的板块相同，内环立面膜结构的图案和结构布置、前排场地灯光开口也是呈 1/2 中心对称。顺平的内环 PTFE 膜结构与声学吊顶垂直相接连接成一个整体，相同的材质形成了相似的外观。

第四节　活动屋盖

一、活动屋盖的作用

活动屋盖是指在屋面中央的开口上部的两片活动的顶棚，沿着屋面的轨道可以将屋面中央的开口遮蔽起来，起到挡雨的作用。活动屋盖的设置是方案招标时的要求。在招标的方案中，最终选定的实施国家体育场方案的活动屋盖方案为采用曳引机将位于钢结构屋面平行轨道上的两片屋盖牵引运动，是较易实现的方案之一，也得到了专家的认可。

活动屋盖的作用，就是解决场地的防雨问题，国家体育场活动屋盖为南北对称的两片，平时位于内环开口的南北两侧，需要时通过电机牵引，使活动屋盖沿着两条平行钢梁上的轨道运行，最终在内环中心封闭。同时活动屋盖应尽可能地透光，以避免影响比赛场地的光线。因此最初的活动屋盖方案为骨架式钢桁架，中间填充气枕式的 ETFE 膜结构。活动屋盖的使用价值更多地体现在赛后的商业活动中，无论是赛后的大型文艺演出、集会和展览等活动，一个防雨的室内环境都为活动创造了更具有使用价值的空间（图 11-24）。

二、活动屋盖的构造

活动屋盖在设计中需要解决的一些技术难题：

一是活动屋盖的如何与钢结构的屋盖形状相契合。由于钢结构屋盖的外形为一个马鞍形，沿着轨道方向存在曲率半径变化的情况，如何使上百吨重的屋盖在轨道上平稳地行进就是需要解决的问题，最终将桁架梁布置成“之”字形，两桁架的一端相连，桁架梁的布置方向与主体钢结构的某一根钢梁方向相同，因此在活动屋盖关闭时，活动屋盖的桁架与钢结构的主梁方向一致，同时桁架梁之间采用可变的连接方式以适应屋面钢结构的曲率变化。

二是活动屋盖的排水问题。由于活动屋盖位于内环开口上部，且是运动构件，因此活动屋盖的排水不能按照固定屋盖的屋面一样做排水设施。同时活动屋盖采用气枕式 ETFE 膜结构，也无法设置雨水斗。但是整个活动屋盖的面积有 1.2 万平方米，其排水如解决不好将成为一个安全隐患。经过研究，最终确定选用外排水的形式，将雨水通过桁架的收集，汇集到活动屋盖的东西两侧，避免了雨水流入内环开口。同时在活动屋盖的东西两侧轨道外各做一条南北方向的排水沟，将活动屋盖的雨水汇集到排水沟中，这样避免了活动屋盖在雨中运动时由于雨水排至轨道边缘小面积的 ETFE 板块中而造成板块的排水负荷超过要求而出现部分 ETFE 板块积水破损失效的情况。最后在南北两侧集中解决排水沟的雨水收集问题。

三是活动屋盖的运行问题。活动屋盖的运行方式是通过曳引机牵引活动屋盖在轨道上行走。这种行走方式在许多工程和项目中均得到了应用，是一种成熟保险的运行方式。对于活动屋盖的运行方式，如何解决左右轨道上运行同步的问题，以及运行的安全性与可靠性问题是一个重要的课题。这也是选择专业承包商的重要因素之一。

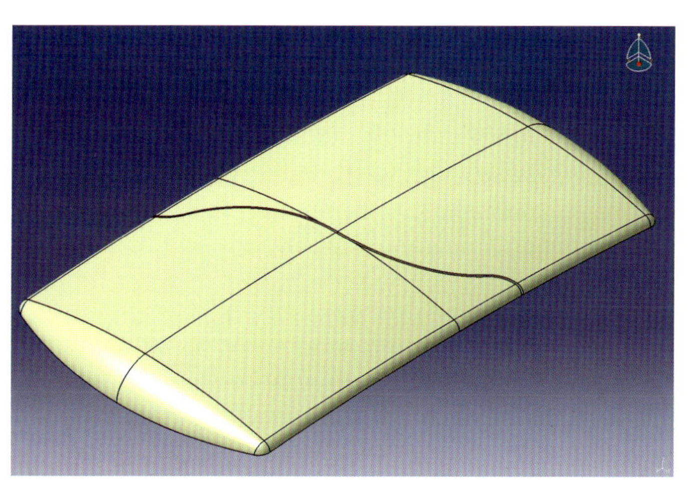

图 11-24 活动屋盖体量模型图

三、活动屋盖的取消

根据初步设计完成后的“奥运瘦身”计划，国家体育场活动屋盖被取消。同时加大了中央开口的尺寸。原中央开口的形状和尺寸为开口的水平投影位于场地草坪与跑道边界，形成一个长圆形开口。修改后的开口形状为开口的水平投影南北位于跑道外边缘，东西位于下层看台前边缘，形状为四弧椭圆。开口尺寸为 124m × 182m。

第五节 屋面设备及马道的设计

一、屋面设备

屋面设备包含场地灯光、场地音响、雨水槽、夜景照明、开闭幕式所需设备等。

根据功能的需求，在钢结构屋顶上布置有众多的设备。包括位于内环膜结构上开口的内环场地灯光（图 11-25）、位于后排声学吊顶开口的场地灯光（图 11-26）、位于内环下缘的场地音响（图 11-27），位于东西看台后部的观众席照明、

图 11-25 内环膜结构上的灯光开口

图 11-26 PTFE 声学吊顶上的后排灯光开口

图 11-27　场地音响

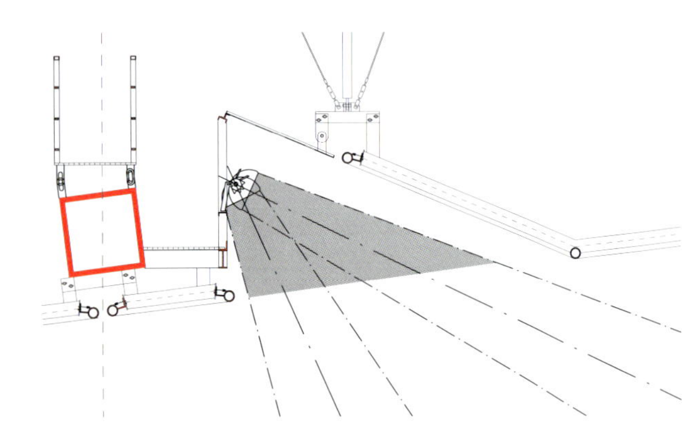

图 11-28　后排灯光马道及灯光开口构造图

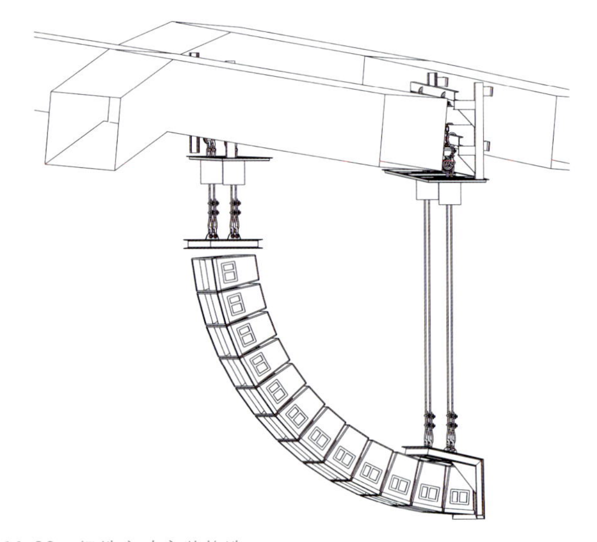

图 11-29　场地音响安装构造

位于上下弦之间的夜景照明灯光、位于下弦的无线通信天线、位于上弦悬挂的虹吸雨水系统的集水槽以及虹吸雨水系统的管线、位于屋面的屋面安全系统等，以及用于开闭幕式表演的一些临时设备，包括火炬塔及相关轨道设备、威亚钢索与支座、维亚设备、上层内环轨道、焰火表演设备、与设备相关的线缆等等。众多的设备需要相关人员的检修和维护，因此保障维护维修人员的安全是屋面设计的一个重要的功能。

在众多的设备中，有一些设备的布置位置在功能和美观之间作了多次的研究后形成了最终的方案。

场地灯光在最初的设计中是灯光位于膜结构的上方，将膜结构掀起一个灯光大小的开口将灯光照射出来，这样可以使灯光的开口做到最小，但在与专业承包商配合的时候，专业承包商提出灯具的温度很高，而且灯光照射出来的光线温度也很高，如果灯光开口太小，灯具的散热不畅将影响灯的寿命，同时高温对于膜材也有一定的影响，另外灯光的方向应能调整，过小的开口会影响灯光的瞄准甚至对光线有遮挡，而根据《膜结构技术规程》的要求，膜材距离灯光的距离要大于 1m。因此，最终确定的方案为，灯光马道位于钢结构下弦的下表面，灯光的安装高度满足灯光的要求，根据灯光 25° 至 65° 的照射角度范围确定膜结构的开口大小，灯具中心距离膜结构 600mm 以保证灯光的瞄准具安装，在距离灯 1m 范围内的膜结构采用同颜色的穿孔铝板替代（图 11-28）。

场地音响最初位于声学吊顶的上面，采用指向性好的线阵列音箱，位于音箱前面的膜材用透光率与吸声 PTFE 膜材一致的无吸声功能 PTFE 膜材，这样可以最大限度地保证声学吊顶下的完整干净。但是在与声学专业进行配合时发现被替换的膜材范围过大，已经影响到声学吊顶的声学功能，同时对于线阵列音箱的指标要求也已经超出世界现有设备的极限，而且由于下弦钢梁的存在对直达声有遮挡，将形成声阴影而产生声缺陷，如果将场地音箱放在声学吊顶以上将使声学效果和声学指标不能满足奥组委的要求。因此最终将场地音箱悬挂在下弦钢结构和膜结构之下，采用线阵列音箱，通过在膜结构上开孔使悬挂的钢索穿过声学吊顶。经过声学模拟和现场实测，国家体育场的场地音响满足奥组委的要求（图 11-29）。

观众席后排照明灯是用于电视摄像转播，由于东西看台座席数多，排数多，由于场地灯光造成的泛光到达东西看台后排时照度只有 0~25lx，而为了保证电视转播的需要，看台的最低照度为 75~100lx，因此需要对局部看台进行补光，同时也作为紧急疏散时的应急照明。对于这部分灯光，最理想的方案是将灯光藏在声学吊顶的缝隙里，但是灯光照度和灯光形式的要求，现有的灯光不能满足要求，因此最终采用悬挂的形式从声学吊顶的膜结构板块之间悬挂下来（图 11-30）。

夜景照明灯光悬挂于上下钢结构之间，根据要求，需要与上下钢结构之间形成一定的距离，由于上下弦之间间距12m，空间巨大，如何检修成为一个问题，最终确定的夜景照明综合考虑了检修马道和屋面雨水的集水槽检修爬梯等设备进行设置。

二、马道设置的范围

下层钢结构分为维修通道、检修马道，屋面上层钢结构马道，屋面安全系统。

马道设置在上弦钢结构和下弦钢结构上。下弦层钢结构上设有维修通道和检修马道，检修通道和检修马道两端均设置栏杆以保护人员安全。上弦钢结构在内环边缘设置内环检修马道（图 11-31），内环检修马道是屋面重要的人员使用通道。而钢结构上表面上均可用于人员通行，为保护人员安全同时不破坏钢结构屋面的外观效果，在钢结构上表面设置屋面安全系统。

下层钢结构的检修通道和检修马道设置的范围基本在声学吊顶的投影范围之内，检修通道和检修马道的设置有一定的区别，检修马道由南北各两个从五层集散平台上来的检修爬梯上至下弦钢结构上表面。检修马道是检修人员的主要通行区域，它串联了内环灯光马道和后排灯光马道以及场地音响的悬挂点，形成内外两圈，检修马道的采用钢格栅板找平，并在格栅板下预留走强弱电线的路由（由于强弱电的线路最终增加过多，未能实现）。

检修通道则是辅助的检修区域，在声学吊顶范围内的下弦钢结构上表面除去检修马道的区域均作为检修通道，检修通道仅在钢结构两侧加设栏杆。

三、马道的构造

上层钢结构主次结构的上表面宽度从 1200mm 到 1000mm，可供检修人员的通行，因此屋面只在内环处设上层马道；下层钢结构上的马道则根据功能需求的不同分为检修通道和检修马道。检修马道是指在内环边缘围绕内环一圈马道，并从上人爬梯开始向内环马道延伸在一起，检修马道是屋面人员活动的主要通道和电缆的主要通道，并通过钢格栅板调平表面，检修马道将屋面的前后排的灯光开口和音响串联起来，保证了场地灯光和场地音响路由最短。除去检修马道的钢结构下弦上表面即是检修通道，检修通道的作用是保证人员在需要时可以通过，并且在需要时铺设线缆，是辅助通道。检修马道和检修通道边缘均做栏杆以保证人员的安全。同时栏杆也可作为屋顶吸声材料的备用放置位置，在现场声学效果进行实测之后，将根据实测的数据对吸声材料的数量进行校正，必要时将进行调整（图 11-32）。

图 11-30　观众席照明

图 11-31　检修马道

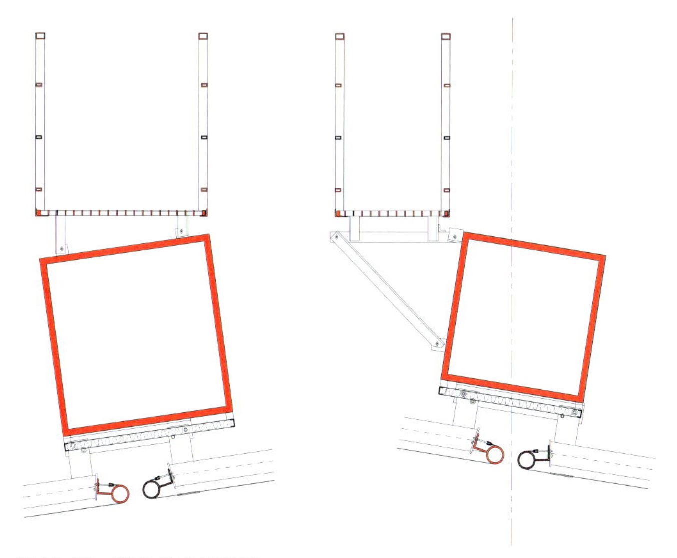
图 11-32　下弦马道剖面图

由于钢结构在下弦只有主结构桁架，而主结构的上下弦之间有腹杆相连，腹杆连接的形状如字母K，因此也称作K型节点，根据腹杆位置的不同，又分为单K节点和双K节点。检修马道和检修通道在遇到单K节点和双K节点时，就不能直接通过而需要绕过。根据检修马道和检修通道的功能不同，通过节点时的做法也有所不同。检修马道采用的是与钢梁同宽的格栅板，在节点区域，格栅板和栏杆向外绕过节点区域，保持栏杆距离腹杆的距离等同于钢格栅板的宽度，在腹杆下保持腹杆距离钢格栅板内侧的垂直尺寸为2m；检修通道则是在绕过节点时用花纹钢板作地面，栏杆距离腹杆500mm，而在腹杆下腹杆距离花纹钢板外侧的垂直距离为2m。

爬梯和上人孔：从结构上钢结构和混凝土结构是完全脱开的，在钢结构和混凝土之间通过变形缝进行连接。从混凝土结构上到钢结构的通道一共有四个，通过悬挂在钢结构下弦的钢爬梯分别从五层集散大厅的东南、东北、西南、西北四个机房的屋顶上至钢结构的下弦的检修马道；

图11-33　上人爬梯

图11-34　膜结构清洁

在靠近内环处的钢结构腹杆较为密集，因此利用四角的腹杆作爬梯上至钢结构上弦的屋面，出屋面处做上人平台和上人孔，从上人孔出来后，可进入位于内环边缘的上弦检修马道（图11-33）。

上弦检修马道结合屋面装饰钢板的支撑桁架和内环膜结构的吊挂桁架及边缘构件为支撑，用全焊接钢板为马道表面，并在边缘做排水天沟。由于上弦马道的标高同钢结构内环标高，因此为了避免冬季由于气温过冷造成马道内结冰而使检修人员摔倒，在上弦马道内每4m左右做一个高200mm的横向钢肋，在钢肋间铺设防滑材料。

第六节　国家体育场膜结构设计中的其他问题

作为一种新型的结构形式和材料，膜结构有一些问题与一般建筑的处理存在一定的不同之处：

一、膜结构的清洁

对于具有透光性能的材料，保证其透光性是平时维护的重要工作之一。国家体育场使用的PTFE和ETFE材料本身具有良好的自洁性，在膜材表面不易沾上灰尘，在降雨时落在表面的灰尘在雨水的冲刷下会很容易被清洁。因此在国家体育场的外层ETFE膜结构采用自然降雨进行清洁，由于屋面面积巨大，如铺设管线至屋面将会增大钢结构的荷载，在冬季无法满足保温防冻的要求而需要将管道内的水排空而造成浪费，同时增加的设备将增加造价又无法确定固定式清洁系统的投资回报率，因此未设置固定式清洁系统，同时可以利用室外水源在必要时设置临时的清洁管路以对膜结构进行人工清洁（图11-34）。

对于内层的PTFE声学膜，因为有外层ETFE的保护，不会遭受雨水的侵淋；同时其表面布满微小网眼不宜采用水清洗的方法；因此PTFE吸声膜采用吸尘的清洁方式。

二、膜结构的防鸟与防火

与以往的建筑材料不同，鸟类在ETFE膜材表面的活动会损坏ETFE膜材；两层膜结构之间有开口，鸟类可以很容易地飞进去，鸟类的排泄物及死亡鸟类的尸体会增加对PTFE和ETFE膜材的污染，增加清洁的难度；在两层膜之间的鸟可能会因为场内观众的噪声受惊，产生混乱向上飞而破坏ETFE膜。因此如何防止鸟类对膜表面的破坏是一个课题。根据膜材料厂家的资料和在欧洲的实际工程经验，对于鸟类

图 11-35　膜结构防鸟线

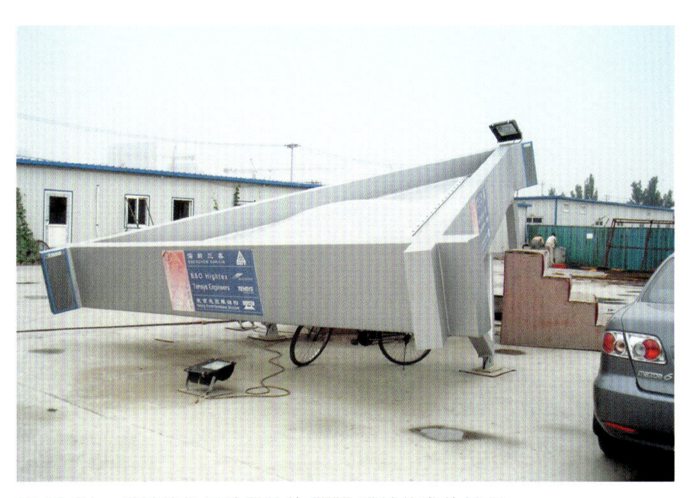

图 11-36　膜结构投标阶段的的 ETFE 膜结构实体模型

ETFE 膜材不是透明的，鸟类会在飞行中规避膜材；由于膜材表面的光滑程度很高，鸟类一般不会在膜材中间停留，而选择在膜材的边缘停留，因此欧洲的一些膜结构建筑在膜材的边缘设置防鸟线来防止鸟类的停留（图 11-35）。对于国家体育场，在两层膜结构之间的间距有 12m，巨大的开口无法用物质手段将内部完全封闭，因此只有采取措施防止鸟类飞近体育场才是有效的方法。在机场使用的驱鸟声纳就是一种较好的驱鸟手段，这种设备在欧洲的膜结构建筑中也有使用的实例。

ETFE 膜材是难燃的材料，但是由于其融化温度较低，因此应尽量避免使焰火接触到膜材表面而破坏膜材。焰火的燃放可以采用高空燃放的焰火等形式，避免对膜结构的破坏。在开闭幕式焰火的设计中也考虑了这部分的因素，最终成功地进行了焰火的施放。

三、膜结构实体模型

由于 ETFE 膜结构在奥运会之前在国内尚无大规模使用的先例，在国家体育场项目中膜结构的做法也与传统的膜结构建筑有一定区别。为了在实际安装之前能够提前验证设计中和膜结构深化设计中的构造做法的可行性，在不同阶段制作了两次 1：1 的实体模型。膜结构招标时，作为投标文件的组成部分，参与投标的膜结构承包商分别制作了 ETFE 膜结构和 PTFE 膜结构实体模型（图 11-36）；在确定了中标的膜结构承包商之后，由承包商依据其完成的 ETFE 膜结构优化方案，再次制作了 ETFE 膜结构的实体模型（图 11-37）。优化方案的实体模型包含屋面板块和肩部板块两部分，分别检验了构造的可行性，并对施工时可能出现的问题进行了分析和处理，同时实体模型也成为承包商培训施工工人进行实际操作的场所。

图 11-37　优化后的 ETFE 膜结构实体模型

第十二章 声学设计

第一节 概述

一、国家体育场声学设计概述

作为 2008 年奥运会的主会场，国家体育场在拥有标志性建筑特征的同时，也应具有良好的使用环境，其中包括良好的声环境。声环境是体育场内空间诸多环境要素中一项重要的内容，通常包括了建声环境和电声环境两大部分。声学设计是体育场内有一个良好的声环境的根本保证。

国家体育场屋顶围护结构为钢结构覆盖双层膜结构，即固定于钢结构上弦之间格构中的、透明的 250μm 厚 ETFE 膜，和半透明的、悬挂于钢结构下弦之下的 PTFE 吸声膜及内环侧壁的 PTFE 防水膜，上下层膜之间的间隔约为 13m。两层膜及中间的空间共同组成了屋顶的"声学构造"。下层 PTFE 声学吊顶从上层看台后边缘升起，沿一个平滑的曲面延伸至钢结构下表面，向中心延深至钢结构开口边缘，声学吊顶的水平投影覆盖了全部看台区域和边缘部分场地（图 12-1）。开口位于场地上方，将场地和跑道暴露在室外。开口的形状是一个近似于椭圆的四弧椭圆，尺寸为长轴方向 182m，短轴方向 124m。屋面下弦钢结构下面的 PTFE 声学膜结构由约 800 多块不同形状和大小的、由白色的 PTFE 吸声膜张拉在钢框架上而成的大小不同的板块组成的声学吊顶，共约 42000m^2。声学吊顶按照钢结构的形式分成大小不同的板块，板块之间留有 100mm 的间隙。在钢结构内环开口边缘的声学吊顶下悬挂用于体育场扩声的线性阵列扬声器组，声音直

图 12-1 国家体育场 PTFE 声学吊顶

达观众席和场地。

二、在国家体育场的设计阶段

声学专业进行了细致的声学设计，提出了先进的声学设计思想，完成了完整的声学设计。建筑声学与电气声学构成了国家体育场声学研究的两个密不可分的主要内容，为保证场内合理的声环境、提高体育场声学设计水平，提供了重要的指导意见和依据。

● 国家体育场场内空间的建筑声学设计工作主要包含：

1. 将体育场声学设计一般性原则与国家体育场的特殊性相结合；

2. 以提高语言清晰度为声学设计的出发点和归宿，并确定将可以衡量语言清晰度的一个物理量——语言传输指数 STI 作为最重要的声学设计参量；

3. 根据国家体育场的功能要求、奥组委的相关技术要求以及国家体育场的具体情况，确定国家体育场内语言传输指数 STI 设计目标值。具体为：体育场在空场状况下语言传输指数 STI 不低于 0.50，在满场状况下语言传输指数 STI 达到 0.60；

4. 根据语言传输指数 STI 的建筑声学影响因素，进行建筑声学设计；

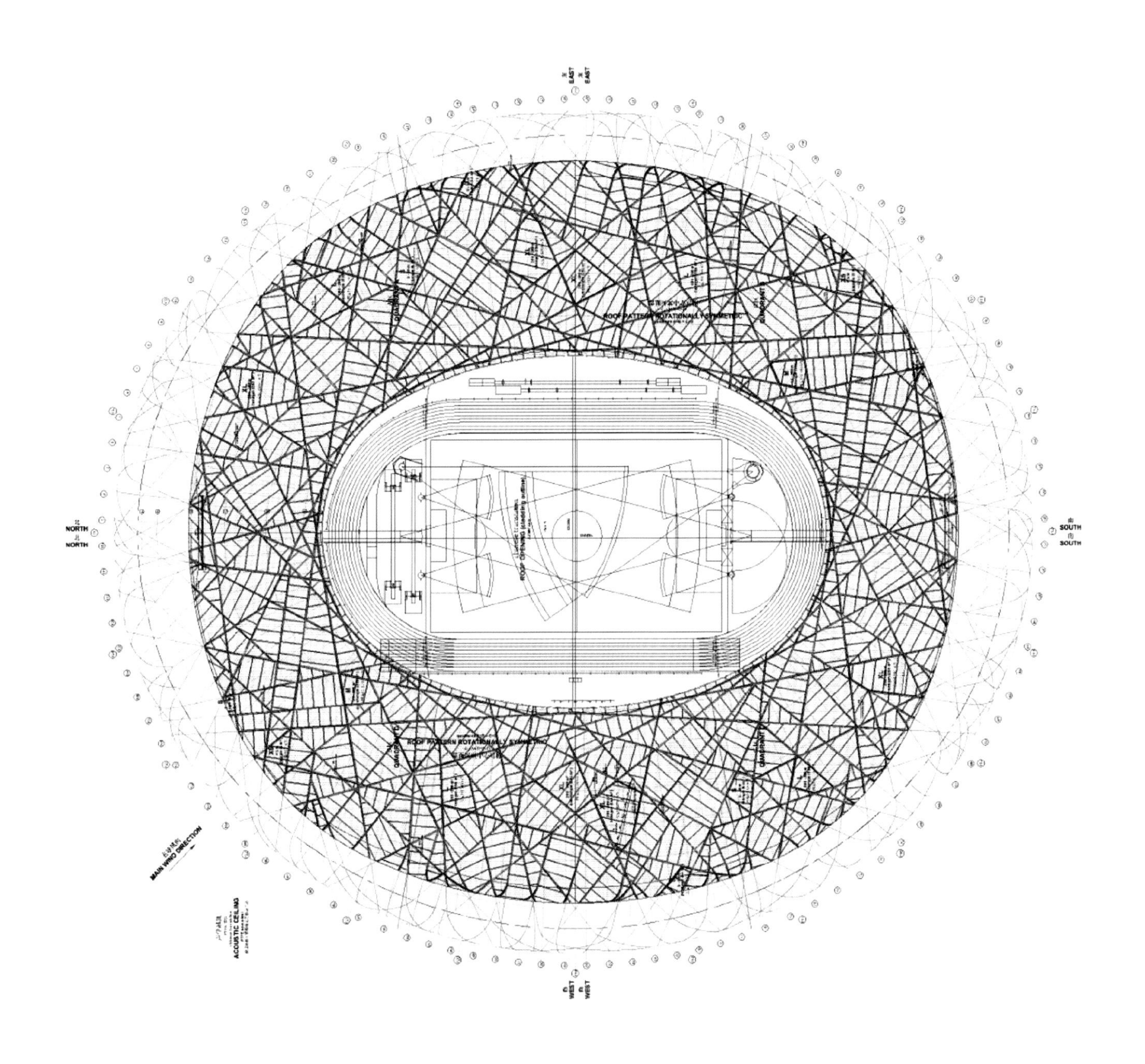

图 12-2　国家体育场声学吊顶平面图

5. 根据语言传输指数 STI 的电声学影响因素，对扩声系统设计提出要求和建议并配合落实；

6. 除了进行传统的声学计算外，还应用了先进的计算机声学软件进行模拟计算并辅助设计；

7. 进行了大量的声学测量和调研工作；

8. 在国家体育场建成之后，将进行细致的声学调试，工程完工后进行声学测量。

● 根据国家体育场建筑声学的特点、独特的建筑体型和场内空间特殊的声学吊顶材料等，电气声设计进行了以下方面的设计研究工作：

1. 电声学的分析方法、分析工具和手段；

2. 扩声系统设计与研究；

3. 扬声器安装和系统设置；

4. 赛后需求的预留；

5. 机房设置与设备安装。

三、国家体育场声学设计工作阶段的发展概述

国家体育场的声学设计按照设计条件的变化分为两个阶段，方案设计和初步设计阶段、初步设计修改和施工图阶段。

在最初的方案设计和初步设计阶段，国家体育场的屋顶由钢结构、膜结构和活动屋盖组成，在下雨时，活动屋盖将关闭，形成一个巨大的封闭室内空间。这是国家体育场与其他相同规模体育场馆的不同点。这也是在声学设计中需要重点关注的地方。屋顶可开启的面积约占屋顶面积的 1/7，无论屋顶开启与否，体育场都不宜作为一个开放空间来进行声学分析。根据观众的人数和屋顶开合条件的不同，体育场可以分为 4 种典型的声学环境：满场及开启活动屋盖；空场及开启活动屋盖；满场及关闭活动屋盖；空场及关闭活动屋盖。这四种状态中，最后一种状态对控制场内声衰减时间最为不利。对于这样一个超大容积的体育场而言，如处理不当，可能带来严重的声学问题。同时由于占场内吸声量主导地位的屋顶构造已基本确定，因此控制屋顶膜结构的吸声特性是保证场内声学特性的关键条件。同时除了屋顶吸声以外，场内的其他部位应尽可能作吸声处理或选取吸声系数高的材料。

在初步设计修改阶段，提出了对国家体育场的修改意见，即取消活动屋盖；钢结构中央开口的面积从 10000m^2 扩大到 18000m^2；将座席数由 10 万座减少为 9.1 万座。这三个修改使得体育场相对封闭的场内空间变得较为开敞，改善了国家体育场场内的声学环境。原来的室内环境也变为一个具有相当封闭程度的室外环境。

第二节　建筑声学环境研究

一、一般性和特殊性

（一）体育场声学设计的一般性原则

1. 建筑声学的作用

由于体育场的空间庞大，单纯依靠人声已经无法满足正常的使用需求，因此体育场内采用扩声扬声器作为主要声源。而体育场内声环境的优与劣，是在扩声系统正常工作的条件下进行衡量的，不能脱离扩声系统来讨论体育场内的声环境质量。建筑声学设计的主要作用是为扩声系统创造好的条件，保证扩声系统特性的充分发挥。同时避免声缺陷。

不同于厅堂建筑或体育馆等封闭空间，体育场多为敞开空间，但同时其运动场、看台及看台上的屋顶仍形成一个具有一定围合的空间，这种空间不同于一般的开敞式空间，声音在这种空间中将在多个面之间来回反射，如何解决好这种空间中的声学问题就是建筑声学的工作。而建筑声学条件的好坏直接影响着扩声系统的效果。因此体育场的建筑声学设计和扩声系统设计应协调进行，互相配合。

2. 声学设计参量的确定

确定合适的声学设计参量十分重要，设计参量必须能定量表达才具有实际操作性。体育场内声学设计最终目的主要是在使用扩声系统时在观众席和场地让人听得清楚，达到较高的语言清晰度，获得良好的声学环境。设计中将衡量语言清晰度的一个重要声学指标语言传输指数 STI 作为体育场内最重要的声学设计参量。

影响语言清晰度的因素有：信噪比（S/N）、混响时间（RT_{60}）、离扬声器的距离、扬声器的布置方式、扬声器指向性特性、扩声系统信号处理方式、声缺陷情况（如长延时反射声、声聚焦等）等。其中与建筑声学有关的因素有：混响时间、声缺陷情况、噪声水平等。

混响时间是指在一个封闭空间中，当声音已达到稳态后停止声源，平均声能密度自原始值衰变 60dB 所需要的时间。单位为秒（s）。混响时间一般用于室内空间，本不适用于开敞的体育场，但由于国家体育场场内空间相对封闭，通过混响时间概念的引入可以对国家体育场的场内声环境的优劣有一个量化的指标作参考。因此在国家体育场的设计过程中，引入了混响时间（RT_{60}）的概念作为参考。

体育场声学设计主要任务是根据语言清晰度的影响因素，提出提高语言清晰度的措施。

（二）国家体育场声学设计的特殊性

由于建筑形式的决定，国家体育场除具有普通体育场的一般特征外，还具有独特的建筑形式和特点：规模大（可容纳91000观众）；场内空间体积巨大；而相较空间体积，屋顶中央开口面积小，面积约18000m^2，其余部分由两层膜覆盖，内层声学吊顶覆盖面积约42000m^2；四周看台边缘与声学吊顶边缘相连接，不与外界通透。这些特点表现在建筑声学方面的主要影响为：场内空间封闭程度高，体积巨大，加上可用的吸声面少，较易造成"混响时间"过长；声平均自由程长，较易产生声缺陷。

二、国家体育场内空间建筑声学设计思想

（一）以提高语言清晰度为声学设计的出发点和归宿

以提高语言清晰度为建筑声学设计的出发点和归宿，并确定将可以衡量语言清晰度的一个物理量——语言传输指数STI作为最重要的声学设计参量。

语言传输指数STI（speech transmission index）：由调制转移函数（MTF）导出的评价语言清晰度的客观参量。从MTF得到STI最主要的概念是，将调制指数的作用以表观信噪比来解释，采用加权平均求出平均表观信噪比，经归一化后导出语言传输指数。

语言传输指数STI值在0~1之间，按主观感觉分为5档，见下表。

语言传输指数STI的分级　　表12-1

STI值	0.00~0.30	0.30~0.45	0.45~0.60	0.60~0.75	0.75~1.00
等级	Bad（劣）	Poor（差）	Fair（中）	Good（良）	Excellent（优）

根据国家体育场的功能要求、奥组委的有关要求以及国家体育场具体情况确定国家体育场内语言传输指数STI设计目标值。具体为：体育场在空场状况下语言传输指数STI不低于0.50，在满场状况下语言传输指数STI达到0.60。

根据工程测量数据，剧场、会议厅、报告厅等厅堂的STI值一般在0.50~0.70之间，STI大于0.50的厅堂，主观听音基本可以听清；STI大于0.55的厅堂，主观听音比较清楚；大于0.60的厅堂，主观听音十分清楚。

根据以往工程了解到的客观数据与主观感觉的关联，国家体育场语言清晰度指标可以满足奥运会或赛后大型活动的需求，在空场情况下可以听清楚，满场状态下比较清楚。

（二）根据语言传输指数STI的建筑声学影响因素，进行建筑声学设计

影响语言传输指数STI的建筑声学因素有：混响时间、声缺陷情况、噪声水平。建筑声学设计主要从控制这三方面着手。

1. 控制混响时间

（1）原则：

降低混响时间能有效地提高语言传输指数STI。控制混响时间在国家体育场具体为降低混响时间，特别是对语言清晰度影响较大的中高频段（500Hz、1kHz、2kHz）的混响时间。由于国家体育场场内空间体积大，声学吊顶为半透明膜结构，同时为了场内建筑效果的统一完整，看台及座椅不能提供额外的吸声面，因此国家体育场场内除声学吊顶以外，可用吸声面较少。易造成混响时间过长而影响语言清晰度。

（2）采取的措施：

1）国家体育场屋顶PTFE吸声膜覆盖区域面积约为42000m^2。屋顶是最有效的可用吸声面，应尽可能提高屋顶构造的吸声性能。其中选择吸声系数较高的PTFE吸声膜材料尤为重要。对于膜材料要注意吸声性能在实验室测量数据与实际使用情况时的差别，以便在实际工程中出现问题时能采取措施进行调整。

由于不同厂家生产的不同型号PTFE以及同一厂家的不同型号的PTFE吸声膜材的吸声性能存在差异，在膜材选择的过程中需要通过比较各种膜材的吸声特性，最终确定合适国家体育场的PTFE吸声膜材。

2）ETFE膜结构的构造为对250μm厚的ETFE膜材通过施加预张力形成的紧绷的膜结构，其对中高频声音的透声效率较低，透过PTFE声学吊顶的一部分声能会经ETFE膜结构反射后穿过PTFE膜结构又重新进入场内，对语言清晰度不利。因此在两层膜之间的部分构件上附加有效的吸声材料和构造以提高整个屋顶的吸声特性。

3）声学专业作为实用科学，在模拟分析中采用的数据与实际情况存在一定的差别。这种差别会使实际建成建筑的最终声学效果和软件计算模拟的效果之间存在一定的偏差。为了消除这种偏差，应留有一定的调整手段。在模拟计算中，应依据经验选择合适的参数取值以减少模拟计算和实际情况之间的偏差。

通过对选择范围内的多种PTFE膜材的混响室法和驻波管法的吸声测量，以及国内外的多家研究机构和厂家的测量数据，得出了在模拟分析设计中采用的屋顶构造的吸声数据。

设计中预留在屋顶两层膜之间的部分构件上附加吸声材料及构造以提高屋顶吸声特性的方法，以备屋顶构造实际吸声系数比模拟分析中采用的吸声系数小的情况发生时采用。

2. 控制声缺陷

声缺陷会影响语言清晰度。体育场内空间大，声平均自由程长，声源点多，很容易产生声缺陷。

针对体育场的特点，可以采取措施来控制声缺陷的产生，比如根据固定扩声扬声器和可能的临时性扩声扬声器的布置，通过对在其覆盖范围内的硬质表面进行扩散或吸声处理：在顶面的钢结构下表面做吸声材料，既增加了屋顶构造的吸声量，又消除了反射面；看台前栏板面可考虑悬挂柔性织物类物体以破坏弧形栏板的反射面；将四层包厢面向场地内的玻璃在水平方向做成波折面形状，以减小大面积弧形玻璃可能引起的长延时反射声干扰。

3. 控制噪声

对环境噪声进行测量，并对环境噪声对国家体育场的影响进行评估。

根据测量和推算，体育场内环境噪声水平约为50~55dBA，并不影响体育场内的比赛或举行活动。

由于一层为连续开敞空间，使场内空间和场外联系在一起。为了避免场内场外的噪声干扰，在一层屋顶板下作吸声材料；为了避免室外及零层安装设备的噪声干扰赛场，通过设备选型和施工安装时的噪声振动控制措施来解决。

（三）根据语言传输指数STI的电声学影响因素，对扩声系统设计提出要求和建议并配合落实

1. 语言传输指数STI与扩声系统设计的关系

国家体育场声学设计提出的语言传输指数STI的设计目标值，是建筑声学设计和扩声系统设计的共同目标。

语言传输指数STI不仅仅与建筑声学设计有关，对于体育场来说，更重要的是与扩声系统设计有关，扩声系统设计的好坏直接影响语言清晰度的高低。

语言传输指数STI主要与扩声系统设计中的扬声器布置方案、扬声器特性以及扩声系统信号处理方式有关。

2. 对扩声系统设 计应考虑以下几个方面：

■ 选用指向性合适且指向性频率特性较一致的扬声器（组），将声能尽可能地投射到其服务区域（观众席或场地）；

■ 减小扬声器到其服务区域的距离，以提高直达声能 / 混响声能比，这一点采用分散式扬声器布置方式比较有利；

■ 尽可能做到直达声场的均匀覆盖，同时也应避免出现扬声器覆盖区域的过多叠加；

■ 应考虑控制多只 / 组扬声器到达听众的声程差而引起的长延时声干扰的手段。

3. 在初步设计和施工图设计中，扩声系统设计按照以下原则进行：

■ 采用了分散式扬声器布置方式；

■ 扬声器采用指向性较强的线性阵列扬声器，对观众席和场地做到直达声的均匀覆盖；

■ 每组线性阵列扬声器均可单独进行处理，可避免因多只 / 组扬声器到达听众的声程差而引起的长延时声干扰。

三、计算机模拟分析

（一）建立国家体育场模型

计算机模拟是设计中进行预测和分析的有效方法之一。声学计算机模型是一个从声学意义上简化了的三维模型，将整个体育场复杂的几何形体简化为只与声学有关的形状。根据目前模拟技术的状况，在计算机模型中只能为平面，曲面则用很多单个的平面组成。模型的建立、模型的设置、各种参数的输入、模型模拟分析过程，以及根据分析结果进行调整并用来指导设计等都需要丰富的经验和基础知识。对重要的声学参数进行了模拟计算，并将其目标值进行比较。通过这种方式可以对各项声学措施的效果进行量化。结合传统的设计手段，使声学设计更加安全和有效。

国家体育场采用丹麦ODEON 8.5软件建立声学计算机模型进行声学模拟和分析。模型如图12-3。

国家体育场有关参数为：

内空间总表面积S：约160000m^2；

内空间总体积V：约1900000m^3；

声平均自由程：约47m。

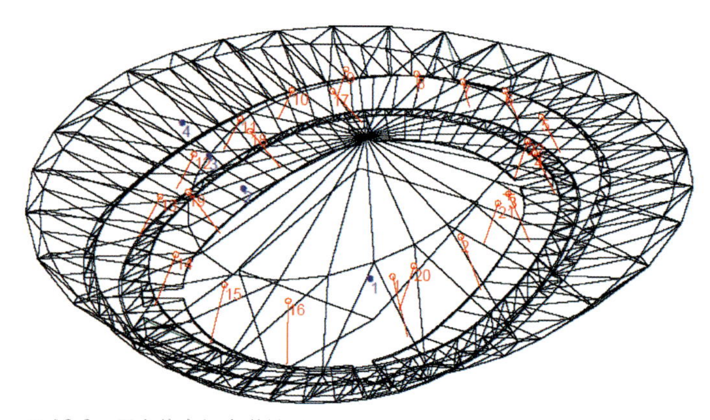

图12-3 国家体育场声学模型图

（二）模型设置

1. 材料

根据多年的实验室和工程测量数据对各个内表面的材料性质和形状以及吸声系数进行了设置。对于最重要的屋顶膜构造的吸声系数，声学专业对多种膜材进行了混响室法和驻波管法的吸声测量，并参阅了国内外多家研究机构和厂家的测量数据，并结合以往工程经验而给出的。模拟计算中各表面采用的吸声系数如表 12-2 所示。

模拟计算采用的吸声系数表　　表 12-2

	125Hz	250Hz	500Hz	1000Hz	2000Hz	4000Hz
屋顶构造	0.80	0.60	0.46	0.45	0.48	0.42
有观众的看台	0.25	0.32	0.62	0.78	0.77	0.60
无观众的看台	0.20	0.18	0.15	0.10	0.10	0.10
草地	0.10	0.20	0.40	0.50	0.55	0.50
跑道	0.04	0.05	0.07	0.09	0.12	0.15
玻璃	0.05	0.03	0.02	0.02	0.01	0.01

扩散系数与材料的性质和形状有关，模型中根据各个面的扩散系数进行了设置。

2. 声源和接收点

按扩声系统设计中主扩声扬声器布置方案，布置了 16 组观众席主扩声扬声器，均匀分布于屋顶前部覆盖整个观众席；布置了 4 组场地扩声扬声器于西看台上方屋顶前部，覆盖整个场地。

根据扩声系统设计中采用的扩声扬声器特性设置了各组扬声器指向性特性。

在场地中央上方设置了 1 个全指向性声源。

在下层看台中部、中层看台中部、上层看台中部和场地中部布置了 4 个具有代表性的接收点。

（三）模拟计算

1. 混响时间

在混响时间的模拟计算中，采用了 ODEON 软件中的 Global 方法，声源为场地中央上方设置的 1 个全指向性声源。

GLOBAL ESTIMATE 是 ODEON 软件的一种计算方法：声源发出 particles，通过对记录下的能量衰减曲线进行反向积分来计算出混响时间。

为了使模拟分析更符合体育场的实际情况和考虑不同的条件，在研究中，我们分析了体育场内的四种观众在位率情况：空场、30% 观众、60% 观众、80% 观众，来模拟计算相应情况下的混响时间 RT_{60}（T_{30}）。

模拟计算的结果如表 12-3 所示。

混响时间模拟结果　　表 12-3

	125Hz	250Hz	500Hz	1000Hz	2000Hz	4000Hz
空场状态（s）	3.30	3.46	3.71	3.62	3.24	2.55
30% 观众状态（s）	3.27	3.31	3.45	3.30	2.86	2.25
60% 观众状态（s）	3.25	3.24	3.25	3.02	2.63	2.08
满场（80% 观众）状态（s）	3.24	3.19	3.14	2.81	2.49	1.96

2. 语言传输指数

同样，在考虑体育场内空场、30% 观众、60% 观众、80% 观众等状态下，我们对语言传输指数 STI 进行了模拟计算。其结果分别如表 12-4 和图 12-4~ 图 12-7 所示。

语言传输指数 STI 模拟结果　　表 12-4

	空场状态	30% 观众状态	60% 观众状态	满场（80% 观众）状态
第一点 STI 值	0.50	0.53	0.55	0.56
第二点 STI 值	0.52	0.57	0.60	0.62
第三点 STI 值	0.55	0.58	0.61	0.63
第四点 STI 值	0.49	0.53	0.55	0.57
平均值	0.52	0.55	0.58	0.60

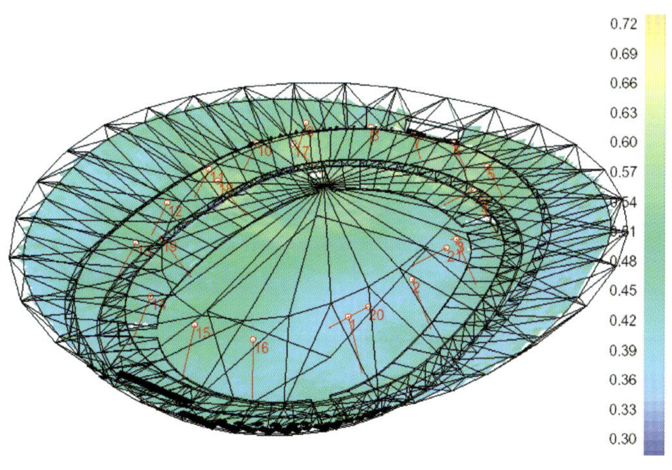

图 12-4　空场状态下 STI 分布图

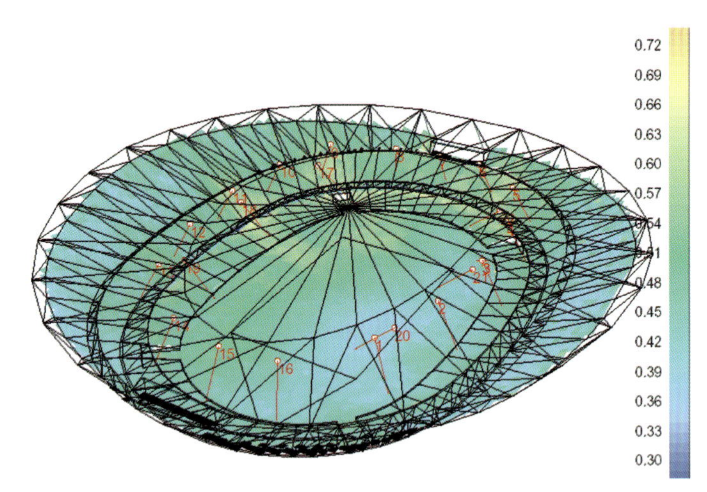

图 12-5　30% 观众状态下 STI 分布图

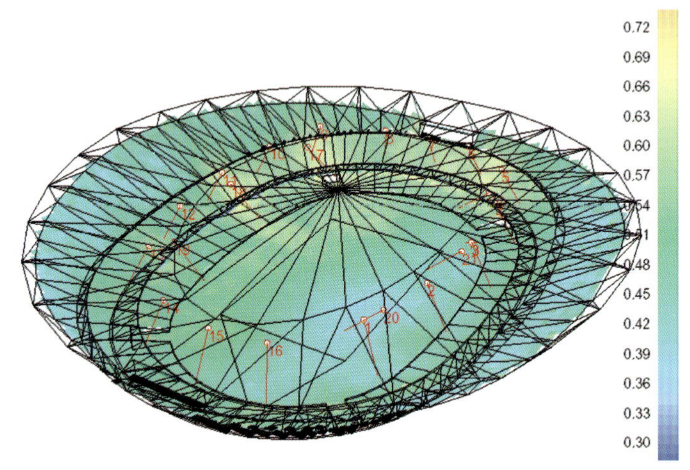

图 12-6　60% 观众状态下 STI 分布图

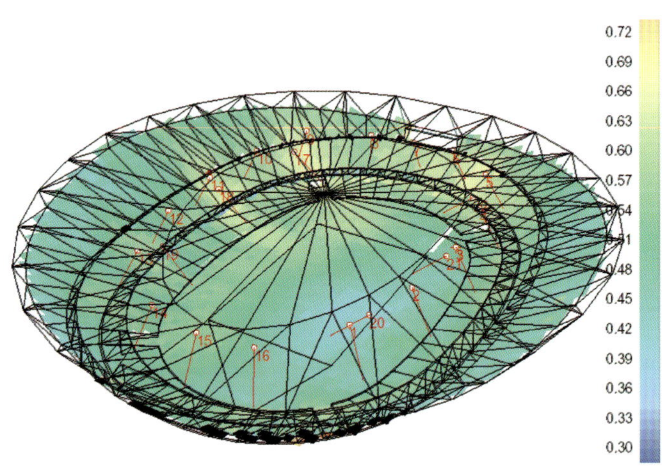

图 12-7　满场（80% 观众）状态下 STI 分布图

（四）模拟计算结果分析

根据模拟计算，国家体育场内在空场状态下语言传输指数 STI 不低于 0.50，在满场状态下语言传输指数 STI 达到 0.60，达到了设计目标，能满足国家体育场的功能要求。

四、声学测量研究

（一）屋顶膜材的测量研究

由于国家体育场整体设计的原因，屋顶膜材的吸声性能对于国家体育场的声环境至关重要。

在设计过程中多次对国家体育场设计中拟采用的 PTFE 吸声膜材进行吸声系数测量，也广泛收集其他研究机构对类似膜材的研究报告和测量结果，并研究分析国家体育场屋顶膜结构构造的吸声机理。根据以上测量和分析，得出国家体育场屋顶膜结构构造的吸声系数，并在声学设计中使用。

对各种不同的 PTFE 膜材的吸声系数测量依照国家标准 GB/T 20247 -2006 / ISO 354：2003《声学 混响室吸声测量》进行，安装方式：材料 + 375mm 空腔，框架周边封闭，试件朝上置于混响室地面中部。该安装方式对应于 GB/T 20247-2006/ISO 354：2003《声学 混响室吸声测量》中规定的 E-375。这种测量方法反映的是膜材本身的吸声特性，这种特性是设计过程中取值的重要参考。

测量方式和布置如图 12-8、图 12-9 所示。

在对膜材的选择过程中，先后对不同的膜材进行了测量和复测，通过对测量数据的比较，发现各种材料的吸声特性存在差异，且同种材料的吸声特性在不同的测试批次存在一定的不稳定性。

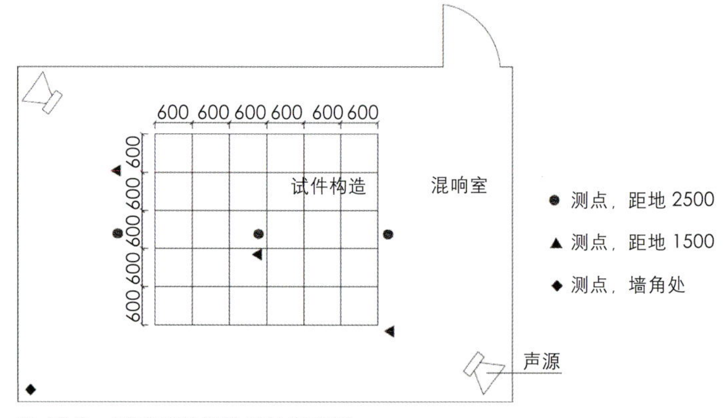

图 12-8　吸声系数测量安排示意图

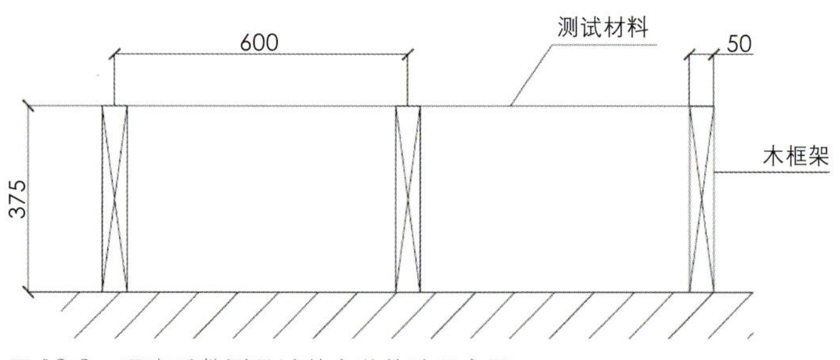

图 12-9　吸声系数测量试件安装构造示意图

为了保证不同批次供应的材料吸声特性的一致性，以保证材料的吸声特性在一定水平内使用的可靠性，确定了对膜材吸声特性的测试和控制措施：

- 由有资质的测试单位进行膜材吸声系数测量，测量应能反映膜本身的吸声特性，并具有可重复性和可比较性；
- 确定参照样品，采用相同测量方法和测量条件，每批次膜材的吸声系数与参考数据的偏差控制在一定范围之内；
- 每批次的膜材测量应提供至少三块膜材试件。
- 参考数据如下图：

（二）噪声测量

噪声对语言清晰度的影响是不言而喻的。为了了解体育场内的环境噪声及观众产生的噪声水平，对现场及类似的体育场使用过程中的情况进行了一些测量：

1. 对国家体育场周边环境噪声进行了实地测量，见表 12-5。

北四环交通噪声测量数据 [单位：dB（A）]　　　表 12-5

频率（Hz）	63	125	250	500	1K	2K	4K	8K	LAeq
测点 1	76	75	73	67	71	70	58	38	76
测点 2	76	68	67	68	67	64	55	42	72

注：1. 测点 1 距四环路边 10m，测点 2 距四环路边 20m；
2. 测量时间为昼间 16：00~17：00。

2. 对同类型的体育场内进行比赛和大型活动时产生的声音进行了测量。

根据实测：某省运会开幕式文艺演出时测得的等效声级约为 95dBA（演出舞台在场地东面，测点在西看台二层记者席后部）。

3. 对其他体育场内观众在不同状态下产生的声音进行了测量，见表 12-6。

体育场内观众噪声值 [单位：dB(A)]　　　表 12-6

状态	观众安静观看比赛时	观众议论时	观众欢呼或鼓掌时	发生骚动或恐慌时
声级	60~65	70~75	90~95	约 100

4. 对单层膜结构屋顶的体育场进行雨噪声测量。

雨噪声鲜有相关的报道或资料。为掌握第一手资料，2004 年 9 月对屋面采用单层膜材覆盖的某体育场进行了雨声（大雨）测量，测量数据见表 12-7。

雨声测量数据 [单位：dB(A)]　　　表 12-7

测点	等效连续 A 声级	测点位置
1	75	西看台六层南端摄影平台，距正上方屋顶膜约 10m
2	70	主席台中央，距正上方屋顶膜约 23m

注：雨声呈宽频带特性。

声学测量记录

测量时间：2006 年 4 月 17 日

测量方法：混响室法

1/3 倍频带吸声系数频率特性表

频率（Hz）	31.5	40	50	63	80	100	125	160	200	250	315	400	500	630	800	1000	1250	1600	2000	2500	3150	4000	5000	6300	8000
吸声系数						0.81	0.90	0.85	0.96	0.71	0.66	0.56	0.47	0.80	0.71	0.61	0.67	0.67	0.65	0.65	0.67	0.69	0.71		

1/3 倍频带吸声系数频率特性曲线

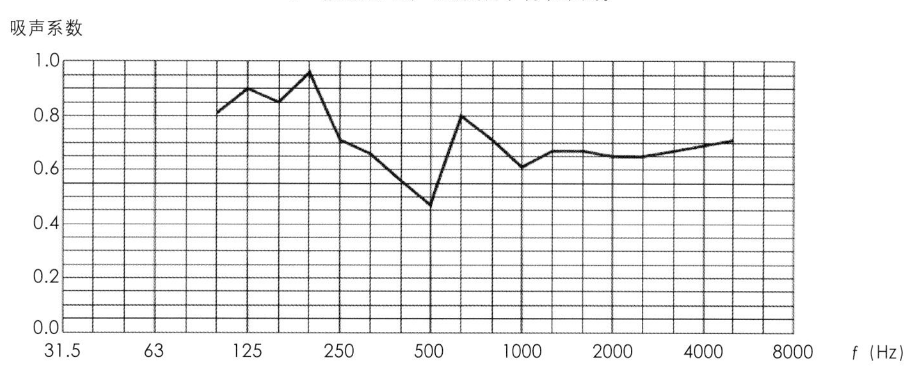

图 12-10　声学测量记录

五、屋顶膜构造吸声特性偏差对声环境的影响状况分析

随着工程的进程，对国家体育场的建声环境进行了更加仔细的模拟分析。考虑到屋顶膜构造吸声特性可能会出现的偏差，专门对负偏差进行了模拟分析。

模型图如图12-11，模型设置如图12-12。按扩声系统施工图设计，屋顶前端布置16组声源覆盖整个观众席，西看台屋顶前端布置4组声源覆盖场地。在场地布置3个代表接收点，观众席布置22个代表接收点。

（一）屋顶膜构造按原设计吸声系数的混响时间模拟结果

1.Global Estimate 方法

体育场混响时间模拟结果　　表12-8

频率，Hz	125	250	500	1000	2000	4000
空场，T_{30}，s	3.22	3.49	3.78	3.67	3.15	2.30
30% 观众，T_{30}，s	3.19	3.47	3.67	3.55	3.04	2.23
60% 观众，T_{30}，s	3.15	3.40	3.35	3.11	2.70	2.07
满场，T_{30}，s	3.11	3.33	2.93	2.52	2.20	1.84

注：全指向性声源，置于场地中央，距地面15m，Global Estimate方法

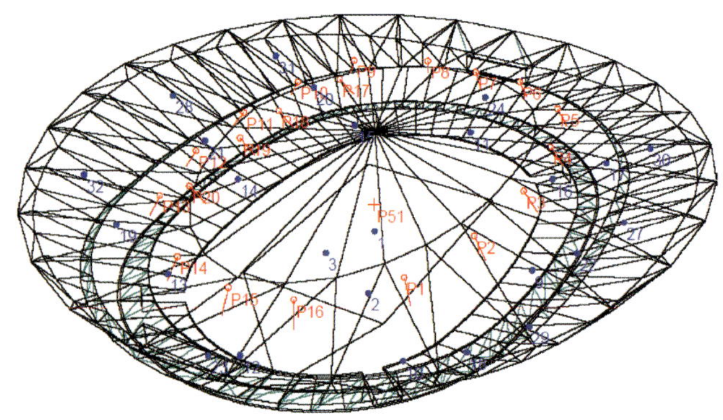

图12-11　模型图

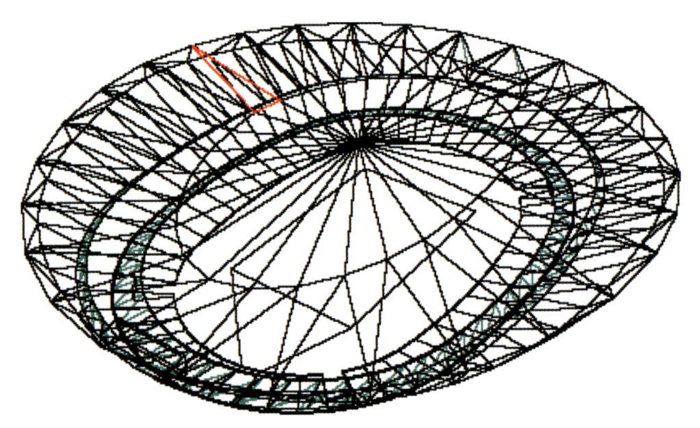

图12-12　声源和接收点布置图

2. 脉冲响应方法（多点声源，多点接收）

用扩声声源（共20组），各代表接收点处（共25点）的混响时间统计结果如下。

空场：

T_{30}（s）Band（Hz）	63	125	250	500	1000	2000	4000	8000
Minimum	2.35	2.82	3.16	3.48	3.25	2.82	1.94	1.00
Maximum	3.14	3.54	3.79	3.92	3.83	3.25	2.63	1.59
Average	2.74	3.19	3.49	3.70	3.57	3.06	2.29	1.27

30% 观众：

T_{30}（s）Band（Hz）	63	125	250	500	1000	2000	4000	8000
Minimum	2.35	2.86	3.17	3.40	3.18	2.66	1.94	0.99
Maximum	3.14	3.53	3.86	3.88	3.74	3.29	2.63	1.52
Average	2.74	3.20	3.49	3.64	3.47	3.00	2.29	1.26

60% 观众：

T_{30}（s）Band（Hz）	63	125	250	500	1000	2000	4000	8000
Minimum	2.35	2.85	3.15	3.13	2.73	2.35	1.86	0.87
Maximum	3.14	3.49	3.74	3.87	3.76	3.27	2.72	1.48
Average	2.74	3.16	3.44	3.42	3.21	2.82	2.26	1.14

满场：

T_{30}（s）Band（Hz）	63	125	250	500	1000	2000	4000	8000
Minimum	2.35	2.81	3.00	2.61	2.10	1.98	1.71	0.76
Maximum	3.14	3.46	3.84	4.17	4.29	2.99	2.39	1.49
Average	2.74	3.14	3.37	3.05	2.76	2.47	2.00	1.13

（二）屋顶膜构造按原设计吸声系数负偏差的混响时间模拟结果

1.Global Estimate 方法

体育场混响时间模拟结果　　表12-9

频率，Hz	125	250	500	1000	2000	4000
空场，T_{30}，s	3.39	3.67	4.00	3.87	3.28	2.36
30% 观众，T_{30}，s	3.35	3.64	3.83	3.69	3.15	2.29
60% 观众，T_{30}，s	3.29	3.55	3.46	3.22	2.79	2.11
满场，T_{30}，s	3.26	3.46	3.01	2.59	2.25	1.87

注：全指向性声源，置于场地中央，距地面15m，Global Estimate方法

2. 脉冲响应方法（多点声源，多点接收）

用扩声声源（共20组），各代表接收点处（共25点）的混响时间统计结果如下。

空场：

T_{30}（s）Band（Hz）	63	125	250	500	1000	2000	4000	8000
Minimum	2.53	3.06	3.39	3.62	3.35	2.85	2.00	1.00
Maximum	3.26	3.73	3.91	4.03	3.96	3.34	2.66	1.60
Average	2.92	3.37	3.63	3.84	3.69	3.16	2.34	1.28

30% 观众：

T_{30}（s）Band（Hz）	63	125	250	500	1000	2000	4000	8000
Minimum	2.53	3.10	3.36	3.47	3.34	2.76	2.02	0.96
Maximum	3.26	3.74	3.90	4.04	3.93	3.34	2.67	1.49
Average	2.92	3.35	3.64	3.74	3.61	3.10	2.33	1.28

60% 观众：

T_{30}（s）Band（Hz）	63	125	250	500	1000	2000	4000	8000
Minimum	2.53	3.07	3.28	3.29	2.90	2.42	1.79	0.87
Maximum	3.26	3.59	3.90	3.96	3.92	3.42	2.61	1.56
Average	2.92	3.31	3.58	3.55	3.29	2.92	2.28	1.18

满场：

T_{30}（s）Band（Hz）	63	125	250	500	1000	2000	4000	8000
Minimum	2.53	3.05	3.15	2.79	2.27	2.00	1.72	0.74
Maximum	3.26	3.65	3.89	4.46	4.47	3.54	2.41	1.41
Average	2.92	3.28	3.51	3.15	2.84	2.54	2.03	1.10

（三）结果分析

屋顶膜构造吸声特性如出现规定范围内的负偏差，根据模拟计算结果，归纳如下：

1. 混响时间（中频 500~1000Hz）

空场：升高约 0.20S；

30% 观众：升高约 0.15s；

60% 观众：升高约 0.10s；

满场：升高约 0.08s。

2. 语言传输指数 STI

空场：下降 0.01（25 代表点平均值）；

30% 观众：下降 0.01（25 代表点平均值）；

60% 观众：下降 0.01（25 代表点平均值）；

满场：下降 0.01（25 代表点平均值）。

六、结论

国家体育场的屋顶构造和测量的体育场有一定差异：第一，国家体育场的屋顶为双层膜结构构造形式。其中下层为 PTFE 吸声膜结构，第二，两层膜结构之间的距离有约 13m，上层看台观众席距离上层 ETFE 膜结构的距离最小处有 16m。同时在两层膜结构之间，钢结构梁的下表面布置有吸声材料。根据对体育场内观众噪声和雨噪声等环境噪声的测量数据分析后，得出以下结论：

（一）体育场内的噪声水平主要决定于观众产生的噪声，环境噪声不致影响体育场的比赛和活动；

（二）扩声系统的声音应能提供足够大的声压级（最大声压级不小于 106dB）以满足必要的信噪比 S/N；

（三）采用双层膜，膜间隔约 13m 的国家体育场不必采取措施来控制雨声。

第三节　电声学环境研究

一、电声学分析目的、方法和工具

（一）分析的目的

国内外大型综合体育场的声学设计总体侧重于电扩声系统的研究与设计，而对于国家体育场这样一个具有独特的建筑体型和场内空间特殊的声学吊顶材料，如何通过建筑声学设计的处理以及建筑声学与扩声系统的协调配合，使之具有一个优良的内部电气声学环境，更满足比赛、观赛及演出活动的需要，是必须解决的问题。

1. 电气声学应对一下问题进行研究：

（1）满足奥运会及其他的大型田径比赛时、足球比赛时观众对场内扩声要求；

（2）满足大型运动会开、闭幕式及商业演出时，观众对场内语言、音乐扩声要求；场地固定扩声系统与流动扩声系统的结合；

（3）同时满足体育场顶盖在开启及闭合两种情况下，举办大型运动会及商业演出扩声要求（此条在初步设计修改后有调整）；

（4）最大限度减少场地扩声对周围环境的影响；

（5）目前的建筑形式，采用 ETFE 和 PTFE 膜对场地声学的影响以及对电声技术的影响等；

（6）音响设备使用对外部环境的影响。

2. 电声技术在体育场中的声学特性以及对观众的影响：

（1）针对建声情况，合理设置电声系统；

（2）通过对体育场语音扩声和音乐扩声的清晰度要求，提供切合本体育场的回响时间；提出内部声学环境参数，特殊材料（如 PTFE 膜结构声学吊顶）的性能研究、优化、研制和使用；

（3）大型综合体育场噪声控制；

（4）综合建筑设计、声学设计创造良好的体育场内部声学环境；

（5）特殊声学材料的运用。

对体育场中采用 ETFE 和 PTFE 膜，在国内属于较新技术课题，现有资料少，如何保证电声技术在体育场中的合理应用，确保场地内的混响时间满足实际的需求，都是要深入研究的问题。设计主要针对这些问题进行深入的研究和分析，并提供对类似体育场建声和电声设计具有指导性的建议。

（二）分析研究的方法与工具

1. 研究的依据

（1）《体育建筑设计规范》JGJ31-2003；

（2）《体育馆声学设计及测量规程》JGJ/T 131-2000 J42-2000；

（3）《厅堂扩声特性测量方法》GB4959；

（4）《厅堂扩声系统声学特性指标》GYJ25；

（5）《语言清晰度指数的计算方法》GB/T15485；

（6）《田径场地设施标准手册》（国际田径协会联合会）；

（7）《国家体育场奥运工程设计大纲》；

（8）建筑声学提供的体育场内各种材料的声学数据（其中内、外膜材料吸声系数为实验室测量数据）。

2. 分析研究方法与工具

EASE4.0 软件目前是国际上广泛用于对体育场馆扩声系统模拟分析的软件，设计中采用此软件对场地区域进行仿真评估。并对电声系统最大声压级的影响、对语言清晰度（RASTI）影响、声场均匀度等关键技术进行评估。

（1）最大声压级

对于体育场馆来说，在赛时和举办其他活动时，观众的欢呼声以及其他的背景噪声非常大。因此对于体育场的正常工作中，扩声系统的最大声压级要比背景噪声高。而对于特殊紧急状态时，比如少数观众闹事或发生紧急事故，或发生火灾等时，背景噪声将更会加大，此时扩声系统的最大声压级的提高更显得非常重要和必要。见图 12-13、图 12-14。

（2）语言清晰度

1）语言清晰度是电气声学中最为重要的参数。扩声系统的目的是要让在场的观众听清楚和听懂扬声器发出的声

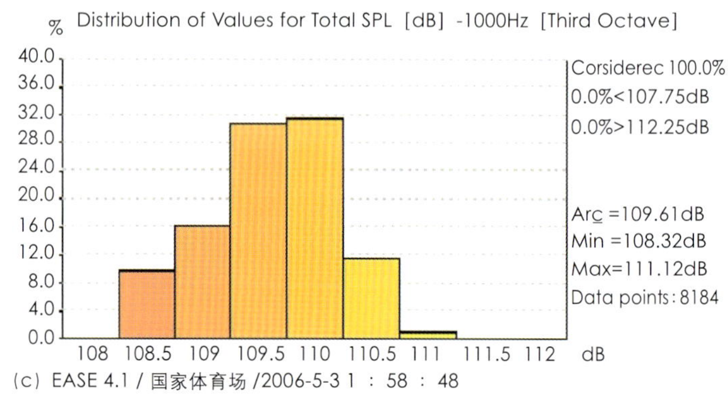

图 12-13 声场数值统计图

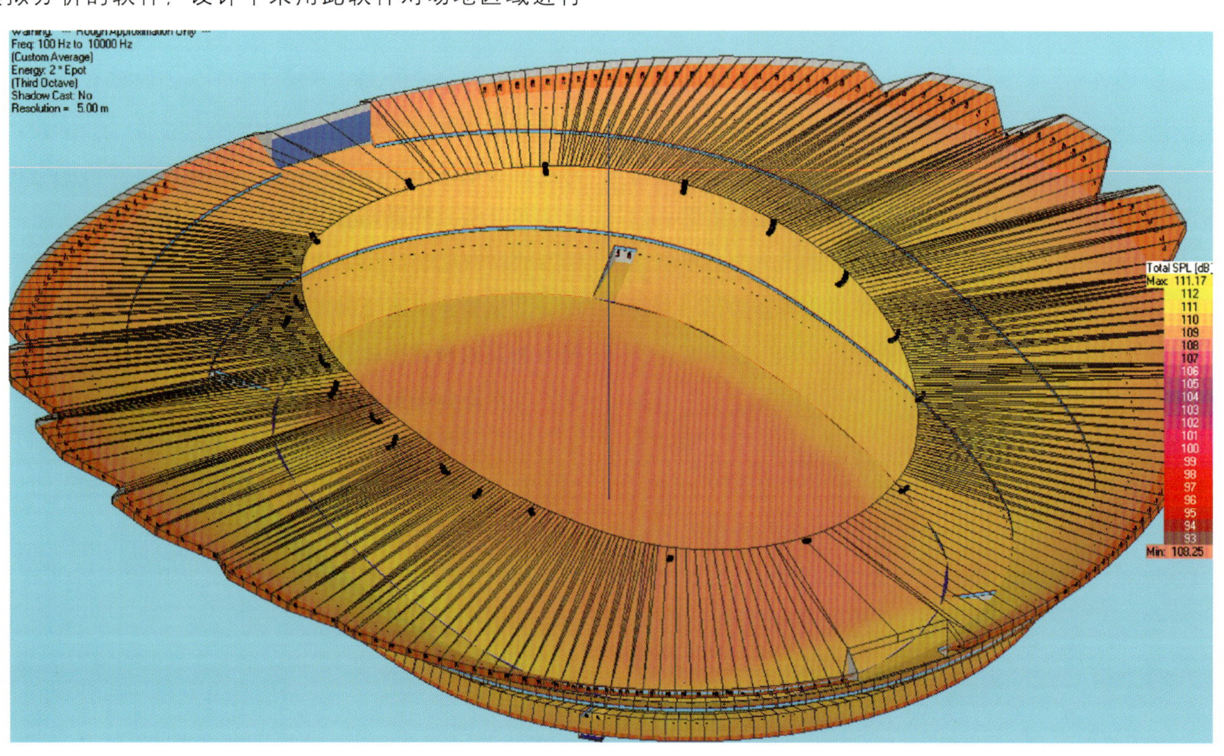

图 12-14 声场三维分布图

音，在此主要是针对语言播音。根据中华人民共和国国家标准 GB/T 14476-1993《客观评价厅堂语言可懂度的 RASTI 法》中关于 RASTI 的定义：本标准规定了客观评价有关可懂度的语言传输质量方法，即“快速语言传输指数法”简称“RASTI”法。本标准适用于评价厅堂中用或不用电声系统时的语言传输质量。从图 12-15 可以看到 RASTI 指标的优劣。

2）一般来说，影响语言清晰度的因素主要有背景噪声、

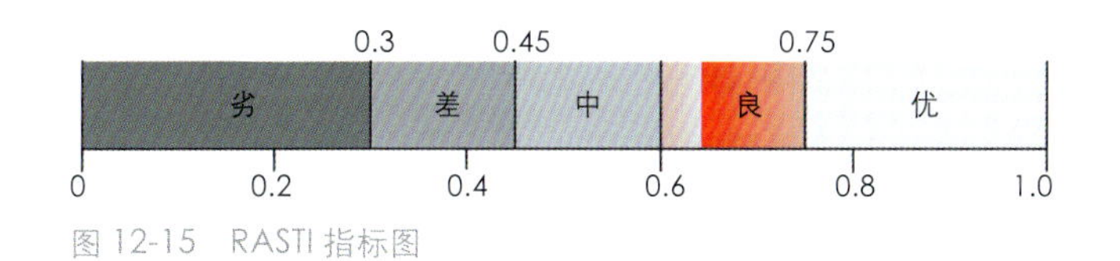

图 12-15　RASTI 指标图

混响、延时、系统带宽、系统失真等诸多因素。由于现代电声系统的带宽和失真可较为容易通过系统自身进行克服和调整，所以影响体育场扩声系统的语言清晰度的最主要的因素有以下几方面：

①信噪比：

信噪比为扩声系统稳态最大声压级与背景噪声的比值。背景噪声包括环境噪声和观众发出的噪声的能量叠加。如果信噪比过低，意味着原始信号被背景噪声调制的影响加剧，那么观众将听不清楚解说和广播。由于不可预计和无法控制现场实际的背景噪声水平，所以扩声系统的稳态最大声压级的提高非常有利于提高语言清晰度。

②高能量的长延时反射声：

对于体育场来说，由于大量都是后期的长延时反射声，这些回声对初始语音信号低谷的填充作用将非常强烈！如何尽量避免这些强能量的反射声，对建筑声学和电声系统的设计都是一个挑战，见图 12-16。

③声源的距离：

离声源越近，直达声成分就越多，也越能够听清楚原始的语音信号。距离声源越远，会受到反射声能的干扰越多；

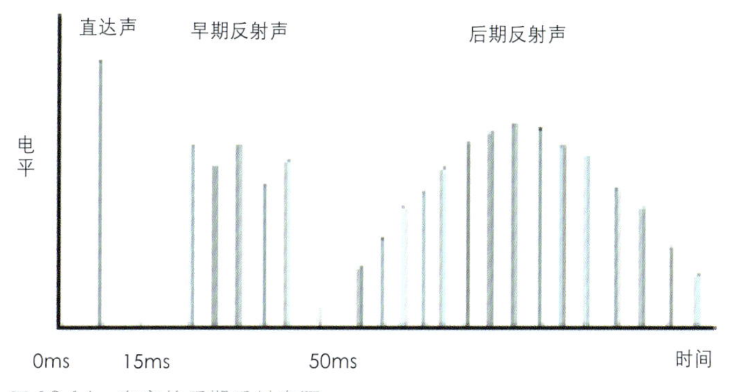

图 12-16　有害的后期反射声图

声源越远，在体育场内离散的后期反射声也开始增多。

（3）声场均匀度

良好的电声系统会给体育场内带来非常均匀的声场覆盖，即在场地中声压级的分布非常的均匀（如图 12-17 所示）。

二、声场分析

（一）扩声系统研究

扩声系统研究针对的最关键的三大技术指标是：电声系统最大声压级的影响、对语言清晰度（RASTI）的影响和声场均匀度。以得出解决上述关键问题的方法和结论，对国家体育场电气声学的设计起到指导作用。

1. 场地扩声系统目标及声学环境

（1）扩声系统主要为体育比赛及大型活动时观众席（包括主席台、包厢等）和比赛场地区域的语言扩声之用，在奥运会开、闭幕式等大型演出时起到主扩声系统的补充作用，兼顾开、闭幕式团体操及表演音乐伴奏。

（2）对扩声系统的基本要求是：保证在观众席和场地达到较高的扩声语言清晰度。语言清晰度与声缺陷情况、噪声水平，以及扩声扬声器布置方案、扬声器特性等都有关，对言语清晰度影响较大。

（3）在国家体育场用于大型运动会的开幕式、闭幕式或大型高水平的文艺演出时，扩声以高质量的“临时流动系统”与原有“固定”安装的系统联合使用，则是效果较佳且比较经济的方式。

（4）体育比赛过程气氛热烈，欢呼、加油声此起彼伏。但对扩声而言，这种“背景噪声”级的增大是无规律的，背景噪声水平主要取决于观众噪声。对于在体育场内进行大型活动时，观众欢呼以及扩声系统的声级比正常赛事时都要高，场内声级约 95~100dBA，在扩声系统设计中应予以充分考虑，才有可能获得满意的听觉效果。

（5）由于国家体育场地理位置和建筑形式已确定，要保证体育场扩声的音质效果，其声学环境是非常重要的。体育场馆扩声最终的声音效果是建声与电声综合效果的体现。根据建筑声学的处理，扩声系统主要考虑以下方面：

1）尽量减少扬声器声音的外溢，将扬声器的声能尽可能地投射到其服务区（观众区或场地），这要求所选用的扬声器具有合适的指向性，而且扬声器的频率特性应尽量一致，使声能便于控制，集中投射到所指定的，即扬声器所覆盖的区域；

2）扬声器的位置布置应尽量考虑减小其至服务区的距

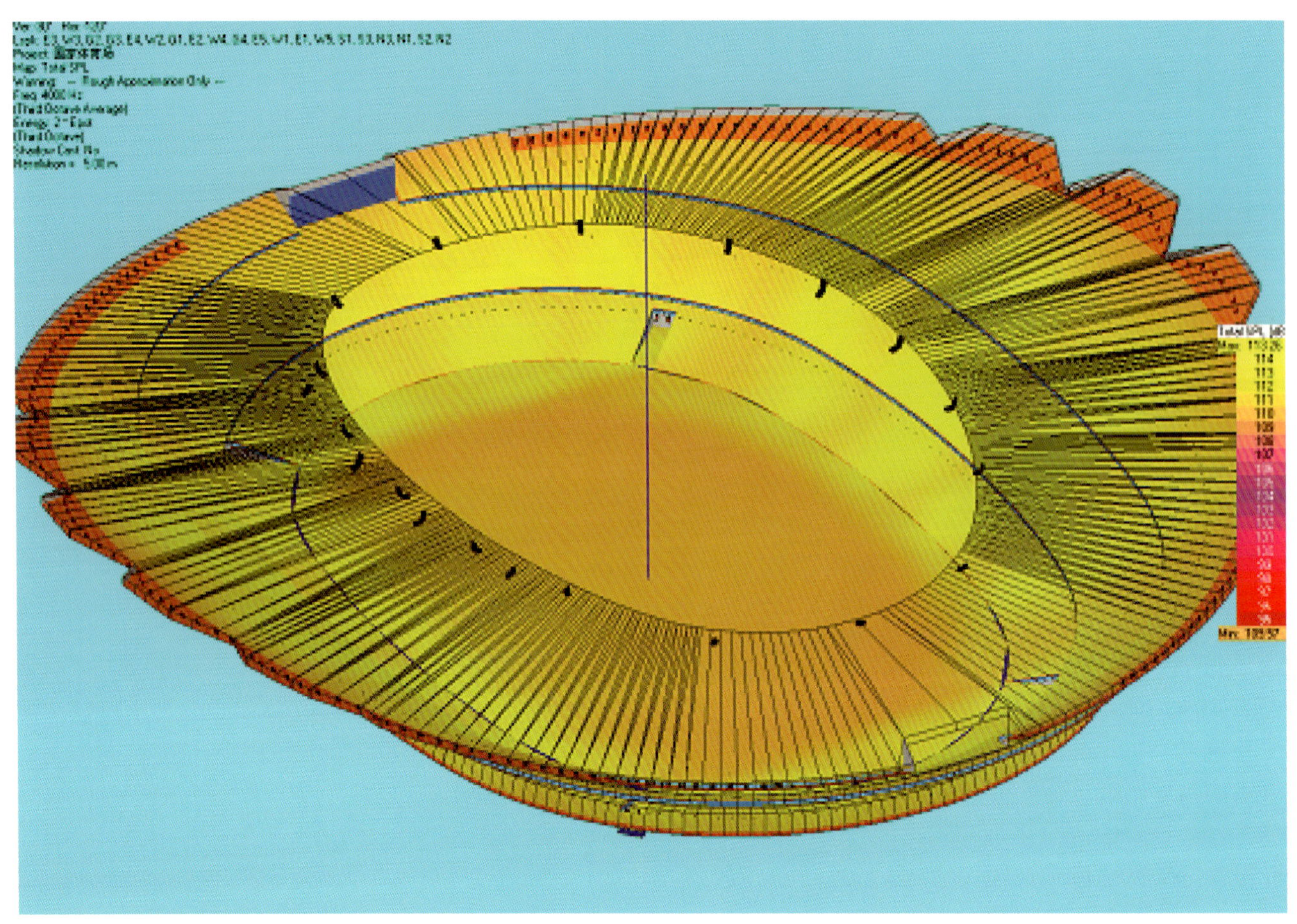

图 12-17　三维声场均匀度分布图

离。声压级的衰减是与距离的平方成反比，距离每增加一倍，声压级将减小 6dB，这对于高背景噪声的体育场而言是至关重要的。因此要尽量提高直达声能／混响声能比，从缩短扬声器到其服务区的距离来看，扬声器采用分散式布置的方式将较为妥帖和有利；

3）扬声器直达声投射到服务区，其直达声均应考虑均匀覆盖，应避免有些区域覆盖较好，有些区域则为盲区。这对于扬声器的布置，声音投射的方向和覆盖的角度等，需要认真加以考虑。另外在考虑声能覆盖的同时，也要避免出现扬声器覆盖区域声场的过多叠加，应利用最少的扬声器和最合理的布置，达到满意的效果。

（6）体育场声学目标应首先满足扩声系统与紧急广播对语言清晰度的要求，同时兼顾表演、集会等综合使用。语言清晰度、本底噪声、接收声压级、反射声密切相关。体育场具有空间大，使用时噪声高，声平均自由程长，反射声延迟时间长等特点，很容易产生声缺陷。

（7）我国现有的行业标准《体育建筑设计规范》JGJ31-2003 给出了体育场声学设计指标推荐值供体育场声学设计使用。但标准中所给的参数值为最低要求（场内最大声压级 >90dB）。对于国家体育场，该要求明显偏低。根据国际田径协会联合会的《田径场地设施标准手册》，其对声压级的要求是：在设计广播系统时，体育场应考虑如何应付最大干扰声源的措施，准备播出的音量要比最高干扰声源高。根据数据分析，观众欢呼产生的干扰声声级达到 90~100dB，根据国际田联"准备播出的音量要比最高干扰声源高"的要求，在应对紧急事件时，观众席音量须达到声压级 105dB 或更高。

（8）体育场观众席上方带有"PTFE"吊顶及"ETFE"膜覆盖，存在反射声，外膜中高频的透声效率较低，透过内膜的一部分声能会经外膜的反射后穿过内膜又重新进入场内，对语言清晰度不利。

2. 系统评价指标

采用声学软件 ODEON 建立细致准确的国家体育场计算机模型，模拟计算了体育场内空场、30% 观众、60% 观众、80% 观众等状态下的混响时间 RT_{60} 和语言传输指数（语言清晰度）RASTI。根据模拟计算，国家体育场的电气声学的技术指标如下：

（1）最大声压级：≥ 105dB；

（2）传输频率特性：125~6300Hz：±5dB；

（3）声场不均匀度：1000Hz、4000Hz ≤ 8dB ；

（4）传声增益：125~4000Hz ≥ -10dB；

（5）明晰度 C50 ≥ -3dB；

（6）主观听音：语言清晰，没有严重的长延时反射声和声聚焦现象。

3. 电气扩声系统应具有的特性如下：

（1）先进性：采用的系统应具有先进的、开放的体系结构和系统使用当中的科学性。整个系统能体现当今特大型体育场扩声技术的发展水平。

（2）实用性：能够最大限度地满足实际工作的要求，把满足国家体育场在奥运会开、闭幕式和奥运会期间的运用作为第一要素进行考虑，采用集中管理控制的模式，在满足功能需求的基础上操作方便、维护简单、管理简便。

（3）可扩充性和可维护性：要为系统以后的升级预留空间；要充分考虑结构设计的规范、合理为在短时间内完成对系统的维护打下基础，创造条件。

（4）经济性：在保证系统先进、可靠和高性能价格比的前提下，通过优化配置达到最经济性的目标。

4. 扩声系统需求分析

（1）概述

设计中对体育场扩声系统进行以下分析研究或采取相应的措施：

1）场地扩声系统为一个较为完善的开放性的平台，满足各种形式体育比赛及大型集会的需要。同时系统能提供丰富的接口，具有良好的灵活性和可扩展性，能在大型文艺演出时起到主扩声系统的补充作用；

2）对观众席和比赛场地扩声系统扬声器采用分散式或集中式进行比较；

3）对保证在包厢和观众席挑台下有良好的听觉效果提出解决方案；

4）如何满足在场地和主席台区域能够方便获得良好的听觉效果。设置较多数量的流动式返送扬声器，可方便地在场地和主席台区域使用；

5）采取何种方式，以获得信号传输的高效和可靠性。信号传输以高效、可靠为原则，传声器部分以模拟传输为主，其余部分以数字传输为主。系统中各主要工作点均同时具有数字和模拟接口；

6）由于场地大，信号传输距离长，为了减小传输距离，获得较好的系统增益，而应采取的措施。设置功率放大器和数字系统控制器的远程监控系统，正常使用时可实现功放机房的无人值守；

7）采用两台调音台。一台数字调音台作为主调音台，另一台模拟调音台作为现场调音台；

8）处理器部分采用网络式数字系统控制器，系统简洁、可靠，操作方便；

9）系统设计操作方便，稳定可靠，同时具有很好的可扩展性，方便外来临时性扩声系统的安装和使用。

（2）扬声器系统布置

扬声器系统的布局通常主要有以下两种布置方式：

1）集中布置方式：

集中式布置的优点是系统构成相对简单，容易控制，使扬声器数量或群组相对较少，但对扬声器的功率、灵敏度、指向性等技术指标的要求更为严格。集中布置方式的主要问题是：

① 由于声音传送距离过长而导致中高频声音在传输过程中被空气大量吸收，造成额外的损失，最终影响音质；

② 声音在长距离传输过程中还容易受到强风以及地面和空气温度的影响，使声音的传输方向产生一定的偏差和弯曲；

③部分听众区域距离音源远，直达声比例偏小，原始语音信号受到反射声干扰，使得语言清晰度降低；

④ 场内存在着高能量的长延时反射声，使得语言清晰度降低；

⑤容易产生声音的"外溢"，对附近地区造成"噪声污染"。根据数据统计，扬声器集中式布置比分散式所产生的"外溢噪声"要高出 15dB 左右。因此对于邻近区域可能受到噪声污染。

2）分散布置方式：

与集中布置方式相比较，分散式布置所使用的扬声器数量或群组相对较多，系统构成相对复杂。其主要特点是：

① 由于分区布置扬声器，容易对扬声器进行分区控制和管理，可分区控制全部或部分扬声器，实现灵活控制的区域扩声功能；

② 扬声器距离观众相对较近，使得扬声器发出声音的直达声比例提高，语言清晰度的指标好，同时能够充分体现扬声器的特性；

③ 由于扬声器离看台近，到观众的距离短，空气对中高频的吸收作用相对也较小；

④ 强风以及地面和空气温度对声音的影响相对微弱；

⑤ 扩声系统的声音外溢现象明显减弱，不易造成对邻近区域的噪声污染。

国家体育场扬声器选择分散式布置方式。它不但有效提高了观众席的直达声能比，也解决了因体育场建筑声学、建筑特性等客观因素而影响扩声效果。

对于一个扬声器分散式布置的扩声系统，要对扩声区域做合理的划分，并要解决好各组扬声器到达听众的时间顺序。

3）观众席扩声扬声器系统：

① 观众席主扩声扬声器系统采用分散式布置方式，扬声器阵列分区覆盖，减小扬声器到达其服务区域的距离，以提高直达声能 / 混响声能比。

根据观众区的分布，将整个体育场的看台分为东、南、西、北 4 个大的区域。其中东、西和南、北的观众看台基本对称，可以将 4 个大的区域细划分为 16 个扩声分区，每个分区由一个线阵列扬声器组扩声。采用三分频 16 组扬声器阵列较均匀地吊装于观众席上方声学吊顶下方的内环边缘，尽可能做到直达声场的均匀覆盖，达到较好的还音效果（见图 12-18~ 图 12-20）。由于有一些分区的高度、宽度等几何尺寸存在差异，需要采用不同数量的线阵列音箱来调整相关的声场覆盖，以便使看台不同区域的声压保持基本一致。采用线阵列主要有以下的特点：扬声器组的垂直指向性可以得到良好的控制，对于单一扬声器组来说减少了扬声器间的相互干涉，提高了音质；在一定的距离范围内（近场区）可近似按距离增加一倍声压级衰减 3dB 计，有效地提高直达声能与混响声能的比例，提高了语言清晰度指数；多种形式的扬声器组的排列与良好的扬声器组的布局可以提高直达声场的均匀覆盖，有效地减少和控制有害的界面反射声；在大型空间可以达到较高的最大声压级；明装扬声器组的外观较常规扬声器组美观。

东、西看台及南、北看台的线阵列扬声器布置，由于几何形状基本相同，配置相同数量的音箱。

② 扬声器采用线阵列扬声器，具有较好的指向性控制能力、特性灵敏度高和大声压级，能够获得良好的声场均匀度，同时可以提高语言清晰度。

③ 由于挑台遮掩，在中层和上层都有一个声影环带区，在这些声影环带区内，顶棚内的扬声器所发出的声音由于挑台的遮掩，无法直接到达这些区内，造成了这些区域内观众

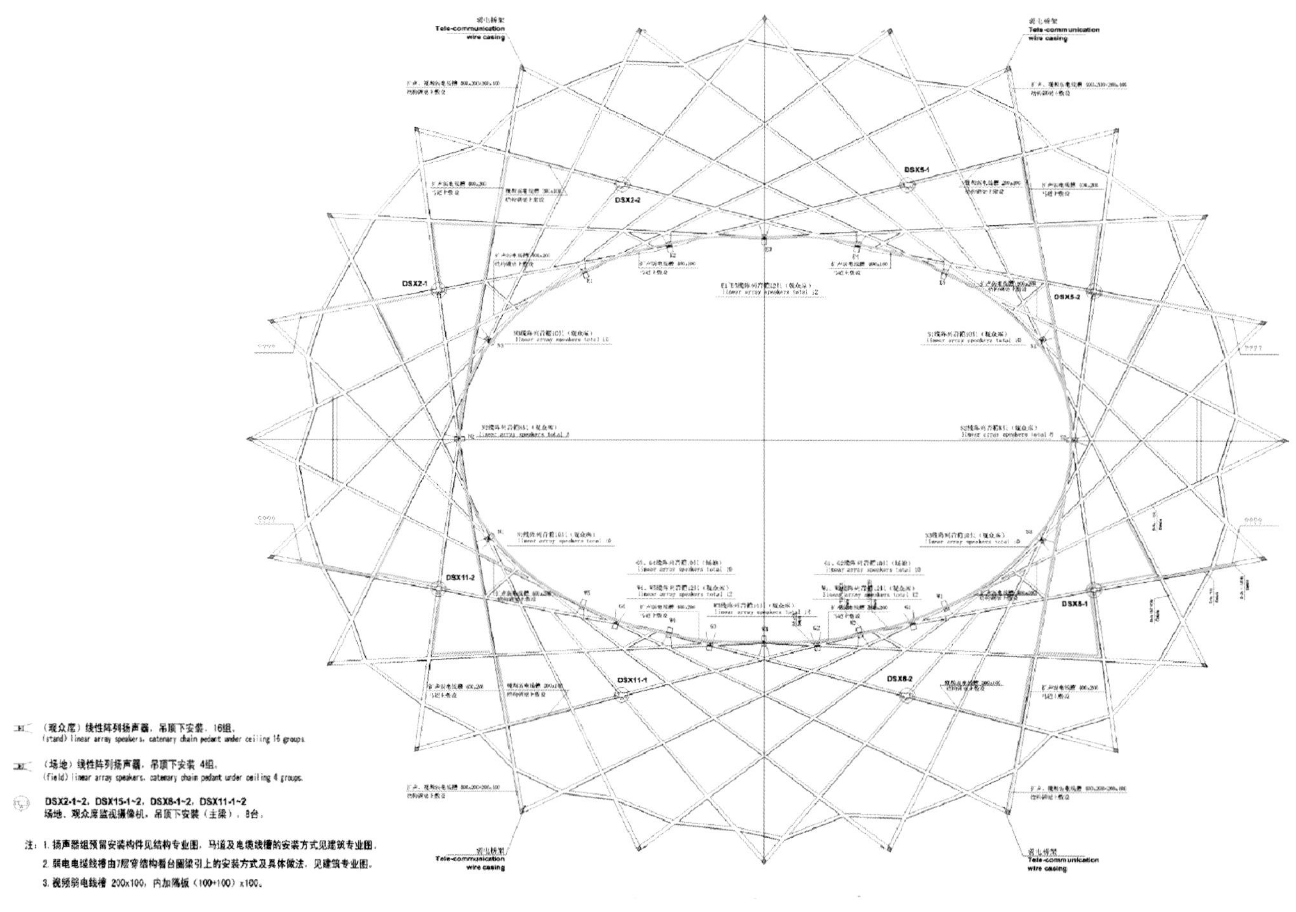

图 12-18　主扬声器组平面布置图

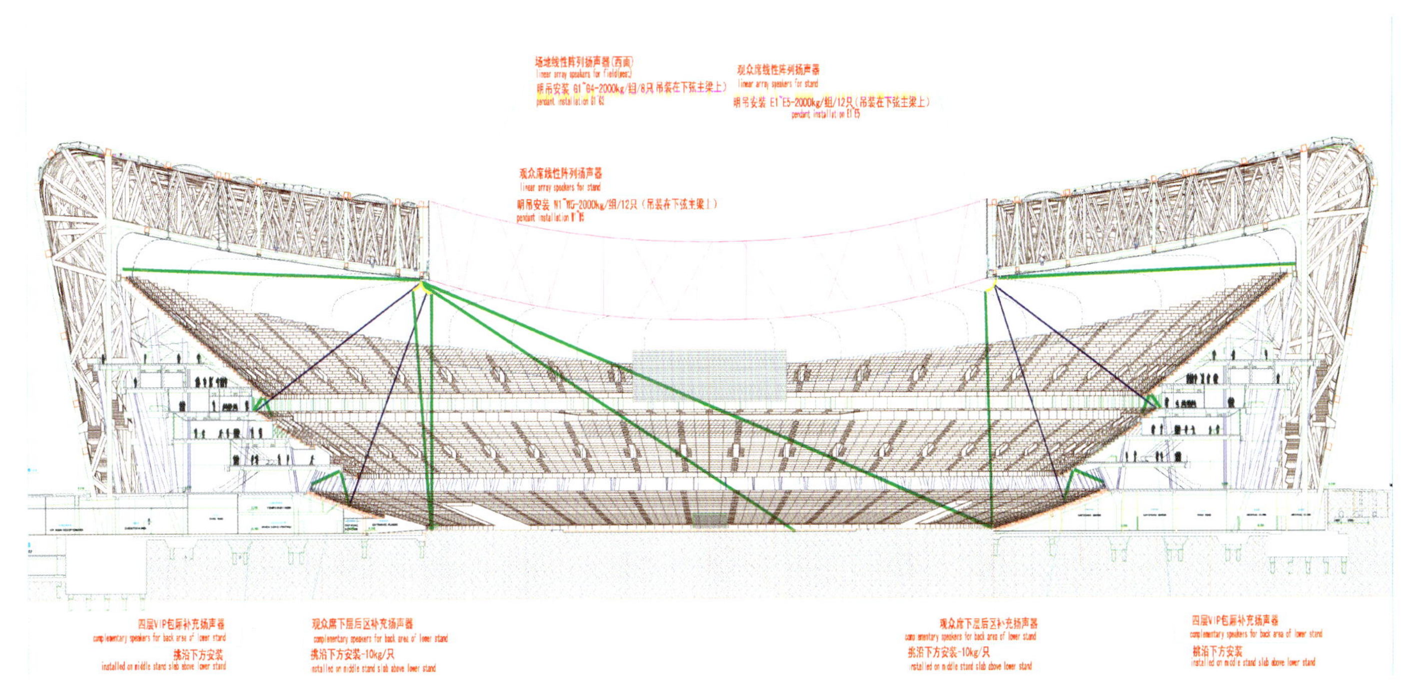

图 12-19　扬声器东西剖面布置图

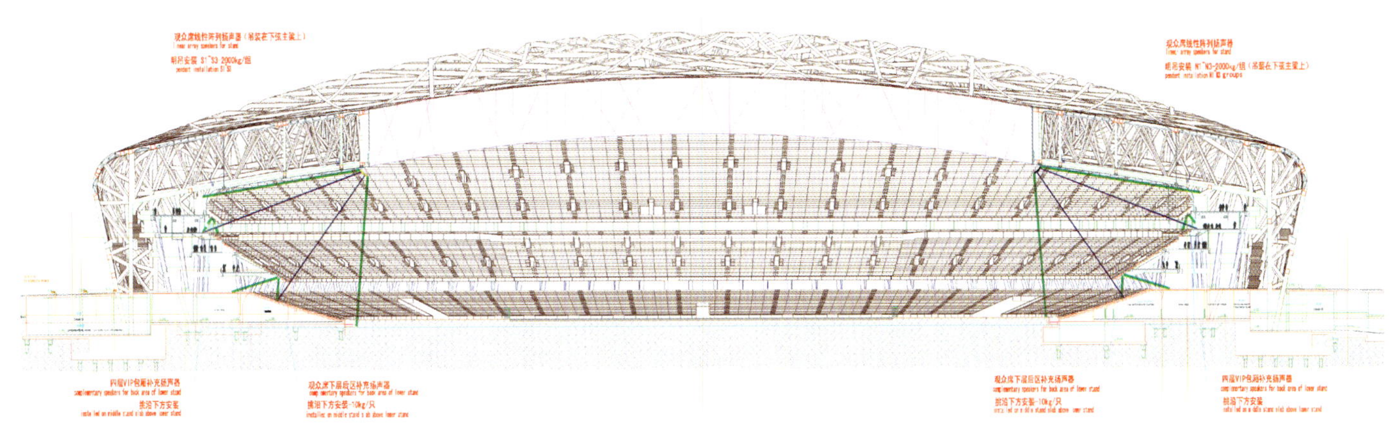

图 12-20　扬声器南北剖面布置图

听觉上的困难。因此在这些区域顶部均匀布置吸顶扬声器，以避免“声影区”的出现，实现全部观众席良好的覆盖。

④ 系统仿真分析

● 仿真环境

根据北京奥组委的要求：

声压级：105dB（大部分区域）；

RASTI：≥ 0.6（主要区域）。

扬声器组吊挂在膜下方案：（见图 12-21）

方案 A：

西侧音箱组：5 个位置 分别设置 12、12、14、12、12 只；

东侧音箱组：5 个位置各 12 只；

北侧音箱组：3 个位置 8、6、8 只；

南侧音箱组：3 个位置 8、6、8 只。

方案 B：在方案 A 的基础上增加 2 只音箱。

方案 C：在方案 A 的基础上减少 2 只音箱。

● 观众席的仿真评估（EASE4.0 软件）

对最大声压级的影响（Peak as plus 6dB）表 12-10

	125Hz	250Hz	500Hz	1kHz	2kHz	4kHz
方案 A (dB)	102~115	101~114	95~111	96~110	99~113	96~111
方案 B (dB)	102~116	100~113	95~111	95~109	98~112	96~111
方案 C (dB)	102~114	99~113	91~111	91~109	95~112	92~111

对语言清晰度（RASTI）影响　　表 12-11

	1kHz	2kHz
方案 A	0.45~0.65	0.47~0.65
方案 B	0.47~0.64	0.46~0.66
方案 C	0.45~0.64	0.47~0.65

比较 A、B、C 三个方案，除了方案 C 的声压级下降明显，其他方面没有很大区别，B 方案增加投资，技术指标提高不明显，故设计中选择方案 A。

4）比赛场地扩声扬声器系统

比赛场地扩声扬声器系统也采用分散式布置方式。为保证场地听觉与视觉方向的一致性，采用 4 组扬声器阵列较均匀地吊装于西侧的观众席上方，均匀覆盖比赛场地。扬声器采用与覆盖观众席的扬声器相同的型号。

● 场地区域仿真评估（EASE4.0 软件）

对最大声压级的影响　　表 12-12

	125Hz	250Hz	500Hz	1kHz	2kHz	4kHz
扬声器在一侧（西侧）：（dB）	88~114	86~115	81~113	83~113	86~118	83~118
扬声器在两侧（东、西）：（dB）	102~111	98~112	95~110	88~109	93~112	90~111

对语言清晰度（RASTI）影响　　表 12-13

	1kHz	2kHz
扬声器位置在一侧（西侧）：	0.44~0.75	0.43~0.78
扬声器位置在两侧（东、西侧）：	0.43~0.68	0.46~0.68

根据上面表格分析，扬声器位置在一侧（在西侧）方案，无论对最大声压级还是语言清晰度都比扬声器在两侧（东、西）具有优势，且扬声器位置在一侧（在西侧）有利于要求声音与视觉同方向的大型团体活动的进行，所以场地扩声最佳方案是扬声器位置在一侧（在西侧）方案，这样确定只在西侧布置扬声器组，东侧预留扬声器组的位置及条件。

对于观众席及场地扩声，如果要进一步改善语言清晰度（RASTI），应将扬声器组靠近观众席，但会影响美观。

（二）赛后需求的预留

场地扩声系统考虑了体育场未来经营时需采用功能预留的原则（包括硬件接口和软件接口），为今后业主的商务运营提供了扩声系统的基础支持。

国家体育场的场地扩声系统中很大的成分可以灵活地成为商业演出的系统设备，只需要再增添超低音和其他部分设备，就可以组成商业演出扩声系统，有效地为国家体育场的商业运营带来收益。

三、扬声器的安装及相应系统的设置

（一）观众席、比赛场地扩声扬声器组的安装

针对国家体育场钢网架的特点，将场地、观众席主扩声系统的线阵列扬声器组悬挂在屋顶的结构主梁吊架下（见图 12-21）。扬声器组安装位置的结构钢梁留有安装预埋件，扬声器吊挂系统必须考虑扬声器组的高空安装及维护检修等。

场地、观众席主扩声系统的线阵列扬声器组悬挂采用电动机械金属丝绞盘，可以改变音箱组位置来适应几种不同活动的要求，同时通过调整角度可以改善语言清晰度（RASTI）及声场均匀度等。

（二）流动扩声扬声器系统

1. 用于局部比赛场地的临时性场合，不同比赛区域的通知广播；在场地四周的 4 只综合插座箱分别设置 8 路返送扬声器接口，分别接入相应的流动扬声器以满足不同场合及不同功能的需要。

2. 用于主席台上发言席的流动返送系统。在主席台上设置 2 只综合插座箱内分别设置 8 路返送扬声器接口，分别接入相应的流动扬声器以满足主席台声音反送需要。

（三）传声器点设置

1. 固定传声器

为满足比赛及集会的需要，在主席台的两侧、比赛场地的四周及检录处设置了 7 个综合插座箱，共有 146 路传声器输入，这些点的传声器信号均直接接入位于控制机房机柜内的信号交换塞孔。

2. 无线传声器

系统还配备了 8 路高质量的 U 段无线传声器系统，该系统由手持发射机（含传声器）、腰包发射机、领夹式传声器、天线、天线放大器、天线分配器及接收主机组成。

3. 调音台设置

（1）主扩声调音台

系统设置一台高质量的全数字式扩声调音台作为主扩声调音台。调音台要求具有如下特点：

处理能力（24 路控制通路，10 路矩阵输出，10 路编组输出，16 路辅助输出）；输入数出通路（最多至 256 路输入，128 路输出，支持模拟、AES/EBU、MADI 等格式的信号）；

用户友好的界面，操作方式与模拟调音台相同；

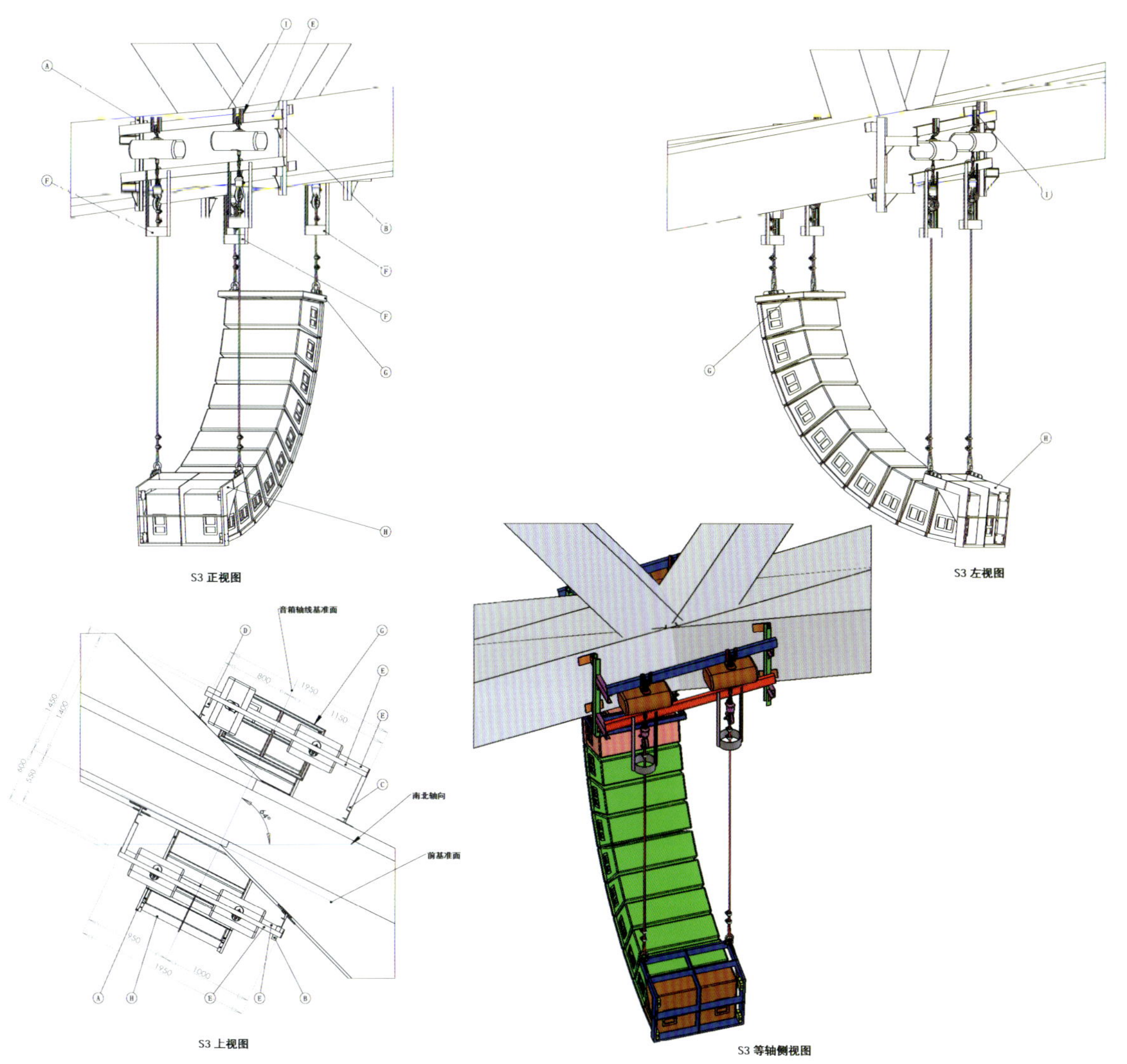

图 12-21　扬声器组吊装示意图

■ 通道内置均衡、压限、延时等功能；考虑到多只扬声器到达听众的声程差而引起的长延时声干扰，扩声系统考虑了调整延时措施。

支持 5.1 环绕声处理；

国际顶级数字式扩声调音台。

（2）备份调音台

为保证扩声系统的可靠性，防止数字调音台的故障导致整个扩声系统的崩溃，系统还设置一台模拟备份调音台，在应急状态下也作为主调音台的备份调音台使用。

通过塞孔排跳线和数字系统控制器的设置，将系统的输入信号跳接至备份调音台的输入端，可保证主调音台不能工作的情况下替代主调音台的绝大部分功能，从而确保扩声系统的正常使用。

（四）数字系统

1. 数字系统控制器：

（1）扩声系统在调音台与功放之间采用集增益、均衡、压限、切换、分频、滤波等功能于一体的数字系统控制矩阵。矩阵由若干相对独立的控制器组成，每台控制器有 2 通道输入，4 通道输出，采用数字 DSP 技术，整个系统组成更加简洁、可靠。

（2）通过计算机，可以对控制器内的设置进行方便、快捷的修改、调整，调节灵活方便。并可以根据使用场合（歌剧、晚会等等）的不同，预先设置好不同的参数，在需要时方便地调用。而在正常使用状态下，控制器可以不依赖外部控制计算机而独立工作。

（3）所有的数字处理器置于扩声机房或功放机房内，所有输入可支持 AES/EBU 接口和模拟接口。

2. 数字信号传输：

场地扩声系统的设备分别安装于 5 个不同地点的机房内，机房之间需要传输大量的音频信号和控制信号，所有机房之间的信号传输除备份信号以外，均采用数字方式。

（1）控制机房的数字系统控制器和功放机房的数字系统

控制器之间的音频信号采用“COBRANET”方式传输，该传输方式采用标准以太网协议，机房之间采用光缆。

（2）功放的监控信号同音频信号类似，也采用五类线及光缆传输。

（3）数字系统控制器的控制信号采用 RS485 电缆传输。

（五）节目源设备

系统配备了足够数量的激光唱机、MD 录音机、DAT 录音机、盒式录音机以满足本体育场使用的需要。

（六）信号接口

为能使公共广播及消防系统的紧急信号能够在场内播出，主系统与公共广播系统留有接口。

1. 考虑到检录处在使用时形式多种多样，既有使用独立小型扩声系统的可能性，也有将信号接入主扩声系统在特定场所发布广播通知的情况，因此，在主扩声系统和检录处之间设立双向的信号通路，工作人员在不同使用状态下可灵活的处理。

2. 所有与外部系统进行联络交换的信号均有隔离变压器进行信号隔离，以防止外干扰进入。

（七）自动增益控制系统

由于不同场景的本底噪声（背景噪声）不同，为了实现增益的自动控制，本系统可接入自动增益控制系统。该系统由在每组音箱覆盖的区域（看台）内设置的测试话筒和位于功放机房的控制器组成。

四、机房设置及设备安装

（一）机房设置

1. 扩声控制机房

在四层西北侧面向场地处设置场地扩声控制机房，机房内设防静电架空地板。系统前端主要的设备、数字系统控制器、反送功放等均放置于此，便于控制人员操作。在四层平面西南角设扩声（控制）机房。

2. 功放机房

在六层东北、西北、东南、西南四个对称位置设置场地扩声功放机房，机房内设防静电架空地板。系统内主要的功率放大器及数字系统控制器均放置于此，减少了功放至扬声器的距离，能够获得更好的声学效果。六层平面东北角（1#）、东南角（2#）、西南角（3#）和西北角（4#）各设了 1 间音响设备间（功放机房，以下同）。

（二）设备安装

1. 扩声控制机房及四个功放机房内各种操作台、机柜及其他设备均采用落地安装，柜后留有检修距离。

2. 场地、观众席主扩声系统的线阵列扬声器组悬挂在屋顶的结构主梁吊架下。扬声器组安装位置的结构钢梁留有安装预埋件，扬声器吊挂系统必须考虑扬声器组的高空安装及维护检修等。每个安装位置的荷载重量为 2 吨。

3. 中层观众席挑台下面为后排观众席设置的补声扬声器，在挑台下吸顶安装，每个看台区域内设置 2 只音箱，共计 112 只。

4. 上层观众席挑台下面为 VIP 包厢后排观众席设置的补声扬声器，在挑台下吸顶安装，每个包厢区域内设置音箱，共计 232 只。

参考文献

[1] ASHRAE，Chapter 8—Physiological Principles and Thermal Comfort. In Handbook of Fundamentals，Atlanta： American Society of Heating，Refrigerating and Air-conditioning Engineers，Inc.，2001. p. 8.1~8.20

[2] 伍沅、姚斌．湿空气性质的计算 化工设计 1994 年第 2 期．19~21

[3] 贾明生．一种简便实用的湿空气性质计算方程．湛江水产学院学报．1996 年 12 月 .74~77

[4] 张希仲，戴自祝，苏晓虎，生活和作业环境中辐射热的测量以及新型辐射热计的研制，p45，卫生研究，1988 年第 17 卷第 2 期

[5] 关治，陈景良．数值计算方法．清华大学出版社，1997，北京：217~521

[6] Dong L. Chen Q G.，A Correlation of WBGT Index Used for Evaluating Outdoor Thermal Environment. Pocreeding of International Conference of Human Environmental System. Tokyo，1991

[7] 2001 ASHRAE Handbook，Fundamentals（SI），American Society of Heating，Refrigerating and Air-conditioning，Engineers，Inc.，1791 Tullie Circle，N.E.，Atalanta，GA 30329

[8] 吉田伸治．连成数值解析による屋外温热环境の评价と最适设计法に关する研究．平成 12 年度 东京大学大学院博士论文．2001

[9] 林波荣，绿化对室外热环境影响的研究，清华大学工学博士学位论文，2004 年 4 月

第十三章 给排水系统设计

第一节 给排水系统

一、工程概况和特点

工程规划建设用地面积204155m²，总建筑面积258000m²（赛时），总绿化面积51650 m²（不包括足球场），建筑高度（屋面结构最高点）69.21m（相对标高），基座平台以上七层，基座平台以下为10万多m²的零层，西侧局部地下一层。上、中、下三层看台共有固定座椅80000人，奥运会时增加临时座椅11000人。

工程性质为大型综合性体育建筑。其中基座平台以上三层为观众餐厅，四层为VIP包箱，其余各层为观众集散平台及为观众服务的特许经营商店、卫生间、医疗站、机电用房。基座平台以下的零层为运动员休息和生活用房，赛时转播、工艺和器材配套用房，设备机房，车库，环行车道，餐饮用房等。地下一层及夹层为车库、人员候场区。赛后根据运营方的需要，一、二层可用作展览，四层VIP包厢可用作办公，三层可用作对外餐厅，北侧三～五层改造为俱乐部配套用房，南侧五层局部改造为博物馆用房，零层南、北候场区改造为双层商业。12个核心筒是连接体育场各层的竖向交通通道，也是构成设备专业竖向系统的主要路由。

网格状的构架，好似一个用树枝般的钢网把一个可容9.1万人的体育场编织成一个“温馨的鸟巢”。这一看似无序的编织形结构体系、全新的设计理念以及对技术难点的解决是我们给排水设计组成员有幸遇到和富于挑战性的。

中外合作设计的模式是本工程的一个特点。国家体育场是国际合作的作品，方案和初设阶段由外方负责建筑设计，我方提供机电设备设计，并完成全部施工图设计。与国外建筑师的配合，由于国情及观念上的差异，没有特定的管理程序及体制，每个机房、管井的位置及大小等问题的落实都是经过多次讨论，通过电子邮件和会议纪要的方式确定的。施工图阶段转为与我方建筑师合作，外方作为咨询顾问。专业间的配合完全按照ISO质量管理体系进行。正是这一特定的配合模式，使得符合国情的机电设计概念与国外全新而前卫的先进建筑设计理念得以恰如其分的融合。

此外，投资的限制是本工程的又一特点。国家体育场方案的实施几经周折及优化，经过“瘦身”后的“鸟巢”，取消可开启屋盖、扩大屋顶开口，坐席数由10万减到9.1万，用钢量减少1.2万吨，膜结构减少0.9万m²。由原本38亿的方案预算投资减至目前的22.67亿。作为国际化体育竞赛的场所，在满足国际体育竞技必要要求的前提下，既要向世人展现一座前卫的建筑精品，又要贯彻“节俭办奥运”的精神。在并不宽裕的投资限制下，对设备材料的定位把握，比一般工程有更多的考虑。由于资金紧张，使得材料及设备选用必须考虑多方面因素。既要考虑先进性、实用性，又要考虑资金的承受能力，同时也要考虑材料及设备选用对该工程社会形象的影响。

二、给排水系统概述

本工程的给排水设计几乎涵盖了室内给排水设计的所有系统。由于篇幅所限，不能面面俱到，本章仅对各系统予以简述，所附的各系统图示也均为表示竖向关系的局部示意，旨在让读者了解国家体育场给排水系统设计的全貌。

（一）给水系统

1. 生活用水量

生活用水量统计表　　表13-1

赛时		赛后	
最高日（m³/d）	最大时（m³/h）	最高日（m³/d）	最大时（m³/h）
1201.20	210.10	433.57	82.40

注：1. 比较赛时和赛后的使用功能，赛时用水量为最大，以此作为系统和设备的设计负荷；
2. 本表不包括回用水量。

2. 水源：体育场供水水源为城市自来水。根据规划的奥体中心和国家体育场外部市政条件，沿体育场东南的北辰东路，沿用地西侧的景观路和沿北侧的中一路均规划有市政给水管道，管径分别为DN800、DN600和DN600。市政供水压力0.20MPa。从用地范围的东南侧和西侧接入体育场红线内两路DN250的供水管，构成环状供水管网。

3. 系统分区及供水方式：

（1）一层（6.80m）及一层以下，利用市政自来水压力直接供水，二层（11.60m）及二层以上为内部加压供水系统，采用水箱——变频调速泵组供水方式。最不利点的出水压力不小于 0.1MPa。为使各支管的静水压不大于“奥运工程设计大纲”所规定的 0.25MPa 的要求，二、三层设支管减压阀。

（2）考虑到赛后运营独立使用的灵活性，全场设置四个独立的加压供水泵房。分别服务东、南、西、北四个区域。根据每个区域的赛时用水量，每个泵房内设 35m^3 或 70m^3 不锈钢生活水箱一座，恒压变频供水设备一套。为了便于赛后改造的北侧俱乐部客房和南侧博物馆部分的独立管理，另独立设置二套无负压加压供水装置（南、北各一套）为赛后改造的俱乐部客房和博物馆供水。给水系统局部图示见图 13-1。

（3）餐饮厨房用水、包厢用水、赛后改造的俱乐部客房等均单设水表计量。

（二）热水系统

1. 热水用水量

热水用水量统计表　　　　表 13-2

赛时		赛后	
最高日（m^3/d）	最大时（m^3/h）	最高日（m^3/d）	最大时（m^3/h）
180.93	44.74	142.45	36.18

2. 热水供应部位：奥运会期间为零层运动员、裁判员淋浴间，饮食中心厨房，媒体、志愿者、员工餐厅厨房；三层餐饮厨房；四层 VIP 包厢集中供应生活热水；奥运会后为赛事时的运动员、裁判员淋浴间，非赛事时的俱乐部淋浴间，餐饮厨房、俱乐部客房集中供应生活热水。热身场地运动员淋浴间，要员卫生间和部分赛事生活间分散设置电热水器局部供应热水。

关于观众洗手盆是否供应热水的问题，我们与外方设计师进行了交流。观众卫生间范围大而分散，且具有阶段性使用的特点。要保证热水管网的水温和水质，就要有动力供应维持系统的循环，这将是能源的巨大浪费；或者在无赛事时，使热水管网泄水，但这也是与节水原则相悖的。再者，奥运会正值夏季，用热水洗手的必要性也不大。而且，从往届奥运场馆看，也没有为观众洗手供应热水的案例。最后决定观众洗手盆不提供生活热水。

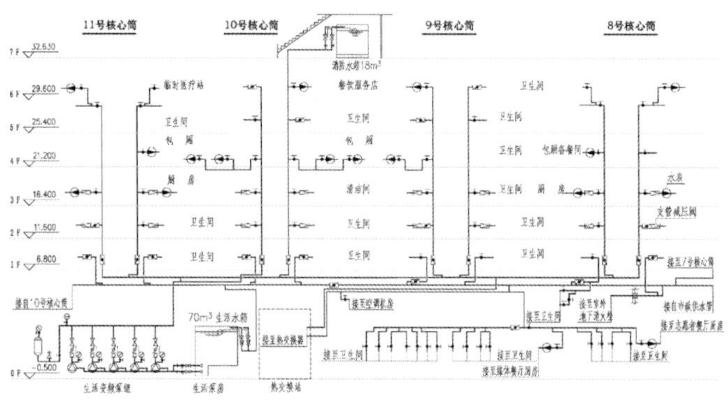

图 13-1　给水系统局部示意图

3. 热源：沿体育场东南的东西向规划路，一根 DN300 的热力管线为体育场提供热源。热网的供水温度在夏季为 70℃，回水温度为 40℃。热力检修期的备用热源仅考虑奥运会后商业运营的俱乐部客房生活热水的连续供热负荷。备用热源采用清洁能源之一的电能。在热交换站内设置一台电锅炉，提供 90℃的一次高温热水，由循环泵保证一次热水的循环。经换热器二次换热出水温度为 50℃，供应生活热水。

4. 热交换站服务区域，各区热水量和耗热量：冷水计算温度取 10℃。

换热站服务区域，各区热水量和耗热量　　　　表 13-3

热交换站	分区及水源压力（MPa）	服务区域	水量（50℃）（m^3/h）	耗热量（kW）
1 号热交换站	低区（0.20MPa）	东区餐饮中心	7.50	349
	高区（0.50MPa）	北区（赛后俱乐部客房）	1.25（9.4）	58.14（436）
	高区（0.55MPa）	东区	8.80	407
2 号热交换站	低区（0.20MPa）	西区运动员、裁判员淋浴，媒体餐厅厨房、南区志愿者、员工餐厅厨房	14.90	693
	高区（0.50MPa）	南区	1.25	58.14
	高区（0.55MPa）	西区	8.80	407

5. 系统竖向分区：热水系统竖向分区同给水系统。各区换热器由各区的变频泵组或市政管网供水。

6. 生活热水为机械循环系统，各区均设独立的循环泵，循环泵设于热交换站内。

7. 餐饮厨房用热水、包厢用热水等均单设水表计量。

（三）直饮水系统

根据《国家体育场奥运工程设计大纲》观众部分供应直饮水系统，办公和运动员部分采用电开水器供应开水。每层观众集散大厅设饮水台。自来水经深度处理后供给各层饮水龙头。

1. 水源：直饮水的水源为城市自来水。

2. 饮水量

饮水量标准为 0.2L/ 人 · 次，最高日按 251000 人次（一天三场，一场按全满，另两场按固定座椅计），最高日饮水量为 50.20m^3/d，最大时饮水量为 7.53m^3/h。

3. 供水系统：根据直饮水系统的阶段性使用的特点，采用小系统终端处理站，每一个或两个竖向核心筒设一个饮用净水处理站。

自来水经过滤、纳滤膜及臭氧消毒处理后，由变频供水装置通过专用饮水管道竖向供给各饮水龙头。直饮水系统局部图示见图 13-2。

4. 循环系统：采用立管全循环系统。循环系统为开式。开式系统循环水回流到机房中的直饮水水箱。循环系统的启、停运行由循环流量控制装置自动控制。

5. 处理能力

各处理站的处理能力　　　表 13-4

机房编号	1#	2#	3#	4#	5#	6#	7#	8#
处理能力（m^3/h）	1	3	3	1	1	3	3	1
设计秒流量（L/s）	0.65	1.76	1.76	0.65	0.65	1.65	1.52	0.65
变频供水装置的供水能力（L/s）①	1.1	2.3	2.3	1.1	1.1	2.3	2.3	1.1

①为实际配置变频供水装置的最大流量。

（四）雨水利用系统

详见第三节。

（五）中水回用水系统

1. 回用水系统的水源：体育场用地区域的可收集雨水；城市优质中水作为旱季的回用水系统备用水源。

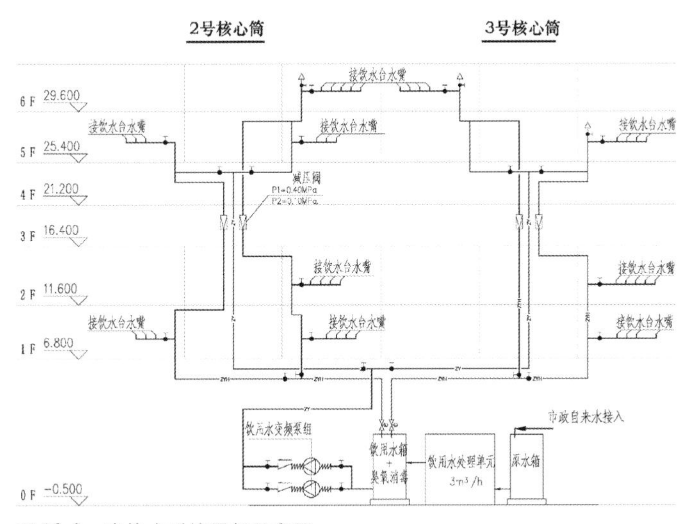

图 13-2　直饮水系统局部示意图

2. 回用水部位：雨水经处理达到“国家体育场再生水水质标准”后与市政优质中水联合，作为零层以下的卫生间冲厕、室内消火栓系统用水、冷却塔补水、主赛场和热身场的草坪喷灌、停车库冲洗、室外道路和绿化浇洒用水。赛后还供应俱乐部客房的卫生间冲厕用水。

3. 中水回用水量

中水回用水量　　　表 13-5

	赛时		赛后	
	最高日（m^3/d）	最大时（m^3/h）	最高日（m^3/d）	最大时（m^3/h）
回用水量	1016.92	197.02	1210.36	216.94
冷却塔补水量	600	60	960	60

全年平均回用水量：229809.97 m^3

4. 管道系统及供水方式：系统竖向不分区，在零层环道与室外构成环状回用水供水管道系统。当有雨水可用的季节，采用一套变频加压供水设备抽取回用水和消防合用水池的水，向环状管网供水。无雨水可用的季节，由市政优质中水直接向回用水环状管网供水。草坪喷灌系统为独立的加压供水系统。

（六）生活排水系统

1. 排水量

排水量　　　表 13-6

赛时		赛后	
最高日（m^3/d）	最大时（m^3/h）	最高日（m^3/d）	最大时（m^3/h）
1126.40	194.48	611.38①	99.88

①赛后回用水量增加，故出现排水量大于给水量的情况。

2. 排水系统的形式：室内污、废水为合流制排水系统，一层（6.80m）以上污水自流排出室外，经三座 100m^3 化粪池处理后分东、南二路排至市政污水管道。零层及以下污水汇集至污水集水泵坑，用潜水泵提升排入室外污水管道，零层及以下废水汇集至废水集水泵坑，用潜水泵提升至室外雨水蓄水池以后的雨水管道。除车库内和环行车道集水泵坑为单泵配置，其余各集水泵坑中均设带自动耦合装置的潜污泵两台，一用一备，互为备用。潜水泵由集水坑水位自动控制。

3. 透气管的设置方式：观众卫生间排水管设置专用通气立管和环形通气管。通气管口伸出顶层核心筒屋面，因其位于看台下的观众集散平台，以防通气管口受阻影响观众集散平台的环境，通气管口沿看台下斜梁尽量高空排放。由于观众卫生间瞬时排水量大且横支管长，排水横支管以环形通气为主，辅助设吸气阀以缓解支管内的气压波动，保护水封不被破坏。在立管底部设正压调节器，消除立管底部的正压波动。卫生间污水和厨房污水集水泵坑人孔盖采用密闭防臭井盖，其通气管接入通气系统。

4. 局部污水处理设施：厨房污水采用明沟收集，明沟设在楼板上的垫层内，污水进集水坑之前设隔油器作初步隔油处理，以防潜污泵被油污堵塞。排至市政污水管道以前，经室外隔油池二次处理；污水经室外化粪池处理后排至市政污水管道；医疗站洗涤盆排水采用一体式医疗污水消毒机，消毒剂采用次氯酸钠，出水水质满足《医疗机构污水排放要求》（GB18466）。

（七）雨水排水系统

1. 屋面雨水系统形式

体育场屋面雨水排水系统设计为重力排水系统与虹吸式排水系统的组合系统，重力和虹吸两种系统通过集水槽进行转换和连接。屋面雨水排水共分为42个系统。

1个典型的雨水排水系统由以下部分组成：在屋面排水天沟中设置重力雨水斗，约500m^{2}范围内的膜单元及其围护结构内的雨水以重力排水方式接入悬吊在屋面主围护结构梁下的一个水平的集水槽中，集水槽内设置虹吸式雨水斗。2或3个相近标高的集水槽内的虹吸式雨水斗由一条虹吸排水悬吊管和立管连接，立管沿建筑外围框架的指定位置的钢制立柱下降到楼板以下，沿顶板敷设出户至第一个检查井，并排入建筑物周围的雨水管道系统。

降落在屋面ETFE膜结构上表面和降落在屋面围护结构表面的雨水通过排水天沟和膜材本身汇集，由重力雨水斗、重力排水管道将雨水输送到集水槽的部分为重力雨水系统。经集水槽内的虹吸雨水斗、虹吸排水悬吊管、立管、水平干管直至室外第一个检查井的部分为虹吸雨水系统。

集水槽是屋面雨水的溢流排水出口。当降雨强度超过4.43mm/min（重现期为50年）时，部分集水槽可能积水，随着降雨强度不断增大，积水将不断加深。当降雨强度超过4.93mm/min（重现期为100年）时，部分集水槽可能从顶部发生溢流。

2. 采用的暴雨重现期

重力排水系统：P ≥ 100年

虹吸式排水系统：P=50年

集水槽溢流：P=100年

3. 汽车库的坡道处设雨水沟截流，排至雨水泵坑；降落在直通室外地面的零层入口及敞盖的通风口的雨水均排至雨水泵坑，用潜水泵提升排至室外雨水管道。雨水泵设两台，一用一备，交替运行，当一台泵来不及排水达到报警水位时，两台泵同时启动并报警。两台潜水泵的总排水能力按10年重现期的降雨量设计。

4. 飘落到观众集散平台的少量雨水由建筑专业组织坡向散流。飘落到观众看台的少量雨水通过看台底部的流水孔（由建筑专业处理）最终流入场地外环沟。

（八）比赛场、热身场给排水系统

1. 场地给水系统：在地下一层南区雨洪利用机房、消防泵房内设置比赛场草坪喷灌专用加压泵，取自消防、回用水合用水池（水池内贮存一次喷灌用水量80m^3）的水对草坪进行喷灌养护。在热身场通道处的北区回用水机房内设置热身场草坪喷灌专用加压泵，取自机房内回用水水池的水对草坪进行喷灌养护。比赛场和热身场草坪的养护采用自动升降节水喷灌器，场地内采用24个升降式体育场草坪专用喷灌喷头矩形布置。射程20~24m，流量6.36m^3/h，压力0.62MPa。

从室内环路回用水干管上接至比赛场8个快速取水器，对跑道进行冲洗。

障碍水池的给水从零层的环状回用水管道接来。

2. 场地排水系统：足球场排水系统为渗、排结合的方式，一部分经草坪级配层入渗到排水盲管，再汇流到雨水蓄水池；一部分草坪雨水和跑道雨水径流到沿跑道内圈设置的内环沟，再通过初期弃流池后进入雨水蓄水池。比赛场为下沉场地，比市政道路低近2米，场地雨水靠压力提升排出，在雨水蓄水池内设三台溢流排水泵，排水泵能力按50年重现期的暴雨量设计，为三台882m^3/h、排出管口径为DN350的排水泵。

在地下一层南区雨洪利用机房、消防泵房内设置两台水环式真空泵，与比赛场草坪盲管相连，可在大雨、暴雨时强制抽吸降落在比赛场草坪的雨水。

3. 施工图设计完成后，在施工后期，根据开幕式导演组的创意，在足球场草坪下设置升降舞台，原设计的固定草坪及其配套的草坪养护给排水系统全面修改。草坪改为活动式模块草坪，可在开幕式结束后24小时内组装完毕。取消渗排管道，雨水通过模块草坪渗到升降台上，沿台面的坡向流到内环沟。草坪喷灌管道沿足球场周边布置，喷头采用射程远的升降喷头。

比赛场、热身场的体育工艺及配套机电的施工图设计，另由体育设施设计中心设计。

（九）冷却水循环系统

冷冻机的冷却水经冷却塔冷却后循环利用，冷却塔同时满足夏季、过渡季、冬季的运行工况。

1. 设计参数，见表 13-7。

冷却水系统设计参数　　表 13-7

	湿球温度	冷却塔进水温度	冷却塔出水温度	循环冷却水量
夏季	27℃	37℃	32℃	4000m³/h
过渡季	6.8℃	14℃	9℃	620m³/h
冬季	-3.5℃	13℃	8℃	620m³/h

2. 冷却塔及补水：按夏季运行工况选用四组 1000m³/h 的超低噪声离心风机鼓风式逆流冷却塔。四组冷却塔和四台 1000U.S.RT 的冷冻机为一一对应关系。体育场设两处冷冻站及对应的冷却塔，分设在东北侧和东南侧的车道出入口处。由于体育场周边景观的限制，冷却塔设在地面以下的坑槽内，在夏季主导风向面开进风百页以满足冷却风量所需进风口面积，坑槽的顶部开湿热空气的出风口。进风口和出风口之间有一定间距以防湿热空气的回流，影响冷却效果。冷冻机房位于冷却塔坑槽的下部。每处两组冷却塔共用一组冷却水泵，每组冷却塔的进水管上装设电动阀，与冷冻机连锁控制。冬季和过渡季内区供冷由冷却塔直接提供冷冻水，不开冷冻机。在过渡季（日、晚室外干球温度均在 0℃ 以上）冷却塔满负荷运行提供冷冻水，刚进入冰冻期（室外干球温度 0℃，湿球温度 -3.5℃），需一组（两台 500m³/h）冷却塔变频运行提供冷冻水，进入冬季最冷月，投入运行的冷却塔逐渐减少。其控制由出水管上的温度传感器、冬季运行的冷却塔风机变频器及进水管上的电动阀连锁控制。需冬季运行的冷却塔，其塔体水盘内设电热棒，电热棒由水盘内的温度传感器控制，并由水位传感器控制防止电热棒在无水状态下的干烧现象，其供回水管道及补水管均用电伴热带保温，自动保持水温不低于 5℃。冷却塔的补水与回用水同一系统，采用处理后的雨水和市政优质中水。

3. 各冷却塔集水盘间的水位平衡通过设集水盘连通管保持。

4. 冷却水的水质稳定措施由设在冷冻机房的化学药剂投加装置来保证。

三、消防系统概述

（一）性能化防火设计

国家体育场复杂的建筑形式，使消防设计无据可依。这些特殊的典型部位是：

钢结构屋顶——屋顶和外围结构是由矩形断面的钢梁编织而成的形似“鸟巢”的钢结构外罩，而屋顶又是由双层钢梁和双层膜结构构成，12m 高的双层膜之间相当于双层吊顶，内有各种灯光设备、雨水管道、检修马道。

看台观众席——91000 座的看台被“鸟巢”的钢结构外罩笼罩其中，屋顶中央 18744.83m² 的开口与大气相通。

观众集散大厅——运动会期间观众进出看台的集散地和休息区，顶部是看台底板围合的有顶无侧墙的开敞空间。

环行通道——场内外交通联系的必经之路，零层各区域的主要通道。

为了保证国家体育场的防火设计达到可接受的安全水平，针对防火设计中出现的当前的防火设计规范未涵盖的内容，国家体育场的消防设计采用了国际通用的性能化的工程分析方法进行分析和设计，实现建筑艺术与安全、经济的统一，同时也是“科技奥运”的体现。

性能化的防火设计是建立在火灾科学和消防工程学基础之上，运用消防工程学的原理和方法，根据建筑物的结构、用途、内部可燃物等方面的具体情况，对建筑物的火灾危险性和危害性进行定量的分析和评估，从而得出适合具体建筑的优化的防火设计方案，为建筑物提供足够的安全保障。

性能化的防火设计是一门专门的学科，国家体育场的消防设计基于这门学科，对钢结构外罩的防火安全性，集散大厅的防火安全性，看台区人员的安全疏散问题，环行车道及其相邻区域的防火分区划分问题，三层餐厅、四层包厢的防火分区面积扩大问题等方面进行了火灾模拟分析计算。其最终形成的性能化防火设计分析报告和评估报告，及消防专家论证会纪要，是国家体育场消防设计的重要组成部分。

1. 关于钢结构防火

根据国家体育场的建筑结构特点，通过控制上部观众席的火灾荷载，及控制双层屋面膜内的可燃物，对集散大厅的特许经营商店设置必要的消防设施将火灾控制在局部区域，可使钢框架外罩的结构安全性得以保证。因此不用采用额外的防火保护。

2. 关于看台观众席

看台及场地区是国家体育场人员最密集的区域，奥运会开、闭幕式以及一些重要的比赛均在此进行。可能存在的主要火灾来自看台的观众席等。固定座椅要采用不燃烧材料，且每场赛事后座椅下的所有垃圾都会被清理掉。临近顶部钢结构的临时座椅区应采用不燃材料。看台坐席区为混凝土结构。发生火灾的可能性很小。即使发生火灾，场内空间开阔，烟气将向上扩散到场馆顶部，不会影响到观众的安全疏散。看台观众在 8 分钟内全部疏散到集散大厅，坐席区发生火灾的后果被认为相对较轻，可能出现的火灾规模相对于空间规模来说非常小。……在场地四角设置 4 个地下式消火栓，消防车进入场地，对场地的各种花车等产生的火灾进行灭火。

3. 关于观众集散大厅

采用防火单元的概念对封闭的附属商业空间进行消防设计，即在这些危险区域内设置火灾探测与报警系统、自动喷水灭火系统以及必要的防火分隔和防火卷帘，将火灾和烟气限制在小范围内，以保证其他区域处于安全状态。另外，集散大厅内可能摆放的展示材料和垃圾箱等物品采用不燃材料制作并且有盖。虽然集散大厅内存在一定的火灾危险源，但通过采取上述防范措施，加之集散大厅属于室外的特点，可认为集散大厅属于安全区域。

性能化防火设计为国家体育场消防系统的设计简化提供了依据，仅设有室内、外消火栓给水系统；自动喷洒灭火给水系统；水喷雾灭火系统；气体灭火系统。自动喷水系统各部位的危险等级、喷水强度和设计流量见表 13-8；各系统用水量标准及一次灭火用水量见表 13-9。

自动喷水系统各部位的危险等级、喷水强度和设计流量　　表 13-8

部位	危险等级	喷水强度 / 作用面积	设计流量
车库、地下商业环行车道	中危险 II 级	8L/min · m^2 / 160m^2	28L/s
其他部位	中危险 I 级	6L/min · m^2 / 160m^2	21L/s

注：自动喷水系统设计流量按上表中各部位的最大值确定。

（二）消防水源

体育场区域内雨水经收集后，再经过处理，出水水质完全满足消防用水的水质要求，作为室内消火栓系统的消防水源。市政优质中水作为旱季的室内消防备用水源。自动喷洒系统、水喷雾系统和室外消防系统水源为市政自来水。

（三）消防水量

见表 13-9。在地下一层南侧雨洪利用机房、消防泵房内设室内消火栓系统与回用水系统调节水量合建水池 902m^3（其中室内消火栓用水量 532m^3，中水系统调节水量和草坪喷灌水量 370m^3）。自动喷洒用水量单建水池 110m^3（水喷雾系统与自动喷洒系统不同时作用）。七层 10 号核心筒上设 18m^3 消防水箱和两套增压稳压设备（消火栓系统和自动喷洒系统各一套）。

各系统用水量标准及一次灭火用水量　　表 13-9

消防系统	用水量标准	火灾延续时间	一次灭火用水量
室外消火栓系统	30L/s	3h	324m^3
室内消火栓系统	40L/s	3h	432m^3
自动喷水灭火系统	28L/s	1h	100.8m^3
水喷雾灭火系统（柴油发电机房）	喷雾强度 20L/min · m^2	0.5h	60m^3（保护面积 100m^2）

注：消防贮水量按自动喷洒系统和室内消火栓系统同时作用计算。防火分区的卷帘采用耐火极限 4h 的双轨双帘无级复合特级防火卷帘。

（四）消火栓系统

1. 室外消火栓系统

室外消火栓系统采用低压制，在红线内给水环管上接出 13 套室外地下式消火栓，供城市消防车吸水。另外在比赛场地的四个入口附近设置四套地下式消火栓，可供消防车进入中心场地对看台部分进行保护。

2. 室内消火栓系统

室内消火栓系统采用临时高压系统。设有专用消火栓管道系统、消火栓系统加压泵和增压稳压装置。管网系统竖向不分区。全场为一个消火栓供水系统，平时消火栓管网由屋顶水箱和消火栓系统增压稳压设备保证系统最不利消火栓的压力要求，系统最大静压不大于 0.8MPa，最大动压不大于 0.5MPa。消防时，由消火栓加压泵加压供水。消火栓系统局部图示见图 13-3。

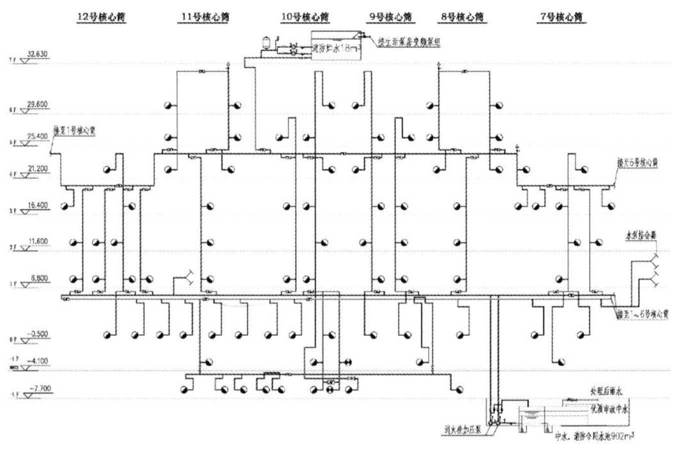

图 13-3　消火栓系统局部示意图

3. 室内消火栓系统共设二套地下式消防水泵接合器，分设在南北两处，并在其附近设室外消火栓，供消防车向室内消火栓系统补水用。

（五）自动喷水灭火系统

1. 设置部位：体育场内除设备机房，水箱间，卫生间，楼梯间，无可燃物的管道层、观众集散平台及不能用水扑救的场所外，其余有封闭围护结构的空间均设有自动喷洒头保护。

2. 自动喷水系统分类

湿式系统：用于零层除环行车道、停车库以外的所有可以用水灭火的有封闭围护结构的空间；一层以上的特许经营商店、小卖部、医疗站、餐厅、厨房、包厢及走道；

预作用系统：用于环行车道、停车库。

3. 自动喷水系统为临时高压系统，室内设专用自动喷水管道系统。在地下一层南侧中心机房内设两台自动喷水加压泵，屋顶水箱间设一套自动喷水系统增压稳压设备。按照各报警阀前的设计水压不大于 1.2MPa 的要求，全场竖向为一个自动喷洒系统供水区，平时自动喷水管网由屋顶水箱和稳压设备保证系统压力。消防时，由加压泵加压供水。本场共设湿式报警阀 20 套，预作用报警阀 16 套（分散设置在 12 个核心筒附近的报警阀间内）。自动喷水系统局部图示见图 13-4。

4. 本系统共设二套地下式消防水泵接合器，分设在南北两处，并在其附近设室外消火栓。供消防车向室内自动喷水系统补水用。

（六）水喷雾灭火系统

1. 设置部位：柴油发电机房。

2. 供水系统：消防泵房内设专用水喷雾灭火系统加压泵二台（　用　备），雨淋阀组分别就近设于两处发电机房内。水喷雾管道按体积保护法均匀布置。平时雨淋阀前的管道压力由屋顶消防水箱保证。灭火时，由加压泵启动供水。

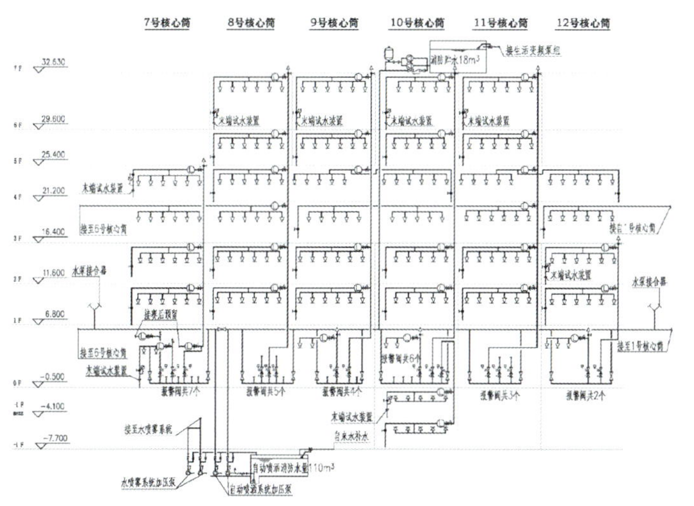

图 13-4　自动喷水系统局部示意图

3. 喷头选用：选用适合于闪点大于 60℃ 的可燃液体的高速水雾喷头，雾化角度 120°，工作压力 0.35~0.5MPa。

4. 水喷雾系统设三套地下式消防水泵接合器。分设在南、北两侧。

（七）气体灭火系统

1. 设置部位：中控室、供电主变分电室、通讯设备间、数据网络主机房、CATV 控制室、电视转播机房等不宜用水灭火的房间，设气体灭火系统。

2. 采用符合环保要求的洁净气体作为气体消防的介质。系统为烟烙尽组合分配系统，分别设置二个瓶站（零层中控室、数据网络主机房区等；地下一层电视转播区）。

四、实施后的实景情况

图 13-5　建成投入使用的生活泵房

第二节　屋顶雨水排放体系设计

一、屋面形式、构造

鸟巢屋面总投影面积约 58847m^2，屋面上表面的几何形状是由一个圆环曲面被椭圆柱切割出来而形成的马鞍形，东西向最高，南北向最低。屋面通过主结构、次结构和附属结构等不同层次的结构单元将屋面分成 1000 多个大小不等的部分，结构为 1.2m × 1.2m 的钢制箱形杆件，每一部分均使用 ETFE 膜覆盖，上表面共计使用 ETFE 膜面积约 40000m^2。

二、屋面构造对雨水排除造成的影响

首先，独立区域多，面积分块大小不等，高低错落，且不同分块之间完全隔开，屋面结构有最大降雨荷载要求。屋面结构为钢制箱形杆件，钢结构和膜结构共同围成大小不等、高低错落的1000多个不规则分块，其中最小分块汇水面积约$5.6m^2$，而最大的单块汇水面积$284.3m^2$，如图13-6所示。分块之间互不连通，在降雨时这些分块就好像一个个悬挂在天空的水池。雨水的集水方式为：在箱型钢结构接近底部处设置天沟，收集膜上的降雨，雨水再通过天沟内设置的雨水斗设法排除。这样一来，视觉上可以达到“鸟巢”效果，但造成钢梁之间围成的分块内天沟是闭合的，不同分块之间的天沟彼此完全隔离，如图13-6所示。屋面钢结构对雨水荷载也提出明确要求：限制在每平方米50kg以内，即平均每平方米积水深度不得高于50mm。由于天沟距离梁顶尚有一定距离，降落在每块闭合区域内的雨水需要累计到很深的程度才可能从区域内向外溢流，而结构的允许荷载又限制了屋面的积水深度，屋面的这种构造给雨水的组织和溢流设计都增加了难度。

图13-6 钢结构上悬挂的集水槽

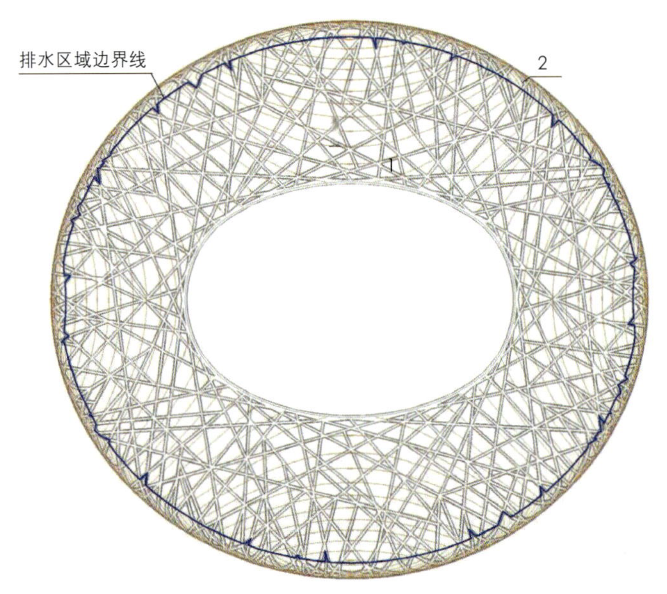

图13-7 屋面排水区域示意

其次，高差大。东西向最高，屋面结构最高点标高69.21m；南北向最低，屋面结构最低点标高低于41m，最高点与最低点高差超过28m，使整个屋面有平均接近10%的坡度。高度的差异和大小不等的分块为单纯的虹吸式雨水系统设计造成极大的困难。

第三，钢结构在各种荷载下的变形大。由于屋面钢结构的面积很大，且中间不可能出现支撑，固定屋面中心开口部位的椭圆形主钢梁就成为整个屋面中在荷载作用下变形最为明显的部位，其垂直于地面的变形幅度可能达到数十厘米。这给雨水排水管道的连接形成了新的问题。

再有，屋面雨水的排水立管管井放置的位置问题、雨水出户管穿越大面积的商业区域，出户悬吊管管径的限制问题、冬季雪融水的顺利排放问题等方面也都是国家体育场屋面雨水排水设计的重要影响因素。对于这一特殊的屋面形式，如何将这些高低起伏，大小悬殊的屋面贯通起来，究竟应当采用什么样的方式解决排水和溢流的问题呢？

三、重力与压力系统相结合的雨水排水系统

经过对问题的一一分析和专业组多次专题研究，根据降雨过程中屋面各部分发生的不同情况，将屋面分成有组织排放和无组织排放两大区域，见图13-7。

如图13-7，区域1，占整个屋面面积的大部分，总投影面积$52158m^2$。由于各块区域自身不能将超过设计排水重现期和小于屋面结构安全要求的雨水自然溢流，且不可能在不同分块区域之间的钢梁上采取溢流措施，所以在屋面的设计中，不考虑在顶层膜以上范围设计溢流措施。雨水排放系统设计为具有超过设计排水重现期能力的标准重力排水系统与虹吸式排水系统相结合的方式，雨水系统由重力系统、集水槽和虹吸系统三部分组成。在屋面膜天沟中设置标准雨水斗，以标准重力排水方式接入一个悬吊在屋面膜主梁下的水平的集水槽中。集水槽顶部在超过100年重现期的降雨情况下可以形成溢流，

每一集水槽负担约 500m² 的汇水面积。在集水槽内设置虹吸式雨水斗，2 或 3 个相近标高的集水槽内的虹吸式雨水斗与一条排水悬吊管和立管连接，立管沿建筑外围框架与国家体育场钢结构浑然一体的专用雨水立柱下降到地面以下，沿零层顶板敷设排入建筑物周围的雨水管道系统（图 13-8～图 13-9）。

雨水排水的设计重现期：对于虹吸式排水系统，P=50 年，集水槽则可以容纳 P=100 年的降雨与 P=50 年的虹吸式排水共同作用时 5 分钟的雨量。当降雨强度超过 P=100 年时，来不及排放的雨水将通过集水槽溢流至下层膜结构，并最终散落到观众席，以保障结构体系的安全。考虑到降雨这种自然现象发生的随机性，超过 100 年重现期的超大强度降雨可能发生在建筑物使用年限内，国家体育场屋面形式具有超大强度降雨不能自然形成溢流这一弱点，为减少超大强度降雨可能对屋面结构造成的额外荷载，所以由天沟接入集水槽的重力排水管道设计重现期采用 100 年。重力排水系统具有超重现期的排水能力，这将使超过 100 年一遇的更大的可能降雨通过集水槽溢流，而不是聚集在屋面天沟内，更充分地保障结构体系安全。

图 13-7 中区域 2，是屋面边缘与立面的平滑过渡段，称为"肩部"，其中平面投影面积 6690m²，此部分雨水不能被组织排放。

四、管材选择、荷载和估价

考虑到屋面钢结构重量要求，宜选用自重轻的管材作为排水管管材。另外，国家体育场屋面为双层膜结构，雨水排水系统设置在两层膜之间，且管道在膜之间敷设的距离很长，冬季融化雪水很可能在管道中重新冻结，考虑采取一定量的加热化冰措施，在这种夏季、冬季、甚至加热等的温度变化情况下，线性变形量不容忽视，经综合考虑，雨水排水悬吊管和立管管材采用不锈钢管。

国家体育场屋面排水应用各类、各种规格管材总长度超过 26000m。整个系统的运行重量约 2640t，概算投资约 1400 万元。

五、实施后的实景情况

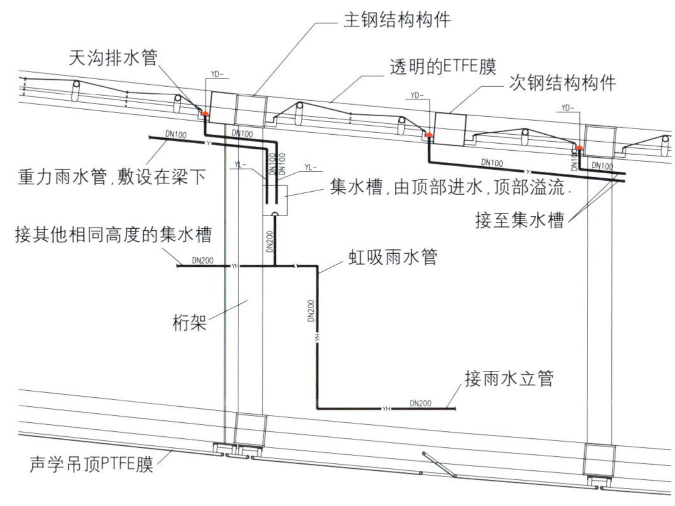

图 13-8 雨水排水系统示意

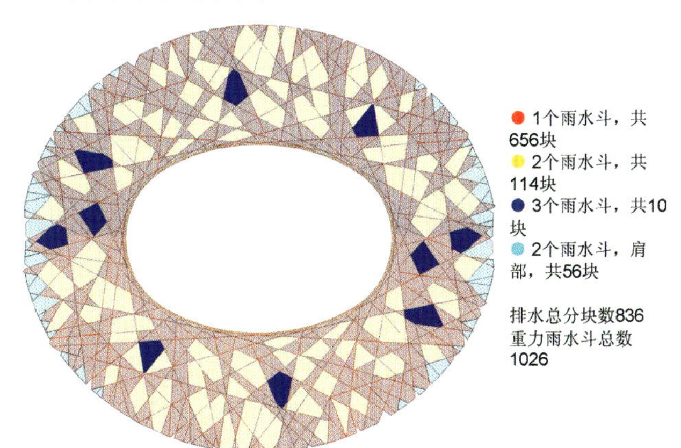

图 13-9 屋面排水施工图

图 13-10 集水槽及水管

图 13-11 雨水柱

第三节 雨水净化回用体系设计

一、总体概述

根据《国家体育场奥运工程设计大纲》中要求，雨水利用作为体现“绿色奥运”的亮点之一在国家体育场设计中实施。国家体育场雨水利用体系由三大部分组成：收集系统、处理系统、回用水系统（图 13-12）。雨水收集面积约 $22hm^2$。雨水收集能力：

比赛场地 144mm/ 次，即 5 年一遇一次不外排，其他用地范围 86mm/ 次，即 2 年一遇一次不外排。雨水贮水池 6 座，一次最多可容纳 $12000m^3$ 雨水。平均年回收雨水约 $67000m^3$，经处理后供水量 $52842m^3$。

本工程雨水利用系统预算投资约 876.5 万元，蓄水池等构筑物的预算投资约 450.6 万元。

二、用地周边条件及雨水利用方案的形成

（一）建筑方案的相关情况

国家体育场主体建筑建设在一个台基上，从一层入口至室外自然地面高差约 4.8m。室外地面形成约 2%~6% 的坡度坡向主场四周。处在建筑中心位置的比赛场地则比入口处地面低约 6.8m。台基内分布着大面积的地下建筑。北侧热身场则建设在坡地中，地面标高低于周围地坪标高。规划成府路由南北两片场地中间地下穿过，成府路隧道路顶规划覆土厚度约 1.2m。成府路以南 10m 是主赛场地下室范围。

由于整个用地范围内的平均坡度很大，将给大量雨水的滞留和入渗增加困难。

赛场外大量采用铺装地面（约占总面积的 42%），同时由于存在大范围的地下建筑，大面积的铺装和部分绿地就分布在地下建筑的顶板上。虽然铺装可采用透水材料，但地下建筑顶板部分却阻止了雨水入渗，所以透水铺装和分布在地下室顶板上的绿地，其入渗作用微乎其微。

绿化面积亦包括主赛场和热身场内近 $15000m^2$ 的草坪，赛场内的草坪虽然平整且有条件滞留雨水，但考虑到用途却又不能作为雨水入渗的区域，而其余部分绿地又有不同大小的坡度，所以通过绿地滞留，回收和入渗的水量都将受到限制。

另外，由于国家体育场的建设用地的地势在北京属于一块低洼地，地质资料显示，地下水最高水位为 45m，运动场草坪面绝对标高 43.5m。一般来说，地下水达到最高水位的季节正是雨季，过高的地下水位给雨水回灌带来极大的困难。雨水渗井工艺条件一般要求比地下水位高出 1.2~1.5m，按现有渗井的工艺条件很难实现雨水回灌。

较大的地面坡度、表面铺装材料和绿地的分布、过高的地下水位成为雨水回收、入渗和回灌的不利条件，同时成府路隧道的穿越也给主赛场和热身场之间雨水通过管道输送造成了困难。因此，国家体育场的雨水利用不能完全参照以入渗、回灌为主的设计思路。

建筑方案对雨水利用的有利条件是：红线内的道路均设计为人行道，雨水水质条件优于市政道路。

（二）市政设施的相关情况

用地北侧有现状 *DN*1200 雨水管道，东侧、南侧规划预留 *DN*1200 雨水管道。根据市政协调会确定，红线以内的超重现期雨水分三个方向排入市政规划雨水管道。除中心场地

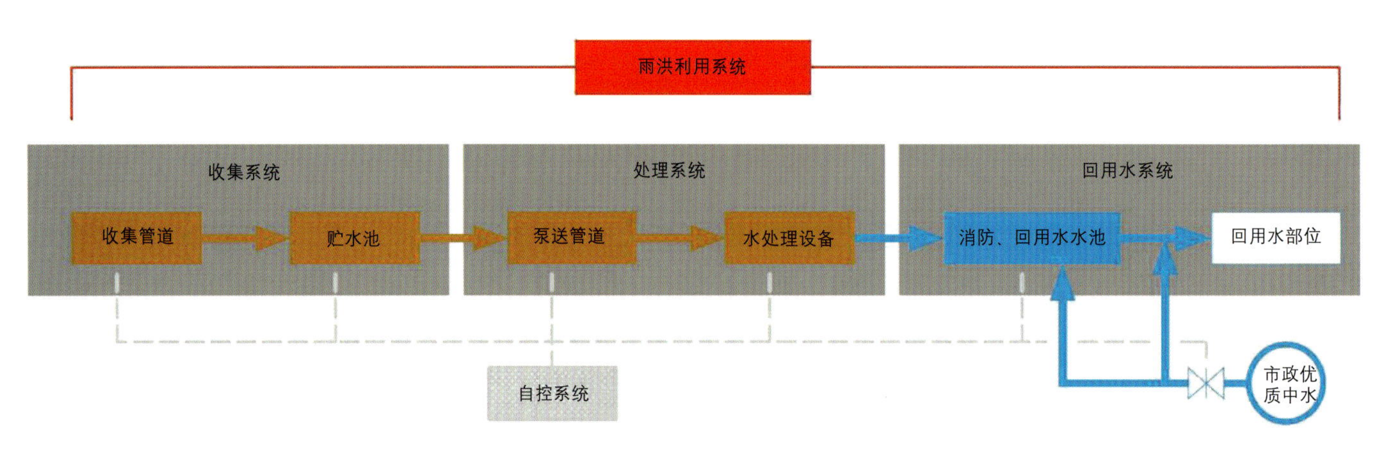

图 13-12 国家体育场雨水利用体系构成

的雨水蓄水池的溢流需提升排出外，周边雨水蓄水池的溢流均采用自流排出。

市政规划条件提供的中水供水水源，在体育场用地范围西侧、北侧、东侧规划新建普通水质中水管道和优质中水管道为体育场提供中水用水水源。普通中水为北小河中水处理厂出水，水质符合国家再生回用水水质标准；优质中水是普通中水又经反渗透处理后的中水，水质达到为国家体育场拟定的再生水水质标准。不同水质的中水水量均能满足体育场的用量要求。

可以说国家体育场周围的市政条件是优越的。因此，国家体育场的雨水利用应当结合回用水的使用进行设计，其收集、处理与供应也应当结合回用水的水质、水量要求统筹考虑。

根据以上用地条件，结合国家体育场在赛时和赛后运营两个阶段分别的用水情况，采用了雨水与中水联合运用的方式将雨水作为回用水源水集中回用的方案。入渗方式仅考虑自然入渗。

三、雨水收集方案

由于成府路隧道从用地中穿过，顶部大部分覆土深度较浅，不便于长距离雨水管道穿越，所以我们首先沿成府路将两侧区域划分为南北两个不同的流域。两个流域中间以一条截洪沟分开，保证降雨的回收、处理、利用和溢流排放各自形成相对独立的系统。南流域可回收雨水的主要来源由主赛场场地内雨水、体育场屋面雨水及赛场周边地面雨水三部分组成，北流域可回收雨水的主要来源则由热身场场地雨水、热身场周边地面雨水组成。

资料显示，北京市 6 月 ~9 月汛期降水量占全年降水量的 85%。考虑到地下建筑的范围和雨水收集的可行性，经计算，在南流域内共建设 5 个雨水蓄水池，其中一个用于收集中心赛场内的雨水，容积为 1700m^3，其余四个用于收集体育场屋面和周边场地的雨水，B 区域贮水池容积为 1700m^3。C、D、E 区域贮水池容积均为 2300m^3。

北流域设计建设一个容积为 1700m^3 的雨水蓄水池，用于收集热身场和周边地面的全部雨水。

通过对两个流域一定重现期的降雨总量和雨水收集区域、收集量分别进行计算，以上贮水容积可回收主赛场内一次五年一遇最大 24 小时降水和屋面及周边用地范围内一次一年一遇最大 24 小时的降水。超过以上设计重现期的雨水通过地面径流、溢流或机械排除方式排至市政雨水管网。

按照规划条件要求，考虑处理系统运行中便于对雨水入水水质进行控制，使进入蓄水池的雨水具有比较好的水质条件；分析周边用地中的硬质铺装地面部分平时作为广场使用，没有行车、停车功能，初期雨水中有机污染物浓度不高；结合选择对源水水质要求比较宽松的回用水处理工艺，为初期雨水设计了弃流设施。2300m^3 的雨水蓄水池配备容积为 110m^3 的弃流池，1700m^3 的雨水蓄水池配备容积为 80m^3 的弃流池，1700m^3 的中心场地雨水蓄水池则配备容积为 20m^3 的弃流池。另外，用地范围内可能排入绿地的雨水先排入绿地，再通过溢流、土壤过滤等方式进行回收。

四、回用水构成及雨水供水方案概述

在收集方式、收集量确定以后，如何对雨水进行处理就取决于回用水要达到何种要求，以及如何使用。

雨水经处理后与市政优质中水联合使用，共同作为零层以下建筑卫生间冲厕、冷却塔冷却补充水、主赛场和热身场的草坪灌溉、停车场冲洗用水、室外道路和绿化浇洒用水等多种用途的水源，这些用水部位遍布在体育场用地范围，回用水的构成关系见图 13-13。

由于本工程中用水部位过于分散且每种用途用水量变化

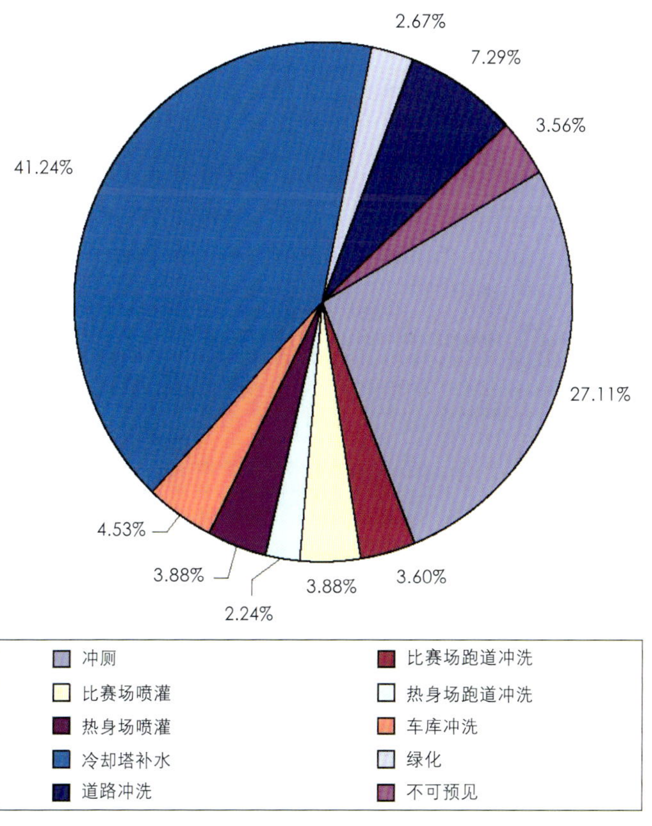

图 13-13　回用水的构成关系

很大，所以在供水系统形式的选择上，采用集中处理后再通过统一的回用水管道系统输送到各用水部位的方式，这种方式既可减少处理设备的装机数量，又能兼顾不同用水量变化的调节，同时方便市政优质中水供水的接入。另外，各种用水部位的水质要求差别也很大，特别是比赛场地草坪喷灌用水与其他用水相比，对水质要求较高，同时又与空调冷却水补水等用水的水质侧重面不同，因此，在参考大量文献的基础上，我们也拟定了《国家体育场再生水水质标准》。该标准中，对不同用水部位的水质要求，采取就高不就低的原则，以期达到收集的雨水经同一种工艺处理后，出水能满足不同使用功能基本要求的目的。

五、雨水处理

经初期弃流后的雨水，进入雨水蓄水调节池后进行处理，对于南流域，体育场外的四个蓄水池的雨水最终被输送到设置在比赛场地地下的中心蓄水池。蓄水经图 13-14 所示处理流程后进入消防、中水合用水池，再通过加压设备送入回用水管网或用水部位。

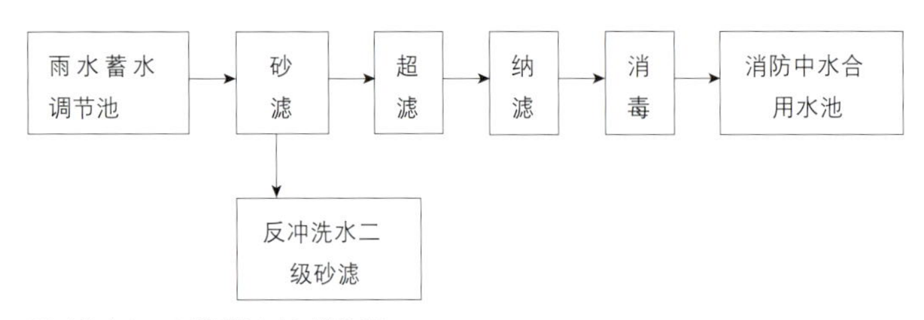

图 13-14　主要雨水处理流程

考虑到对待处理雨水水质的适应能力，处理工艺主要采用物理法，即采用不同性能的过滤实现处理。这种方法还具有处理效果稳定、便于维护和处理组件成本随时间延续可能不断降低的优点。

考虑到北京汛期降水量过于集中，当雨季来临时，雨水处理系统将投入满负荷工作，供应全部回用水部位，由于北京雨季发生的季节通常又是用水量比较大的季节，满负荷工作既能达到节水的目的，又能加快消耗蓄水池中的雨水，为下一场降雨的来临留出一定的蓄水空间。但当雨季结束后，却会形成处理系统无水可用的局面，此时，市政优质中水将取代回用雨水，向用水部位供水。处理后的雨水与市政优质中水供水的切换采用自动控制，在回用水管网上实现。

考虑到充分节约用水，砂滤的反冲洗水经过二级砂滤后送回雨水蓄水调节池，二级砂滤的反冲洗水排入市政管网。其余过滤处理的反冲洗水直接送回雨水蓄水调节池。

超滤或纳滤用膜，可能在非雨季时停止使用，而膜本身在停用时需要养护。本工程中设计两种滤膜养护方案可供使用中选择：专用的养护系统，设置小流量雨水处理设备维护泵，定期在非雨季时从回用水水池取水，以低负荷通过滤膜循环，使滤膜不致因干燥失效；拆除滤膜，以化学药剂浸泡养护。

雨水蓄水池容积大，贮水时间长，尽管源水 COD 和 BOD 的含量相对较低，但考虑常年运行，必须采取防止厌氧沉淀的措施。本工程各雨水贮水池、弃流池设自动反冲洗管道，在水泵供水之前或排水同时对水池壁进行清洗。

经计算，若所有水池蓄满雨水，正常情况下可供连续使用 16~39 日。为避免因沉淀带来的厌氧微生物滋生使水质恶化和待处理雨水浓度变化导致的处理工艺负荷变化，在雨水贮水池内采用特别的池底设计和搅拌系统将池水搅匀，使水泵在吸水同时将水中各类悬浮物尽量带走。

雨水处理工艺设备为两套，每套处理能力为 $40m^3/h$，设备启动时每日 24 小时连续运转，系统控制将根据雨水量自动切换为一套运行或两套同时运行。

六、自动控制概述

此外，雨水利用系统还涉及多水池联动供水、在旱季雨季交替过程中系统的自动启闭、与市政优质中水管道联合供水的切换，以及数量众多的不同用途的水泵在不同液位下的启停控制等各类自动控制，为此本工程也设计了专门的自动控制系统。

七、实施后的实景情况

图 13-15　中心机房回用水泵组

图 13-16　雨水机房

第四节　直饮水系统设施

一、直饮水系统的使用特点

国家体育场设有固定座椅 8 万个，临时座椅 1.1 万个。整个体育场的地上为 7 层，地下 2 层，其中地下部分约 10 万平方米。地上 7 层中，四层是包厢层，三层是餐厅，其余各层是观众疏散平台，直饮水的饮水点主要设置在这些疏散层。

国家体育场是大型体育场，如果单从这个角度出发，整个建筑物只有在大型活动时才能发挥作用，这些大型活动不是每天都能举行的，所以体育场不可能被频繁或者持续使用，是阶段性使用的。在国家体育场的使用期间，人员必然十分密集，但除了奥运会赛事持续的时间比较长之外，我们估计其他使用的时间会比较集中。以一次世界级的足球比赛为例，估计从观众入场到比赛结束观众退场，持续时间不会超过 5 个小时，而人员用水时间一般集中在比赛开始前、中场休息和比赛结束后的三个阶段，所以使用时间十分集中。这样就造成在短时间内巨大的人员负荷，对给排水设计来说，就是最高时负荷远远大于平均时负荷，这就使直饮水系统需要有比较大的集中供水能力。

国家体育场的直饮水系统必须能够提供这种集中高负荷的供水能力，保证每个想喝水的观众随时都能有水喝。面对如此大的建筑物和使用负荷，我们在设计过程中感到要达到这个基本设计要求也是十分不容易的。

二、直饮水系统供水方式的选择

一般来说，直饮水的主要供水方式有集中式和终端式两种。集中式就是集中设置直饮水处理和供水设备，由管道将直饮水输送到各个用水点供应观众直饮；终端式是指将直饮水的处理装置设置在用水终端附近，利用自来水为原水，在终端处理后直接供应观众直饮。

这两种直饮水系统的方式不同点主要体现在以下两个方面：

（一）管网系统不同：集中式直饮水系统需要原水箱、处理设备、调节水箱、供水装置和供回水管网，系统较为复杂，但循环的管网系统能提供比较强的水质保证。终端式直饮水系统基本不需要增加额外的管网，直接和自来水管网相连接就可以提供直饮水，但是一般不具备调节能力，供水能力比较固定，同时因为不具备循环能力，不能长时间保证水质。

（二）维护和管理不同：集中式直饮水系统由于设备集中设置给管理和维护带来一定的方便，由于其规模较大，是以系统为基础的，所以管理和维护的级别和保证率也应该比较高。终端式直饮水系统是以设备为基础的，用水点的分布的数量不同直接导致处理设备数量和布置的变化，管理和维护的工作量和设备的布置和数量成正比，数量过多和分布分散都将导致工作量成倍增加。

由于国家体育场体形庞大，而且用水点分散布置在不同楼层的 12 个核心筒的附近，如果采用一套集中的直饮水供水系统，将使系统十分复杂和庞大，而且直饮水管网的循环更会增加配水系统的复杂性，使系统和水质都难以控制，所以我们认为采用一套集中处理方式对本工程是不适合的。如果采用终端式直饮水系统，可以大幅度地减少系统的复杂性和配水管网的规模，但是需要供水的点较多，将造成终端处理装置的数目很多，对于管理和维护来说是巨大的工作量；而且由于每处直饮水供水点的人数负荷都很高，最高时供水量和供水秒流量都很大，需要终端系统有较大的瞬时供水能力，就会使处理装置的规模和调节容积都比较大，设备的造价比较昂贵而且维护量比一般的终端设备大很多。此外，由于国家体育场阶段式使用的特点，终端设备如果被长期闲置，设备的性能和水质都很难保证。

出于以上的考虑，我们将整个建筑的直饮水系统分为 8 个独立的小型集中处理系统，每个系统对应 1 个到 2 个核心筒附近的直饮水供应点，这样既减少了系统的复杂性，又不大量增加体育场运行和管理的工作量，同时还可以兼顾赛后运营时灵活的使用方式。

三、直饮水系统设计

（一）直饮水龙头的布置

直饮水龙头的布置问题需要给排水专业和建筑专业的协商和配合，我们经过深入考虑和分析，感觉应该主要注意以下两个问题：

1. 直饮水龙头的数量不能过少，要尽量减少在集中用水时段（例如足球比赛的中场休息时间）发生观众排队饮水的情况。

2. 直饮水龙头的数量不能太多或太集中，因为这样系统的同时使用可能性很高，如果龙头数量太多，将使秒流量过大，对整个处理系统的处理能力、调节能力要求很高，使两者很难合理匹配，也将大幅度增加系统的投资。

综合以上两个因素，直饮水龙头的布置情况见表13-10。

直饮水龙头布置表　　　　表13-10

核心筒号 / 楼层	1#	2#	3#	4#	5#	6#	7#	8#	9#	10#	11#	12#	总计
一层	6	6	6	6	6	6	6	6	6	6	6	6	72
二层	5	4	6	6	4	5	5	4	6	6	4	5	60
五层	5	5	5	5	5	5	5	5	5	5	5	5	60
六层		5	5	5	5			5	5	5	5		40
总计	16	20	22	22	20	16	16	20	22	22	20	16	232

（二）直饮水系统的计算

考虑到国家体育场的使用性质，我们按照每天最多三场比赛考虑，其中最大一场观众为9.1万人，其他两场按8万人考虑，所以最高日观众人数按25.1万人考虑。

平均时供水量为5.02m³/h，最大时供水量为：11.04m³/h。

本工程的建筑形式将观众看台部分被划分为12个区域，每个区域都有一个核心筒垂直贯穿整个区域，每个区域的观众人数平均为8000人。配合建筑结构，直饮水系统按看台区域划分，每一个或两个看台区域设置1个饮水系统，12个看台区域对应8个饮水系统。

本工程共有12个核心筒，但只有8个直饮水机房，所以个别直饮水机房需要负担两个区域的观众饮水，直饮水系统与区域的对应关系如表13-12：

直饮水系统与区域的对应关系　　　　表13-12

系统机房编号	1#	2#		3#		4#	5#	6#		7#		8#
核心筒编号	1	2	3	4	5	6	7	8	9	10	11	12

根据建筑专业提供的饮水台布置，在一、二、五、六层的观众区域提供直饮水，观众看台部分的三层餐厅区域和四层包厢区域不供应直饮水。

每个饮水系统形成独立的垂直循环。由于每个机房负担的人数可能不同，所以各机房处理设备的规模有所不同。

根据我们对体育场运行情况的分析，以一场足球比赛为例，上下半场各45分钟，中场休息30分钟，我们假设在赛前、中场休息和赛后各有30分钟的集中用水时间，在这些时间段内，直饮水系统和饮水龙头的使用率有可能为100%，在比赛进行时段考虑为零星供水。这样所有时段合计为3个小时。所以我们认为讨论30分钟的饮水量比1小时的饮水量更符合实际情况。详见表13-13：

饮用水量表　　　　表13-11

0.25	使用人数、数量和单位		用水量标准	单位	小时变化系数	使用时间	用水量（m³）		
							平均时	最大时	最高日
观众饮水	251000	人次／天	0.2	升／人.场	2.2①	10h	5.02	11.04	50.20

①考虑用水集中在4.5小时（一天3场，每场集中用水1.5小时）之内，10／4.5＝2.2。

直饮水龙头供水量统计表　　　　表13-13

机房编号	1	2		3		4	5	6		7		8
核心筒编号	1	2	3	4	5	6	7	8	9	10	11	12
饮水龙头（个）	16	22	22	22	22	16	16	20	22	16	22	16
单位秒流量（L/s）	0.04	0.04	0.04	0.04	0.04	0.04	0.04	0.04	0.04	0.04	0.04	0.04
∑秒流量（L/s）	0.64	0.88	0.88	0.88	0.88	0.64	0.64	0.80	0.88	0.64	0.88	0.64
总流量（L/s）	0.64	1.76		1.76		0.64	0.64	1.68		1.52		0.64

续表

机房编号	1	2		3		4	5	6		7		8
时流量（m^3/h）	2.30	3.17	3.17	3.17	3.17	2.30	2.30	2.88	3.17	2.30	3.27	2.30
∑时流量（m^3/h）	2.30	6.34		6.34		2.30	2.30	6.05		5.57		2.30
保证连续供水时间（h）	0.50	0.50		0.50		0.50	0.50	0.50		0.50		0.50
连续供水间隔时间（h）	0.75	0.75		0.75		0.75	0.75	0.75		0.75		0.75
连续供水量（m^3）	1.15	3.17		3.17		1.15	1.15	3.02		2.79		1.15
计算供水能力（m^3/h）	0.92	2.54		2.54		0.92	0.92	2.42		2.23		0.92
0.5h 连续供水量（m^3/h）	0.46	1.27		1.27		0.46	0.46	1.21		1.12		0.46
计算调节容积（m^3）	0.69	1.90		1.90		0.69	0.69	1.81		1.67		0.69
实际调节容积（m^3）	1.00	2.00		2.00		1.00	1.00	2.00		2.00		1.00
设计产水能力（m^3/h）	1.00	3.00		3.00		1.00	1.00	3.00		3.00		1.00
耗电量（kW）	15	25		25		15	15	25		25		15
机房面积（m^2）	30	45		45		30	30	45		45		30

根据上表：

总产水能力：$16m^3/h$

平均产水能力：$2m^3/h$

总调节容积为：$12m^3$

平均调节容积：$1.5m^3$。

所以我们选用总处理能力为 $16m^3/h$ 和总调节容积为 $12m^3$ 进行直饮水系统的设计，各直饮水机房和系统的处理能力和调节容积见表 13-14：

直饮水机房和系统的处理能力与调节容积　表 13-14

机房编号	1#	2#	3#	4#	5#	6#	7#	8#
产水能力（m^3/h）	1.0	3.0	3.0	1.0	1.0	3.0	3.0	1.0
秒流量（L/s）	0.64	1.76	1.76	0.64	0.64	1.68	1.52	0.64
调节容积（m^3）	1.0	2.0	2.0	1.0	1.0	2.0	2.0	1.0
最大供水小时流量（m^3/h）	2.30	6.34	6.34	2.30	2.30	6.05	5.57	2.30
连续供水时间（h）	0.77	0.60	0.60	0.77	0.77	0.66	0.78	0.77

四、相关问题分析

（一）设计意图和实际情况的偏差

我们的设计意图希望所有直饮水点能均匀分布，各饮水点的直饮水龙头数应该和该区域负担的人员负荷成比例。在实际操作中，饮水点的布置主要还是受建筑物平面布局的影响，并不是负荷多的地方龙头的数量就一定成比例的较多，一层的各饮水点的龙头数都是 6 个，其他各层各饮水点的龙头数只是按照大致的规律来布置。

（二）直饮水龙头与使用人数的比较

体育场全部的直饮水龙头总数为 232 个，体育场最大人数负荷为 9.1 万人，龙头和使用人数之比为：1∶393，即每个龙头要为 393 个人服务。我们认为在这种大型活动中，每人喝一次水的概率是很高的，在炎热的夏天，每个可能不只喝一次水，如果体育场满负荷运营，1∶393 是每个直饮水龙头的最低负荷。如果每个人喝水的时间是 5 秒钟的话，393 个人在一个龙头处全部饮水一次需要 32.8 分钟，如果有 50% 的观众来喝水，最后一个喝水的人要等 16.4 分钟。以一次足球比赛的中场休息时间为 30 分钟来计算，这个直饮水系统的保证率是 92%（30/32.8）。保证率是保证最大使用的概率，我们认为 92% 的安全度已经足够了。

（三）饮水处的设置和人员流动

有些饮水处的位置是人员流动的交叉点，不论观众是要去卫生间，还是饮水或者从通道穿行都必须经过饮水处。如果在饮水处有等待饮水的人员，这些人员将大量减少通道的疏散宽度，在五、六层这个问题比较严重。

饮水处的饮水点数量不同，使饮水处的宽度也不相同，饮水处的宽度太小，容易造成人员的拥堵，喝完水的人出不去，想喝水的人过不来。

由于国家体育场每层疏散平台的形状都比较特殊，特别是五、六层由于结构所限平台的可用面积不是很大，所以上述问题比较突出，从设计角度比较难解决，我们想通过管理和疏导应该可以减少出现问题的可能性。

图 13-17　观众饮水台

（四）系统供水量与实际需求的比较

由于体育场是室外的，所以观众的冬夏季的直饮水需求量差别将很大，我们的设计参数是 0.2 升 / 人 · 场，这个定额在夏季不一定够用，而在冬季可能有很多人不喝未加热的水了，使供水量高出需要量很多，但这不会造成大的问题。

实际上，10 万人的体育场满负荷运营的可能性不大，在不满负荷的情况下，比较好的位置在 3#、4#、9# 和 10# 核心筒区域，这个区域也是对应人员负荷最大的区域，考虑上面所提到的问题，有可能出现个别饮水点不够用，而个别饮水点用水量很少的情况。

（五）其他问题

我们认为还有一些问题需要注意。

为了卫生防疫，防止传染病，我们在卫生间内大量采用非接触式水龙头和阀门，但是我们还未找到合适的非接触式直饮水龙头，传统的饮水龙头喷射出的水流在人喝水时很容易发生溅水，而且喷溅的水最终还是回到饮水台中，这些都不利于卫生防疫。我们认为如果拿杯子接水是比较卫生的方法，但是需要大量的杯子，这些杯子需要有地方和人发放，而且还有收费的问题。

此外，由于直饮水龙头都设在室外，在冬季饮水台和饮水龙头都容易冻冰，我们在饮水管道的室外部分增加了电伴热防冻保护，或在冬季非运营期和运营淡季泄空管道，这样做，能节省运行费用。

许多体育场将观众饮水作为一项营业收入，而国家体育场直饮水系统设计是向国际奥委会的承诺——给观众提供免费饮水的实施，没有考虑收费饮水的问题，这与体育场的经营管理有一些矛盾（图 13-17）。

第十四章 暖通空调系统设计

第一节 暖通空调系统

一、概况

国家体育场地下3层，地上7层。总建筑高度为69.21m。总建筑面积为25.1万平方米，其中赛时空调面积约为8.55万平方米。

地下层除了停车场之外，还有媒体用房、赛事管理用房、运动员及随队官员用房、体育场运营管理用房、餐饮等，赛后将增加大面积的附属商业区域。地上一层、二层、五层、六层除了核心筒周围附属的商业用房及二层的贵宾休息厅以及五层、六层的赛后宾馆用房外，都是大面积的开敞集散大厅。地上三层、四层为封闭空间，四周由玻璃幕墙与外界隔开，三层均为餐厅层，四层为包厢层（赛后部分改为宾馆房间）。赛事空调区域绝大部分集中在地下楼层及地上三层、四层，二层贵宾休息厅，以及分散在各个楼层的核心筒周围附属商业用房；赛后空调区域还将增加大面积的商业和宾馆用房。

按照国际业余田径协会联合会、国际足球联合会的规定，室内空调参数的确定须满足运动员对比赛和训练的要求，为运动员、观众和工作人员提供舒适的室内空气环境，为各种工艺技术用房提供其正常工作所需的室内空气环境。

根据计算，本工程赛时空调冷负荷为14533kW，冷指标为169.9W/m^2。采暖空调总热负荷按现有确定的赛后商业运行模式下计算确定，采暖空调总热负荷为20216kW，热指标为181.8W/m^2，其中空调热负荷为18866kW，采暖热负荷为1350kW。

二、设计原则

以"绿色奥运、科技奥运"为主导设计思想，按照国际业余田径协会联合会、国际足球联合会的规定，满足运动员对比赛和训练的要求，满足奥运会开闭幕式的要求。为运动员、观众和工作人员提供舒适的室内空气环境，为各种工艺技术用房提供其正常工作所需的室内空气环境。暖通空调系统的设计既要满足奥运会期间的使用要求，又得兼顾会后的商业运营，为商业运营（预留）创造较为理想的条件。为充分体现"绿色奥运"的设计理念，在能源的合理利用、建筑热工、室内环境及节能环保等方面采用合理的新技术、新设备，为可持续发展提供条件。

三、冷热源的选择与设计

（一）利用全年空调负荷动态模拟辅助设计

传统的空调设计在计算负荷时通常是计算典型设计日的逐时负荷，但实际上空调系统大部分时间都不在设计工况下运行，而是在部分负荷工况下运行。尤其是体育场空调区域功能多样，其可能出现的部分负荷工况情况多样，如果在设计时未加考虑，往往在实际运行中出现问题，如难于满足环境控制要求，或出现不合理的冷热抵消，导致能耗增加等。通过进行全年负荷的逐时动态模拟，事先了解在实际运行中的可能工况，避免系统设计不合理、设备选型不合适、运行能耗大的弊端。鉴于以上的必要性，在方案设计阶段采用清华大学研究开发出的基于自主知识产权的建筑与系统动态模拟分析软件DeST，对体育场进行了全年8760小时的逐时负荷动态模拟。

通过DeST对建筑室内环境的模拟计算，得到各个功能区域的全年逐时的冷、热负荷以及整个建筑的总冷、热负荷。图14-1和图14-2分别为体育场的全年逐时冷负荷和热负荷曲线。

根据体育场周边的市政管网现状及规划情况，并依据模拟计算得到的供冷季冷负荷分布情况，分别对电制冷方案和热水吸收式制冷方案进行技术经济比较，包括初投资、运行费用及全寿命周期的比较，最终确定技术可行、经济合理、运行可靠的冷热源方案。

（二）采暖、空调热源

本工程采暖、空调一次热源采用城市热力管网提供的高温热水，在本建筑零层东西两侧各设置1个热交换间，在每个热交换间内分别设置采暖热交换系统及空调热交换系统。采暖系统设计总热负荷为1350kW，每个热交换间设置2台；空调系统设计总热负荷为18866kW，每个热交换间设置3台热交换器。采暖空调一次热源热水供回水温度按120℃～70℃设计，采暖系统热水供回水温度80℃～60℃，

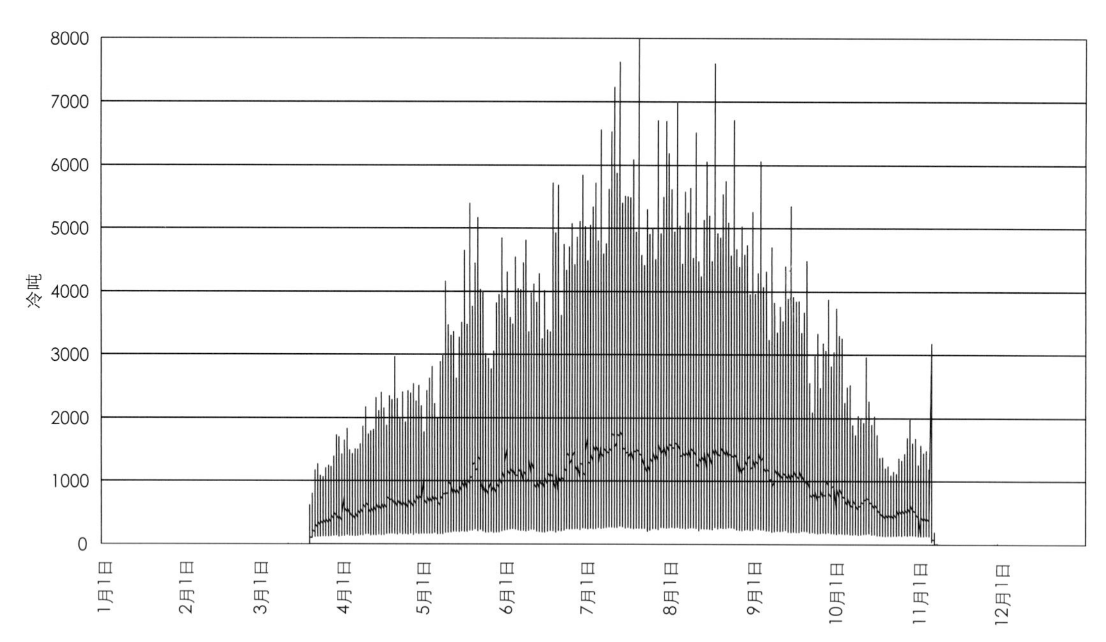

图 14-1 全年逐时冷负荷

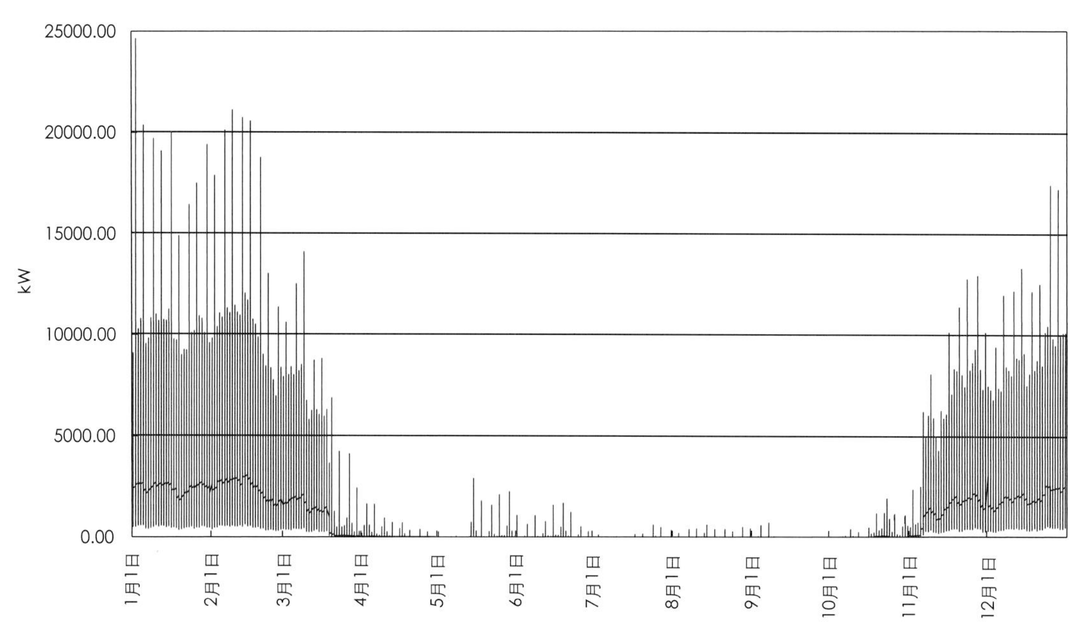

图 14-2 全年逐时热负荷

空调系统热水供回水温度 60℃～50℃。采暖、空调热水系统均采用闭式气压罐定压，采暖、空调热源分别接入零层环形通道上空的采暖管网及空调环形管网，为采暖、空调系统提供热源。

（三）空调主导冷源

空调冷源的设计原则是既满足奥运赛时的总冷负荷要求，又可兼顾赛后商业运营的冷站改造。因此按照奥运赛时负荷要求设置双工况冷水主机组，赛后改造增加蓄冰系统，不增设主机，只增设蓄冰设备及溶液泵，降低赛后改造难度。

本工程奥运赛时空调总冷负荷为 14533kW；根据本建筑的特性，满足体育场整体景观要求，并结合冷却塔在室外的设置，在本建筑的东侧、距体育场 20～30m 处地下设置 2 个冷冻机房。冷冻机房上部设置冷却塔。奥运赛时每个机房设计 2 台双工况电制冷冷水机组，每台机组制冷量为 3258kW。2 个机房总装机容量为 13032kW。

分析体育场的逐时负荷，冷负荷在有赛事时易出现瞬时高峰，且多在峰电时段，而其他时段负荷较为平稳，夜间谷电时冷负荷非常小。这些特点非常适合使用冰蓄冷系统。同时，按照业主要求，设计按照奥运赛时进行，赛后再进行改造。经过对奥运赛时负荷的计算和赛后负荷的估算，二者相

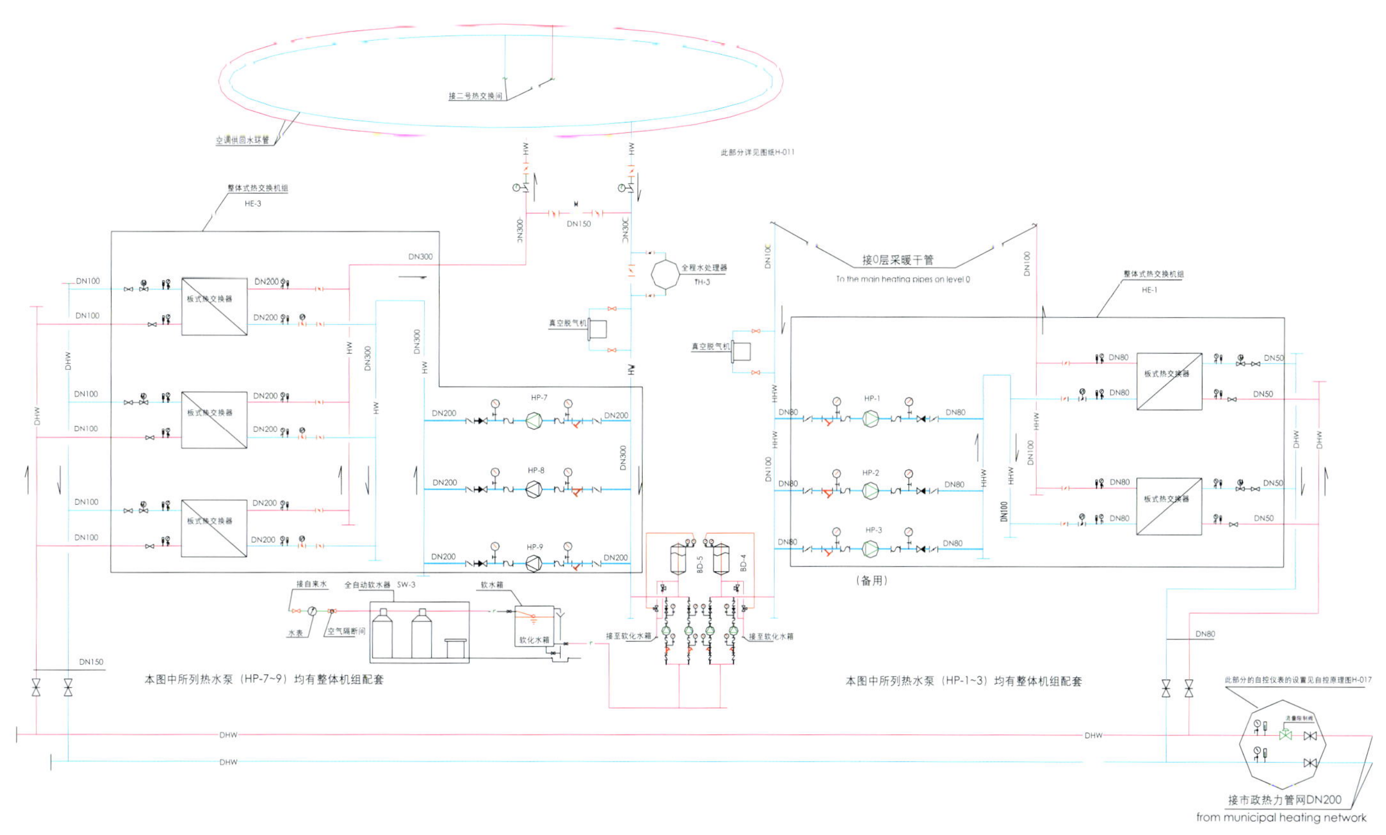

图 14-3 体育场热交换系统图

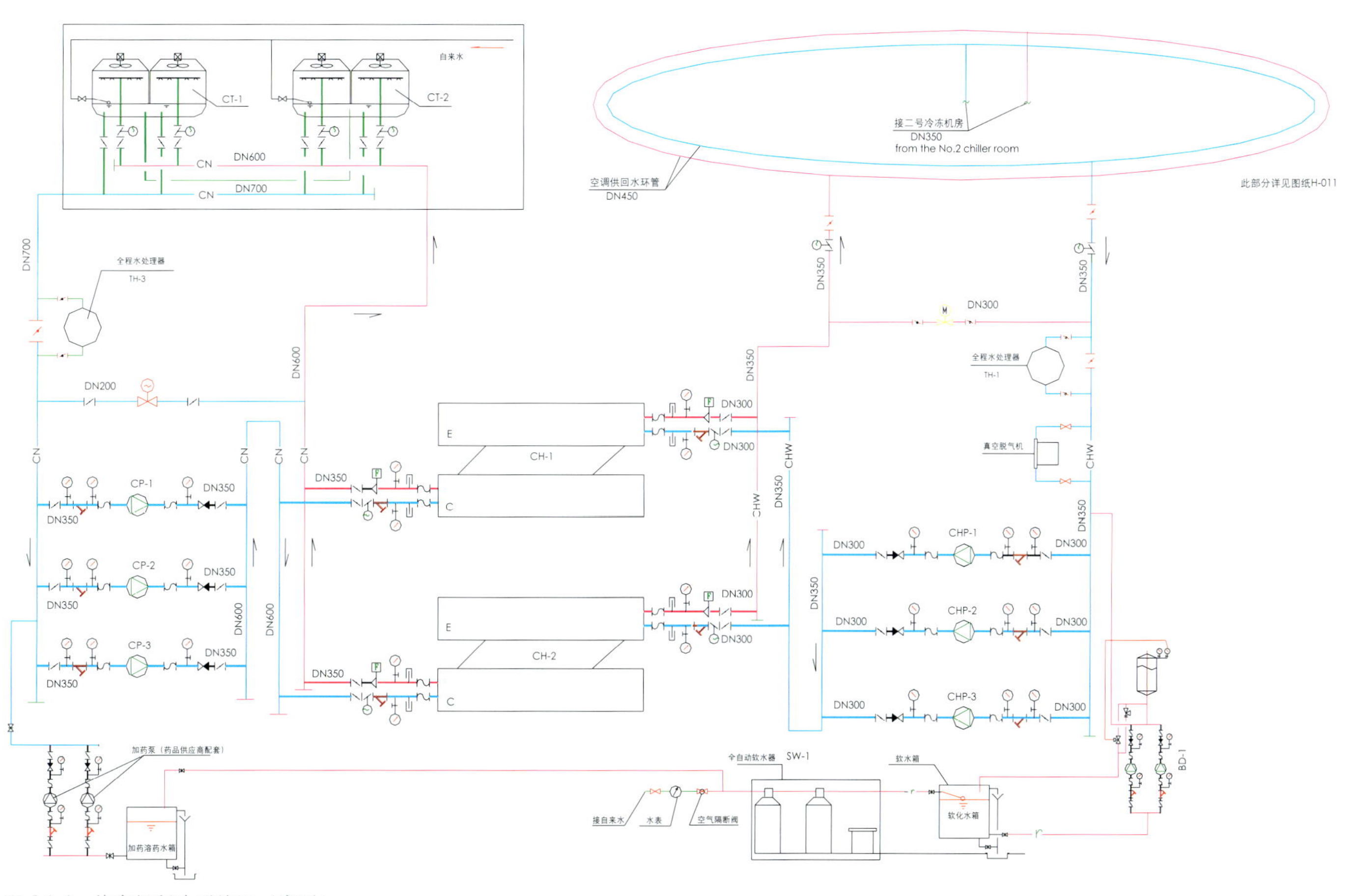

图 14-4 体育场制冷系统图（赛时）

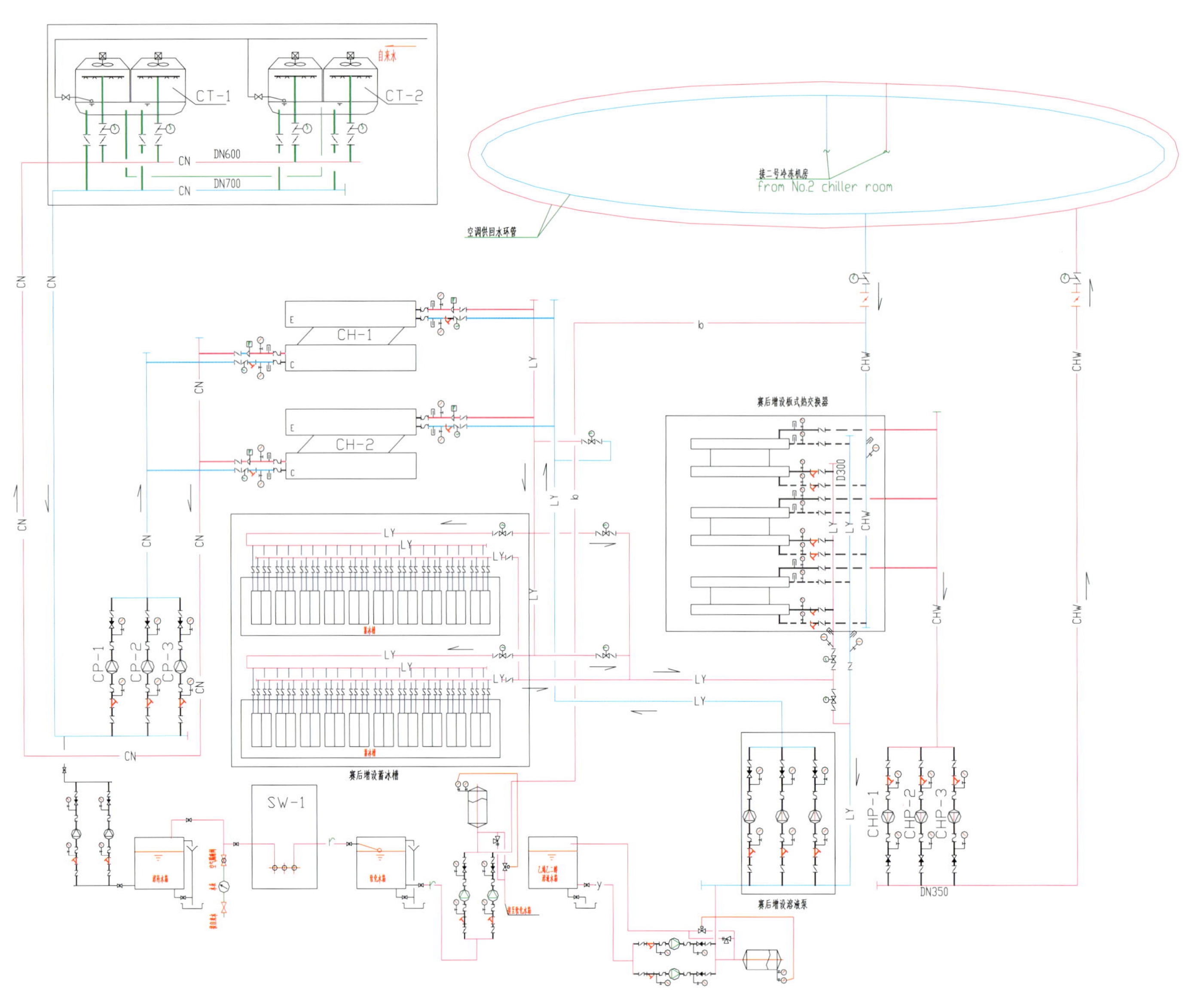

图 14-5　体育场制冷系统图（赛后）

差约为 26%。因此考虑采用冰蓄冷方案，按赛时负荷配备冷机，而赛后增加的冷负荷依靠冰蓄冷系统解决。同时考虑到赛后体育场内宾馆及配套房间的空调要求，设置了一套基载主机（地源热泵系统），并联运行。这样赛时电制冷冷机可满足整个体育场的冷负荷要求，赛后不再增加冷机设备，仅增加冰蓄冷设备满足赛后冷负荷增加的要求即可。冷冻主机房的面积为赛后增加蓄冰装置预留位置。赛后机房内增设溶液泵，赛时使用的冷冻水泵赛后采用变频控制技术，变水量运行，节省能耗。冷冻水供回水温度赛时、赛后均为 5℃～13℃，冷却水供回水温度为 32℃～37℃。

（四）空调地源热泵冷热源

为了配合空调主导冷源的设计及赛时满足部分负荷的调节特性要求，赛后作为冰蓄冷系统的基载主机，且体育场场地面积较大，地下有较充足的可埋管空间，能充分利用可再生能源，在本工程中设计地源热泵冷热源系统。设计总装机制冷量为 1500kW。制冷工况冷冻水设计供回水温度为 5℃～13℃。制热工况热水设计温度为 55℃～50℃。空调地源热泵冷热源接入零层空调环形管网。利用足球场草坪下竖向深埋管，布置地下换热器。为避免地下换热器可能对草坪产生影响，要求在草坪下 5m 深以下土壤进行热交换（详见本章第三节。）

四、空调水系统设计

（一）空调水系统设计

奥运赛时空调区域使用集中，空调负荷波动较小，空调水系统采用一次泵系统，采用压差旁通控制，实现变流量运行。由于制冷机房为2个，零层及以上空调区域的负荷不均衡，故在零层环形通道上空设计一个环形空调供回水管网，主导冷源及地源热泵冷热源均接入环形管网上。负荷侧的空调水管均从管网上接出至核心筒管井或零层空调机房。在每个环路分支处均设置平衡阀，在空调末端设备处设置变流量动态平衡电动调节阀，以解决系统平衡问题。

赛后商业运行模式下，负荷会有较大的波动，故赛后冷冻水系统采用变水量系统，根据负荷变化，变频控制冷冻水泵，实行节能运行。赛时、赛后空调水路均为二管制，空调（新风）机组水系统为异程式，风机盘管水系统采用竖向同程式布置。

环形空调冷、热水管网的水力工况非常复杂，多个冷、热源联网运行，管网中存在压力平衡点，并且随着工况变化、系统调节，压力平衡点也会随之变动。因此必须要经过准确可靠的计算，对环形管网的水力工况进行模拟预测，以指导设计及运行。为此用HydroNet软件进行了此环形管网及与此环网相连的空调冷、热水管支路（包括空调箱支路及风机盘管支路）的水力工况模拟计算。

由计算结果表明：若环管各段管径不同，各支路流量偏差较大。且工况变化时，压力平衡点变化，部分管段流向也发生变化，此时变管径，环管会因此造成各支路更大的偏差，因此不选取变管径环管方案；采用*DN*450的管径，可以达到流量自然分布偏差在±10%内的标准；部分工况比全负荷工况更加容易达到自然分布。

（二）环形管网的沟槽连接方式

体育场空调水系统和采暖水系统的主输配管均敷设在零层环廊上空。由于体育场形状的特殊和空间的限制，水管也必须按照体育场的形状敷设，而非常规的直线敷设。这使得传统的补偿方式在环形水管的敷设上并不合适。传统方式需要集中设置补偿器，在环形水管线上管道支吊架的受力分析不明确，存在安全隐患。因此在设计中对环形水管采用了沟槽连接方式。

沟槽式连接方法是在管道的外壁上加工一个规定尺寸的沟槽，利用专用快速接头将其与管道连接。沟槽式管道安装时，首先对需要连接的管道采用专门的滚槽机加工成环形沟槽后，然后在相邻管端套上橡胶密封圈，再用拼合式卡箍件、

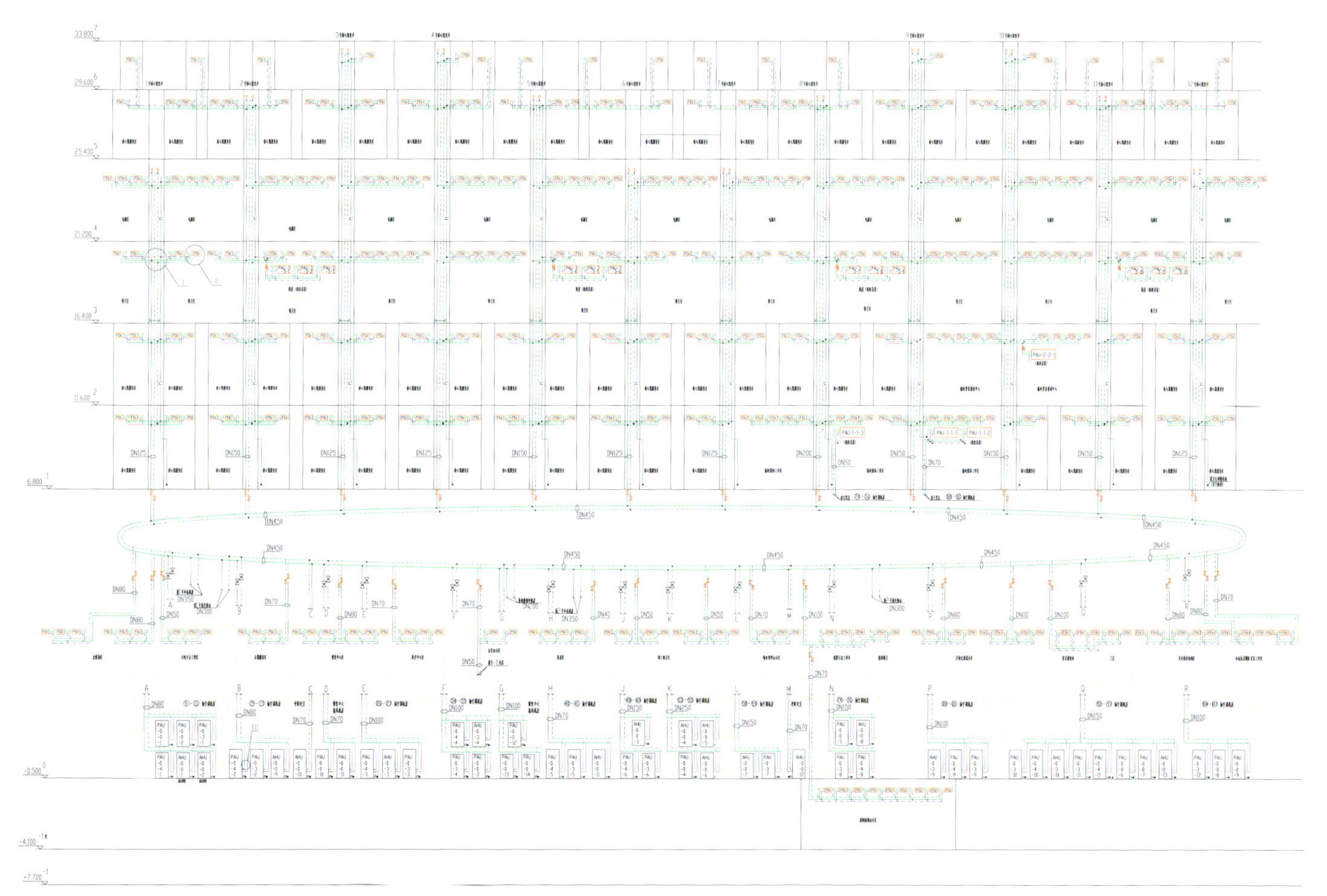

图14-6　空调水系统原理图

C 型橡胶密封圈和紧固件组成的拼装接头进行拼合式快速连接，完成管道安装。沟槽式连接安装简单、快速，对管道的内径及管道的内表面没有影响，安装过程不会给管道带来任何污染，维护方便。最重要的是采用挠性接头将管道的补偿方式由集中变分散，在一定管道长度范围内管道的固定支架和导线支架的受力分析明确，提高了安全可靠性。这种连接方式在蒙特利尔奥林匹克体育馆、亚特兰大奥林匹克体育馆、汉城世界杯体育场等都有应用。由于国家体育场零层环路上空各专业管道密集，安装空间小，采用柔性沟槽连接不但可以节省安装空间，还能够灵活地调整安装角度，可以很好地适应体育场的安装要求。

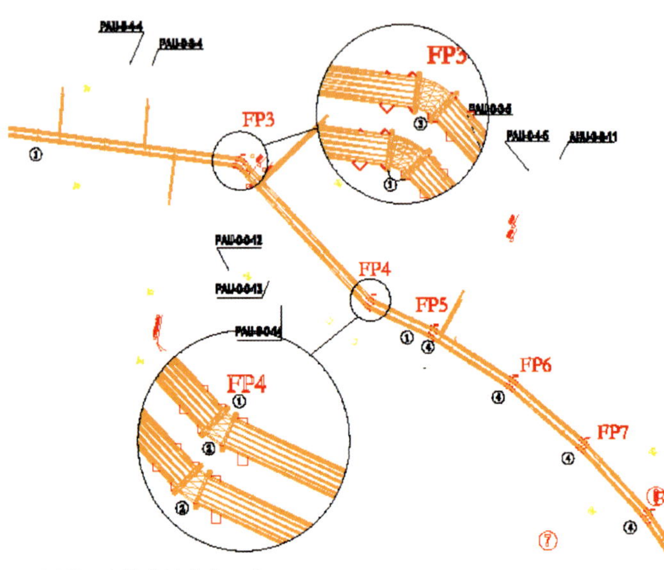

图 14-7　沟槽连接节点示意图

五、空调风系统设计

在通风系统及采暖系统不能满足其对空气的温湿度的要求时，设置空调系统。根据房间的功能及用途分别对应设置全空气空调系统、风机盘管加新风空调系统及分体多联式空调系统等。

零层南侧候场区采用全空气双风机空调系统。参照赛后商业改造方案及防火分区的划分设置空调系统，并可满足在过渡季及冬季变新风运行工况的要求。该空调系统赛后作为商业用空调系统的一部分，主要用于高档商业区，由于空调机组及主风管已按赛后预留，赛后改造只需根据建筑及装修的需要改造支管系统。零层办公用房、赛事管理用房等采用风机盘管加新风的空调系统。三层餐厅中的空调内区全部采用全空气双风机空调系统，其他区域采用风机盘管加新风系统。四层包厢层全部采用风机盘管加新风的空调系统。为满足赛时（夏季）12 个服务核心筒周围房间温度要求，在餐饮服务点、小商店、临时医疗站和公共厕所均设置风机盘管空调系统。对于设备发热量较大、运行时间特殊的弱电控制设备用房，增设分体多联式空调系统。

六、通风系统设计

体育场的通风分为自然通风和机械通风。主体育场观众席采用自然通风方式，车库、设备用房、厨房和卫生间排风采用机械通风方式排至室外。

（一）自然通风

国家体育场的观众席采用自然通风方式。为了保证自然通风方式能够满足观众区热安全的要求及确定合适的开口位置，采用了计算流体力学（CFD）模拟的手段，对其在典型夏季条件下的观众区和比赛区的自然通风效果（气流速度和温度）进行模拟分析，并根据观众区和比赛区的不同需求、体育场内人员分布的特点以及两个区域的不同关注程度，对国家体育场自然通风的效果进行综合评价。根据计算结果，无论比赛区的运动员还是看台的观众区，体育场在开幕式时候，其自然通风可以保证人体不会因为过热条件而导致受到热损伤，即是安全的。但场内气温偏高，热舒适性稍差（详见本章第二节）。

（二）机械通风设计

根据本工程的建筑特性及场地景观要求，通风系统设计的原则为：将本建筑内的排风气体分为有污染气体和无污染气体（仅有温升的空气）两大类。有污染气体的排风（车库和厨房）通过与场地景观设计结合，在远离本建筑的场所设通风口直接排至室外。无污染气体（空调系统正压排风、建筑设备用房的排风）排至零层环形通道，再由设于零层环形通道内的主排风系统利用对室外的建筑出口集中排至室外。零层环形通道的主排风系统采用多台风机并联，根据需要改变排风量，满足平时及火灾时的不同风量要求。

停车库均设置机械排风及机械补风（送风）系统，对应设置车库排烟系统，并满足消防排烟时的补风要求。由于部分车库层高较低，通风系统采用射流风机，在满足消防排烟要求的前提下尽量减少车库内的风管布置。

零层东侧餐饮厨房区设置排风系统。在零层设置排风机房，厨房的油烟气体经过专用油烟净化机组处理后，通过设于零层地下的排风管道排至室外。补风系统采用新风处理机组。将室外空气经过过滤、冷（热）处理后送入厨房。在厨房内设置事故排风系统。

设备用房，包括热交换间、水泵房、变配电室等均按规

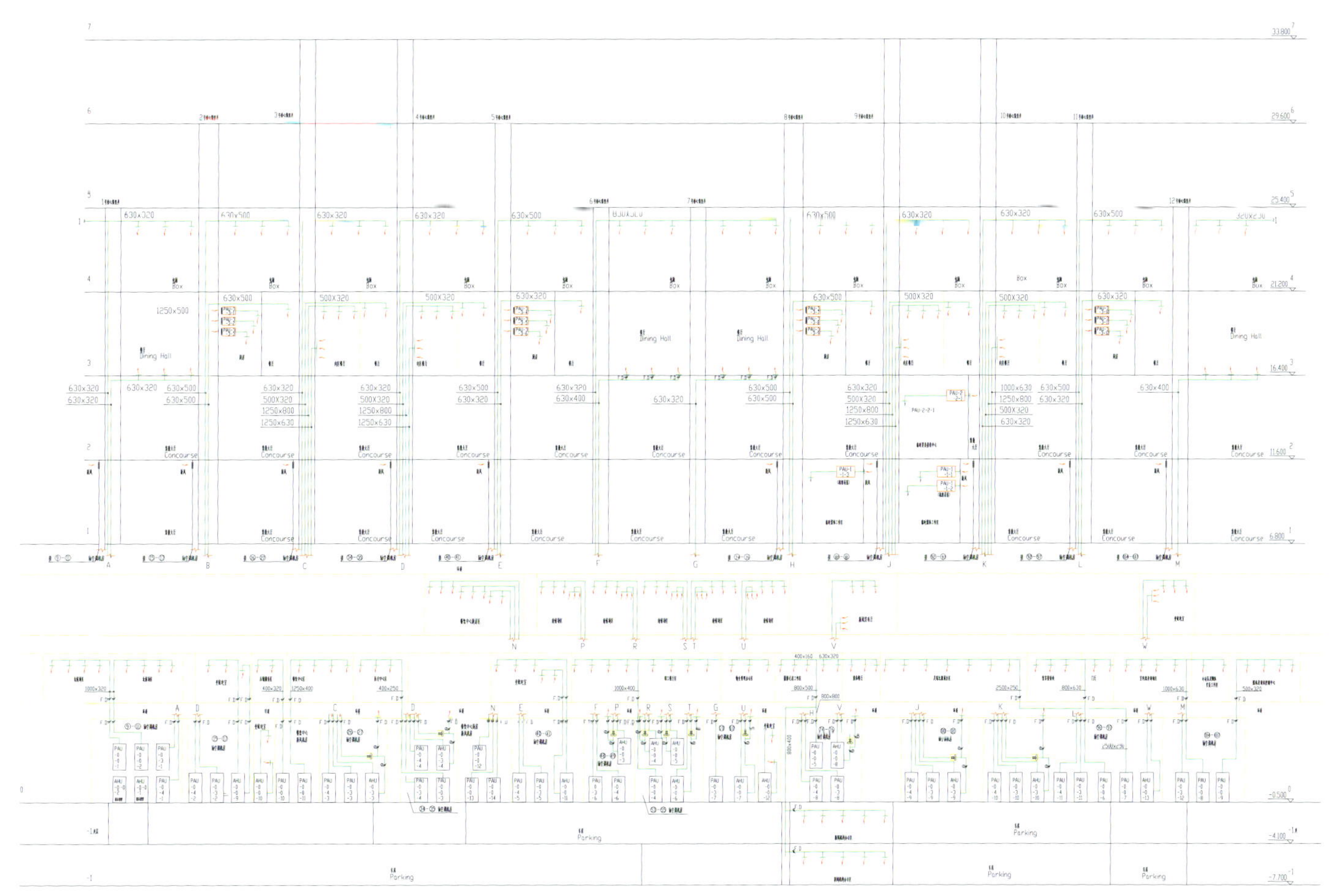

图 14-8　空调风系统原理图

定的换气次数设置排风系统，并对应设置补风系统，排风系统将没有污染的气体排至零层环形通道。

零层环形通道作为通风系统连接室外出口的重要部分，设置两套排风兼排烟系统。

所有服务核心筒的公共厕所均设置机械排风系统，主排风机设于每个核心筒的顶层。为使排风系统平衡，在各层分支处设置定风量平衡风阀。

七、防排烟系统设计

本工程防排烟系统原则上按照《高层民用建筑防火设计规范》设计，此规范不能涵盖或超越此规范的内容经北京市消防局同意，由“消防性能化设计及评估”完成，本工程防排烟系统设计在评估报告指导下设计。

每个核心筒的防烟楼梯间均设置加压送风系统；防烟楼梯间正压送风口每 2 层设置一个常开式百叶送风口，合用前室每层均设置一个常闭电动打开的百叶送风口。

车库均设置排风兼排烟系统，并对应排烟系统设置排烟补风系统。

根据“消防性能化设计及评估”要求，在零层环形通道按 500m^2 为原则划分防烟分区，并设置两套排烟系统（兼做排风），在环形通道上空布置环形排烟风管。排烟补风由连接零层环形通道的室外入口自然补给。本排烟系统还负担零层环道内外侧房间的排烟。

按“消防性能化设计及评估”的要求，三、四层封闭空间设置机械排烟系统。排烟量按《高层民用建筑防火设计规范》要求计算，补风为自然补风。为保证各层集散大厅的安全性，排烟系统均通过核心筒竖井上至体育场顶层排放。

第二节　CFD、自然通风与微气候研究

一、概述

国家体育场观众席的通风设计采用自然通风方式，体现了“绿色奥运、科技奥运、人文奥运”的宗旨。除三、四层等室内空间以外的区域，都充分利用自然通风。观众席则充分利用场地的出入通道作为自然通风的进风口。

为了保证自然通风效果，优化建筑设计，运用计算流体力

学（CFD）模拟的手段，对其在典型夏季条件下的观众区和比赛区的自然通风效果（气流速度和温度）进行模拟分析，并从热安全和热舒适两种不同的角度对体育场内热环境进行评价。

二、模拟分析工具

采用计算流体力学（CFD）方法对国家体育场的自然通风情况进行模拟和仿真，CFD计算模拟软件为PHOENICS。

PHOENICS程序是世界著名的计算流体与计算传热学软件，该软件由国际公认的权威CFD技术研究机构英国帝国理工学院CHAM研究所开发，它是英国皇家学会D.B.SPALDING教授及40多位博士20多年心血的典范之作。如今，PHOENICS已广泛应用于航空航天、船舶、汽车、暖通空调、环境、能源动力、化工等各个领域。它可以用来模拟流体流动、传热、化学反应及相关现象。

三、模拟分析模型

设定计算区域为440m×360m×90m的方形区域，将体育场置于计算区域的中心，如图14-9所示。为了模拟自然通风下体育场内部的气流组织，将计算区域的各个面均设为相对压力为0Pa的边界，通过体育场内的人员和灯光发热与外部产生热压，从而形成空气流动。因考虑体育场外部风压的影响会大大增加计算的复杂性，且依据在外部有风压情况下对自然通风有利的原则，因此在模拟时只考虑纯热压下的自然通风。

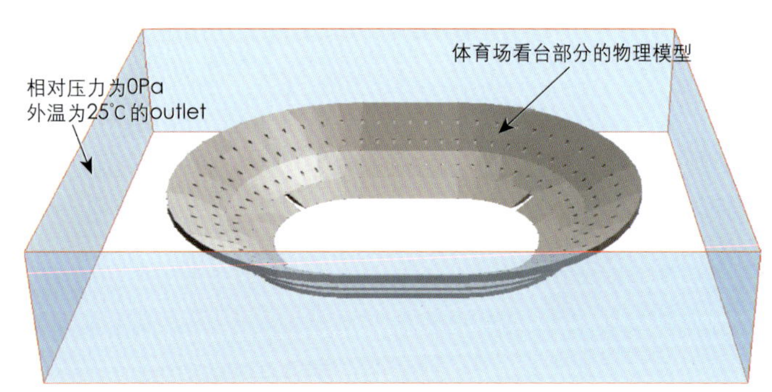

图14-9　国家体育场CFD模拟物理模型

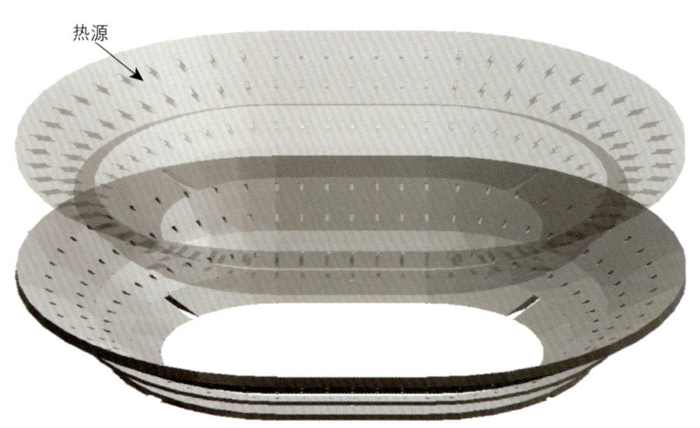

图14-10　体育场内热源模型的建立

四、模拟分析结果

（一）各典型断面的温度分布

图14-11~图14-15是体育场典型断面温度场剖面图（沿Y方向变化），图14-16是体育场中心面温度场剖面图（Y=180m），图14-17是体育场X方向上典型断面温度剖面图（X=260m）。其中，暖色调为温度较高的区域，冷色调为温度较低的区域。可以看到，由于体育场的形状基本对称，所以温度场也呈对称分布。大家关注的观众区和比赛区由于人体散热，温度较高，其周围临近区域内的温度均维持在31℃左右。

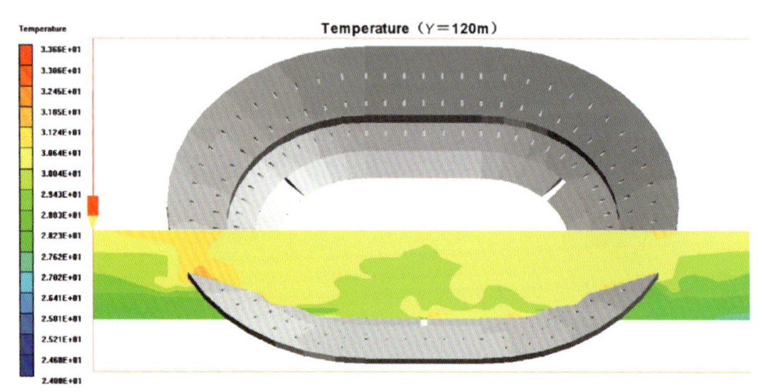

图14-11　典型断面温度场剖面图（Y=120m）

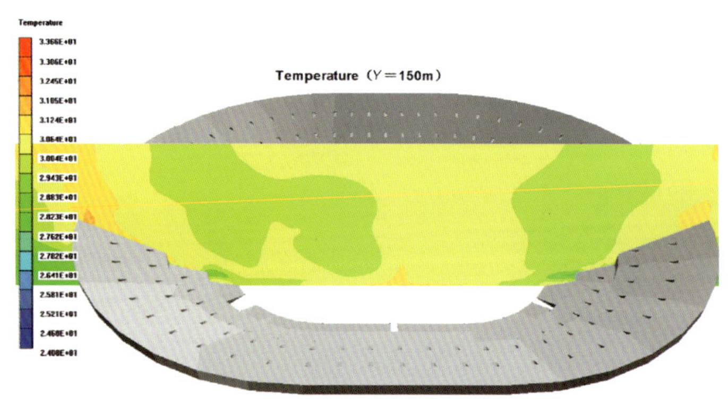

图14-12　典型断面温度场剖面图（Y=150m）

图14-13　典型断面温度场剖面图（Y=210m）

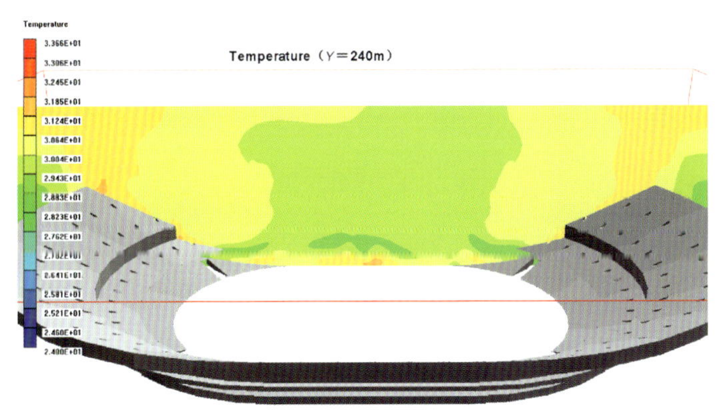

图 14-14　典型断面温度场剖面图（Y=240m）

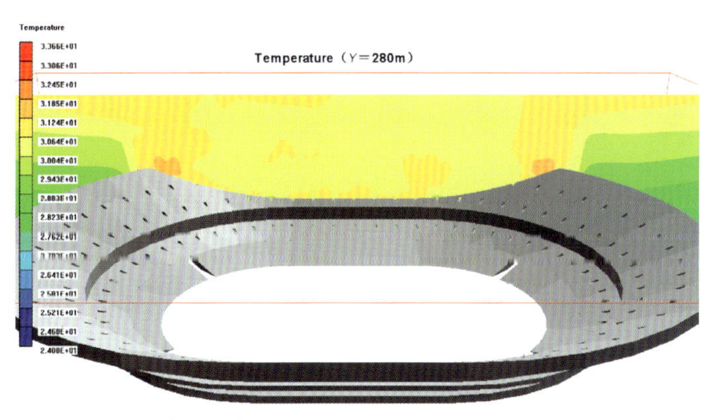

图 14-15　典型断面温度场剖面图（Y=280m）

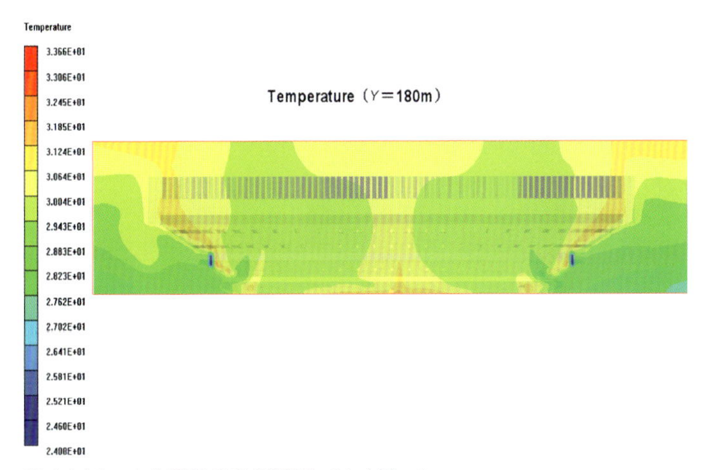

图 14-16　中心面温度场剖面图（Y=180m）

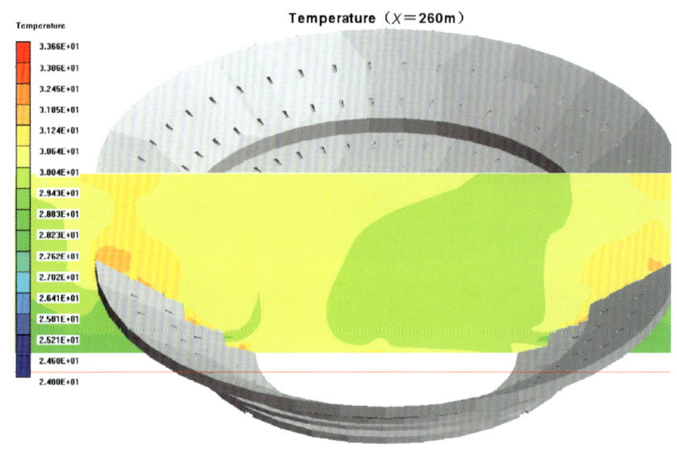

图 14-17　典型断面温度场剖面图（X=260m）

图 14-18 是体育场比赛区的温度横剖面图（Z=1.5m），这是比赛区人员活动平均高度。由图可见，比赛区温度比周围区域温度高，是因为开幕式的时候比赛区有大约 5000 位演员及运动员，其发热量较大，但总体而言，比赛区温度仍低于 33℃，可以为人员接受。

图 14-19 ～图 14-21 分别是下观众区（Z=3m）、中观众区（Z=14m）、上观众区（Z=28m）典型断面的温度场情况。由图可见，观众区温度较体育场中间部分温度要高，这是由于观众是很大的热源，观众区周围的空气被加热，所以温升明显。但总体来看，观众区温度仍低于 32℃，可以为人员接受。

图 14-18　比赛区温度场横断面图（Z ＝ 1.5m）

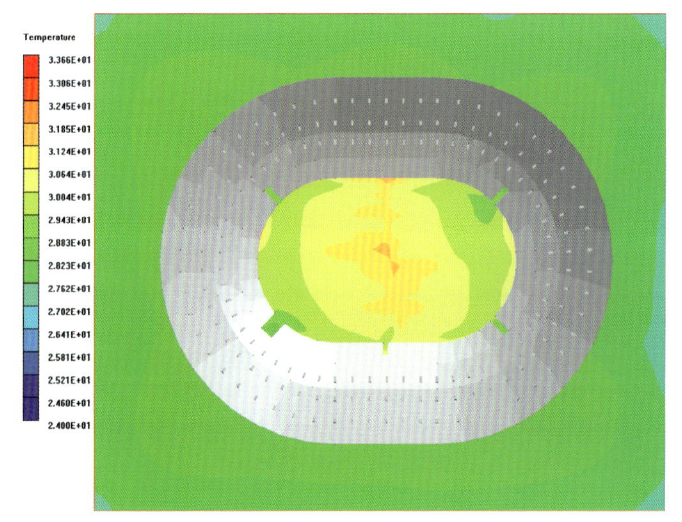

图 14-19　下观众区温度场横断面图（Z ＝ 3m）

图 14-20　中观众区温度场横断面图（$Z=14m$）

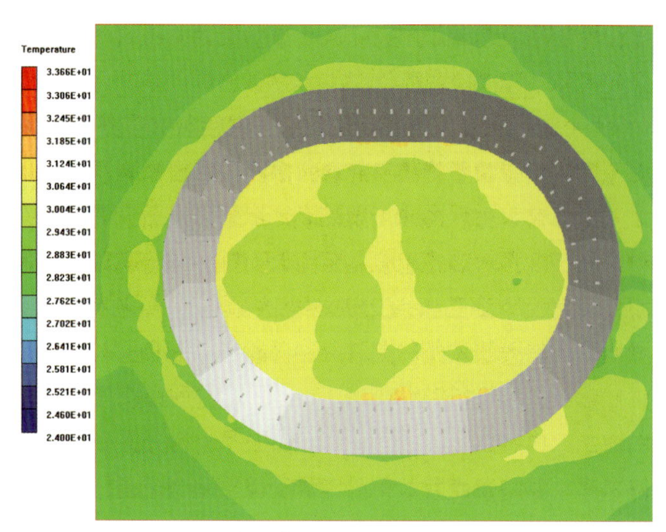

图 14-21　上观众区温度场横断面图（$Z=28m$）

（二）各典型断面的速度分布图

图 14-22 为中心面速度场立体图（Y=180m），图 14-23 是另一中心面速度场立体图（X=220m）。由于体育场的形状以及结构基本对称，所以速度场也基本对称。

图 14-24 是比赛区的速度横断面图（Z=1.5m），由图可见，比赛区的风速在 0.5m/s 左右，完全满足开幕式时的演出要求，可以接受。同时，可以看到，主入场通道风速较大，说明在热压作用下，外部空气通过通道进入体育场内，形成了较强的自然对流。

图 14-25 是下观众区（Z=3m）典型断面的速度场情况。由图可见，下观众区的风速较小，在 0.5m/s 左右，可以为人员接受。

图 14-26 是下层观众区和中层观众区之间通道（Z=9m）的断面速度场。通道风速较大，且整圈通道都有空气进入，说明此通道是主要进风口，外界空气通过此通道大量涌进体育场。

图 14-27 是中层观众区（Z=14m）典型断面的速度场情况。由图可见，中观众区的风速较下层观众区速度要大，那是由于中观众区的入口通道较多，涌入的空气量大，因而风速随之增加。总体而言中层观众区风速在 0.7m/s 左右，可以为人员接受。外部空气通过各入口通道进入观众区，且风速较大。

图 14-28 是上层观众区（Z=28m）典型断面的速度场情况。由图可见，上层观众区的风速进一步增加，达到 0.8m/s 左右。

图 14-29 是顶部（Z=66m）断面的速度场情况。由图可见，顶部中心出口处风速较大，是体育场自然通风的主要出口，其余被顶棚覆盖部分风速相对较小，但仍有部分空气通过顶棚构架之间的空间流向体育场外部。

通过上述对模拟计算结果的分析可以看出：体育场在最不利情况的自然通风情况下，风量为 1014m^3/s，折合人均新风量为每人 37m^3/h，可以满足人均最小新风量要求。

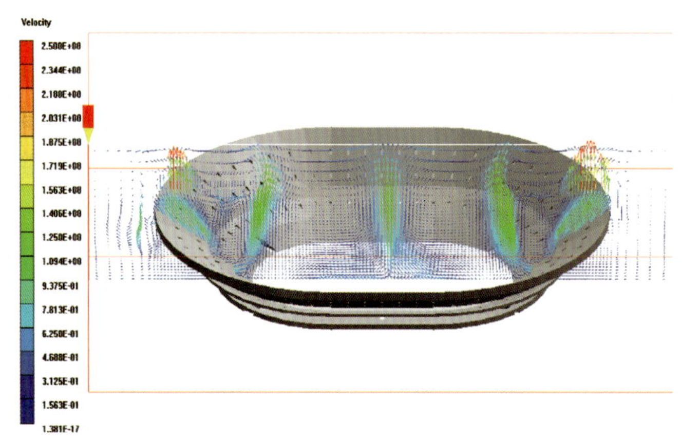

图 14-22　中心面速度场立体图（Y=180m）

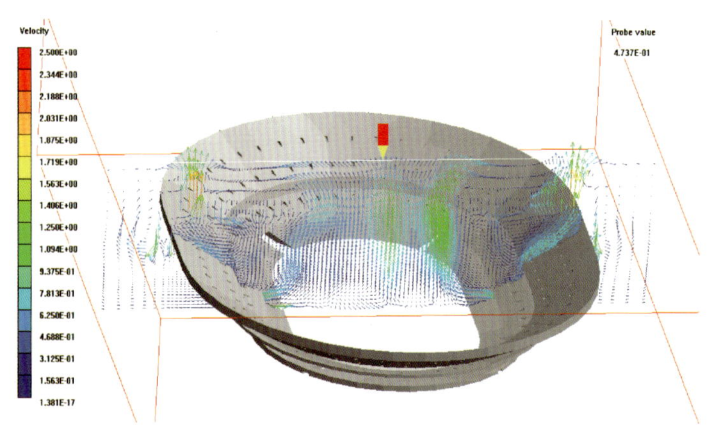

图 14-23　中心面速度场立体图（X=220m）

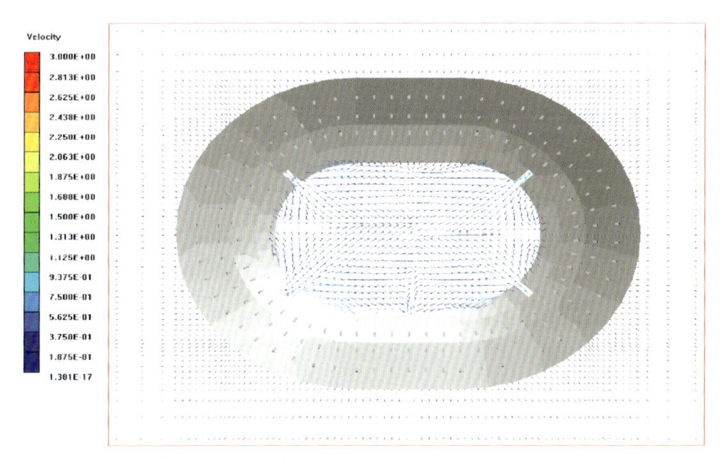

图 14-24 比赛区速度场横断面图（Z=1.5m）

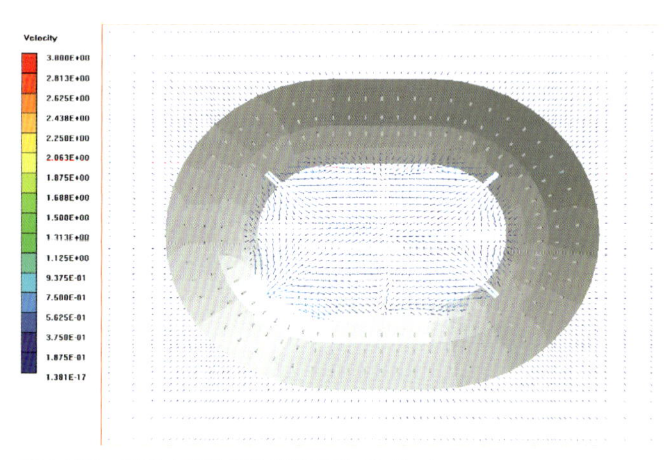

图 14-25 下观众区速度场横断面图（Z=3m）

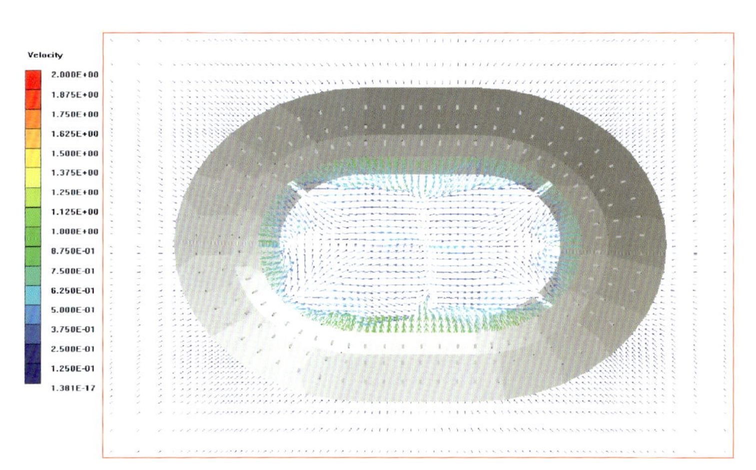

图 14-26 下观众区与中观众区通道速度场断面图（Z=9m）

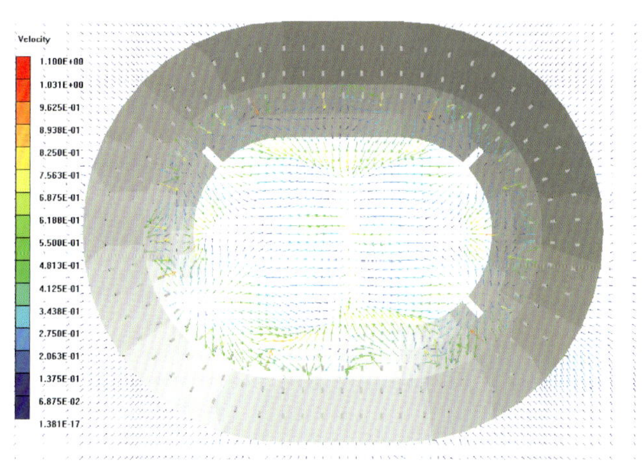

图 14-27 中观众区速度场横断面图（Z=14m）

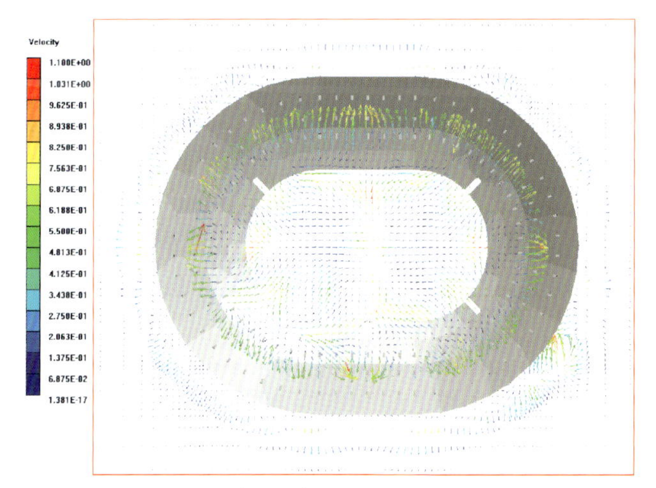

图 14-28 上观众区速度场横断面图（Z=28m）

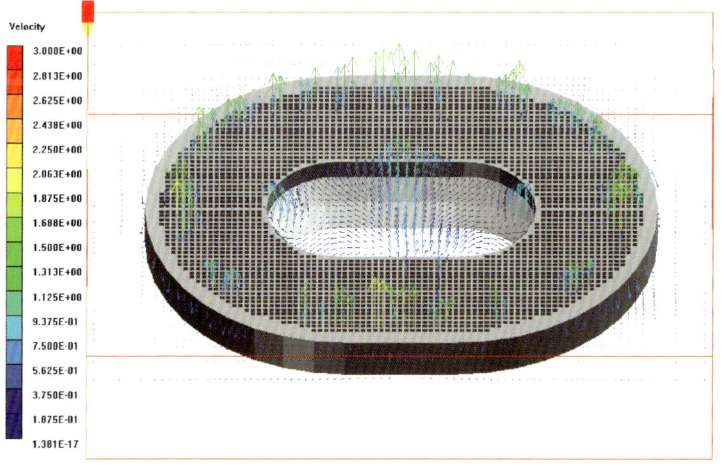

图 14-29 顶部速度场横断面图（Z=66m）

五、场内热环境评价

（一）评价指标与评价方法

选择湿黑球温度 WBGT、有效温度 ET 和加权平均 ISET 分别对观众区和比赛区进行指标计算，综合评价自然通风下体育场的热环境。

湿黑球温度 WBGT 是一个环境热应力指数，它适用于室外炎热环境，考虑了室外炎热条件下太阳辐射的影响，WBGT 是一个与影响人体环境热应力的所有因素都有关的函数。目前在评价户外作业热环境时应用广泛。

SET是综合考虑了不同的活动水平和衣服热阻后的有效温度（ET），有效温度定义为："干球温度、湿度、空气流速对人体温暖感或冷感影响的综合数值，该数值等效于产生相同感觉的静止饱和空气的温度。"而ISET为通过人员密度对空间各点的分布指标赋予不同的权重后加权的SET，它代表了一定气流组织形式下该环境中观众区和比赛区的标准有效温度。当ISET大于30℃时，ISET值越高，说明观众区舒适度越低，满意度越低；当ISET小于20℃时，ISET值越小，说明观众区舒适度越差，满意度越差；当ISET在20℃～30℃时，ISET值越接近25℃，说明观众区舒适性越好，满意度越高。

采用以下的方法（图14-30），从人员的热安全和热舒适两个不同角度对自然通风气流组织进行评价，并根据评价结果对原设计提出调整建议。

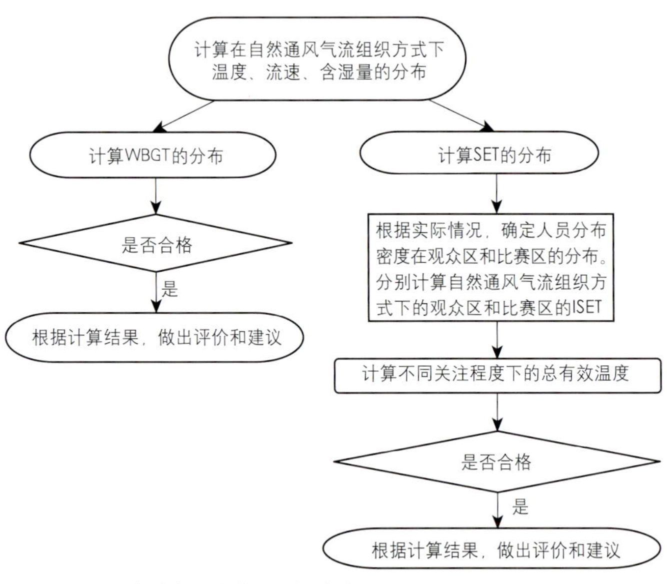

图14-30 国家体育场自然通风评价步骤

（二）评价结果

1. 湿黑球温度WBGT

因中层观众区的WBGT指标比较高，因此截取中层观众区横截面（Z＝14m）WBGT的分布，如图14-31所示。考虑奥运会开幕式时人们的着装，在休闲状态下（代谢率M<117W/m²），相应的人体安全WBGT限值为32℃～33℃。

模拟结果显示：无论比赛区的演员还是看台的观众区，WBGT最高为29℃，体育场各处WBGT均低于32℃，这表明：从热安全角度出发，体育场在开幕式时候，其自然通风可以保证人体不会因为过热而导致受到热损伤，即是安全的。

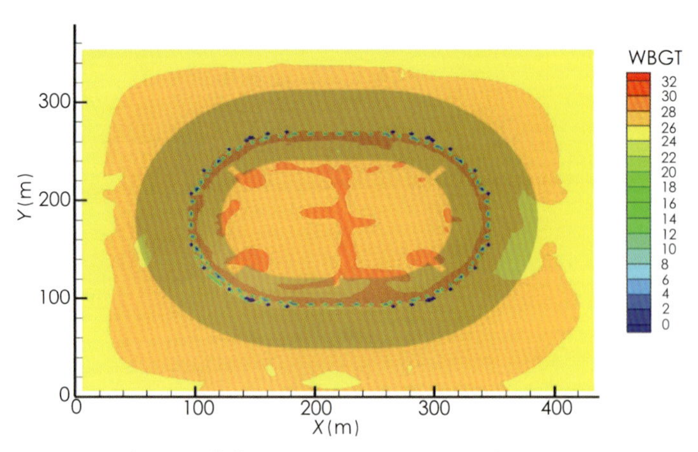

图14-31 中观众区横截面（Z＝14m）WBGT分布

2. 标准有效温度SET

在保证热安全的情况下考查体育场的热舒适状况。图14-32为中心面上（Y＝180m）处SET分档图。由图可见，比赛区和观众区的SET在30℃～35℃档，从热舒适角度来评价感觉偏热。

图14-33～图14-36分别是比赛区（Z=1.5m）、下观众区（Z=3m）、中观众区（Z=14m）和上观众区（Z=28m）典型断面的SET分布情况。总体而言，比赛区和观众区SET在30℃～35℃左右，偏热。但是由于本模拟分析中将比赛区和观众区的人体当作热源块，没有考虑单个人体周围的热羽流，而实际上人体周围有空气流动，且此时感受到的是室外自然风，会改善人体热感觉。故实际情况下人员的热感觉总体可以接受。

3. 改进评价指标计算结果

在模拟计算评价指标分布结果的基础上，引入人员密度（OD），计算改进的评价指标，以期更合理地对体育场的自然通风效果进行评价。结果见表14-1：

体育场改进评价指标结果 表14-1

参数	观众区	整个空间
ISET	30.50℃	30.47℃

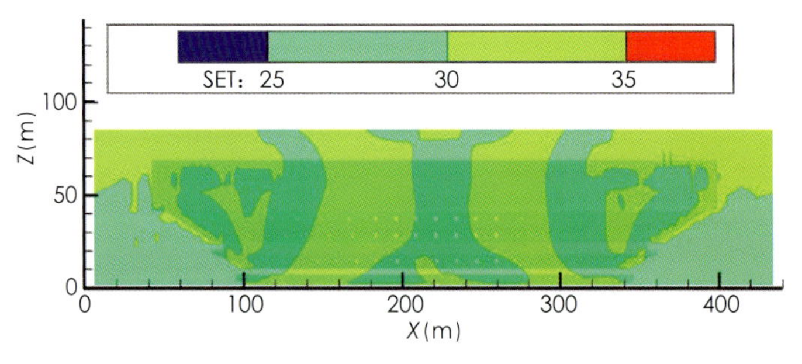

图14-32 中心面SET分档图（Y=180m）

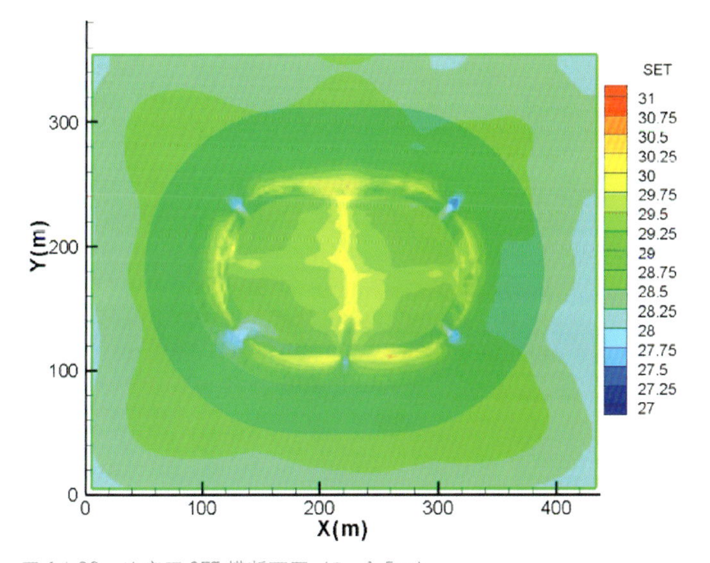

图 14-33 比赛区 SET 横断面图（Z＝1.5m）

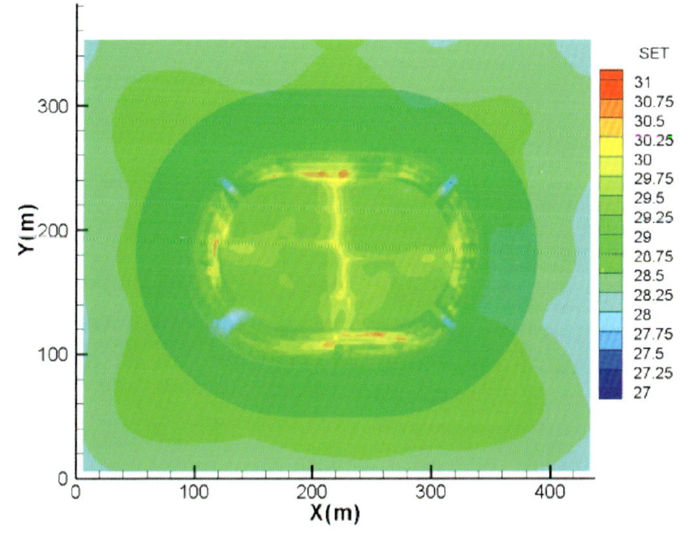

图 14-34 下观众区 SET 横断面图（Z＝3m）

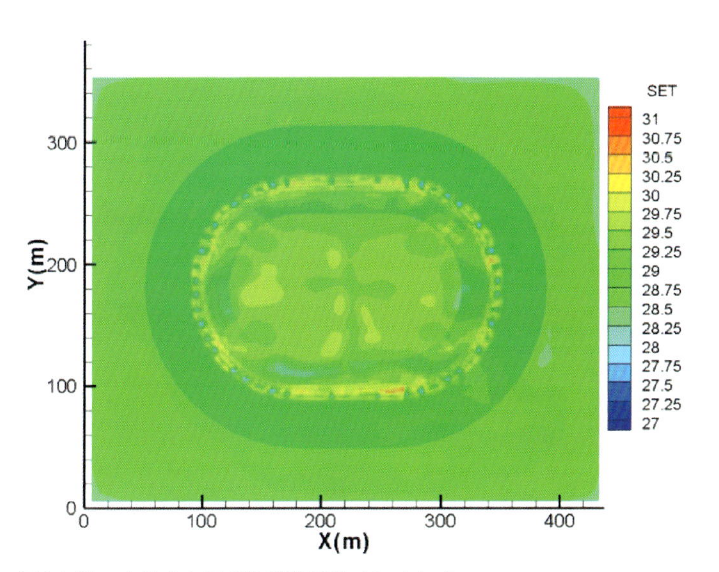

图 14-35 中层观众区 SET 横断面图（Z＝14m）

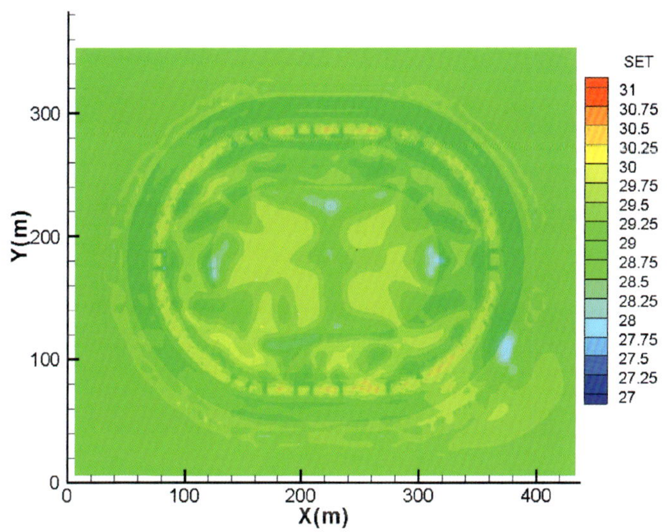

图 14-36 上层观众区 SET 横断面图（Z＝28m）

计算结果说明观众区和比赛区的整体感觉均偏热，但是由于在计算中把人体当作热源块，没有考虑周围空气流动的影响，所以在实际的条件下，人体的实际热感觉会有所改善。

4. 自然通风效果的综合评价

在典型夏季条件下，国家体育场采用自然通风能基本满足要求：

观众区和比赛区周围临近区域内的温度均维持在 31℃左右，比赛区温度低于 33℃，观众区温度仍低于 32℃。尽管温度略微偏高，但考虑到实际的使用情况，认为其均在人员可接受的范围。

比赛区的风速普遍较小，在 0.5m/s 左右，完全满足开幕式时的演出要求。观众区风速逐层增加；各出入口通道风速较大，是外界空气进入体育场形成空气流动的主要入口通道；顶部中心出口处风速较大，是体育场自然通风的主要出口。

从热安全角度考察：体育场在开幕式时候，自然通风可以保证人体不因过热而导致热损伤，即是安全的。

从热舒适角度考察：局部比赛区和观众区稍嫌热，但是考虑单个人体周围的空气流动，以及人此时所感受到的是室外的自然风，故人员的热感觉总体可以接受。

第三节 地源热泵系统设计

一、地源热泵系统设计原则

地源热泵系统是以岩土体、地下水或地表水为低温热源，由水源热泵机组、地热能交换系统、建筑物内系统组成的供热空调系统。根据地热能交换系统的不同，地源热泵系统分为地埋管地源热泵系统、地下水地源热泵系统和地表水地源热泵系统。

地源热泵系统在运行中没有燃烧，不产生二氧化碳、一氧化碳之类的废气集结，也不会有发生爆炸的危险。环保节能效率高，运行安全、可靠，运行费用低，能源可再生利用。

国家体育场的地源热泵系统除满足功能需求外，同时也是绿色奥运的体现，符合北京奥运精神和北京市节能节水的政策导向。而由此研究获得的科研成果还可应用于其他建筑，并借助于国家体育场建筑的示范效应，以本工程地源热泵系统的应用来推动地源热泵技术在我国得到健康快速地发展。

国家体育场在主导冷热源系统之上，采用了地埋管式地源热泵系统作为补充。除了可再生能源和环保的因素外，主要还基于如下考虑：

● 赛后的主导冷源为冰蓄冷系统，夜间制冰。体育场五至七层将会部分改造为酒店，酒店夜间仍有冷负荷，地源热泵可作为基载冷机提供酒店夜间空调用冷水；

● 体育场采暖、空调热源由市政热力提供，在市政热力还没有供暖的初寒期和已停止供暖的末寒期，地源热泵可为酒店提供空调热水，满足其热负荷需求；

● 体育场负荷较低时，开启主导冷源效率较低，此时地源热泵系统可承担部分负荷供冷任务；

● 夏季和冬季运行效率高于常规冷热源，在满足热平衡的前提下，尽可能开启地源热泵系统，以实现节能。

基于地源热泵系统的功能需求，在场地许可的情况下，其容量应该满足夏季夜间作为基载为酒店提供空调冷水，且满足初寒期和末寒期酒店的供热需求。

国家体育场中的草坪面积约为 8000m^2 左右，除去为开闭幕式预留的场地外，其余场地都可作为地源热泵系统的埋管空间。经过计算，地源热泵系统的制冷容量应为 1500kW 左右，若采用水平埋管，需要的地表面积估算为 3.7 万 m^2 ～ 5.5 万 m^2，远远超出了场地面积，故选择垂直埋管的形式。垂直埋管中的双 U 形埋管与单 U 形埋管比较，可减少 30% 的打孔数量。这样场地基本可以满足换热的需求。

图 14-37 为本项目地源热泵系统原理图：

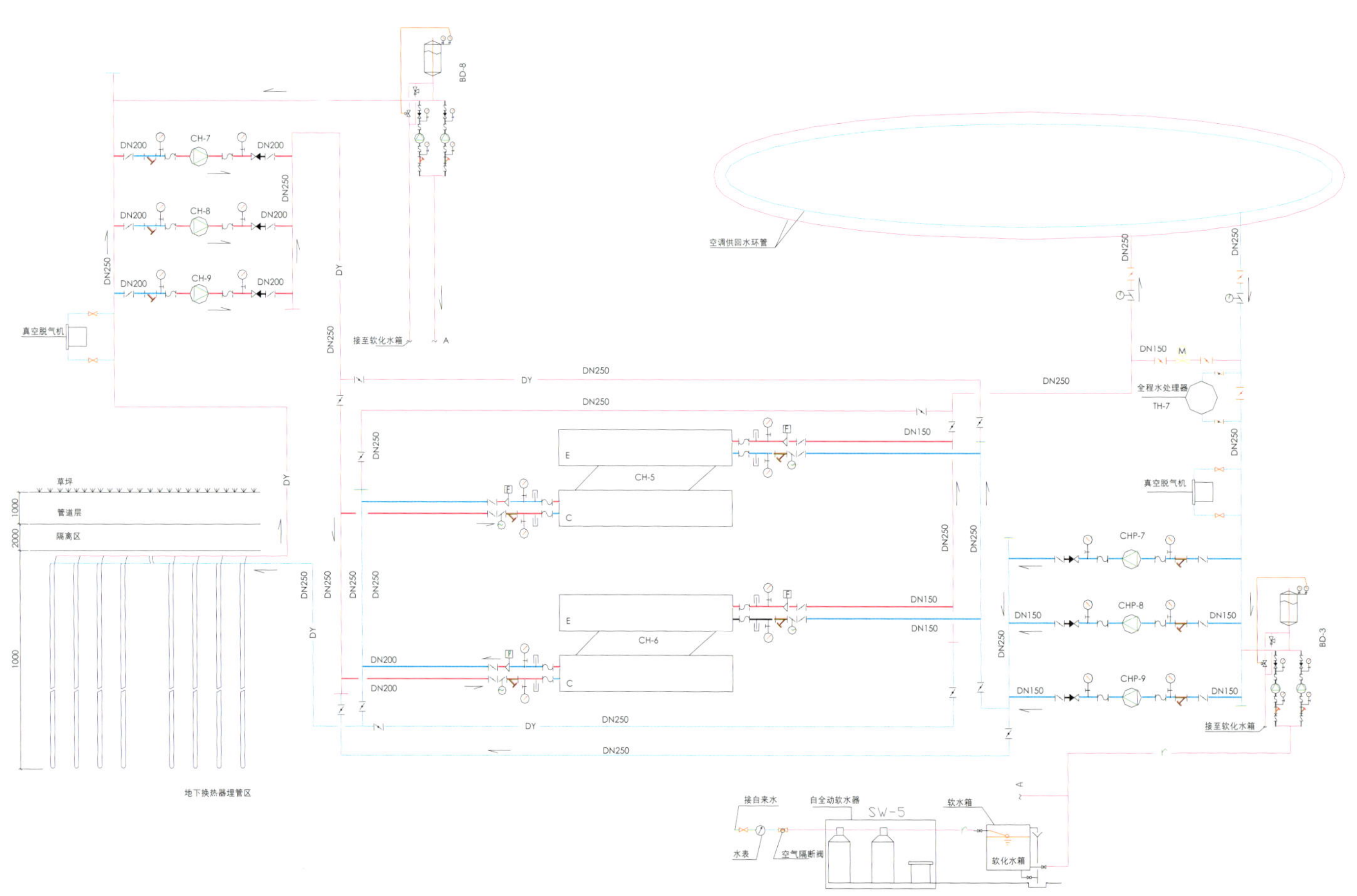

图 14-37　体育场地源热泵系统原理图

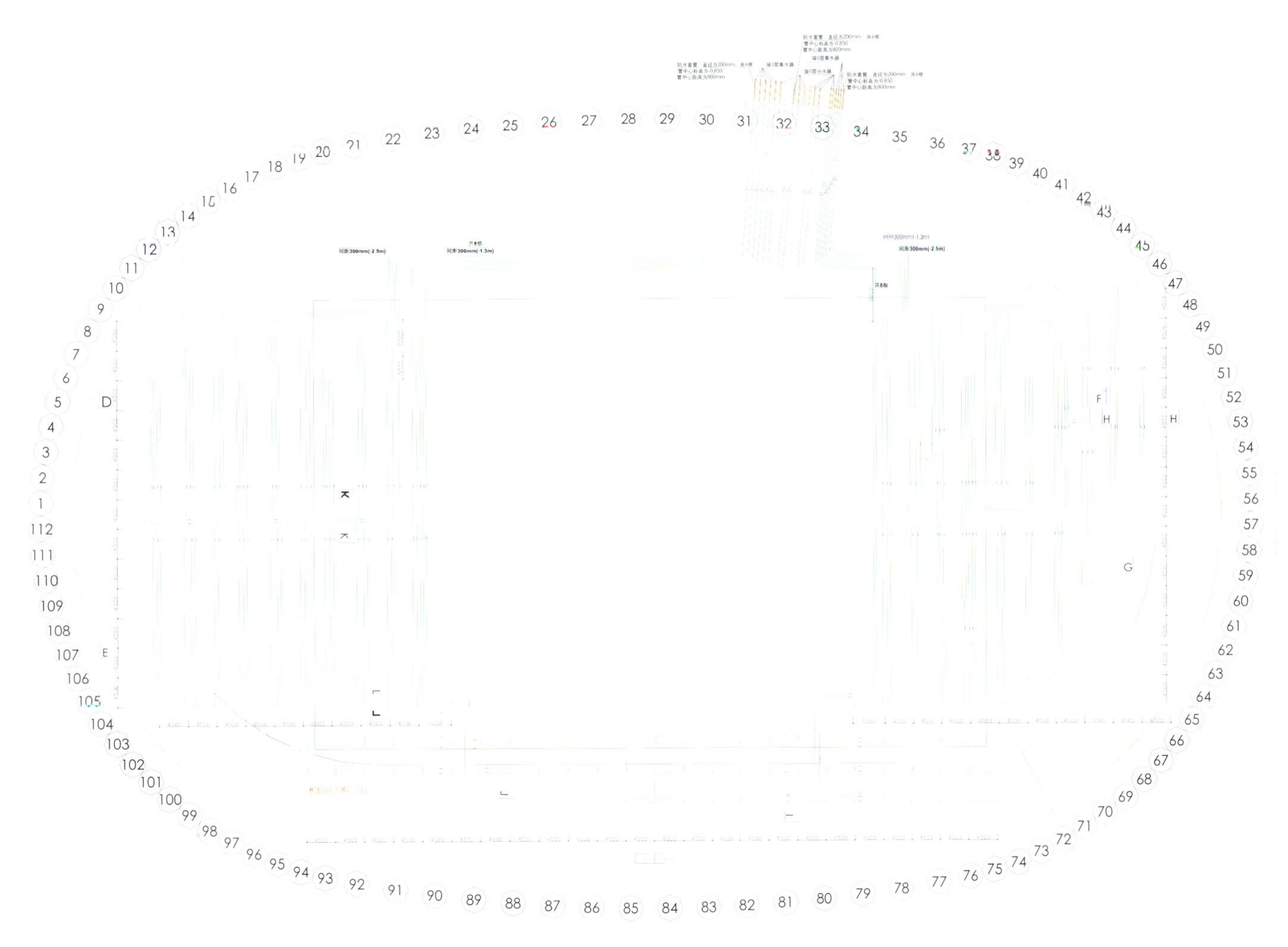

图 14-38 地埋换热器埋管示意图

为了避免对地上草坪的影响，要求在草坪 5m 下进行换热。根据地质勘查报告和土壤热响应试验，综合得出最经济的竖直埋管深度为 70m，并根据负荷计算所需竖井个数约为 312 个。孔口直径在 250mm 左右，孔间距 4.5m，均匀布置。地下埋管环路采用并联方式，分为多个环路，通过水平干管引至地源热泵机房。图 14-38 为地源热泵系统地埋换热器埋管示意图。

图 14-39 地埋换热器施工现场

二、地源热泵系统设计方法

（一）设计流程

国家体育场地源热泵系统设计流程如下：

1. 使用 DeST 软件进行全年动态负荷计算；
2. 依据热响应试验报告，确定土壤初始温度和热物性参数；
3. 初步确定地下换热器结构参数并进行模拟计算；
4. 通过模拟计算确定地下换热器每延米换热量、进出口温差以及流量；
5. 地源热泵系统配置搭建；
6. 进行全年系统动态模拟，校核地下换热器是否满足要求，如果不满足，对地下换热器结构参数进行调整，重复步骤 3~6，直到满足要求。

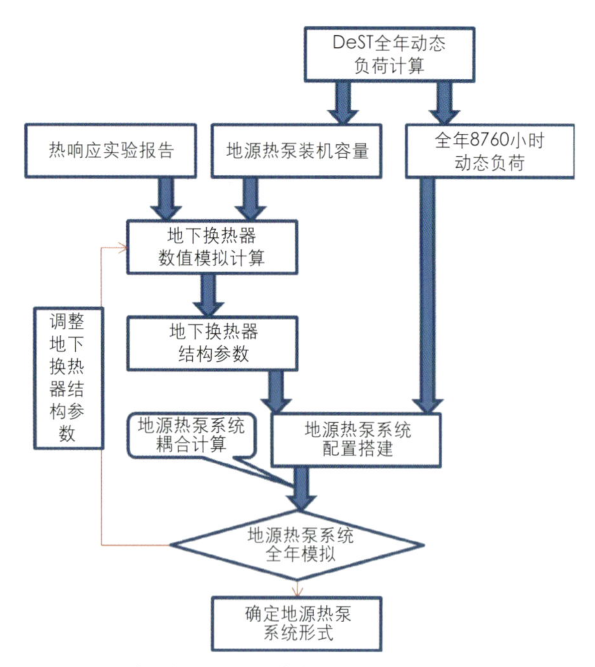

图 14-40　地源热泵系统设计流程

系统设计流程如图 14-40 所示。

（二）DeST 全年动态负荷计算

本工程地源热泵系统在整个冷热源系统中处于辅助地位，其制冷装机容量仅占整个系统制冷总装机容量约 1/10。从其设计原则来看，地源热泵系统承担着酒店的夜间负荷、过渡季酒店的供热负荷、负荷率较低时的部分负荷，并在效率高于常规冷热源时尽量使用。因此其动态负荷模拟不同于常规建筑，除了要模拟整个体育场的全年负荷之外，还应单独模拟酒店部分的全年负荷，并根据各时段地源热泵的运行策略将负荷进行叠合，最终得到地源热泵系统承担的全年负荷曲线。

（三）热响应试验报告

由于地下土壤情况比较复杂，为了保证地下换热器的设计运行稳定可靠，需对现场进行热响应试验报告。根据热响应试验报告，地质勘探结果见表 14-2：

国家体育场地质勘探结果　　表 14-2

	深度（m）	地层名称
1	2 ~ 12	粉质黏土层
2	12 ~ 21	粗砂层
3	21 ~ 24	黏土层
4	24 ~ 30	细砂层
5	30 ~ 57	卵石、砂土层
6	57 ~ 72	卵石层
7	72 ~ 75	黏土层
8	75 ~ 81	卵石层
9	81 ~ 110	卵石层

由表 14-2 可以看出：国家体育场区域地下土质从 41m 向下基本为石质地层，且随着深度的增加其风化及胶结程度越加的明显，成孔难度较大。当钻孔深度超过 75m 后，土壤多为卵石层，若继续深入钻孔，不仅会大大增加施工成本，而且会加大损坏钻头的几率。按照热响应试验建议，地下换热器 U 型管埋深确定为 70m。

热响应试验报告表明：体育场所在区域的初始地温为 14.6℃，土壤的平均导热系数为 2.32W/m·K。

（四）地下换热器模拟计算

由于热响应试验周期较短，通常为 1~2 天时间，并且测试的是单管双 U 型管的换热，得到的参数很难反映管群长时间运行的换热状况，需要对地下换热器管群进行非稳态模拟，以确定在长周期条件下，换热器实际运行状况。

进行地下换热器数值模拟计算可以确定地下换热器 U 型管群在长周期条件下每延米换热量及进出口温差、压力损失等参数。根据热响应试验报告中提到的建议土壤埋深，初步假定地下换热器的结构参数，对其进行模拟计算。具体计算参数如表 14-3 所示：

换热分析的主要参数　　表 14-3

名称	数值
双 U 型 PE 聚乙烯管外径 /mm	32
管壁厚度 /mm	3
管腿间距 /mm	30
钻孔直径 /mm	250
埋深 /m	70
管间距 /m	4.5
初始地温 /℃	14.6
土壤的导热系数 /$W \cdot m^{-1} \cdot K^{-1}$	2.32
回填材料的导热系数 / $W \cdot m^{-1} \cdot K^{-1}$	2.2
管道的导热系数 / $W \cdot m^{-1} \cdot K^{-1}$	0.4

模拟 U 型管群夏季进口水温 32℃，冬季进口水温 4℃，根据经验，当连续运行工况为两周时间可以基本反映地下换热器换热能力，届时管群换热状况基本稳定。在国家体育场项目中，根据《地源热泵系统工程技术规范》中关于地下换热器管内的推荐流速，在本次模拟计算中分别选取了 0.2m/s、0.4m/s、0.6m/s、0.8m/s 共 4 种工况进行非稳态换热模拟计算。如下图所示：

1. 0.4m/s 工况下地下 35m 处的土壤温度场分布图（图 14-41、图 14-42）；

2. 各流速工况下每延米单位换热量情况：

根据图 14-43、图 14-44 所示的各流速工况下的夏季每延米单位换热量情况，换热量与流速成正比，当管内流速从

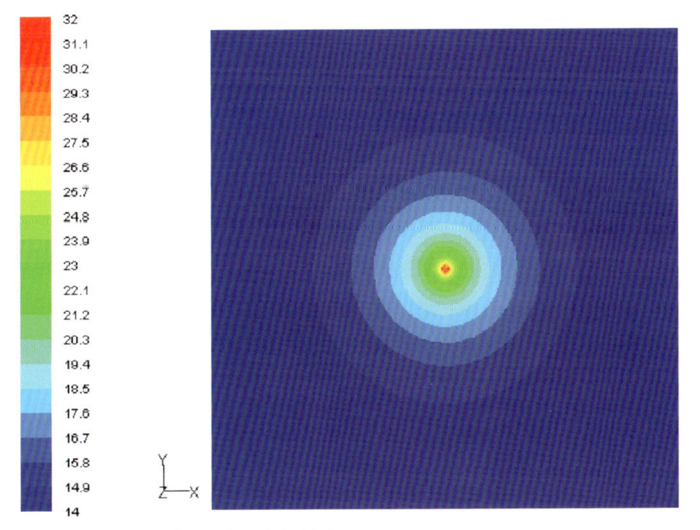

图 14-41 0.4m/s 夏季温度场情况

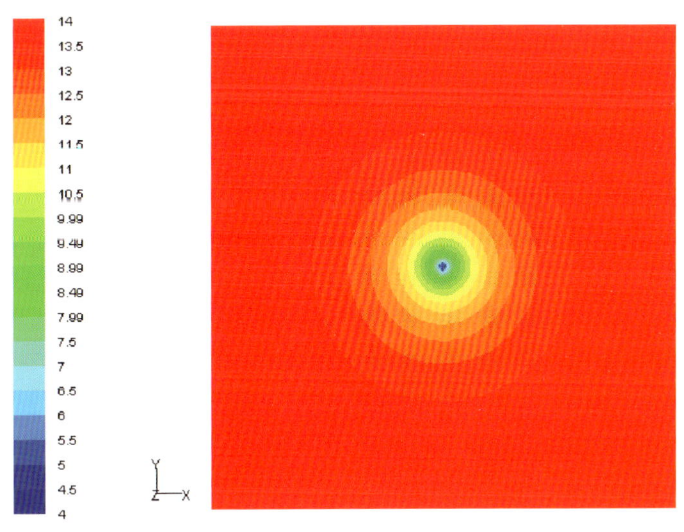

图 14-42 0.4m/s 冬季温度场情况

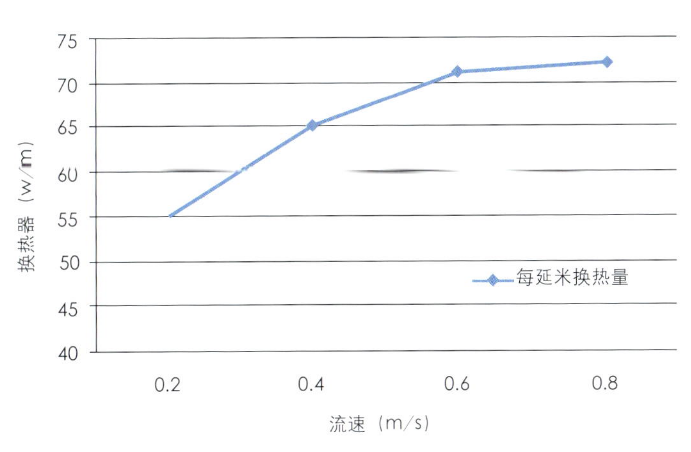

图 14-43 夏季每延米单位换热量比较

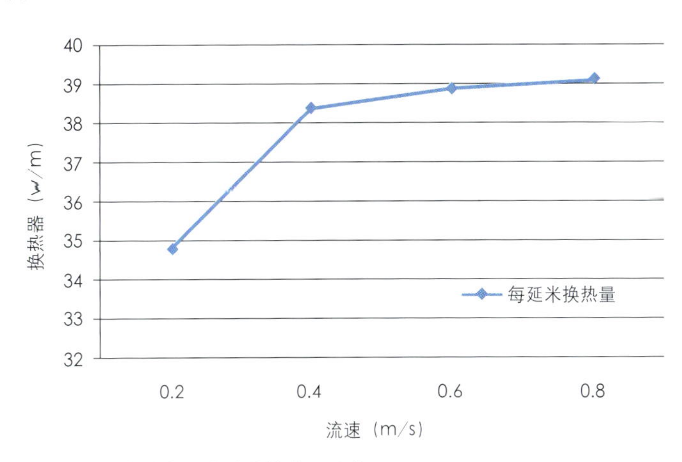

图 14-44 冬季每延米单位换热量比较

0.2m/s 提升到 0.4m/s 时，单位管长的换热量提高了 18.7%；当管内流速从 0.4m/s 提升到 0.6m/s 时，单位管长的换热量提高了 9.2%；而当管内流速从 0.6m/s 提升到 0.8m/s 时，单位管长的换热量仅仅提高了 1.4%。冬季情况与夏季基本相似。

3. 各流速工况下进出口压差情况：

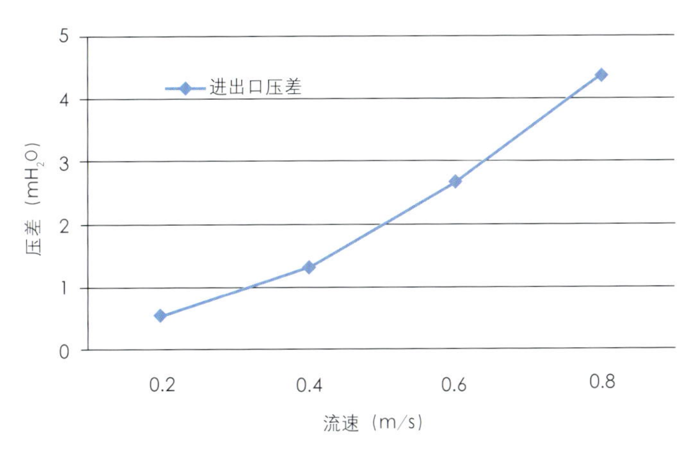

图 14-45 冬夏季进出口压差比较

根据上图的情况分析发现，地下换热器 U 型管的进出口压差与流速成正比。当管内流速介于 0.2m/s ~ 0.8m/s 之间时，进出口压差均不到 5m 水柱。

4. 各流速工况下进出口温差情况。

根据图 14-46~ 图 14-47 可以看到，地下换热器进出口温差与流速成反比。夏季当流速 0.6m/s 时，进出口温差约为 2℃。而当流速降低到 0.2m/s 时，进出口温差可以达到约 4.5℃。

综合以上各项参数的比对，再结合《地源热泵系统工程技术规范》中关于 U 型管内流速的意见。选定在国家体育场地源热泵系统地下换热器 U 型管内的流速为 0.4m/s。在地源热泵实际运行过程中，由于负荷侧实际运行情况下多为间歇运行方式，并且换热器土壤换热过程中存在渗流影响，据以往研究表明，当渗流速度达到 30m/s，可改善换热性能 20%，因此在实际设计中，夏季地下换热器进出口水温差取 3℃，每延米单位换热量为 65W/m；冬季地下换热器进出口水温差取 2℃，每延米单位换热量为 40W/m。

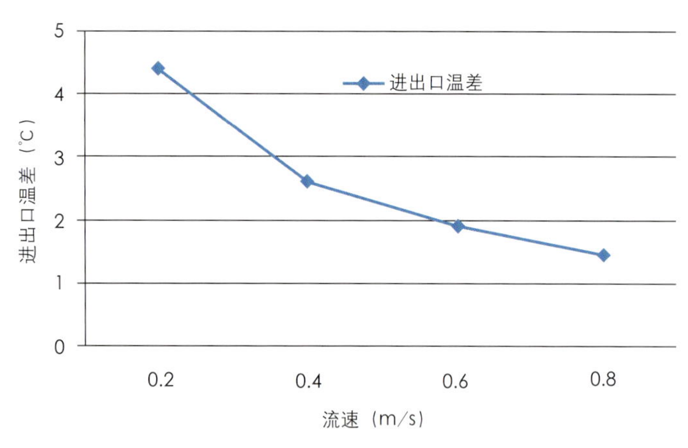

图 14-46 夏季进出口温差比较

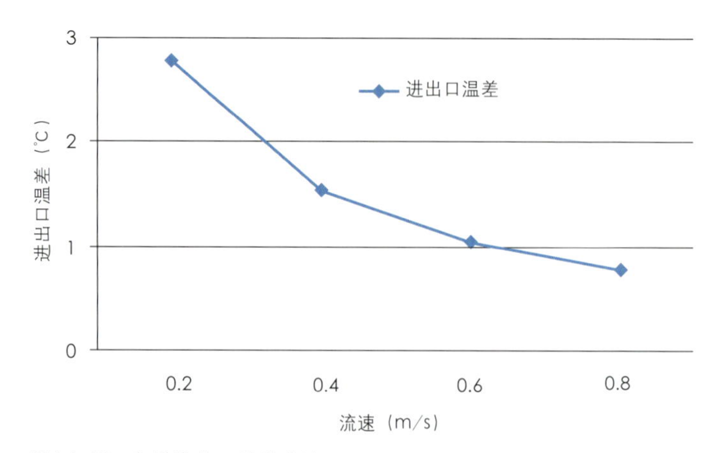

图 14-47 冬季进出口温差比较

（五）地源热泵系统配置搭建

至此，国家体育场地源热泵系统包括热泵机组及地下换热器的各项参数均已初步确定。综合考虑地源热泵系统冬、夏季负荷，及土壤换热器进出口温差及换热量，U 型管系统配置如表 14-4 所示：

U 型管系统配置　　表 14-4

形式	孔数（个）	孔深（m）	孔间距（m）	U 型管管径
单孔双 U 管	312	70	4.5	*DN*32

（六）全年系统动态模拟

在初步确定地源热泵系统配置后，对整个地源热泵系统进行全年动态校核模拟。校核模拟流程如图 14-48 所示，首先依据 DeST 计算出的建筑全年 8760 小时动态负荷值，计算夏季冷凝器侧的换热量，即地下换热器需向土壤排出的热量，公式如下：

$$Q_p=Q_{cl}\times\left(1+\frac{1}{COP_s}\right)$$

$$Q_x=Q_{cl}\times\left(1-\frac{1}{COP_w}\right)$$

式中　Q_{cl}——建筑物逐时负荷，（w）；

Q_p——夏季向土壤排热量，（w）；

Q_x——冬季从土壤吸热量，（w）；

COP_s——热泵机组夏季 COP，取 4.0；

COP_w——热泵机组冬季 COP，取 3.2。

通过 FLUENT 非稳态换热模拟，考虑负荷逐时变化对地下换热器换热过程的影响，在计算当前时刻地下换热器的进口温度时，考虑上一时刻地下换热器出口温度以及当前时刻冷凝器换热量对其的影响。据此模拟计算整个制冷季的地下换热器工作情况。冬季算法与夏季相同。

通过上述校核计算，结果表明地下换热器结构参数及配置完全满足地源热泵系统需求，完成最终设计。

第四节　设计亮点小结

一、利用地热的地源热泵系统

国家体育场利用场地中草坪部分埋管，采用了地埋管式地源热泵系统，作为主导冷源有益的补充。充分利用可再生能源，符合北京奥运精神和北京市节能节水的政策导向，积极响应了“绿色奥运”和“科技奥运”的理念。由此获得的成果和经验还可应用于其他建筑，并以国家体育场的示范效应，以本工程地源热泵系统的应用来推动地源热泵技术在我国得到健康快速地发展。

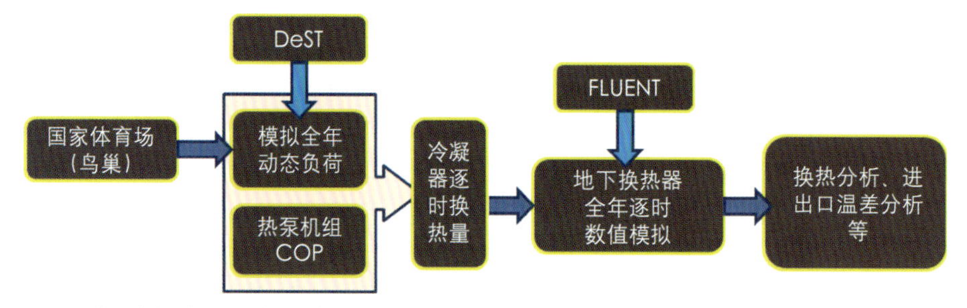

图 14-48 全年动态模拟校核地下换热器流程

二、利用 CFD（计算流体力学）技术模拟场内热环境及风环境

体育场观众席采用自然通风方式进行降温，并为场内观众和运动员补充新鲜空气。集散厅和场内之间的连接通道、体育场顶部开口成为自然通风的进、出风口。国家体育场的设计，不仅要满足各项赛事的要求，更关注观众和赛事参与人员的主观感受。为了能够获得更好的自然通风，利用计算流体力学（CFD）模拟的手段，对其在典型夏季条件下的观众区和比赛区的自然通风效果（气流速度和温度）进行模拟分析，辅助设计优化连接通道和开口的位置和大小，得到各处的温度、速度等相关的数值模拟结果，并对以上计算结果采用热安全性评价指标进行分析，根据观众区和比赛区的不同需求、对体育场内人员分布的特点以及两个区域的不同关注程度，对国家体育场自然通风的效果进行综合评价。并且本工程对场内自然通风的 CFD 模拟工作获得了北京市科委《国家体育场室内环境关键技术研究》专项支持。

三、利用全年空调负荷动态模拟辅助设计

传统的空调设计在计算负荷时通常是计算典型设计日的逐时负荷，但实际上空调系统大部分时间是在部分负荷工况下运行。尤其是体育场空调区域功能多样，其可能出现的部分负荷工况情况多样，如果在设计时未加考虑，往往在实际运行中出现问题，导致能耗增加等。因此采用了清华大学研究开发出的完全基于自主知识产权的建筑与系统动态模拟分析软件 DeST，对体育场进行了全年 8760 小时的逐时负荷动态模拟。并依据模拟计算得到的供冷季冷负荷分布情况，分别对电制冷方案和热水吸收式制冷方案进行技术经济比较，包括初投资、运行费用及全寿命周期的比较，最终确定技术可行、经济合理、运行可靠的冷热源方案。

四、采用冰蓄冷空调冷源——赛时和赛后运营模式的合理结合

国家体育场在承担 2008 年奥运会的比赛任务后，还要历经数十年的运营，因此在空调设计方面在满足赛时要求的同时，尽量兼顾赛后运营的要求，或者为赛后改造预留必要的条件。

在冷源设计中，根据体育场空调负荷的逐时模拟分析数据，体育场的冷负荷在有赛事时易出现瞬时高峰，且多在用电高峰时段，而其他时段负荷较为平稳，夜间冷负荷非常小，这些特点较适合使用冰蓄冷系统。此外，体育场赛时和赛后运营模式的负荷计算结果表明，体育场赛时运行时的空调冷负荷约为赛后商业运营模式的 74%，剩余的 26% 负荷也正是冰蓄冷系统合理的消峰范围之内，因此考虑赛后采用冰蓄冷方案，按赛时负荷配备冷机，而赛后增加的冷负荷依靠冰蓄冷系统解决。这样既满足了赛时的要求，又减少了赛后改造的工作量，最大限度地减少了改造的难度和费用。

五、利用天然冷源在冬季及过渡季进行供冷

在体育场的空调设计中，充分考虑了冬季利用天然冷源供冷问题。南侧候场赛时的空调系统为全空气系统。在设计中充分考虑了过渡季和冬季由冷却塔进行冷水供应的可能性；部分区域系统设计为双风机全空气空调系统，可利用焓值控制技术调节全年新风量，在过渡季和冬季直接利用室外新风向建筑物的内区供冷。并可进行夜间通风预冷，延迟主机开启时间，减少运行费用。

六、空调系统对环境的保护

在国家体育场的空调设计中要求所使用制冷剂为环保制冷剂，破坏臭氧潜值和全球变暖潜值都要尽可能地小。严格禁止使用含 CFC 的制冷剂，并减少 HCFC 制冷工质的使用比例。

国家体育场的厨房油烟经过净化处理，并要求油烟净化率 >90% 方可排至室外，避免了油烟对室外环境的污染。

为保证空调区域的空气品质，在设计时充分考虑了保证送风品质的各种措施。新风采集口的位置设置合理，在通风管道设计时按照疾控中心的要求适当位置设清扫口，便于清洗检查；并在空调机组及新风机组内设置高压静电除尘杀菌器，它可净化并消除空气中的悬浮颗粒物、病毒、细菌、尘螨和化学污染物、粉尘、油污，全面提升空气品质。

第十五章 电气系统设计

第一节 电气系统设置与设计

一、设计依据

（一）相关专业提供的工程设计资料

1. 建筑专业提供的作业图；建筑、给水排水、暖通空调、电信、燃气等专业提供的用电需求及控制要求。

2.《国家体育场消防性能化设计》中国建筑科学研究院防火研究所。

3. 国家体育场体育工艺设计等提供的用电需求及控制要求。

（二）各市政主管部门的审批意见

1.“国家体育场供配电系统专家论证意见”；

2.“国家体育场防雷接地专家论证意见”；

3.“国家体育场初步设计审批意见”——北京市2008工程办公室会同各主管部门。

（三）建设单位提供的设计任务书及设计要求

1.《国家体育场奥运工程设计大纲》奥运工程设计大纲编写小组；

2.《国家体育场 田径与足球（决赛阶段比赛）》；

3.《国家体育场摄制计划》；

4.《电视转播要求》；

5. 建设单位提供的其他设计任务书及设计要求。

（四）中华人民共和国和北京市现行主要标准及法规、国际体育组织、国际照明委员会、国际广播电视机构等现行的有关规范、标准。

二、设计范围

本工程设计包括建筑红线内的以下电气系统：

（一）10/0.4kV变配电系统；

（二）电力配电系统；

（三）照明系统；

（四）场地照明系统；

（五）建筑物防雷、接地系统及安全措施；

（六）人防电气工程。

三、10/0.4kV变配电系统

（一）负荷分类及容量

负荷等级

根据工程特点并结合规范要求，本工程负荷按表15-1划分等级。

1. 特别重要的一级负荷：共计安装容量6091.7kW，计算容量4125.6kW。其中奥运会期间消防类安装负荷2887.7kW，计算负荷1769.6kW；比赛类安装负荷3204kW，计算负荷2356kW。

国家体育场用电负荷等级表 **表15-1**

负荷等级	供电方式	主要负荷
特别重要的一级负荷	双市电＋油机＋UPS/EPS	比赛场地、主席台、VIP贵宾室、VIP接待室、场地照明、计时记分装置、计算机房、电话机房、广播机房、电台和电视转播、新闻摄影电源、体育竞赛综合信息管理系统、安全防范系统、数据网络系统、显示屏及显示系统、比赛场地应急电视照明、应急照明、变电所、消防控制室、仲裁录像系统
	双市电＋油机	消防负荷：消防电梯、消防泵栓、自动喷洒泵、水喷雾泵、消防稳压设备、防排烟风机
一级负荷	双市电末端互投	广场照明、有线电视、会议系统、客体、生活水泵、污雨水泵
二级负荷	双市电经切换柜配电	一般的动力、照明负荷，电开水炉、热身场地泵房、空调机房、立面照明、比赛管理、现场运营管理、自动扶梯
	单路变电所直供	冷冻机组、冷冻冷却泵、热交换站、厨房、冷却塔、地源热泵
三级负荷	一路供电	一级、二级以外的负荷

2. 一级负荷：安装容量共计 1308 kW。

3. 二级负荷：安装容量共计 11890kW。

4. 一般库房等为三级负荷。

5. 发电机的发电容量：2×1680kW。

（二）供电电源

国家体育场采取四路独立的 10kV 电源供电，分别由新建的安慧 110kV 变电站、惠翔 110kV 变电站引入两路电源，两两引入国家体育场内部两座总变电所，各分变电所由总变电所提供电源。设体育场内总变电所分别为 1 号变电所（简称"1 号主站"）和 3 号变电所（简称"3 号主站"）。

国家体育场 10kV 供配电系统的核心为：上一级变电站发生故障时，该站的馈出线路全部失电，其余上级变电站引来的电源应能保证体育场全部用电负荷的正常运行。而每一路电源所带负荷不宜超过 10000kVA，最大不得超过 12000kVA。

四路电源两两引入到体育场两个主变电所——1# 变电所和 3# 变电所（简称主站）的高压接线室，每个主站两路电源同时工作，互为备用，主站之间也设站间联络，互为备用，手动切换。

高压电力电缆穿管埋地由建筑物东北及西南侧进入体育场高压接线室内，高压接线室设在体育场 1# 和 3# 主站旁，有单独的出口，并靠近外墙。该变电所位于体育场的零层。

奥运会期间，体育场外设临时的广播电视综合服务区，建筑面积约 10000m^2，该服务区位于体育场的西南侧，届时由 3# 变电所为临时媒体提供两路 10kV 电源。

（三）备用电源及应急电源

本工程选用两台常用功率为 1680kW 柴油发电机作为应急电源，为体育场永久安装的特别重要负荷提供应急电源。两台发电机组分别设在东北角的 1# 柴油发电机房和东南角的 2# 柴油发电机房，分别与 7# 和 8# 变电所相邻。当向某一部分重要负荷供电的市电（四路）均失电时即自动启动柴油发电机组向其供电，启动时间不大于 15 秒。并严禁与市网并网运行。当市电恢复 60 秒后，自动恢复市电供电，柴油发电机组经冷却延时后，自动停机。

永久安装的柴油发电机为场内 1、2、3、4# 变电所的应急母线提供应急电源，应急母线分为消防应急母线和比赛应急母线。奥运会期间，比赛应急母线由能源租赁公司提供的应急电源供电。

奥运会期间的临时特别重要负荷由能源租赁公司提供应急电源。

同时在部分特别重要负荷附近设置 UPS 或 EPS 电源，或其他应急电源装置。UPS 为计算机类负荷提供应急电源，EPS 为应急照明提供应急电源。应急照明的应急电源切换时间不大于 1 秒；其他应急电源装置为在线式。

（四）高低压供电系统结线型式及运行方式

体育场负荷的最主要特点是体育场占地面积大，负荷较为分散，并且含有特别重要的一级负荷。因此，国家体育场共设 8 个变电所。

1.1# 变电所

1# 变电所：兼高压配电，为国家体育场主变电站之一。进线来自安慧变电站及惠翔变电站。1# 变电所除为本所四台变压器供电外，还为 2#、4#、7# 变电所和 6# 箱式变电站配电。该变电所主要为 1、2、3 号核心筒附近的负荷供电。

（1）高压采用单母线分段运行方式，中间设联络开关，平时两路电源同时分列运行，互为备用，当一路电源故障时，通过手 / 自动操作联络开关闭合，由另一路电源负担全部负荷。1# 变电所与 3# 变电所之间设站间联络，当母联投入失败时，手动闭合站间断路器，由 3# 变电所带 1# 变电所的负荷。进线开关与联络开关之间应设电气连锁，其逻辑关系见表 15-4。

1# 变电所设四台变压器，1TM1、1TM2 为一组，为 1600kVA 干式变压器；1TM3、1TM4 为另一组，容量为 1250kVA，且 1TM3、1TM4 为有载调压变压器。

（2）低压采用单母线分段运行，中间设联络开关，联络开关设自投自复 / 自投不自复 / 手动转换开关。自投时应自动断开三级负荷，以保证变压器正常工作。主进开关与联络开关设电气连锁，任何情况下只能合其中的两个开关。

（3）特别重要的一级负荷供电要求见表 15-1。柴油发电机组为体育场固定的特别重要负荷供电，设两段应急母线：1# 应急母线为体育场所固有的消防负荷及其他特别重要负荷供电，如消火栓泵、自动喷洒泵、排烟风机、加压风机、消防电梯、应急照明等；2# 应急母线为固定的比赛、转播、通信等特别重要的一级负荷供电，如场地照明、LED 大屏幕、计时记分系统、固定媒体等。应急母线平时由市电供电，当市电停电时，柴油发电机自动启动，并在 15 秒内送电。两段应急母线分别设双电源互投装置，实现市电与柴油发电机供电之间的互锁，确保市电与发电机供电不并网运行。

2. 3# 变电所

3# 变电所：为国家体育场另一主变电站。进线来自惠翔变电站及安慧变电站。3# 变电所除为本所变压器供电外，还为 2#、4#、5#、8# 变电所配电。该变电所主要为 7、8、9

号核心筒附近的负荷供电。

（1）与 $1^{\#}$ 变电所类似，高压采用单母线分段运行方式，中间设联络开关，平时两路电源分列运行，互为备用，当一路电源故障时，通过手／自动操作联络开关闭合，由另一路电源负担全部负荷。$1^{\#}$ 变电所与 $3^{\#}$ 变电所之间设站间联络，当母联投入失败时，手动闭合站间断路器，由 $1^{\#}$ 变电所带 $3^{\#}$ 变电所的负荷。进线开关与联络开关之间应设电气连锁，其逻辑关系见表 15-4。

$3^{\#}$ 变电所设四台变压器，3TM1、3TM2 为一组，容量为 1600kVA 干式变压器；3TM3、3TM4 为另一组，容量亦为 1600kVA，且为有载调压变压器。

（2）低压采用单母线分段运行，中间设联络开关，联络开关设自投自复／自投不自复／手动转换开关。自投时应自动断开三级负荷，以保证变压器正常工作。主进开关与联络开关设电气连锁，任何情况下只能合其中的两个开关。

（3）特别重要的一级负荷供电要求见表 15-1。柴油发电机组为体育场固定的特别重要负荷供电，设两段应急母线：$1^{\#}$ 应急母线为体育场所固有的消防负荷及其他特别重要负荷供电，如消火栓泵、自动喷洒泵、排烟风机、加压风机、消防电梯、应急照明等供电；$2^{\#}$ 应急母线为固定的比赛、转播、通信等特别重要的一级负荷供电，如场地照明、LED 大屏幕、计时记分系统、固定媒体等。应急母线平时由市电供电，当市电停电时，柴油发电机自动启动，并在 15 秒内送电。两段应急母线分别设双电源互投装置，实现市电与柴油发电机供电之间的互锁，确保市电与发电机供电不并网运行。

（4）奥运会期间，临时媒体负荷也为特别重要的一级负荷，其应急电源由奥组委提供，本设计提供市电作为备用电源。

3. $2^{\#}$ 变电所

$2^{\#}$ 变电所：进线一路引自 $1^{\#}$ 变电所，另一路引自 $3^{\#}$ 变电所。该变电所主要为 4、5、6 号核心筒附近的负荷供电。

（1）$2^{\#}$ 变电所设两台变压器，2TM1、2TM2 容量为 1600kVA 普通型干式变压器。电源由 $1^{\#}$、$3^{\#}$ 变电所各引来一路电源。

（2）低压采用单母线分段运行，中间设联络开关，联络开关设自投自复／自投不自复／手动转换开关。自投时应自动断开三级负荷，以保证变压器正常工作。主进开关与联络开关设电气连锁，任何情况下只能合其中的两个开关。

（3）特别重要的一级负荷供电参见 $1^{\#}$ 或 $3^{\#}$ 变电所应急供电。

（4）$2^{\#}$ 变电所采用高压开关柜，高压真空断路器不设保护，只作为变压器的隔离电器。高压侧的保护由 $1^{\#}$ 变电所 1WH10 回路、$3^{\#}$ 变电所 3WH9 回路的真空断路器完成。

4. $4^{\#}$ 变电所

$4^{\#}$ 变电所：进线一路引自 $1^{\#}$ 变电所，另一路引自 $3^{\#}$ 变电所。该变电所主要为 10、11、12 号核心筒附近的负荷供电。

（1）$4^{\#}$ 变电所设两台变压器，4TM1、4TM2 容量为 1600kVA 普通型干式变压器。电源由 $1^{\#}$、$3^{\#}$ 变电所各引来一路电源。

（2）低压采用单母线分段运行，中间设联络开关，联络开关设自投自复／自投不自复／手动转换开关。自投时应自动断开三级负荷，以保证变压器正常工作。主进开关与联络开关设电气连锁，任何情况下只能合其中的两个开关。

（3）特别重要的一级负荷供电参见 $1^{\#}$ 或 $3^{\#}$ 变电所应急供电。

（4）$4^{\#}$ 变电所采用高压开关柜，高压真空断路器不设保护，只作为变压器的隔离电器。高压侧的保护由 $1^{\#}$ 变电所 1WH9 回路、$3^{\#}$ 变电所 3WH10 回路的真空断路器完成。

5. $5^{\#}$ 变电所

$5^{\#}$ 变电所：进线两路均引自 $3^{\#}$ 变电所。奥运会期间，该变电所主要为开幕式负荷供电。奥运会后，$5^{\#}$ 变电所将为商业提供电源，现商业面积 20000 多平方米，改造后的商业面积将超过 40000 平方米。商业部分负荷已由体育场统一设计，如空调负荷、消防类大部分负荷等动力负荷，奥运会后商业改造将对负荷及系统进行修改、调整。

$5^{\#}$ 变电所设两台变压器，5TM1、5TM2 容量为 2000kVA 普通型干式变压器。电源由 $3^{\#}$ 变电所不同母线引来。

6. $6^{\#}$ 变电所

$6^{\#}$ 变电所：为箱式变电站，为热身场地提供照明电源。进线两路均引自 $1^{\#}$ 变电所。

$6^{\#}$ 变电所设两台变压器，6TM1、6TM2 容量为 320kVA 普通型干式变压器。电源由 $1^{\#}$ 变电所不同母线引来。

低压采用单母线分段运行，中间设联络开关，联络开关设自投自复／自投不自复／手动转换开关。自投时应自动断开三级负荷，以保证变压器正常工作。主进开关与联络开关设电气连锁，任何情况下只能合其中的两个开关。

7. $7^{\#}$、$8^{\#}$ 变电所

$7^{\#}$ 变电所：与 $1^{\#}$ 柴油发电机房相邻，两路进线均引自 $1^{\#}$ 变电所。该变电所主要为 $1^{\#}$ 冷冻站负荷供电。

8# 变电所：与 2# 柴油发电机房相邻，两路进线均引自 3# 变电所。该变电所主要为 2# 冷冻站负荷供电。

（1）7#、8# 变电所均设两台容量为 1250kVA 的普通型干式变压器。电源分别由 1#、3# 变电所供电。

（2）低压采用单母线分段运行，中间设联络开关，联络开关设自投自复 / 自投不自复 / 手动转换开关。自投时应自动断开三级负荷，以保证变压器正常工作。主进开关与联络开关设电气连锁，任何情况下只能合其中的两个开关。

（3）本变电所专为 1# 和 2# 冷冻站供电。

（4）本变电所采用高压开关柜，高压真空断路器不设保护，只作为变压器的隔离电器。高压侧的保护由 1# 变电所 1WH11、1WH12 回路及 3# 变电所 3WH13、3WH14 回路的真空断路器完成。

四、电力配电系统

（一）低压电源

1. 低压配电系统电源引自本工程相关的变电所，电压等级为 220V/380V。

2. 单台容量较大的负荷或重要负荷如冷冻机房，热交换机房，电锅炉，地源热泵机房，水泵房，电梯机房，通信机房，消防控制室，安全防范控制室，计算机网络机房等采用放射式供电；对于一般负荷采用树干式与放射式相结合的供电方式；供电要求参见表 15-1。

3. 较为分散的负荷采用电缆供电，基座以上各层采用封闭式插接母线供电。

（二）低压电缆、导线的选型及敷设

由变电所引出的低压电缆类型见表 15-2。电缆一般明敷在桥架上，若不在桥架上敷设时，应穿钢管（SC）敷设。SC32 及以下管线暗敷，SC40 及以上管线明敷，图中不再表示、说明。

五、照明系统

（一）照明种类

本工程照明分为一般照明、应急照明、精装修照明、室外景观照明、广告照明、场地照明等，场地照明详细见后章节，广告照明仅预留电源。

（二）照度标准

本工程除场地照明外的照度标准按《国家体育场奥运工程设计大纲》、《国家体育场建筑照明设计辅助报告》、《建筑照明设计标准》GB 50034—2004 及其他现行国家标准进行设计，最低平均照度规定如下：

低压出线选择原则　　表 15-2

负荷	电缆类型	敷设条件
特一级设备干线、一级消防设备干线	矿物绝缘增强型耐火电缆 BTTZ，或柔性防火电缆 YTTW	支架或梯架明敷
一级非消防负荷回路特一级、一级消防设备支线	低烟无卤 IV A 级耐火电缆 WDZN-YJF	桥架、局部穿管
二级负荷回路	低烟无卤 IV A 级阻燃电缆 WDZ-YJF	桥架、局部穿管
一级及以上负荷控制回路	低烟无卤 IV A 阻燃型电缆 WDZ-KYJF	桥架或暗敷在不燃烧结构内保护层厚 >30mm
其他控制回路	低烟无卤 IV A 电缆、导线 WD-KYJF	桥架或暗敷在不燃烧结构内保护层厚 >20mm

一般场所的照度标准　　表 15-3

场所	最低平均照度（lx）	最低显色指数 Ra	照明功率密度（W/m^2）	备注
办公室、会议室	500	80	18（15）	
IOC 等要员包厢	500	80	18（15）	
其他包厢	200~300	80	8（7）～ 11（9）	
新闻发布厅	500	80	18（15）	不含局部照明

续表

场所	最低平均照度（lx）	最低显色指数 Ra	照明功率密度（W/m²）	备注
中餐厅 / 西餐厅	200/100	80	13（11）	
大厅、多功能厅	300	80	18（15）	
冷冻机房	150	80	8（7）	
风机房、泵房	100	80	5（4）	
计算机机房、通信机房	500	80	18（15）	
广播机房、LED 机房	150~300	80	8（7）～ 11（9）	
变电所、监控机房等	150~300	80	8（7）～ 11（9）	
灯光控制室	150~300	80	8（7）～ 11（9）	
商业	300~500	80	11（9）～ 18（15）	
集散大厅	100	80		
观众席	100	80		
大楼梯	75	80		
走道，库房等	50~100	80		
地下汽车库等	50~100	80		

（三）光源及灯具、灯具的安装及控制方式

1. 光源：一般场所选用 T5 管直管荧光灯、紧凑型节能灯、LED 等光源。

2. 灯具：灯具应由有良好业绩的厂家提供。厂家应提供灯具样品并由设计人员认可。集散大厅等处的非标准灯具还需建筑师认可。

3. 部分公共区照明采用集中照明控制系统（EIB 智能照明控制系统），这样，就可以在不同条件下方便地切换。对 VIP 等区域，采用场景设定控制，这也是 EIB 系统的一部分。对于后台区、办公、机房和出租包厢采用传统控制，即每个房间的灯就地控制，而不是 EIB 集中控制。

4. 三层餐厅、四层包厢等场所灯具为双光源，每个光源各由一个回路供电，以便实现两种照明模式。

（四）应急照明

1. 在变配电室、消防控制室、通信机房、保安监控室、中心泵房（含消防水泵房）、消防电梯机房、贵宾及贵宾接待室、新闻发布大厅、集散大厅等人员集中的场所、防排烟风机房、观众席、人防等场所设置应急照明。

2. 在疏散走廊、楼梯间及其前室、消防电梯前室、主要出入口、地下车库、人防等场所设置疏散照明。

3. 所有疏散楼梯间及其前室、消防电梯前室、变配电室、消防控制室、消防水泵房、柴油发电机房、通信机房、保安监控中心等的照明 100% 为应急照明；疏散走廊、防排烟机房等的照明 50% 为应急照明；

其他公共场所应急照明一般按正常照明的 10% 设置。

4. 安全出口标志灯、疏散指示灯、疏散楼梯、走道应急照明灯采用区域集中式供电（EPS）应急照明系统，其他场所应急照明采用双电源末端互投供电，双电源转换时间：疏散照明≤ 5s，备用照明≤ 15s，安全照明≤ 0.5s；应急照明持续供电时间应大于 30 分钟。

5. 应急照明必须选用能瞬时点亮的光源。

6. 蓄光型疏散导流标志见建筑专业设计说明。

六、设备选择及安装

（一）变压器

变压器按环氧树脂真空浇注干式变压器设计，设强制风冷系统、温度监测及报警装置。接线为 D，Yn-11，10/0.4 ～ 0.23kV，阻抗电压为 6%，保护罩由厂家配套供货，防护等级不低于 IP20。变压器应设防止电磁干扰的措施，保证变压器不对该环境中的任何设备、仪器构成不能承受的电磁干扰。其中，有四台变压器为有载调压变压器，有载调压真空断路器应十分可靠。

（二）高压开关柜及直流屏

高压配电柜按中置式、铠装式金属封闭五防开关柜设计，$1^{\#}$、$3^{\#}$ 变电所高压柜电缆下进下出，$2^{\#}$、$4^{\#}$、$7^{\#}$、$8^{\#}$ 变电所高压柜电缆上进下出，柜下夹层设电缆桥架。高压开关柜为落地式安装，柜后留有维护通道；直流屏按免维护铅酸电池组成套柜设计，由直流屏、电池柜、信号屏等组成。

（三）低压开关柜

低压配电柜按高性能的抽屉型开关柜设计，母线为 4+1，落地式安装，柜后留有维护通道。封闭母线上进，电缆下出，柜上部设电缆桥架，柜下设电缆夹层。

（四）柴油发电机组

柴油发动机组为风冷、自启动型，应急启动电源切换装置及相关设备由厂家成套供货。订货前由厂家配合审核土建条件及机房的进、排风条件，必须保证满足机组的正常运行。机房消声处理由厂家负责完成，应保证达到环保的要求。施工时，应注意预留运输通道及柴油发电机吊装孔的预埋件。

（五）EPS

大容量的 EPS 为三相输入、三相输出，小容量的 EPS 为单相输入单相输出，输出后接配电箱。EPS 均挂墙明装或落地安装，并与其相连接的配电箱相邻。EPS 的应急供电时间不低于 90 分钟，长期过载能力不低于 120%。

（六）电缆桥架

1. 电缆桥架为托盘式和梯架式。除变配电室、电气竖井、设备机房选用普通桥架外，其他均选用防火桥架，耐火极限不小于 1 小时。除矿物绝缘电缆采用梯架外，其他电缆均采用托盘式桥架。竖井内竖向桥架应与平面图中水平桥架连接。竖井内由竖向电缆桥架至竖井内配电箱的电缆明敷。

2. 电缆桥架水平安装时，支架间距不大于 1.5m；垂直安装时，支架间距不大于 2m，竖向电缆应按规定间距固定。

3. 电缆桥架中间设有隔板，双电源供电的不同回路可分别敷设在隔板的两侧。

4. 敷设消防用电缆的电缆桥架，应考虑电缆桥架、支架的耐火特性。电缆桥架穿过防烟分区、防火分区、楼层时，应在安装完毕后用防火材料封堵。

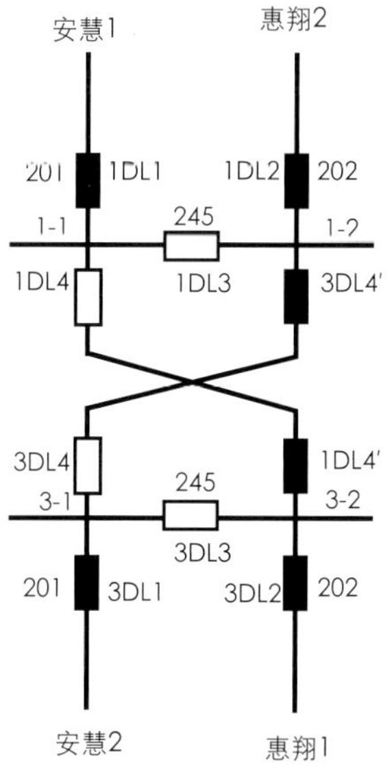

第二节 供配电系统

图 15-1 供配电方案

一、10kV 供配电系统

根据相关规范、北京市电力公司、北京奥组委、专家评审意见等，国家体育场采用图 15-1 的供配电方案。该方案四路电源分别两两引入到国家体育场内部两座主站 $1^{\#}$ 变电所和 $3^{\#}$ 变电所，两个主站均为单母线分断方式，1DL3、3DL3 为母联断路器；两主站相对应的母线采用单向联络，1DL4、3DL4 为站联断路器（即站间联络）。两主站共有四段母线，相邻两母线均有联络——母联或站联。

（一）逻辑关系

表 15-4 列举出进线断路器与联络断路器之间的逻辑关系。四路进线断路器为 1DL1、1DL2、3DL1、3DL2；1DL3、3DL3 为母联断路器；1DL4、3DL4 为站联断路器。根据进线断路器的状态确定合适的联络断路器的状态。

（二）供配电方案分析

1. 表 15-4 编号（15）所示，正常运行时，四路电源分别带各自母线，母联和站联均断开。$1^{\#}$ 站两段母线所带的负

断路器逻辑关系图　　表 15-4

简图	主开关				联络开关				备注
	1DL1	1DL2	3DL1	3DL2	1DL3	3DL3	1DL4	3DL4	
(1)	1	0	0	0	1	1	1	0	三路停电部分卸载
(2)	0	1	0	0	1	1	0	1	三路停电部分卸载
(3)	1	1	0	0	0	0	1	1	两路停电
(4)	0	0	1	0	1	1	0	1	三路停电部分卸载

续表

简图	主开关				联络开关				备注
	1DL1	1DL2	3DL1	3DL2	1DL3	3DL3	1DL4	3DL4	
(5)	1	0	1	0	1	1	0	0	两路停电
(6)	0	1	1	0	1	1	0	0	两路停电
(7)	1	1	1	0	0	1	0	0	一路停电
(8)	0	0	0	1	1	1	1	0	三路停电 部分卸载
(9)	1	0	0	1	1	1	0	0	两路停电
(10)	0	1	0	1	1	1	0	0	两路停电
(11)	1	1	0	1	0	1	0	0	一路停电
(12)	0	0	1	1	0	0	1	1	两路停电
(13)	1	0	1	1	1	0	0	0	一路停电
(14)	0	1	1	1	1	0	0	0	一路停电
(15)	1	1	1	1	0	0	0	0	正常供电
(16)	0	0	0	0	0	0	0	0	四路全停

表中“1”表示断路器闭合，线路接通；“0”为断路器分断，线路断开。

荷均为6850kVA，3#站内两段母线的负荷为5350kVA（请结合图15-1分析，下同）。该负荷为变压器的安装负荷，最大的实际负荷小于安装负荷的60%。此时，系统带全负荷正常运行。

2. 表15-4编号（7）、（11）、（13）、（14）所示，当一路停电时，其他三路电源能否带全负荷？

以编号（7）图为例，当安慧站2#电源停电时，3DL2断开，3DL3闭合，3－2母线及3－1母线由惠翔站1供电。此时该回路上总安装容量为10700kVA，设变压器的负荷率为60%，则实际负荷为6420kVA。而1－1、1－2母线供电情况不变。因此，当安慧站2#电源停止供电时，母联投入后，安慧站和惠翔站提供的电源可以保证体育场全负荷正常运行。

若母联自投失败，则进行站联备投。此时3DL4闭合，其他母联和站联断路器断开，3－2母线与1－2母线均由惠翔站2供电。该回路总安装容量为12200kVA，同样设变压器的负荷率为60%，则实际负荷为7320kVA。而1－1、3－1母线供电情况不变。因此，当安慧站2#电源停止供电时，站联投入后，安慧站和惠翔站提供的三路电源可以保证体育场全负荷正常运行。

对表15-4（11）、（13）、（14）而言，用相同的分析，得出相同的结论，即当四路电源中有一路电源停止供电时，母联或站联投入后，剩余的三路电源可以保证体育场带全负荷正常运行。

3. 表15-4编号（3）、（5）、（6）、（9）、（10）、（12）所示，当四路电源中有两路停电时，剩余的两路电源能承担体育场全部负荷吗？

以（3）为例，如果惠翔站1#和惠翔站2#电源停电，3DL1和3DL2断路器断开，1DL4和3DL4断路器闭合，3－1和1－1母线由安慧站1#电源供电，该回路总安装容量12200kVA，设变压器的负荷率为60%，则实际负荷为7320kVA；3－2和1－2母线由安慧站2#电源供电，该回路总安装容量12200kVA，同样设变压器的负荷率为60%，则实际负荷为7320kVA。因此，当两路电源停止供电时，联络断路器投入后，剩余的两路电源可以保证体育场全负荷正常运行。

4. 表15-4中编号（1）、（2）、（4）、（8）所示，当四路电源中有三路停电时，剩余的一路电源能承担体育场全部负荷吗？

以（1）为例，如果只有安慧站1#电源工作，即1DL1

接通，其他电源全部停电，即1DL2、3DL1和3DL2断路器断开，则母联断路器1DL3和3DL3闭合，站联断路器1DL4闭合，3DL4断开。安慧站1#电源为1-1、1-2、3-1、3-2母线供电，该回路总安装容量24400kVA，设变压器的负荷率为60%，则实际负荷为14640kVA，远大于供电公司的要求。因此，当四路电源中有三路电源停止供电时，母联和站联投入后，剩余的一路电源不能保证体育场全部负荷正常运行。但如果将部分次要负荷卸载后，重要负荷的供电将可得到保证。

用同样的方法可以得出相同的结论。

5. 表15-4中编号（16）所示，当四路电源全部停电，毫无疑问，体育场全部负荷不能正常运行。在奥运会比赛期间，如果出现此事故，肯定问题已经十分严重，比赛还有必要继续进行吗？尽管如此，我们还采取了应急措施：一是为建筑物设置永久柴油发电机，为体育场内固有的特别重要负荷供电，如消防负荷、通信机房、网络机房等。另一措施专为奥运会设置的，通过设置若干数量的临时柴油发电机为奥运特别重要负荷供电，这些负荷有临时媒体负荷、计时记分等比赛负荷、安保类负荷等。这些负荷很重要，当仅在重要国际比赛时才使用，使用频率极少，因此采用临时租用发电机是最佳、最经济的选择。因此，当四路市电全部停电后，由柴油发电机为特别重要的负荷提供应急电源。

二、继电保护

（一）一般要求

继电保护要求仅适用于国家体育场工程变电所10kV电力设备和线路的继电保护。由于没有高压设备，这里所说的电力设备指的是变压器；而线路保护指的是主站与分站之间的线路、站联线路、进线线路等。

众所周知，继电保护装置应满足可靠性、选择性、灵敏性和速动性的要求。应符合现行国家或行业标准《电力装置的继电保护和自动装置设计规范》GB50062、《电力装置的电测量仪表装置设计规范》GBJ63、《民用建筑电气设计规范》JGJ/T 16（设计时没有新标准，采用92版标准）的有关规定，还应符合北京市供电公司的相关规定。

（二）配电变压器的保护要求

1. 设有定时限过电流保护，动作时限由供电公司确定，保护装置动作于跳闸。

2. 设有电流速断保护，瞬时动作于断开变压器高压侧的断路器。

3. 设置温度保护，温度保护动作于跳闸，并发出报警信号。

4. 设置零序保护，零序保护装置动作于跳闸。

5. 变压器高压侧过电流保护应与低压侧主断路器短延时保护相配合。

6. 采用三相三继电器式的过流保护。

7. 变压器防护罩设有保护断路器与防护罩门的连锁装置，设有开门就地报警功能，并发信号。

设计之初，确定了变压器防护罩门与保护断路器的连锁关系如下：

第一，保护断路器处于合闸状态时，变压器保护罩门打不开；

第二，保护罩门万一被打开，保护断路器跳闸，切断电源；

第三，保护罩门处于开门状态，设有声光报警信号。

但经与供电部门多次磋商，最终只设报警功能。

（三）10kV进线线路的保护

进线断路器见图15-1中1DL1、1DL2、3DL1、3DL2，其保护设置如下：

1. 设有定时限过电流保护，动作时限由供电公司定；奥运会期间，保护装置作用于备自投装置放电；奥运会后，保护装置动作于跳闸；

2. 设置零序保护；奥运会期间，零序保护装置动作于备自投装置；奥运会后，零序保护装置动作于跳闸；

3. 设合环保护，合环保护要求由供电公司继保科提出；合环保护仅奥运会期间使用，奥运会后取消；

4. 设失压保护，延时动作于断开断路器；

5. 采用三相三继电器式的过流保护。

（四）10kV分段母线（母联）保护

图15-1中1DL3、3DL3为母联断路器，其保护功能如下：

1. 设合环保护。合环保护仅奥运会期间使用，奥运会后取消；

2. 设有定时限过电流保护，动作时限由供电公司定，保护装置动作于跳闸；

3. 设备自投装置；

4. 采用三相三继电器式的过流保护。

（五）10kV分段站联保护

图15-1所示，联络两个主站的线路叫作站联，即图中连接母线1-1与3-2的线路；同样，连接母线1-2与3-1的线路也是站联。站联上的用于分合的断路器叫作站联断路器。

站联断路器共四个，其中1DL4、3DL4断路器设有备自投装置，平时采用手动。正常情况下，这两个断路器处于分闸状态。另两个断路器为3DL4′、1DL4′，这两个断路器平时处于合闸状态，并设置了保护功能，其具体要求如下：

1. 设有定时限过电流保护，动作时限由供电公司定，保护装置动作于跳闸；

2. 设置零序保护，零序保护装置动作于跳闸；

3. 采用三相三继电器式的过流保护。

（六）馈线的保护

主站至分站的线路叫作馈线，参见图15-2，1#主站至2#、4#、6#、7#分站间的线路是馈线；同样，3#主站至2#、4#、5#、8#分站间的线路也是馈线，馈线的保护设在主站内，其保护功能如下：

1. 设有定时限过电流保护，动作时限由供电公司定，保护装置动作于跳闸；

2. 设有电流速断保护，瞬时动作于断开断路器；

3. 设置零序保护，零序保护装置动作于跳闸；

4. 采用三相三继电器式的过流保护。

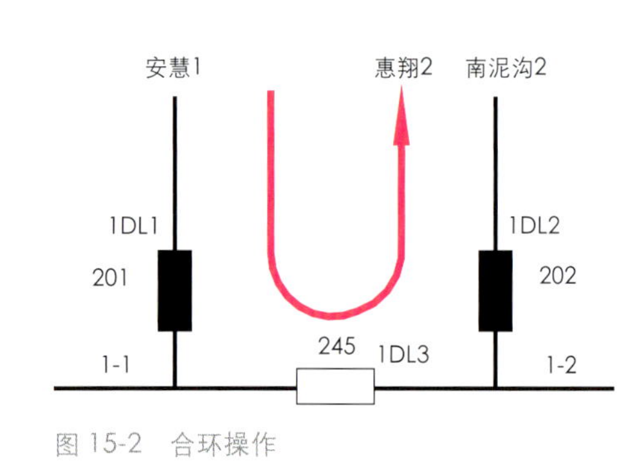

图15-2　合环操作

三、系统的运行方式及主进断路器、联络断路器的关系

国家体育场供配电系统比较复杂，其操作包括手动操作、合环操作及备用电源自动投入装置投入等。系统的不同运行方式下，主进断路器、联络断路器的状态也不尽相同，系统运行包括正常运行状态、各种故障运行状态共计34种之多（也许更多，笔者暂没有分析到），给高压二次系统带来巨大困难，有些情况不容易实现。经与供电部门协商，国家体育场只考虑一路电源故障下的自动投入，即表15-4中（7）、（11）、（13）、（14）。

（一）合环操作

在民用建筑中，变电所大多为用户变电所，很少采用合环操作。在说明合环操作之前，先说明几个概念，有利于对合环的理解。

合环：合上网络内某开关（或刀闸）将网络改为环路运行。图15-2所示，断路器1DL3闭合，1DL1、1DL2也处于闭合状态，此时电网形成环路运行。

同期合环：指通过自动化设备或仪表检测同期后自动或手动进行的合环操作。由于是同频同期，同期条件为：第一，断路器1DL3两侧的电压幅值相近，其差值△U在给定容许值内；第二，断路器1DL3两侧的电压相位差在给定值内。

解环：将环状运行的电网，解列为非环状运行。

并路倒闸：实际上，并路倒闸的结果是短时合环。图15-2所示，当安慧1断电时，要惠翔2通过母联断路器1DL3向1-1母线供电。并路倒闸的操作顺序为：先合上1DL3，此时两个电源安慧1、惠翔2形成环路，处于合环运行状态；然后断开1DL1，由惠翔2继续向1-1供电。

合环保护：合环运行时，环路电流越小越好，最好为0。但事实上环流总是存在的，当环流达到一定值时，应解环运行，为此需设置合环保护。

奥运期间，国家体育场供配电系统由北京市电力公司管理，设置了合环操作，其要求如下：

1. 在1#、3#主站内主进断路器与母联断路器设置合环保护，是否进行合环操作需结合上级电源情况确定。奥运会期间设有合环保护，奥运会后取消合环功能；

2. 1#、3#主站之间的主进断路器与站联断路器不设置合环保护；

3. "故障"情况下不能进行合环操作，"检修"、"返回"情况下可选择合环操作；

4. 合环操作应先检查同期，不符合要求不能进行合环操作；

5. 如果合环操作失败，不能再次进行合环操作；

6. 合环操作只能手动，不能自动。

（二）备用电源自动投入装置（BZT）

我们对备用电源自动投入比较熟悉，应用较多，其要求如下：

1. 保证在工作电源断开后才投入备用电源；

2. 工作电源的电压消失时，自动投入装置应延时动作；

上述两点要求实际上是BZT装置的最主要的动作条件，如图15-2所示，假设安慧1电源断电，检测到该电源无压，先断开主进断路器1DL1，母线1-1失电。BZT装置启动，闭合母联断路器1DL3，由另一路电源惠翔2继续向母线1-1供电。

可以看出，BZT 与合环有本质上的区别，详见表 15-5。

BZT 与合环操作的比较　　表 15-5

操作类型	备用电源自动投入	合环操作
操作顺序	先断主进断路器，后合母联断路器	先合母联断路器，后断主进断路器
负荷停电时间	有	无

3. 自动投入装置保证只动作一次；

4. 自动投入装置动作，如备用电源投入到故障上时，应使其保护加速动作；

5. 手动断开工作电源时，自动投入装置不应启动；

6. 备用电源自动投入装置中，设置工作电源的电流闭锁回路；

7. 备用电源自动投入装置应先投入母联，当母联投入失败时，再投入站联。当母联由于故障没有排除而投入失败时，站联不应投入；

8. 当一路外电源带一段母线时，母联断路器或站联断路器可以自投。当一路外电源带三段或四段母线时，其母联断路器、站联断路器不应自投；应先将低压侧部分次要负荷卸载后再手动闭合母联断路器或站联断路器。

为什么提出第 8 条的要求？国家体育场变压器总安装容量高达 26630kVA，而供电部门提供的进线电缆为 300mm²，其载流量约为 560A，折合成 10kV 侧的容量不足 10000kVA，由此可见，一路电源带不了三段母线或四段母线上的负荷。

断路器闭合

断路器断开

BZTX　备自投装置，X=1～4

HHX　合环装置，X=1～2

图 15-3　图例

（三）进线断路器与联络断路器的逻辑关系

根据供电公司要求，仅考虑四路市电一路电源失电情况下母联、站联自投顺序和逻辑关系。两路或三路市电失电不考虑自投，仅考虑手动。

下面将要分析系统的各种运行状态，其图形符号及其含义见图 15-3。

1. 正常运行状态

正常情况下，四个主进断路器 1DL1、1DL2、3DL1、3DL2 处于闭合状态，母联断路器 1DL3、3DL3 断开，站联断路器 1DL4、3DL4 断开，站联断路器 1DL4′、3DL4′闭合，四路电源各带 1-1、1-2、3-1、3-2 母线。备自投装置 BZT1、BZT2、BZT3、BZT4 处于启动状态，当满足投入条件时，随时准备投入备用电源。合环装置 HH1、HH2 处于准备状态，即

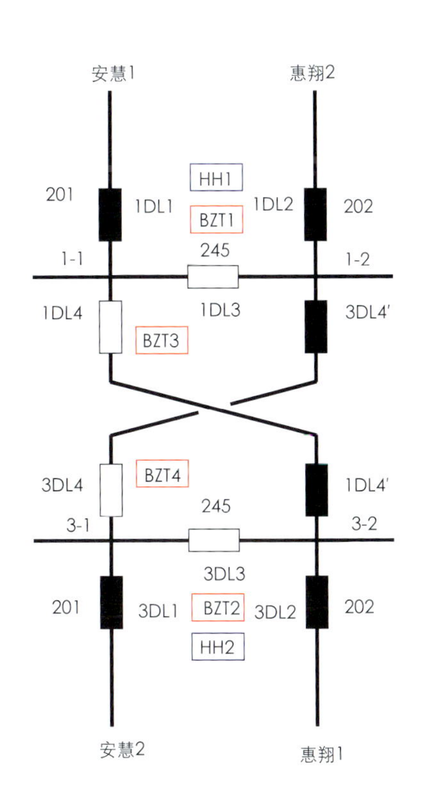

断路器的状态

断路器	进线断路器				联络断路器					
	1#主站		3#主站		母联断路器		站联断路器			
符号	1DL1	1DL2	3DL1	3DL2	1DL3	3DL3	1DL4	3DL4	1DL4′	3DL4′
状态	1	1	1	1	0	0	0	0	1	1
所带母线	1-1	1-2	3-1	3-2						

注：断路器状态，1——闭合；0——断开。

备自投装置的状态

符号	状态	说明
BZT1	启动	随时投入备用电源
BZT2	启动	随时投入备用电源
BZT3	启动	随时投入备用电源
BZT4	启动	随时投入备用电源

合环装置的状态

符号	状态	说明
HH1	可合环	电源及其线路检修时可合环操作
HH2	可合环	电源及其线路检修时可合环操作

图 15-4　正常运行状态下的断路器、BZT 装置、合环装置

当满足条件时可以合环，合环条件之一是电源及其线路检修才可进行合环操作。

2. 一路电源断电情况下第一轮备自投

以安慧 1 断电为例，其他一路电源断电与此类似。

参见图 15-5，当安慧 1 断电时，根据前面所述的原则，首先进行第一轮备自投，先备自投 BZT1 动作，合上 1DL3 断路器。其自投顺序为：检测到安慧 1 电源无压 → 其主进断路器 1DL1 分闸 → 母联断路器 1DL3 合闸，1-1 段母线上的负荷由惠翔 2 电源供电。

母联断路器 1DL3 手动或自动合闸要满足一定条件，否则不能合闸，其合闸条件为：a）1 － 2 母线上电压为额定值；b）1 － 1 母线上电压为 0，线路无电压（必需检测母线电压，仅检测 1DL1 之前的电源是否无压还不行，惠翔 1 也有可能送电）；c）母联隔离车 1S3（见高压系统图）处于工作位置；d）1DL1、1DL4 分闸（对 1-1 段母线而言，由三个电源，这三个均没有给该母线供电）；e）1DL2 合闸，3DL4 分闸（1-2 母线只由惠翔 2 供电，即 1DL2 处于合闸位置）。

与此相反，当恢复正常供电时，存在返回顺序，即：当检测到安慧 1 电源为额定电压 → 1DL3 分闸 → 1DL1 合闸。

母联断路器 1DL3 手动返回，分闸条件为：a）安慧 1 电源为额定电压（电压取自安慧 1 进线 PT 柜，即 1AH1 开关柜电压互感器）；b）1 － 2 母线上电压为额定值；c）1 － 1 母线上电压为额定值；d）母联隔离车 1S3（见高压系统图）处于工作位置，1DL3 合闸；e）1DL1、1DL4 分闸；f）1DL2 合闸，3DL4 分闸。

3. 一路电源断电情况下第二轮备自投

第一轮母联 1DL3 投切失败后，第二轮投切站联断路器 1DL4。

此时，备自投 BZT3 的自投顺序如下：检测到安慧 1 电源无压 → 接收到 1DL3 投切失败信号，1DL3 分闸 → 站联断路器 1DL4 合闸。

站联断路器 1DL4 手动或自动合闸，其合闸条件为：a）3 － 2 母线上电压为额定值；b）1 － 1 母线上电压为 0；c）1DL4' 合闸；d）1DL1、1DL3 分闸；e）1DL3 投切失败信号；f）3DL2 合闸，3DL3 分闸。

同样，站联断路器也存在返回问题，当安慧 1 恢复正常供电，站联断路器 1DL4 的返回顺序为：安慧 1 电源为额定电压 → 1DL4 分闸 → 1DL1 合闸。

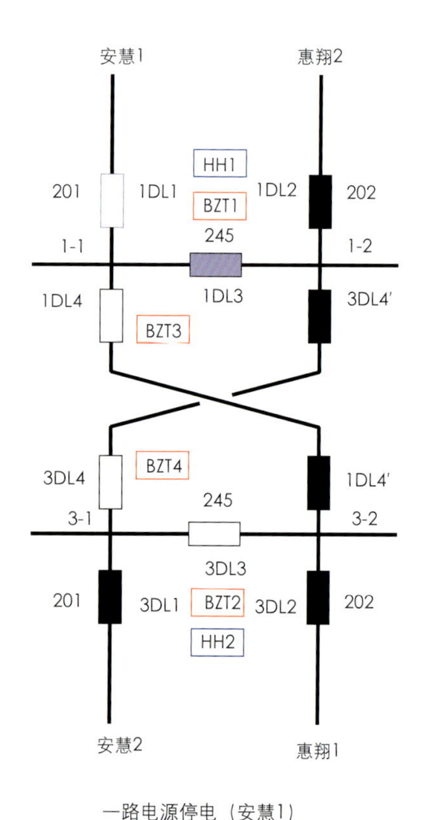

一路电源停电（安慧1）
（第一轮备自投）

断路器的状态

断路器	进线断路器				联络断路器					
	1#主站		3#主站		母联断路器		站联断路器			
符号	1DL1	1DL2	3DL1	3DL2	1DL3	3DL3	1DL4	3DL4	1DL4'	3DL4'
状态	0	1	1	1	1	0	0	0	1	1
所带母线		1-1，1-2	3-1	3-2						

注：断路器状态，1——闭合；0——断开。

备自投装置的状态

符号	状态	说明
BZT1	放电	备用电源已经投入
BZT2	启动	随时投入备用电源，安慧2与南泥沟1互为备用
BZT3	启动	当第一轮备自投失败后，投入南泥沟1电源
BZT4	放电	防止电源安慧2自投带三段母线

合环装置的状态

符号	状态	说明
HH1	可合环	电源检修完毕或故障排除后可合环操作，先合1DL1，再断1DL3
HH2	可合环	电源及其线路检修时可合环操作

图 15-5　一路电源断电，第一轮备自投

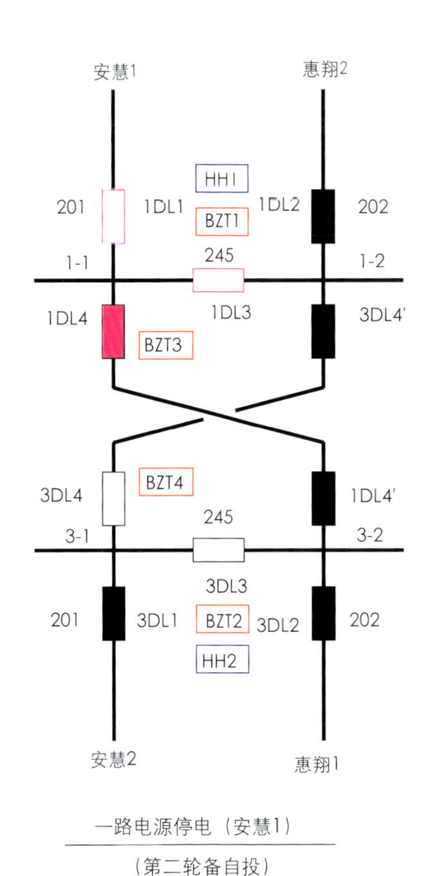

断路器的状态

断路器	进线断路器				联络断路器					
	1#主站		3#主站		母联断路器		母联断路器			
符号	1DL1	1DL2	3DL1	3DL2	1DL3	3DL3	1DL4	3DL4	1DL4'	3DL4'
状态	0	1	1	1	0	0	0	0	1	1
所带母线		1-2	3-1	1-1、3-2						

注：断路器状态，1——闭合；0——断开。

备自投装置的状态

符号	状态	说明
BZT1	放电	BZT1只投一次
BZT2	放电	防止一路电源（A2或N1）带三段母线
BZT3	放电	备用电源已经投入
BZT4	启动	随时投入备用电源

合环装置的状态

符号	状态	说明
HH1	不可合环	不许合环操作
HH2	不可合环	防止一路电源（A2或N1）带三段母线

图 15-6　一路电源断电，第二轮备自投

站联断路器 1DL4 手动或自动返回，分闸条件为：a）安慧 1 电源为额定电压（电压取自 1AH1 开关柜电压互感器）；b）3 – 2 母线上电压为额定值；c）1 – 1 母线上电压为额定值；d）1DL4、1DL4' 合闸；e）1DL3 分闸；f）3DL2 合闸，3DL3 分闸。

4. 合环操作

以安慧 1 故障为例，安慧 1 电源电压为零，由于有无压保护，其主进断路器 1DL1 跳闸，因此不能进行合环操作。当安慧 1 电源检修时（例如线路检修、上级开关设备检修等），供电部门事先通知用电单位，在安慧 1 断电之前，进行合环操作，即先合上母联断路器 1DL3，然后断开 1DL1 主进断路器，对用电设备而言，电源转换的过程没有停电。当安慧 1 检修完毕，供电部门通知用电单位，安慧 1 恢复正常供电，此时，也可选择合环操作，操作程序如下：安慧 1 电源恢复正常 → 合上主进断路器 1DL1，电网合环运行 → 断开母联断路器 1DL3，安慧 1 恢复对 1-1 母线供电，对用电设备而言，供电也没有中断。因此，合环操作仅对电源检修及返回有效。

还应注意！合环操作的并联效果，导致短路电流大约成倍增加，因此，对电气设备要求更高，尤其对断路器的分断能力要认真校验。

四、结论

国家体育场继电保护由于系统的特殊性而变得复杂，经供电部门、产品供应商等共同研究，将保护进行合理的简化。上述功能经试验证明是可靠的，能很好地满足国家体育场供配电系统的保护。

第三节　场地照明及其电源

一、国家体育场场地照明指标确定：

“鸟巢”作为 2008 年第 29 届奥运会主会场，良好的场地照明使运动员发挥出了最佳竞技水平，使观众能够真实、清晰地观看赛场动态，给全球数十亿电视观众带来了最佳的现场效果和电视转播画面。

根据北京奥林匹克运动会电视转播公司（BOB）要求、国家体育场奥运工程设计大纲场地照明要求、《建筑照明设计标准》及国际照明委员会（CIE）、国际足球联合会（FIFA）、

国际体育联合会（GAISF）等国际组织针对各种体育运动项目相应的照明标准和指标，经过科学分析，设计确定了场地照明标准、指标和要求。

（一）最低照度、最大的光照度：

整个比赛场地：整个比赛场地内正对四个正面方向的任何一处的最低垂直照度应为≥ 1400lx。

（二）具体项目区域：

朝向相关的固定摄像机的任何一处的最低垂直照度应为≥ 1400lx；

慢动作重放区（ARZ）：作为动作回放区，各项目区域内朝向相关固定摄像机的最低垂直照度应不低于整个比赛场地内朝向主摄像机（西看台 / 高空 / 终点线）的平均垂直照度；

投掷项目着陆区内朝向比赛场地所对的 4 个正面方向的最低垂直照度可为≥ 1000lx；

热身区和热身跑道：热身区内朝向固定摄像机的任何一处的最低垂直照度应为≥ 1000lx，朝向热身区所对的 4 个正面方向的最低垂直照度应为≥ 800lx；

（三）最大的光照度：具体项目区域原则上，最大垂直照度应置于具体项目区域的逻辑中心，如横竿中心，沙坑中心。

（四）照度均匀度：

1. 整个比赛场地：

最小垂直照度与最大垂直照度之比值 U1（Evmin/Evmax）应为≥ 0.6，理想数值为≥ 0.7；

最小垂直照度与平均垂直照度之比值 U2（Evmin/Evave）应为≥ 0.7，理想数值为≥ 0.8；

4 个正面方向所对的垂直平面上任何一点上的最小与最大照度之比值应为≥ 0.6；

比赛场地为固定摄像机提供的平均水平照度与平均垂直照度之比值应为≥ 0.75 且≤ 1.5，1 号摄像机的理想数值为 1 ： 1；

测量间距为 4m 时，场地的水平和垂直照度梯度（UG）应为≤ 20%，所有固定摄像机和 4 个正交平面均应符合照度梯度的要求。

2. 具体项目区域：

最小垂直照度与最大垂直照度之比值 U1（Evmin/Evmax）应为≥ 0.7，理想数值为≥ 0.8；

最小垂直照度与平均垂直照度之比值 U2（Evmin/Evave）应为≥ 0.8，理想数值为≥ 0.9；

终点线：U1 ≥ 0.9，U2 ≥ 0.9

具体项目区域内为相关的固定摄像机（即某一项目的指定摄像机）提供的平均水平照度与平均垂直照度之比值应为≥ 0.75 且≤ 1.5，理想数值为 1.0；

所有相关的固定摄像机均应符合照度梯度（UG）的要求。每个具体项目的水平照度和垂直照度的照度梯度均不得超过 10%，测量间距为 2m。在测量间距为 1m 的地方，UG 应为不超过 10%，间距 1m 或 2m 均可。

3. 热身区域和热身跑道：

最小垂直照度与最大垂直照度之比值 U1（Evmin/Evmax）应为≥ 0.4。

最小垂直照度与平均垂直照度之比值 U2（Evmin/Evave）应为≥ 0.6。

国家体育场场地照明高清晰度彩电转播执行标准——照度和均匀度 **表 15-6**

区域	照度（lx）		照度均匀度最小值（括号内为理想数值）			
			水平方向		垂直方向	
	$E_{v\text{-}cam\text{-}min}$	$E_{h\text{-}ave}$	E_{min}/E_{max}	E_{min}/E_{ave}	E_{min}/E_{max}	E_{min}/E_{ave}
FOP-total	1400	参见比率	0.7	0.8	0.6（0.7）	0.7（0.8）
FOP-specific grids	1400	参见比率	0.7	0.8	0.7	0.8
FOP-finish line	1400	参见比率	0.7	0.8	0.9	0.9
Warm-up（s）；ERC	1000	参见比率	0.4	0.6	0.4	0.6
Run-off		参见比率	0.4	0.6		
Spectators>cam#1	参见比率				0.3	0.5

国家体育场场地照明设定指标

表 15-7

开灯模式序号	开灯模式		照度梯度	照度比率 E_h/E_v	水平照度 E_h（lx）				垂直照度 E_v（lx）						观众席	
					最小 E_{hmin}	平均 E_{have}	U1= E_{hmin}/E_{have}	U2= E_{hmin}/E_{have}	最小 E_{vmin}	平均 E_{vave}	四方向	主摄像机	U1= E_{hmin}/E_{hmax}	U2= E_{hmin}/E_{have}	E_{have}	E_{hmin}
1	日常维护					75									75	30
2	训练、娱乐					150	0.3	0.5								
3	俱乐部比赛	球类				300	0.4	0.6								
4		田径														
5	无电视转播国内、国际比赛	球类	20%/5m			750	0.5	0.7							100	50
6		田径														
7	彩电转播一般比赛	球类	20%/5m	0.5~2			0.6	0.8				$E_{vave}\geq$ 1000	0.4	0.6	100	50
8		田径														
9	彩电转播重大比赛	球类	20%/5m	0.5~2			0.6	0.8			$E_{vave}\geq$ 1000	$E_{vave}\geq$ 1400	0.5	0.7	100	50
10		田径														
11	高清晰度彩电转播重大比赛	球类	20%/4m	0.75~1.5			0.7	0.8	$E_{vmin}\geq$ 1000	慢动作摄像机 $E_{vave}\geq$ 1800	$E_{vave}\geq$ 1500 奥运会要求 $E_{vmin}\geq$ 1400	$E_{vave}\geq$ 2000	0.6 最好 0.7	0.7 最好 0.8	前 12 排 $\geq 0.2E_v$ $\leq 0.25E_v$	50
12		田径	20%/4m													
13		全场	20%/4m													
14	彩电转播应急照明	球类	20%/5m	0.5~2			0.6	0.8	$E_{vmin}\geq$ 700			$E_{vave}\geq$ 1000	0.4	0.6		
15		田径														
16	应急安全照明					10									10	5

统一参数：灯具维护系数取 0.8　　灯光草坪反射系数取 0.2 。

广源要求：显色指数 R_a>90　　色温 T_k=5600K。　　整场眩光等级 G_R<50　　固定摄像机眩光等级 G_R<40

（五）镜头光斑和眩光、灯具瞄准准则：

1. 所有固定摄像机的眩光指数（GR）均不得超过 40。

2. 灯具瞄准准则：

（1）灯具瞄准仰角应为≤ 65°。

（2）灯具不得直接投向固定摄像机，不直接照射以固定摄像机为中心的 50° 扇形区域则更为理想。

（3）如果固定摄像机处于水平方向瞄准角度两侧各 25° 的平行线所形成的区域内，灯具与水平面摄像机镜头相交的垂直角度小于 25°，或灯具瞄准角大于 40°，则灯具应安装或配备眩光控制装置，以使灯具透射出的光束不会出现在摄像机镜头的视野之中，并使瞄准仰角≤ 65°。

（4）比赛场地的任何地方均应有来自至少 3 个方向的照射光线。对于固定摄像机，第三个方向的光线可为其他一个或两个方向的光线充当背景光线。

（5）从主摄像机一侧（西侧）投射出的总光通量与从对面投射出的总光通量之比值应在 50% 和 60% 之间。即 50% ≤比率≤ 60%。

（六）测量及格栅定义：

1. 整个比赛场地（FOP）：4m 格栅间隔：

——垂直照度是指从一个高于比赛场地表面 1.5m 的水平平面向相关摄像机投射的照度；

——水平照度是指在比赛场地上表面的照度。

2. 具体比赛格栅：在所有比赛场地里，每一个具体的比赛项目都需要在场地上方 1.5m 处有个独立的格栅。这些区域在通常情况下为慢镜头重放区（ARZ）。格栅应从标出的项目比赛区域向外延伸 1m。

图 15-7

（七）光源：

比赛场地中电视转播覆盖范围内使用的所用灯具应：

额定色温应为 5600K，且不超过 IEC 和制造商的容差范围；

显色指数（CRI Ra）≥ 90；

来自同一制造商并为同一批次的产品。

二、国家体育场场地照明设计

（一）自然光利用

国家体育场设计中尽量利用自然光照明，国家体育场的屋顶单层 ETFE 膜和 PTFE 膜结构结合，透光率百分之三十，使用后使场地及观众席光线更加柔和，有利于调节场内光影对比度，满足比赛和电视转播的光照要求。

（二）场地照明灯具布置

充分利用交叉布置的主钢结构及次钢结构一起形成的特殊建筑造型，因势利导，与建筑内环膜、下层膜、钢结构布置的完美结合。内外环双排分段布置光带。总体布局充分照顾场地边沿、观众席、南北大屏幕等区域对照明的要求。同时，照明灯具布局尽量避开球门线左右 15 度线，满足守门员对照明的要求。内环光带中段双层布置，其他光带单层布置。照明灯具安装高度 36~48m 之间。

三、国家体育场场地照明电源

（一）国家体育场场地照明供配电

国家体育场由安慧、惠翔两座城市 110kV 变电站分别提供两路 10kV 供电电源，该四路电源分别两两引入国家体育场内部两座总配电室，各分配电室由总配电室提供电源。四路 10kV 高压电源，即便有两路同时发生故障，其余两路电源仍然能够保证全部用电负荷的正常运行。对于可预见发生的故障，可以采用合环倒闸，先合后分等手段避免停电。同时，设置两台常用功率为 1680kW 柴油发电机作为应急电源，为体育场永久安装的特别重要负荷提供应急电源。当向某一部分重要负荷供电的任意变压器失电时，即自动启动柴油发电机组向其供电，启动时间不大于 15 秒。

国家体育场场地照明配电在七层，分别在东北、东南、西南、西北设置四个配电室，分别为屋顶各自区域内的场地照明灯光提供电源。每个配电室中设置一套场地应急照明配电装置和两套一般场地照明配电装置。每套场地应急照明配电装置配置一台 300kVA UPS，每台 UPS 的设计带载量大约为 70 台 400V/2kW 金属卤化物灯，15 台 1000W 碘钨灯，总计大约 175kW，UPS 的负载百分比为 70% 左右。每套一般场地照明配电装置均采用单母线分段加母联开关，分段运行并百分之百互为备用。

国家体育场场地照明配电发生故障的影响分析：一路低压配电干线故障时，场地照明灯光最多有 1/32 受影响；一台场地照明供电变压器故障时，场地照明灯光最多有 1/8 受影响；一路高压城市电源故障时，场地照明灯光最多有 1/8 受影响；两路高压城市电源同时故障时，场地照明灯光最多有 1/4 受影响；一台场地应急照明供电 UPS 故障时，场地照明灯光最多有 1/8 受影响。所以说国家体育场场地照明配电系统的设计是非常可靠的。

（二）场地应急照明配电 UPS 及其改造

根据国家体育场场地应急照明金卤灯特性，其配电 UPS 确定采用双变换、在线式 UPS 电源。当这种双变换、在线式 UPS 电源处于正常工作时，即使在其输入电源端出现诸如电压不稳：欠压、过压、闪断和停电、电磁辐射干扰、高能瞬态浪涌（例如：雷击或电焊）以及频率不稳等故障时，也能确保向后接负载提供具有连续供电、自动稳压的（稳压精变 380V < ±1%）、无频率“突变”的（50Hz < ±0.01Hz）、纯净和无干扰（电压失真度< 1.5%）的高品质的“UPS”逆变器电源。

图 15-8 为国家体育场场地应急照明配电 UPS 控制原理示意图。

根据采用 UPS 多年的运行实践表明：国家体育场场地应急照明配电 UPS 逆变器的平均无故障工作时间（MTBF）为 54964 小时左右，UPS 的平均无故障工作时间（MTBF）为 38 万小时。与此相反，市电电源的平均无故障工作时间（MTBF）仅为：8760 小时左右（尚不包括毫秒级的断电）。因此，UPS 可靠性远高于市电电源。

双变换、在线式 UPS 电源与 EPS 电源的重要区别之一是：双变换、在线式 UPS 电源执行逆变器供电←→交流旁路供电操作的“切换时间”为零。与之相反，EPS 电源执行的是带“瞬间供电中断”的切换操作。

根据双变换、在线式 UPS 的工作原理，仅在出现下述情况时，才会需要执行从逆变器电源供电转交流旁路供电的切换操作（注：此时输入电源经 UPS 的交流旁路继续向后负载供电）。除此之外，均由 UPS 的逆变器向负载提供高品质的逆变器电源。

输出过载时，其切换时间为零。只有当用户的过载量和过载持续时间同时超过如下指标：125% 的额定输出功率 10 分钟，150% 的额定输出功率 1 分钟时，才会需要执行逆变器电源供电转交流旁路供电的切换操作。同时，由于这种 UPS 采用的是“重叠切换”设计方案，其“切换时间”为零。

UPS 的逆变器因故损坏：由于该 UPS 具有很高的可靠性，发生这种事故的几率非常之低。万一遇到这种事故，UPS 可以通过执行快速的逆变器电源供电转交流旁路供电的切换操作，将备用电源立即馈送到气体灯上，从而确保照明系

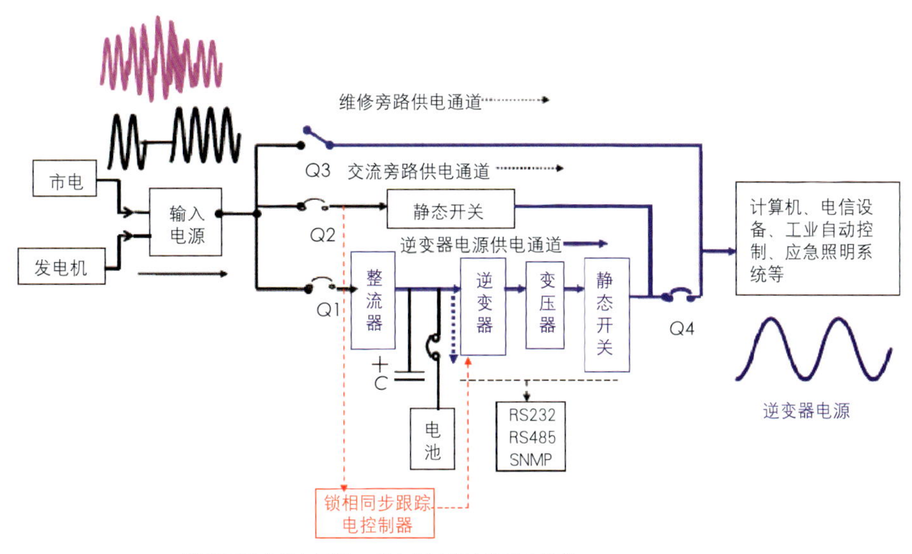

图 15-8 带“输出隔离变压器”的双变换、在线式 UPS 的控制原理

表 15-8

国家体育场场地照明灯光设置、开灯模式及开灯容量

序号	开灯模式	总开灯数	观众席（400W金卤灯）照明开灯数	观众席（1kW金卤灯）照明开灯数	场地照明（2kW金卤灯）开灯数	开灯容量（kW）	每个配电室开灯容量（kW）	每级开灯负荷（kW）	开灯级数	07AT101（应急柜）	07AT102（正常）	07AT103（正常）
1	日常维护	188	140	28	20	101	25	25	1	4		
2	训练、娱乐	208	140	28	40	144	36					
3	俱乐部足球比赛	208	140	28	40	144	36					
4	俱乐部田径比赛	238	140	28	70	209	52	27	2/3/4	13		
5	无转播国内、国际足球比赛	252	140	28	84	239	60					
6	无转播国内、国际田径比赛	313	140	28	145	370	92	40	5/6/7/8	18		
7	彩电转播一般足球比赛	320	140	28	152	385	96					
8	彩电转播一般田径比赛	427	140	28	259	615	154	61	9/10/11/12/13/14	29		
9	彩电转播重大足球比赛	416	140	28	248	591	148					
10	彩电转播重大田径比赛	592	140	28	424	970	242	89	15/16/17	4	16	23
11	高清晰彩电转播足球比赛	600	140	28	432	987	247					
12	高清晰彩电转播田径比赛	769	140	28	601	1350	338	95	18/19/20/21	5	32	13
13	观众席照明	168	140	28	0	58	15					
14	高清晰彩电转播全场照明	778	140	28	610	1370	342					
15	应急电视转播田径比赛	259			259	557	139					
16	应急电视转播足球比赛	152			152	327	82					

注：每级相隔 40 秒，每台应急配电柜每级启动不超过 5 套灯具，正常配电柜每台每级启动不超过 8 套灯具，全部启动时间为 14 分钟。

统的连续运行，其典型的切换时间 < 1~3ms 左右。

当 UPS 的输入市电停电时，其切换时间为零：一旦 UPS 的输入电源停电时，其逆变器改由电池供电，无需执行任务切换操作。

为确保对金卤灯供电的可靠性和提供高可利用率能力，对于 300kVA UPS 采用如下适应性改进：

UPS 输出功率因数从 0.8（滞后）调高到 0.9（滞后），以匹配金卤灯的 0.89 的输入功率因数的需求；

在 300kVA UPS 中，取消不必要的高标准（如：电压不稳，电源干扰等），减少可能导致 UPS 输出停电的故障隐患；

取消 UPS 在转交流旁路供电切换操作时，原有的 ±10% 的工作电压窗口限制（适应于计算机型负载的技术指标），最大限度地保证 UPS 输出供电的连续性；

将 UPS 逆变器的同步跟踪速率从 1Hz/s 调宽至 3Hz/s，确保 UPS 逆变器的输出电源始终处于同交流旁路的同步跟踪状态之中；

UPS 的节电工作模式：当国家体育场的金卤灯处于"无需运行"期间，通过位于 UPS 的 LCD 操作屏，将关闭 UPS 的逆变器、让它处于交流旁路供电状态（注：此时 UPS 整流器工作，电池处于浮充状态，整机效率 >97%）。当需要国家体育场的金卤灯处于"运行"状态时，只需通过位于 UPS 的 LCD 操作屏，对 UPS 的逆变器执行"开机"操作，就可将金卤灯照明系统重新置于高可靠的逆变器电源供电状态。

（三）照明控制与管理

国家体育场场地照明智能照明控制系统，从模式切换角度和系统安全性考虑，国家体育场场地照明设计有一个总控中心和四个分控站，总控中心和分控站的通信有专用的路由线缆，同时敷设有备用路由。总控中心和分控站可以同步或异步控制场地灯光的开启。

场地灯光的开启，根据场地照明模式里灯光较少的模式到灯光较多的模式逐级开启和关闭。灯光全部开启或者关闭，整个过程约 15 分钟左右，保证场地灯光的开启过程中启动电流和启动瞬间出现浪涌电流不会对 UPS 造成冲击。同时也可以保证在执行灯光开启和关闭动作时场地照明的整体均匀性。

智能照明控制系统对场地照明灯光进行电流，漏电检测。当某个场地照明模式开启过程中出现异常，对应检测程序能够立即报警。场地照明灯光单灯单控，适应照明模式的调整。如果场地照明在工作过程中总线掉电，照明现场情况保持不变。如果场地照明在工作过程照明供电掉电，照明系统关闭所有灯光，延时后场是重新启动模式。

四、结束语

通过科学合理的设计，采用高效率光源和灯具，反复多次精密的计算和现场调试、测试，使国家体育场比赛照明一次性满足北京奥运会转播公司（BOB）的苛刻要求，体育场比赛照明各项指标达到世界综合体育场顶级水平。得到 BOB、各国媒体和运动员的一致好评。以最可靠的比赛照明系统，为奥运比赛的顺利进行提供了可靠保障。

第四节　太阳能光伏发电技术应用

一、概况

国家体育场特有的地位和独特的造型，早已为世人所熟知。其"回归自然"的设计理念成为各专业设计的主线，贯彻奥运建设全过程，充分体现"科技奥运、人文奥运、绿色奥运"三大理念，并得到国际奥委会的认可和高度赞赏。太阳能光伏发电系统则是这条主线上的一个亮点，在节能、环保方面具有重大意义。太阳能光伏发电系统是利用太阳电池半导体材料的光伏效应，将太阳光辐射能直接转换为电能的一种发电系统。它可以充分利用清洁能源，节省资源，减少废气排放，减少对地球资源的使用和破坏，保护地球，保护环境，造福人类，造福子孙，该技术的研究与应用具有很重要的现实意义，社会效益十分巨大。

二、国家体育场的现状条件

（一）北京的太阳资源

北京市区的地理坐标约为北纬 39.9°、东经 116. 3°。北京处于温带大陆性气候区，春季和秋季时间较短，气候干燥，冬季和夏季较长。北京市全年平均气温 13.1℃，年日照时数为 2594 小时，年平均日照百分率为 60.9%。太阳能资源比较丰富，月平均辐射量为 3.96 kWh/m^2，适合于太阳能光伏发电技术的应用。

北京市观象台历史气象信息　　表 15-9

月份	1 月	2 月	3 月	4 月	5 月	6 月	7 月	8 月	9 月	10 月	11 月	12 月
日照百分率（%）	65	65	63	64	64	59	47	52	63	65	62	62

北京地区太阳能辐射量 10 年平均数据（单位：kWh/m^2） 表 15-10

月份	Jan	Feb	Mar	Apr	May	Jun	Jul	Aug	Sep	Oct	Nov	Dec
太阳能辐射量	2.23	2.89	4.14	5.22	5.77	5.85	5.01	4.71	4.23	3.31	2.23	1.95

太阳能电池板安装位置分析 表 15-11

安装部位	电池板类型	优点	缺点
四周广场	单晶硅或多晶硅	效率较高，投资相对较低	易遮挡，易损坏，影响景观
安检亭屋顶	单晶硅、多晶硅或非晶硅	美观，投资适中，可实现高效转换，不影响景观	部分安检亭受体育场遮挡
主体钢构件表面	非晶硅	贴于钢结构表面，面积大，总发电功率大	效率低，投资高，不易维护

日照的基本概念 表 15-12

名称	定义	单位	说明
可照时数 t_1	由日出到日落的时间	小时	与纬度和日期有关，可从气象常用表或天文历中查得，不考虑云层等影响
实照时数 t_2	太阳实际照射到地面的时间	小时	由于云和天气现象的影响，阳光不可能全部到达地面。一天内，$t_2 \leq t_1$
日照百分率 η	日照时数与可照时数的百分比	%	$\eta = 100\% \times t_2/t_1$
光照时间 t_3	包括曙暮光在内的昼长时间	小时	$t_3 = t_1 +$ 曙暮光时间

（二）国家体育场现状条件

国家体育场主场四周为广场，北面为训练场。体育场建筑外面是用钢结构编织成的“鸟巢”，顶部上层为透明的乙烯 - 四氟乙烯共聚物薄膜。建筑物四周设有 12 个用于安全检查用的安检用房，如图 15-9 所示。外圈连接安检亭的椭圆形为奥运会时安检线。安检亭屋顶近似平顶，顶高 4.37 米。根据国家体育场建筑、结构特点，太阳能电池板安装部位见表 15-11。

综合各种因素，太阳能电池板安放在安检亭屋面上。

三、国家体育场日照分析

（一）基本概念

表 15-12 为有关日照的基本概念，它们对日照分析、经济技术比较起到很重要的作用。

（二）日光计算与日照分析

通过计算机仿真计算日照分析，12 个安检亭的日照时间见表 15-13。南侧三个安检亭 CP6、CP7、CP8 具有很好的日照条件，平均日照时间大于 9 小时，完全可以利用。东西两侧的安检亭 CP5、CP4、CP9、CP10 日照条件较好，平均日照时间在 6 小时以上，可以利用其装设太阳能电池方阵。北部的安检亭 CP1、CP2、CP3、CP11、CP12 平均日照时间在 4 小时以下，太阳能利用价值不高，经济上也不合适，不宜在其上装设太阳能电池方阵。

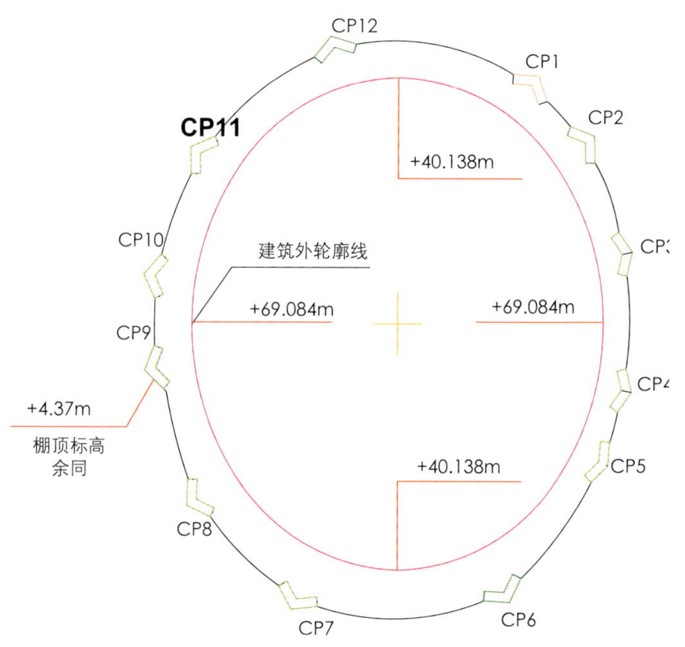

图 15-9 安检亭的位置

各安检亭的日照时间　　表 15-13

安检亭编号	起止时间（时）	平均最小日照时间（小时）	太阳能利用评价
CP12	16：00~17：00	1	差
CP11	13：00~17：00	4	一般
CP10	11：00~17：00	6	较好
CP9	10：00~17：00	7	较好
CP8	8：00~17：00	9	好
CP7	8：00~17：00	9	好
CP6	8：00~17：00	9	好
CP5	8：00~15：00	7	较好
CP4	8：00~14：00	6	较好
CP3	8：00~12：00	4	一般
CP2	8：00~11：00	3	差
CP1	8：00~10：00	2	差

四、国家体育场太阳能光伏发电系统的设计

（一）电池板设置位置的确定及安装要求

从经济、技术两个方面综合分析，国家体育场在 CP4、CP5、CP6、CP7、CP8、CP9、CP10 七个安检亭屋顶上布置太阳能电池板。太阳能电池板安装有以下要求：

1. 满足建筑师总体美观要求，太阳能电池板平放在屋顶上，并有 2% 坡度，以利排水；

2. 具有良好的散热要求，电池板距屋面有缝隙，便于通风；

3. 便于维护、保养；

4. CP1、CP2、CP3、CP11、CP12 不宜安装太阳能电池板的安检亭，屋面采用与太阳能电池板相似或相同颜色的材料，便于从高处（例如奥运会时航拍）观看到良好的景观；

5. 太阳能电池方阵应固定牢固，并多点固定，能够抵挡 12 级风。固定件应防腐。

（二）系统运行方式的确定

太阳能光伏发电系统有独立运行和并网运行两种方式。两者特点比较见表 15-14。

安检亭分散在体育场主体建筑物四周，用于安全检查，平时没有赛事时，安检亭不需用电，如果采用独立光伏发电系统，白天储存的电能无法使用，因此，独立光伏系统不适合在本工程使用，应采用并网系统。太阳能并网光伏发电系统所发出的电能供体育场内用电负荷使用，当太阳能发电不足时由市电补充。

（三）光伏发电组件的选择

光伏发电组件可以采用非晶硅材料，也可以采用晶体硅型组件，两者特点见表 15-15。

综合各种因素，本工程选用单晶硅太阳能组件。每个安检亭屋面面积约 193 平方米，每个安检亭均采用光伏发电组件，组成太阳电池方阵，该组件外形尺寸为 1956mm×992mm×50mm，重量约 23kg，采用的低铁超白钢化玻璃，具有较好的机械强度。核心采用的是高效单晶硅太阳电池。组件整体电性能见表 15-16。

在标准条件下，预计每个安检亭组成 14kWp 的太阳能电站，七个安检亭太阳能发电共预计 98.28kWp。

太阳能光伏发电系统独立运行与并网运行比较　　表 15-14

类型	独立系统	并网系统
定义	将入射的太阳辐射能直接转换为电能，不与公用电网连接的独立发电系统	与交流电网联接的光伏发电系统
原理图	太阳能电池方阵、控制器、逆变器、直流负荷、交流负荷、蓄电池组	太阳能电池方阵、控制器、并网控制器、卖电电表、买电电表、市网、交流负荷
构成	主控和监视子系统、光伏子系统、功率调节器、储能子系统	无需蓄电池，需并网控制器，其他同左
特点	需要蓄电池作为储能装置，存在二次污染，整个系统造价很高	将太阳能发出的多余电能卖给电力公司，太阳能发电不足时再从电网买电。造价低，效率高，无二次污染

非晶硅组件与晶体硅组件的比较　　表 15-15

类型	非晶硅	单晶硅
优点	重量轻、柔软性好、耐久性好、易于安装、阴影下也可发电	光电转换效率高，达 14% 以上；耐冲击；造价低
缺点	光电转换效率低，在 5% 以下；造价高	重量重，阴影下不能发电

STP175S-24/Ac 太阳能电池组件技术参数表　　表 15-16

参数	数值
峰值功率（Wp）	270
开路电压（Voc）	43.8
短路电流（Isc）	8.1
峰值电压（Vm）	35.2
峰值电流（Im）	7.67
额定工作温度（℃）	48±2
抗风力或表面压力	2400Pa，130km/h
绝缘强度	DC3500V，1min，漏电电流≤ 50
冲击强度	227g 钢球 1m 自由落体，表面无损失
外形尺寸（mm）	1956×992×50
重量（kg）	23
连接线特性说明	LAPPTHREM SOLAR plus（有 CE 标记）
快速接头说明	MC 接插头：PV-KST4/6 II &PV-KBT4/6 II

（四）太阳能光伏发电系统的通信要求

太阳能光伏发电系统应具有通信功能，将光伏发电系统的相关数据收集，并实时显示相关参数。系统可以通过 Internet 发布相关信息。

五、发电量预测及环保效益

发电量预测：根据国家体育场所在地理位置的太阳辐射能量、光伏系统总容量、系统的效率等因素，结合过去十年北京市太阳辐射能量的平均值，估算出该太阳能电站的发电量，详见表 15-17。

从表 15-17 可知，本太阳能光伏发电系统峰值输出功率为 98.28kWp，一年可发电约 106MWh，节约标准煤约 336t，减少二氧化碳排放约 215t，减少二氧化硫排放约 5.2t。

国家体育场太阳能光伏发电技术的研究和应用，是落实奥运“三大理念”的具体体现。该系统是我国单体建筑中应用太阳能光伏发电系统容量较大、与建筑物结合较好、运行情况上佳的光伏一体化建筑，对我国推广太阳能光伏发电系统在建筑中应用起到较好的示范作用。

太阳能电站发电量预测　　表 15-17

位置	峰值功率输出（Wp）	发电量计算													
		月份	1 月份	2 月份	3 月份	4 月份	5 月份	6 月份	7 月份	8 月份	9 月份	10 月份	11 月份	12 月份	合计
CP4	14040.00	太阳辐射（kWh/m^2）	68.09	83.98	117.67	151.56	169.03	164.04	130.91	131.60	119.38	101.84	69.86	59.65	1367.90
		累计发电量（kWh）	745.68	919.65	1288.59	1663.04	1851.09	1796.47	1433.60	1441.19	1307.34	1115.24	765.03	653.20	14980.10
CP5	14040.00	太阳辐射（kWh/m^2）	70.08	85.70	119.07	152.75	169.47	164.24	131.12	132.09	120.48	103.54	71.69	61.38	1381.62
		累计发电量（kWh）	767.41	938.57	1304.00	1672.83	1855.92	1798.88	1435.91	1446.56	1319.46	1133.93	785.04	672.20	15130.37
CP6	14040.00	太阳辐射（kWh/m^2）	71.82	87.22	120.31	153.39	169.86	164.40	131.30	132.5	121.46	105.04	73.29	63.03	1393.63
		累计发电量（kWh）	786.52	955.20	1317.54	1679.84	1660.16	1800.43	1437.93	1451.00	1330.11	1150.36	802.64	690.24	15261.97

续表

位置	峰值功率输出（Wp）	月份	发电量计算												
			1 月份	2 月份	3 月份	4 月份	5 月份	6 月份	7 月份	8 月份	9 月份	10 月份	11 月份	12 月份	合计
CP7	14040.00	太阳辐射（kWh/m^2）	71.82	87.22	120.31	153.39	169.86	164.40	131.30	132.5	121.46	105.04	73.29	63.03	1393.63
		累计发电量（kWh）	786.52	955.20	1317.84	1679.84	1860.16	1800.43	1437.93	1481.00	1330.11	1150.36	802.64	690.24	15261.97
CP8	14040.00	太阳辐射（kWh/m^2）	71.82	87.22	120.31	153.39	169.86	164.40	131.30	132.5	121.46	105.04	73.29	63.03	15261.97
		累计发电量（kWh）	786.52	955.20	1317.54	1679.84	1860.16	1800.43	1437.93	1451.00	1330.11	1150.36	802.64	690.24	15261.97
CP9	14040.00	太阳辐射（kWh/m^2）	70.08	85.70	119.07	152.75	169.47	164.24	131.12	132.09	120.48	103.54	71.69	61.38	1381.62
		累计发电量（kWh）	767.41	935.57	1304.00	1672.83	1855.92	1796.58	1435.91	1446.56	1319.46	1133.93	785.04	672.20	15130.37
CP10	14040.00	太阳辐射（kWh/m^2）	68.09	83.98	117.67	151.86	169.03	164.04	130.91	131.60	119.38	101.84	69.86	59.65	1367.90
		累计发电量（kWh）	745.68	919.65	1288.59	1663.04	1881.09	1796.47	1433.60	1441.19	1307.34	1115.24	765.03	653.20	14980.10
总计	98280.00	总累计发电量（kWh）	5385.74	6582.02	9137.79	11711.25	12994.47	12591.35	10052.81	10125.49	9243.91	7949.43	5505.06	4721.51	106006.85

第五节　永久供配电系统赛时运行方式

一、国家体育场电力系统概况

国家体育场永久设施采用 2 座总配带 6 座分配的供电方式。1#、3# 总配电室均为双路 10kV 电源供电，分别由 110kV 安慧和惠翔两个变电站提供不同方向的电源。两座总配之间由两条电缆联络互为备用。另外的六座分配的电源来自这两个总配。其中 6# 和 7# 分配电源取自同一总配 1# 配电室，8# 分配电源取自同一总配 3# 配电室。其余的 2#、4# 、5# 三座分配的双路电源分别来自 1# 和 3# 总配。国家体育场永久设施的用电设备安装容量 23739kW，计算容量约为 16289kW，8 个配电室所带变压器 20 台，变压器总容量 28130kVA。其中，7#、8# 配电室旁边各配有 1 台 1680kVA 的备用发电机 6# 号箱变还带有竞走区 BOB。

配电室电源、设备综合统计表　　**表 15-18**

配电室名称	所带变压器	变压器数量	变压器容量	进线电源
1# 总配电室	2×1600\2×1250	4	5700	安慧 \ 惠翔
3# 总配电室	4×1600	4	6400	安慧 \ 惠翔
2# 分配电室	2×1600	2	3200	1#\3#
4# 分配电室	2×1600	2	3200	1#\3#

续表

配电室名称	所带变压器	变压器数量	变压器容量	进线电源
5# 分配电室	2×2000	2	4000	3#
6# 分配电室	2×315	2	630	1#
7# 分配电室	2×1250	2	2500	1#
8# 分配电室	2×1250	2	2500	3#
汇总		20	28130	

二、10 千伏运行方式

（一）保护配置及自投方式

永久配电系统 1# 及 3# 总配电室高压侧具有自投和合环保护，除了母联之外，还有站联。母联及站联的自投都放在了自动位置，当一路进线电源无压掉后，先投母联，若拒动，则再投站联。主进开关无保护，过流和零序保护不动作，只对母联放电。

（二）保护配合说明

关于无压掉闸时间配合问题，是考虑到了上下级时间的完全配合，但并没有考虑到和上级 110 千伏变电站的配合。10 千伏侧无压掉时间是 1.5 秒，自投时间是 0.3 秒。低压侧无压掉时间延时 1 秒，即 2.5 秒，瞬时投入，不加延时。末端负荷侧的 ATS 自投动作时间再延时 1 秒，即 4 秒以上。配合的原则是一旦上级自投成功，下级都不能动作。

上级 110 千伏站的 110 千伏线路失压后的动作时间过长，站内的母联无压掉和自投时间也长于场馆内部的时间。亦即，当上级电源侧发生一路 110 千伏电源故障掉闸后，场馆内部先行自投。此时场馆内的 10 千伏则会是自投已经成功，进线仍然有电。此时要报指挥部，指挥部会考虑电源故障情况做出综合判断。在赛事阶段，建议不要恢复正常方式，假如不是处于比赛时段，可以通过合环操作恢复原方式。

三、0.4 千伏系统运行方式

（一）1# 至 8# 配电室 0.4 千伏运行方式

配电室所有低压母联都放在了自投不自复的位置上，以减少第二次对负荷的冲击。超温掉闸压板已经解除，是为了防范回路误动的风险。

（二）永久发电机及低压应急母线段的接线、运行方式

场内安装两台永久发电机，单台容量 1680 千伏安。分别位于 7# 和 8# 分配旁边。但和 7#、8# 分配无电气联系。只是有一段母线设在了配电室内。永久发电机平时是冷备用，只有当一路电源失去才启动，当再失去一路电源时自动投入，自动投入靠 ATS 来执行，功能设在了自投不自复位置。当市电恢复后由手动根据比赛的要求来切回市电。

1# 发电机带 1#、4# 配电室的应急母线，2# 发电机带 2#、3# 配电室的应急母线。1# 和 3# 配电室内有两段应急母线，其中 1# 为比赛应急母线，2# 为消防应急母线。2# 和 4# 配电室内的应急母线是消防应急母线。1# 和 3# 配电室的 1# 比赛应急母线除带体育照明外，还带有其他体育比赛负荷。1# 配电室的 1# 比赛应急母线段带六路场地照明，还带北文字屏和图像屏，强电设备间，移动通信，北电动旗杆，体育工艺 A。2# 消防应急母线除带有消防应急负荷外，还带有赛时计算机房重要负荷。3# 配电室 1# 比赛应急母线段带六路场地照明，还带有南两个大屏，音响设备（功放），体育展示，0 层成绩处理机房，体育工艺，体育庆典，永久媒体等。2# 消防应急母线除带消防类负荷外，还带有移动通信和 VIP 电梯等重要负荷。其 1# 比赛应急母线运行方式同 1# 配电室的 1# 应急母线。由于场地照明灯光的特殊性，赛时接在同一条母线的其他回路的负荷若有事故或波动，会引起场地照明灯光的熄灭。所以，为了减少这种风险，把接在 1# 比赛应急母线上的双回路负荷的主用回路放在其他母线上去。

（三）亚历克发电机及低压应急母线段的接线、运行方式

1# 和 3# 配电室内的 1# 比赛应急母线在奥运赛时由亚历克发电机带，该段母线由 GE 做了改造，接线方式和赛后是有区别的，场内永久发电机和此段母线断开，赛后还要恢复原接线方式。5# 配电室的应急发电机由亚力克临时发电机带，也是冷备用。1# 配电室的 1# 应急母线赛时由亚历克发电机带，之外的时间由 4# 变压器市电带。根据赛事安排，一般赛前两个小时开启亚历克发电机。在亚历克发电机启动之前，应把普通照明的配电盘接 1# 应急母线的开关做为主用，母联开关合入，另一路开关拉开。要求自投停用，加强职守。当一旦发生亚历克发电机故障或其他设备故障时，应拉开这个开关，合上另一路开关，转为市电供电。此时场内的部分灯光会熄灭一段时间。每天的赛事结束后，根据团队

的指挥命令，倒回市电供电方式。同时配电室内部也要倒回市电。要起草典型操作票。

（四）低压馈出系统运行方式

国家体育场内安装了大量的双电源互投装置，采用了三个厂家的设备，GE，施耐德万高和ASCO。所有ATS定值都梳理完毕，并已调整到位。国家体育场体育比赛相关重要负荷有：场地照明，计时记分系统，成绩处理机房，计算机设备间，音响系统（包括音响控制室和功放室），南北大屏，升旗，网络设备间，网络机房，通信机房等。

1. 场内电源互投装置ATS运行方式：

GE产品功能设置在自投自复。施耐德万高放在互为备用功能，ASCO仅用在了场地照明的UPS电源柜，只有自投自复功能。需特别注意的是万高的主备回路一定要按照设计原来的主备回路放置，防止变压器负荷不均衡。赛事要关注ATS的动作信息，一旦发生动作，要及时报告团队核心组做判断分析。

鉴于在赛事场地照明的重要性和系统运行方式的复杂性，七层的灯光控制室的运行方式要特别引起重视，并安排技术水平和责任心高的人员职守。

2. 场地内的欧米伽计时记分系统运行方式：

场地内的欧米伽计时记分系统是从四个配电室分别供出8路电源到末端互投后接到场地中间。场地中间的末端可靠性经过了改造。其运行方式要很清楚，建议制定详细的预案。

3. 成绩处理机房及计算机设备间运行方式：

四层有现场成绩处理机房，双路电源各自接了各自的UPS，无ATS，除带自己的设备外，还带有体育展示房间内的部分负荷。零层是主成绩处理机房，电源系统和四层现场成绩处理机房一样。

零层的计算机设备间内部接线方式和成绩处理机房一样，无ATS。双电源进房间，各自带各自的UPS。

成绩处理系统的流程是，场地现场——四层现场成绩处理机房——零层主成绩处理机房——计算机设备间——数字北京大厦——场内大屏显示。

其他重要负荷都是末端双电源互投后接入UPS供电。

4. 体育展示工作间运行方式：

体育展示工作间的供电方式很复杂，运行人员需要引起高度重视。该房间本身没设置UPS，同时和开幕式的LED控制室做过调整，因此造成了同一个房间几个方向的电源进去，永久团队和临时团队要紧密配合，把里面的电源系统用很清晰的图示标示清楚，并要告知用电方。

5. 媒体记者看台运行方式：

媒体记者看台上都是带漏电的单路电源，上级配电箱是从一个双电源互投后的配电箱。在赛事假如晚上下过雨，插座虽然是防水插座，但外表也许有水，当打开防水护盖插入计算机电源插头时，也许会使漏电开关动作，要充分考虑。

四、异常运行方式

（一）配电室异常运行方式

1. 场馆一路10千伏进线开关无压掉闸，高压自投成功。

（1）事件发生后，场馆立即启动Ⅱ级应急预案，场馆电力设施经理应立即组织运行保障人员检查开关动作情况、备用电源和发电机自动投入的情况，检查低压ATS等装置的动作情况，通知各业务口检查负荷情况。

（2）重要负荷备有冷备用发电机的原则上应立即启动，在单电源供电的情况下保证赛时的第三电源热备用状态。

（3）对瞬间失电后不能自行恢复运行的用电设备进行手动恢复。

（4）在应急处置过程中，及时将故障情况、造成的影响和应急处置进展情况上报运行团队和电力保障工作组（现场指挥部）。

（5）及时了解电网情况，在失电的10千伏外电源恢复供电，或电网侧运行方式恢复后，如比赛未开始，应申请及时转为正常运行方式。在比赛进行期间一般可不恢复原正常运行方式。在比赛结束后，经过批准再恢复运行方式。

2. 场馆一路10千伏进线开关无压掉闸，高压备用电源自投不成功，低压自投成功。

（1）事件发生后，场馆立即启动Ⅱ级应急预案，场馆电力设施经理应立即组织运行保障人员检查设备情况、开关动作情况、备用电源和发电机自动投入的情况，检查低压ATS等装置的动作情况，通知各业务口检查负荷情况。

（2）重要负荷备有冷备用发电机的原则上应立即启动，在单电源供电的情况下保证赛时的第三电源热备用状态。

（3）对瞬间失电后不能自行恢复运行的用电设备进行手动恢复。

（4）对高压设备和保护装置进行检查，查找故障点，但在赛时不对高压开关自投装置的缺陷进行检修处理，在失电的10千伏电源恢复供电后，也不恢复停电设备的正常运行方式，但应及时做好应急抢修的准备。

（5）在应急处置过程中，及时将故障情况、造成的影响和应急处置进展情况上报运行团队和电力保障工作组（现场指挥部），必要时请求外部应急抢修支援，经检查为场馆内部设备故障，且需要外部抢修队伍支援时，及时启动应急抢修支援预案。

3. 场馆一路10千伏进线无压掉闸，高、低压备用电源自投均不成功。

（1）场馆运行团队应立即组织检查设备情况、开关动作情况、备用电源和发电机自动投入的情况，检查低压ATS等装置的动作情况，通知各业务口检查负荷情况。

（2）在电力设施经理的组织和指挥下，根据现场实际情况，及时采取最为有效、快捷的措施恢复重要负荷供电，有备用发电机的应立即启动。

（3）因自投不成功且无备用发电机造成负荷停电的，场馆电力保障团队应积极采取其他措施对停电负荷恢复供电，包括采用手动投入其他冷备用电源或环网联络开关，或使用临时替代设备（包括临时发电机、临时电源线等）恢复供电。

（4）及时手动恢复因低压ATS未正确切换造成停电的负荷。

（5）没有备用电源恢复措施的，如果影响到重要负荷供电，在外电源恢复后经过查找、确认和隔离故障点，可通过已恢复的线路对重要负荷进行试发。对非重要负荷不进行试发。

（6）在比赛期间，不对有自投装置缺陷的设备进行检修处理，在失电的10千伏电源恢复供电后，也不恢复停电设备的正常运行方式，但应做好应急抢修的准备。在比赛结束后，经过批准，再进行处理和运行方式的恢复。

（7）在应急处置过程中，及时将故障情况、造成的影响和应急处置进展情况上报运行团队和电力保障工作组（现场指挥部）。做好启动应急抢修支援预案的准备，经检查为场馆内部设备故障，且需要外部抢修队伍支援时，及时启动应急抢修支援预案。

4. 场馆的全部10千伏外电源失电，进线开关无压掉闸。

（1）场馆运行团队应立即组织检查开关动作情况、备用电源和发电机自动投入的情况，检查低压ATS等装置的动作情况，通知各业务口检查负荷情况。

（2）在电力设施经理的组织和指挥下，根据现场实际情况，及时采取最为有效、快捷的措施恢复重要负荷供电，可采取包括手动投入冷备用的电源和环网联络开关、手动投入冷备用发电机、使用临时替代设备（包括临时发电机、临时电源线等）恢复供电、手动试发停电设备等。

（3）在10千伏电源恢复供电后，比赛期间不恢复原正常运行方式。

（4）在应急处置过程中，及时将故障情况、造成的影响和应急处置进展情况上报运行团队和电力保障工作组（现场指挥部）。做好启动应急抢修支援预案的准备，经检查为场馆内部设备故障，且需要外部抢修队伍支援时，及时启动应急抢修支援预案。

（二）发电机异常运行方式

1. 赛前2小时，为场地照明供电的亚力克发电机不能正常启动。

（1）故障发生后，报告场馆电力设施经理。

（2）场馆电力设施经理指挥运行和保驾组人员检查市电备用电源是否正常。

（3）将ATS放在手动位置，手动切换到市电供电回路。然后手动合上场地照明的市电电源开关。

（4）比赛期间安排专人监视照明设备供电情况。

（5）在应急处置过程中，及时将有关情况上报运行团队和电力保障工作组（现场指挥部）。

2. 部分场地照明灯光熄灭（发电机主供部分故障）。

（1）当发现故障发生后，报告场馆电力设施经理。

（2）场馆电力设施经理指挥运行组人员对可能出现故障的电气设备进行巡视检查。从负荷端逐级检查该负荷上级电源及设备情况。检查故障后负荷情况、开关变位情况、自动装置动作情况、应急电源启动情况。保驾组协同检查、分析故障原因。

（3）经检查如发电机故障不能启动，电力保障人员检查ATS是否正常切换到备用电源，当ATS正常切换时，启动照明控制在十几分钟内自行恢复场地灯光；当ATS拒动，则将ATS置于手动位置，手动切换到备用电源。

（4）当发电机正常运行，电力保障人员检查ATS是否误动或烧毁，如ATS误动，及时将ATS放在手动模式；如发现ATS因接触不良烧毁，采用甩开和短接ATS方式进行处理。

（5）比赛期间安排专人监视故障设备状态、终端配电箱运行情况，做好应急抢修准备，赛后进行故障设备的处理。比赛后对故障的装置进行处理，并倒回正常运行方式。

（6）在应急处置过程中，及时将故障情况、造成的影响和应急处置进展情况上报运行团队和电力保障工作组（现场指挥部）。做好启动应急抢修支援预案的准备，经检查为场馆内部设备故障，且需要外部抢修队伍支援时，及时启动应急抢修支援预案。

（三）分系统、分区域异常运行方式

1.BOB 综合转播区的市电主供电源回路失电。

（1）BOB 转播区运行人员立即检查备用发电机启动情况。电力设施经理通知 BOB、亚力克公司技术经理，及时上报场馆运行团队及电力保障工作组。

（2）判断为箱变低压主开关掉闸时，将低压开关拉至检修位置，检查低压主开关，并通知 BOB 及亚力克公司的技术经理检查低压供电设备。

（3）判断为 10 千伏开关掉闸，备用电源有电，而亚力克公司的备用发电机不能自动投入或因故障退出运行时，通知 BOB 技术经理，断开主供市电电源回路，手动投入备用电源回路。

（4）对市电电源失电情况进行检查，查找故障原因，找到故障点后按相关预案及时组织进行应急处置和抢修。恢复完毕后通知 BOB 公司，根据实际情况安排恢复供电方式。

（5）在应急处置过程中，及时将故障情况、造成的影响和应急处置进展情况上报运行团队和电力保障工作组（现场指挥部）。做好启动应急抢修支援预案的准备，经检查市电失电原因为场馆内部设备故障，且需要外部抢修队伍支援时，及时启动应急抢修支援预案。

2. 部分场地照明灯光熄灭（市电供电部分故障）。

（1）当发现故障发生后，报告场馆电力设施经理。

（2）场馆电力设施经理指挥运行和保驾组人员检查设备情况、开关动作情况、自动装置动作情况，重点检查 UPS 装置是否正常。同时要通知场馆设施业务口、场地照明设备厂家检查灯具、灯具末端线路。

（3）如发现 UPS 异常，及时将 UPS 改为旁路运行方式，再查找原因进行处理。安排专人监视故障设备状态、终端配电箱运行情况，做好应急抢修准备赛后进行故障设备的处理。

（4）如发现为 UPS 出线电缆故障，则由保驾组进行应急处置。

（5）在应急处置过程中，及时将故障情况、造成的影响和应急处置进展情况上报运行团队和电力保障工作组（现场指挥部）。做好启动应急抢修支援预案的准备，经检查为场馆内部设备故障，且需要外部抢修队伍支援时，及时启动应急抢修支援预案。

3. 体育馆配电室一路场地照明主供电源失电，UPS 在线运行。

（1）故障发生后，报告场馆电力设施经理。

（2）场馆电力设施经理指挥运行和保驾组人员检查设备情况、开关动作情况、自动装置动作情况，重点检查 ATS 是否拒动。

（3）如发现 ATS 装置误动，将 ATS 装置放在手动位置；如发现其他设备或电缆故障，及时组织保驾人员进行应急处置。

（4）比赛期间安排专人监视故障设备状态、终端配电箱运行情况，做好应急抢修准备，赛后进行故障设备的全面恢复处理。

（5）在应急处置过程中，及时将故障情况、造成的影响和应急处置进展情况上报运行团队和电力保障工作组（现场指挥部）。做好启动应急抢修支援预案的准备，经检查为场馆内部设备故障，且需要外部抢修队伍支援时，及时启动应急抢修支援预案。

4. 成绩处理机房一路电源失电，UPS 报警。

（1）当发现故障发生后，将该情况报告场馆电力设施经理。

（2）场馆电力设施经理指挥场馆内部电力运行、保驾人员从负荷端逐级检查设备运行情况、开关动作情况，对可能出现故障的电气设备进行巡视检查。

（3）如发现 UPS 电源插座、接头松动等明显故障，及时进行现场处理。当成绩处理机房电源侧失电不能及时恢复，及时采取其他应急措施（如使用临时电源线）恢复 UPS 供电，赛后进行处理并倒回正常运行方式。

（4）检查电源失电原因，如发现为外电源故障，按相应预案进行处置；如场馆设备故障，做好应急抢修的准备工作。

（5）比赛期间安排专人监视故障设备状态、终端配电箱运行情况，做好应急抢修准备，赛后进行故障设备的处理。比赛后对故障的装置进行处理，并倒回正常运行方式。

（6）在应急处置过程中，及时将故障情况、造成的影响和应急处置进展情况上报运行团队和电力保障工作组（现场指挥部）。做好启动应急抢修支援预案的准备，经检查为场馆内部设备故障，且需要外部抢修队伍支援时，及时启动应急抢修支援预案。

5. 音响系统的功放设备失电，UPS 在线运行。

（1）当发现故障发生后，报告场馆电力设施经理。

（2）电力设施经理指挥运行、保驾人员检查设备运行情况、开关动作情况，如发现音响系统电源插头、电缆接头松动等问题，可现场及时恢复，如发现电源侧故障且无备用电源时，及时采取临时电源线等应急措施恢复供电。

（3）在应急处置过程中，及时将故障情况、造成的影响和应急处置进展情况上报运行团队和电力保障工作组（现场指挥部）。做好启动应急抢修支援预案的准备，经检查为场馆内部设备故障，且需要外部抢修队伍支援时，及时启动应急抢修支援预案。

6. 现场计时记分系统主用电源故障、ATS 装置未自投。

（1）当发现故障发生后，将该情况报告场馆电力设施经理。

（2）场馆电力设施经理指挥场馆内部电力运行、保驾人员从负荷端逐级检查设备运行情况、开关动作情况，对可能出现故障的电气设备进行巡视检查。

（3）检查中如发现 ATS 拒动未烧毁，将 ATS 置于手动位置，手动切换到备用电源。如电源插头、电缆接头松动等问题，可现场及时恢复处理。对于电源侧失电故障，按照相关预案进行处置。

（4）比赛期间安排专人监视故障设备状态、终端配电箱运行情况，做好应急抢修准备，赛后进行故障设备的处理。比赛后对故障的装置进行处理，并倒回正常运行方式。

（5）在应急处置过程中，及时将故障情况、造成的影响和应急处置进展情况上报运行团队和电力保障工作组（现场指挥部）。做好启动应急抢修支援预案的准备，经检查为场馆内部设备故障，且需要外部抢修队伍支援时，及时启动应急抢修支援预案。

7. 现场计时记分系统 ATS 装置烧坏，影响系统供电。

（1）当发现故障发生后，将该情况报告场馆电力设施经理。

（2）场馆电力设施经理指挥场馆内部电力运行、保驾人员监视设备运行情况、开关动作情况。

（3）发现 ATS 无法恢复时，采用及时甩掉 ATS 短接措施供电。

（4）比赛期间安排专人监视故障设备状态、终端配电箱运行情况，做好应急抢修准备，赛后进行故障设备的处理。比赛后对故障的装置进行处理，并倒回正常运行方式。

（5）在应急处置过程中，及时将故障情况、造成的影响和应急处置进展情况上报运行团队和电力保障工作组（现场指挥部）。做好启动应急抢修支援预案的准备，经检查为场馆内部设备故障，且需要外部抢修队伍支援时，及时启动应急抢修支援预案。

8. 新闻发布厅在新闻发布会前电源插座无电。

（1）当发现故障发生后，将该情况报告场馆电力设施经理。

（2）场馆电力设施经理指挥场馆内部电力运行、保驾人员检查设备运行情况、开关动作情况。

（3）发现电源接头松动、接用负荷过大造成掉闸时，及时进行现场处理。当现场无法及时处理时，采取接入临时电缆和临时电源箱的方法恢复。现场处置后，对于电源侧失电故障，按照相关预案进行处置。

（4）比赛期间安排专人监视故障设备状态、终端配电箱运行情况，做好应急抢修准备，赛后进行故障设备的处理。比赛后对故障的装置进行处理，并倒回正常运行方式。

（5）在应急处置过程中，及时将故障情况、造成的影响和应急处置进展情况上报运行团队和电力保障工作组（现场指挥部）。做好启动应急抢修支援预案的准备，经检查为场馆内部设备故障，且需要外部抢修队伍支援时，及时启动应急抢修支援预案。

9. 竞赛场地内成绩显示器失电。

（1）当发现故障发生后，将该情况报告场馆电力设施经理。

（2）场馆电力设施经理指挥场馆内部电力运行、保驾人员从负荷端逐级检查设备运行情况、开关动作情况，对可能出现故障的电气设备进行巡视检查。

（3）检查中如发现电源插头、电缆接头松动等问题，可现场及时恢复处理。对于现场不能及时恢复的，采用临时电源线及临时配电箱进行应急恢复。负荷恢复后，对于电源侧失电故障，按照相关预案进行处置。

（4）比赛期间安排专人监视故障设备状态、终端配电箱运行情况，做好应急抢修准备，赛后进行故障设备的处理。比赛后对故障的装置进行处理，并倒回正常运行方式。

（5）在应急处置过程中，及时将故障情况、造成的影响和应急处置进展情况上报运行团队和电力保障工作组（现场指挥部）。做好启动应急抢修支援预案的准备，经检查为场馆内部设备故障，且需要外部抢修队伍支援时，及时启动应急抢修支援预案。

10. 现场计时记分系统主用电源故障、ATS 装置未自投。

（1）当发现故障发生后，将该情况报告场馆电力设施经理。

（2）场馆电力设施经理指挥场馆内部电力运行、保驾人员从负荷端逐级检查设备运行情况、开关动作情况，对可能出现故障的电气设备进行巡视检查。

（3）检查中如发现 ATS 拒动未烧毁，将 ATS 置于手动位置，手动切换到备用电源。如电源插头、电缆接头松动等问题，可现场及时恢复处理。对于电源侧失电故障，按照相关预案进行处置。

（4）比赛期间安排专人监视故障设备状态、终端配电箱运行情况，做好应急抢修准备，赛后进行故障设备的处理。比赛后对故障的装置进行处理，并倒回正常运行方式。

（5）在应急处置过程中，及时将故障情况、造成的影响和应急处置进展情况上报运行团队和电力保障工作组（现场指挥部）。做好启动应急抢修支援预案的准备，经检查为场馆内部设备故障，且需要外部抢修队伍支援时，及时启动应急抢修支援预案。

（四）分类设备异常运行方式

1. 设备过温、过负荷预警

（1）发现设备因大负荷运行出现高温时，加强设备运行检查、负荷监视和测温工作。

（2）在运行团队统一协调下，倒出或减少本路所带的非重要负荷，使负荷恢复到合理范围内。

2. 设备接头过温预警

（1）当设备因接头接触不良出现三相接头温差超过10℃，现场运行保障人员应加强设备运行检查、负荷监视和测温工作。

（2）当温度达到85℃需立即向电力保障团队汇报，在运行团队的统一协调下，倒出或减少本路所带的非重要负荷，降低回路电流。

（3）当温度超过125℃且无法通过减负荷方式降低接头温度，运行人员应及时向电力保障团队汇报，必要时采取停电处理的措施。处理过程中和处理结束后，场馆电力保障团队及时向运行团队和场馆电力保障工作组（现场指挥部）汇报。

3. 低压出线开关掉闸，影响网络配线间供电，UPS在线运行。

（1）当发现故障发生后，将该情况报告场馆电力设施经理。

（2）场馆电力设施经理指挥场馆内部电力运行、保驾人员从负荷端逐级检查设备运行情况、开关动作情况，对可能出现故障的电气设备进行巡视检查。

（3）采用临时电源线及时恢复网络配线间UPS供电。

（4）比赛期间安排专人监视故障设备状态、终端配电箱运行情况，做好应急抢修准备，赛后进行故障设备的处理。比赛后对故障的装置进行处理，并倒回正常运行方式。

（5）在应急处置过程中，及时将故障情况、造成的影响和应急处置进展情况上报运行团队和电力保障工作组（现场指挥部）。做好启动应急抢修支援预案的准备，经检查为场馆内部设备故障，且需要外部抢修队伍支援时，及时启动应急抢修支援预案。

4. 临时供电设施低压终端箱无电

（1）临时供电设施保障人员应第一时间到达现场，从终端箱向上逐级检查设备状况和开关动作情况。

（2）检查上级配电箱出线开关是否动作，双路供电的ATS是否自投成功。

（3）当发现电缆接头松动，可现场处理时应及时处理。当发现上级低压开关掉闸，ATS拒动时，将ATS置于手动位置，手动切换到备用电源。对单路电源供电，现场无法及时恢复的，采用临时电源供电等其他措施进行恢复。

（4）经检查发现如电缆故障或配电箱设备故障，可在应急处置后断开故障电缆的出线开关，挂好地线进行处理，处理后通知相关部门恢复正常运行方式。

5. 赛前2小时为场地照明供电的UPS装置环境温度超过30℃

（1）灯光控制室运行人员立即向电力设施经理汇报。

（2）电力设施经理指挥运行保障人员检查空调系统供电情况，打开控制柜门并加强灯光控制室的通风，必要时采用强制通风设备进行应急降温。指挥保驾人员检查UPS控制系统运行情况，及时采取措施，同时通知其他业务口检查空调机组。

（3）当发现空调机组停电时，应按相关预案对停电故障进行应急处置，及时恢复空调系统供电。

（4）比赛期间安排专人监视故障设备状态、终端配电箱运行情况，做好应急抢修准备，赛后进行故障设备的处理。比赛后对故障的装置进行处理。

6. 配电室通风不良，低压总开关或电缆温度过高。

（1）配电室运行人员及时报告场馆电力设施经理。

（2）电力设施经理指挥运行、保驾人员对电气设备进行检查和测温、测负荷，确定处置方案。

（3）检查配电室通风设施，加强配电室通风。如发现通风系统设备或电源故障，及时按相关预案组织抢修。另外，可采用临时风扇强制通风。

（4）上述措施不能解决问题时，可对该回路非重要负荷采取适当限电措施。

（5）在应急处置后组织人员加强巡视，做好应急准备。

（6）在应急处置过程中，及时将故障情况、造成的影响和应急处置进展情况上报运行团队。

（五）极端天气异常运行方式

1. 高温湿热橙色警报

（1）场馆电力保障团队接到高温湿热橙色预警后，在电力设施经理的组织下，对可能影响场馆供电的因素进行分析时，及时启动Ⅳ级电力突发事件，所有运行保障人员和应急小组人员到位，检查供电设备及负荷情况，加强测温测负荷工作。

（2）通知各业务口检查空调运行情况，确保技术、转播等业务口的重要设备运行正常。

（3）检查和开启配电室、箱变通风设施。

（4）准备好应急通风降温设备和应急抢修工器具。

2. 降雨异常天气预警

（1）场馆运行团队接到降雨异常天气预警后，电力设施经理指挥运行保障人员对露天设备进行检查，重点检查露天配电设备的防雨密封情况。

（2）检查低洼处设备排水通道是否畅通。

（3）准备做好抽水泵、防雨布等防汛应急物资，必要时对设备进行加盖。

（4）应急保障人员上岗，必要时现场职守，做好应急抢修准备。

（5）降雨来临后，及时检查和处理设施漏雨情况，检查设备运行情况，并将有关情况向电力保障工作组（现场指挥部）汇报。

第六节　临电系统与赛时保驾

一、概述

2008年，北京成功举办了第29届奥运会、13届残奥会。在国家体育场（鸟巢）举行的第29届奥运会、13届残奥会开、闭幕式演出更是精美绝伦、无与伦比，震撼了中国、震撼了世界。奥运会、残奥会开、闭幕式演出除了常规演出灯光、音响设备外，还采用了多媒体数码灯光系统、多层空间、多媒体机械化舞台系统、超大规模LED系统、空中威亚系统、白玉盘系统、智能草坪系统、大型演出及仪式指挥监控系统、内部通信系统。针对奥运会、残奥会开、闭幕式演出设备多、分布广、供电要求高等诸多要求，开、闭幕式电力保障团队对奥运会、残奥会开、闭幕式演出供电、配电、用电系统深入分析其可靠性，采取了积极应对措施，使电力系统运行做到了“不能出现万一”的最高标准。

二、奥运会、残奥会开、闭幕式演出电力系统设施技术要求

（一）开、闭幕式演出电力负荷需求

开、闭幕式演出分为奥运会开幕式、闭幕式；残奥会开幕式、闭幕式四场演出，共涉及九大电力系统，包括灯光、音响、LED、地面及上空设施、指挥监控、内部通信、火炬塔装置、焰火、控制系统等，开闭幕式的用电为临时性负荷，负荷等级均为一级负荷中特别重要负荷，开、闭幕式四场演出的地面、上空设备等有所不同，其中奥运会开幕式的设备用电负荷最大，用电最大负荷10500kW（计算负荷）。

奥运会开幕式用电负荷见表15-19；

奥运会闭幕式用电负荷见表15-20；

残奥会开幕式用电负荷见表15-21；

残奥会闭幕式用电负荷见表15-22；

（二）供电电源

特别重要负荷供电电源由两个独立的10kV电源供电，当一个电源发生故障时，另一个电源不应同时受到影响。同

奥运会开幕式用电负荷表　　表15-19

序号	设备名称	安装功率	需要系数	计算功率	备注
1	灯光	6440kW	1.0	6440kW	
2	音响	1471kW	0.54	793kW	
3	上空设备	1600kW	1.0	1600kW	
4	地面设备	1600kW	1.0	1600kW	
5	火炬塔动力	74kW	1.0	74kW	与其他负荷不同时使用
6	火炬塔灯光	35kW	1.0	35kW	与其他负荷不同时使用
7	开幕式LED	3000kW	0.33	990kW	

续表

序号	设备名称	安装功率	需要系数	计算功率	备注
8	场地通信设备	60kW	0.8	48kW	
9	通信控制及设备机房	30kW	0.9	27kW	UPS 电源
10	灯光控制	30kW	1.0	30kW	UPS 电源
11	音响控制	50kW	1.0	50kW	UPS 电源
12	设备控制	15kW	0.9	14kW	UPS 电源
13	指挥监控系统	21kW	0.9	19kW	UPS 电源
14	视频控制系统	60kW	0.9	54kW	UPS 电源
15	合计			11665kW	
16			同期系数 0.9	10500 kW	

奥运会闭幕式用电负荷表 **表 15-20**

序号	设备名称	安装功率	需要系数	计算功率	备注
1	灯光	6440kW	1.0	6440kW	
2	音响	1471kW	0.54	793kW	
3	上空设备	1600kW	1.0	1600kW	
4	地面设备	700kW	1.0	700kW	
5	火炬塔灯光	35kW	1.0	35kW	
6	场地通信设备	60kW	0.8	48kW	
7	通信控制及设备机房	30kW	0.9	27kW	UPS 电源
8	灯光控制	30kW	1.0	30kW	UPS 电源
9	音响控制	50kW	1.0	50kW	UPS 电源
10	设备控制	15kW	0.9	14kW	UPS 电源
11	指挥监控系统	21kW	0.9	19kW	UPS 电源
12	视频控制系统	60kW	0.9	54kW	UPS 电源
13	合计			9810kW	
14			同期系数 0.9	8829kW	

残奥会开幕式用电负荷表 **表 15-21**

序号	设备名称	安装功率	需要系数	计算功率	备注
1	灯光	6440kW	1.0	6440kW	
2	音响	1471kW	0.54	793kW	
3	上空设备	1600kW	1.0	1600kW	
4	火炬塔动力	74kW	1.0	74kW	与其他负荷不同时使用

续表

序号	设备名称	安装功率	需要系数	计算功率	备注
5	火炬塔灯光	35kW	1.0	35kW	与其他负荷不同时使用
6	场地通信设备	60kW	0.8	48kW	
7	通信控制及设备机房	30kW	0.9	27kW	UPS 电源
8	灯光控制	30kW	1.0	30kW	UPS 电源
9	音响控制	50kW	1.0	50kW	UPS 电源
10	设备控制	15kW	0.9	14kW	UPS 电源
11	指挥监控系统	21kW	0.9	19kW	UPS 电源
12	视频控制系统	60kW	0.9	54kW	UPS 电源
13	残开白玉盘	880kW	1.0	880kW	
14	残开雾森	82.5kW	1.0	82.5kW	
15	合计			10038kW	
16			同期系数 0.9	9034kW	

残奥会闭幕式用电负荷表　　表 15-22

序号	设备名称	安装功率	需要系数	计算功率	备注
1	灯光	6440kW	1.0	6440kW	
2	音响	1471kW	0.54	793kW	
3	上空设备	1600kW	1.0	1600kW	
4	火炬塔灯光	35kW	1.0	35kW	
5	场地通信设备	60kW	0.8	48kW	
6	通信控制及设备机房	30kW	0.9	27kW	UPS 电源
7	灯光控制	30kW	1.0	30kW	UPS 电源
8	音响控制	50kW	1.0	50kW	UPS 电源
9	设备控制	15kW	0.9	14kW	UPS 电源
10	指挥监控系统	21kW	0.9	19kW	UPS 电源
11	视频控制系统	60kW	0.9	54kW	UPS 电源
12	残闭智能草坪	67kW	0.7	47kW	
13	残闭雾森	173kW	1.0	173kW	
14	合计			9330kW	
15			同期系数 0.9	8397 kW	

时设柴油发电机组作为市电的备用电源，关键负荷设 UPS 提供不间断供电电源。

（三）供配电系统

供配电系统的设计须满足电源质量和可靠性的要求。

1. 电源质量包含电压和谐波两个指标，一个供电系统要保证高品质的电源质量，需要满足电压偏差和电源谐波含量在允许的范围内。

（1）用电设备端子处电压偏差不应大于 ±5%。

（2）220/380V 低压系统谐波电压限制：总谐波畸变率不大于 5%、奇次谐波不大于 4.0%、偶次谐波不大于 2.0%。

2. 为保证供电系统可靠性和电源质量，配电系统采取如下措施：

（1）提高供配电的可靠性

1）同类型负荷由变电所同一低压母线段采用放射式供电，尽量减少配电级数，避免相互影响。

2）指挥监控系统、通信系统及其他各控制系统采用集中不间断电源（UPS）供电。

3）选用高品质的断路器和负荷开关。

4）配电电缆采用低烟无卤、阻燃、防水、防油污的特殊制造电缆，保证供电电缆可靠。

（2）减小电压偏差

1）合理选择电源电缆路径，适当增大配电电缆截面，降低系统阻抗。

2）采用补偿无功功率措施。

3）三相负荷须保持平衡。

（3）谐波

1）优化配电系统和增加配电回路。

2）关键节点上设置谐波滤波器。

滤波器是用来限制或减少有害的电流，减少导线上的谐波负载。滤波器的设计由它要被安装处的设备确定，如果设备上的关键元件发生变化，滤波器就可能失效。

3）优化断路器和配电屏

谐波会产生过热现象，选用提高参数的断路器可对整个设备起到保护作用。中性线的电缆截面至少等于相线电缆截面。

（四）变配电系统

1. 变配电系统方案

10/0.4kV 变压器按（1）上空、地面设备、火炬塔装置及 LED、（2）灯光、（3）音响、（4）控制系统等四个系统分别独立设置，这样可以避免不同系统之间电源的相互干扰。

音响供电系统独立于其他各部门供电系统。

四层各控制系统用电采用集中 UPS 电源供电。

2. 功率因数补偿

功率因数采用在变压器的低压侧进行集中无功功率补偿，功率因数补偿到 0.95 以上。

三、开闭幕式供电电源系统

根据电源供电半径的要求，以国家体育场东、西中心线为分界，将开闭幕式用电负荷划分为南、北两个区域，南、北两侧分别设置一个临时箱变群，负责向各自区域负荷供电。

开闭幕式全部负荷由国家体育场永久供电设施和开闭幕式临时供电设施供给电力，最大负荷发生在 20 时 30 分左右，为 10850 千瓦，另外有 396 千瓦演出照明负荷由亚力克临时发电机供电，故最大负荷值为 11246 千瓦，其中 8150 千瓦由永久供电设施供电。

（一）国家体育场永久高压配电室运行方式

国家体育场分为南（3#）和北（1#）两个总配电室，两个配电室分别从安慧、惠翔 110kV 站各引入一路电源，同时两个配电室用站间联络电缆进行连接，其接线图见附图三。正常运行方式下，四路进线同时供电，各带一段母线运行，北站 203、206 开关、南站 203、206 开关线路保护正常运行时均投入运行。正常方式下，206 开关都处于合位，投入馈线保护，203 开关都处于分位，是电源开关，自投投入运行。

若以北站 201 线路失压为例，北站 201 线路故障，安慧变电站 232 线路掉闸，国家体育场北站 4# 母线无压，201 开关掉闸，投入母联 245 开关，若 245 开关投不上，再投站联 203 开关。

若以南站 202 线路失压为例，南站 202 线路故障，惠翔变电站 261 线路掉闸，国家体育场南站 5# 母线无压，202 开关掉闸，投入母联 245 开关，若 245 开关投不上，再投北站站联 203 开关，南站 206 开关受电。

永久设施有两个总配 1# 和 3# 总配，六个分配，总容量 28130 千伏安。场内安装两台永久发电机，每台 1680 千伏安。永久发电机平时是冷备用，只有当一路电源失去时才启动，当再失去另外一路电源时自动投入，自动投入靠 ATS 来执行，当市电恢复后由手动根据比赛的要求来倒回市电。

开闭幕式期间，永久供电设施主要为南、北文字屏和图像屏、强电设备间、移动通信、北电动旗杆、音响设备（部分功放）、媒体、空调系统、建筑外景照明等供电。

（二）开闭幕式临时供电系统

在体育场南、北两座箱变群各自建设一座临时开闭站，每座开闭站都从安慧和惠翔站取得两路电源。南开闭站带8组临时箱变，北开闭站带6组临时箱变。每组箱变设两台变压器，从开闭站取得双路电源。开闭站和箱变低压侧都有母联开关，高低压母联开关都具有自投和合环操作功能，其接线图见附图四。

除四层中控室和五层火炬控制室从临时箱变取得双路电源，末端经ATS双电源切换后供至UPS外，其他全部采用单路电源供电方式。南北箱变群供电负荷为：灯光、音响、LED、上空设备、餐厅等。开闭幕式升降舞台由永久配电设施5#配电室供电，其供电方式为从5#配电室供出4路单电源至基坑内的4个配电柜，场外配备了两台1600千瓦的涡轮发电机（车载），为这4个配电柜提供备用电源，开闭幕式期间，市电主供，发电机处于热备用状态。

演出数码灯、投影灯、追光灯供电方式为在开闭幕式期间由黄寺220kV系统电源、奥运村220kV系统电源和亚力克发电机系统分别供电，以保证其较高的供电可靠性。其他电脑灯、音响、上空设备、LED的箱变的发电机做热备用状态，市电主供。

（三）柴油发电机组

临时柴油发电机组（亚力克公司提供）安装在南、北箱变群区域，靠近箱式变电站。南区临时箱变群集中布置15台总容量10800千伏安发电机组；北区临时箱变群集中布置8台总容量6100千伏安发电机组；中心舞台配备了2台车载1600千瓦的涡轮发电机，位于东北出口处；永久供电系统配备2台1680千瓦发电机（安装在建筑物内），系统接线见附图四，灯光发电机接线见附图五。

为了保证开闭幕式电力供应“万无一失”，除了双路10千伏市电供电外，所有开闭幕式负荷配备了柴油发电机组。NZ1、SZ1箱变的4#母线在开闭幕式演出时，柴油发电机作为主供电源，市电电源作为备用电源，其他开幕式演出负荷由市电作为主供电源，临时柴油发电机和发电车作为备用电源（发电机启动备用），一旦市电电源故障，发电机组自动投入，承担全部负荷供电，建筑物内安装的发电机冷备用。

（四）临时供电系统的变压器及柴油发电机的配置

由于开闭幕式演出大量非线性设备的应用，如：灯光全部为气体放电灯、机械设备绝大部分变频控制、LED显示屏等，为了避免非线性设备在电网中产生的谐波对其他设备的干扰，采取了不同类型设备由不同变压器供电的方案，在低压配电系统上使各类负荷没有物理上的联系。

开闭幕式临时供电系统变压器及发电机组配置见表15-23：

开闭幕式临时供电系统变压器及发电机组配置表　　表15-23

箱变名称	所带变压器（kVA）	变压器数量（台）	变压器容量（kVA）	发电机组（kVA）	10kV进线电源	负荷性质
南区1#开闭站					安慧＼惠翔	
SZ1箱变	2x1000	2	2000	2×800	南区1#开闭站	灯光
SZ2箱变	2x500	2	1000	2×1000	南区1#开闭站	灯光
SS1箱变	2x800	2	1600	1×1000	南区1#开闭站	上空设备
SY1箱变	2x500	2	1000	2×800	南区1#开闭站	音响
SC1箱变	2x1000	2	2000		南区1#开闭站	VIP餐厅
SL1箱变	2x1250	2	2500	2×800	南区1#开闭站	LED
SZ3箱变	2x1250	2	2500	6×500	南区1#开闭站	灯光
SZ4箱变	2x1000	2	2000		南区1#开闭站	灯光
南区汇总		16	14600	10800		
北区2#开闭站					安慧＼惠翔	
NZ1箱变	2x1250	2	2500	2×800	北区2#开闭站	灯光

续表

箱变名称	所带变压器（kVA）	变压器数量（台）	变压器容量（kVA）	发电机组（kVA）	10kV 进线电源	负荷性质
NSL 箱变	2x1000	2	2000	2×800	北区 2# 开闭站	上空设备、LED
NY1 箱变	2x500	2	1000	1×500	北区 2# 开闭站	音响
NK1 箱变	2x500	2	1000	1×800	北区 2# 开闭站	控制中心
NZ2 箱变	2x1000	2	2000	2×800	北区 2# 开闭站	灯光
NZ3 箱变	2x800	2	1600		北区 2# 开闭站	灯光
北区汇总		12	10100	6100		
5# 配电室	2x2000	2	4000	2×1600	3# 配电室	地面舞台
汇总		28	28700	20100		

（五）开闭幕式供电系统的保护配置情况

1. 永久供电设施的保护配置

第一级：北配电室的安慧 232、惠翔 238 和南配电室的安慧 262、惠翔 261，保护时间为 1.1 秒和 0.8 秒；

第二级：南、北配电室的 203、206，保护时间为 0.8 秒和 0.3 秒；

第三级：南、北配电室的所有出线，保护时间为 0.5 秒和 0 秒；

另外，自投只考虑 245 自动投入，不考虑 203 自动投入，无压掉时间压缩到 1.5 秒，自投时间仍为 0.3 秒；由于保护装置只能采用一侧母线电压实现复压闭锁，故后加速时间均为 0.2 秒，以躲过自投瞬间涌流的影响和电压建立的时间；放电时间 0.5 秒以保证跟上级速断的配合；合环 0.2 秒按照通常情况考虑。

如图 15-10 所示，国家体育场进线配置过流、零序给母联放电的 RCS-9611H 保护；203、206 处配置无压掉自投保

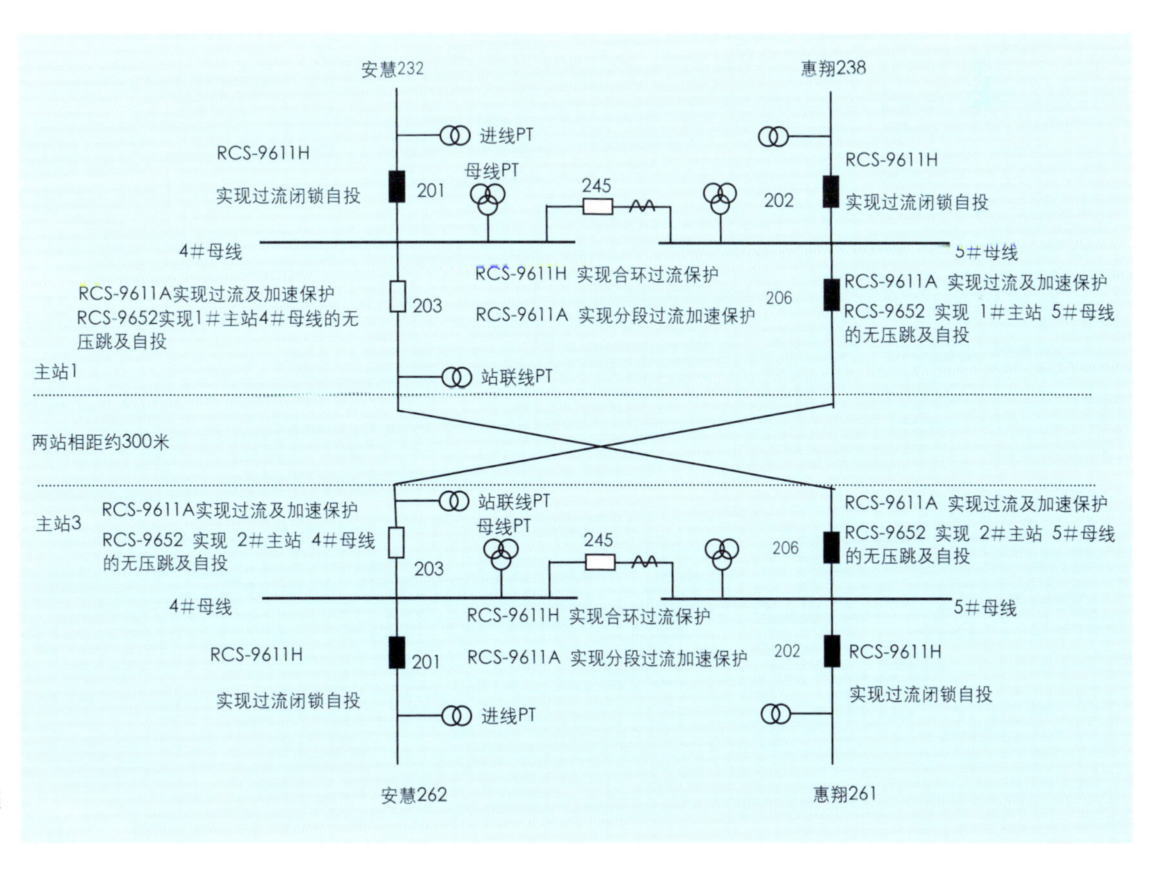

图 15-10　四电源实际系统接线及保护配置

护和过流、速断及后加速保护，以实现自投 245 和手动投入 203 时，203、206 处有第二级过流、速断保护；245 处配置合环保护及后加速保护，以实现合环功能，同时确保自投故障上时后加速快速跳闸功能。

定值配置主要按照三级配置过流、速断、零序，时间级差按照 0.3 秒考虑。永久供电设施配电室低压系统的母联开关装有自投装置，时间为 2.5 秒，低压供电系统采取停电倒闸方式。

2. 临时供电设施的保护配置

定值配置主要按照三级配置过流、速断、零序，时间级差按照 0.3 秒考虑。

第一级：南、北临时开闭站电源线路配备了快速纵差保护；

第二级：南、北临时开闭站的所有出线，保护时间为 0.5 秒和 0 秒；

另外，自投只考虑 245 自动投入，无压掉时间压缩到 1.5 秒，自投时间仍为 0.3 秒；后加速时间为 0.2 秒；放电时间 0.5 秒以保证跟上级速断的配合；合环 0.2 秒按照通常情况考虑。

临时供电设施安装的箱式变电站低压系统的母联开关装有自投装置，时间为 2.5 秒；为便于运行管理低压母联开关配置了合环保护，采取合环倒闸操作方式。

四、供电电源运行方式

开闭幕式供电电源包括市电 10kV 电源、10\0.4kV 变压器、220/380V 低压母线系统、柴油发电机组备用电源、UPS 电源，根据开闭幕式负荷特点，优化各类电源运行方式，为开闭幕式供电提供多重保障。

（一）每组箱变内 2 台变压器冗余备份，正常时每台变压器各带 50% 负荷，一台变压器故障时，另一台变压器可带全部负荷。

（二）发电机组按全负荷备份设置，当市电故障时，发电机组可以带全部演出负荷。

（三）当一路 10kV 电源故障时，母联自投，另一路电源带全部负荷，自投时间约 1.5s。

（四）当一组箱变内一台变压器故障时，母联自投，另一台变压器带全部负荷，自投时间约 2.5s。

（五）在演出前，发电机组启动运行，处于热备份状态，当一组箱变内 2 台变压器同时故障时，发电机组自动投入带全部负荷，自投时间约 4s ～ 5s。

（六）灯光发电机组与变压器在演出时同时各带 50% 负荷运行，任意一个电源故障时，母联自投，自投时间约 2.5s。

（七）由于母联开关有动作时间，将造成用电负荷瞬间停电，重要负荷采取 UPS 供电。

（八）10kV 高压母联系统和 220/380V 低压母联系统均可采用合环倒闸。当一路 10kV 电源出现预知故障或一组箱变内一台变压器出现预知故障时，母联先合后分，另一路电源带全部负荷。

（九）电力监控：对于开闭幕式供电超大供电系统，电力智能监控系统的完美设置，极大地提高了供电系统的可靠性和完整性。经过对各变电站各重要设备及供电回路的实时监控，对系统运行有一定的提前判断、对出现的故障及时报警、及时处理。

（十）电力公司加强大区域和城市高压电网设备巡视，防外力事故，确保变电站 10kV 电源安全可靠运行。

五、开闭幕式电源配电系统

开闭幕式临时供电设施共设置 213 台二级配电箱，160 公里电力电缆。二级配电箱分布在体育场基坑内、一层看台下环廊、一层观众席后平台、二层观众席前沿、三层观众席前沿、三层看台后平台、三层看台下出口后平台、屋盖结构内、鸟巢外围、控制室电源间、火炬塔控制室。二级配电箱由南北箱变群及 5# 配电室接引电源，提供开闭幕式各系统用电

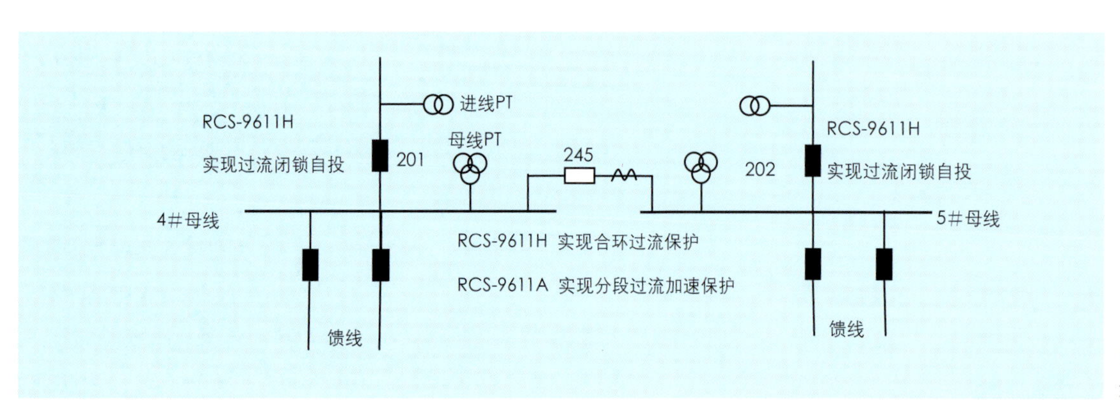

图 15-11 南、北开闭站系统接线及保护配置

电源，配电系统包括供电电缆和配电箱、断路器和智能监视仪表。

（一）负荷等级及配电方式

奥运开闭幕式用电负荷等级为特别重要负荷。

低压配电系统电源引自南北箱变群，电压等级为220/380V。

容量较大的负荷采用放射式供电；对于容量较小的负荷采用树干式与二级配电相结合的供电方式。所有均采用电缆供电。

（二）单电源供电方式

开闭幕式演出灯光、音响、上空、地面、LED等设备分布广泛、供电回路多且距离远。由南北箱变群引至各个配电箱的电缆大约160km。

如果开闭幕式演出灯光、音响、上空、地面、LED等设备供电采用双电源供电方式，则在设备末端处必须安装ATSE双电源转换开关，其转换时间应长于2.5s，这个断电时间是演出不允许的，换言之，就不允许断电。另外，ATSE双电源转换开关数量很多，由于开关故障造成停电的机率也就增加了，供电可靠性反而更低。

根据运行经验证明，在正确可靠施工并试验合格后，变压器和线路都是可靠的供电元件，在10kV多路电源供电，又设柴油发电机组备用电源的情况下，由于线路故障造成用电设备断电的情况是极少的，而这种事故往往都是由于误操作造成的，在加强电力保障、健全必要的规章制度后是可以避免的。如果不着眼于提高保障、维护管理水平，只在供电系统上层层保险，过多地建设电源线路，不但造成大量浪费而且事故也终难避免。另一方面，如果供电线路处于危险之中，如消防用电设备，则必须考虑一条线路损坏，另一条线路应能供给全部负荷用电。

综合以上所述，开闭幕式演出设备除了四层控制室、火炬塔供电采用双电源供电到末端外，其余设备均采用由南北箱变群单电源供电到末端的方式。

（三）配电箱

从以下几个方面实现配电系统配电箱的供电可靠要求。

1. 在零层室内安装的配电箱柜的防护等级为IP20，其他区域的配电箱柜、插座箱等的防护等级均为IP54，所有配电箱柜必须做好安全防护措施。

2. 配电箱柜内的断路器采用国际知名品牌的高标准产品。塑壳断路器分断能力要求不低于30kA。塑壳断路器设短路速断、短路短延时和过负荷保护，过负荷保护仅报警不跳闸。自动转换开关采用带零点（中间全断开，具有隔离功能）的PC级ATSE自动转换开关。

3. 配电箱柜必须考虑板前接线，并要预留足够的接线操作空间。

（四）供电电缆

遵循国家奥林匹克委员会“科技奥运”、“绿色奥运”的理念，通过对北京市气候环境的了解分析，对国家体育场现有条件分析研究，并结合前几届奥林匹克运动会临时供电电缆的使用经验。确定配电线路电缆必须满足：可自由收放重复利用、低烟、无卤（无毒）、A类阻燃、防水、防油污等条件。

主要技术参数：

系统额定电压：0.6/1kV

导体：最高额定温度为90℃。短路时（最长持续时间不超过5s）电缆导体最高温度不超过250℃。导体结构应符合GB/T3956规定第5类导体结构绝缘：应采用符合DIN VDE0207或EN50264规定的特种交联型橡胶绝缘材料。采用乙丙橡皮（EPR）材料，其性能符合IEC60502-2标准。绝缘厚度标称值符合DIN VDE 0282-12的规定。

护套：应采用符合DIN VDE0207或EN50264规定的特种交联型弹性体护套材料。采用低烟无卤交联型阻燃材料，其性能符合EN0207的性能要求。护套的标称厚度符合DIN VDE 0282-12的规定。

电缆的阻燃性能：电缆应通过GB/T18380.3规定的成束电缆垂直燃烧试验。

电缆的低烟性能：电缆低烟性能应经受GB/T17651规定的烟密度试验，透光率应不小于60%。

电缆的无卤性能：在GB/T17650规定试验条件下，电缆燃烧时逸出气体的pH值不小于4.3，导电率不大于10μS/mm。

电缆的径向防水、防潮性能：成品电缆应进行防潮性能试验，试验时将3m长的电缆样品浸在0.3m深的常温水溶液中（两头露出水面），72h后取出，去除绝缘层外面的保护层后，用肉眼观察，绝缘层表面应是干燥的。

可移动性：满足移动的要求，应便于电缆收放，且电缆弯曲半径不大于电缆直径的6倍。电缆具有较好的抗拉、抗挤压、抗扭转、抗动态弯曲性能，以至于在安装和拆卸的过程中不会损坏。

确定配电线路电缆型号选用：NHXHX-F系列—额定电压0.6/1kV乙丙橡胶绝缘热固性橡胶护套低烟无卤软电缆。

（五）电缆的截面选择和配电线路电压损失的解决

由于临时供电变配电站的位置在国家体育场的南北两

端，大部分用电设备距变配电站的距离超出规范规定的合理供电半径。

北京奥运会开闭幕式《国家体育场开闭幕式用电需求说明》要求：用电设备的端子处电压偏差不应大于 +5% ~ -5%。如果采用提高电缆截面的方法来降低线路电压损失，会使投资大大增加。

本工程的电缆截面选择，除了部分超过 300 米距离大容量配电回路电缆截面提高一级外，其他线路均按载流量选择电缆截面。所有灯光配电回路在其所供用电设备的额定电流下的配电电缆电压损失不大于 7%，其他配电回路在其所供用电设备的额定电流下的配电电缆电压损失不大于 8%。所以为保证北京奥运会开闭幕式《国家体育场开闭幕式用电需求说明》的电压偏差要求，南北箱变群低压配电柜开关出口端电压必须保证在额定电压的 103% ~ 105% 之间。

南北箱变群及 5# 配电室实际运行变压器空载电压为 400V，满足了低压配电柜开关出口端电压达到 105% 的要求。

六、开闭幕式用电设备电源系统

开闭幕式临时用电设施共设置 291 台三级配电箱，配电箱分布在体育场基坑内、一层看台下环廊、一层观众席后平台、二层观众席前沿、三层观众席前沿、三层看台后平台、屋盖结构内、灯光控制室、音响控制室、上空设备控制室、地面机械控制室、LED 控制室、通信控制室、指挥监控控制室、灯光多媒体室、火炬塔控制室。三级配电箱由二级电源箱接引电源，提供开闭幕式各系统用电设备配电，配电系统包括配电箱、断路器和供电电缆。

开闭幕式用电设施的电源故障风险分析及技术措施

（一）演出灯光系统

1. 演出灯光在开幕式期间处于全部点亮状态，无频繁开关操作。依靠电脑控制换色器完成不同场景切换。

2. 灯光供电电源分别由南区箱变提供 31 路供电回路，北区箱变提供 27 路供电回路，采用相间供电方式，任一回路电源故障，仅影响局部区域灯光。

3. 开闭幕式所有灯光负荷采用柴油发电机组作为备用电源。

4.2583 台专业演出灯具采用了超过 80000 个通道的庞大控制系统，采用先进的数字光纤传输系统，全场设置了 15 台控制基站，任一个基站电源故障将造成大面积灯光熄灭，为确保基站电源，所有基站均采用在线式 UPS 供电。

5. 演出电脑灯均采用热启动装置，但是灯具自身的控制单元恢复供电后需要自检 1 ~ 2 分钟，所以，在演出时，某路电源一旦间断，相应灯具 1 ~ 2 分钟才能正常运行。

6. 多媒体投影灯和电影机、追光灯、PIGI 灯，电源一旦中断后再恢复供电，需要 10 ~ 20 分钟才能正常运行，所以，在演出时，必须确保其电源不间断，不能进行备用电源的切换，对此类负荷，发电机组作为主供电源，市电作为备用电源。

（二）演出音响系统

1. 开闭幕式演出专用音响电源分别由南区箱变提供 11 路供电回路，北区箱变提供 9 路供电回路，采用相间供电方式，任一回路电源故障，仅影响局部音响。

2. 音响负荷全部采用柴油发电机组作为备用电源。

3. 音响系统共用 516 只音箱或功放，采用先进的数字光纤传输系统，全场设置了 19 台控制基站，任一个基站电源故障将造成区域音响失效，为确保基站电源，所有基站均采用双路电源供电（基站具备两路电源输入端口），并在其中一路电源上安装在线式 UPS。

（三）LED 系统

1.LED 系统在开幕式期间处于全部通电状态，无频繁开关操作。

2. 所有 LED 设备均采用柴油发电机组作为备用电源。

（四）地面及上空设备系统

所有设备电机均有备份，其供电电源还采用柴油发电机组作为备用电源，各 PLC 控制器自带后备电源。控制系统采用主、备控制台操作模式。

（五）火炬塔系统

火炬塔采用柴油发电机组作为备用电源，双电源供电末端切换，PLC 控制器自带后备电源，点火控制系统采用在线式 UPS 供电。

（六）控制室

灯光、音响、LED 播放、设备、通信、指挥监控、焰火系统等控制室电源采用柴油发电机组作为备用电源，双电源供电末端切换，还设有一台集中在线式 UPS 电源。

七、UPS 电源

开闭幕式控制系统在用电末端安装在线式 UPS 电源，满足不间断供电的要求，保证各系统演出程序指令在电源切换时正常运行。

开闭幕式各控制系统安装 UPS 如表 15-24：

开闭幕式各控制系统 UPS 安装表 表 15-24

序号	安装位置	负荷名称	数量（台）
1	四层控制室电源间	灯光控制、音响控制、上空设备控制、LED 播放及控制、焰火控制、内部通信，指挥监控	1
2	音响控制室	调音台	1
3	灯光控制室	灯光总基站	1
4	地面舞台控制室	地面舞台控制	1
5	多媒体播放室	灯光多媒体播放	1
6	场地内、三层看台后部	音响基站	19
7	主席台	主席台话筒及基站	1
8	二层看台前沿、三层看台前沿、屋架内	灯光基站	14
9	火炬塔控制室	火炬点火控制	1

八、大负荷试验

（一）开闭幕式的高低压配电装置设备送电后，需要经过大负荷的测试，检验设备的各项技术指标是否符合设计要求、检验设备的供电能力是否与实际用电需求相匹配，及时发现设备的安全隐患和缺陷，确保开闭幕式供用电的可靠性。

（二）测试范围

包括开幕式电气设施中的所有电气设施，包括发电机组、10kV 设备、变压器、配电开关、电力电缆。测试过程开启全部的灯光、LED 和音响、部分动力设备。

（三）测试时间

满负荷运行期间各回路电流、电压、温度等运行三小时后进行测试。

（四）测试仪器仪表

红外测温成像仪、钳型电流电压表等。

（五）大负荷试验重点监测参数

1. 10 千伏设备

母线的电压、负荷电流、功率因数，电缆、各馈出回路负荷电流，设备各电气载流部位的温度。

2. 配电变压器

变压器高低压电压、三相负荷电流，低压 N 线零序电流。变压器一、二次瓷头、载流导体的温度，变压器线圈的温升。

3. 0.4 千伏设备

低压配电装置：母线、低压断路器、隔离开关、插接头电气元器件负荷电流，电压和电气载流器件部位的温度。

4. 低压馈线路

各配电线路三相负荷电流、N 线电流，开关、电缆温度。

5. 低压配电箱

电气元器件、连接线等承载的三相负荷电流、电压、N 线电流和电气连接部位的温度。

6. 重要用电设备用电负荷或容量较大的设备

启动电流、正常负荷电流和电压。

7. 对电能质量敏感的重要负荷

谐波监测记录，进行瞬时电压波动在线监测。

（六）大负荷测试结果分析

1. 测试过程

（1）2008 年 6 月 28 日 17：30 南、北区所有箱变倒方式（合 445 开关，合环选跳 402 开关）负荷全部倒由 1# 变压器带，负荷运行一小时后（19：00）开始进行变压器及所有出线路测负荷、测温工作，20：20 工作结束。

（2）20：30 南、北区所有箱变倒方式（合 402 开关，合环选跳 401 开关）负荷全部倒由 2# 变压器带，负荷运行半小时后（21：30）开始进行变压器测负荷、测温工作，22：00 工作结束。

通过对检测数据的分析，由于国家体育场开闭幕式音箱、动力设备和中控室等负荷未投运，因此国家体育场最大负荷为 28130kVA，总负荷率为 21.3%，处于较低的负荷率水平，未发现过负荷和温度、电压异常情况。

2. 参数标准及数据分析

（1）10kV 设备

1）电压分析

A）参数标准

低压母线额定电压：380kV，比例参考范围：0% ~ 7%，数值参考范围：380V~400V

B）过电压情况：略

C）根据数据分析，测量点电源电压处于稳定状态。

2）电流分析

A）参数标准

总 N 线零序电流不宜大于 50% 额定电流即：IN=50%I 额

支 N 线零序电流不宜大于 20% 额定电流即：IN=20%I 额

B）部分异常数据如下（负荷率超过 50%）：略

（2）设备温度分析

1）温升参数标准

母线和电气连接部位长期运行温度不宜大于 70℃（环境温度在 25℃以下）；

一般电器运行环境温度不宜大于 40℃；

低压塑料线导线接头长期运行温度一般不超过 70℃（接触面特殊处理后数值可酌情提高）；

控制电缆线芯温度不宜大于 65℃；

低压聚氯乙烯绝缘电缆允许长期运行温度不宜超过 70℃。

2）部分温度异常情况：略

九、开闭幕式电力保障

首先，从设计开始，针对开闭幕式电力系统的供电系统、配电系统、用电系统三大部分，科学分析、合理设置电源切换时间。花费大量时间和人力，逐个对每个系统、配电干线、配电支路可能出现的电压降和过负荷、接地、短路等故障进行科学计算和分析论证，设置合理的开关保护定值，保证从理论上设计科学合理，电力运行可靠，保证供电绝对不出问题。除了缜密的设计、严谨的施工外，在运行阶段更重要的是电力保障工作，主要包括电力设施成品保护、配电开关及电力电缆运行维护、电源端子连接紧固、防雨措施、防止小动物措施、运行环境温度等，做好保障工作，就是保证电力运行不中断。

（一）电力保障主要工作内容

1. 完成了所有配电断路器保护动作性能测试，发现的不合格断路器全部进行更换。

2. 电力安全检查

针对开闭幕式 504 台各级配电箱进行了五轮次的定值调整、四轮次的隐患排查、三轮次的接头紧固，共整改五大类型的缺陷 1265 处；对开闭幕式 8 个中控室的终端线路、插座等进行梳理、处理缺陷不少于 8 个轮次；主要有以下几个方面问题：施工工艺及电缆防护问题、接头紧固不到位、接用管理混乱、配电箱标示不清、配电箱出线封堵等，针对排查中发现的各种问题进行逐一整改消项。

国家体育场运行团队及开闭幕式运营中心组织成立了电力专家组，于 7 月 14 日至 7 月 30 日对开幕式电力设施进行了两次专家组检查，共提出了 85 项整改建议，对重点负荷进一步加强了电源的可靠性。

（二）开闭幕式供电系统故障处理应急预案

1. 故障处理原则

（1）首先判断事故地点职责范围原则

（2）努力控制事故处理范围原则

（3）按流程及时上报原则

（4）按上级要求快速处理原则

（5）极端危急情况先处理后上报原则

（6）与其他保障小组加强沟通协调原则

2. 故障分类、处理措施

（1）电源开关机构损坏不合闸

处理措施：

1）演练期间更换开关。

2）开闭幕式期间，断开损坏开关两头用线夹封接，带电操作，注意人身安全。

（2）电源开关过热，跳闸

处理措施：

1）调整各相负载尽可能平衡，每相负载差不得大于平均负载 30%。

2）检查各触点虚实度使其紧固可靠。

3）负荷侧检查绝缘阻值及是否相接地。

（3）漏电开关不合闸

处理措施：

1）开关本身试验按钮没复位，复位即可。

2）设备故障接地，检测后消除接地故障。

3）零线地线混接，零线、接地线分开，零线无接地情况。

（4）线缆过热

处理措施：

1）减少用电负荷，调整三相不平衡负荷。

2）测试电缆绝缘性能，测试不合格，更换电缆。

3）检测安装负荷是否超出设计容量，超出部分进行调整。

（三）演练过程中技术保证措施

1. 配电箱及插座箱送电前必须检测完好，开关通断灵敏可靠，了解各保障设备、人员是否在良好状态 。

2. 配电柜箱电源指示参数正常。

3. 各配电箱馈出开关送电必须先合隔离开关，依次合断路器，停电时操作顺序相反。

4. 送电后，首先测量各开关馈出电压是否符合要求，其次测量各回路负载电流是否满足设计要求，并保证正常运行。其次，开关、接线端子、母排、线缆温度测试应符合要求。

（四）开闭幕式运行期间技术保障

1. 每个柜箱设专人值守，在统一指挥下负责停送电操作，保证其供电安全可靠。

2. 检查应急备品备件是否到位，完好可靠。

3. 发现异常情况及时向上级领导汇报。未经许可不得操作配电设施，未经批准不得观看、操作自己值守范围以外的设备设施。

4. 观察测试配电柜箱运行参数是否正常，并填表记录。

结束语

开闭幕式电力系统划分为供电系统、配电系统、用电系统三大部分，虽然，供电系统有两路电源供电，外加柴油发电机备用电源，但是，根据开闭幕式演出负荷的性质，电源不允许间断切换，否则会造成演出设备的损毁或演出程序的混乱，另外，开闭幕式用电负荷大，用电设备分散，无法安装大量的 UPS 电源，所以，必须从系统设计、设备选择、大负荷试验、电力保障等各方面确保每路电源的可靠，确保不进行电源切换，这样才能实现开闭幕式电力供应“不能出现万一”的最高标准。

第十六章 智能化系统设计与实施

第一节 智能化系统设置

一、建筑智能化系统组成

建筑设备监控管理系统、火灾自动报警及消防联动控制系统、安全防范系统、设备集成管理系统、综合布线系统、网络通信系统、数据网络系统、卫星及有线电视系统、公共广播系统（兼做应急广播系统）、多功能会议、扩声和同声传译系统、办公自动化系统、公共信息显示系统、售验票系统、场地扩声系统、机房工程。

国家体育场的建筑设备监控管理系统分为五部分：建筑设备管理系统、通信与办公自动化系统、体育竞赛管理系统、智能化集成系统、机房工程。

二、各智能化系统设计

（一）建筑设备管理系统

1. 建筑设备监控系统

国家体育场所配置的建筑设备监控系统（简称BA系统）对国家体育场内的各种机电设施进行全面的计算机监控管理，监控内容包括：空调机系统、新风机系统、冷水机组系统、地源热泵系统、热交换系统、送排风系统、直饮水系统、给排水系统、环境监测、扶梯系统；对于供配电系统、照明系统、电梯系统设备、UPS系统，预留通信接口。

（1）监控主机

监控主机的组成：监控主机采用工业型微机，带有满足系统通信要求的网络接口；外围设备包括打印机、控制台等。

监控主机软件包括系统软件、图形显示组态软件和应用软件；各软件应通用、稳定、可靠、支持整个系统的硬件，具备中文界面；满足整个系统的自动检测、控制和管理要求，为用户留有后续维护管理手段。

监控主机的主要功能是：通过现场控制器，自动控制系统内的设备和参数在合理优化的状态下工作，自动监视、记录、存储和查询系统中每台设备的运行状态和系统的运行参数。

配置中央主机服务器2台DELL AS-PE2850，3台工作站DELL AO-GX620MT；6台通信网关Q7055A1015、打印机、控制台等。XCL5010控制器12台，XL50-FP 6台，XD50-FCL 64台。

（2）现场控制器

现场控制器（DDC）功能为：对现场仪表信号作现场转换和采集，进行基本控制运算，输出控制信号至现场执行机构，与监控主机及其他现场控制器进行数据通信；信号分为：模拟量输入（AI）、模拟量输出（AO）、开关量输入（DI）、开关量输出（DO）。

BA系统监控总点数为：模拟量输入（AI）458点、模拟量输出（AO）143点、开关量输入（DI）2028点、开关量输出（DO）484点；共计3113个点。配置的DDC控制器及输入输出模块的总点数共计4627点，系统冗余为32.7%。

系统监控对象：17台空调机组、56台新风机组、134台通风机组、137个污水坑、16部扶梯等设备。

控制网络的性能要求：控制系统网络和设备的设置要满足系统响应时间要求、连接控制器数量限制要求、系统总点数限制要求。

控制网设置应使监控主机数量、现场控制器台数、监控点数、通信网络的线路长度、规格等符合通用产品的网络通信要求。

系统功能：冷冻站设备监控、热交换站设备监控、空调机组设备监控、新风机组设备监控、给排水设备监控、送排风机设备监控、电力设备监控、照明设备监控、电梯运行监控、公共饮水设备、室内外温度湿度监测、室内二氧化碳浓度监测、交通管理系统。

（3）控制室设置

控制室设在地下一层建筑设备监控管理机房，内设置监控主机，并设置模拟屏，由控制器通过数据通信方式获取信号。根据管理的需要，在体育场内的其他地方，如：冷冻站、热交换站、水泵房、变电站等主要设备机房处设置分控室。

2. 安全防范系统

国家体育场安全保障系统包括视频监控系统、出入口控制管理系统、防盗报警系统、电子巡查系统、周界防范、安全检查、停车场管理系统和一卡通系统，组成集成式安全防范系统。

（1）视频监控系统

采用模拟→数字→网络→IP智能与集成技术，通过单台流媒体服务器的实时流分发功能，支持大规模实时监视流、存储流，编码器实现本地存储，同时部分重要视频资料直接存储到磁盘阵列，实现高效、可靠和大容量存储。

1）视频监控系统技术特点：

高清晰图像质量：支持CIF、4CIF、D1格式（25帧/秒PAL制式；30帧/秒NTSC制式）、MPEG 2、MPEG 4、H.264多种编码方式，满足多种用户需求；实时监控：支持128K～8M带宽，保证动态实时图像效果；历史图像：支持大容量、高清晰的图像存储。

可靠的海量存储：存储设备高可靠性：支持网络存储和本地存储两种高可靠存储模式；本地存储功能的多路编码器，可接受中心管理平台的统一管理，包括存储资源管理；磁盘阵列集中存储设备，实现大容量存储。

智能便利的管理：实现编解码、存储、网络传输和业务软件（服务器）四大平台的统一管理；分级分域的管理，灵活的用户权限管理，自动的设备批量配置，全网设备的统一拓扑图、拓扑自动发现，全网设备状态刷新，故障自动告警及定位，电子地图功能等。

标准化技术：控制管理标准化；图像编解码符合国际标准。

2）系统结构

系统采用现代多媒体、数字化、网络化监控技术，通过集成闭路电视监控系统、入侵报警系统、出入口门禁安检系统、电子巡更系统、周界防范系统，实现数字化电子地图、多画面显示和录像控制，组成先进的数字化、网络化的安全防范系统以满足安全管理的需要。

数字视频监控系统设计的规模为938个监控点。摄像机的图像经过视频电缆传输到零层的网络设备间，通过视频分配器，分别接入硬盘录像机和视频编码器。硬盘录像机与视频编码器分别通过网络线接入网络交换机（接入层），再通过光缆以星形状连接至零层中央控制室的核心交换机。

数字视频监控系统的中央（设备）位于零层的中央控制室，中央设备由监控中心和管理中心两部分组成。核心交换

图16-1　视频电视墙

机连接监控中心的视频解码服务器，其输出通道与电视墙（48个21inch监视器）和多功能大屏幕相连，显示监控图像，监控中心也实现用户的监/控操作。管理中心由一台管理中心服务器、管理中心软件（数据库）构成，对监控中心的各服务模块、控制中心用户、前端设备（硬盘录像机、视频编码器）实施有效管理，管理数据记录在数据库中。

3）摄像机位置

贵宾区：贵宾通道、贵宾餐厅、贵宾休息室、贵宾包厢和贵宾座席等；

竞赛区：新闻媒体区、新闻中心、竞赛管理区、运动员通道、热身场地等；

观众区：各出入口、进出通道、电梯轿厢、各层电梯间、观众集散厅、公共区域、看台等；

观众短时集中区：室外钢结构大楼梯、观众看台等；

各类机房：变电所、柴油机房、冷冻机房、空调机房、生活水泵房、热力站、通信机房、信息网络机房、中央控制管理室及赛事安保指挥中心等重要机房等；

重要库房：奖牌存放室、国旗存放室等；

其他：零层车道环路、停车场等。

4）摄像机选型

体育场室外安检线、出入口采用具有云台、变焦、自动光圈、全天候防护罩摄像机；

竞赛区、观众区在体育场钢屋架吊顶下吊装，采用具有云台、变焦、自动光圈、全天候防护罩摄像机；

室外钢结构大楼梯、观众集散厅、车道环路分别采用吸顶安装机（管吊）及壁装机，采用具有云台、变焦、自动光圈、全天候防护罩摄像机；

走道、电梯间等处监视采用吸顶安装，室内型摄像机；

无人值守机房（空调机房、各类水泵房）和重要库房（奖牌存放室、国旗存放室）采用红外一体化摄像机等；

电梯轿厢内监视摄像机吊顶内暗藏。

5）智能视频分析

检测摄像机输出的视频质量，可以自动发现前端失效摄像机。

可以检测雪花、滚屏、模糊、偏色、画面冻结、增益失衡和云台失控等常见摄像机故障并发出报警信息。有效预防因硬件导致的图像质量问题及所带来的不必要的损失，并及时检测破坏监控设备的不法行为。

（2）出入口控制管理系统

出入口门禁安检系统由输入设备、控制设备、信号联动设备、控制中心等组成，系统采用数字总线传输方式。对于进入国家体育场的人员，门禁安检系统分设在两处：第一处设置在奥林匹克外围第一道检票处，第二处设置在体育场进入室内的第二道检票处；对观众、记者、工作人员及运动员查验票证，进行人身及携带物品防爆安全检查。门禁安检从检查群体的不同设置不同的出入口设备，达到既保证安全，又合理分流人群便于管理的目的。

赛时门禁安检系统与赛后门禁系统分开设置，体育场内一些重要机房设置永久门禁系统；赛时重要机房设置临时门禁系统。

对于运动员、官员及其他内部管理人员进出体育场则通过内部专用门禁管理系统，采用智能IC卡（具有区域及等级的区别），完成证件识别和出入管理。

出入口控制管理系统采用Honeywell的StarII系统。国家体育场的173个主要进出通道门设置了（门禁）出入管理，电磁门锁连接至同楼层弱电竖井中的27个StarII控制器，再接入零层中央控制室。

（3）入侵报警系统

入侵报警系统由报警主机、布撤防键盘、串口通信模块、前端探测器等组成；该系统为建筑的永久设备系统。

室内入侵报警探测器采用被动双波双鉴红外探测器和紧急报警按钮或开关，布置在奖牌库房、重要物品库房、票务室、财务室、重要设备机房、门厅、楼梯间、走道等；且有声音和图像作为复核手段。

设置在各处的探测器具有与闭路电视监控系统联动的功能。控制器具有接收多路同时报警的功能，并能显示、记录任何一路报警信号及报警部位。报警系统应有对信号传输线路和探测器的检验功能，并能显示故障部位。

管理者可根据各种赛事、大型活动的特点需要，采用无线报警方式随时自由增加无线报警探测点。

入侵报警系统设计采用HONEYWELL公司的VISTA-120系列防盗报警系统。4套控制器Vista120，将12个弱电竖井的报警信号，经过125个8防区模块汇聚到零层中央控制室。

（4）电子巡查管理系统

为了保障体育场内公共安全，保证巡逻值班制度的落实督促队员能够按预先设定的路线、站点按时对馆内各巡更点进行巡视，发现问题及时反馈给控制室作适当处理，同时保护巡更人员的自身安全。

电子巡更系统采用在线式与离线式相结合的方式，在体育场内主要通道、集散大厅、休息区、地下室、电梯厅、公共走道等处设置巡更读卡器，用于管理保安人员在线式巡更作业；管理者可根据各种赛事、大型活动的特点需要，采用离线式随时自由增加巡更点设置；系统采用射频卡技术，管理者可根据需要自由设置巡更班次、时间间隔、线路走向，巡更人员只需以加密读卡器作为巡更签到牌，在规定时间内到达指定地点读卡；所有读卡记录保存在中心主机中，可随时查询和报表统计、打印、修改系统设置、扩容等。管理者利用特定程序将巡更记录打印列表或打印巡更报告。管理者用专业软件查阅或打印巡更记录便于及时发现和解决问题。

巡更系统采用“在线”、“离线”两种巡更方式，共计设置100个在线巡更点，500个离线巡更点。

（5）汽车场管理系统

国家体育场地下停车场设置停车场管理系统，对通行的车辆实施出入监视、控制、行车信号指示、停车计费及汽车防盗报警等综合管理。本工程在地下车库设停车场管理系统。采用影像全鉴别系统，对进出的车辆进行影像对比，防止盗车。

国家体育场停车场系统设置在地下一层夹层及地下一层停车，约800个停车位。地下一层停车位在体育场西侧，夹层停车位在体育场西侧与南侧。本方案包含如下几个子系统：内部车辆近距离刷卡管理系统、临时车辆自动发卡收费管理系统、人工图像对比系统、车位分层显示系统、车位分区引导系统、语音对讲系统、中央收费系统、出口通行提示系统、语音提示系统、控制中心系统、与上位系统集成接口系统。

1）系统组成：

- 采用环形感应线圈方式对车辆出入进行检测和控制；
- 中央计时收费管理：自动收费管理系统（有或无人）；自动计费、收费显示、出票机有中文提示、自动打印收据；
- 入口处设车满位的显示、数量显示与管理；
- 出入栅门自动控制，电动栏杆；
- 车牌和车型的自动识别；
- 出入口及场内通道交通引导灯；
- 对讲电话；
- 进、出口及车场内电视监视；
- 奥运会期间车场入口安装自动安检系统装置；
- 自动计费与收费金额显示；
- 多个出入口组的联网与监控管理；
- 整体停车场收费的统计与管理；
- 分层的车辆统计与车位显示；
- 使用过期票据报警；
- 物体堵塞验卡机入口报警；
- 非法打开收款机钱箱报警；
- 出票机内票据不足报警。

2）停车场管理系统自成网络、独立运行，停车场内与安防系统的电视监控系统联动；并与安防系统的中央监控室联网，实现中央监控室对该系统的集中监控和集中管理。

（6）保安系统集成及功能

国家体育场的安全保卫工作采用人防及技术防范相结合的方式，其中技术防范主要由保安集成系统组成。采用一级监视和管理体制，零层设置保安监控室。安保集成管理系统主要由周界防范、门禁、巡更、报警的信息进行集中监视、管理与控制。

保安集成系统将闭路电视监控系统、防盗报警子系统、停车场、出入口、巡更系统有机集成起来，进行综合管理和监控。

保安集成系统可以调用体育场任意一个摄像点图像至显示屏上，可以通过录像机记录显示画面；当有报警发生时，自动切换画面并记录，从电子地图上直观看到报警位置。可对系统任一前端设备进行控制，如云台旋转、镜头变焦等；可以按时限制、控制所有进出特定区域的人员，且能记录进入特定区域的人员。

系统应有高度安全可靠性；具有自检功能；系统具备与楼宇智能系统进行通信的能力。

本工程的安防系统采用各种有效手段保证系统的可靠性，如操作员分级管理，分业务管理，能够完全控制每一位操作员在系统中的行为能力，系统能对数据库自检及自动维护。

具有完善的事件记录系统、如报警记录、操作记录、巡更记录等，且能对这些记录分类查询操作。

3. 火灾自动报警系统

国家体育场设置火灾自动报警及联动系统，对体育场内火灾信号和消防设备进行监视及控制。

（1）系统组成：

火灾自动报警系统、消防联动控制系统、火灾应急广播系统、消防对讲电话系统、消防专用电话系统、电梯运行监视控制系统等。

（2）系统设计：

本工程采用控制中心报警系统，系统能集中显示火灾报警部位信号和联动状态信号。

在国家体育场竞赛平层入口处设置消防控制中心，奥运会及大型活动期间在建筑内四层设置消防通信指挥室，实现观察场内各部位消防安全情况，并与全市消防调度指挥中心联通；安装火灾报警系统信息和电视图像监控系统终端，实施消防通信指挥。

消防控制室内设火灾自动报警控制器、消防联动控制台、消防广播、中央电脑、显示器、打印机、电梯运行监控盘及消防对讲电话、专用电话、UPS 等设备。

消防控制室具有如下功能：

显示感烟、感温、煤气探测器的火警、故障信号报警部位；显示手动报警按钮的报警部位、对消火栓系统的监视与控制、对湿式自动喷水系统的监视和控制、对自动喷水预作用系统的监视和控制、对水喷雾系统的监视和控制、对气体消防系统的监视和控制、对防烟系统的监视和控制、对排烟系统的监视和控制、停止有关部位的空调送风机及动作信号显示、防火卷帘的控制及动作信号显示、电梯的控制及动作信号显示、消防电源的工作状态显示、切断有关部位的非消防电源、应急照明与疏散指示标志的控制、接通火灾应急广播、关闭可燃气体紧急切断阀。

（3）火灾探测器的选择：

在办公室、会议室、商业厅、设备机房、楼梯间、走廊等场所设置感烟探测器；在地下车库等场所设感温探测器；在锅炉房、厨房设可燃气体探测器；在环道内设置火灾图像监控系统；在中央监控室、数据网络中心等大型弱电设备用房设空气采样探测器；电缆线槽、电缆竖井内设置线型感温（定、差）探测器。

（4）手动报警按钮的设置：

在主要出入口、疏散楼梯口等场所设手动报警按钮。

（5）火灾应急广播：

本工程火灾应急广播系统包括场地应急广播和公共区应急广播两部分，当发生火灾时，消防控制室能自动 / 手动将火灾疏散层的扬声器和公共广播、场地广播扩音机强制转入火灾应急广播状态；

1）设有音量调节开关的服务性音乐广播有火灾应急广播功能。

2）火灾应急广播扬声器的设置：

在地下车库、商业厅、办公层、包厢、走廊等场所设火灾应急广播扬声器。

3）播放疏散指令的控制程序如下：

二层及二层以上楼层发生火灾，应先接通着火层及其相邻的上下层；

首层发生火灾，应先接通本层，二层及地下各层；

地下室发生火灾，应先接通地下各层及首层；

含多个防火分区的单层建筑，应先接通着火的防火分区及相邻的防火分区。

（6）火灾警报装置：

在各疏散楼梯间设火灾警报装置。

（7）消防专用电话：

在消防水泵房、变配电室、防排烟机房、空调风机房、消防主要值班室等场所设消防专用电话；设有手动报警按钮、消火栓按钮等处设电话塞孔。

（8）在各层消防电梯前室设火灾显示盘。

（9）对电梯的监视与控制：

消防控制室显示电梯的运行、故障状况；火灾时，控制客梯返回首层并停止运行；消防梯返回首层并将轿厢门打开。

（10）系统配置

国家体育场火灾自动报警及消防联动系统采用 HONEYWELL 公司的 XLS1000 系统。系统由 13 个报警控制盘和 24 套楼层重复显示器组成。在零层的中央控制管理室设置一个报警控制盘，其余 12 台报警控制盘分布在 12 个弱电竖井的网络设备间内，在各个弱电竖井的三、四层电梯前室设置了 XLSLCDANN 火灾报警重复显示器，共计 24 台。

设置智能型感烟探测器 3049 个，智能型感温探测器 165 个，非地址感温探测器 2183 个。空气采样（吸气式）烟雾探测器系统 4 套，选用 VESDA 早期烟雾探测系统。设置 12000 米缆式感温探测器，26 套红外光束感烟探测器，可燃气体探测器 15 个。手动报警器 537 个。消防电话分机 198 部，电话插口共计 537 个。有管网的气体灭火系统，火警时消防报警系统联动这 9 个气体灭火保护区气体钢瓶电磁阀。6 个无管网的气体灭火保护区，消防报警系统监视无管网的气体灭火保护区的喷气反馈信号。

安装的其他报警设备类型还有：消火栓按钮、警铃 / 声光报警器、消防广播系统等。消防报警系统联动的子系统有：消火栓灭火子系统、自动喷水灭火子系统，电动防火卷帘门和电动防火门、防排烟子系统、非消防电源切除、停空调、电梯迫降、紧急广播切换、水喷雾灭火子系统、气体灭火保护区报警控制子系统、门禁系统、可燃气体泄漏报警与联动控制子系统等。

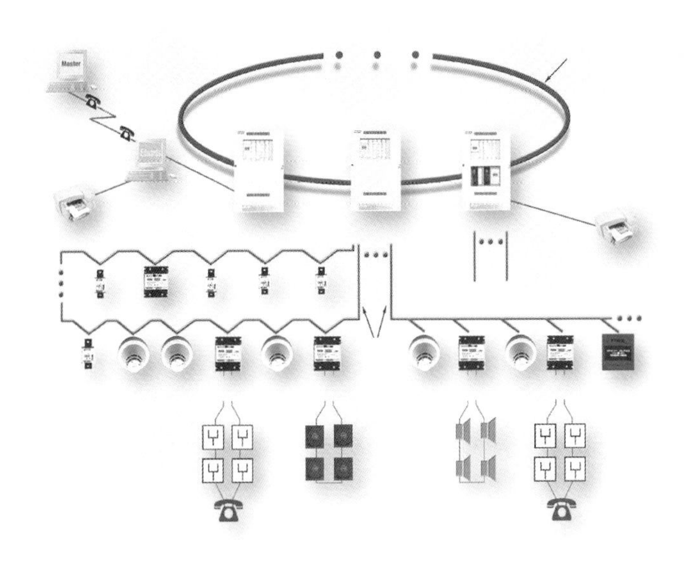

图 16-2 火灾自动报警系统示意图

4. 公共广播系统（兼消防应急广播系统）

国家体育场内的广播系统背景音乐是为体育场内各处（场地广播除外）提供背景音乐、业务广播、赛事广播和火灾应急广播等的公共广播音响系统。背景音乐广播与火灾应急广播合用系统与设备，设置在消防控制中心。

（1）系统组成

系统采用100V定压输出方式，主要有音源、输入、输出矩阵切换器、均衡器、功率放大器、扬声器、传输电缆等。

（2）系统指标

背景音乐系统频响为70Hz～12000Hz，谐波小于0.1%，信噪比不低于65dB。

（3）系统设计

各种音源的输入、输出均通过矩阵切换器，在不用改变硬件连线的情况下，可以实现分区广播功能，并可在不同区域实现不同内容的广播；可将场地扩声的信号加入本系统，实现与场地广播同步同内容的目的；系统实行优先广播权控制，火灾应急广播强切、功率放大器的自动备用投入、噪声自动补偿以及扬声器回路故障检测器等诸多功能；并能实现对广播的音量、音质、音调、混响时间、频率特性补偿等调节功能。

（4）系统设置

由于体育场建筑面积大，扬声器负载多而分散，传输线路也比较长，故系统将功放放置于四个设备间内，各设备间通过光缆传输各种音频信号及控制信号。中心设备间负责整个系统的运行及管理。系统中的功率放大器采取定电压输出，并具有扬声器回路故障检测电路。根据不同的场合采用不同型号和功率的扬声器。本系统中公共场所采用吸顶扬声器，汽车库、大型设备机房、比赛场地的顶棚内采用号筒扬声器以及壁挂音箱等。

体育场内背景音乐广播与火灾应急广播合用系统。要求从功放设备的输出端至线路上最远的用户扬声器的线路衰耗不大于1dB（1000Hz时）。

（5）系统管理

系统中所有的控制功能均可以通过多媒体管理软件在计算机上完成。并在计算机的监视器上以动态图形的方式实时显示系统各部分的工作状况。使系统操作或维修人员对系统的运行情况一目了然。

（6）火灾应急广播

国家体育场广播控制设备集中放置于零层的中央控制管理室，功率放大器设置在4个核心筒内的机房内。分别位于零层5#核心筒、8#核心筒、11#核心筒和12#核心筒旁边的4个网络设备间内。

（7）系统配置

中央控制管理室内包括：数字音频矩阵控制器1台、数字音频输入单元2台、主控交换机1台、卡座1台、5碟DVD机2台、AM/FM1台、电话耦合器1台、分区呼叫话筒1套。在控制室设置监听盘，监听喇叭回路的音频信号。在4号功放机房引入2路遥控话筒和4个扩展单元，作为检录处赛事广播使用。

功放间主要设备包括：数字音频输出单元16台、监听面板12台、功率放大器109台、交换机4台、数字音频输入单元1台、分区呼叫话筒3套。

扬声器：3W吸顶扬声器2263只，主要用于室外楼梯，每个竖井两条楼梯；6W吸顶扬声器96只、BS-1030B通用型壁挂扬声器112只、30W宽频室外扬声器185只、15W宽频室外扬声器143只。

音量控制器用在一些功能独立的房间，音量控制开关的数量为：6W音量控制器AT-063P 149个、30W音量控制器AT-303P 14个、60W音量控制器AT-603P 6个。选用的设备能够强切，在紧急情况下，通过功率放大器的24V电压，强制打开音量控制器进行最大功率声音播放。

系统共设计111个功率回路，80个广播分区（包括场外绿地），引到功放机房的小回路数量一共为334条。

火灾发生时自动或手动打开相关层应急广播，同时切断背景音乐广播。广播系统的线路敷设按防火布线要求，采用RVS-2x2.5线，穿SC20镀锌钢管暗敷。VIP包间、餐厅、咖啡厅、大型会议用房等安装独立音响设备或音量调节器的场所，具有应急广播切换功能，可通过火灾自动报警系统的控制模块完成。由于场地广播不能用做火灾应急广播，故比赛场地的火灾应急广播采用在顶棚内设置号筒扬声器，作为专用火灾应急广播。广播系统设备用扩音机，按照火灾应急广播的要求，扩音机容量为同时广播容量的1.5倍。

（二）通信与办公自动化系统

1. 综合布线系统

国家体育场将利用综合布线系统建立高速、宽带的信息传送平台，为奥运会及以后的运营提供语音、数据、图像、多媒体等信息的高速传输通道，支持千兆比以太网标准。系统具有：标准性、可靠性、先进性、兼容性、开放性、灵活性、模块化、扩充性、经济性。

（1）网络系统建设方案

网络系统构成分核心层和接入层，核心层采用两台型号、规格相同的交换机，网络布线系统采用双物理路由。

公安专网线缆和路由包含在综合布线系统中，网络部分由公安部门负责建设。

除了公安专网还有4套物理隔离的子系统网络，技术要求如表16-1：

网络子系统技术要求一览表　　表16-1

序号	应用系统	网络技术要求
1	数据网络系统	规模：几千到几万点，单级单域或多级多域。 网络形式：有线网络、无线网络、安全网络，公网为主，专网为辅。 实时监控：组播和单播，大并发量。 实时性：高实时性，300ms以内。 网络存储：部署在主控中心，端到端NAS网络存储。 网络管理：存储资源统一管理，统一认证和配置。
2	安全防范系统	规模：几百到几千点，单级单域。 网络形式：有线网络，安全网络，专网为主，公网为辅。 实时监控：组播和单播，大并发量，需要流媒体服务器。 实时性：高实时性，300ms以内。 网络存储：部署在主控中心，端到端NAS网络存储。 网络管理：存储资源统一管理，统一认证和配置。
3	售验票系统	规模：几十点，单级单域。 网络形式：有线网络，无线网络，专网为主，公网为辅。 实时监控：组播和单播，并发量小。 网络存储：部署在主控中心，端到端NAS网络存储。 网络管理：存储资源统一管理，统一认证和配置。
4	背景音乐及消防应急广播系统	规模：几十点，单级单域。 网络形式：有线网络，专用网络。 实时监控：组播和单播，并发量小。 网络存储：部署在主控中心，端到端网络存储。 网络管理：简单认证，存储资源可以统一管理。

（2）系统设计

根据综合布线系统模块化的设计思想，国家体育场的综合布线系统组成如下：

1）工作区子系统：在工作区子系统中，语音和数据设计成单口或双口信息点，采用六类非屏蔽RJ45信息模块。语音点1200个，数据点1083个。CP点采用8对RCP 6类模块。光纤到桌面的信息点选用单/双口兼容面板，VF45小型光纤连接器。

2）水平子系统：水平子系统由配线间到工作区子系统和大开间CP集合点之间的线缆组成。选用带十字芯的4对6类低烟无卤非屏蔽双绞线。

3）垂直子系统：语音主干采用3类25对、50对大对数电缆与程控交换机房连接，数据主干由计算机房引至各层弱电间引2根12芯室内单模光纤作为数据主干。

4）管理子系统：国家体育场零层和四层每层有12个弱电间，分别负责管理该层临近的信息点，包括语音、数据和光纤点。在管理子系统中，语音点和数据点的端接均采用24口RJ45配线架，使用1U高的封闭型理线器进行跳线管理。采用8对RCP模块连接大对数。

5）设备间子系统：设备间分为网络主机房及电话程控交换机房两部分，是大楼的网络汇集点，设在零层。主干数据线缆、双绞线缆均汇集此处。主机房内的主要布线产品为语音配线架、数据配线架及其附属设备。

2. 通信网络系统

通信网络系统为国家体育场提供一切对内对外通信服务。

通信网络系统类型：

固定通信系统：有线传输（导线、电缆、光纤等）；

移动通信系统：无线传输（短波、微波中继、卫星通信等）。

集群通信系统：无线传输。

（1）固定通信系统：

固定通信系统为国家体育场提供先进的通信手段、通信业务和多媒体信息服务；其通信要求除语音通信外，还有图像文字传输、电子邮件、电子数据交换、可视电话、电视会议和多媒体通信等。

1）固定通信系统机房设置

通信系统机房位于竞赛平层；根据北京市通信公司要求：体育场东、西方向各预留一路管道与市政通信主沟连通；机房总面积200m^2。媒体电信服务中心与分新闻中心相邻，面积100m^2。

2）系统配置

固定语音通信系统配置的是西门子公司的 HiPath4000 通信平台。系统规模 1056 个模拟用户，576 个数字用户。10 个 E1 的数字中继与公网连接。配置了两个 PC 话务台。8 端口的统一消息系统，提供语音邮箱、传真功能。15 路的 IVR（交互式语音应答系统）和 10 个人工座席软件。3000 回线的配线架系统，并配置 300 回线的保安单元。数字交换机在各类残疾人的区域中设有 2 部供轮椅使用者使用的固定电话及一部供听力障碍者使用的通信设备。

（2）移动通信系统

1）设计原则

满足国家体育场业主和通信公司方面对工程的要求；保证此系统能达到优良的覆盖效果，同时尽可能地降低工程成本，使系统性价比达到最高。充分利用微蜂窝基站信号，合理布置室内直放机，尽量减少噪声的积累。考虑到环保问题，适当增加天线，降低无线口输出功率，达到良好覆盖。综合考虑天线的数量、位置和输出功率，以及所覆盖的范围，保证信号的均匀分布；结合楼层的结构情况、功用、装演，合理布置天馈线系统，并兼顾到将来的扩容。

2）系统方案

由市政移动通信基站用光纤引来信号至安装于体育场零层移动通信机房的通信设备，通过光纤把微蜂窝基站信号引至设在体育场内、外的天线，同时通过光纤连接到公共传输网络和体育场内其他技术用房。

为减小损耗，拟采用光电混合分布方式或纯光的分布方式；采用耦合器和电功分器相结合的方式，将信号均匀地分布到体育场内；为达到覆盖效果和方便施工，场内拟采用定向板状 GSM/CDMA、3G 全频天线，室内拟采用全向 GSM/CDMA、3G 全频吸顶天线；

引入信号：GSM900 信号、CDMA800 信号；

信号引入方式：有线；

信号源：900MHz 的 6 载频微蜂窝基站。800MHz 的 6 载频微蜂窝基站；

微蜂窝基站位置：体育场零层移动通信机房；

覆盖区域：体育场看台及场内其他区域；

无线信道的呼损率：话音信道（TCH）呼损率为 2%、控制信道（SDCCH）呼损率为 0.1%；

无线覆盖区内接通率：在无线覆盖区内的 95%位置，99%的时间移动台可接入网络；

覆盖区边缘场强：室内信号高于室外信号 10dBm 左右；基站接收端收到的上行噪声电平小于 -120dBm；

室内天线的发射功率：根据国家环境电磁波卫生标准，天线的发射功率控制在 8 ～ 15dBm/ 每载波之间；

邻区切换：覆盖区与周围各小区之间有良好的无间断切换；

覆盖区误码率：等级为 3 以下的地方占 95%以上，信号源兼作室外覆盖时则同时要求室外为 90%以上。

3）机房设置

要求设置两个机房，分布在体育场的对角，面积为 2×40m^2。移动通信系统主要包括机房和天线。集群通信控制与设备分发间：用于集群监控和设备管理，房间面积为 40m^2。

（3）集群通信

体育场内设置集群通信系统，集群通信是指调度通信类的专网，主要用于指挥调度；采用可混合现有模拟集群信号和数字信号。

3. 计算机网络系统

（1）数据网络系统设计

1）数据网络系统是国家体育场举办奥运会各种信息流的支撑系统，保证各种媒体的新闻工作人员能在比赛期间，充分利用数据网络及 Internet、电视等多种媒体渠道实时收发各种信息及实况报道各种体育竞技的赛况。

2）建设一个集数据、语音、视频服务于一体的高带宽、多功能、多服务、开放的、多业务接入的 IP 多媒体数据网络系统。

3）具有无线网络的接入能力，实现有线、无线无缝连接，统一管理。

4）主要业务需求：具备传递语音、图像、视频等多媒体信息功能；电视直播、远程视频等实时多媒体业务；Web 信息业务，电子邮件业务等。

5）安全可靠性的要求：视频显示不能出现明显断点、失帧、抖动、马赛克等；音频播放不能出现明显噪声、滑码等；网络维护的简单，实现统一网管，AP 的 0 配置性。

（2）系统设置

机房位于零层数据网络中心，选择 2 台 CISCO 的 7609 作为核心交换机，配置了 VPN 模块、防火墙模块支持建立安全、高速的数据网络。采用扁平化两层网络设计：核心层、汇聚层。

12 个弱电竖井位于零层及四层，配置接入交换机 CISCO Catalyst 2960，提供 24 口 10/100/1000M BaseT 接入，共 53 台。

采用有线和无线结合部署，无线网络满足灵活接入。置无线AP路由器53台，无线交换机4400作为AP控制器，控制AP。

CISCO是IP V6技术规范领导小组的主要成员，本次项目所提供的CISCO网络设备，充分考虑了将来技术的发展，核心设备7609支持IPV6，并基于硬件实现IPV4/V6包转发。

（3）安全防范系统网络设计

1）建设目标：建立一套连续工作，不可中断，高可靠独立的专网系统；实现监控视频高清晰度，低时延；具有集中存储大量视频数据的能力。

2）主要业务需求：具备传递语音、图像、视频等多媒体信息功能，视频传输等实时多媒体业务；允许多路输出同时调看同一路视频，互不影响，依据优先级确定操控权限；支持视频监控等要求。

3）安全可靠性的要求：视频传输不能出现明显断点、失帧、抖动、马赛克等；不允许存在单点故障；网络维护的简单，支持集中的网络管理，统一网络配置、授权及身份认证功能。

4. 卫星及有线电视系统

系统采用数字、双向传输设计，兼容目前模拟信号的传输。具有70套PAL-D制VSB-AM信号的传输能力。系统接收20套卫星电视节目，同时提供了4套自办节目的能力。

有线电视前端机房位于零层北侧，机房内前端设备主要有：卫星接收机、编码器、复用器、QAM调制器、混合器、光发射器以及光分配器。

本系统设计2台卫星接收天线，接收20套卫星电视节目。

干线指室外的远距离传输线路，它可以把一个信号中心与较远的几个接收群连接起来。天线越长，信号的衰减便越大，为了保证末端信号有足够的电平，需加入干线放大器，以补偿电平的衰减。

HFC分配网络主要是指光纤与同轴电缆混合组成的用户分配网络，将前端输出的电视信号经分配网络送至各个终端。主要由：光接收机、放大器、分配器、分支器、输出端（用户端）、机顶盒（数字用户）组成。

由于本系统是要具有双向功能的系统，所以放大器、分支分配器要选用带双向功能的器材。电缆要选用物理发泡四屏蔽的电缆。接头要用冷压接头。用户盒也要选用抗干扰能力强、带有金属屏蔽盒的用户盒。共有用户终端678个。

5. 多功能会议、扩声和同声传译系统

在国家体育场内，根据赛时需要，在零层的新闻发布大厅设置智能数字会议系统（含同声传译）；另在视频会议室设置智能数字会议系统和电视视频会议系统，既可以召开现场会议，也可以召开远程会议。

（1）数字会议发言系统

新闻会议厅采用2台主席发言单元、20台代表单元、特约发言单元2台。视频会议室采用1台主席发言单元、15台代表单元。

通过系统管理软件在1台中心PC上运行，DCS 6000计算机软件——SW6000支持CU6010的前面板的菜单操作指导。DCS 6000软件支持多种屏幕语言、登录程序、选择代表信息、麦克风、投票及翻译系统、房间／大厅选择、概要的／模拟的图表、内部信息通信、系统管理、声音流、议程管理、信息显示处理等。

新闻发布厅设计2台嵌入式带扬声器和话筒的代表投票表决主席机、22台嵌入式带扬声器和话筒的代表投票表决代表机，其中两台作为特约发言使用。视频会议室设计1台嵌入式带扬声器和话筒的代表投票表决主席机、15台嵌入式带扬声器和话筒的代表投票表决代表机。

（2）监控及显示系统

新闻发布会议厅，中心设置2台一体化彩色球型摄像机，主席台一侧设置1台一体化彩色球型摄像机。并将视频信号传给同声传译室及控制室的14英寸彩色监视器，不但为翻译人员提供了方便，而且还可以将主席台、发言人的特写显示在投影屏上。

视频会议室内两侧设置2台一体化彩色半球云台摄像机，在会议过程中可以自动聚焦到会议室内讲话的人，会场的气氛等情况显示在大屏幕电动投影屏上，同时进行录音录像。

（3）同声传译系统

翻译和语种分配设备由译员机和语言分配设备组成。新闻发布厅设置5种语言的翻译，1种原音。每个译员间都有两名翻译人员值守，共10个译员台。主席台通过线缆进行语种的分配，观众区通过带有红外接收功能的通道选择器收听所需的语种。新闻发布厅设置6块红外辐射板。

（4）会议扩声系统

在新闻会议厅和视频会议室分别设置1套专业会议扩音系统。新闻会议厅设置400W主音箱4只，布置于靠近主席台两侧；超低频音箱2只，布置于主音箱下方；60W辅助吸顶音箱16个，布置于会议厅听众区的吊顶内。专业扩音中心设备包括调音台、数字式声音处理器、功放设备。

视频会议室设置300W主音箱4只，布置于主席位置两侧；60W 吸顶音箱 8 只，布置于会议室的听众区吊顶内。

（5）大屏幕投影系统

新闻会议厅在主席台正中间后方布置 1 个 200 英寸电动波珠幕。配备 6000 流明高亮度、1024×768 高分辨率投影机 1 台。视频会议室在主席台正中间后方布置一个 120 英寸电动幕，采用正投方式，投影机 1 台，投影机的亮度 4500 流明以上。

（6）视频会议系统

在视频会议室设置视频会议终端 1 台，具有内置 4 点 MCU 功能，可以实现多点的视频会议，满足各分会场都能够在 768kbps 速度下进行会议。

（7）中央控制系统

集中控制系统可以通过 232/422/ 继电器 / 红外等对整个会议系统的所有设备——发言系统、投影系统、摄像系统、灯光系统等进行集中的控制，达到智能化管理，操作方便、简捷、有效。

6. 标准时钟系统

时钟系统机房位于零层数据网络中心，包括中心母钟（CJ-M9300）由主用、备用两个中心母钟组成，8 台单面数字子钟，12 个双面数字子钟和 67 台单面指针子钟。

7. 办公自动化系统（物业运营管理系统）

国家体育场办公自动化系统的功能模块包括个人办公、公共信息、行政工作管理、人力资源管理、系统管理、场馆业务管理和统一消息系统。

（三）体育竞赛管理系统

1. 场地扩声系统

在奥运会期间一直在工作，播放国歌，介绍运动员，公布比赛成绩和比赛进程等，同时也播放注意事项、文明观赛等内容；更重要的是在开闭幕式期间，担当国家领导人和国际奥组委官员讲话扩声的重任。

（1）场地扩声系统设计

扩声系统是指场地扩声系统、观众席扩声系统，不包括周围附属用房的背景音乐及紧急广播系统、广场扩声系统等。

扩声系统包含扬声器系统，音频网络传输、音频数字控制系统、网络功放监控系统、扩声内通系统等观众席的扩声部分：

1）机房设置：设 1 间扩声机房和 4 间功放机房；

2）扬声器：主扩声采用垂直指向性易控制的线阵列扬声器，明吊安装；观众席扬声器系统采用分散式布置方案，共 16 组，场地扬声器系统采用东、西两面布置的方案，共 8 组。优点为：声场均匀、对周边区域干扰小。

3）以扩声机房为中心，搭建三个“子系统”——数字音频系统、模拟音频系统、监测及控制系统。数字音频系统为主体，模拟音频系统为应急 / 备份，监测及控制系统对主要设备进行实时监控。

4）主调音台：数字音频系统：采用网络化数字调音台作为主扩声调音台，并在各机房均设置信号基站，以调音台中央处理器为中心，用光纤为媒介组成网络化数字音频系统。

5）备用主调音台：模拟音频系统：采用小型模拟调音台作为数字调音台的备份，并在扩声机房与各功放机房之间留有模拟信号线缆，以实现在数字系统不能正常工作时，模拟音频系统仍可以满足基本要求，起到应急 / 备份的功能。

6）监测及控制系统：数字调音台中央处理器、信号基

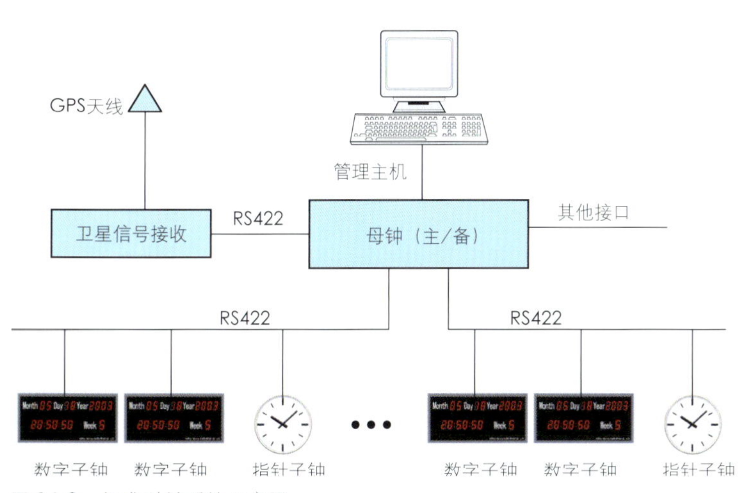

图 16-3　标准时钟系统示意图

图 16-4　办公自动化系统操作台

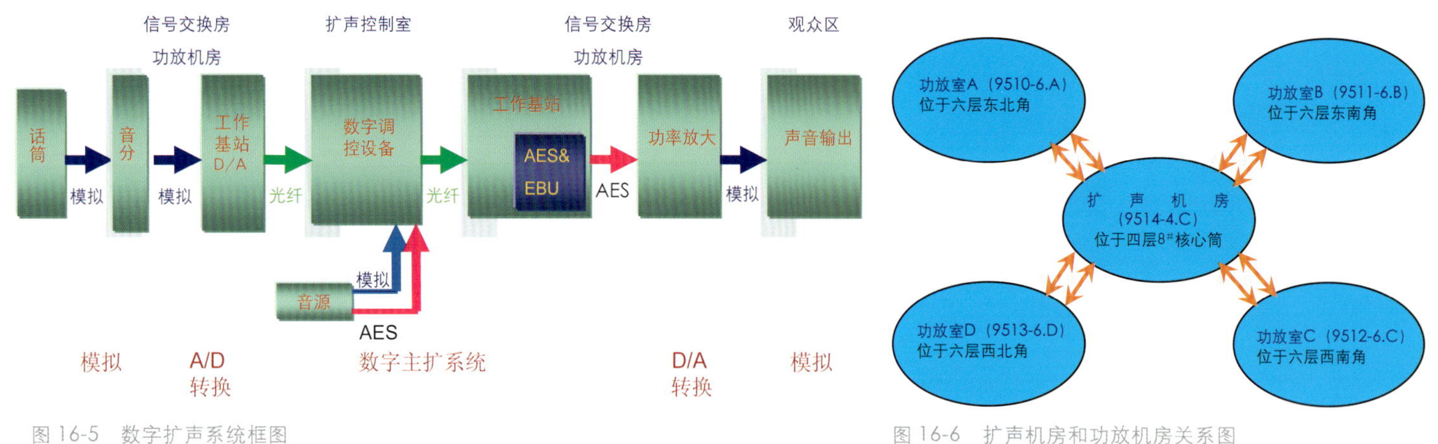

图 16-5　数字扩声系统框图

图 16-6　扩声机房和功放机房关系图

站、功率放大器等均可在扩声机房通过计算机进行实时监测和控制。

7）功率放大器内置信号处理模块，可数字和 2 路模拟信号输入，并可实现以下功能：数字信号作为扩声系统正常工作信号接入；数字信号因故缺失时，模拟应急 / 备份信号自动接入；紧急广播信号接入时哑掉其他信号，进行紧急广播。

（2）场地扩声系统设计指标

最大声压级：106dB；传输频率特性：125 ~ 6300Hz：±5dB；

声场不均匀度：1000Hz、4000Hz ≤ 8dB；传声增益：125 ~ 4000Hz ≥ -10dB；

语言传输指数 STI-PA：满场（80% 观众），大部分区域平均值≥ 0.60；

系统噪声：系统无可觉察的噪声；主观听音：语言清晰，音质良好。

（3）场地扩声系统供电要求

1）配电要求

配电采用 3 相 5 线配电，由一个独立的变压器次级直接供电，双路供电，设互相倒备装置，扩声系统与灯光系统及动力系统分开单独供电（由不同的变压器输出）。

2）配电容量

总扩声系统配电总功率 250kW；扩声机房（9514-4.C）20kW；功放室 A（9510-6.A）40kW；功放室 B（9511-6.B）60kW；功放室 C（9512-6.C）70kW；功放室 D（9513-6.D）60kW。

3）电系统接地

采用 TN-S 接地方式。每个机房由总接地点单独引接地，接地电阻小于 1Ω。

2. 信息发布和查询系统

国家体育场一层集散厅入口处设置 12 块约 4.8m^2（按 16/9 配置）LED 全彩色显示屏，该组显示屏既可以独立显示不同的内容，也可以分组显示相同的内容。包括视频短片、接收电视信号、同步于体育场南北主屏、显示计时记分、引导观众、文字信息显示、现场直播、广告等内容。机房位于数据网络中心，设置 12 台控制主机，12 块全色 LED 显示屏。在一层看台设置 40 块 LED　42 英寸显示屏，40 块 42 英寸双基色 LED 显示屏，机房设置在四层扩声及 LED 控制机房。公共信息查询系统由一台多媒体服务器设置在零层数据网络中心和 13 套多媒体查询终端，分布在一层、二层及五层。

3. 场地大屏幕显示系统

在国家体育场将设置满足比赛要求的大型显示屏 LED 系统，采用计算机控制，接入计算机网络。

在体育场东西两侧设置户外 LED 显示屏，具有全矩阵文字和图像显示能力，根据场内观察距离和观众的视线要求，每块屏面积约为 150m^2，显示屏的规格为 16 : 9。必须严格

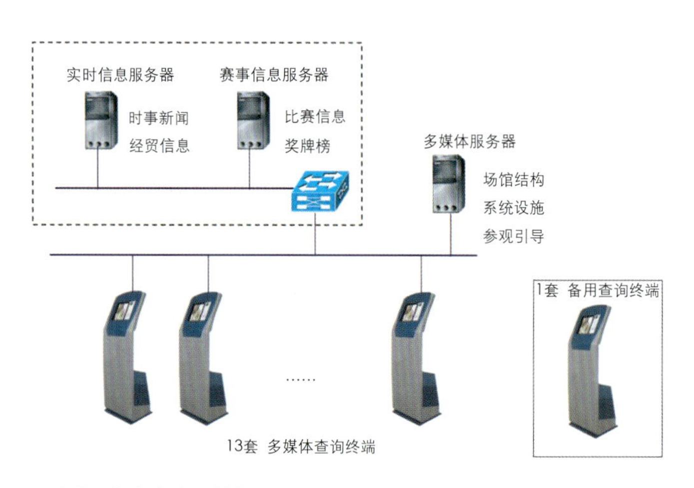

图 16-7　信息查询系统框图

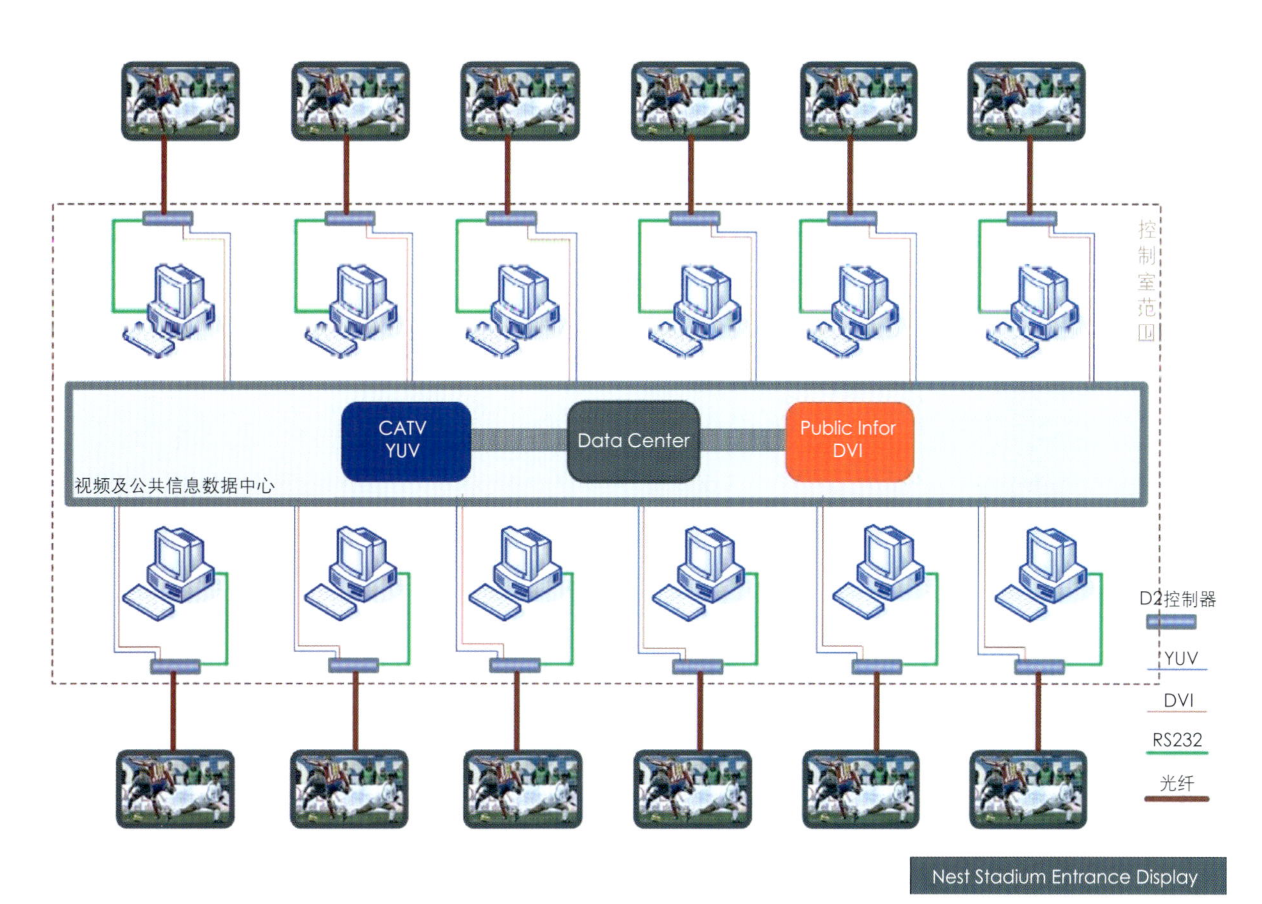

图 16-8　显示屏信息发布统框图

参照现行国际田联、足联标准有关功能、尺寸、信息布局等方面的要求，显示屏是全彩色并可播放视频。

（1）系统组成

记分牌的设计和集成必须严格参照现行国际田联、足联标准有关功能、尺寸、信息布局等方面的要求。

系统包括：显示屏、屏幕操作仪、屏幕控制器、内容播放器、内容管理器、显示编辑器及数据采集设备等。

（2）显示屏要求

1）环境要求：在环境温度为 -20 ～ 50℃、湿度为 10% ～ 95% 时可连续正常工作，防电磁干扰、阻燃、防水防尘（IP66 标准）；

2）视角、视距要求

平视角：130°；视距：最近视距为 9m；

3）系统功能

视频播出支持 VGA 显示，可显示各种计算机信息、图形、图像等；实现 VGA/VIDEO 信号转换，主画面两侧或单侧均能插播时钟和其他图像文字；支持多种输入方式：VGA/SVGA/XGA/SXGA/SDI 信号输入；实时显示真彩色视频图像、实时现场转播、播放背景画面、广告宣传画面等功能；转播广播电视、卫星电视及有线电视信号；电视、摄像、影碟等视频信号的即时播放（VCR、VCD、DVD、LD）；支持 PAL、NTSC 等各种制式、支持 HDTV；支持画面上叠加文字信息，全景、特写、慢镜头、动画、静态图片、特技等效果的实时编辑和播放；满足比赛的使用要求，灵活输入和播出多种信息。

4）计算机播出方式

图文特技显示功能：具有对图文进行编辑、缩放、流动、动画功能；显示各种计算机信息、图形、图像及二维、三维计算机动画并叠加文字；播出系统配有多媒体软件，可以灵活输入及播出多种信息；有多种播出方式，如：单 / 多行平移、单 / 多行上 / 下移、左 / 右拉、上 / 下拉、旋转；无级缩放等多种方式。主要时事新闻的编辑与播放，并有多种字体供选择；重要通告的即时发布；广告信息的播放等。

5）网络功能

配有标准网络接口，可与其他标准网络联网（信息查询系统、赛场宣传网系统等）；采集播出各数据库实时数据，实现远程网络控制；通过网络系统可以进入 Internet 网。

图 16-9 场馆检票三辊闸机

6）系统保护功能

本系统要求具有外部防护功能即：防水、防潮、防尘、防高温、防腐蚀、防燃烧、抗震动。电气保护方面具有：过流、短路、断路、过压、欠压等保护措施，烟雾报警和温升报警、故障自检、程序恢复功能。

7）其他功能

系统软件支持计算机信息网络环境，可提供综合电子系统总集成技术界面和SCU通信协议；全彩屏可以部分或整体拆卸、移动。系统可根据比赛计时记分需求进行改进，以适应比赛需求。

4. 验售票系统

售验票系统由票证制作子系统、售票子系统、场馆检票子系统、财务报表子系统、后台管理子系统组成。

售验票系统机房位于零层数据网络中心，设备售验票服务器2台。

售票子系统包括20个售票窗口，配备售票工作站、票证打印机、条码扫描器等设备。

远程售票子系统支持远程窗口售票、15个座席电话订票、Internet售票及手机售票，可支持多种支付手段。

场馆检票子系统包含138台检票三辊闸机（TPB-E01），18台残疾人检票闸机（HSD-E01）和24台手持式非接触式检票读票机（SAC MC50）。

财务报表子系统和后台管理子系统提供日常各种财务统计报表，并实现相关日常经营管理工作。

5. 赛事综合管理系统

（1）赛事综合管理系统：

是专为体育场比赛服务的一套集成式管理平台，通过相应的系统集成软件，利用体育场信息网络系统实现对体育场内大屏幕显示及控制系统、场地照明及控制系统、扩声系统、计时计分及现场成绩处理系统、标准时钟系统、售验票系统、升旗控制系统、电视转播系统，有线电视系统等的集中监视、控制和管理。

（2）建立统一的数据管理平台：

提供图形化的综合监控界面及多种通信接口和协议，实现比赛场景的一键式操作，保证子系统之间的联动控制。为体育场运营人员，赛事管理和指挥人员提供一个为比赛服务的综合管理平台。

（3）系统关联：

1）大屏幕显示系统与计时记分及现场成绩处理系统、有线电视系统、场地扩声系统等相连。

2）场地扩声系统接入公共广播系统信号，实现业务和紧急广播功能。

3）售验票系统为体育场的运营管理、安全管理和赛事管理提供了有效的技术手段。

4）时钟系统的设计将结合体育工艺和区域分布的要求，保证所有和赛事相关的人员都能清晰地看到场内的时钟，并掌握场内的准确时间。标准时钟还可以提供通信接口，为体育场智能化系统提供标准时间源。

5）旗控制系统与扩声控制室内的控制台相连，实现远程控制。系统的机械部件和控制电机分别安装在田径场旗杆处和旗杆下，以方便现场手动控制。

6）时计分及现场成绩处理系统与大屏幕显示及控制系统、电视转播系统相连。

7）现场影像采集及回放系统既可用于当比赛发生争议时，为仲裁提供声像资料；又可为大屏幕显示提供影像信号，同时可以把现场图像通过场内 CATV 系统经调制后，作为 1 路或多路电视节目进行转播。

电视转播和现场评论系统主要将现场音、视频信号被编辑后通过专用设备传输至电视台，然后向外转发。从各转播摄像机位、现场评论员席到电视转播机房，到室外电视转播车之间，需规划连接线缆的通路。

（四）智能化集成系统

1. 设计原则

（1）将体育场内不同功能的智能化子系统在物理上、逻辑上和功能上连接在一起，以实现信息综合、资源共享。

（2）通过统一系统平台和操作界面，将各个具有完整功能的独立子系统整合成一个有机整体，为体育比赛或其他活动及场馆的日常运营服务。

（3）支持多种通信接口和协议，并具有协议开放和开发功能，可以直接集成各类系统和设备。

（4）建立标准、统一的数据库，具有标准的开放接口，为体育建筑群的综合管理与调度提供基础平台。

（5）先进、通用的软件开发技术和系统架构，便于系统升级和先进技术的应用。

（6）在体育场举办体育比赛或其他活动时，为安保指挥中心提供全面、综合的场馆环境信息。

（7）在体育场智能化系统中使用三维虚拟现实技术来对体育场景进行三维虚拟监控，相对于基于二维平面图形化的监控系统实现技术突破和功能创新。体育场智能化系统随着计算机技术的飞速发展，在用户使用界面和实时数据表现方面有了很大进步，从简单的数据字符显示到漂亮的图形化显示，再到有立体感的动态图形化显示，越来越接近现场实际监视和控制画面。

（8）将国家体育场内弱电智能化系统组成三个集成平台：一个是建筑设备监控管理网络平台，另一个是通信与办公网络平台，第三个是体育竞赛管理系统；在管理者需要与各种条件允许的情况下再将体育场内设备控制的集成和通信信息的集成实现一个三者的大集成网络系统（IBMS）——体育场中央控制管理系统，实现不同弱电系统之间的信息共享。

（9）集成网络系统是将集成系统与需要集成的各个应用系统通过布线和网络设备连接起来，保证相互之间的信息传输和通信。集成网络是以计算机网络为主要的物理载体，线缆采用双绞线和光纤，通过专用协议转换设备将不同通信协议转换为统一的 TCP/IP 协议。

（10）系统集成的基本原则是在原有各子系统的基础上，优化和提升原有系统的功能。它是适度的集成，而不是简单的集中。集成目的是实现各弱电子系统的资源共享，使系统最优化，从而取得高效率、高效益。

2. 系统设计

系统由集成网络系统、被集成的应用系统（包括各种子系统）和集成管理系统三大部分组成。硬件设备配置在集成管理中心，包括主机服务器、备用服务器、工作站、大屏幕显示器、音视频切换设备、网关设备、控制台柜等等。

集成软件平台安装在主机服务器上，实现把所有子系统集成在统一的用户界面下，对各子系统进行统一监视、控制和协调，从而构成一个统一的协同工作的整体。包括实现对子系统实时数据的存储和加工，对系统用户的综合监控和显示以及智能分析等其他功能。

对于管理数据的集成，要求控制系统在软件上使用标准的、开放的数据库 SQL Server、使用微软公司的 OPC、开放式数据库互接（ODBC）等技术，具有 Web Server 功能，利用这些功能，无需编程就能与用户办公桌上的许多软件（如：Internet Explorer、Excel、办公自动化系统、物业管理系统）进行数据交换，实现管理数据的系统集成，而不需要再另外开发一套软件来实现这个功能。

接口设计：对于智能化控制子系统，各子系统的通信接口和协议，集成系统采用统一的 OPC 标准通信方式。

对于提供 OPC 接口的子系统，如 BA 系统，程序模块主要是用来连接 OPC 服务器与数据库底层数据链接并进行数据处理的一个模块。其主要功能是采集硬件设备的当前状态（包括开关状态、当前值等）和响应 OPC 服务器发出的警报信息，经过处理转化后存储到底层数据库供中间层处理使用；同时，能够查询所有硬件设备的状态，经处理写入数据库供程序使用。对于没有提供 OPC 接口的其他系统，如停车场系统，有自己产品的通信接口协议，通过专用设备把这些都转换为 OPC Server 可以识别的，遵循 OPC 标准的通信协议。

3. 集成平台

（1）建筑设备监控管理网络平台集成

将建筑内的机电控制系统，如楼宇自动控制系统、安全防范各子系统、停车场管理系统、火灾自动报警系统等，通过网络集成实现各系统之间的数据、信息交换，完成集成系统（BMS）功能。

1）与楼宇自控系统集成

实现对楼宇设备的集中控制和管理，将运行情况归纳、分析，以文本、图形、表格等方式供网络间共享。具有对楼宇自控系统的机电设备运行状态、故障报警进行集中监视功能;还具有对空调、热交换、冷冻、给排水、送排风、变配电、照明等进行检测和控制，实现优化控制、日程表管理、能源管理，可进行参数设定，按照规范及控制权限进行监测或控制的集中控制管理功能；更具有根据系统和设备的不同特点及运行情况累计设备运行时间，自动生成运行及维护报告的集成综合管理功能。

2）与火灾自动报警系统集成

火灾自动报警系统通过 RS232/485 串行通信口向楼宇自控系统传递信息，内容包括系统主机运行状态、故障报警;火灾探测器的工作状态、探测器地址信息、相关联动设备的状态。当出现火警时，将在集成工作站上自动显示相应的报警信息，包括火警位置以及相关联动设备的状态，相关的联动还应包括：联动打开报警区灯光，电视监控系统切换报警画面到主监视器，所在分区的其他画面同时切换到副监视器，并同时启动录像机录像。

3）与安全防范系统集成

实现对安全防范系统的监测和管理，可以动态监视报警探测器、报警按钮和巡更开关的正常 / 报警，线路的开路 / 短路状态，设备的自检和保安设防 / 撤防管理。系统布防期间当系统接收到报警信号时，工作站上立刻显示警报发生点信息，弹出报警电子地图界面，指示报警位置，启动警号。同时系统联动灯控系统，使报警区联动打开灯光。系统联动电视监控系统切换报警画面到主监视器，报警画面同时显示报警点号码，所在分区的其他画面到副监视器，并同时启动录像机；能够动态显示门禁系统平面图。

4）与灯控系统集成

在需要的场所、时间，工作人员能在控制中心监控室通过终端工作站，利用灯光控制系统调节体育场内的灯光效果。当安防报警时，由安防系统通过集成系统，利用灯控系统打开报警区域灯光，同时使电视监控系统发挥作用。

5）与自控系统的模拟屏集成

系统将建筑设备监控系统的一些现场参数和设备运行状态等传递给模拟屏系统，在模拟屏上显示相应工作内容，便于工作人员及时准确地了解现场的设备情况。

（2）通信与办公网络平台集成

将建筑内的各种通信系统，如通信网络系统、数据网络系统、卫星接收及有线电视系统、文件处理系统、酒店管理系统、公共场所的背景音乐广播系统，通过网络集成实现各系统之间的数据、信息交换，完成通信信息集成系统功能。

1）与通信网络系统、数据网络系统集成

建设一套全开放式的综合布线系统，它具有全系列的适配器，可以将不同厂商网络设备及不同传输介质的主机系统全部转换成同一非屏蔽双绞线（UTP），通过双绞线及光纤可传输语音、数据、图像、视频信号等，并可支持目前所有数据及语音设备厂商的网络系统，电子数据交换、可视电话、电视会议和多媒体通信等。在满足系统集成自身的功能外，能够提供充足的对外通信能力；能够提供整个网络系统构成、数据流分析和网络管理的图文信息；能够对外部宽带接入系统进行管理和收费结算。

2）与文件处理系统集成

文件处理系统能为体育场的管理者创造良好的信息环境，并提供快捷有效的办公信息服务。收集、处理、存储、检索来自体育场内外的各类信息，并进行综合处理。并用于体育场内行政和物业管理营运信息、电子账务、电子邮件、信息发布、信息检索、导引、电子会议、文字处理及文档管理，对建筑设备的维护和保养进行管理，对客户需求与消费服务进行管理，具有多媒体功能等。

3）与门禁、智能卡系统的集成

商场 POS 系统进行各类计费和内部消费等；智能卡管

理子系统能识别身份、门匙、信息系统密匙等。

(3) 体育竞赛管理网络平台集成

将建筑内的各种体育竞赛管理系统，如场地大屏幕显示系统、扩声系统、计时记分系统、售验票系统、赛事综合管理系统、信息发布和查询、体育场综合信息管理系统等，通过网络集成实现各系统之间的数据、信息交换，完成通信信息集成系统功能。

1）与计时记分系统集成

计时记分系统是场馆进行体育比赛最基本的技术支持系统，担负着所有比赛成绩的采集、基本处理、显示比赛成绩及赛事中计时的任务；它主要分为数据采集系统、数据处理系统和显示系统，其中数据采集系统主要为各种检测设备，终点控制计时设备，现场裁判员计时记分器设备；数据处理系统设置在比赛专用计算机机房，通过专用软件，将比赛成绩进行统计、平均、排名、存储。将其采集的数据通过技术接口传送给现场大屏幕显示系统、广播电视系统和成绩处理系统，同时还传送给包括设置在场内各处的其他专用显示屏。该系统根据竞赛规则，对比赛全过程产生的成绩及各种环境因素进行监视、测量、量化处理、显示公布，同时向相关部门提供所需的竞赛信息。

2）与信息发布和查询系统集成

该系统主要功能是引导观众快捷迅速的找到目标位置。导航方式采用 Flash 等多种先进的多媒体手段，系统智能识别用户查询时所在的位置，根据用户选择的目的地，选择最佳行走路线，在平面图中动态显示出来，并伴有语音提示，指引用户快速准确地找到目的地。可快速查到赛事信息、奖牌榜信息、场馆注意事项、天气情况等。

(4) 与中央控制管理系统集成

国家体育场系统集成可分为三个层次，第一层次为系统纵向集成，目的在于各子系统具体功能的实现；第二层次为横向集成，主要体现各子系统的联动和优化组合；第三层次为一体化集成，在各系统横向集成的基础上，将建筑设备监控管理系统层、通信与办公系统管理层、体育竞赛管理系统层，通过在开放的、标准的、统一的网络协议平台上进行系统集成，建立一个实现网络集成、功能集成、软件界面集成的高层监控管理系统。将不同的网络系统，通过各种网关协议转换，尽量集中在相同协议的网络上，形成统一的应用和信息共享；采用光纤多频复用技术，把不同的网络集成起来。

体育场中央控制管理系统从信息技术系统、通信技术系统、体育比赛综合信息技术系统和场馆智能化技术系统进行系统的集成，组成智能化的集中控制管理系统。建立的综合性系统，它通过通信接口（服务器或是各种网关）与各系统进行联系，完成异构协议转换和数据交换。通过协议转换可以把不同协议的网络转为统一的协议（如 TCP/IP），控制网络转换成统一协议（OPC），形成统一的网络，供集成系统使用。通过数据交换功能，实现集成系统与各子系统的信息互联互通，组成更大规模的网络，形成更高层次的跨网应用，提高整个体育场馆的智能化和信息化水平。

1）集成管理中心设计

集成中心是集成系统的核心，是实现监视、控制和管理高度统一的一体化中心。中心通过视频、音频、计算机网络等集成网络与各子系统连接，实现与各子系统的交互功能。通过综合集成管理软件来管理、采集和控制整个集成系统。所需要相应的硬件设备，如大屏幕显示、服务器、管理工作站以及音响控制系统等等。

2）集成管理软件设计

在体育场内设备控制的集成和通信信息的集成系统基础上，建立一个顶层的集中控制管理系统软件系统，主要功能有两大方面：

对场馆外实现三大功能：建立体育场三维仿真信息系统，为便于指挥决策服务、各部门协同工作、全民参与提供服务；可以与 IC 卡应用系统相联，利用智能卡技术，为奥运相关人员在奥运会注册、安全识别、支付、服务等多种个性化信息服务过程提供一种安全、可靠、方便、统一的智能工具；同时与信息安全与综合安全系统连接，为奥运综合安全体系提供信息和数据。为整合城市信息资源，建设综合安全信息系统，处理紧急突发事件、反恐、公共安全等提供支持。

可以与数字奥运指挥决策信息共享平台连接，为实现数字北京奠定基础，并为领导监督和决策提供依据。实现各类信息系统互联互通，信息资源共享。

4. 系统配置

国家体育场智能建筑的系统集成从集成层次上讲，可分为两个层次。集成系统机房位于零层数据网络中心。设置 6 台服务器，采用 Honeywell 公司的 EBI 集成平台，以 OPC 通信协议为主体构成 BMS 集成系统。

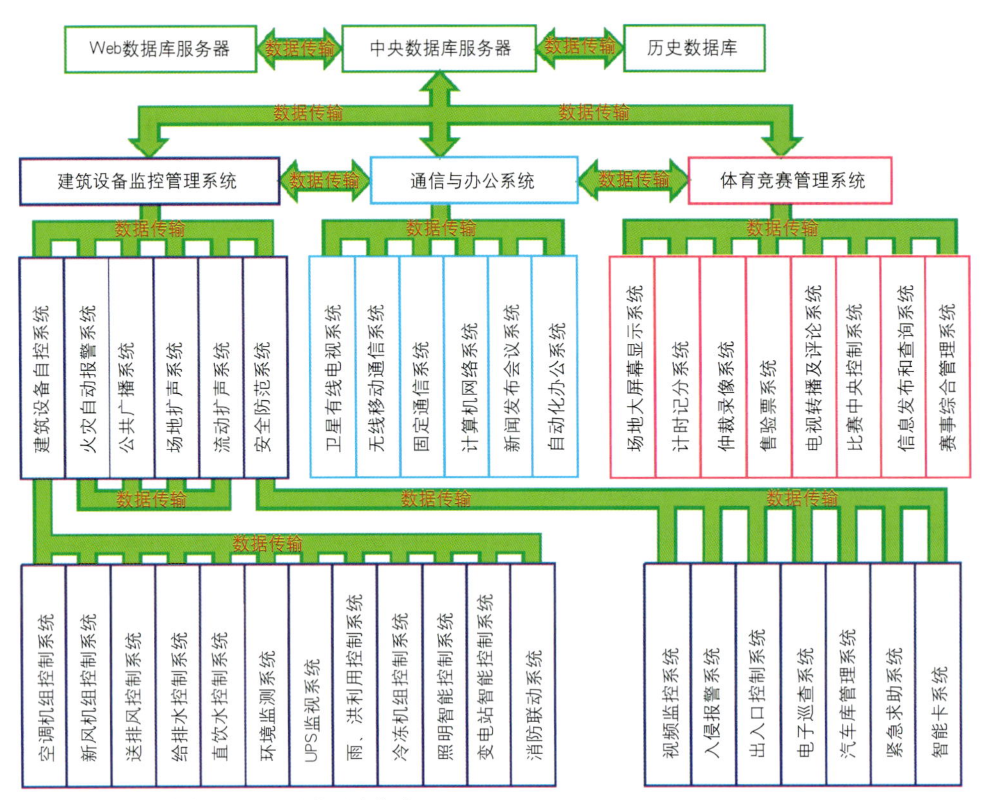

图 16-10　国家体育场智能建筑的系统集成

三、机房工程

（一）智能化系统机房分布

1. 零层北侧环道内设置中央控制管理室，内设火灾自动报警及控制联动系统设备、建筑设备监控系统设备、安全防范系统（视频安防监控、出入口控制、电子巡查、入侵报警）、公共广播系统等机房。

2. 零层北侧及东南侧环道内各设置固定通信、移动通信机房。

3. 零层北侧环道内设置数据网络中心，数据网络中心分为两个房间，一个是计算机管理间，一个是综合布线主配线间。

4. 零层北侧环道内设置 CATV（有线电视）控制室。

5. 四层西南侧面向场地处设置场地扩声控制室，在六层东北、西北、东南、西南四个对称位置设置场地扩声功放间。

6. 四层西南侧设置控制室及指挥室，作为应急指挥中心机房。

7. 四层西南侧面向场地处设置场地显示屏控制室。

8. 零层 12 个核心筒附近各设置一个网络设备间，在 12 个核心筒内各设置一个弱电间。

（二）UPS 供电系统

1. 中控室 UPS 供电设计

国家体育场智能化系统机房中心设备采用 UPS 双机并联供电方案，由两台型号、容量相同，有并机能力的 UPS 组成。正常工作时由 UPS 主回路经整流、逆变双转换后对负载供电，两台 UPS 均分，各承担系统总负载的 50%。如果 UPS 输入电源故障，则由后备畜电池组逆变转换后给负载供电，两台 UPS 仍然均分负载。当一台 UPS 发生故障时，系统自动识别并使其自动脱离整个系统，并由另外一台 UPS 单独负载继续供电。

2. 前端设备 UPS 供电设计

（1）体育场智能化系统前端设备采用 UPS 集中供电方案，共设置 4 台 60kVA UPS，每台 UPS 负载 3 个核心筒弱电设备的供电。

（2）UPS 输入配电柜由总配电室引来双路电源，一路为市电，一路为发电机组，并通过互投转换开关实现故障转换，提高了智能化系统设备供电系统的可靠性。

（3）当一路市电故障时，可通过互投转换开关转到另一路市电供电；当两路市电全部故障时，由 UPS 后备蓄电池组逆变转换后给负载供电；当 UPS 故障时，可经 UPS 旁路开关柜转到旁路由市电直接供电。

3. UPS 远程监控系统

（1）远程监控功能：提供一个远程计算机接口，能通过 RS232 或 RS485 接口实现与异地计算机终端通信，达到遥测和遥信的目的。

（2）人机交互功能：可按实际运行情况，通过程序修改，重新设置UPS内部的各种临界值，也可读取UPS电源各种工作参数。

（3）故障诊断功能：对监测到的不正常参数及时分析，及早发现故障苗头，显示其性质、部位，给出处理方法，并自动记录有关信息。

（4）实时监测功能：彩色图形化界面进行状态实时显示。监视电路中各部分状态，随时获取主机工作时的有关参数。主要包括：输入/输出电压和频率；输出电流和负载量；蓄电池电压，电流及充放电状态等。

（三）防雷与接地系统

机房接地系统是机房建设中的一项重要内容。接地系统是否良好关系到整个场馆智能化系统设备能否安全、稳定运行。机房接地主要：交流工作地、安全保护地、直流工作地和防雷保护地。

1. 国家体育场采用综合接地方案，地电阻小于1Ω，与建筑物的防雷接地系统形成一个整体。采用共用接地系统的目的是达到均压、等电位以减小各种接地设备之间、不同系统之间的电位差。

2. 体育场内在底层设总等电位接地端子排，12个弱电竖井，每层竖井内的接地干线上设置楼层等电位接地端子排，所有设备机房设置局部等电位接地端子排。

3. 终端设备保护：在场馆各系统进出线安装相应的避雷/过压保护器，一旦线缆上感应过电压（或遭直接雷击），可以保护设备（或系统）免遭破坏。室外立杆摄像机防雷等。

4. 电源防雷方案：在UPS前端安装普通型电源防雷器，其前端需串联空气开关，以便于对防雷器进行更换。若要保护设备距此级保护距离超过20m，则需在该设备前端另加防雷器。

第二节　人文、绿色、科技奥运

遵循“绿色奥运，人文奥运，科技奥运”的理念，为了确保2008奥运会赛事的顺利进行和业主的经济利益，我们所提出方案的指导思想是：可靠、实用、经济、先进。

一、人文奥运

“人文奥运”的最大宗旨就是以人为本，为各种人群提供有针对性的服务。同时，我们的方案将充分考虑与赛事相关群体的兴趣和利益。国家体育场现场有91000观众，及上万的运动员、教练员、工作人员和保安人员。

（一）人员分类

从人群的分类出发，我们可以把人文奥运分为以下几个人群进行区别对待：

1. 运动员：严格按照国际奥委会的比赛要求，提供可靠的比赛设施，并提供生活与娱乐所需的技术支持和服务。

2. 媒体：提供便利，即时的办公条件，宽带网，多媒体和高清晰度的技术。

3. 贵宾：从安全上确保无误。采用最先进的多媒体系，3D安检系统，以及安全，舒适的会议室和贵宾室。

4. 赛事管理人员：在管理上充分体现机电系统智能化，控制信息化，界面的图像化以及无线通信的应用。

5. 观众：方便易操作的售检票系统，便利的商业服务技术支持及明确的停车引导系统等。

6. 赞助商：与国际奥委会指定的赞助商共同合作，提供各种接口。

（二）人员的安防系统

人文的奥运，必需是一个安全的奥运，必需彻底执行“以人为本”的思想，使在奥运期间的所有人员能够正常地进行比赛、观看、游览等活动。只有保证人员在安全的环境中活动，才能完全体现人的自主意识，实现“人文奥运”。

体育场馆比赛人流量大，人员情况复杂，仅凭借设备系统的优势，不能实现对场馆的安防监控。只有通过一套完善的技防系统，实时准确地进行报警，利用合理的人防系统，对报警进行迅速反应，才能取得良好的安全防范效果。

比赛场馆一般可以分为观众区、比赛区、休息区、媒体区、主席台等部分，由于防护主体不完全一样，防护环境不同，采用的技术手段和防护措施不同。因此根据不同的区域要求不同，安防系统的防范采用“功能分区”是最合理的办法。并在此基础上针对相对应的特定人群进行针对性的防护。

VIP：是安全防范系统重中之重，应该对VIP进行贴身服务。但为了不让VIP感觉任何一丝不方便，只能划定VIP的专门活动区域，并对其专门活动区域进行严密的、不间断的保护。

媒体记者（参展和参会人员）：一定要媒体记者感觉方便和没有障碍，同时，也应该限定媒体记者的相关活动区域和进入路线，并对此进行有针对性的安全防范服务。

观众：综合性的体育赛事正在成为家庭娱乐的场所，体育场馆不再仅仅是观看展览的地方，在这里展览只是娱乐的一部分。因此应该保障观众的行动在一定区域内不受限制和方便，但需要对一些关键地方进行统一监控，特别是能在紧急情况下作出应对。

工作人员：工作人员是相对特殊的群体，对工作人员的良好管理，是确保安防体系不出现漏洞的重要保证。必须加强对工作人员活动区域和路线的管理，以确保不出现任何可能的漏洞。

（三）丰富的多媒体系统

通过建立多媒体大屏幕以及信息查询系统，为国家体育场提供丰富的多媒体系统。大屏幕根据视频控制操作，可以方便地切换卫星电视信号、摄像视频信号、录像机 VCD 射频信号、计算机动画信息等，实现现场转播、电视转播、媒体信息的即时播放，并具有在画面上叠加文字信息，全景、特写、慢镜头、特技等效果。

国家体育场公共区域建设信息导航系统，实现这个场馆功能区的导航。以平面导航和三维导航两种方式，根据用户选择的目的地选择最佳行走路线，并伴有语音提示，指引用户快速准确地找到目的地。三维导航方式采用 3D 等多种先进的多媒体手段，给用户提供虚拟现实功能，可以以虚拟现实的方式引导用户到达目的地。同时向用户介绍进入场馆的一些注意事项以及在发生紧急情况时的应急措施。

另外，信息查询系统也提供赛事信息的查询，便于用户直接查询到近期赛事及比分的相关信息，并向用户介绍各国最新的奖牌积分情况。

二、科技奥运

大量高新科技的应用是科技奥运的一个重要特点，智能化系统的高科技性使得科技奥运成为智能化系统面对的一个重要课题。但我们毕竟是在现在规划 3 年后的技术，不仅要确保 3 年后技术的先进性，还得综合考虑技术的成熟度、可用性以及经济性。如何使用新科技，如何把握新科技和成熟技术之间的尺度才是真正科技奥运的重点。

（一）网络化

考虑到国家体育场在赛后和赛时的不同需求，以及科技奥运的理念，应该把整个系统建立在一个网络化的解决方案上。可以让所有的楼宇设施管理系统都运行在一个物理上相对独立的内部专网上，这样既保障了系统的安全性，也为系统的升级改造提供了便利，还为系统的动态划分创造了条件。这样，从物理上讲，楼宇设施管理系统是一个完整的、独立的系统，只是根据需要，提供软件划分（VLAN）的方法，把整个系统设为了多个独立的子系统。

这样在将来系统运行的时候，可以根据管理的需要，按照区域划分，或者功能划分来建立相应的分控制中心。而一旦功能变化或者改造，也可以非常方便地通过软件方式对系统进行重新设定和划分。

对于传统的总线技术和现场监控设备，这些技术发展相对较慢，技术成熟度也非常高。因此建议把整个系统分为两个层面来考虑。一是应用平台部分，即网络部分，二是控制平台部分，即系统总线和现场监控设备部分。应用平台部分建立在 Ethernet（TCP/IP）的基础上，充分利用现有网络技术的资源，保障了软件系统的升级空间和二次开发的可能性。控制平台部分则建立在目前非常成熟的现场总线技术的基础上，支持 LonWorks、BACNet、ModBus 等通用总线技术，可以利用现在常用的各种现场设备。整个系统的传输部分建立在综合布线的硬件传输体系的平台上，这样不仅节省了投资，还为将来的升级改造提供了基础。

具体如下：

1. 建立一个物理上独立的楼宇设施管理网络系统，和 BMS 相关的所有子系统都纳入其中。

2. 按支持软件方式对系统进行划分，建立总控制中心对多个子系统进行控制和管理。

3. 提供功能和管理的需求，从管理的角度，可以建立多个分控制中心，实现区域性的和功能性的管理。

4. 把整个系统分为应用平台和控制平台两部分，而这两部分均建立在综合布线的传输平台上。

（二）集成化

针对国家体育场数字化应用和管理的特点、以需求功能为出发点，系统集成采用成熟、先进、实用的科学技术，将国家体育场内各智能化应用系统间相互独立的系统、设备、功能和信息通过网络，集成为一个具有信息共享、互联互通、协同操作的综合信息管理系统。

1. 统一的管理和调度：

系统集成管理平台采用 B/S（服务器 / 浏览器）结构，操作人员通过 Web 浏览器对智能化系统的综合信息进行管理，内容包括：

（1）提供体育场分布平面图。可以为用户提供按不同选择排列的区域图，浏览各系统设备分布、设备属性信息、设备运行记录、报警记录等。

（2）可以浏览查看某个系统设备的维修信息、故障信息、人员安排。

（3）浏览综合保安系统的各种设备、巡更站分布、人员派班、视图巡更路线、门禁记录、维修记录、报警记录以及重大事件处理记录等等。此外还可以浏览停车场车位信息，停车记录以及费用信息等。在点击某个摄像设备时，系统提供相应的录像播放。

（4）浏览消防系统的各种设备分布、设备保养维护记录、报警记录等。

（5）浏览各个设备的耗用信息，其中包括水、电、气用量等，进行能源分析。

（6）在登录到其相应的账户后，用户可以浏览其事先拟定的工作日程、信息、待办事宜、人事安排等详情。

2. 集成的通信系统：

将无线对讲系统的通信网络、手机信号直放的覆盖网络、无线 Internet 接入 WLAN 网络合并为一套全频覆盖系统，该系统不但将现有的无线通信系统整合在一起，更包括 3G 等尚未开放的无线频段之应用。

通过这一套集成的通信系统，国家体育场可以同时接入多个运营商的信号频段，满足即将到来的 3G 标准，并同时覆盖了 2006 年后国外运营商的信号频段。这样一套全频覆盖系统则大大减少了体育场内的施工强度，管槽的负担。

同时与网络系统配合，将无线 Internet 接入集成到综合无线覆盖系统中。这样，所有无线接入点 AP 可以集中放置在弱电间，其无线信号由覆盖系统馈出，一方面减少了综合布线和施工的成本，另一方面也避免了安装无线接入点 AP 对室内装修的影响。

（三）智能化

系统集成为各子系统的数据之间起到关联沟通的作用，所有跨系统的信息交互都经由集成平台数据库进行交互和沟通。该功能模块实现了跨系统间应用子系统的信息双向交互及流向的设置。每个系统所产生的有用信息都将被应用到其他相关系统中，实现所有系统的整体协动。

1. 由消防系统产生的联动

火灾发生时，火灾及相关信息同时反映在 BMS 系统上，即时显示报警界面并打印记录；

火灾发生时联动综合安防系统的门禁子系统将打开所有的通道；

火灾发生时联动综合安防系统把摄像机切换到相应位置并录像以便分析火情；

火灾发生时联动 BAS 系统关闭相应区域的送风机，避免新鲜空气的引入；

火灾发生时联动机电设备监控及管理系统启动相应区域的排风兼排烟系统；

火灾发生时通知电梯系统，保证及时紧急停层；

火灾发生时联动一卡通系统停车场子系统的出口栅栏机以便车辆疏散。

2. 由综合安防系统产生的联动

安防报警时，相关信息同时反映在 BMS 系统上，即时显示报警界面并打印记录；

安防报警时联动 BAS 系统将相关区域的照明打开，使保安监控摄像头更容易取证；

安防报警时通知电梯不停靠报警层，同时闭锁楼层通道门，或停靠保安员制定层。

3. 由一卡通管理系统产生的联动

当发生报警时，相关信息同时反映在 BMS 系统上，即时显示报警界面并打印记录；

内部员工管理系统的信息通过 BMS 系统联动安全防范系统的门禁控制子系统。

4. 综合信息系统的联动

通过物业管理系统发送会议室预定信息而引发机电设备监控及管理系统对该会议室灯光、空调的联动控制，引发保安门禁系统对该会议室读卡机合法使用者的授权。

（四）安全化

国家体育场是奥运会的主会场、是奥运会的重中之重，所以智能化系统的稳定性、安全性至关重要。为减少智能化系统故障率，需提高和保障智能化系统可靠性、安全性。

设计中增加对各个智能化系统实时监测及历史数据记录的功能，用技术手段明确故障责任，提高各智能化系统的责任心，提高系统实施中的质量。同时在某个系统出现故障，无法提供查询数据时，系统监控功能能够提供相应的历史数据供其参考。

对消防报警系统、安全防范系统的要求更高，在系统出现故障后仍然要有保障运行的手段。即“在最坏的情况下，系统仍具有完整的工作能力"。

智能化系统出现故障的可能是存在的，再完善的设计、再完美的实施也不能完全保证系统不会出现故障。因此，故障的快速定位、快速排除故障手段是系统设计中必须要考虑的，系统运行中也要有相应的配套措施。快速排除故障的措施包括：系统设计具备容灾能力、具备快速故障定位功能、系统的双机热备份功能、系统的热插拔在线替换功能、系统使用在线式 UPS 后备电源。另外，备品备件必须齐全，现场保驾护航的技术人员对系统熟练掌握也是保障系统稳定运行的必要条件。为实现这些性能对智能化系统的性能要求将有所提高、成本也有所提高、对现场技术人员解决故障的快速反应的能力也相应有所提高。

对于建筑设备监控系统，作为自动化程度最高的建筑设备监控系统在这一功能中担当了重要的角色。集成消防重要区域报警点、重要联动设备的切换状态和运行状态点的监视、并记录历史数据，从而监控该设备的维护状态和计量其能量消耗等。具备数据交换能力的智能机电设备，如智能照明、水景观、变配电系统等与建筑设备监控系统进行联网数据交换，由楼宇自控系统记录其运行状态和数据，方便在建筑设备监控系统层面了解整个机电设备运行状态及排查故障原因。

对于 BMS 系统，也是一个重要的角色，其大量数据存储、处理的特点可以将智能化系统的实时运行状态存储起来，以备系统监控记录，从更广泛的层面排查故障隐患或者故障原因。需要进入 BMS 系统数据监控的系统有：建筑设备监控系统的重要点位数据、消防系统的数据、安全防范系统的大量数据、公共广播系统数据、通信系统数据、场地扩声系统的设备运行数据，并与办公自动化系统、物业管理系统交换数据，实现对建筑内所有设备设施的中央监控、维护、管理。

其中这些系统有的系统仅仅做到历史数据存储功能就够了；有的系统必须能够在 BMS 系统中进行快速查询；有的系统数据除了在 BMS 系统中存储外，还要具备查询功能，根据这些数据进行监控判断，并给出警示及警示定位。具体功能要看系统实施中各类系统设备功能情况，功能确定后再确定监测策略。

三、绿色奥运

绿色奥运是体现赛场环境质量和参与奥运的运动员和工作人员办公环境质量及人体健康的保证。我们通过赛场建设的使用环保材料、采用节能控制系统、使用无污染、无辐射产品等措施来保障真正实现绿色奥运的目标。

（一）节能

奥运会主体育场的耗能是惊人的，我们尽量多地考虑机电设备的节能功能，达到更多的节能效果。我们将奥运会主体育场的水、电、气使用的计量纳入建筑设备监控系统，促进节约使用能源。监控耗能设备，达到合理使用能源的目的。选择工作效率高的机电电子设备，减少能量转换过程中的损耗。

（二）低辐射

施工中将电力系统管线隐蔽在金属管路中，大功率设备尽量放在屏蔽机房内，减少对周围的电磁辐射。

无线通信设备应在满足无线通信覆盖的要求前提下，尽力减少对外界的电磁辐射污染。合理规划无线通信设备基站、天线放大器的摆放位置，尽量远离工作人员和观众。合理规划无线频点，使用可调整频段的无线通信设备。避免系统相互干扰产生设备竞相提高辐射强度的情况。采用低辐射无线信号系统，优化无线系统，减少无线辐射源数量。

（三）绿色环保产品

国家体育场智能化系统设备符合 RoHS，WEEE 标准。

从设计、采购、制造、物流、安装、调试、使用等各个阶段，尽可能做到减少能源消耗和对环境的负荷。

尽量采用可回收材料。使用不含毒素的材料，如燃烧时不发生有毒气体的电线、电缆。

（四）智能化的优越性

智能化系统是体育场内部能源考核和核算的重要工具和手段，可为体育场控制能源消耗提供真实的数字化的依据，其节能降耗、控制成本、提高经济效益的作用十分明显，帮助企业谋求利益最大化，是一次投资，全程受益，使用年限越长，效益积累越明显。

虽然可以为不同需求的建筑组成各具特色智能化系统，但是其自动化水平并不降低，在普遍实现控制自动化的今天，使建筑机电设备管理跨越式实现自动化管理，达到建筑机电设备与过程自动化控制同步发展的要求。

智能化系统的多功能、数字化、网络化、智能化、可靠性高等特点，大大简化了系统线路，减少了故障点和柜体数量，结构紧凑易于维护，对于安全、稳定的运行，预防和避免事故发生提供了有力的保障，极大地减少了故障造成的损失。

由于智能化系统实现了集中监控，可以极大地减少建筑机电设备管理人员，实现分站或分控制点的无人管理，降低人力成本。

智能化系统可接入和扩展多种功能，接入遥视系统就可以实现无人现场管理，可以实现跨系统的多项管理集中监控管理等。

（五）项目获奖情况

（1）国家体育场工程被评为建筑行业协会国家优质工程"鲁班奖"，奖牌于2008年12月26日正式颁发。

（2）获得2009年度全国工程勘察设计优秀智能化建筑项目一等奖，同年获得北京市工程勘察设计优秀智能化建筑项目一等奖。

第十七章　体育场标识设计

体育场作为大容量的公共建筑，具有人员密集、高峰流量大、流线复杂等特点。如果缺乏有效的标识系统，容易降低通行效率，引发混乱和恐慌，导致不可预见的灾难性后果。在保障体育场的安全和秩序方面，标识系统承担着重要的职能。同时，电子显示屏（尤其是大屏幕）能够提供图像和数据等现场信息，增加观赛、观演的乐趣，吸引更多的观众。另外，体育场举行体育比赛、大型演出时往往进行电视转播，赋予体育场标识独特的商业价值，对于吸引赞助商、维持体育场运营意义重大。而且，系统、专业的标识设计能够有效地促进纪念品市场的开发和体育场参观游览活动的开展，推进体育场品牌的经营。

体育场标识能够帮助所有的体育场使用者（观众、参赛人员和表演人员、媒体和转播工作者、竞赛和演出等活动组织者、安保人员、场馆运营人员等等）顺利地使用、管理和经营体育场。因此，体育场标识的重要意义绝非仅限于提供清晰的路线指示。

第一节　体育场标识设计内容

根据标识所服务的对象和服务的性质，将体育场标识系统概括为三个系列：1）观众导向标识系列，是针对体育场观众的标识；2）场馆运营标识系列，服务对象为除了观众以外的体育场使用者、经营者等；3）商业标识，实质上是场馆运营系列的一个特殊分支，以直接盈利为商业目的。

一、观众导向标识系列

观众导向标识可大致分为两类：体育场主体建筑外部的导向标识（场外导向标识）和体育场主体建筑内部的导向标识（场内导向标识）。

1. 场外导向标识

场外导向标识是为了从远处识别体育场，并且提供连续的路线指引，一直到体育场入口（图 17-1）。包括主入口标志、分区入口标志、安检口（检票口、安检围栏）标志、售票点标志、景观标识等内容。其中，主入口标志通常为体育场名称标牌、主场足球队（俱乐部）名称和标志等。常用的材料为金属（铝、铜）、LED、PVC 及涂料等。主入口标志一般尺寸较大，设在显眼的位置，并且配备照明（图 17-2）。

为了提高入场和散场的效率，保障疏散安全，体育场一般将看台分为若干分区，每个分区设有分区入口。因此，分区入口标志也很重要，在入场时承担着第一时间疏导观众人流的作用。分区入口标志宜与安检口、检票口等结合设置，标志需简明扼要，通俗易懂。承办国际赛事的体育场通常使用阿拉伯数字或英文字母作为分区入口标志，例如“1”、“2”、“A”、“B”等等；本地性体育场通常使用当地文字，例如“东区”、“北区”、“上层看台”、“下层看台”等等（图 17-3）。

此外，为了更好地组织入口外的人流，通常在门票票面、售票点、景观道路、体育场入口等位置标明体育场分区及入口简图、位置索引图，使观众在到达入口之前选择最合理的入口和入场路线，在到达入口后能够准确定位（图 17-4）。

2. 场内导向标识

场内导向标识的主要作用是帮助观众对号入座，并指示楼、电梯、卫生间等公共服务设施。根据位置不同，可分为集散厅标识和看台标识两类。具体包括看台入口标识、座席导向标识、座席编号标识、公共服务设施标识（卫生间、楼电梯、餐饮点、医疗点、问询处、寄存处、失物招领处等）、贵宾专用设施标识、无障碍设施标识、消防应急疏散标识等内容。

看台标识主要与座席信息有关，例如看台过道编号（往往也是看台号）、排号、座号等。在看台过道的起始位置和看台出入口处需标明过道编号和看台号，在每一排的过道台阶处标明排号和座席号，在座椅上显示排号和座席号。集散厅标识通常以墙面标识为主。为避免人流集中时遮蔽墙面标识，可以将标识设在高于头部的位置，以便从远处提供清晰的指示。

除了在具体的看台入口、公共服务设施入口处设置有关标志以外，还要在集散厅内沿途设置次一级的指向标志，以便引导观众沿设定的路线到达相关入口（图 17-5、图 17-6）。

图 17-1 （左）国家体育场分区入口夜景

图 17-3 （右）国家体育场中层看台入口标识

图 17-2 国家体育场场名标识

图 17-4　国家体育场中层看台入口夜景

图 17-5　国家体育场中层看台入口在集散厅一侧标识

图 17-6　国家体育场看台口及过道处标识

二、场馆运营标识系列

包括房门标识、停车场标识、后勤标识等，为观众以外的体育场使用者、经营者（例如参赛人员、表演人员、庆典及礼仪人员、媒体和转播人员、活动组织者、安保人员、医疗人员、志愿者、场馆运营者、保洁人员、物流配送、餐饮服务人员等）提供服务的标识。

三、商业标识系列

包括广告及赞助商的商标展示（室外广告、集散厅广告、看台广告、场地广告、大屏幕广告、新闻发布厅及包厢商标展板等）、观光游览标识（体育场博物馆、俱乐部商店、纪念品）、门票等等内容（图 17-7、图 17-8）。

第二节　国家体育场标识设计要点

国家体育场是北京 2008 年奥运会主体育场，奥运会期间座席容量为 9.1 万，赛后将调整为 8 万座。体育场标识设计作为建筑设计的一个组成部分，与建筑设计同期进行，由建筑师与平面设计师合作完成。为了模拟国家体育场建成后的空间效果，采用由 Catia 软件建造的国家体育场计算机三维模型作为辅助设计工具，研究和确定标识的位置和视觉效果。

一、分区原则及入口

标识设计将体育场主体建筑投影平面分为 12 个面积相似的扇形区域，以西侧正中为 A 区，按逆时针方向依次为 A、B、C、D、E、F、G、H、J、K、L、M 区。一层集散厅核心筒之间的区域按照 12 区的划分原则，命名为各区门厅（图 17-9）。

沿安检围栏一周，在主体建筑外围的主要道路交汇处共设 12 个分区入口。与交叉型的景观道路相应，每个入口上方设置一组共两个字母灯箱，代表对应的两个分区。12 个分区入口共设 12 组、24 个 LED 灯箱，从正西偏南第一个大门

图 17-7 国家体育场大屏幕及看台广告

图 17-8 国家体育场小屏幕广告

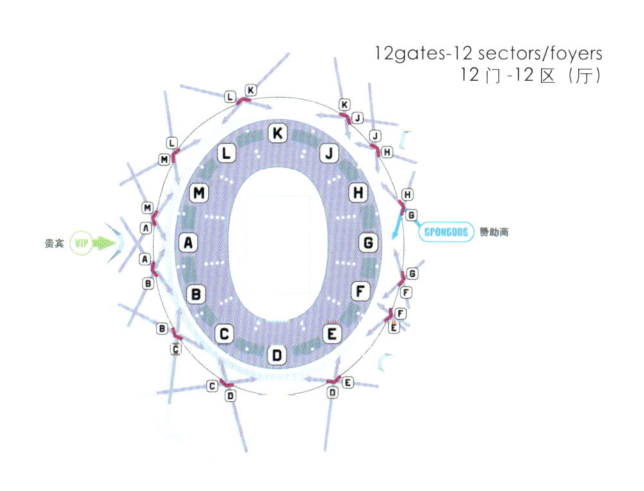

图 17-9　国家体育场 12 分区及入口

开始，按逆时针方向依次为 AB、BC、CD、DE、EF、FG、GH、HJ、JK、KL、LM、MA。这个顺序符合当来访者面向体育场站立时，由左至右的阅读习惯。灯箱朝向体育场外一侧为红色。LED 灯箱的亮度与国家体育场夜景照明亮度相匹配，确保在夜色中醒目、清晰，有效地保障奥运会期间观众顺利入场。实际上，这些高达 3m 的大字母已经成为国家体育场周边游客和观众定位的重要参照物。

二、看台、排、座的编号

国家体育场看台从下至上共三层，分别称为下层看台、中层看台、上层看台，以阿拉伯数字 1、2、3 作为编号代码。例如，B 区下层看台编号为 B1，B 区中层看台编号为 B2，B 区上层看台编号为 B3，依此类推。

每层看台根据看台入口所在的过道命名为约 56 个分看台，简称为“台”。以 A 区最北侧看台入口过道处为 01 台，按照逆时针方向依次编排至 56 台。各层看台之间以百位数字为看台入口所在的集散厅楼层数字加以区分。其中，下层看台的台号为 101-156；中层看台的台号主要为 201 – 256，另有部分为 3XX（中层看台东西两侧高区座席）；上层看台的台号主要为 501-556，另有部分为 6XX（上层看台东西两侧高区座席）。每个台的座椅排号以靠近比赛场地一侧的座席为起始排，向远端依次以阿拉伯数字编排。每排座椅的座号以阿拉伯数字顺序编排，每台独立编号（图 17-10 ～图 17-12）。

这套编号系统与国家体育场“看台口 - 过道 - 座席”的“鱼骨型”设计相适应，体现国家体育场每个看台口对应一条看台过道、每条过道对应一个分看台的特征。与传统体育场一个看台口对应多条看台过道、多个分看台的标识做法不同，国家体育场对看台口的命名即定义相应的看台过道和分看台，在标识层次中减少一个层次，符合标识系统越简单越明确的本质。奥运会期间调查表明，极少数观众不能自行找到座位而需要服务人员帮助，绝大多数观众能够按照票面信息和导向标识顺利找到座位。2008 年 9 月刊《平面设计》杂志文章《你在鸟巢几分钟找到座位》，对观众导向标识总体上给出了肯定的评价。

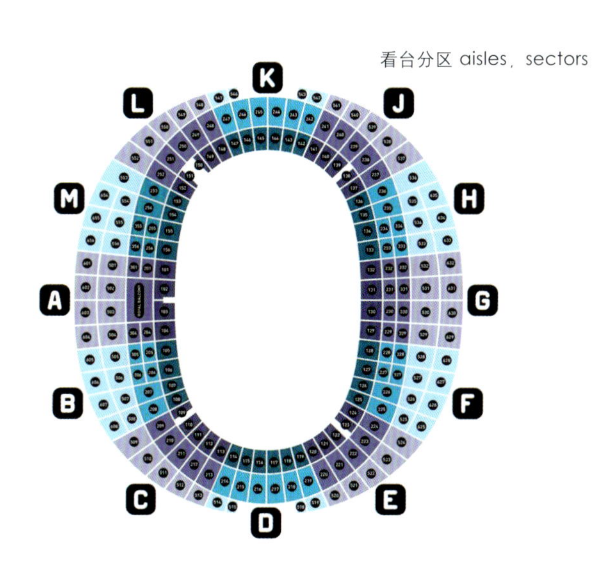

图 17-10　国家体育场看台分区及编号

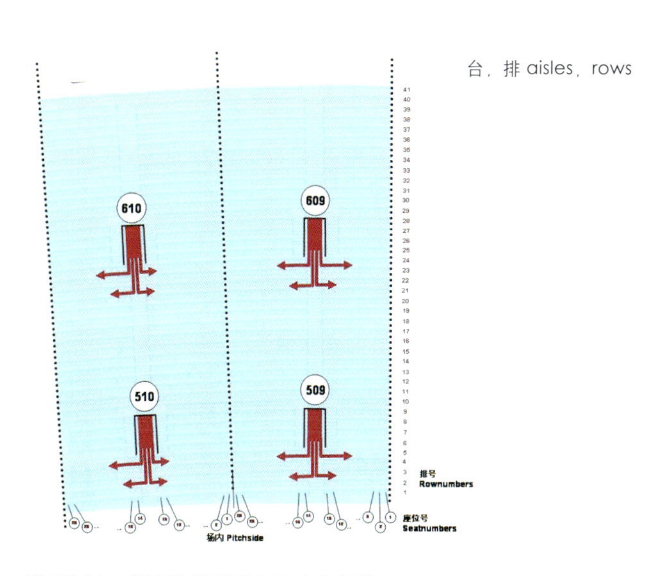

图 17-11　国家体育场看台和座椅编号

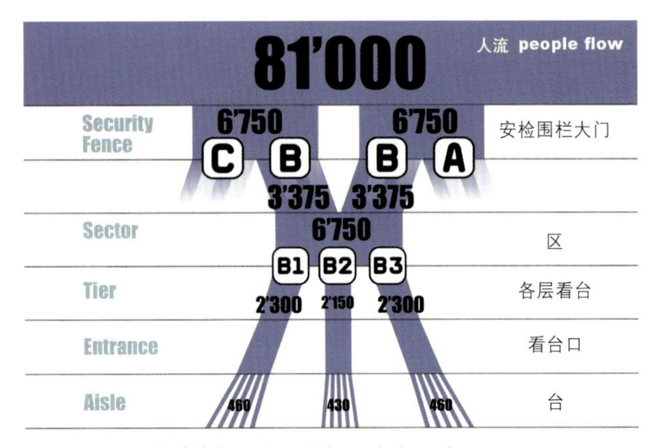

图 17-12　国家体育场观众导向标识分流原则

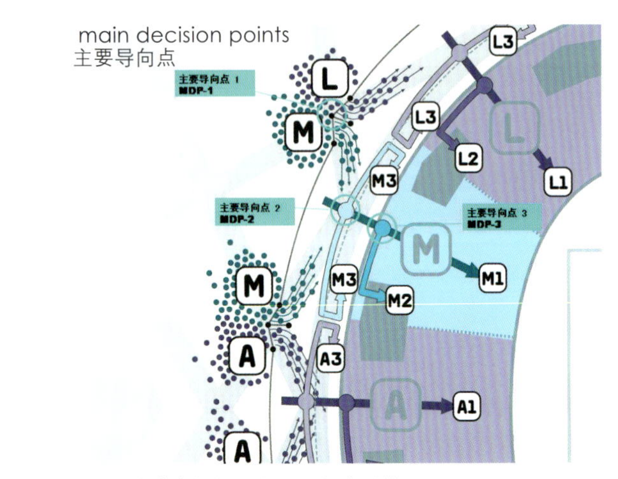

图 17-13　国家体育场标识主要导向点（平面）

三、主要导向点

国家体育场三层看台每层约 3 万座席，为了保障使用安全，除了核心筒楼梯通往各层集散厅之外，每层看台观众分别配备独立的疏散通道，彼此不交叉。为使观众入场时顺利到达看台座椅，在基座平台及一层集散大厅共设置三个层次的主要导向点，在这些主要导向点布置标识、标志，引导观众进行有组织的分流。第一个层次即 12 个分区入口处的区号灯箱，引导来自基座平台的观众通过区号灯箱选择与门票对应的入口；第二个层次即 12 对立面楼梯处的标识，引导上层看台的观众通过立面楼梯去往上层看台集散厅；第三个层次即 12 个门厅和 12 个核心筒墙面的标识，引导中层看台的观众通过指定的楼梯去往中层看台集散厅；同时引导下层看台的观众通过一层集散厅去往下层看台（图 17-13、图 17-14）。

实际上，散场时人们往往选择走入场时的路。因此，在场内按散场方向也相应确定导向点，并布置出口标识。另外，考虑到万一错过主要导向点标识的情况，在反方向增设标识，进行引导。国家体育场 Catia 三维计算机模型模拟和体育场建成后实测（例如 2008 年 5 月中国田径公开赛）显示，某些构件会影响特定角度对主要导向点标识的视线。采取的改进措施包括增设标识和加强宣传引导。奥运会期间，改进措施取得了显著成效。

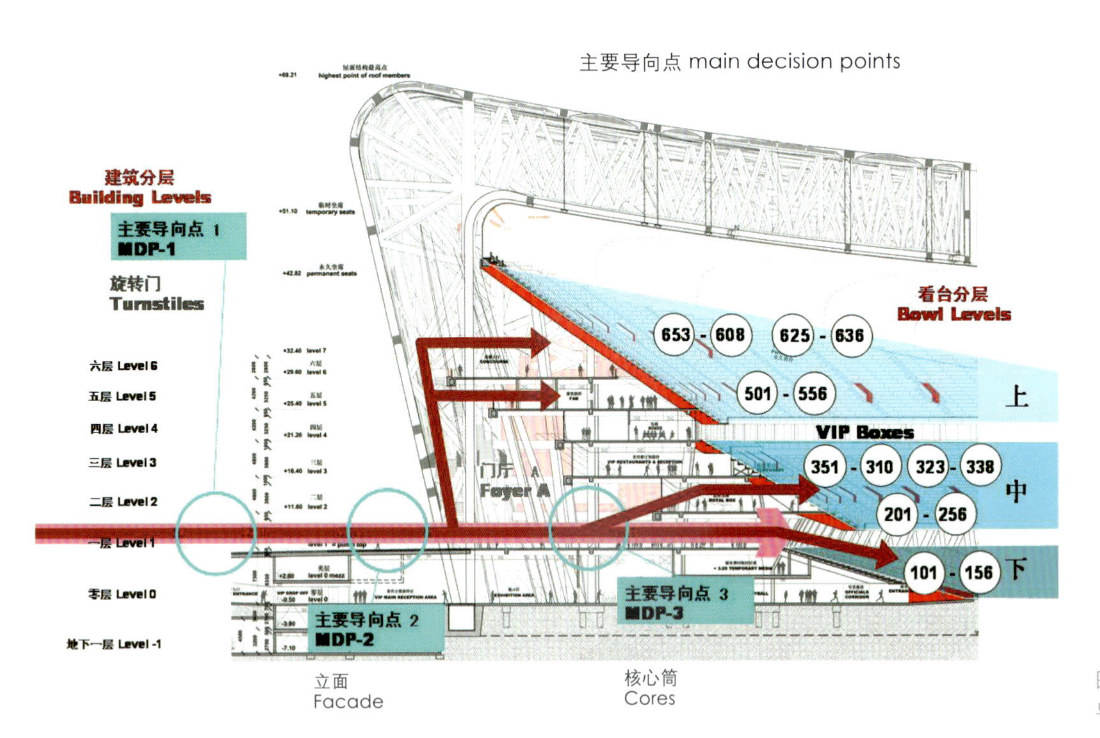

图 17-14　国家体育场标识主要导向点（剖面）

四、标识分级

标识分级首先是标识与观察距离相适应的原则决定的，同时需考虑服务对象的行为特征。国家体育场对标识分级设置，有利于区分主次，突出重点，避免同级信息同时出现所引发的认知混乱。

引导观众通往看台座椅的标识共分四个级别。1 级标识高 750mm，用于立面楼梯等处，表示区号、看台分层等信息；2 级标识高 500mm，用于核心筒墙面等处，表示区号、看台分层等信息；3 级标识高 250mm，用于柱及看台入口等处，表示台号、各种服务设施等信息；4 级标识高 125mm，用于看台过道踏步等处，表示排号等信息。其他用于基座入口、贵宾区域、楼电梯、自动扶梯等处的标识共分十个级别；各种门上标识分五个级别（图 17-15、图 17-16）。

五、标志图案、字体和色彩

标志图案、标识字体和色彩构成观众对标识系统的第一印象，在认知顺序方面甚至超过标识内容本身，在塑造国家体育场个性方面发挥着积极的作用。为国家体育场专门设计的标志图案包括：男、女卫生间、无障碍设施、医疗点、停车场、体育场位置索引图等（图 17-17）。

别致的图案与字体，在整体风格上高度统一，加之与体育场建筑语言协调的标识色彩，共同营造出人文色彩浓郁的场内环境。特别是男 / 女 / 无障碍图案，历经数稿，最终方案简洁幽默，抽象地体现“中国娃娃”的文化主题，受到广大观众喜爱。

六、其他

为帮助观众对号入座，国家体育场标识设计对门票的票面信息作出指导，要求门票逐级显示座席信息，依次为：分区号－看台号－排号－座号；辅助文字为中、英文双语。该成果得到奥运会票务部门的采纳和实施（图 17-18）。

考虑赛时和赛后运营需要，标识设计对场内广告的大小和位置做出了限定，并对大屏幕进行了赛时 / 赛后转换研究和视线分析。参照欧美体育场的旅游运营做法，为体育场参观游览制定了导向标识。

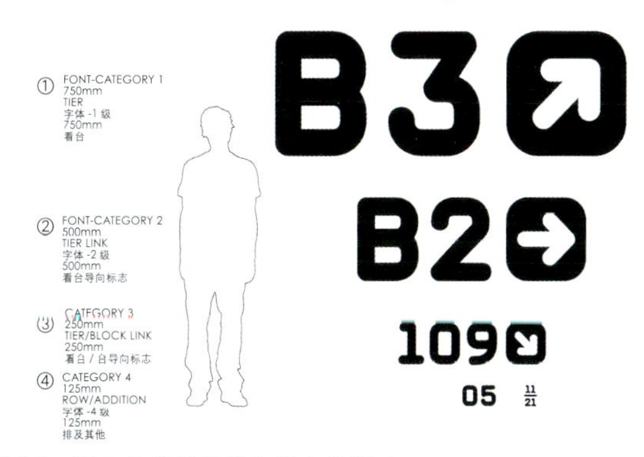

图 17-15　国家体育场标识分级字体尺寸

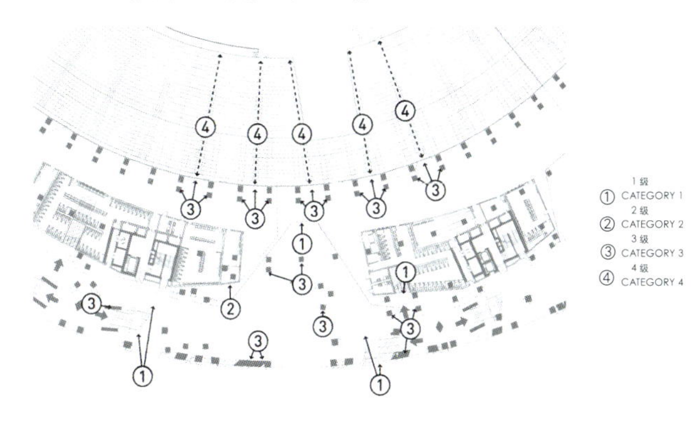

图 17-16　国家体育场标识分级

图 17-17　国家体育场卫生间标识图案及字体

门票 Ticket information

上层看台 FOR TIER 3

下层看台 FOR TIER 1

TICKET 门票	区 SECTOR	中层看台 TIER	台 AISLE	排 ROW	座 SEAT
	B	2	209	12	08

图 17-18　国家体育场标识对门票信息的规定

第三节 体育场标识设计的关键点及发展趋势

国家体育场设计实践表明，体育场的标识设计有三个关键点：一是标识的位置，二是标识信息的明确程度，三是标识设计与建筑设计的统一。 好的标识系统总是出现在应该出现的地方，在不经意间传达重要的信息。这正是衡量体育场标识设计好坏的标准。

以观众导向标识为例，其目的是使观众得到不间断的方向指示。为了实现这个目标，设计时需要研究观众的行为模式（尤其是在体育场高峰人流时，人的运动模式、观察模式、视觉清晰度要求）以及体育场的建筑空间特色，以便确定标识的设置地点和标识的具体内容。首先，在"主要导向点"必须设置导向标识。"主要导向点"是指导体育场观众分流的地点。其次，标识的内容遵循"简单"原则。即，使用最简单的标志图案和文字，表达最明确的信息；在保障信息完整的前提下，同一位置上出现的信息条目越少越好；单一选择优于多种选择。再次，标识设计的有效的方法是将标识进行分级。包括：标识信息的主次级别、出现的先后次序以及标识图案和文字的尺寸等。

一、塑造整体个性，标识设计与建筑设计相统一

标识设计与建筑设计相统一，是国家体育场标识设计始终坚持的原则。与国家体育场建筑风格相适应，绝大多数标识以涂料喷涂在混凝土或钢构件表面，采用以红色和银色为主调的配色方案，与体育场建筑相辅相成，构成整体。这种高度的统一和融合，突破了以往标识系统独立于建筑之外的传统做法，使标识真正成为体育场建筑的有机组成部分，有助于塑造国家体育场的整体个性。而现代体育场设计的发展趋势之一就是越来越注重体育场个性形象的塑造。标识的色彩、材料、安装方式等与建筑设计相结合，能够实现体育场整体效果的协调和统一，强化体育场的个性特征。

二、作为重要环节，标识设计与建筑设计相结合

国家体育场的标识设计是建筑设计的一个重要环节，标识设计成果是建筑设计成果的重要组成部分。在前文所述三个系列的标识设计内容中，观众导向标识与体育场建筑设计的联系最为密切，大部分标识设计内容都与建筑设计内容相交叉，成为体育场建筑设计的一部分。对于场馆运营标识和商业标识而言，其具体内容一般由体育场运营方招标决定。对此，建筑师通过标识设计，就标识的形式、位置、尺寸、配色方案等提出指导原则，以保障体育场的整体效果。无论哪个系列的标识设计，都直接影响到体育场的视觉效果和使用效果。因此，从提高设计质量的角度来说，标识设计是建筑设计的延伸和不可缺少的重要环节。

三、携手标识设计，建筑师与平面设计师紧密合作

国家体育场标识设计团队由建筑师和平面设计师共同组成。一方面，建筑师作为体育场的设计者，了解体育场的全局信息，能够控制标识的位置、内容、外观、材料以及安装方式，确保标识与建筑设计的一致。另一方面，平面设计师作为专业的平面图形设计者，能够将建筑师的要求落实在图案设计中，保证标识设计的专业程度。在发达国家，建筑师往往通过设计总包实现对标识设计的控制。在我国，体育场以及其他公共建筑的标识设计尚处在起步阶段，一般由平面设计师主创标识设计，容易形成标识设计与建筑设计不统一的局面。近年来世界上新建成的体育场馆表明，建筑师与平面设计师合作进行体育场标识设计正在成为趋势，使建筑设计的深度得到进一步拓展。

四、应用先进技术，标识设计与建筑设计同期进行

随着计算机辅助设计技术的发展，标识设计与建筑设计同期进行成为可能。过去要等到体育场建成后才能进行的标识设计，现在可以利用电脑三维技术等实现对体育场空间效果的提前模拟，为标识设计与建筑设计同期进行奠定了基础。国家体育场的标识设计，在很大程度上得益于Catia三维软件对体育场复杂空间的模拟和分析，有效地保障了设计团队对标识位置、内容的判断和设计方案的优化。标识设计与建筑设计同期进行，能够激发建筑师对体育场标识设计的热情，提高整体控制的力度，确保标识设计与建筑设计的统一（图17-19）。

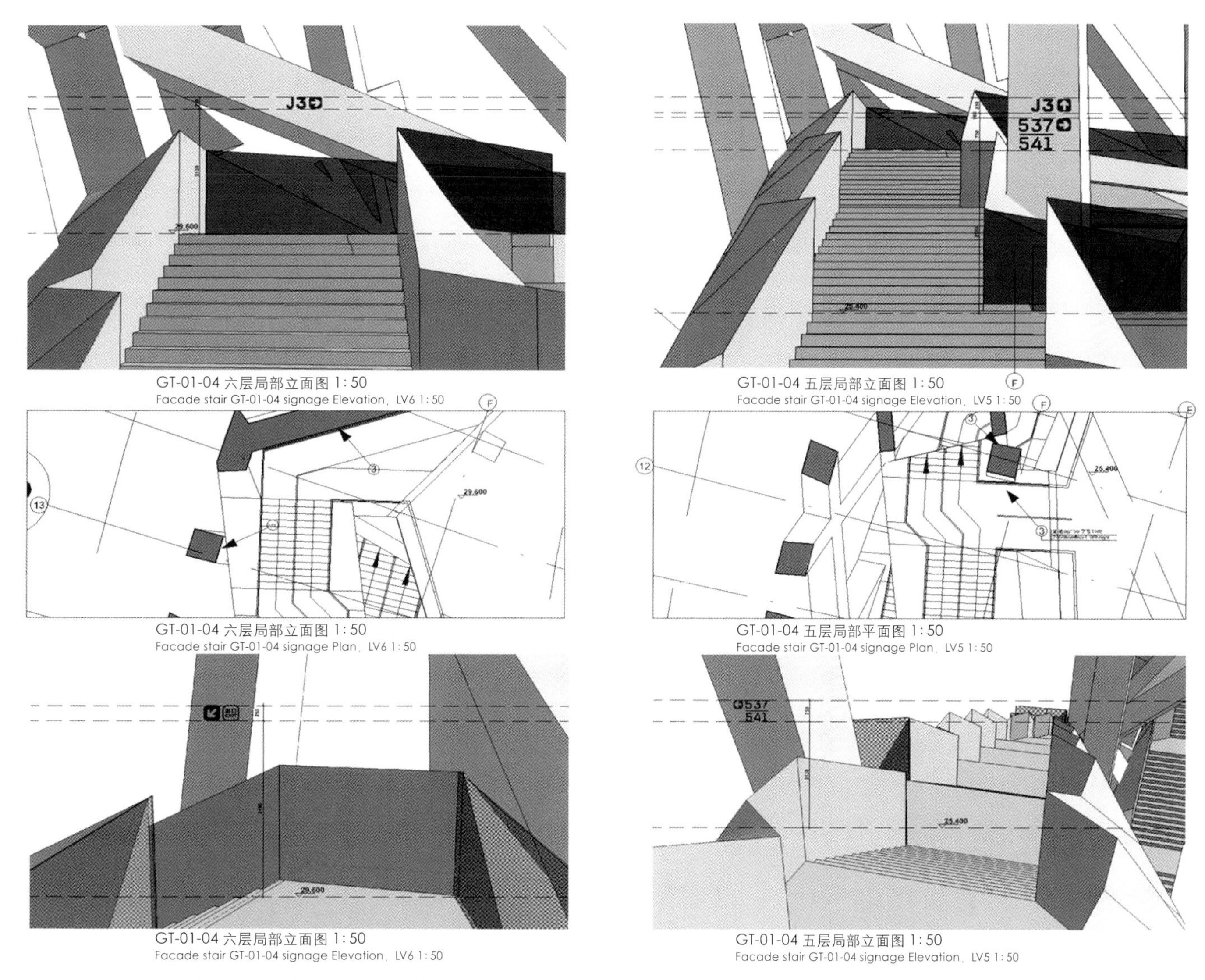

GT-01-04 六层局部立面图 1:50
Facade stair GT-01-04 signage Elevation，LV6 1:50

GT-01-04 五层局部立面图 1:50
Facade stair GT-01-04 signage Elevation，LV5 1:50

GT-01-04 六层局部立面图 1:50
Facade stair GT-01-04 signage Plan，LV6 1:50

GT-01-04 五层局部平面图 1:50
Facade stair GT-01-04 signage Plan，LV5 1:50

GT-01-04 六层局部立面图 1:50
Facade stair GT-01-04 signage Elevation，LV6 1:50

GT-01-04 五层局部立面图 1:50
Facade stair GT-01-04 signage Elevation，LV5 1:50

图 17-19　国家体育场运用 Catia 软件辅助标识设计

第十八章 夜景照明设计

第一节 夜景照明概述

国家体育场——“鸟巢”见证了2008第29届奥林匹克运动会辉煌，也体现了世界文明的进步。它是当代的建筑；它与中国文化有着密切的联系；它是一个开放的建筑，所有朝向都是同等重要的，所有的方向都让人感到舒适、而且都可以很便捷地进入。

整个结构的表现力，不仅可以告诉人们哪里是入口，而且还能让人们产生丰富的联想。有人形容它是鸟巢，我们还可以把它解释成：菱花隔断；有着冰花纹的中国瓷器等；外部广场导向12个入口，国家体育场的灯光文化也一直在这些无序之中寻找着有序（图18-1）。

国家体育场是公众化的。奥运会时它像一个橱窗展示着中国的形象，赛后它还将成为一个开放性的场所，人们可以自由地进入，它也将成为奥林匹克公园的标志性建筑。夜景照明也具有其更长远的意义。

国家体育场建筑结构的复杂性也使相应的照明项目具有前所未有的难度，与照明设计相关的图纸和要求有：照明设计概念文本、效果图、灯位图纸等，也包括最重要的照度、均匀度等参考值，以及各类灯具的初步选型等工作要求（图18-2）。

国家体育场夜景照明根据初始的设计理念，分为三大部分，一是核心筒（功能区空间）外墙和观众看台背墙的红色墙面部分，用红光投射照亮；二是外立面钢架结构的内侧及

图18-1 国家体育场的夜景照明

图 18-2　国家体育场夜景照明模拟效果图

左右两侧形成的 U 形面，用白光投射照亮，外立面形成剪影；三是顶部上下膜结构之间的钢架结构也由白光投射照亮（图 18-3）。

方案的三大部分有各自不同的难点：红墙部分主要在于对原方案的照度、均匀度方面要求的满足，色彩还原性、灯具的性能与品牌、价格的平衡选择在此部分也成为主要问题；外层钢结构的实施难点在于现有方案灯具数量及位置能否满足原设计照度的需求，灯具安装位置的核准成为首要难题；屋顶膜结构也同样有灯具数量和位置的问题，但控制眩光和如何利用两种不同膜结构的反光透光系数来设计亮度也是此部分的难点之一。根据分析，红墙部分主要以实验方式来完成方案深化，其他两部分以电脑模拟计算和现场调试来实现（图 18-4）。

中国红是国家体育场的一大文化主题，白天墙面在日光照射下红色偏暗钢结构明亮，夜晚灯光照射下的红墙显得越发富有张力，而外层钢结构在红墙和内层钢架的灯光映射下呈现剪影效果，由此红墙的照明效果就变得尤为重要，不仅在亮度上要达到指标与周边的国家游泳中心等建筑形成呼应，在立面的均匀度方面也需要尽量提高，使得上下不同层红墙形成整体（图 18-5）。

构成红色墙面的主要建筑结构是国家体育场 12 个核心筒的外墙，此部分墙高 4m，其立面红色材质有两种形式：一种为红色漆面，一种为夹层中含有红色纹理的双层玻璃表面。首先要解决的是对原设计照度和亮度指标的解决方案。由于原方案中仅提及照度和均匀度这两个主要指标，未提及亮度和色度的具体要求。经过探讨，采用通过试验来提出解决方案。试验场地选用在一片环境光相对较弱的空地，并搭建了 1 : 1 的核心筒局部模型。选择进口、

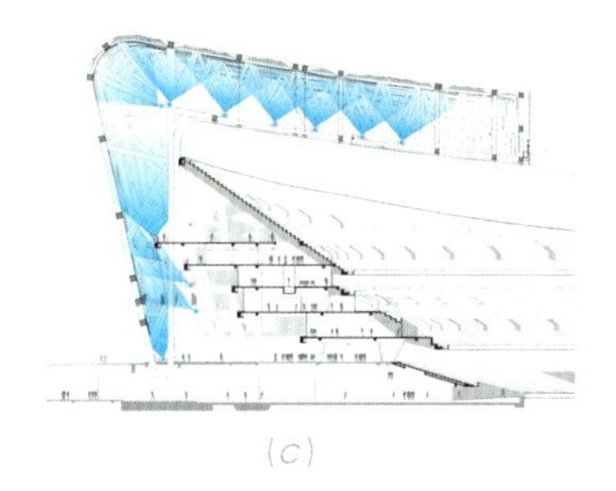

（c）

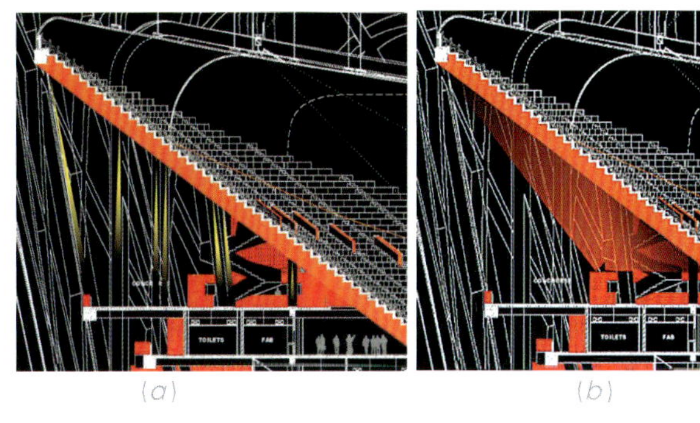

（a）　（b）

图 18-3　国家体育场夜景照明的设计理念

（a）立面钢结构和砼柱的照明　（c）钢结构和膜结构的照明
（b）看台背侧的照明

图 18-4　国家体育场红色墙面夜景照明效果

合资、国产等不同档次的多款备选灯具进行试验比较。测试仪器则通过厂家进行了校准。在贴膜、油漆、涂料等三种不同的材质下用同一套测试样板段和同一套测试点，测出了同一灯具不同光源、同一光源不同灯具、同一灯具不同安装位置不同安装角度等多种比较方案。最终从测试灯具中选出了均匀度表现最好的灯具，作为试验的结论性参考灯具以备进一步研发或修改提高的参照。红色荧光灯光源色彩还原的表现效果表现较为舒适，确定为夜间红色主题色彩还原的标准（图 18-6）。

图 18-5 国家体育场立面钢结构夜景照明效果

图 18-6 国家体育场夜景照明下的红色墙面

红色的观众看台背墙跨度距离较大，原方案中使用金卤灯加装了红滤片实施。对此种照明形式进行试验的过程中遇到了以下两点问题：一是在增加滤色片之后虽然色彩还原较好，但是灯具总光通量却损失了 90% 左右，二是红色金卤灯的色彩饱和度不及红色荧光灯。

由于金卤灯的色彩还原性取决于光源内的化学材料的选用，对红色还原较好的光源在市面上较少，价格比较昂贵。因此进行第二轮系统的试验比较时，主要采用了以下几种方式进行试验：滤光膜、普通滤光玻璃、光学滤光玻璃、不同面积镂空的滤光膜和红色反射器等。

滤光膜和普通滤光玻璃对色彩的还原性较好，红色特别鲜艳但是总光通量损失了接近 95%，在亮度上要想达到要求指标，必须增加三至四倍的灯具。这两种方案存在配电资源的浪费问题。特殊的光学玻璃可以有较高的透光性，但通过对光学滤光玻璃的测试，显示其与普通的滤光玻璃并没有明显的改善，主要原因是光学滤光玻璃也是把除红光外的所有光谱全部滤掉的性能特征，而不是所期望的大部分光能够通过，适当控制输出蓝绿光谱部分的性能。而过滤特定波长的特种玻璃造价比较昂贵，供货周期也相当长，通过光学玻璃处理普通金卤灯光源的方式会造成较大的成本资源浪费，博物馆或文物照明项目中对此方式的运用较多，在普通的室外景观照明项目中不可取。

采用不同镂空面积疏密不同的网状滤光膜的“红色反射器”和镂空的滤光膜有异曲同工的作用，一大部分直射光没有经过过滤直接投射到红色墙面，确保照度需求，通过反射器反射的光线过滤掉一部分的蓝绿光，红色光谱被较多地反射出去，被照面的光线反射中红色光得到较好的表现，再通过较低色温的金卤灯光源再次减少蓝色光谱成分。综合考虑用低色温的金卤灯搭配红色反射器是大面积的红色被照物表现的较合理方式之一。

一般常用的表现红色被照物的方式，最具代表性的应当是卤钨灯、LED 这两种光源。卤钨灯由于光效太低，只适合在小面积的范围内使用而被弃用，而 LED 具有潜在的技术空间和较好的动态表现可以作为备选方案。

由于国家体育场照明项目需在总体方案不做出过多改变的基础上需增加部分动态效果，而三大部分照明效果中有两大部分全部由金卤灯照射，而红墙也有部分区域为金卤灯。

金卤灯调光有部分成熟产品，通过试验发现金卤灯的调光速度缓慢，只能作为场景变化的手段，变化过程不能给观众以动态观感结果；调光后金卤灯色温出现不规律性漂移，对显色性有严重影响。

通过继续实验，同时与国内外专家的多次沟通并对国家体育场照明方案的实施进行了论证。最终得出指导性结论：钢结构及屋顶膜结构金卤灯投光部分放弃动态表演的方案；而红墙列为动态表演的重点表现部位（图 18-7）。

错综复杂的结构使得灯具安装位置的确定只能在国家体育场现场确定，红墙的灯具位置也由于空调管道和其他结构的原因变得没有规律可循。通过从零层开始逐层进行排查和现场定位。结合灯具的配光角度确定投光灯的安装点位，管线路由的复杂走向，玻璃隔断和核心筒墙体的错综复杂、给现场勘查设计带来巨大的随机的工作量。

剪影效果是国家体育场夜景照明效果特有的文化主题之一（图 18-8），通过内亮外暗的效果使得本来就最具吸引力的外层钢结构呈现了与白天截然不同的一面，为整个建筑平添几分魅力。外层钢结构以内到观众座席之间的部分才是国家体育场更加复杂、更加立体的空间结构。此空间中有用于结构支撑的混凝土柱和钢柱，又有最主要的通道大楼梯，有卫生间、设备间、贵宾包间等功能性室内空间，也有巨大的疏散大厅与其特有的功能性照明灯具；有特殊配比调制的漆面材质，也有国家体育场随机纹理的夹层玻璃隔断墙；在这些功能性极强的结构空间中找寻适当的投光灯安置位置相当困难，既要考虑照明效果的均匀性，又必须避免大楼体、通道、室内空间等位置的眩光。除了现场试验不同方向观察外没有什么办法能够兼顾这些元素之间平衡（图 18-9）。

通过现场两个核心筒的区域范围内进行的试验，发现投光灯具安装在核心筒周边护栏外侧面的边梁上斜向上投射，由于不同层的边梁形状不同上下错落，首先要避开灯具投射到上层的底面，这样可以装灯的位置就已经大大减少；边梁至外层钢结构的外边缘距离又有 10m 到 20m 不等，钢结构数量疏密不均，疏处无载体可照，密处需要减小灯具功率从不同方向进行补光。多种因素综合考虑、每种灯具逐个调整，宽配光窄配光互相补充，经过反复调试，立面整体终于有了较好的均匀度。

由于灯具有外倾角度，在广场上一定距离范围内灯具发光表面构成了较强的闪光点，但角度不算很大，还没有形成很刺眼的眩光，通过调整采用了侧配光的投光灯进行照明，使灯具发光面水平向上，光束角又能斜向外侧投射，同时加装防眩光格栅，避免亮点对景观的破坏。

图 18-7　国家体育场夜景照明样板墙试验

图 18-8　夜景照明的剪影效果

图 18-9　国家体育场入口照明

膜结构的灯具布置除照顾到被照面的均匀度以外，灯具投射角度上给飞机航拍和周边高层建筑视点还带来了一些眩光问题。结合屋顶结构的布置规律设置投射角度为 45°，并配合增加防眩光格栅达到最终设计效果。

同时对红墙部分进行了大规模的现场试验，由于空调风管、线槽等设备对红色荧光灯位置的影响，也综合了三四层玻璃材质和其他层漆面材质的不同反射效果，红色墙面的实际均匀度不能绝对满足原设计要求，但又不会影响整体效果。在此共识的基础上灯具研发工程师对红色荧光灯的配光角度进行了深入的研究和改进，使灯具的效率不断提高、光束角尽量变窄、灯具体积得到缩小，在这几方面技术环节上找到了最佳的平衡点，满足了核心筒红色墙面的使用要求。

六层红色看台背板的照明方式是在六层小屋顶上方和看台背板上沿口下侧同时安装荧光灯互相补充，使得背板的照度、均匀度得到了有效的提高。替换掉原有的金卤投光灯具，使用荧光灯结合数字镇流器，使红色部分所有墙面的灯具形式得以统一。

图 18-10　赛时的夜景照明效果

由业主组织召开的专家分析讨论会，充分论证了夜景照明效果提升的可能性——红墙部分升级为 LED 动态效果；钢结构部分增加金色场景。

通过对光学数据、色彩表现、现场环境等各方面的可实施性方案的探讨和 LED 照明方案的试验，确定了由红光、白光、黄光按照 4 ：3 ：3 的比例进行调配，使得墙体表现为暖色调红光，与我们最为常见的大红灯笼色彩感觉一致，喜庆祥和而具有浓郁的中国特色。通过控制系统还可以在纯红与橘红之间无级渐变。色调的冷暖与现场灯光环境相互呼应融合又形成适当的对比，用 LED 进行红色效果的表现堪称最佳效果，在原有荧光灯基础上更上一层楼（图 18-10）。

钠光源金色投光效果的表现，基于原有金卤灯的灯位基础上进行逐一配套增加，效果方面没有牵扯过多精力，原有管线的共用、控制系统切换回路的整理等工作顺利展开，金色国家体育场随着局部的供电回路改造成功，在人们期盼中华丽的效果逐渐呈现在眼前。

通过产品芯片、光源、钢构型材、表面喷塑等环节逐项的工期制定，使得升级改造方案有充分的理论保障系统。在短短一个月内成功实施升级改造，当国家体育场的红光变得更加纯正，当预期的动态方案崭露头角，当国家体育场变得金光璀璨——国家体育场夜景照明方案深化设计、实施取得了圆满成功（图 18-11）。

图 18-11　国家体育场重大节日时的夜景照明效果

第二节　绿色照明

一、方案设计与绿色照明

国家体育场从建筑结构特点分析，外景观主要分为以下几个主要部分：外层立面钢结构；屋顶外层膜结构；功能区域背墙；看台背墙等。再有观众看台、屋顶内层膜结构以及比赛场地等元素形成场内景观。在进行夜景照明方案构想时，设计师从功能照明的实现与视觉效果方面的关系着手，重点考虑了场地内外照明的相互关系，以场地功能照明为前提，以场四周公共空间的功能照明和应急疏散照明为基础，展开外立面景观照明的设计思路。

国家体育场体量大、空间复杂，可实现的照明效果丰富多样，能运用的照明形式也多种多样。除了建筑本身的形态特征对照明效果有了较明确的要求外，如何在有限的电力资源和空间资源上实现好的照明效果也是方案设计过程中考虑的重要因素之一。国家体育场是一个极有个性的建筑，照明方案在最初提议时更是丰富多彩，设计师有许多天马行空的思路和好的创意。但也有更多的方案在深入讨论到可实施性的阶段时被否决，其中最重要的一项原因就是能源的节约（图18-12）。

国家体育场外立面钢结构是最具吸引力的建筑元素，钢结构由24榀门式桁架柱围绕着体育场碗状看台区旋转而成。钢结构组件相互支撑、形成网格状构架。钢构立面宽度在1.2m左右，长度随机组合，颜色为银灰色，设计师在立面结构上主要提出了以下几种照明方案：

以建筑外立面作为载体进行不同颜色的投射表现，或者进行数字信息系统投射等，此种照明形式会使原本很有吸引力的结构更加丰富多彩，饶有趣味，但由于结构为随机布置状态，精确投影会加大实施难度，增加设备成本，而简单大面积投射势必造成对建筑内部结构空间的光污染，形成资源浪费，不符合绿色环保照明理念。

再有以建筑结构作为表现元素，通过安装灯具附着于结构本身，使得错综复杂的结构自身“能够点亮”，进行自发光照明效果的表现，具体形式可选用点状、线状，更有大胆的想法是结构柱自身表面能够整体发光，此种形式的照明效果在很大形式上还原了日景建筑的景观特征，并能在此基础上作一定变化，对建筑特征的表现更加主动。但外层钢结构体量巨大，重量约3万t左右，灯具设备要在这些结构上安装需要巨大工作量，随之而来的维护保养工作也相当困难，对资源的浪费是长期的、巨大的。虽然在这一方案中有着较多的形式和表现效果，但最终都在绿色照明、节约能源的理念前显露出不可逾越的缺憾，而不能得以实施。

也有其他一些方案在实施过程中陆续地被提出、推敲和探讨，在这过程中我们也更体会到，好的照明方案首先应当是必要的而不是附加的，是适当的而不是过多的。在方案阶

图18-12　国家体育场景观照明

图 18-13　沿中轴景观道南望

段对绿色照明理念的贯彻是最必要、最有效果的。

国家体育场所有部位选用的照明形式是较为稳定的投光照明，整体方案实现了简约化，增强了可实施性，实现了绿色照明的初衷。

在深化设计的过程中，对同一效果不同的实现方式的推敲也是重要的环节之一，比如在对外层钢结构进行投光照明的方案中，曾提出了使用荧光灯安装于边梁之上向上投射的方案，立面整体均匀度会相对提高但灯具数量与用电量会变得巨大。安装和维护的成本也相应提高，使得这一方案不是最优，最终选择了 250W 和 400W 的金卤灯钠灯进行钢架的投光照明。

二、灯具选用、措施与绿色照明

中国红是国家体育场最具吸引力的照明主题之一，灯具选择上我们主要在荧光灯、金卤灯、LED 灯三种光源的灯具间进行了比较。除了照度均匀度指标外，动态效果与显色性的表现成为决定此款灯具的重要指标。荧光灯与金卤灯明显不能满足动态效果的要求，而色彩的还原在 LED 的灯具研发中成为主要的难点。

中国红在白光的投射下红光显得饱和度不够；在纯红光的照射下又显得生硬而过于艳丽，与周边的环境欠缺融合；白光与红光相加能表现较为纯正的红色，但色调偏冷过于严肃；经过多次试验由红光、白光、黄光按照 4 ∶ 3 ∶ 3 的比例进行调配，使得墙体表现为暖色调红光，喜庆祥和而具有浓郁的中国特色，通过控制系统还可以在纯红与橘红之间无级渐变，色调的冷暖与现场纳灯光环境相互呼应融合又形成适当的对比，用 LED 进行红色效果的表现堪称最佳效果。我们选用 cree 的芯片，进行灯具研发。通过缜密的设计和严格的制造工艺控制来解决灯具散热问题，确保芯片光效能够得到有效发挥，经过测试灯具功率为 60W，灯具的效率达到 63%，最大光强达到 2580cd，防护等级等各项指标均通过国家相关验证。通过控制灯具效率和灯具质量实现了节能环保的目的。

灯具的位置依据现场条件逐灯进行调节后，在现场两个核心筒的区域范围内进行了综合试验，找寻结构与安装位置之间的规律。

所有灯具光束角覆盖范围合理分布相互补充，尽量降低了光效的损失，也把使用灯具的数量控制在了最合理的范围之内。

在这种复杂场合的投光照明项目中，特制防眩光格栅起到了非常大的作用，而且是必不可少的。格栅的方向、厚度经过现场试验，同时又进行试验室的光效检测，最终采用放射状格栅横向布置的方式进行防眩光处理，在减少光效下降和控制眩光的权衡之间取得了较为满意的效果。国家体育场内层结构最丰富的空间得到了充分的展示，外层钢结构在这些元素的映衬下，展现出特有的剪影效果（图 18-13）。

综合来讲灯具品质的保障、照明方式的选择、照明效果的细致调整都是实现绿色照明的重要控制环节。

三、控制系统与绿色照明

国家体育场照明控制系统实现集成化控制，场地照明、室内功能空间照明、外立面景观照明共同使用同一套智能控制系统，将智能控制系统的功能充分发挥，也在一定程度上体现了绿色照明的宗旨。

国家体育场由 12 个核心筒构建了室内功能区域，外景观照明的供电控制单元也正是基于这种建筑结构而展开的，在每一层的不同的核心筒都有着景观照明的供电配电箱，使得我们可以对不同功能层进行分别控制。

外层钢架和屋顶膜结构有黄光和白光两套投光系统，通过试验确定的灯具安装位置是相同的，以确保两个场景都有较好的均匀度，但供电和控制方式却是截然分开的，以在不同时段能够区分金色场景和银色场景。屋顶膜结构在开闭幕式表演期间利用膜结构可实现视频演示等场景，所以屋顶部分的投光灯与立面的投光灯又必须分别进行控制。红色墙面部分作为一个整体单元实现供配电的控制，动态演示的模式由 LED 子系统进行单独设定。由此形成了以下控制系统模式，进行不同时段的控制实现节能效果。

分项	平时	节日	重大节日	奥运赛事期间	用电量
膜结构白色投光灯		√			100kW
立面白色投光灯		√			70kW
膜结构黄色投光灯			√	√	170kW
立面黄色投光灯			√	√	120kW
红色墙面静态投光灯	√	√			250kW
红色墙面动态演示		√	√	√	

第三节　动态表演

国家体育场随着奥运会的成功举办，夜景照明也展现出其特有的夜间魅力，由红、白、黄三种色系共同演绎着夜间国家体育场丰富的表情（图 18-14）。

国家体育场整体效果有红、白、黄三种主体色构成，展现红墙、钢结构、膜结构三大部分。而红墙部分的 LED 光源的构成也正是由红、白、黄三种不同的芯片相搭配而成，从而精确地还原了红墙的色彩，由此红、白、黄名副其实地构成了国家体育场的完整的夜间色彩体系。钢结构和膜结构部分的白光和黄光两个场景分别是由金卤灯和钠灯实现的，在此不作赘述。

图 18-14　国家体育场景观照明

图 18-15　国家体育场西立面照明效果

红墙部分的LED灯具为此部分展现出良好的色彩还原性、足够的照度、恰当的均匀度，但还是远远不够的，在适当的时段红墙部分可展现：呼吸、心跳、升起、旋转、和跑动等五个动态表演的主场景。

呼吸和心跳通过红墙整体的明暗变化来实现，由全亮状态开始逐渐变暗，变暗的过程表示吸气，下降到剩余30%的亮度时开始变亮，变亮过程表示呼气，变为全亮状态后短暂停留然后循环表现，整体速度通过调试设定为稍慢于人们正常呼吸的状态效果最佳。通过呼吸场景展现大自然生生不息的景象和人们悠闲的生活状态，也展示出国家体育场的生命特征。呼吸场景可用在平时夜间表演或比赛前两小时时段等场景中。

心跳的灯光变化与呼吸类似，但速度更快，变化更明显，亮度下降到20%的时候开始变亮，每次心跳有两次明暗变化紧凑进行，最大限度模拟人类正常心跳的两次不同程度的波峰状态。心跳场景充分展现比赛的激情，让人联想到千钧一发的比赛经典时刻，充分地诠释场地比赛氛围。心跳场景适合设定在重大比赛进行时段、重要活动开闭幕阶段的一些场景（图18-15）。

升起场景由不同层的红墙配合完成，表演由全暗的状态开始，一层的灯光缓慢点亮，亮度达到30%时，二层灯光也开始点亮，同时一层灯光亮度持续增加直至100%，以此类推直至7层灯光全部点亮。全亮状态持续段时间后，开始由上而下逐层变暗直至全部层都变暗。为了更好的视觉效果，设定全暗状态不作停顿，一二层点亮的速度也稍快，减少缩短暗状态的时间，延长点亮状态的效果，兼顾明暗变化动作的表现。红色代表奥运圣火，整体效果象征奥运之火冉冉升起并届届相传，体现奥林匹克精神。

旋转场景由上下左右的灯具相互配合整体运转而成。场景由全亮状态开始顺着建筑立面逆时针进行旋转速度缓慢优雅，明暗交替没有边界，似曾变暗忽而又全亮，一切发生在不知不觉中。如同巨大的圆筒内积蓄着无限的红色能量，蓄势待发，又如同红衣老者在夕阳中运着娴熟的太极，从容不迫。此场景展现梦幻般效果，配合其他效果随机设定。

跑动场景直观地展现了最具运动代表性的跑步赛道的景象，在全暗的场景下，组成红色墙面的不同自然层状出现流星状的光效快速出现又戛然而止呈阶梯排列，犹如准备充分运动员信心十足地进入自己的赛道起跑点，跃跃欲试。随即他们在发令枪响后奔跑在各自的跑道上。此场景通过在单层25m宽的范围内实现横向的明暗变化来实现，不同层的纵向位置适当错落形成前后追逐的效果。此场景十五个主场景中最为活跃的场景，表现了欢快、激烈等气氛，适合在比赛时刻、活动期间展示。

除了以上五个主场境外，LED系统还可以展示其他更多的动态场景主体。如通过不同层明暗配合形成长城垛口形象；以简单的几何形状条或块进行不同速率的跑动；比较随机的明暗变化模拟火焰燃烧的效果；在横向上以不同距离形成渐变效果并作不同速率跑动等。这些场景在一定情况下不太适合建筑形态的展现，但随着时间的发展国家体育场的附加功能会越来越多地被开发，场地内的活动也会多种多样，相信这些场景也会在适当的时候有其用武之地，并会在此基础之上开发和调试出更加丰富多彩的动态场景。

国家体育场LED的使用并不是一帆风顺的。在最初没有动态效果要求的时候LED并不是最佳选择。主要表现在对红色色彩的还原上。LED光源的波长比较单一，我们希望获得的红光波长在600nm左右，而市面常见的红光波长在625nm，而且在纯红光的照射下红色显得过于艳丽，缺乏柔和。所以在一开始经过初步探索之后并未将LED作为红墙的照明光源。随后对红色金卤灯、白光不同色温金卤灯、不同颜色荧光灯进行了测试对比，最终确定红色荧光灯在表现红墙时色彩表现，照度、亮度、均匀度各方面都有不错的表现。由此暂定为荧光灯来表现红墙。当动态效果的要求提出时，采用在荧光灯的基础上使用数字调光镇流器，实现了简单的动态效果。但随着对动态效果的要求的提高，荧光灯的调光速度慢、光源寿命短等劣势，我们不得不考虑彻底更换光源和灯具，LED也在此重新被提出，并一直到最后取得成功。

通过LED光源实验发现：在白光的投射下红光显得饱和度不够，在纯红光的照射下又显得生硬而过于艳丽，与周边的环境欠缺融合，白光与红光相加能表现较为纯正的红色，但色调偏冷过于严肃；经过试验由红光、白光、黄光按照4：3：3的比例进行调配，红630nm、琥珀585nm、暖白2800K，灯具色坐标（中心默认值）CIE 1931 X：0.560 Y：0.370。通过控制系统还可以在纯红与橘红之间无级渐变。并且动态表现灵活多变使得国家体育场红墙部分具备了动态效果展示的强有力的硬件支持。

动态效果需要依附于灯具安装的载体。国家体育场红墙部分的结构特征整体上看比较有规律，从一层至五层为标准层，层高约4.2m，其中五层由于体育场碗状结构南北向中间低凹，所以没有需形成环绕一周的环状形态。六层以上为最高层观众看台座位的背墙，东西向中间拱起，背墙为红色，与一至五层核心筒红墙连成整体，此部分红墙最低处为标准层约4.2m，最高处约18m，此部分采用上下打光，并在中间加装一条灯带再次进行补光的形式，确保了整体亮度的均匀性。由此来看国家体育场红墙部分纵向原有六层自然层，补光增加一层整体纵向最多有7个像素点可做表现；横向每1.2m作为一个像素点进行自由控制。在东西立面由于较大面积有七个像素点，故此可表现较为复杂的图形；而在南北立面红墙部分纵向只有四个像素点，所以只能看到简单的明暗变化效果。

控制系统采用视频数据实时映射的技术，直接把电脑制作的灯光效果数据，通过光纤和CAT5线路，“投递”到相应空间分布的灯具控制器，从而实现实时的动态灯光效果。现场灯具的排列规律顺着核心筒的结构曲折蜿蜒，为能最大限度控制和展现动态效果灯具必须采用独立地址码的形式，每个灯具有独立的地址码并对应现场惟一的位置，虽然在安装的时候需要按照设定好的顺序和位置来选择灯具，给施工造成一定不便，但为适合国家体育场特有的复杂空间，并且避免局部故障出现后的关联效应，此套模式应当是最适合的控制系统形式。控制协议为DMX512；接口格式为三线、总线式；同时为确保照明效果的最低要求：“全亮静止状态”我们设定灯具的初始数据即为100%点亮，也就是说在未接受到正常动态指令的时候，灯具只要正常供电即可进入稳定的全亮状态，为整体效果增加保险系数。

由于纵向只有七个实际有效像素，所以动态视频节目源不能按照实际像素一一对应编辑，通过控制系统调节，把已有的七个实际有效像素均匀分布到70个像素的相对应行，这样使得节目源具备了可编辑性。横向像素相对较多但也相应采取适当措施进行处理，与纵向的处理形式相配合。视频节目源的最终格式为：720像素 ×70像素。

节目的调试过程是视频节目源的动态速率及其他各项效果的确认和调整阶段，也是所有前期付出最终的成果展示。呼吸、心跳、升起场景，我们测试了从全亮状态开始变暗的效果，也有相反的效果，变暗或变亮的速率不是匀速的，通过非匀速的速率抛物线曲线调整使得明亮的时间得到延长又有整体的渐变效果。

旋转效果和跑动效果由于实际像素和视频源可见像素之间不是正比例对应关系，在视频源上显示较为满意的效果，在实际效果展现出来时有较明显的差异，而且很难找到其变化的固定比例。只能通过在现场调节的方式来进行，通过对讲机把立面的效果反映给总控制室内的编辑人员，然后进行多次反复的现场视频节目源调试，确定备选方案4～5种，同时与建筑师共同确认保留效果。经过长达20天的连续调试，最终确定了国家体育场动态效果的五大动态场景。

参考文献

光源原理与设计（周太明、周详、蔡伟新）

第十九章　开闭幕式和主火炬塔

由于与以往奥运会开幕式使用的体育场相比，国家体育场的建筑形式独特。它对开幕式提出了很多的限制条件，同时也为开幕式提供了许多独特的技术条件，这些条件使得北京奥运会的开幕式具备了与以往的开幕式完全不同的技术风格。导演组结合现有的技术条件提出的创意构思使得北京奥运会的开幕式成为一届“无与伦比”的奥运会的起点。

开幕式工程根据奥运会开闭幕式导演组创意要求设计，由开闭幕式工程团队转化为工程资料后，将其中与国家体育场相关的工程技术资料转给中国建筑设计研究院，由中国建筑设计研究院配合与主体结构相关的工程技术设计。由于开幕式的保密要求，技术要求并不反映表演内容，同时导演组的表演创意随着时间的推移也一直在调整，因此本章仅对涉及国家体育场工程的技术部分进行简介。

国家体育场开闭幕式工程分为地面工程、上空工程和火炬塔工程。与之对应，分别成立了设计团队具体落实导演组的创意与意图。

第一节　地面工程

一、工程背景

奥运会开幕式在奥运会的发展及演变过程中，已成为世界瞩目的焦点，不仅承载着奥运会的文化传统，同时也体现了举办城市的特殊文化。作为奥运会的重头戏，一场成功的开幕式即意味着奥运会成功了一半。国家体育场作为2008年第29届奥运会主会场，同时承担着开、闭幕式演出会场的重大任务（图19-1）。

图19-1　开幕式举行前的场地，地面工程位于场地下方

2006 年 10 月，经过长时间的酝酿、反复讨论、修改，奥运会开幕式创意小组提出了场地工程的任务需求，导演组确定在场地中央设置大型升降舞台，将演员候场区设置在场地地下，以满足开、闭幕式演出的需要。

根据北京奥组委开闭幕式部的要求，由中国建筑设计研究院（负责场地土建工程及总体设计协调）、总装备部设计总院（负责舞台机械设备系统）、北京华体集团体育设施设计中心（负责模块式移动草坪）组成开幕式场地工程设计团队。

二、方案演变

由于场地本身作为标准的足球及田径比赛场地，开幕式完成后需要立即进行转场的工作，以满足田径比赛的需求以及足球决赛的任务，赛后则再次进行转场，以满足奥运会的闭幕式演出的需要，因此如何在同一块场地满足演出、比赛等多功能的需求以及短时间内完成场地转换工作，成为开幕式场地工程必须面对的课题。

国家体育场场地中央为 105m × 68m 的标准足球场地。在主体建筑设计时，考虑到开幕式演出的潜在需要，在场地中部预留了一块 300m^2 可深挖的区域。在预留区域以外的足球场场地下方设有地源热泵系统（该系统是体现奥运“三大理念”亮点工程之一），地埋管为竖向深埋管，深度 110m，埋管距地面留有 5m 的空间。

依据导演组的创意，原来预留的 300m^2 可深挖的区域不能完全满足使用要求，需要扩大开挖的范围。由于国家体育场的混凝土结构已于 2005 年底封顶，在建筑的地下部分，有大量的基础承台以及施工支撑承台纵横交错，同时设计在场地下方的地源热泵系统以及主体建筑施工现场安排等现状条件对场地工程在连接通道的设置、大小范围、深度等方面都带来一定的限制。

经过对现状限制条件、设计需求等方面的问题反复沟通，在进行了多次的方案比较和调整后，最终确定了场地工程方案（图 19-2~ 图 19-4）。

图 19-2　地面工程的施工

图 19-3　地面工程及显示屏的调试的安装

图 19-4　体育场场地功能的转换

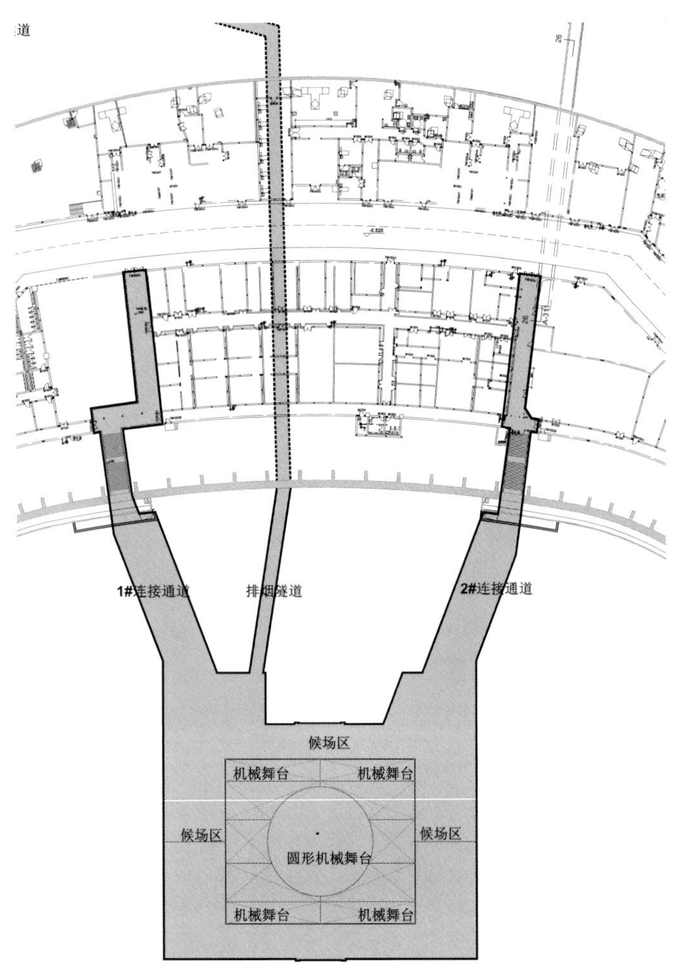

图 19-5 地面工程平面图

1. 初步方案

导演组最初提出的开幕式场地工程方案为 64m×96m 的矩形区域，计划最多同时有 2000 名演员进入候场区。基础埋深约为 -5m，其中候场区标高 -3m，机械舞台区域标高 -4.6m。大型升降台设备位于矩形区域中心地带，呈锯齿状的圆形，直径约为 20m，基础埋深约 -27m。

由于本方案开挖面积过大，造价过高，对场地下方的地源热泵布置影响很大，对国家体育场主体建筑施工如：膜结构安装、预制看台安装、钢结构吊装、跑道施工等各方面均带来重大的不利影响。

2. 调整方案

为了在确保不影响国家体育场主体建筑施工进度影响的同时，保证开幕式工程的顺利实施，最大限度确保开幕式创意的实现，结合现场的实际情况，确定缩小场地工程的范围至中央南北长 50m、东西长 42m、深 3.5m 至 17.9m 的区域内，进入候场区演员减少到 650 名，升降舞台区调整为 30m（东西宽）×36m，南北宽总面积 1080m^2，地面标高为 -5.1m。其中圆坑地面标高为 -17.9m，直径 23m。同时调整场地工程与主体工程地下连接通道的位置（图 19-5）。

3. 最终方案

经过深化设计以及消防论证后，专家对场地的消防设计提出修改意见。在南北两侧增加避难通道，同时增加长度约 160m 的排烟隧道通至体育场外。

4. 场地工程使用方式

（1）开幕式期间场地工程使用方式

所有模块式移动草坪均搬离场地，场地现场基础底面标高在 -0.28m 及以下，找 0.3% 坡。开幕式技术制作组根据需要在场地现场基础底面对现场地面进行架空、铺设其他设备（图 19-6）。

当 36m×30m 范围内周边的矩形升降台面离开地面，候场区与舞台区即相通。当舞台下降至 -3.5m 时，演员可由候场区直接进入升降台区。每块升降台可上升 3.5m，下降 3.5m，可单独升降也可同步升降。

中间 20m 直径的圆形升降舞台可上升 6m，下降 6m，当舞台下降至 -12m 时，和东西两侧台仓连通；当舞台下降至 -6m 时演员可由候场区通过东西两侧的楼梯进入圆形升降台区（图 19-7）。

（2）比赛期间场地工程使用方式

所有的升降舞台均升至铺设草坪时需要的基础地面标高，-0.28m 及以下，并找 0.3% 坡，并在舞台板的下方采取增加支撑加固的方式，以保证其刚度及稳定性；并同候场区的混凝土顶板、外围的混凝土地面形成一个完整的基层底板。

在基础底板上铺设 280mm 厚的模块式移动草坪，并进行相应的技术处理，以满足比赛使用的需要。

三、工程设计

根据导演组确定的场地演出的使用需求，最终确定的场地工程方案包括了以下内容：场地土建工程、舞台机械设备系统、模块式移动草坪三大部分。

（一）场地土建工程设计

场地土建工程包括：升降舞台区、演员候场区、台仓、连接通道及排烟隧道等。

1. 升降舞台区

位于足球场地中央 36m×30m 的矩形区域，面积为 1080m^2。地面标高为 -5.1m，中心圆坑地面标高为 -17.9m，直径 23m 。升降舞台区底板及侧墙全部为混凝土结构，上面设置机械式升降舞台。升降舞台区中间设置一个直径 20m

图 19-6　开幕式中的场地

的圆形升降舞台，当圆形升降舞台下降至 -12m 时将和东西两侧台仓连通；当舞台下降至 -6m 时演员可由候场区通过东西两侧的楼梯进入圆形升降台区。在圆形升降台的四周，根据需要设置了若干块升降台，每块升降台可上升 3.5m、下降 3.5m，可单独升降也可同步升降。升降台通过采用成熟技术、高品质设备以及紧急备用驱动系统和控制系统，其可靠性较高。在应急通电状态下，升降台可回到初始的地面位置。

2. 演员候场区

位于 36m×30m 升降舞台区的四周，是演员上场前的等候区。演员候场区地面标高为 -3.5m，土建净高 2.8m。东西各宽 6m，南北各宽 7m，总面积 1020m^2，为混凝土结构。当 36m×30m 范围内升降台面离开地面，候场区与舞台区即相通。当舞台下降至 -3.5m 时，演员可由候场区直接进入升降舞台区（图 19-8）。

3. 台仓

位于东西两侧候场区下方标高 -12.00m 处，约 8m×9.5m，供储藏道具使用，人员可通过一个封闭的钢梯由候场区进入该区域（图 19-9）。

4. 连接通道

场地工程东侧设有两条连接主体育场的通道，供演员由体育场零层内部进入候场区使用。每条通道长约 60m，通道净宽 5m，在进入零层的台阶部分逐渐缩小为 3.6m，土建净高最小为 2.4m。根据开幕式的要求，人员由零层进入两条通道，并进入候场区，再进入升降舞台，到达演出场地。

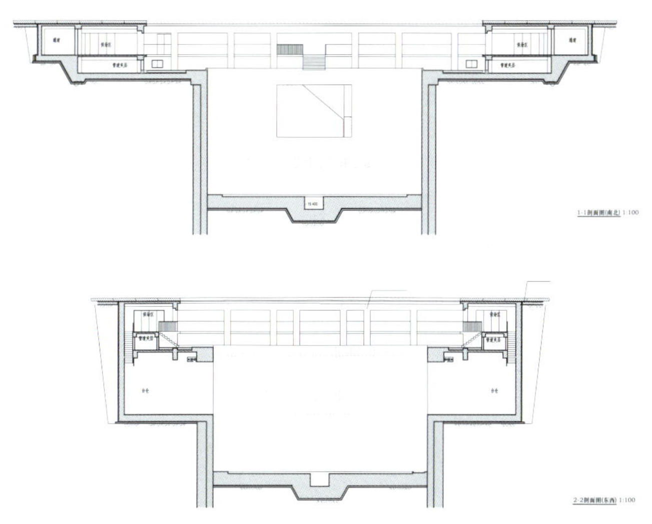

图 19-7　地面工程剖面图

5. 排烟隧道

在候场区东侧增加排烟隧道，一直向东，在现有 -1.0m 标高的零层结构板下穿到体育场东侧场外，并和东北侧原有的一条排烟隧道相连接，通到室外。总长度（由排烟机房到最外的口部）约 160m 长。

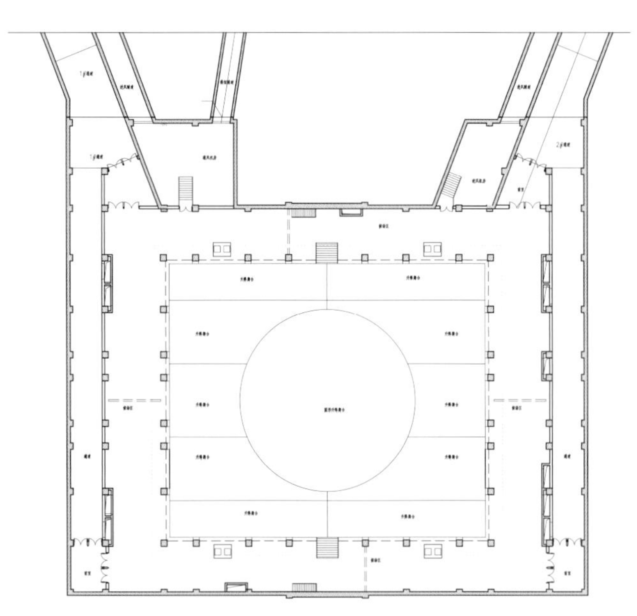

图 19-8 候场区平面图

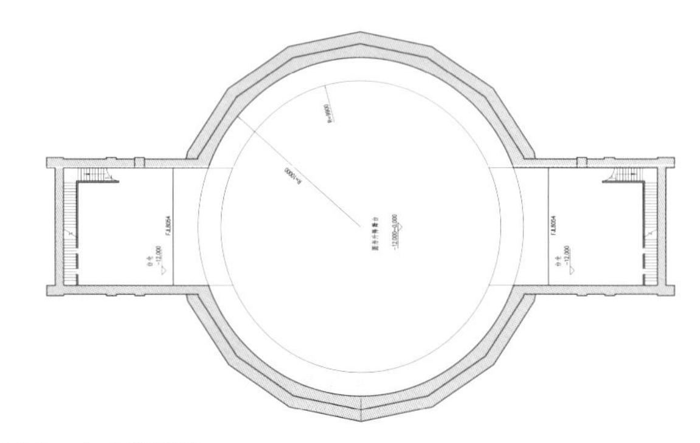

图 19-9 台仓平面图

（二）舞台机械设备系统设计

位于候场区以内，为 30m × 36m 的一组升降舞台，演出时可升降，比赛时停留在 -0.28m 标高位置，供铺设草坪使用。

（三）模块式移动草坪设计

铺设在场地工程混凝土顶板、钢结构升降舞台、场地工程外围的混凝土底板组成的基础地面上，总厚度为 280mm。在场地举行比赛时铺设，在场地进行开幕式演出时移至专用培植场地。

为了同时满足比赛及演出的需要，在场地工程混凝土顶板、钢结构机械升降舞台、场地工程外围的混凝土底板组成的基础地面上，均采用总厚度小于 300mm 的模块式移动草坪系统（简称 ITM 系统），国家体育场草坪共 $7811m^2$，由 5460 块 1.159m × 1.159m 草坪模块组装而成。每个草坪模块高 30cm，其中盒子高 22cm，草坪高 8cm，近 1t 重，国家体育场与草坪培植基地北京来广营相距 11.4km。根据奥运会开闭幕式的要求，数千个模块不仅要在 24 小时内搬进搬出国家体育场，还要确保它们的组装和摆放横平竖直，公差最小。假设摆放到最后一行留下的行距是 1.1m，那么剩下的盒子就放不进去。此外，还要确保场地平整度、硬度达到比赛的标准，每一个模块的摆放方向无误，保证草坪花纹图案的协调。由 5000 多个装着草的"盒子"像拼图一样拼装而成的草坪，在场地举行比赛时铺设，在场地进行开、闭幕式演出时移至培育基地。

四、消防设计

场地工程仅供开幕式及场馆运营演出时使用，使用时为非完全封闭的地下空间；在进行体育比赛时，本部分空间为不使用的封闭地下空间。在建筑的消防设计定位标准方面，存在很大的难度及不确定性。

在与消防部门进行多次沟通后，确定本工程应作为一个永久使用的重要建筑进行消防设计，耐火等级确定为一级。同时针对本项目进行消防性能化设计及消防性能化评估复核，以确保消防设计的安全性。

场地工程三个区域的总建筑面积为 $3030m^2$。其中升降舞台区 $1080m^2$、候场区 $1160m^2$、台仓 $155m^2$、通道区 $635m^2$。考虑到场地工程的使用特点，其内部不宜划分防火分区。台仓位于候场区及机械舞台区的下方，通过封闭的楼梯和候场区相连接，台仓朝向圆形升降舞台区的一侧，设置一定高度的挡烟垂壁分隔。整个区域划分为一个防火分区。

鉴于本工程使用功能的特殊性及重要性，在消防设计上务必做到万无一失。为确保演出时，场地工程消防设计的安全性，在降低火灾风险、确保安全疏散等方面采取如下措施。

（一）降低火灾风险

由于开闭幕式场地工程时间紧迫，不确定因素多，随着开闭幕式创意方案的不断修改和调整，场地工程本身也在不停地变化。确定的原则是，一定数量的演员必定要穿着演出服装、手持演出道具由主体建筑通过地下通道进入地下的候场区，并在演出时通过升降舞台进入演出场地。存在的不确定因素是进入候场区的人数、候场区的面积。最初提出的进入候场区的演员多达 2000 人，且候场区面积巨大，工程量很大，在消防疏散上也存在很大的难题。后经过多次讨论，考虑到消防以及工期的问题，对开闭幕式场地工程进行调整，场区面积缩小到 $1020m^2$，总人数不超过 650 人。根据导演组提供的初步方案，排练及开、闭幕式演出期间，地下候场区容纳的最大人数为 650 人，每人手持道具重 10kg。

由于演员的服装、道具往往属于易燃的物品，为了降低火灾危险，对道具做阻燃处理，服装采用经过阻燃处理的纤维织物。

（二）确保安全疏散

由于场地工程全部位于场地的地下，虽然场地工程上方属于室外的安全空间，但考虑到在紧急情况下，人员向场地内疏散有一定的困难，地下候场区的演员疏散到该区域将对现场演出造成重大的影响。考虑到国家体育场消防设计时将零层大环廊设定为安全区域，因此结合为满足开幕式场地工程使用而设置两条通道，与零层环廊连通，并将该通道设计为安全通道。

（三）消防排烟

考虑到演出时出现紧急情况，消防排烟排向场地也存在不安全因素，影响效果，因此在场地工程的东西两侧设置排烟隧道通道、将消防排烟排到主体建筑以外。

第二节　上空工程

国家体育场的建筑形式独特主要表现在钢结构和膜结构上，地面工程的设计条件接近传统开幕式用场地，上空工程的技术条件与以前的建筑存在很大的不同。国家体育场的钢结构屋顶较封闭，中间开口尺寸小，钢结构屋顶和 ETFE 膜结构、PTFE 声学吊顶面积大，内环立面有 14m 高；钢结构的跨度大，对屋面的荷载要求高；屋面采用 ETFE 和 PTFE 是新型建筑材料，不适合进行大规模的改造；封闭的空间对视线也有限制等。这些对导演组的创意有一定的限制。另外 PTFE 的材料特性也为表演提供了一些新型的表演形式。最终导演组的开闭幕式创意方案圆满地和建筑形式、工程进度等结合在一起，得到了一个完美的方案。

根据导演组的开幕式创意，上空工程增加或修改的内容一共包含以下几个部分：

一、钢结构上表面内环边缘行走小车及轨道

根据导演组的创意，在内环立面上要进行表演，在内环上空布置有行走机构以满足表演的要求。钢结构上表面顶部内环边缘的行走机构为 9 辆运行小车，小车沿内环边缘运行，在火炬附近断开。小车上有独立的威亚设备和运行设备，可以单独进行表演。小车使用的轨道位于钢结构的上缘，距离钢结构装饰钢板保持 400mm，轨道与钢结构之间采用托梁连接，在装饰钢板处增加牛腿支撑。为了满足小车运行的平稳，对轨道上表面的平整度和误差提出了很高的要求（图 19-10、图 19-11）。最终奥运会开幕式的点火过程使用了内环边缘行走小车。

二、上空钢索及威亚设备

钢结构上空的钢索一共有 10 组，分别为南北方向 7 组，东南到西北 1 组，东北到西南 1 组，东西方向 1 组。每组钢索都由主承力钢索和表演威亚组成（图 19-12）。这 10 组钢索承担了开闭幕式表演的所有上空部分的表演任务（图 19-13）。钢索支座位于钢结构上表面的托梁上，托梁的位置根据钢结构

图 19-10　内环小车轨道

图 19-11　内环小车

的节点确定，每根主钢索均有钢索补偿装置。威亚系统的电机安装于钢结构下弦的平台上，并在钢结构上弦的天沟中穿孔（图19-14）。

三、下表面的内环边缘120个拉索开孔及20个下人开孔

PTFE声学吊顶在内环边缘的板块上均匀留有120个开孔，开孔尺寸500mm×300mm（图19-15），在每个开孔对应位置下弦钢结构上焊有小托梁，托梁上安装电机与滚轴，滚轴上布置垂直地面的钢索和钢索上的LED线缆。根据设计条件，每组钢索承受不超过50kg的荷载。考虑到表演的运动范围，最终在PTFE声学吊顶上开设的洞口尺寸为350mm×600mm的椭圆洞。在内环边缘PTFE声学吊顶布置有20个下人的开孔。开孔尺寸1000mm×1000mm，上部的下弦钢结构布置支撑架和电机设备。所有涉及这部分开孔的PTFE声学吊顶在奥运会后将进行更换。

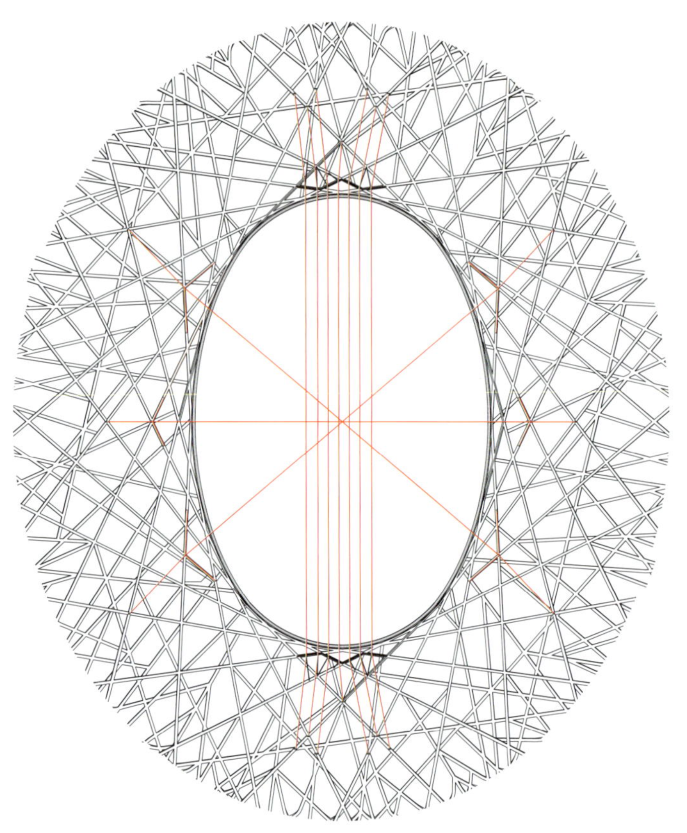

图19-12 威亚布置图

图19-14 威亚系统的控制驱动系统安装在钢结构下弦的平台上

图19-13 上空表演威亚系统

图19-15 PTFE声学吊顶上的表演用开口

四、下弦下表面下吊挂的灯光、音响

在原国家体育场的设计中布置有 24 组场地音响，这 24 组场地音响主要用于体育比赛时的场地扩声和广播，同时根据体育工艺布置了场地灯光。但是这些场地音响和场地灯光不能满足开闭幕式的使用要求，因此根据导演组的要求，在场地内的声学吊顶下部悬挂有 240 组的吊架用于布置临时表演用灯光和音响并在中层看台、上层看台的前沿以及在上层看台的后部设置临时灯光平台以满足开闭幕式的使用。由于这些表演用灯光和音响为临时设备，在使用完后将拆除，且每个吊架的荷载不大，因此均采用临时连接的形式。在钢结构上的吊架与主体钢结构的连接时采用抱箍的形式，采用软质尼龙吊带绕主体下弦钢梁一周，并从 PTFE 声学吊顶的板块间隙中穿出，再与吊架相连。这样既避免了破坏膜结构，又提高了安装的速度和灵活性。吊架上布置升降电机以方便吊架的使用和设备的安装（图 19-16）。

图 19-16　临时灯光吊架

五、内环灯光开口封闭

原设计在内环立面上布置有东西各 8 个场地灯光开口，这些灯光开口的位置位于内环立面的下部，按照基本设计意图，布置成折线形，并与内环分割线相呼应。根据导演组的创意，在内环立面需要有表演和投影的要求，而在开幕式期间场地灯光不使用，因此提出将内环立面的灯光开口封闭。最终实施的方案为按照 PTFE 内环立面的分格风格，采用相同的 PTFE 膜材，并在灯光开口的周边设置与内环 PTFE 膜材板块间留缝相同的缝宽进行留缝，使内环立面成为一体。在开幕式结束后的场地换场间隙，拆除灯光开口的临时封闭膜（除火炬塔部位的灯光开口，图 19-17）。

图 19-17　内环膜结构的灯光开口临时封闭及国旗的悬挂

六、焰火系统

焰火表演是开闭幕式的亮点之一，国家体育场存在大面积屋面面积，对焰火的创意设计提供了良好的条件。焰火系统的设计与安装由焰火团队负责。焰火系统同时涉及安保、消防、环保、电视转播等多方面的因素，导演组经过多次修改，最终的焰火方案约分为十二类焰火构成。所有在国家体育场上的焰火均布置在国家体育场屋顶钢结构上，同时在国家体育场周边及市内布置有焰火场地。焰火与钢结构的连接采用夹具的形式以方便装卸和调整（图 19-18、图 19-19）。为了保证焰火的效果和安全，在国家体育场的钢结构顶面进行了两次焰火施放试验，并在彩排时进行了焰火施放（图 19-20）。

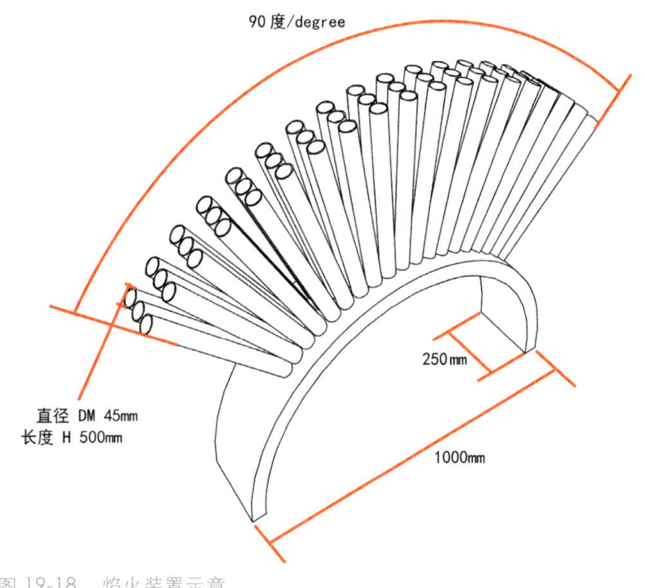

图 19-18　焰火装置示意

图 19-19　安装在钢结构上表面的焰火装置

图 19-20　焰火燃放

图 19-21　残奥会闭幕式使用的红叶抛洒机和演员站立平台

七、礼宾旗帜的悬挂

根据国际奥委会的章程要求，在开幕式时场内需要悬挂参加国的国旗。由于避免对开幕式内环表演的效果的影响，最初导演组确定的国旗悬挂位置在内环立面向外后退 5m 左右。但是由于国旗对后排灯光开口的光线有遮挡，最终将国旗悬挂点移至内环边缘。国旗采用吊杆悬挂的形式，悬挂于声学吊顶的下方，以正对主席台的正东方为起点，按照要求顺序布置国旗。

八、残奥会开闭幕式增加的屋面演员站立平台和红叶抛撒机

由于奥运会开闭幕式和残奥会开闭幕式表演的要求不同，在奥运会后的残奥会准备期间，增加了屋顶钢结构边缘的演员站立平台和红叶抛撒机。站立平台利用小车轨道的托梁和内环检修马道以确保人员的安全，红叶抛撒机利用屋顶内环检修马道进行布置和安装。由于均为临时设备，因此均为临时安装固定（图 19-21）。

九、临时安装的屋面 BOB 摄像机位

根据 BOB 转播的要求，在钢结构屋顶的西南侧设置一个 BOB 转播平台。经过协商，将钢结构顶面的一个 ETFE 膜板块封闭，在上面制作转播支座。

第三节　主火炬塔工程

一、奥运会主火炬塔概述

（一）主火炬塔是奥运会的象征之一。国际奥委会相关规定中规定：每届奥运会都要在主会场点燃火炬。

1920年，比利时安特卫普第7届奥运会上，首次出现了奥运会主火炬点燃仪式。随着时间的推移和科技的发展，奥运会火炬点燃仪式不断创新，逐渐成为开幕式上的一大亮点，成为各国展现其科技发展水平和奇思妙想的主要工具。

纵观历届奥运会，开幕式的成败直接关系到奥运会的举办成败，而主火炬点火成败又关系到开幕式的成败。各奥运会举办国都对主火炬和点火仪式给予特别的关注。

（二）北京奥运会主火炬塔的构思来源于导演组的创意。火炬塔创意方案体现了开幕式贯穿始终的“卷轴”的整体创意思想，同时也和“祥云”手持火炬相呼应（图19-22）；火炬塔还和国家体育场的建筑紧密结合在一起。最终的主火炬塔方案，火炬塔位置位于国家体育场北偏东28°（图19-23），矗立在国家体育场碗边。它像一个从国家体育场内环立面上延伸向上的一片内环膜材，在钢结构顶面卷曲成筒状，顶部延伸过渡到祥云图案（图19-24~图19-26）。

根据导演组的创意要求，主火炬塔在点火前需要隐藏起来，即在整个表演仪式过程主火炬塔处于隐蔽处，在使用时再把主火炬塔竖立于国家体育场的内环碗口边缘。最终火炬塔的具体实施方案为：在2008年8月8日奥运会开幕式之前，火炬塔位于国家体育场钢结构顶面远离内环碗边一侧的遮盖篷内；根据需要在开幕式过程中的一个相对隐蔽的时间将火炬塔沿轨道运行至内环边缘并竖立起来，等待点火。火炬塔的火焰高度根据不同使用要求，控制在6～8m之间。由于火炬塔的使用要求，火炬塔的运行需要在一个相对准确的时间内进行，因此提出火炬塔“绝对零窗口”理念和“限时故障处置”原则。主火炬塔利用国家体育场主体钢结构作为承载基础。为了使国家体育场的主体钢结构的受力更加合理，用托梁将力传递到钢结构的节点区域，再在托梁上布置主火炬塔运行的轨道，并利用托梁和轨道将轨道调整水平。由于最终的主火炬塔与国家体育场设计时预留的火炬条件变化巨大，因此在完成主火炬塔的过程中，也对国家体育场主体钢结构进行了局部的加固处理。

（三）主火炬塔团队

由于为集中各专业团队的力量来完成主火炬塔设计工作，同时也由于主火炬塔的外观造型、运行方式及点火方式的保密要求，由第29届奥组委开闭幕式运营中心牵头成立了火炬塔团队。火炬塔团队包含总体组、建筑组、结构组、燃烧组、机械运行组、自控组等。火炬塔团队受运营中心领导，接受导演组的指导。

图19-22　燃烧中的主火炬塔

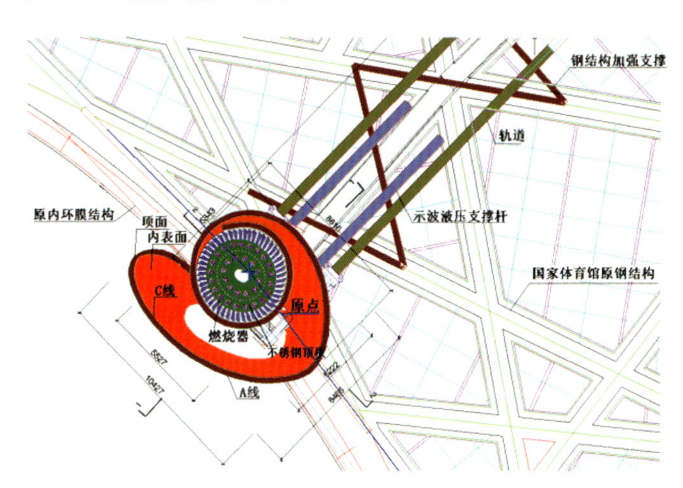

图19-23　主火炬塔平面图

图19-24　火炬塔的基本几何形体

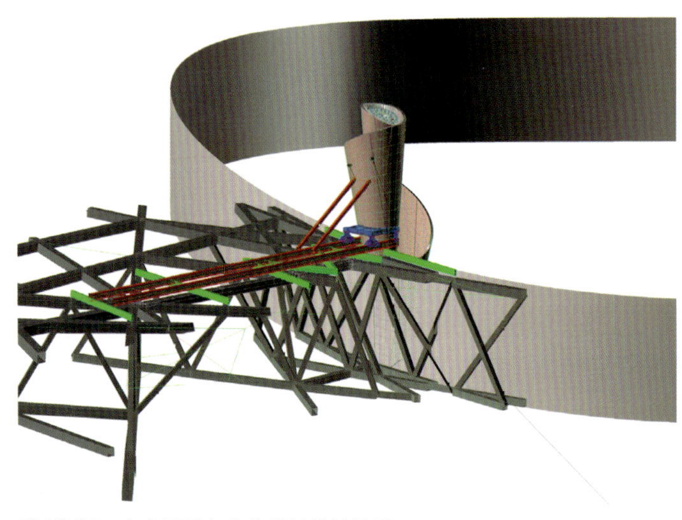

图 19-25　主火炬塔与主体钢结构的关系

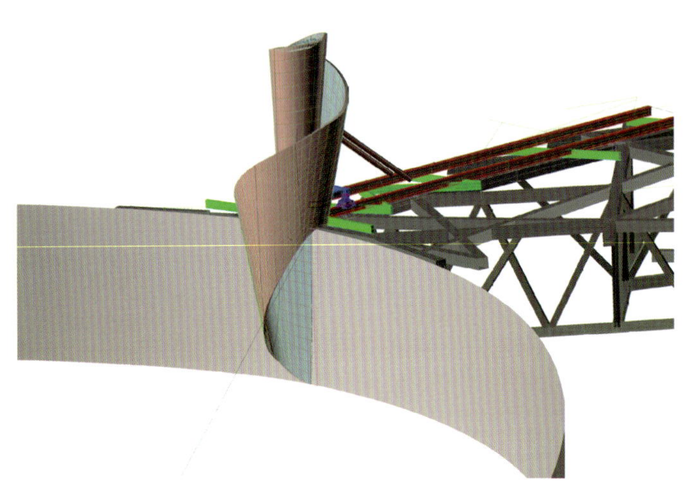

图 19-26　主火炬塔与内环立面的关系

图 19-27　位于轨道上的主火炬塔

具体成员分别为：

总体组：总装备部设计总院；

建筑组：中国建筑设计研究院、麦德建筑设计咨询公司；

结构组：总装备部设计总院；

燃烧组：北京燃气集团；

机械运行组：总装备部设计总院；

自控组：总装备部设计总院。

二、主火炬塔艺术创意

国家体育场钢结构上表面结构形状依据看台的形状而成，为东、西两端高，南、北两端低的马鞍形表面。通过三维模型和现场实地测量研究，综合钢结构的现有条件和视线效果等各方面的因素，确定主火炬塔的位置在国家体育场正北偏东28°，该位置的钢结构相对比较平坦，支撑主火炬塔的轨道梁布置在此位置，则支撑轨道梁的支撑梁高度最低，轨道梁受力最佳；轨道与钢结构的表面弧度也最契合，牵引火炬塔的电机设备要求最低，主火炬运行也更加安全、可靠；相应国家体育场钢结构的改造量最少；同时在主席台的视线最佳（图19-27）。

为了更好地体现火炬塔与国家体育场融为一体的效果，火炬塔内外分为两种颜色，与内环膜结构相接的一侧颜色为内环膜结构的乳白色，内环膜结构上的分隔缝也延续至火炬塔上，如同同一片内环膜，而背面向前转至正面的一面则是红色，它与乳白色的一面一起构成了如一个布料的里外两面。

三、工程设计

（一）总体技术方案

主火炬由主火炬塔的外装饰钢板、主火炬塔主体钢结构、机械设备、液压驱动系统、机械控制系统、燃烧系统、燃气供气系统、燃烧控制系统、国家体育场钢结构加固9部分组成。

主火炬塔总高约31.5m，位于国家体育场内环碗边上檐以上高17.5m，位于国家体育场内环碗边上檐以下14m、最大厚度8.5m、最大宽度10.5m，主火炬塔运行允许最大风速为15m/s。

主火炬塔总重量共46t，其中主体结构重量26t，外蒙皮重量16t，燃气燃烧部分的重量2.5t，灯光等重量约1.5t；机械设备及液压系统重23t；主火炬塔运行轨道总长48m，主火炬运行31m，轨距4m，轨道组件重约64t，燃气供气系统10t，国家体育场钢结构加固重量约45t。

主火炬塔燃烧装置采用内外圈燃烧的结构设计，燃烧装置外形水平投影接近于椭圆，长轴3.2m，短轴2.8m；长轴方向两端高度落差1.6m，内圈有12组燃烧器，外圈有21

组燃烧器。为降低熄火噪声，燃气管道内通入氮气。燃烧器大火时（全部燃烧器燃烧）每小时约 5300 ~ 5500m^3/h 的燃气量，小火时（仅内圈燃烧）每小时约 1500 ~ 1800m^3/h 的燃气量，燃气压力：20 ~ 30kPa。

主火炬塔的外装饰钢板共 1285 块，其中外侧钢板 646 块，冲孔 282 块，祥云浮雕 282 块，主火炬塔内侧 457 块，冲孔 261 块。内圈祥云浮雕采用不锈钢本色，浮雕底板采用白色，外圈其他部分选用红色，下飘部分内侧颜色与国家体育场内环膜相同的乳白色。

整个主火炬机械部分共有 18 个各种举升油缸和电动插销油缸，两台 5.5kW 水平运行电机、两台 0.25kW 电动插销，共有 22 个驱动；七套位移编码器、两套速度用编码器以及一套双备份液压系统，一套轨道组件，两套主驱动运行小车；两套支撑运行小车、一套液压驱动组件等部件，除了液压泵站不在国家体育场上表面，其余设备都安装在国家体育场的上表面；主火炬塔从停留位置到翻转悬挂在碗边的时间为 15 分钟，火炬塔由悬挂在体育场碗边翻倒到预设的停留位置为 31 分钟。

主火炬塔运行状态为：主火炬塔通过与固定在其下的运行小车在事先安装好的运行轨道上运行，平时主火炬塔平卧在轨道上，停留在离碗口 15m 的位置，工作时，主火炬塔通过其自身带的电机驱动，由停留位置向碗口方向运行，运行到碗口规定的位置 ，在轨道上的定位插销固定好主火炬，主火炬塔顶升系统启动到位并固定好主火炬塔的翻转 铰点，固定好后，启动顶升主油缸把主火炬塔立起来，主火炬塔立起后，锁紧插销，解除主油缸与火炬的连接插销 ，收回主油缸，同时接好主火炬塔上的燃气管道，管道连接好后，快速检查气密试验，等待点火。

（二）火炬塔的外观造型设计

1. 火炬塔的外观造型

依据导演组的创意，火炬塔体现了开幕式表演贯穿始终的“卷轴”的整体创意思想，既和“祥云”手持火炬相呼应，也与国家体育场的建筑形式相结合，达到与国家体育场浑然一体的效果。与传统建筑和传统火炬塔造型形式不同，火炬塔的造型来源是从国家体育场膜结构内环立面向上延伸，卷曲成筒状，撕开的内表面为红色，并逐步过渡到祥云图案。整体造型如同一块红色的丝缎从体育场的内环边缘延展而出，并包裹着“祥云”手持火炬向上升起。通过自由曲面的卷曲，火炬塔的造型表达了创意构思。火炬塔作为国家体育场内环立面的延伸，在形式上很好地和国家体育场结合在一起。为了简化加工制造的难度，火炬塔的基本几何形体为一个可展开的曲面（图 19-28）。

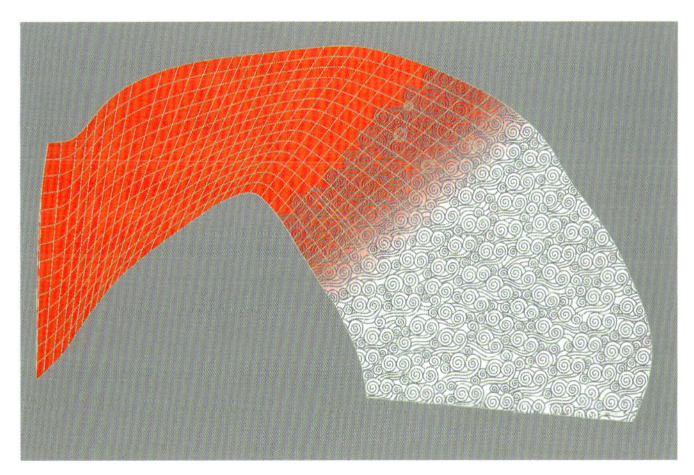

图 19-28 火炬塔外表面展开图及外表面图案

2. 火炬塔表面定位控制原则

由于火炬塔的自由造型采用传统的标注方式很难表达清楚，经过研究，最终确定采用控制点三维坐标方式来表达，通过精确控制控制点的空间位置，再将控制点间的曲面采用平滑过渡的方式，解决了对总体造型的精确控制。控制点的设置结合表皮装饰板的分割线和结构骨架中心线，通过外装饰板曲面边缘控制坐标、内装饰板曲面边缘控制坐标和结构骨架中心线控制坐标三组数据，将火炬塔的主体轮廓描述出来。

由于火炬塔的曲面为可展开面，因此依据可展开曲面的特性，曲面的经线按照与曲面表面取共面的直线进行分割，中间结构骨架定位曲面分成 52 等分；而纬线则对依据曲面尺寸和钢板材料的限制分成 14 等分。由于经线是直线的特性，曲面的定位可简化为将曲面边缘的经纬线坐标点作为控制点，曲面中间的点可以依据直线上的差值计算出来。外表面装饰钢板的经线编号为 A，纬线编号为 B；内表面装饰钢板的经线编号为 C，纬线编号为 D；结构骨架定位曲面的经线编号为 E，纬线编号为 F。对于面向国家体育场内环立面的内外表面装饰钢板之间封闭的曲面编号为 G 和 H；对于火炬燃烧盘内的燃烧器中心定位编号为 R，燃烧盘的控制点编号为 P（图 19-29）。

3. 火炬塔的装饰钢板

火炬塔的外装饰钢板均为不锈钢板，在高温区采用耐高温不锈钢板。由于受到钢板材料尺寸的限制以及温度对钢板变形的影响，装饰钢板表面按照曲面的经向和纬向方向分割成小板块，板块最大尺寸不超过 1200mm 的板块。每块钢

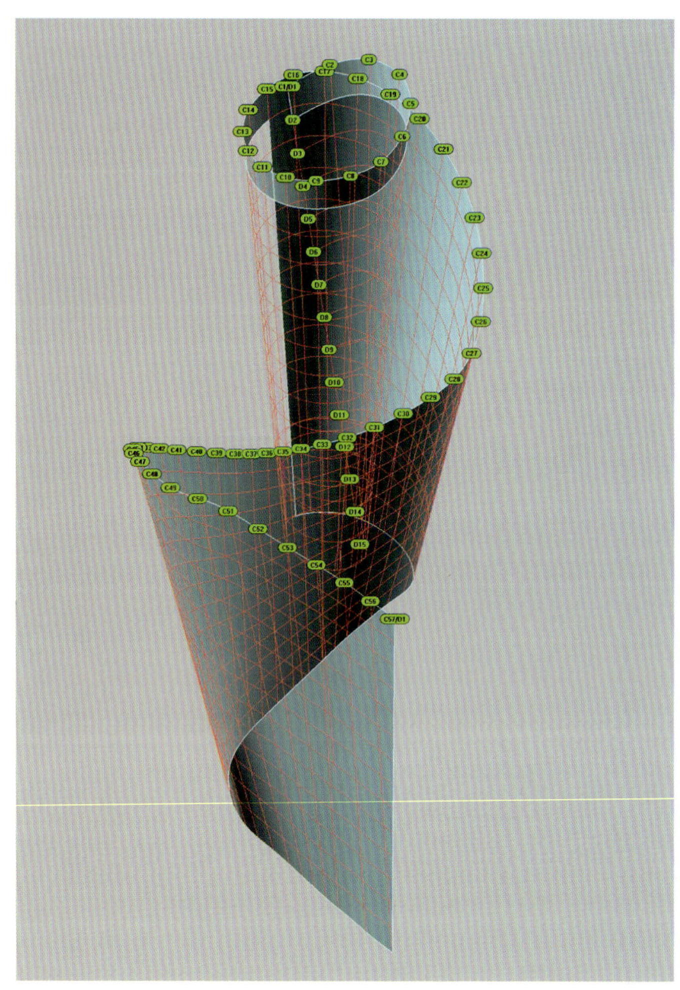

图 19-29 火炬塔内表面定位图

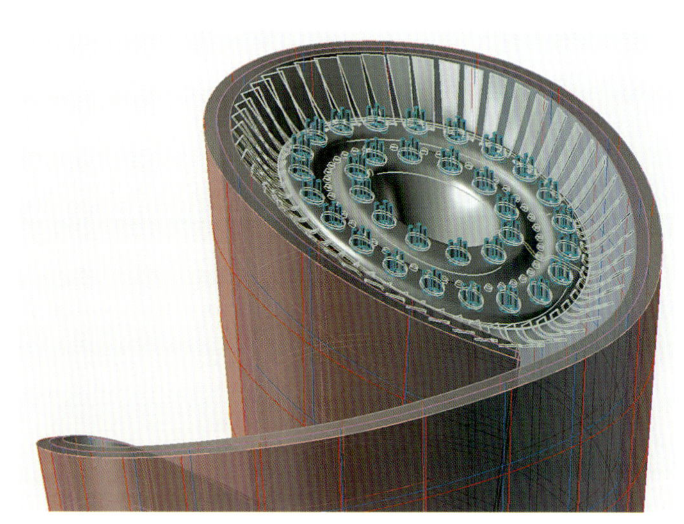

图 19-30 位于火炬塔顶部的燃烧器

板表面无焊接，减少了钢板加工的误差，内外装饰板的分割线同时与结构骨架对应，装饰钢板可以通过连接件直接与结构骨架连接。装饰钢板根据需要，表面分别涂有红色、白色和乳白色的耐高温涂料和氟碳涂料，以及云纹的不锈钢本色。为了尽可能地降低火炬塔自身的荷载，减少对国家体育场钢结构的影响，取消了隐蔽处不影响外观效果的钢板，钢板的取消也更加有利于燃烧的气流组织，同时空气的流动也为降低火炬塔的温度创造了条件。云纹部分的背板穿孔也对降低风荷载有利。

4. 燃烧器和燃烧

与传统火炬塔不同，在火炬塔顶端布置的燃烧器并不处于一个水平面上，而是处于一个近似马鞍形的倾斜的曲面上，这个曲面与火炬塔顶端上边缘的围合线相吻合。燃烧器罩的造型来源于飞机的发动机百叶。燃烧器罩包含了燃烧盘和百叶。根据燃气专业的要求，曲面向下退了一定的距离以使燃烧器的工作更加稳定。考虑到高温对钢制曲面盘的影响，曲面表面在中间布置了环形的弯曲以使高温时钢板有膨胀的余地。燃烧盘和火炬塔顶面上边缘之间以扇形百叶联系，百叶间的缝隙和燃烧器盘上开的通风孔在气压的作用下使空气流过，这样既有利于燃气的完全燃烧，流动的气流又能带走空气中的热量，对高温区的钢板起到有效的降温（图 19-30）。

火焰高度是决定火炬外形的主要因素之一。火焰高度依据火炬整体外形结构而定。主火炬外形结构与以往火炬盆的形式不同，本体高约 18m，呈细高状卷曲结构。与之相配的火焰高度就需要高。燃烧装置的设计采取燃烧器分组集中的形式，将四个燃烧头为一组集中，形成一个单元燃烧器，多个单元的燃烧器组合。每个单元燃烧器减少了燃烧头火孔间距，使得火力集中，减少二次空气的水平侧向供给量，使火焰向高处吸取二次空气，火焰高度增加。无风状态下，火焰高度达到了 8m 以上。

5. 火炬塔的表面图案

火炬塔顶端的“祥云”图案按照手持火炬的纹样图案制作。云纹图案采用浮雕的形式，突出于外装饰钢板的表面（图 19-31）。云纹部分做穿孔背板。根据创意要求，外装饰钢板的颜色将由红色过渡到云纹背板的白色，过渡区域的颜色利用视觉的原理，在表面喷涂一定规律的由疏到密的圆点，在远处的视觉效果如同退晕的颜色过渡，既达到了均匀过渡的要求（图 19-32），同时降低了施工的难度。

6. 材料的选取

根据燃烧试验的实测数据，燃烧器火焰的温度超过了 1000℃，燃烧器所处曲面的火炬塔边缘局部温度达到约 900℃，边缘顶面平均温度 600℃，在火炬塔外表面上部距离燃烧器 3m 左右范围内温度均达到 200℃ 以上。构件处于如此高的温度里在普通建筑里是没有的；常规的建筑材料和建筑做法已不能满足要求。对于材料的要求是在高温下应保证足够的强度，根据实际高温燃烧实验，确定采用铬镍奥氏体耐热钢1Cr18Ni9Ti作为高温区的结构骨架和外表面装饰板的材料，高温区的表面涂料采用耐高温涂料。在非高温区的钢构件采用普通不锈钢，涂料采用氟碳涂料。

7. 节点构造设计

由于在国家体育场设计阶段火炬塔设计还未开始，与火炬塔相关的条件预留也不能准确提供，因此国家体育场设计联合体仅依据最初的火炬塔方案预留了条件。根据随后导演组的创意要求，最终火炬塔的方案与原设想方案差距巨大，原预留条件已经不能涵盖新方案，特别是屋面的荷载条件已经突破屋面预留条件，需要利用部分屋面雪荷载条件，因此为了保证国家体育场主体建筑结构的安全度，国家体育场钢结构对于火炬塔的自重提出了严格的要求，不能超过复核后的荷载条件。这对外装饰钢板的连接构造提出了新的挑战，在满足构造要求的前提下，如何减轻外装饰钢板及其附属构件的重量成为一个重要的工作。同时连接构造要考虑适应主体钢骨架的加工安装误差，最终使表面图案效果达到导演组的要求（图19-33）。

由于钢板成品尺寸的限制，同时考虑到高温对钢板的影响，火炬塔外装饰钢板分割成若干小的板块。每个板块以螺栓与结构连接。板块的分割线沿着表面的经线和纬线进行分割，每块的曲面均为单曲面，这样可以降低制造加工的难度。由于火炬塔的造型复杂，每个板块均为异型的空间弯曲的菱形板块，而且每一块钢板的形状均不相同（图19-34）。为了保证加工精度和加工进度，作为航天工业系统成员的装饰钢板加工企业利用航天工业的优势，圆满完成了任务。

根据导演组的创意构思，在火炬塔主体外装饰板上，从下至上由红色平板逐步过渡为突出的云纹图案，突出的云纹图案和背板之间的空隙可以使空气穿过，能有效降低风荷载。云纹图案的制作是先在张开平面上确定云纹图案，然后投影至每个单独的板块上，利用激光技术裁剪钢板，同时在背板对应的位置也剪裁出来，并用钢短柱将云纹分别焊接至单块钢背板上。每块钢板通过可以多方向调节的连接件与主体骨架相连以适应误差。

8. 火炬塔实体模型

由于本次火炬塔造型与以往火炬塔有很大的不同，一些常规的经验和数据已不能完全涵盖火炬塔的设计，因此在设计初步确定后，制作了一个1：1的火炬塔局部实体模型。

图19-31　导演组确定的火炬塔表面云纹图案纹样效果

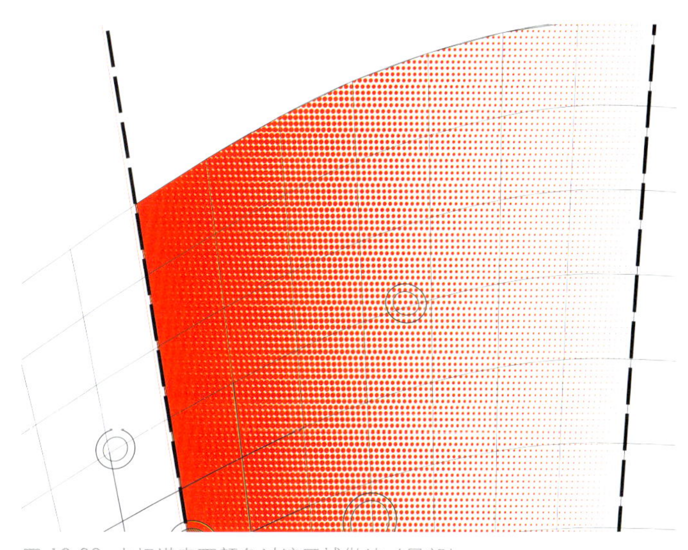

图19-32　火炬塔表面颜色过渡区域做法（局部）

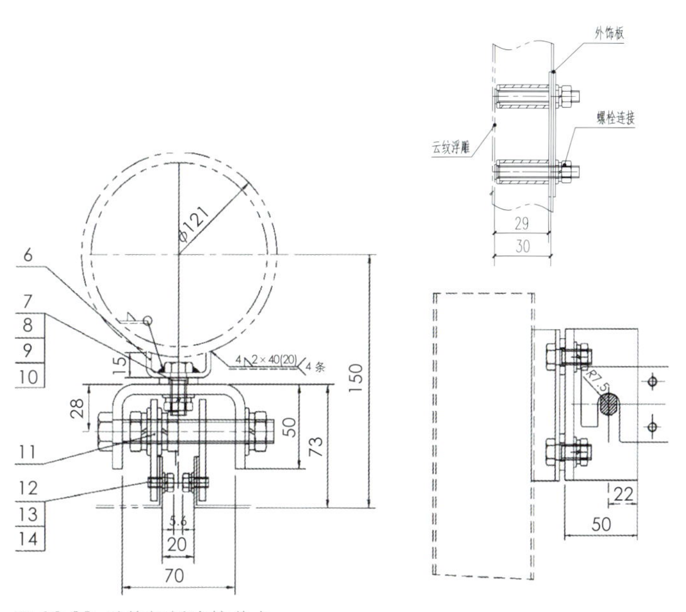

图19-33　装饰钢板连接节点

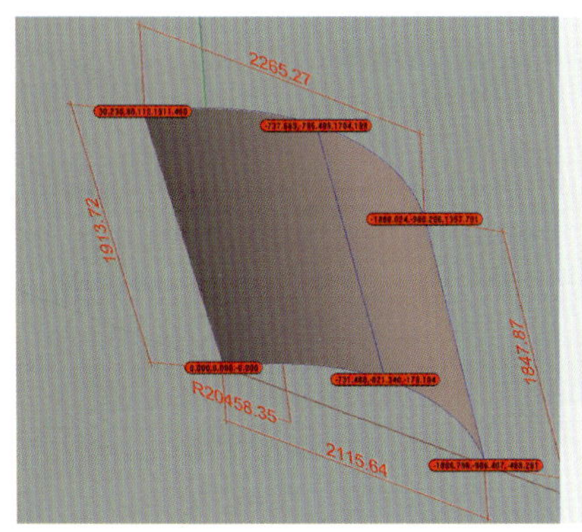

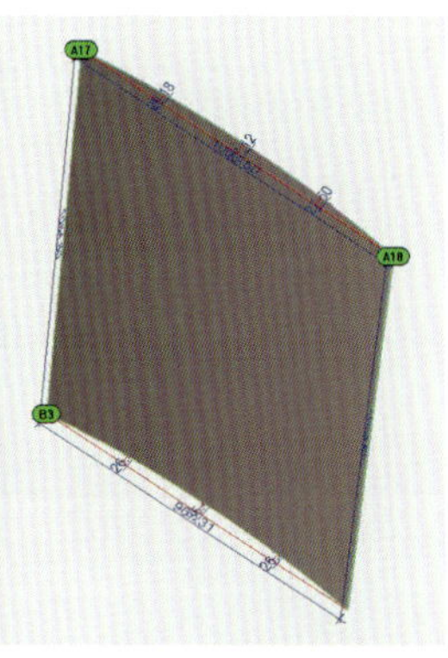

图 19-34　装饰钢板单元几何定位原则

图 19-35　火炬塔实体模型

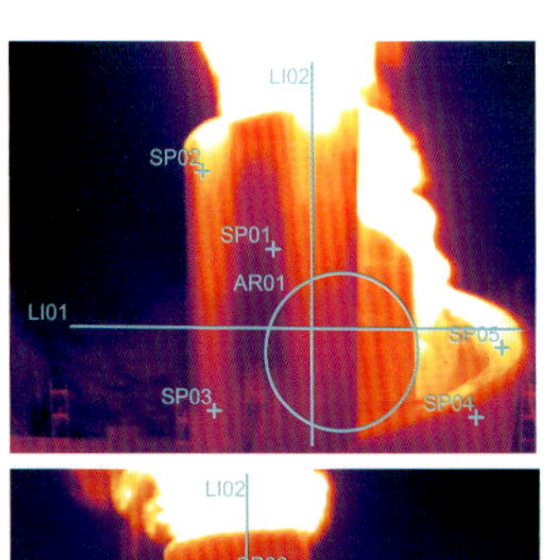

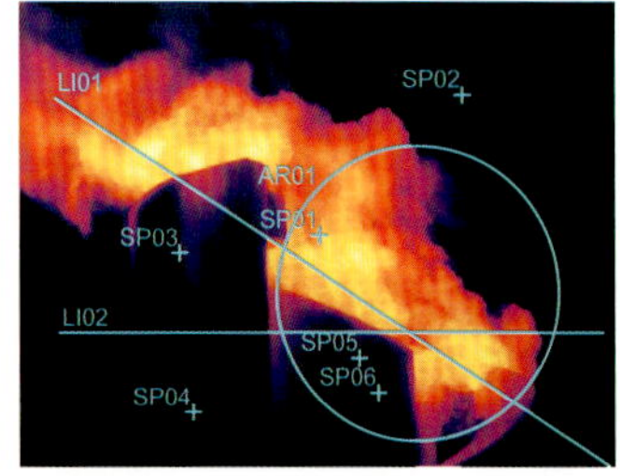

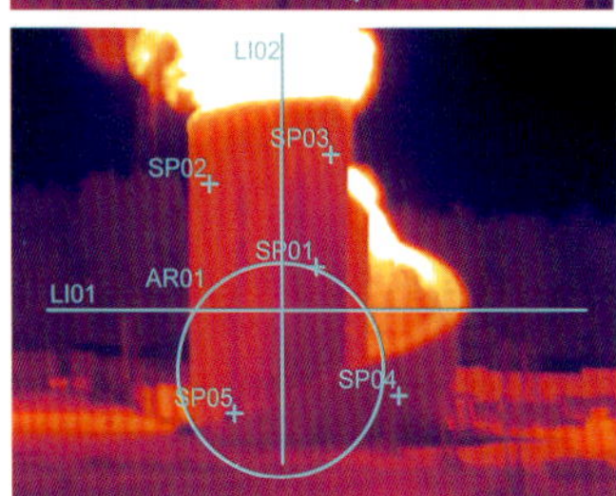

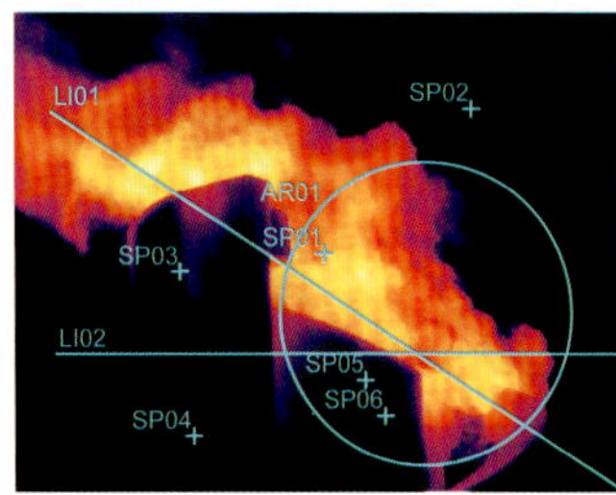

图 19-36　火炬塔实体模型的温度场测试

实体模型选取燃烧器的上部 8 米高范围，材料及做法均依据确定的方案（图 19-35）。实体模型的作用首先是为导演组提供实际的火焰燃烧情况，以便确定火焰的造型是否满足导演组的要求；同时实体模型也进行了一系列的技术实验，包括：火焰燃烧实验、燃气量控制实验、温度场测试实验、燃烧淋雨实验、外饰面钢板耐火实验（图 19-36）。通过实体模型对一些设计问题进行了优化。

（三）主火炬塔塔体结构

火炬塔塔体结构由总装备部设计总院设计。

主体结构曲面按照火炬塔曲面划分成网格线，在网格线上布置结构杆件。结构骨架分为两部分，下飘部分与上部结构通过结构杆件做相应连接，使火炬主体形成闭合的空间壳体。考虑到曲面成形，选用圆钢管作为结构受力杆件，杆件连接采用相贯焊接，杆件的断面根据各种工况受力分析确定（图 19-37）。

由于火炬燃烧区的最高温度达 700℃左右，随远离火源逐渐衰减至 100℃左右，因此在燃烧区附近采用耐高温不锈钢无缝钢管作为受力杆件，以保证在 700℃左右温度下屈服强度 f_U>120N/m^2。火炬主体结构为可移动翻转空间结构，主体结构与液压传动机构连接部分的可靠性尤为重要。连接部位包括：塔座、油缸顶升点、平卧状态下行走支点。

塔座结构布置，塔座上表面与主体管桁架竖向构件螺栓连接，塔座下表面四角点通过法兰与行走机构相连，塔座的强度和变形满足火炬行走、翻转、抗风等多工况要求。

火炬油缸顶升点是火炬主体与完成火炬翻转动作的液压油缸顶升系统连接点，由 Z4、Z19 及 Z22 组成不规则三角桁架直接承受顶升过程所受作用力。

顶部的燃烧装置在高空风力的作用下，火炬火焰会偏离方向，使塔体上端局部处于火焰中，同时对火炬塔本体产生热辐射作用。为保证火炬塔自身的安全，通过模拟燃烧试验布置热电偶实际测量，以及进行计算机模拟仿真，得到燃烧区至塔体根部的温度分布，为火炬塔的耐火设计提供理论依据。最终选择铬镍奥氏体耐热钢 1Cr18Ni9Ti 作为耐热构件材料。

火炬塔耐火设计中，塔体上部及燃烧器支架采用铬镍奥氏体耐热钢 1Cr18Ni9Ti，杆件的应力比控制在 0.3 以保证火炬在燃烧状态下安全可靠。塔体下部采用 Q345B，将温度变化作为荷载与其他荷载组合计算分析来保证火炬在燃烧状态下安全可靠。

为了真实模拟工艺条件、自然环境等因素的影响，竖直状态下进行了 100 多种风工况的计算分析，水平状态下进行了 50 多种风工况的计算分析，同时为了保证火炬塔翻转过程中的可靠性，专门对该工况进行更为细致的计算分析。

（四）主体结构行走及翻转机构

主体结构行走及翻转机构由总装备部设计总院设计。

1. 总体布局

火炬主体结构为可移动翻转空间结构，是奥运会史上首创。（图 19-38、图 19-39）主火炬机械传动由两平行的运行轨道组成的轨道梁结构、两台主火炬运行小车、两台支撑小车、由四个多级油缸组成可变形的“人”架结构的液压驱动组件，翻转接力到位的顶升油缸组件、主火炬塔到位插销组件，主火炬塔翻转到位插销组件，两台支撑运行小车到位固定插销组件；整个主火炬塔在两条运行轨道上运行，两轨道的间距为 4m，轨道长 48m，允许主火炬在水平方向运行 35m，实际行程为 31m；水平运动采用变频电机实现同步运行，传动方式为齿轮齿条以保证运行精度，其他翻转、各种插销以及定位装置、顶升等传动系统均采用液压油缸驱动。

2. 运行轨道组件

轨道组件的作用为主火炬塔在国家体育场上空运行提供运行轨道，为主火炬在运行到位时的支撑提供基础结构，主火炬塔水平运行的运行轨道固定在其下的轨道梁下，轨道由 45 钢调质经加工而成，用高强螺栓固定在轨道梁上，在轨道梁中间布置主火炬运行小车用的传动齿条，轨道梁高度为 820mm，宽度为 500mm；轨道梁总长 48m，分三段进行加工、运输；两轨道梁之间根据用途布置一些设备的固定连接梁。

3. 火炬塔运行小车

运行小车主要起到运送主火炬塔在轨道上运行的作用，作为主火炬翻转时的支撑铰点以及主火炬塔翻转到位后的支撑点，火炬塔运行小车由台体、运行滚轮、水平导向轮、反倾翻轮、电机减速机、驱动齿轮以及与主火炬连接的连接支座等组成（图 19-40）。

4. 支撑小车

火炬塔支撑小车由台体、运行滚轮、水平导向轮、反倾翻轮以及与主火炬连接的连接支座等组成；支撑小车主要起到运送主火炬塔在轨道上运行、主火炬塔运行时的支撑铰点的作用，主火炬塔运行到位后由其下的固定插销定位，是保证主火炬运行、固定的最重要的设备之一。

5. 液压驱动组件

液压驱动组件由两只主推力油缸、两只辅助油缸、插销组件、与火炬连接的支座及辅件等组成，三级主油缸的最大行程为 8.4m，辅助二级油缸的行程为 3.56m；连接钢结构通过可滑动的活塞杆与辅助油缸连接，连接钢结构与主油缸采用铰接，火炬连接的支座与主油缸和连接钢结构也通过

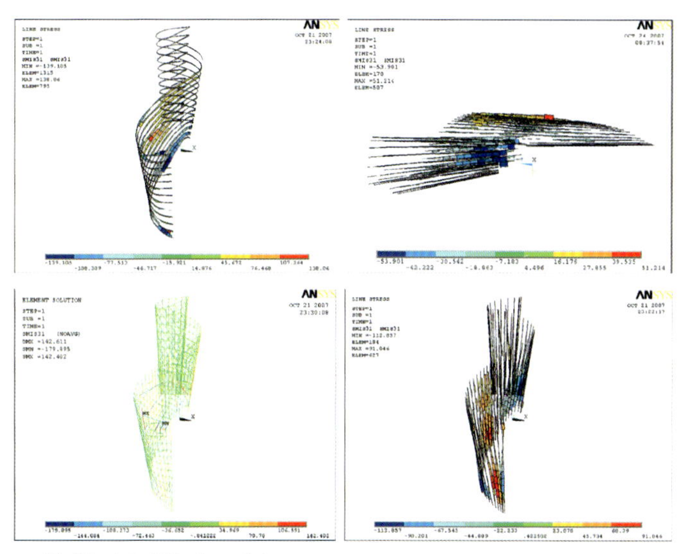
图 19-37 火炬塔杆件云受力图

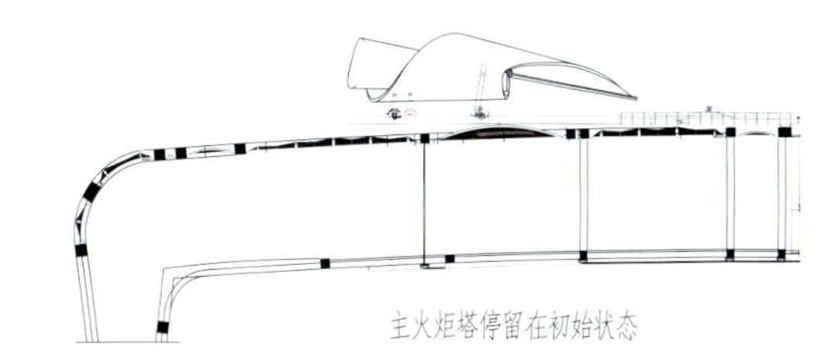

图 19-38 火炬塔停留时的状态

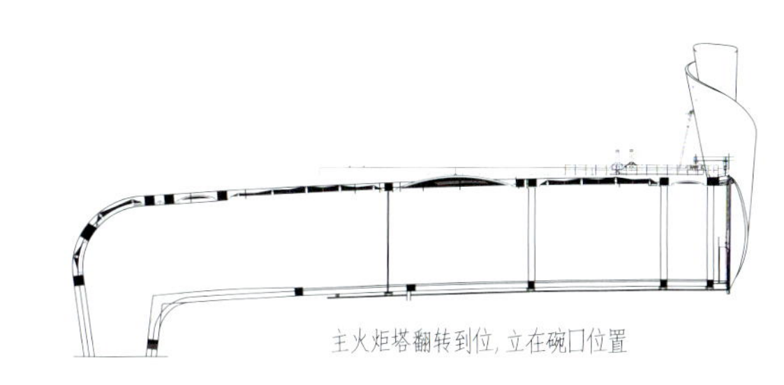

图 19-39 火炬塔翻转至点火位置时的状态

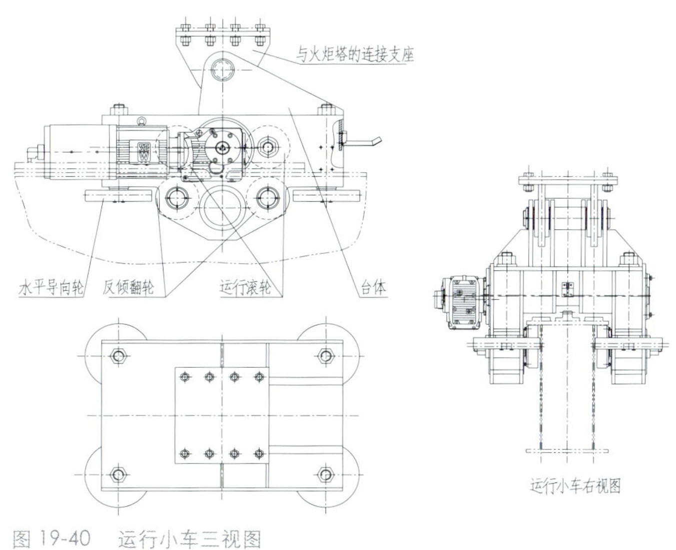

图 19-40 运行小车三视图

铰接。

6. 顶升油缸组件

顶升油缸组件位于轨道组件的前端，在每条轨道两侧分别安装一组两只油缸，两组油缸组件共同作用，与液压驱动组件协同工作（图 19-41）。

7. 液压系统

火炬塔液压系统要驱动主缸、辅助缸等完成主火炬塔的举升和放倒动作，并在整个过程中要求动作安静平稳，具有最高级别的可靠性和安全性。

图 19-41　火炬塔液压系统

图 19-42　火炬塔顶升油缸

火炬塔液压系统主要有泵站部分、管路部分、执行阀组等几部分组成。其中执行阀组部分主要包括主举升、辅助举升、辅助顶推和插销闭锁等执行机构，主要完成火炬塔的竖起和放倒全过程中所有油缸的动作协调（图 19-42）。

8. 主举升

主举升部分主要完成主火炬塔的举升和放倒工况，并实现两主油缸的同步动作。分为主系统和备用系统，并可随时实现主系统和备用系统的在线切换。

（五）燃气供气系统和燃烧系统

燃气供气系统和燃烧系统由北京燃气集团负责设计并负责实施。

1. 供气系统

供气系统是由调压计量站 - 上行主管线 - 分支阀组控制管路 - 燃烧装置连接管路组成。调压计量站位于国家体育场外地下，管道由地下引出与沿体育场钢结构火炬上行供气燃气管道连接，经汇管后分支。上行供气燃气管道总长 118m，管径为 DN300，在体育场顶部、轨道的端头为一汇管，汇管后分支出 6 路燃气供气管和 1 路 DN300 旁通干管，6 路分支管上分别连接 6 路旁通管。

燃烧装置的每个独立腔体双路供气、主路和旁通阀、手动和自动阀门控制、双路供电、双路检测、双路点火确保点火成功率 100%。总体上均采用双保险和多保险方式以及可靠的技术保障措施。

供气系统还包含压力调节系统、电控与手动调节控制系统、应急供气系统等。采用快速连接燃气管路方式，保证在火炬塔树立起来后在 1 分钟内将火炬塔外部和内部的主燃气管道快速连接。

2. 燃烧系统

主火炬以天然气为原料，燃烧器采用大气式燃烧方式，收缩管角度较小。为了控制火焰燃烧的颜色，火炬燃烧器的一次空气系数控制在 15% ~ 20%。

（1）火焰的高度

由于火炬塔高度约 18m，为了使火焰的高度、宽度，火焰的色彩、稳定和饱满程度等形态满足要求，火焰的高度需要 7m 以上。

通过对单个燃烧器采取增大火孔直径，增加火孔面积、减少一次空气的方法；对整体燃烧装置采取分组集中或对冲燃烧或提高燃气压力的方法，可以提高火焰高度。火焰的高度主要与一次空气系数、火孔热强度、火孔直径以及火孔间距等技术参数有关。

火炬塔的燃烧装置设计采取燃烧器分组集中的形式，将四个燃烧头为一组集中，形成一个单元燃烧器，多个单元的燃烧器组合。每个单元燃烧器减少了燃烧头火孔间距，使得火力集中，减少二次空气的水平侧向供给量，使火焰向高处吸取二次空气，火焰高度增加。无风状态下，火焰高度可达到8m以上。

(2) 燃烧器和燃烧装置

与以往的盆状火炬不同，此次火炬顶端的高低端落差有1.6m，燃烧装置与火炬本体外形相一致，从侧面不同的角度看坡度不同、曲率半径不同，呈三维立体不规则造型。燃烧装置的各点以三维立体坐标定位。燃烧装置的设计采取燃烧器分组集中的形式，即：将四个燃烧头为一组集中，形成一个单元燃烧器，多个单元的燃烧器组合。燃烧装置分为内外圈结构，外圈有两个独立的燃气集气腔体，内圈为一个腔体，共三个独立腔体。每个腔体有两路供燃气管路，沿着火炬本体内部引下与外部管道连接。独立腔体便于控制和调节高低端火焰的高度，调整火焰的整体状态，同时确保某一路供气出现问题可及时关断不影响整体的火焰（图19-43）。

(3) 稳焰常明火

常明火的主要作用是引燃和稳定火焰。常明火燃烧器采用的是完全燃烧大气式燃烧方式，燃烧完全、稳定。为了增加抗风抗雨性，常明火燃烧器设有挡风圈和遮雨帽。挡风圈将燃烧器火帽全部包拢，挡风圈和遮雨帽之间10mm的缝隙，外部看不到明火。它不仅能够引燃主火燃烧装置，同时在大火点燃后一直保持燃烧，使主火焰不会间断、熄灭。因此，增加了主火的稳定性和抗风抗雨性。

(4) 燃烧稳定性

火焰的稳定性与燃气种类、气体喷出速度及其分布的均匀性以及热量分布等因素有关。此次设计的燃烧器，单纯的降雨即使是暴雨也不会浇灭火焰。另外由于一次空气系数较低，脱回火的极限范围扩大，单个燃烧头基本能抗9级风，而整体燃烧装置则能抗10级风。同时，由于设置了常明火稳焰装置，可抵抗10级风和风雨交加的情况。

(5) 火焰高度与状态的调节与控制

采用电动调节阀来调整流量，控制火焰，以满足开幕式、闭幕式与运动会期间的火焰大小不同的需要，另外，在熄火时可控制火焰高度。调节阀从0%至100%自动调节，缓缓关闭，而达到火焰徐徐熄灭的效果。

(6) 燃烧控制系统

北京奥运会火炬自控点火系统是控制火炬点火、运行、

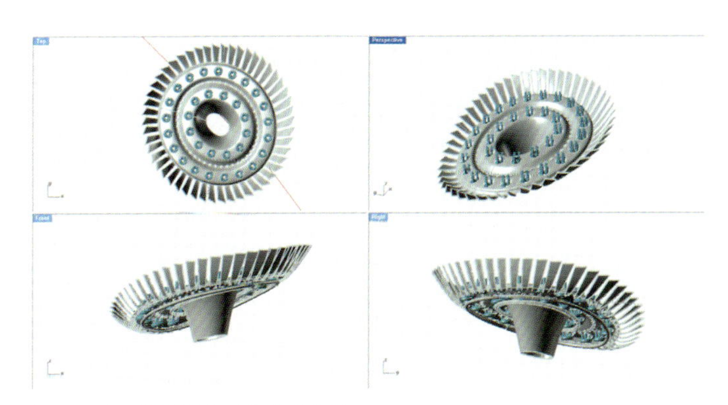

图19-43 燃烧器及燃烧罩三维图

熄火等重要环节设备的综合控制系统。它由点火部分、监控部分、检测部分和阀门控制部分等多个环节构成。

1) 点火装置：根据燃烧设备的要求和具体使用环境，本次点火应用了两种点火技术，即高能脉冲点火技术和氮化硅陶瓷表面点火技术。两种技术同时应用在针对长明火的点火过程中。

2) 火焰检测，本次奥运火炬会采用复合检测火焰技术，应用离子检测和热偶检测两种方式复合检测。

3) 电磁阀和电动调节阀的操作与控制：起到打开或关闭气源的作用。与手动阀相比它具有异地控制，打开、关闭速度快，开闭阀门动作准确到位的优点。

4) 自动控制程序：在设计和安装中采用双路供电、手动/自动无扰切换操作控制的双保险方式，以确保火炬燃烧控制系统正常运行。

（六）防雷设计

1. 主火炬本体内为钢结构，外包1.2mm厚的不锈钢外层，直击雷击中不锈钢外层时，外层可能会被击穿，主火炬本体内的燃气管道均为金属管，控制线穿金属管保护，主火炬本体外层被击穿并不会对主火炬本体的使用造成影响。

主火炬本体可以作为接闪器，主火炬本体应与屋面钢梁可靠连接，内部管道、钢结构及不锈钢外层做等电位联结。

2. 燃气管道的防雷措施：外管道为不锈钢钢管，壁厚8mm，可以直接作为接闪器。外管道应与体育场钢结构可靠连接。内部分配管应与内部钢结构做等电位联结。

3. 燃烧器：喷火口位于主火炬设备顶部，喷火口壁厚为1.5mm，口部壁厚为1.2mm。喷火口会受到直接雷击，并可能造成喷火口损坏，经与燃气专业讨论，认为造成的损坏不影响正常使用。

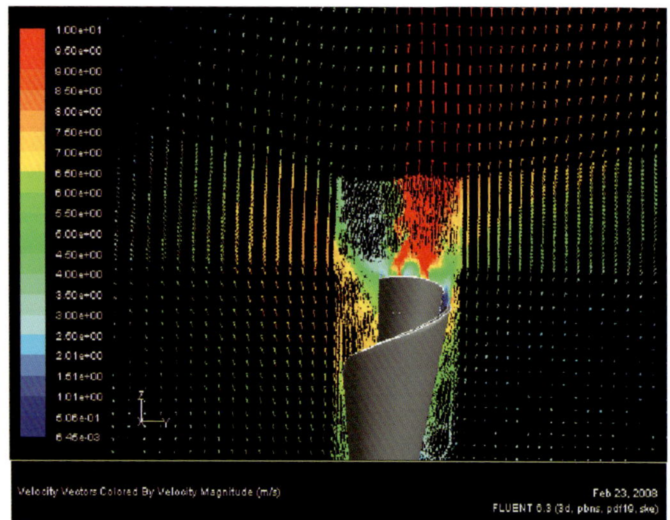

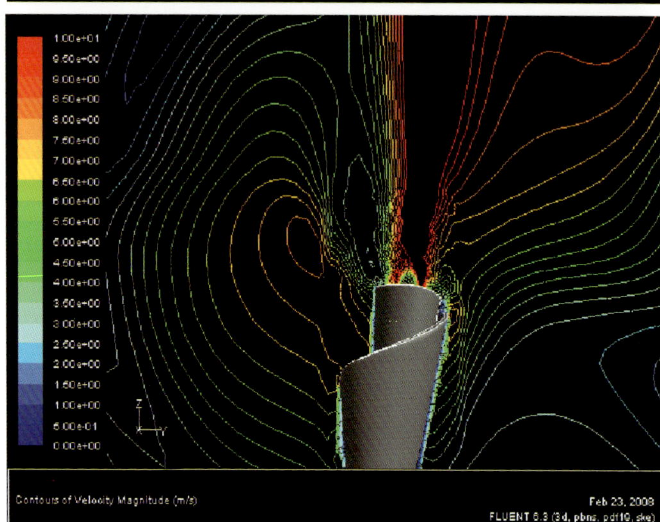

图 19-44　火炬塔性能化消防仿真计算

ZY 特征面 2.5KW 辐射强度

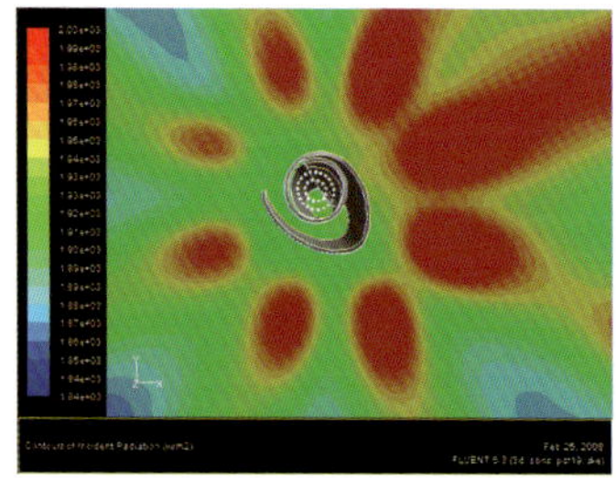

ZY 特征面辐射传热温度分布

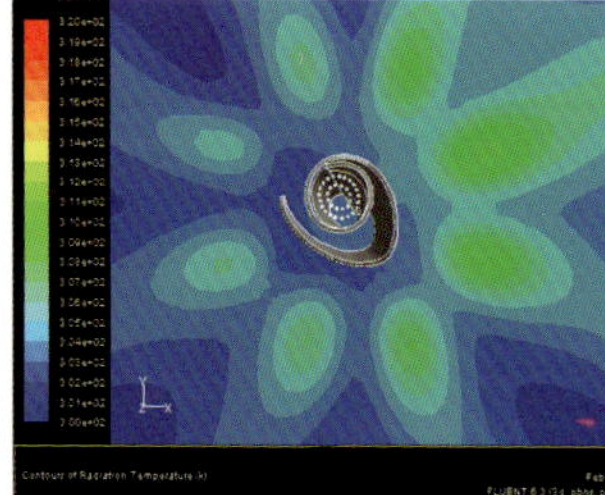

XY 特征面(Z=51.3m)辐射强度

XY 特征面(Z=51.3m)辐射温度

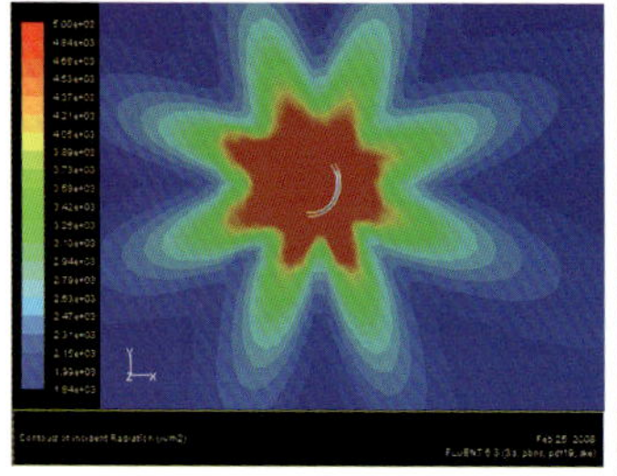

XY 特征面(Z=69.3m)辐射强度

XY 特征面(Z=69.3m)辐射温度

图 19-45　特征面辐射强度和温度的仿真计算

四、仿真与实验

（一）火炬塔防火安全的性能化评价

由中国建筑科学研究院建筑防火研究所负责，通过计算机仿真数值计算、实体实验以及理论分析，对火炬塔燃烧试验研究，并将得到的相关温度场、热辐射通量等成果应用于主火炬的设计、安装制造和使用中（图 19-44）。

为了确保火炬塔在奥运会期间的燃烧对国家体育场钢结构的安全以及 ETFE 膜材料的正常使用功能无影响，仿真和实验的内容包括：火炬燃烧对体育场钢结构安全的影响、火炬对体育场钢框架上方 ETFE 膜材料的影响、火炬燃烧对火炬塔本身的影响。

根据最终的计算结果，确定火炬塔所处的钢结构构件及 ETFE 膜材料是否需要采用防火保护以及相应的防火保护措施。

火炬塔防火安全的性能化评价：利用计算机建模分析，对火炬塔进行性能化防火安全的评价，同时通过七个不同的场景模拟，确定钢结构、膜结构的最不利温度，研究的结果表明：

造成火炬塔温度上升的影响因素较多，主要包括热传导、辐射传热和对流传热。而造成国家体育场屋顶钢结构和膜结构温度上升段的主要因素是辐射强度引起的辐射温升（图 19-45）。

火炬塔：火炬塔本体的最高温度在燃烧口附近，火炬外沿温度自上而下逐渐降低并依据风向而有所变化，高温区可采用隔热措施或耐高温材料。

国家体育场主体钢结构：主体钢结构主要受到辐射热的影响。考虑到大火状态和夏天太阳辐射的影响，在最不利的情况下，国家体育场屋顶钢结构的最不利温度较高。因此对辐射强度较大的局部区域采取遮挡保护措施。最终在火炬塔 30m 范围内的钢结构在迎火面侧采用架空铺装 3mm 厚钢板的形式作为钢结构的保护。

国家体育场膜结构：膜结构主要受到辐射热的影响。由于膜材本身材料和厚度的影响，膜材表面的温度低于钢结构表面的温度，经过与膜结构厂家的协商，最终确定可以满足膜结构的使用，因此膜结构表面不做保护处理。

（二）风洞试验

由于主火炬塔外形复杂，按照现行规范无法给出体型系数且无参考资料可以借鉴，根据《建筑结构荷载规范 GB 50009—2001》第 7.3.1 条，宜由风洞试验确定。由北京奥运会开闭幕式工作部技术制作组委托中国空气动力研究与发展中心，利用 8m × 6m 低速风洞进行试验，目的是测量主火炬塔内外表面压力分布和整体风载荷数据，为装饰钢板设计和结构抗风设计提供可靠依据（图 19-46）。

模型缩尺比确定为 1：15，模型内表面开槽埋设外径 1mm 的不锈钢测压管，并用树脂进行表面修型。模型内外表面共有 333 个测压点，位于高度方向均匀分布的 16 个水平剖面上。制作了针对 16 个风向的国家体育场局部简化模型，模型采用金属框架结构，外表面采用泡沫修型。

根据北京地区 8 ~ 9 月气候统计资料确定主火炬塔高度的一般和极端风速，用试验得到的无量纲风荷载和压力系数反算荷载，再加入试验数据不确定度、脉动因子、阵风系数的影响，就得到了主火炬塔的一般和极限风荷载。

综合考虑风洞试验结果等因素，主火炬塔最终方案采用了开孔装饰钢板降低装饰钢板和整体风荷载，在内流道采用的支撑杆件有助于干扰内流降低风压，风洞试验结果还成为平放保护和竖立支撑、加固方案的重要依据。

（三）燃烧试验

火炬塔的燃烧试验，包括火焰温度的测试、辐射热通量的测试、温度场测试、抗雨试验的雨量测试、抗风试验的风速的测试、噪声的测试等实验。燃烧试验由北京燃气集团负责。

根据试验，火炬塔燃烧器组的燃烧火焰可以抵抗 80 ~ 100mm/h，降雨量等级为暴雨～大暴雨的降水量；燃烧火焰可以抵抗 10 级风。

五、加工制造、安装、调试

火炬塔的加工、制作和安装，包括火炬塔本体、轨道梁和轨道托梁、国家体育场主体钢结构的加固改造、火炬塔的运行驱动系统和液压驱动系统、火炬塔的自动控制系统等均由首都钢铁集团负责；燃烧系统的加工、制作和安装，包括燃烧器、管路和路由、燃烧控制系统等由北京燃气集团负责。

（一）火炬塔外装饰钢板的加工和制造

火炬外装饰主要分 3 部分：内外装饰钢板、燃气罩和支撑挂件。装饰钢板强度要求能抵抗 700℃以上的高温和风速为 25m/s 的大风。装饰钢板在三维空间可调，经纬线对齐，曲面圆滑平整，每块间距为 20mm。火炬装饰钢板材料为耐高温不锈钢板，面漆为航空耐火漆。火炬祥云部分为双层镂空，内层为孔板结构，外层为浮雕式祥云图案，镂空高度 30mm。

火炬装饰钢板的整个曲面按经纬线分成上千个大小不同平均 $1m^2$ 左右的块，装饰钢板的曲面的弧度是靠纬线方向的

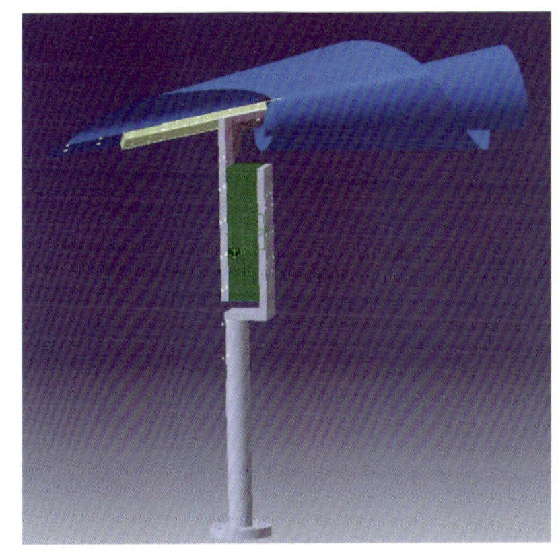
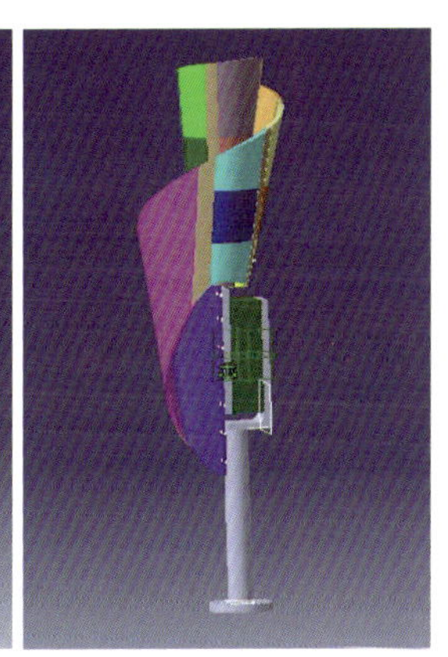

图 19-46　火炬塔风洞试验仿真计算模型

弧形板（纬线方向的加劲肋）来确定的，通过建模在三维空间形成曲线转化为宽 30mm、厚 3mm 的二维图形的弧形板，加工时严格保证弧形板的准确性。

燃气罩是外形轮廓为椭圆形的双曲面，直径达到 4m 加工难度非常大。把燃气罩分成 4 块，用 4 套模具分段逐次压成型，最后把 4 块以法兰形式连接成一个整体。

火炬祥云是在高温区，它的制作主要是保证其艺术性和安全性。火炬祥云加工采用激光等离子切割，再把祥云一片一片用无损焊接方式与内层板连接在一起形成一个整体。焊接部位要加装隔热套，减少温度的影响。祥云的外表面采用喷丸和电抛光技术进行处理。

（二）现场安装、试验

由于火炬塔安装时国家体育场场内已经铺设完成塑胶跑道，开始安装和调试开闭幕式的演出设备，不允许有大型机械进入作业，因此火炬塔的吊装作业只能从场外进行。而国家体育场的用地狭小，场外基座平台的地下条件复杂，经过多方协调，最终决定选用 800t 的汽车吊进行火炬塔的吊装并确定了吊装车的站位。火炬塔分为上下两部分，上半部分为整体吊装，下半部分分为四片分别吊装，轨道托梁吊装的最大起吊要求 8.5t × 75m，轨道梁分为 6 段，最大起吊要求 7.2t × 84m（图 19-47）。

安装顺序按照以下顺序进行：托梁验收、施工测量准备、导轨组件安装、主驱动小车和支撑运行小车安装、液压驱动组件安装（与驱动小车同步安装）、插销定位组件安装、液压站安装并配管、管路打循环清洗、电控系统设备安装、外部燃气管道安装、单体试车、火炬塔主体安装、火炬塔调整、测试、竣工验收（图 19-48）。

图 19-47 火炬塔分段图

图 19-48 火炬塔主体的吊装

六、主火炬的点火方式

（一）奥运会的点火方式

奥运会开幕式的点火方式是每届奥运会的最亮点，也是最神秘的，它直接把奥运会开幕式推向高潮。北京奥运会的点火方式体现了"天人合一"意境，充分反映了奥林匹克精神。最终确定的奥运会点火方案为：点火运动员从国家体育场北侧地面升起到内环立面膜结构，在驱动系统的带动下，模拟运动员沿体育场内环跑大半周，在主火炬塔一侧点燃主火炬的引火材料，由引火材料沿主火炬塔上边缘燃烧，最终点燃主火炬，整个过程由明火点燃。

点火装置包括火炬上的引火槽和安装在碗边 30m 的引火槽，内环立面边缘的引火槽的直径为 127mm，火炬上的引火槽的直径为 108mm，两种引火槽为 304 不锈钢材料，碗边的引火槽用不锈钢管制成，钢管的上面切除 1/3 圆，留下 2/3 圆，在切除的表面安装网格空为 8mm × 8mm 的不锈钢丝网。

点火驱动系统利用九台碗边行走升降小车中的第 1、第 2 两台，为了确保设备运行的绝对可靠，对小车作了重大改造。第 1 台小车升降驱动系统采用冗余设计，使用一主一备速比相同的两台减速电机，同时增加了一套手摇升降装置，确保升降运动安全可靠。第 1 台小车水平运行驱动系统增设了人工推动的专用推架，第 2 台小车拆除了升降驱动系统与前车架，由第 2 台小车推动第 1 台小车运行，在两车之间设置液压缓冲装置，减小因两车速度不同时发生碰撞产生的振动，同时第 1 台小车还有 8 人推动行走，保证第 2 台小车出现故障时，同样可以被送到点火位置点火，确保水平运行的绝对安全可靠。

第 1 台与第 2 台小车把北京奥运会的开幕式点火仪式吊挂火炬手李宁升空，在国家体育场内环凌空奔跑一周，点燃奥运会的主火炬。

（二）残奥会点火

点火创意："精神寓于运动"，每届残奥会的举办，都展示了残疾人的拼搏精神，谱写了自强不息、奋勇争先的生命壮歌，高扬"更快、更高、更强"的生命光辉，展示自尊、自信、自强、自立，感受欢乐、友谊、梦想、成功，实现挑战自我、追求生命价值的目标。为表达残疾人的生命的顽强精神，最终确定的方案为：在国家体育场碗边悬挂一组滑轮、钢丝绳组成的一套爬绳体系，靠人从地面爬上 39m 高的点火位置，最后点燃主火炬，体现自强不息的顽强精神。

点火装置点火系统运用滑轮组、绳组成一个登山系统，在体育场主火炬附近的碗边安装一支撑梁，再在支撑梁端部挂有两个固定滑轮组，在底部设有一动滑轮组，整个滑轮体系为四倍，即 100kg 的人只需 25kg 就能把自己拉起来，为了保证点火人员在空中在不使用力时能够停在空中，在底部设有一单向棘轮，在棘轮起作用的时候，绳子成单向受力（图 19-49）。

图 19-49　火炬塔燃烧在国家体育场场内

第二十章 三维协同设计与 CATIA 模型

第一节 三维协同设计

一、国家体育场工程设计的特点

1. 国家体育场的工程复杂：国家体育场是 2008 年北京奥运会的主会场，总建筑面积为 25.8 万 m^2，共有座席数为 10 万座（在初步设计修改之后，座席减为 9.1 万座）。国家体育场的建筑形式和功能复杂，建筑由编织型的钢结构和混凝土结构组成，形成一个雄伟的钢结构外观。建筑中采用了大量新型技术，包括钢结构、膜结构、虹吸雨水、雨洪利用、地源热泵等技术，同时在国家体育场的设计过程中，采用了许多计算机仿真模拟技术，包括声学模拟、性能化消防设计的模拟、立面大楼梯安全疏散模拟、热舒适度 CFD 模拟、交通疏散模拟等。

2. 国家体育场的设计工作中涉及的部门、专业、设计人员和合作方多：在设计过程中，对设计团队外有业主（项目公司）及业主的顾问公司、北京奥组委、北京市 2008 工程办公室、北京市规划委员会及相关主管部门以及后期的市政府等；对设计团队内有设计联合体，包括瑞士的 Herzog &de Meuron 设计公司、中国建筑设计研究院、奥雅娜（香港）公司及设计协作方，包括声学设计、交通设计、预制看台、厨房工艺、燃气设计等；对施工单位有作为总承包的北京城建集团总承包部和中信国华公司，还有作为分包的钢结构加工制作单位（江苏沪宁、江南重工、浙江精工）、膜结构设计联合体(北京纽曼蒂公司和德国 Covertex 公司)、虹吸雨水联合体（捷流公司）以及监理单位（中咨监理公司）等。先后有众多的设计人员参与了国家体育场工程的设计工作，仅设计联合体三个合作单位先后参与国家体育场设计工作的人员就有 240 多人。

3. 国家体育场的设计文件修改多：国家体育场的设计工作的阶段多，先后历经了概念方案、方案设计、初步设计、初步设计修改、施工图和施工配合等阶段。同时在各个阶段，相关部门的意见均会带来修改。

4. 各方往来的文件多：各政府部门、相关协作单位的往来文件众多。

5. 设计工作周期长：但是设计周期紧，且设计责任大。

二、国家体育场设计工作的协同作业

如此重要且复杂的系统工程，单凭一个人或几个人是无法胜任的，如人员不足，势必会造成信息传递的不畅，影响设计工作的进行。因此在施工图设计中各专业都设立了多工种负责人。以建筑专业为例，设置了 5 个工种负责人，分别负责基座平台以下、基座平台以上、屋顶、三维模型、体育工艺和标识。同时设计主持人设置了两个。

由于负责人员众多，且分工明确，如何将各自负责的设计内容整合在一起，从而能加快设计工作的进行，需要建立一套科学的管理体系，这对国家体育场工程设计的组织是极其重要的。

协同作业的基础是建立一个统一的平台和标准，供团队成员作业。协作工作包含管理协作、设计协作及制图协作等方面。

（一）对设计工作进行分解

在设计过程中，对设计工作在几个层面上进行了分解。

1. 对工程进行分解

根据工程的实际情况，相互关联的紧密程度，将工程分解成：集散广场以下部分（零层及以下部分）、集散广场以上部分（一层～七层）、屋顶部分（钢结构部分）三大部分，并单独分出标识、立面大楼梯部分以及 CATIA 三维模型的建立。各部分有专门的负责人负责。

2. 对各层的平面进行分解

对于每部分的工程，将设计工作再分解成许多独立的构件。由不同的人员负责设计和制图工作。通过设计软件进行整合，这样，可以使各个部分都能同步设计和同步配合，使一个繁杂的工程在局部分解成一些小的细部配合。

以零层为例：零层平面是国家体育场功能最复杂的一层平面，平面被分解成由许多单独的文件构成，这些文件通过外部参照的方式组织成零层平面。

（二）在制图方面，充分利用 AutoCAD 制图软件的功能，建立统一的技术措施，方便制图管理

1. 使用外部参照命令和图纸空间，图纸建立在外部参照的基础上；

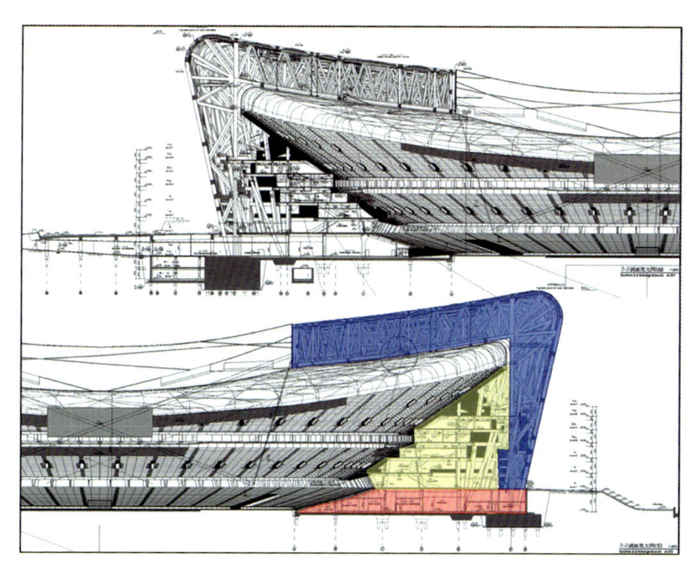

图 20-1　国家体育场工程分解示意图

2. 建立统一的单位和图纸方向；

3. 统一的插入原点；

4. 统一的专业编号方式。

为参与整个项目的各个专业分配一个独立专业编号，这个编号贯穿于图纸编号和相应的图纸电子文件名称中。命名原则是按照专业名称的英文的第一个英文字母。

建筑 A、AR	混凝土结构 S
钢结构 R	给排水 P
暖通 H	燃气 G
强电 E	弱电 T
景观 L	总图 M

5. 统一的图纸文件编号方式：

以零层为例：Level00.dwg 由 LV00-south.dwg、LV00-north.dwg、LV00-east.dwg、LV00-west.dwg 以及 LV00-cores.dwg、LV00-geometry.dwg 等图纸外部引用而组成；

以 Level00.dwg 为底图，和图框组成了 1：500 的 A-102_Level00.dwg 以及 1：150 的 A-102_Level00-1.dwg ~ A-102_level00-10.dwg 十张放大图。

6. 统一的图层名称：统一的图名将方便他人的使用。

三、国家体育场设计中软件的使用

国家体育场工程使用的主要软件有 AutoCAD（建筑制图）、CATIA（三维建模）、Acrobat（文件传输）、MS OFFICE（文本文档）等等。

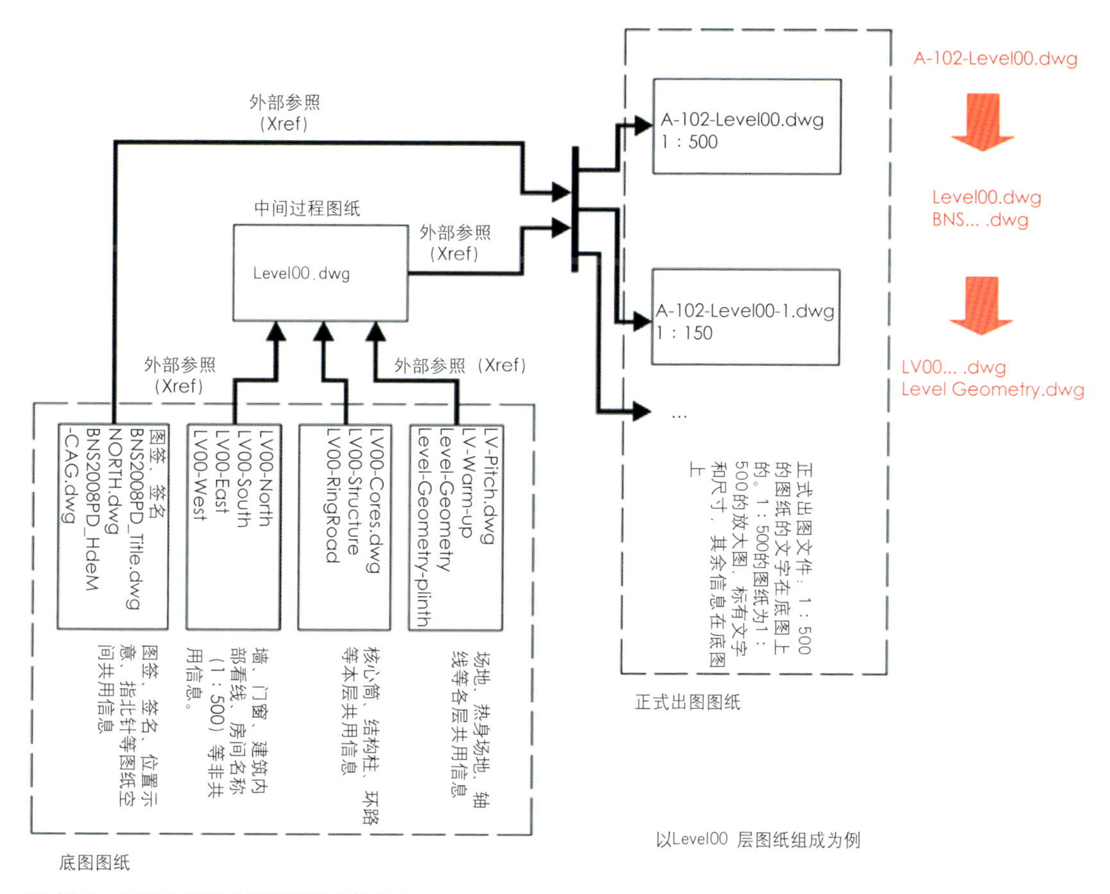

图 20-2　以零层图纸为例说明图纸的构成

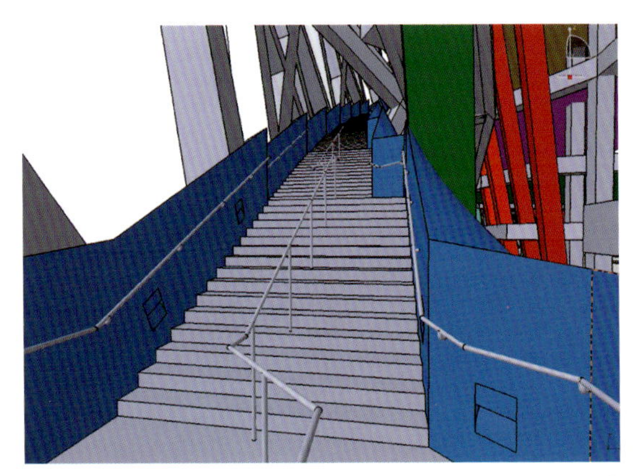

图 20-3　钢结构立面大楼梯模型

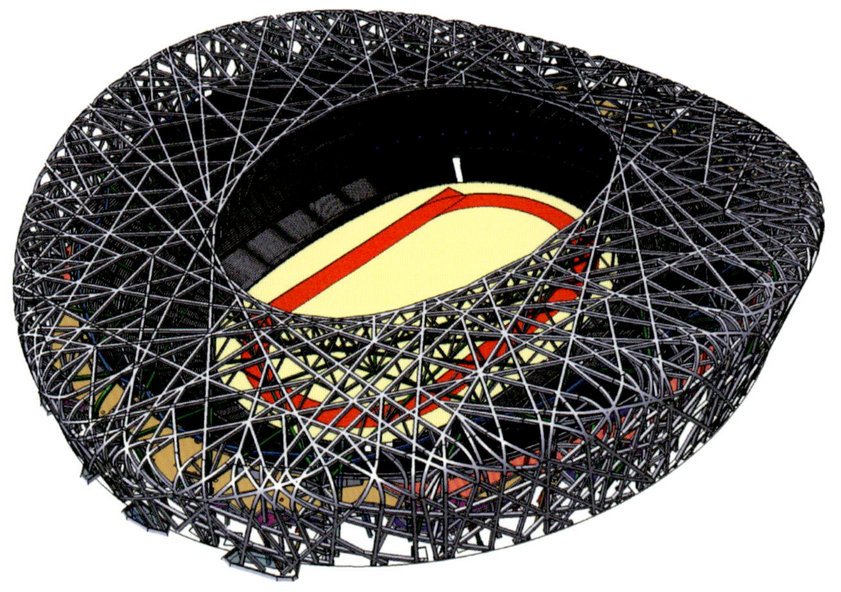

图 20-4　钢结构外罩模型

图 20-5　膜结构模型

● 充分利用 CATIA 软件的优势，AutoCAD 中使用的钢结构梁柱、混凝土梁柱、立面大楼梯等等，而每层斜柱的起止点、混凝土和钢结构的立面和剖面等等均是从 CATIA 模型直接生成并作为外部参照文件供平、立、剖面图直接引用的。

● 与外方的文件交流多打印成 PDF 格式，并与原文件一起提供给对方。

● 对外沟通多通过电子邮件。

● 建立 FTP 服务器进行大字节文件交流和传递。

四、在国家体育场的设计工作过程中的一些管理方法

（一）建立文件归档系统

按照业主往来文件、政府往来文件、设计联合体内部往来文件、对外往来文件（含往来的电子文件）等分册进行文件归档。后期又按照文件的内容和时间，建立了会议纪要、工地配合等专项的往来文件分册。文件归档系统的建立使整个工程的所有文件成为一个完整的管理系统，方便查找。工程资料不因某个成员而产生资料断裂。

文件归档工作由专人负责。

（二）充分利用计算机作为辅助的管理工具

1. 建立 FTP 服务器：设计工作参与的公司单位众多，且地理位置不在一起。为了方便地进行文件交流，分别设立了两个 FTP 服务器。

由设计联合体的一方 HdeM 建立了一个 FTP server 供参与工程设计的各方人员进行文件交流。在 FTP 服务器上按照设计联合体成员建立了三个大的子目录 \HdeM\、\CAG\、\Arup\，每次上传服务器的文件均按照“日期 + 内容”的格式建立子目录以方便查阅，同时通过电子邮件通知相关人员。

由于我院参与国家体育场工程的各专业隶属于各专业院，各专业院拥有不同的服务器。我院建立了一个内部的国家体育场的 FTP 服务器，作为各专业的文件交换和文件归档。在 FTP 服务器上按照设计阶段和专业分别建立了子目录，要求各专业将自己的文件放至对应的子目录中，并按照“日期 + 内容”的格式建立子目录。

实践证明通过 FTP 服务器，打破了地域的限制。使具有 FTP 访问权限的人员可以在任何地方从服务器上得到想访问

的内容，大大加快了设计文件的传递和设计工作的进行。

2. 设立电子邮件系统：参与工程设计的成员均通过电子邮件系统进行信息交流。

同时我院对外及参与各方与我院所有部门进行联络的电子邮件统一抄送至一个公共的信箱。公共信箱由专人管理。根据这些邮件往来的各单位：如业主、政府部门、HdeM、Arup、其他分包商、设计院内部联络等类别进行分类管理，以便对电子信息进行归档。

3. 对 AutoCAD 计算机绘图制定统一的技术措施：国家体育场设计工作在设计开始之初是在瑞士巴塞尔、北京之间进行，参与的人员众多，必须建立一套统一的制图规则作为协同工作的平台。瑞士的设计联合体的成员方 HdeM 有比较丰富的经验，其严谨的工作作风为工程奠定了一个良好的基础。在施工图阶段，我们依据方案阶段的成果，建立自己的一套统一技术措施。

实践证明，建立起统一技术措施并严格执行是大型项目中进行相互合作的一个前提。良好的统一技术措施应具有可操作性、可重复性、易读性、可涵盖性及可发展性等特征。

（三）国家体育场计算机制图的管理

国家体育场在制图时使用了外部参照（Xref）命令功能。Xref 由多个命令组成，AutoCAD 将与 Xref 有关的命令，如附着、拆离、卸载、重载、绑定等集中在 Xref 的对话框中，外部参照功能最常用的命令是 Xref 和 Xclip。外部参照功能的作用是将另外一个 DWG 文件的内容读入本 DWG 文件并作为本文件的一个组成部分，同时保持了被读入文件的独立性。

外部参照的最大优势是在使用时随时可以更新文件，使图纸保持最新，这是外部参照与图块插入的区别。

外部参照功能使一些大的绘图文件可以分发给多人同时工作，便于保持协调，使大型工程中多人协同工作变成了一种可能。但是这种协同工作的前提是有一个标准工作平台。

首先，统一应用软件平台，使用同一版本的软件；

其次，有统一的制图标准，包括统一的图层命名系统和绘图色彩系统等；统一的文件命名系统，使每一个外部参照文件有一个明晰而惟一的名称；以及统一的文字式样和标注式样等等。

再次，确定统一的引用文件名的命名原则。

采用外部参照的绘图方式，将一个巨大而繁重的工作分解成多个小的工作，由多个人分别承担，分别对图纸进行修改。通过外部参照，对于这种不停修改的工程，既保证了图纸内容的统一、大比例图纸和小比例图纸之间的统一，又避免了大量的重复工作，提高了效率。

首先是在建筑专业应用外部参照，同时推广到设备专业，越多的专业使用外部参照，将越能体现外部参照的优点。

国家体育场项目充分体现出“文件的维护比绘图更为重要”的工作理念。这里的“文件维护”包括对文件的管理维护，对文件中图层、实体、图纸空间的管理维护等等。只有有序的文件管理系统才能体现出效率。因此对设计人的计算机制图水平提出了更高的要求，项目参与人员要首先熟悉并注重文件的管理工作并养成良好的制图习惯，而不仅仅限于只使用绘线、修剪等简单操作命令。

养成良好的制图习惯非常重要。没有良好的绘图习惯完成的图纸，可能会给其他人的使用带来巨大的麻烦，甚至不能被使用。

养成良好的制图习惯将使协同工作提高效率而不是成为产生麻烦和负担的源泉。

五、外部参照在国家体育场的设计工作中的应用和重要性

外部参照的使用使一个巨大繁重的工作被分解成许多细小的工作，相同信息的部分使用同一个文件。这样做既避免了大量的重复工作量，又避免了前后修改不同而产生的制图错误或不一致。

比如在零层平面的卫生间 LV-00_toilet.dwg 是一个被零层平面引用的外部参照文件，同时 LV-00_toilet.dwg 这个文件又是构成卫生间详图的一个外部参照文件。当零层有卫生间修改的时候，只用修改 LV-00_toilet.dwg 这一个文件，再将这个文件在零层平面和卫生间详图中重载一次即可，避免了同一修改内容在不同的文件中反复修改而可能产生的错误。项目中楼梯、坡道等部分都是如此构成的。

图签是被重复使用最多的外部参照文件。将公共部分的信息放在一起，如需要修改时，只修改一次就将全部的图纸的相关内容更新了。

外部参照的使用对国家体育场设计工作提供了巨大的帮助。减少了重复修改的工作量。但是外部参照的效率是体现在一个严格的制度下的。只有首先建立起一套完整统一的制度并在执行过程中严格遵守，才能充分地发挥计算机软件的优势，才能体会出软件带来的好处，仅仅将软件平台当作电子绘图板的功能是不够的。对于个人在电脑前的孤军奋

战，在大型项目之中的用武之地越来越少。同样，大型项目的管理模式也是在科学的管理下的多部门、多个人的协同作业。只有建立科学统一的工作平台，才能发挥协同作业的效率。

外部参照对计算机、对使用者都提出了新的要求。

由于外部参照的使用，计算机的数据交换量大大增加，因此需要对计算机的配置提出了比较高的要求。例如，初步设计的交通分析图，参照了四张完整的零层和一层平面图以及图框，流线分析等，最后这张图只能在CPU2.8M+512M内存以上配置的计算机上打开，而且速度极慢。

对于使用者而言，由于外部参照的图层构成是图纸名称＋图层名称，因此随着外部参照的使用，会生成大量的图层。因此需要使用者应具有较高的计算机能力，比如灵活使用图层过滤器的工具等。这些工具的使用是建立在有一个良好的制图习惯上。

同时，设计中还编写了一些小的AutoLISP程序来帮助外部参照的使用，比如查找和关闭外部参照里的物体所在的图层等。在这些工具的帮助下，外部参照更易被使用。

第二节　CATIA软件在国家体育场中的应用

一、CATIA V5软件

CATIA V5是一款主要由法国Dassault Systems公司基于Windows NT/2000系统研发的高端的CAD/CAM软件，它涵盖了机械产品开发的全过程，提供了完善的、无缝的集成环境。它是在汽车、航空、航天领域占有统治地位的设计软件，目前已经大量进入摩托车、机车、通用机械、家电等其他行业。一些世界著名的公司，如空中客车、波音等飞机制造公司，宝马、克莱斯勒等汽车制造公司都把CATIA作为他们的主流软件。国内的多家有影响力的飞机、汽车制造公司也都选用CATIA作为新产品的开发平台。

2004年3月，CATIA V5 R13被引入国家体育场的设计之中。根据销售方的记录，在此之前，国内尚无在建筑行业采用CATIA的先例。国外建筑设计公司中最早采用CATIA的是盖里及其合伙人公司（Gehry Partners，LLC）。目前盖里科技公司（Gehry Technologies，LLC）在使用CATIA从事建筑设计方面拥有世界最强的技术实力。在起步阶段国家体育场设计组成员接受了GT公司技术人员的短期培训。

目前CATIA总共有一百多个模块，国家体育场工程使用了其中的Part Design，Generative Shape Design，Assembly Design，Drafting，Product Knowledge Template等少量模块。这些是在建筑设计中最常用到的模块。

二、CATIA软件的优势

国家体育场设计虽然只使用了其中少量的模块，但已显示出其作为世界顶尖级三维设计软件的魅力。同以往使用和接触过的AutoCAD，3D MAX，Rhinoceros，Maya，Revit，ArchiCAD比较起来，在使用过程中CATIA给我们留下深刻印象的优点主要有以下几点：

（一）强大的造型功能

CATIA最初是为飞机设计而准备的一款软件，后来又用于汽车等机械制造行业。因此在造型的复杂性和精确性方面的性能十分突出。国家体育场中大量的外立面和屋顶的交错扭曲的梁和柱采用普通软件根本不可能建构出来，但是采用CATIA就比较容易实现。

体育场的外立面梁和柱是依附于一个大的双曲面生成的纵横交错的网状结构（图20-6）。如何使梁和柱完全贴合双曲面而且使交接处外表面光滑是我们所面临的问题。一般的三维软件都有设置路径和截面并使截面沿路径生成体量的功能。但是在对所生成的体量进行精确控制方面都存在不足。CATIA使我们达到了所需要的理想效果（图20-7）。

（二）方便的三维察看功能

CATIA提供了十分方便、快捷的三维察看手段。仅通过操纵鼠标就可以快速缩放、旋转三维视图，并可动态观察视图。更重要的是它提供了即时剖视物体的功能，从而可以方便地看到物体的内部信息（图20-8）。

（三）自动生成二维图

到目前为止，建筑设计最终提交的成果都必须是落实到图纸上的二维信息。所以需要把CATIA的三维信息转化为二维信息。在CATIA中，如果确定了剖切位置和观看方向，它就可以自动生成所需要的二维图。在三维信息修改之后，所有的相关二维信息都会自动更新。这一点类似于Revit和ArchiCAD中提供的功能（图20-9）。

（四）强效复制功能

一般软件中只有在两个物体完全相同时才能复制，CATIA当中的强效复制功能（PowerCopy）则可以实现相似条件复制。比如我们基于一个起始位置点和一个曲面构建了体育场内的一部非常复杂的楼梯（图20-10）之后，在其他位置与其相似的楼梯就不需要重新做一遍了，因为其他楼

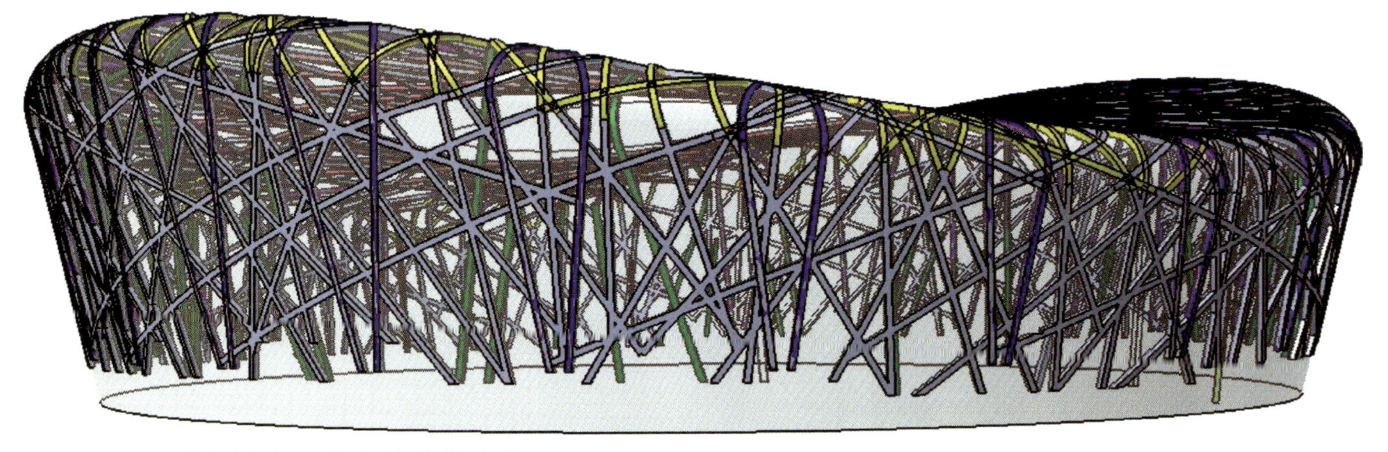

图 20-6　国家体育场外立面复杂的网状梁柱结构

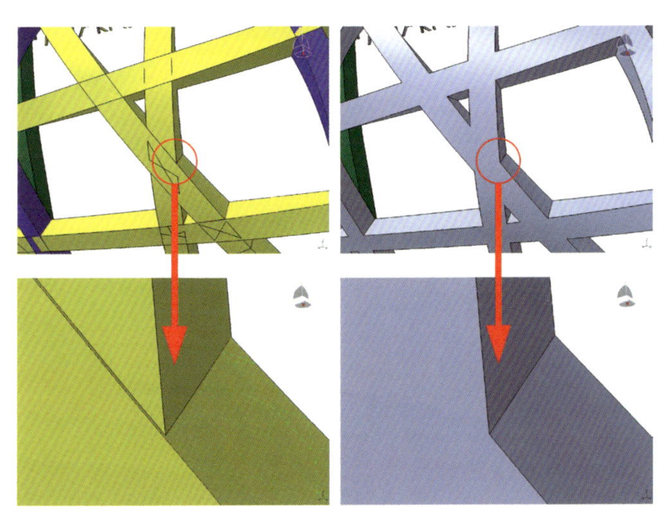

图 20-7　CATIA 生成的梁柱关系

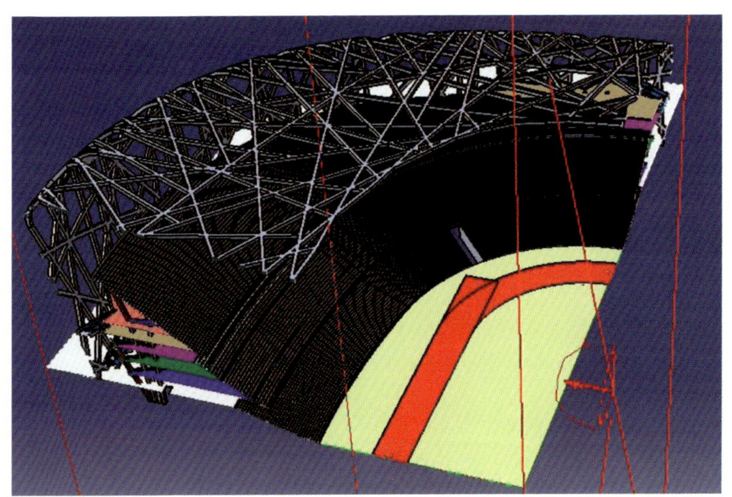

图 20-8　CATIA 软件的三维查看功能

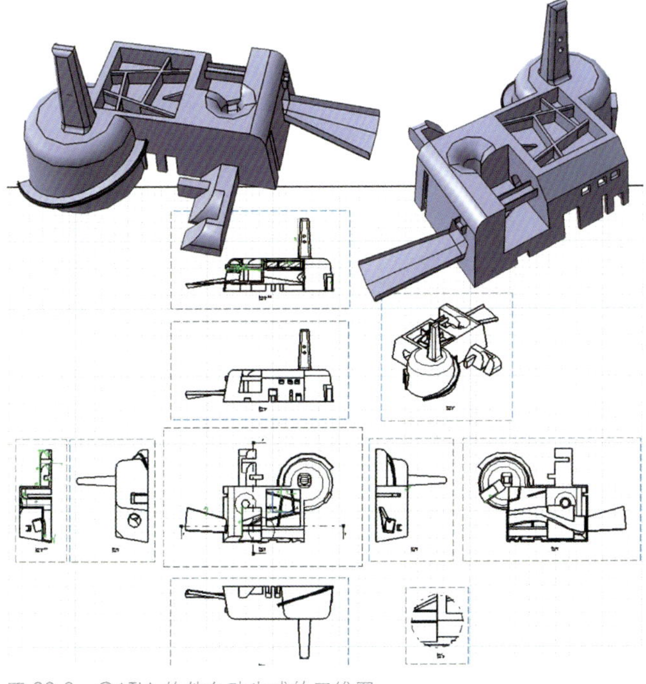

图 20-9　CATIA 软件自动生成的三维图

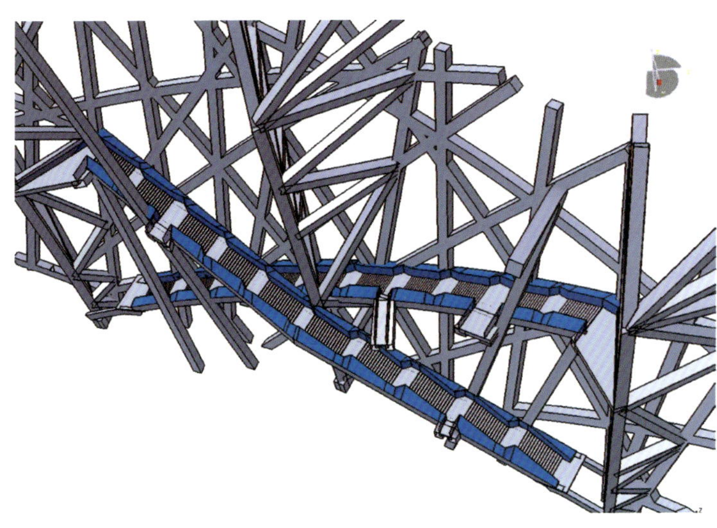

图 20-10　国家体育场复杂的楼梯结构

梯除了和第一部楼梯的起始位置不一样，所依附的曲面的曲率不一样之外，其他条件相同。只需要提供新的位置和曲面，CATIA 就可以自动把其他楼梯“变”出来了（图 20-11）。即使其他楼梯的踏步尺寸和步数不同，也只需要改一改参数就完成了。如果做完之后楼梯的尺寸需要再次修改，也只需要改参数就可以了。这样的任务要交给一般的软件将变得十分复杂。

（五）信息追踪功能

CATIA 所建构的元素都会自动携带历史信息，并可以很方便地进行历史追踪。而普通软件所建构的元素仅仅是一种结果，元素的生成过程需要由人来解释或通过观察猜测才能弄清楚。而在 CATIA 当中，即使参与人不在了，也可以由其他人读出真实而清晰的历史过程。这样，元素生成的原因和产生错误的原因都很清楚。人有时会记错一些信息，但是 CATIA 永远不会。这些信息不仅用文字来记录，而且用最直观而易懂的几何构造元素来记录。比如我们想了解其中一条曲线的来历，就可以查阅其父子关系图（图 20-12），从图中选取其父级元素就可以看到生成它的元素是谁，可一直追踪至其根源（图 20-13）。从这个意义上说，CATIA 就如同一门语言，忠实地讲述事件发生的完整过程。利用这个过程不仅可以读懂建筑之“表”，更可读懂其“里”。无论过多少年，这个过程都会原原本本地存在那里。

（六）完整的项目综合管理能力

CATIA 具有超强的产品设计、制造、仿真与最佳化的先进 3D 产品生命周期管理功能。从项目的初始建立，到中间操作过程再到建成后的维护，它有一套完整的管理体系。一切信息都可以包容其中。

在体育场设计过程中，目前部分运用了这方面的功能。主要表现在辅助各工种进行配合方面。例如钢结构和混凝土结构在体育场中是两个相对比较独立的结构体系，但是彼此间存在复杂的空间交错关系。有些斜柱的定位要受四、五个制约因素的影响（图 20-14），需要在三维空间中给出准确

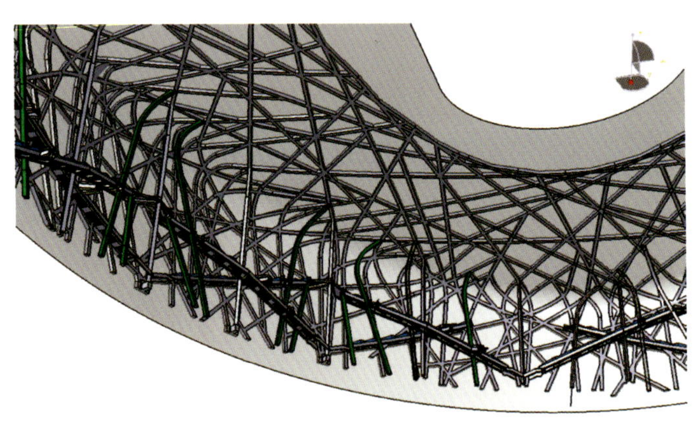

图 20-11　CATIA 的强效复制功能自动生成的楼梯结构

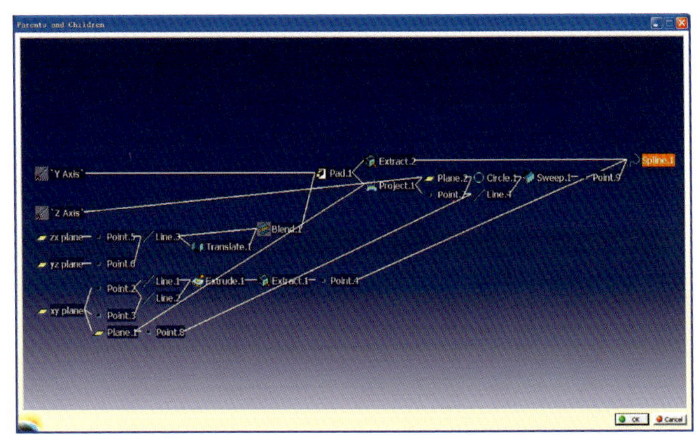

图 20-12　父子关系图

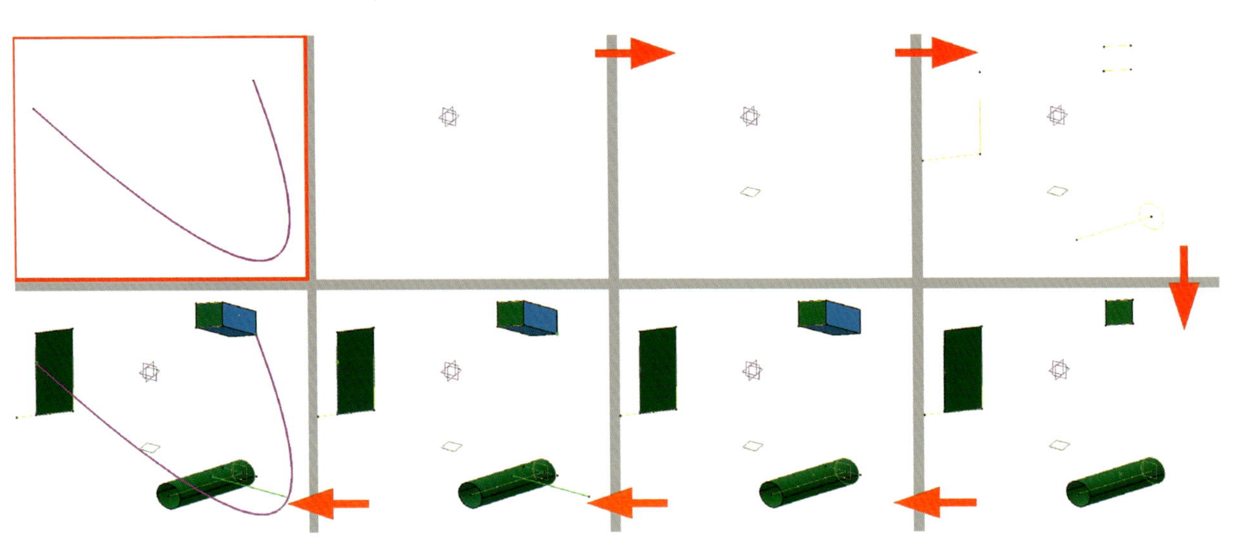

图 20-13　CATIA 软件的信息追踪功能

的定位。但是如果要通过手工测量来判断每一处的尺寸是否符合要求，工作量将会极其巨大，而且百密必有一疏。但是CATIA 具有自动检测功能，能精确检测出每个部分之间的关系是否满足要求（图 20-15）。这样就省去了要在计算机中绕着整个体育场看遍每个角落的麻烦了。给排水、暖通专业在复杂处的管道也被同时置入整体模型中，用于判断管道之间及管道与结构构件之间是否满足距离要求。但是由于设备工种并未采用 CATIA 内部的管道设计模块，管道的构建和修改都只是通过 AutoCAD 建立单线模型并转入 CATIA 之后处理成空间模型来完成的，导致这个过程比较复杂而不易于修改。CATIA 的综合管理能力还远远不止这些，有待于我们进一步挖掘。

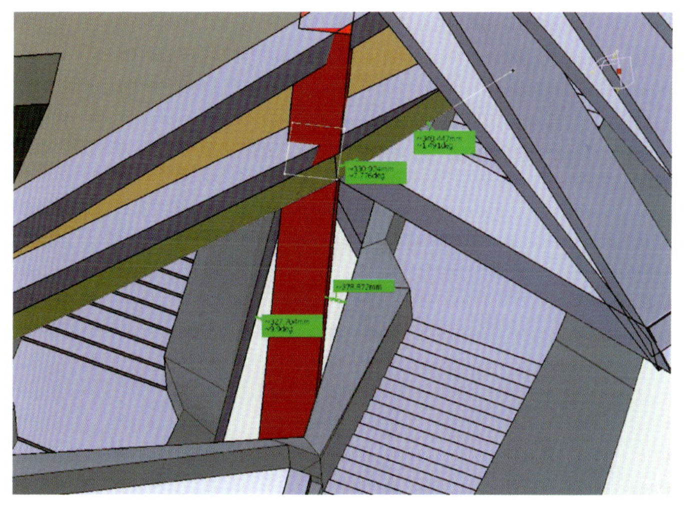

图 20-14　国家体育场复杂的斜柱定位

三、CATIA 软件对建筑设计的影响

采用 CATIA 至少会对建筑设计产生以下两个方面的深远影响：

（一）提高设计自由度

建筑空间的可能性是不可穷举的，建筑师的头脑可以构思出来的空间恐怕只是其中的一小部分。而由于种种原因能够真正实现的又是这一小部分中的一小部分。当我们采用 CATIA 作为辅助手段之后，过去不愿意轻易涉足的复杂造型和空间变得可以轻易掌控了。当然，更复杂不是建筑设计所追求的目标，但是它的确为建筑师创造崭新的空间和造型提供了更多的可能性。

（二）调整设计过程中"想"和"做"的关系

这里的"想"指纯粹的设计构思，"做"是纯粹的技术性劳动。"想"指导"做"，并通过"做"来实现。建筑师往

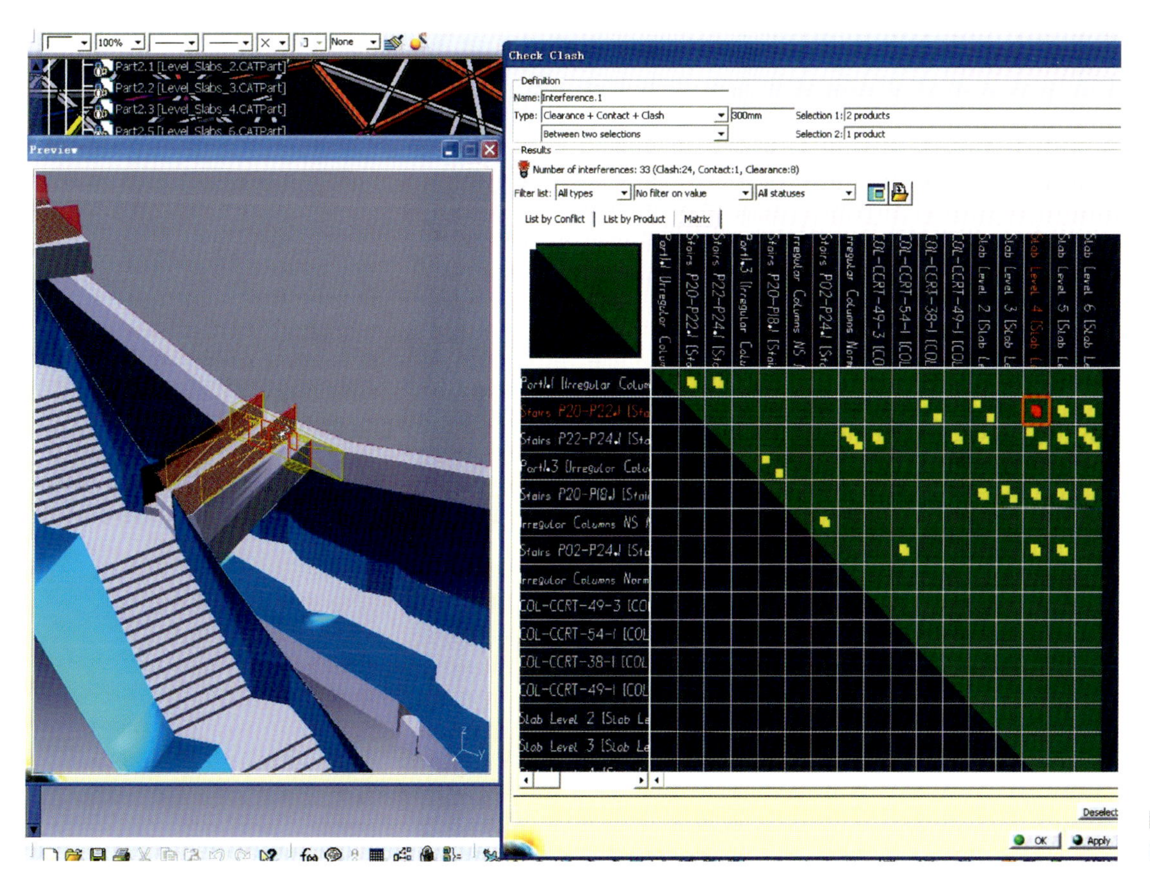

图 20-15　CATIA 软件的自动检测功能

往把大部分需要“做”的工作交给助手去干,从而变得多“想”而少“做”。在“做”的过程十分复杂的时候,出于分工的必要,把它们拆离了是不得已的明智之举。但实际上“想”和“做”是一对相互促进的过程，不宜过度分离。在“做”的过程中去“想”，往往“做”会推动灵感的跳动和深入。重“想”而轻“做”则容易导致建筑师失去很多抓住灵感的机会，或者退一步说至少会导致很多想法来得晚一些，对一些错误的认识也会晚一些。CATIA 可以作为“想”和“做”之间的一道沟通的桥梁。使“做”变得更轻松自由，不被简单地看作一种负担，也很容易融入“想”的过程。这就使建筑师可以重拾“做”的过程,立体、动态而且及时地观察自己的思维进程,而且这个进程同时被其他人所观察和了解，所有的信息都是真实而通透的。对于助手而言也不至于陷入阵发性的知其然而不知其所以然之中,在“做”的过程中也容易积极响应“想”的过程，从而形成具有更大效能的设计团队。

四、CATIA 软件在国家体育场项目中的问题

当然，在国家体育场项目使用 CATIA 的过程中，也面临着若干问题:

（一）硬件配置要求高

CATIA 对计算机的硬件配置有极高要求。目前市场上能买到的 PC 机都很难轻松驾驭 CATIA。类似国家体育场这样的大工程，几乎不可能在限定的时间内把所有的三维信息都建构完成。能同时加载的信息量比较有限。虽然 CATIA 采用了以可视模式（Visualization Mode）取代设计模式（Design Mode）的方式来缓解计算机资源不足的问题，但是这一举措并没有解决根本问题。

（二）软件价格昂贵

购买一套 CATIA 软件的价格相当于购买几十套甚至上百套普通绘图软件的价格。这就不利于在整个设计团队中推广。而如果仅有少数人使用也就失去了 CATIA 擅长团队合作的优势了。

（三）崩溃问题

我们在使用 CATIA V5 的过程中，发现它会经常在毫无征兆的情况下崩溃。软件提供方的答复是这个问题目前尚未解决。CATIA V5 之前的版本 CATIA V4 是基于 UNIX 操作系统开发的一款软件，在 UNIX 系统中运行非常稳定。当把它移植到 Windows 操作系统中之后，稳定性大打折扣，这一点有待改进。软件提供商的建议是改用 UNIX 操作系统。但这对于此项目来说很不现实。

（四）组件的划分问题

CATIA 把要建构的对象看作由若干个组件组成的整体。例如飞机可以分为机身、机翼、机尾、发动机和起落架等几大部分。每个大部分又可再细分。直至每一个螺栓和螺帽都是飞机的组件。组件之间按照彼此之间应有的逻辑关系进行组合构成整体。充分拆分之后的每个组件都不太复杂，比较易于操控。和这些机械设备相比，建筑的充分拆分就要困难得多。例如混凝土结构中的梁、板和柱通过浇筑连成一个整体，很难划清界限并把他们放到不同的组件中。尤其当梁和柱出现倾斜、弯曲和扭曲的情况时更难划分。即使强行划分开了也会给后期的调整和修改造成极大的不便。如果不分开，就会出现超大型的组件，这会导致计算机运转不畅，操作困难。国家体育场的网状钢结构由于彼此完全连接在一起，一开始被放在同一个组件中，导致基本无法做深入调整。当我们把钢结构强行划分成多个组件之后，每个组件变得更好调整了，但是被强行切开的组件之间很难做协同调整。更重要的是，建筑的方案调整往往会导致形体方面的质变。例如圆变成方就是形体质变。而改变圆半径只是形体的量变。飞机和汽车不管怎么改最后看上去还是飞机和汽车，单从形体上就可以界定。相比之下，建筑的形体变化无拘无束，形体的质变经常发生。而形体的质变恰好是 CATIA 不擅长处理的变化。遇上这种变化就只能把原有形体推倒重建。未发生变化的部分如果和变化的部分存在父子关系也会受到牵连，这时候就会觉得 CATIA 是个很令人头疼的东西。

尽管目前还存在一些不足之处，但是毕竟瑕不掩瑜。类似于 CATIA 这样的基于参数驱动的三维设计软件必将成为下一代建筑设计软件的流行趋势。设计者可以从中获取更大的自由度，建筑设计的品质和效率也将因此得到提高。建筑设计行业应该尽早了解和掌握这一类新软件。

第二十一章 建筑工程造价的编制及控制

第一节 国家体育场方案设计阶段工程造价的编制及调整

一、投标方案阶段工程造价估算

2003 年 3 月由瑞士赫尔佐格·德梅隆事务所、奥雅纳、中国建筑设计研究院组成的设计联合体完成了 2008 年奥运会主体育场——国家体育场建筑概念设计竞赛方案。经过对建筑方案的理解和认识，结合北京市首都规划委员会在国家体育场招标文件中所规定的技术条件的要求，在概念设计阶段编制了国家体育场概念设计方案工程造价估算。

概念方案设计造价估算包含内容有：基础及地下结构、结构框架和楼板、幕墙、内隔墙及装修、机电、开合屋盖、室外工程等。

二、方案深化设计及调整

经过专家评审和网络公示投票，最终由瑞中设计联合体设计的"鸟巢"方案被评为实施中标方案。在后续的设计过程中，按照 2003 年 9 月 16 日第 29 届奥林匹克运动会组织委员会发布的《国家体育场奥运工程设计大纲》和 2003 年 10 月 27 日由国家体育场有限公司（筹）提供的《北京奥林匹克公园（B 区）国家体育场设计任务书》的要求，对"鸟巢"方案进行了深化，并在不断深化的基础上，不断深入和完善设计方案的估算，最终于 2003 年 11 月 8 日完成了方案深化阶段的工程造价估算。

方案深化阶段的造价估算包含：混凝土结构、钢结构、膜结构、开合屋盖、建筑装修、给排水消防工程、暖通空调工程、电气工程、弱电工程、电梯工程、煤气工程、厨房工程、体育工艺、室外工程等几大部分。

第二节 国家体育场初步设计概算编制及修正初步设计概算编制

一、初步设计概算编制

按照 2003 年 9 月 16 日第 29 届奥林匹克运动会组织委员会发布的《国家体育场奥运工程设计大纲》和 2003 年 10 月 27 日由国家体育场有限公司（筹）提供的《北京奥林匹克公园（B 区）国家体育场设计任务书》的要求，设计联合体在方案深化并经过有关部门批准后，开始了国家体育场初步设计。

在初步设计阶段，对于钢结构加工制作、开合屋盖的加工制作、膜结构的加工制作，各机电专业系统设计等方面进行了深入的研究。并对材料用量、建造安装方法、施工组织管理等方面进行分析和调研，在对设计文件充分了解的情况下于 2004 年 5 月 18 日完成了第一版《国家体育场初步设计概算》文件。

1. 概算编制参考资料

1）2003 年 9 月 16 日由第 29 届奥林匹克运动会组织委员会发布的国家体育场奥运工程设计大纲和 2003 年 10 月 27 日由国家体育场有限公司（筹）提供的北京奥林匹克公园（B1 区）国家体育场设计任务书。

2）工程量的计算依据为目前深度的初步设计图纸及各专业工程的相关报告。

3）工程概算按照北京市 1996 年《建设工程概算定额》及相应的费用定额标编制相关费用。并按照北京市京造定[2002]1 号文件《关于编制工程设计概算的有关定》对工程概算进行修正。

4）建筑材料价格参照当前北京地区建筑材料价格确定，设备价格按照目前设计资料提供的参数，参照有关厂家报价和市场询价。

5）计价货币以人民币为单位。

2. 概算编制工作范围

1）工程概算中建筑安装工程费按以上资料编制。

2）初步设计概算包含：桩基础工程、钢筋混凝土结构工程、钢结构、膜结构、开合屋盖、建筑装修工程、观众座椅、给水排水工程、消防自动喷洒工程、虹吸、重力雨水排放工程、雨水回用系统、运动场地喷灌及雨水排放系统、钢筋混凝土雨水蓄水池、通风空调工程、地源热泵系统、采暖工程、草坪加热系统、煤气动力工程、变配电工程、动力照明工程、场地照明（含电缆）、弱电桥架工程、建筑设备监控系统、火灾自动报警系统、安全防范系统、综合布线系统、通信网络系统、卫星接收及有线电视系统、背景音乐广播系统（兼消防应急广播）、多功能会议、扩声和同声传译系统、场地扩声系统、停车场管理系统、智能卡系统、电子显示屏系统、体育竞赛综合信息管理系统、公共信息及查询系统、票务系统、交通智能化信息管理系统、无线视频监控系统、数据网络系统、电梯工程、体育场地及体育比赛工艺设备、火炬及旗杆等设施、室外铺石材广场、上下水系统、各类市政管线及接口、种植草皮、下沉式花园、竹园、果园及各类乔木、室外广场照明、旗杆、入口栏杆、小品、建筑立面照明等部分。

3）工程概算中以下费用未计入工程概算中。土地费用、建设基金、工程前期费用、各种管理费用和咨询费用以及工程保险费、开办费和建设期贷款利息以及所有的室内家具和各类办公用品等。

3. 主要技术及经济数据

本次概算建筑面积为：　254660m^2

其中零层以下面积：　113662m^2

零层以上面积：　115915m^2

看台面积（按一半计）：　25083m^2

4. 需要说明的问题

1）钢结构工程概算的用钢量和分项是依据 ARUP 于 2004 年 3 月 5 日提供的初步设计阶段固定屋盖计算模型的总用钢量，此用量随着深化设计会有所变化。

2）工程概算中的钢结构工程、膜结构工程、开合屋盖、观众座椅、草坪加热系统、弱电系统、网络及信息管理系统、体育场地及比赛工艺的概算价格按照有关设备厂家的报价列入，价格中已包括了原材料采购费、运输加工费、安装费、钢材表面涂装处理和各项税费。因而不再计取概算定额中规定的各项费用。

3）钢筋混凝土结构工程中的钢筋用量根据设计情况进行调整，钢筋的价格按照目前的市场情况进行调整。

4）零层以下部分的商业预留空间和零层以上部分的餐饮部分，目前设计仅做到结构面层，内装修部分由经营商自定。此部分内装修部分的工程费用未包括在本概算中。

5）零层以下部分的商业预留空间和零层以上部分赛后改造部分的设备系统，目前设计只预留了安装空间，本概算也未包括预留设备的工程费用。

二、初步设计概算评审

2004 年 5 月 20 日至 5 月 22 日，北京市首都规划委员会会同北京市 2008 年奥运会工程指挥办公室、北京市发展改革委员会共同组织召开了国家体育场初步设计审查会，审查会对国家体育场初步设计进行了全方位的审核，对经济专业的审核意见为“应本着‘节俭办奥运’的理念，进一步控制成本，材料设备尽可能国产化，尽量满足国家发改委批复概算的要求。”

三、方案优化和修改

根据初步设计审核意见，本着“节俭办奥运”的宗旨，对国家体育场设计方案进行了调整，并于 2004 年 7 月 17 日完成三个方案的调整：

1. 方案 1

降低活动屋盖的用钢量至 900t，活动屋盖总重量降至 1700t。奥运会期间暂不安装，奥运会后再加建，固定屋盖部分由于荷载减轻，对其构件尺寸进行相应的调整，但固定屋盖部分用钢量减少的幅度不大。方案 1 的总用钢量为 48000t。

2. 方案 2

永久取消活动屋盖，同时取消活动屋盖结构相关的加工制作、安装、驱动装置、轨道等。固定屋盖部分由于荷载明显减轻，钢结构可以进行进一步的优化，但用钢量降低的幅度较小。方案 2 的总用钢量为 47000t。

3. 方案 3

永久取消活动屋盖，保持 24 根钢柱位置不变，主桁架、屋顶与立面次结构布置暂时不变。固定屋盖中间开口的扩大至外圈看台（A 轴）的上方，去掉原来开口环梁附近布置较为密集的构件，固定屋盖的覆盖面积减少 11084m^2，用钢量降低较多。方案 3 的总用钢量约为 41000t。

2004 年 7 月 22 日由北京市发展改革委员会组织各有关部门召开了国家体育场项目初步设计优化方案专家论证会，最终确定优化方案 3 为实施方案。

四、国家体育场修正概算的编制

1. 概算编制参考资料

1）2003 年 9 月 16 日由第 29 届奥林匹克运动会组织委员会发布的国家体育场奥运工程设计大纲和 2003 年 10 月 27 日由国家体育场有限公司（筹）提供的北京奥林匹克公园（B1 区）国家体育场设计任务书；

2）国家体育场设计变更的函（2004 年 8 月 11 日）；

3）各主管部门：国家体育场初步设计审查意见（2004 年）；

4）市规委：关于国家体育场初步设计审查会议总结（2004年6月28日）；

5）国家体育场设计补充协议1（景观设计）（2004年9月27日）；

6）国家体育场设计补充协议2（设计变更）；

7）工程量的计算依据为目前深度的初步设计图纸及各专业工程的相关报告；

8）工程概算按照北京市1996年《建设工程概算定额》及相应的费用定额标准，编制相关费用。并按北京市京造定[2004]6号文件《关于编制工程设计概算的有关规定》对工程概算进行修正；

9）建筑材料价格参照当前北京地区建筑材料价格确定，设备价格按照目前设计资料提供的参数，参照有关厂家报价和市场询价；

10）计价货币以人民币为单位。

2. 工程概算编制范围

1）工程概算中建筑安装工程费按以上资料编制。

2）工程概算的内容有：

（1）土建工程：基础降水及抗浮、桩基础工程、钢筋混凝土结构工程、钢结构、膜结构、建筑装修工程、观众座椅等；

（2）设备安装工程：给水排水工程、消防自动喷洒工程、虹吸、重力雨水排放工程、雨水回用系统、运动场地喷灌及雨水排放系统、钢筋混凝土雨水蓄水池、通风空调工程、地源热泵系统、煤气动力工程、变配电工程、动力照明工程、场地照明（含电缆）、弱电桥架工程、建筑设备监控系统、火灾自动报警系统、安全防范系统、综合布线系统、通信网络系统、卫星接收及有线电视系统、背景音乐广播系统（兼消防应急广播）、多功能会议、扩声和同声传译系统、场地扩声系统、停车场管理系统、智能卡系统、电子显示屏系统、公共信息及查询系统、票务系统、电梯工程等；

（3）其他项目：体育场地、景观工程、超红线部分场地铺装、各类市政管线及接口、室外给排水及检查井等；

（4）为奥运会准备的临时设施，包括：

①奥运体育竞赛专用设施：电子显示屏系统由于指定品牌而提高的费用、体育竞赛综合信息管理系统、票务系统、交通智能化信息管理系统、无线视频监控系统、数据网络系统；

②奥运会期间临时座席：赛时临时座席、临时座席台搭设、评论员座席、观察员座席、运动员裁判员座席、记者工作台、记者座席等；

③奥运会其他设施：奥运会火炬及设施、各类比赛用体育设施、室外临时设施（旗杆、围挡、标识等）。

3）建筑安装工程费中以下费用未计入：

赛后改造的费用、土地费用、建设基金、工程前期费用、各种管理费用和咨询费用，以及工程保险费、开办费和建设期贷款利息以及所有的室内家具和各类办公用品等。

奥运会期间的临时设施费用是指由国际奥组委指定厂商提供的奥运会期间的设施，和需要由交通、安全部门根据奥运会期间的管理需要设立，而奥运会后不需用的设施。此项费用未列入建筑安装工程费。

3. 主要技术经济指标：

建筑面积为：257989m^2，

其中：赛时准备区（赛后改造为商业）面积为：15902m^2。

4. 概算编制说明

1）工程概算中的钢结构工程、膜结构工程、观众座椅、弱电系统、网络及信息管理系统、体育场地及比赛工艺的概算价格是按照有关设备厂家的报价列入，价格中已包括了原材料采购费、运输加工费、安装费、钢材表面涂装处理和各项税费。因而不再计取概算定额中规定的各项费用。

2）钢筋混凝土结构工程中的钢筋用量根据设计情况进行了调整。

3）零层以下部分的赛时准备区（赛后改造为商业）部分和零层以上部分餐饮区未作装修，赛时准备区装修为赛后改造工程费，餐饮区装修由经营商自定。

4）零层以下部分的商业预留空间和零层以上部分赛后改造部分的设备系统，目前设计只预留了安装空间，此部分费用为赛后改造工程费。

5）设备询价除部分特殊设备如：2000kg非标电梯、空调冷冻主机、智能化控制系统设备按进口设备询价外，其余设备均按国产合资产品询价。

第三节　施工图阶段工程造价的控制

由于确定了初步设计概算投资额，因而在施工图设计阶段，设计方需要对建筑材料、设备系统的选择上都严格控制建造标准。由于施工阶段招标控制等方面的工作不在设计方的工作范围内，所以设计单位在施工图设计完成后，只对初步设计概算和施工图预算的工程量进行详细分析，并分析原因，控制工程价格。并在工程施工过程中，严格控制工程变更。

国家体育场项目从由国际招标确定为实施方案后，设计过程历经5年时间，从方案优化、初步设计、施工图设计、奥运会看闭幕式设施配合设计、奥运会期间运行保障各个阶段。设计院在工程造价的控制方面也反映在各个阶段。由于项目在不同的运行阶段出资人不同，对于工程造价控制的手段和方法不同。而对于我们设计方所反映的工程造价只反映了国家体育场为奥运会期间所必备功能建筑部分的工程造价，而项目为奥运会安闭幕式而增加的工程项目，奥运会后为满足经营而增加的工程项目，还有工程后期项目修改抢工期而增加的工程费用都不在设计方控制范围内。

第二十二章　国家体育场项目设计组织与管理

国家体育场项目是2008年奥运会场馆中建筑规模最大的项目。在五年多的设计和施工配合历程中，在北京市政府、“2008”工程建设指挥部办公室及业主的领导和指挥下，由瑞士赫尔佐格和德梅隆事务所（Herzog & de Meuron）、中国建筑设计研究院（CAG）及奥雅纳（香港）工程顾问有限公司（ARUP）组成的设计联合体密切协作，精心设计，克服了工程难度大、时间紧、任务重、协作单位多、外部关系复杂等诸多困难，设计和建造均取得了良好效果，为第29届奥运会和第13届残奥会在北京的隆重召开奠定基础，向全国人民乃至全世界人民递交了一张满意的答卷，同时也彰显了中国人民的智慧和力量。这些成绩的取得除了设计、建设人员高超的技术水准和高度责任感外，强有力的组织和管理是实现目标的保证。

第一节　设计和实施历程

国家体育场建筑概念设计方案竞赛开始于2002年12月，截止于2003年3月18日，在由13家设计联合体或设计公司提交的众多设计方案中，瑞士赫尔佐格和德梅隆事务所和中国建筑设计研究院组成的设计联合体提交的“鸟巢”设计方案获得了专家和公众的一致好评，2003年4月17日该方案被正式确认在竞赛中中标并作为正式实施方案；2003年11月13日业主与由瑞士赫尔佐格和德梅隆事务所、中国建筑设计研究院和奥雅纳（香港）工程顾问有限公司三方组成的设计联合体签订了设计服务合同。

主要设计里程碑事件：

2003年12月24日，国家体育场项目正式开工。

2004年3月20日，完成初步设计并提供报审图。

2004年11月15日，按照“奥运瘦身计划”的要求，完成修改初步设计。

2004年11月25日～2005年1月14日，配合工程施工需要，完成承台及底板建筑、结构、机电等专业施工准备图及钢结构临时支撑塔架桩基图等。

2005年1月31日，提供基座以下混凝土结构施工图。

2005年3月7日，提供基座以上混凝土结构施工图。

2005年4月30日，提供主体钢结构施工图及建筑、机电全部施工图。

2005年5月31日，提供其他钢结构施工图及膜结构等与钢结构相关施工图。

2005年6月30日，完成室外工程及景观施工图。

2005年11月15日，体育场内钢筋混凝土结构封顶。

2006年6月29日，钢结构主体架安装完毕。

2006年8月31日，主体钢结构合拢完成。

2006年9月17日，钢结构临时支撑整体卸载完成。

2008年6月28日，竣工验收。

2008年8月8日，第29届奥林匹克运动会开幕式举行。

2008年9月6日，第13届残疾人奥运会开幕式举行。

第二节　设计组织与管理

国家体育场工程设计的组织管理工作本身就是一个庞大的系统工程，在方案投标之初并未有足够的认识，只是与其他国际设计投标项目一样，与国际上建筑方案设计合作方共同参与方案创作，对中标之后会面临什么、如何运作、难度和工期之矛盾如何处理以及社会对项目极高的关注度对工程设计的影响等等，均缺乏足够的心理准备和经验积累。方案设计就这样如期地中标了，接下去的关键工作不是如何深化设计，而是专业繁多的国内外设计合作团队管理工作以及设计方与项目的业主方、监理方、施工总包方、政府管理方的协调管理工作。

中国建筑设计研究院作为国内设计合作单位，当时院内管理模式正处于从各专业综合设计所形式向专业化院所方向的转型期，内部管理机制发生重大变化，需要较长时间磨合和适应。面对如此重大的项目——国家体育场方案设计中标，无疑是对管理模式和能力的严峻考验。

一、合同形式

由于国家体育场项目设计方是中外合作团队，合同关系比较复杂。经政府指导，并经业主和设计各方友好协商，最后合同形式确定为业主与国外设计方合同、业主与国内设计方合同和业主与中外设计联合体三方协议的形式签订。即业主与外方和中方的合同分别约束各自的设计范围、服务内容、进度需求，费用及支付、知识产权及违约条款等；业主与中外三方协议则约束中、外设计方的合作条款、界面分工和责任、设计工作衔接和控制细节、违约和奖惩等。从合同履行过程看，国家体育场的合同形式是成功而严密的。尽管如此，在设计过程中仍然出现了很多细节需要约束，也都适时以补充协议的形式进行补充。

二、设计牵头方的确定和职责

为体现中外设计方各自的作用和现实性，分设计阶段确定设计牵头方，有利于设计质量和进度控制。国家体育场项目方案和初步设计阶段以瑞士赫尔佐格和德梅隆事务所为设计牵头方，施工图设计及施工配合阶段以中国建筑设计研究院为设计牵头方。设计牵头方对本阶段的设计工作负领导责任，负责相应阶段内对设计内部及参建各方的协调管理工作，包括对外汇报、政府和业主指令的接收、传达和实施、设计进度和质量控制、成果支付和更改的组织等。经过设计、施工全过程检验，设计牵头方的设置是必要和成功的。

三、设计工作的组织和管理

设计工作组织和管理的过程，就是配备足够的人力和技术条件，通过合理的组织方式和协调配合，使设计工作按进度计划推进，按合同约定的设计里程碑进度计划提供质量合格的设计成果。

国家体育场方案中标之初，中国建筑设计研究院即将该项目列为院1号重点项目，并指派当时主管经营生产的副院长王金森同志亲自参与设计合同谈判等关键管理工作。随着设计工作的深入和设计管理复杂性的需要，结合当时专业化模式对高级专业人才可集中抽调使用的有利条件，中国建筑设计研究院在管理层面成立了崔愷总建筑师为总指挥，总工程师兼结构院院长任庆英、建筑院院长韩玉斌、机电院院长欧阳东为副总指挥的国家体育场项目设计指挥部，并任命任庆英为设计项目经理，同时配备副经理和项目经理助理；在技术层面成立了以院副总建筑师李兴钢为该项目中方设计主持人和各专业负责人组成的技术团队，为加强技术指导和设计控制工作，同时配置了设计副主持人，主持人助理和各专业分项负责人若干，形成了从项目管理到技术管理强有力的管理体系，这是该项目得以顺利推进的基础和核心。

设计项目经理是项目设计工作组织与管理的第一责任人，代表设计方对外协调对内组织管理，对于国家体育场如此重大而复杂的项目而言面对的工作量和压力难以想象。但在全体设计人员的共同努力，在参建各方的通力配合和支持下，设计各阶段均按设计里程碑进度圆满实现，得到了北京市政府、北京奥组委、2008奥运工程指挥部办公室、业主、施工总包方及分包方等参建单位的一致好评。

越是复杂和具有挑战性的建筑工程，越需要合理、有效、有力的项目组织和管理控制。国家体育场设计中所采用的先进、周密、合理、高效、专业化、国际化的项目设计组织和管理方法，确保了这一具有空前复杂性和挑战性的工程的顺利实施。

第三节　施工图设计质量计划

一、质量方针和质量目标

（一）质量方针：科学管理、竭诚服务、精心设计、质量第一。

（二）质量目标：信守承诺，全面履约合同；设计产品全部合格，并为创优工程设计；增强顾客满意度，顾客无实质性投诉。

二、职责与权限

（一）院长：是全院质量管理第一责任人。负责确保院质量管理体系在本工程设计过程中得到有效运行；责成有关部门制定《国家体育场施工图设计质量计划》；批准组建本工程设计总指挥部；确保本工程获得必要的资源。

（二）主管技术副院长（本工程设计总指挥）：总指挥负责该工程设计的全面工作。负责组织对重大技术、质量问题的分析处理，并形成报告；组织审定各项技术规定、技术措施；主持该项目的设计评审；协调各专业重大技术问题。

（三）院项目管理中心：是该工程设计管理的主要机构。负责该工程项目要求的确定与评审工作；项目策划的实施及设计计划的协调；设计文件交付及组织实施交付后的服务；与顾客的联系；分承包方的评价及控制。

（四）院科技管理部：是该工程技术管理的主要机构。负责组织、协调解决工程中出现的技术问题；组织该工程项目的设计评审；负责该工程计算机软件管理。

（五）院质量管理办公室：负责指导制定该工程的质量计划；负责对该工程的质量活动进行监视。

（六）院人力资源部：确保人力资源满足要求；确保设计人员的资格及能力符合该工程的要求。

（七）项目经理：是该工程设计项目管理的负责人，执行《中国建筑设计研究院工程设计项目管理暂行办法》有关项目经理的各项职责。负责代表院管理国家体育场施工图设计项目；对国家体育场施工图设计项目的进程，进行组织、协调，按计划实施和完成；监控国家体育场施工图设计的产品质量；组织实施设计文件交付及交付后的服务活动。

（八）设计主持人：是该工程设计技术主要负责人。负责接收并组织各工种负责人对顾客提供的资料进行验证；组织各专业设计人员及时、有效地互提设计资料，协调各专业之间的技术问题；在审定之前组织各专业工种负责人进行专业图纸会审；负责组织各工种负责人整理、保管设计及施工过程中形成的质量记录；负责图纸及设计文件的归档工作；及时组织设计人员进行设计更改。

（九）专业负责人：配合设计主持人组织和协调本专业的设计工作，对本专业设计负主要责任。负责执行本专业的规范、规程、标准及院技术措施；编制本专业统一技术条件；验证顾客和外专业提供的设计资料，并及时给其他专业提供有关设计资料；依据各设计阶段的进度控制计划，制定本专业相应的作业计划，组织本专业各岗位人员完成设计工作，完成图纸的验证，并参加会审、会签工作；配合设计主持人进行施工图交底，负责处理设计更改，解决施工中出现的有关问题，履行洽商手续；参加工程验收、专业性工程回访工作；负责收集整理本专业设计过程中形成的质量记录，随设计文件归档。

（十）设计人：在工种负责人指导下进行设计工作，对本人的设计进度和质量负责。根据工种负责人分配的任务熟悉设计资料，了解设计要求和设计原则，正确进行设计；根据专业设计进度要求，完成设计、自校工作；设计正确无误，选用计算公式正确、参数合理、运算可靠，符合规范、规程、标准及《国家体育场统一技术要求》；处理施工现场的有关问题，并及时向工种负责人汇报，工程洽商应报工种负责人及审核人审核并签署。

（十一）校对人：在工种负责人指导下，负责校对设计文件内容的正确性、完整性。校对人应充分了解设计意图。对设计图纸和计算书进行全面校对，使设计符合设计原则、有关规范、《国家体育场统一技术要求》，数据合理正确，避免图面错、漏、碰、缺。对校对中发现的问题提出修改意见，督促设计人员及时处理存在问题，每张图纸均应填写《校审记录单》。

（十二）审核人：负责审核设计文件（包括图纸和计算书等）的完整性及深度是否符合规定要求，是否符合规划设计条件和设计任务书的要求，以及是否符合审批文件规定。审核设计图和文件是否符合国家方针政策、规范、规程、标准及《国家体育场统一技术要求》。审查专业接口是否协调统一，避免图面错、漏、碰、缺，构造做法、设备选型是否正确；填写《校审记录单》，对修改结果进行验证。

（十三）审定人：负责指导施工图阶段的设计工作，并决定设计中的重大原则问题。负责审定本专业统一技术条件。审定工程项目设计策划、设计输入、设计输出、设计评审、设计验证、设计确认等各项程序的落实。审定设计是否符合规划设计条件、任务书、各设计阶段批准文件、规范、规程、标准及院技术措施等。审定设计深度是否符合规定要求，检查图纸文件及记录单是否齐全。评定本专业工程设计成品质量等级。填写《校审记录单》。

三、资源

（一）人力资源

具体详见本章第四节。

（二）基础设施和工作环境

为该工程及时提供所需的基础设施，包括：

配置必要的建模及分析计算软件，如“CATIA”软件等；为建筑专业提供集中办公所需的办公室，提供专用会议室；配备复印、打印装订等设备及通讯工具；创造明亮、通风、卫生、舒适的工作环境。

四、文件控制

（一）本工程设计的所有质量记录表，应按《国家体育场施工图设计质量计划》的“设计控制”和“设计成品交付和交付后的服务”中的要求编制、使用、收集、归档。

（二）设计文件按《国家体育场施工图设计质量计划》中设计控制的要求批准、发放。

（三）外来文件

项目经理负责对顾客及其他相关方提供的设计基础资料等与项目有关的文件进行收集、保管，并组织有关人员对其验收。日常来往信件、传真、电子邮件、顾客口头通知、备忘录、设计审查和设计协调、报告在内的会议纪要，项目经理或设计主持人签发批准，并整理保管。

（四）计算机应用软件

本工程使用的计算机软件应在院《计算机有效版本》目录内；本工程如使用《计算机有效版本》以外的软件，应填写《有效版本以外的文件（软件）使用申请单》，报科技管理部批准。

（五）文件发放和签发记录应保留。

五、记录控制

（一）设计过程中的设计输入、设计评审、设计验证、设计输出、设计确认、设计更改、技术接口、工程洽商记录单等的记录由各工种负责人收集保存，施工图结束后由设计主持人汇总归档。

（二）设计过程中与顾客沟通的有关记录、设计服务、顾客财产等记录由项目经理收集保存，施工图结束后由设计主持人汇总归档。

六、设计控制

（一）设计策划

1. 设计策划内容

设计阶段；项目组成员及分工；项目进度安排；确定设计评审和设计验证时机。

2. 项目经理负责编制《设计策划表》：

应与各专业院协商，按要求确定本工程的项目组成员；根据各专业提出的要求，确定设计评审和设计验证时机。

3. 在设计开始时，项目经理应召开各工种负责人会议，编制《专业配合进度表》，在《专业配合进度表》中应确定专业会审和绘制管线综合图的时间。当进度需要变更时，项目经理召开工种会，更新《专业配合进度表》。

4. 技术接口

内部接口　各专业协作沟通，由设计主持人和工种负责人负责，通过填写《互提资料单》完成，并在校审和会审中予以验证。

5. 在设计开始时，项目经理根据各工种负责人提交的图纸目录，编制《图纸目录清单》。图纸目录应定期更新。

6. 设计主持人编制统一设计要求，包括设计范围、深度、图纸规格、比例、施工图制图要求，编码系统等内容，《国家体育场施工图统一技术要求》、《国家体育场统一编码系统》须经总指挥批准。

7. 设计策划质量记录

《设计策划表》、《专业配合进度表》、《互提资料单》、《图纸目录清单》。

（二）设计输入

1. 各工种负责人编制《设计输入表》，设计输入内容包括：

● 设计依据：项目批准文件；合同、地质勘察报告、市政条件、环保节能节水要求；政府初步设计批文，人防、消防审批意见、初步设计确认单。

● 质量特性、采用的设计标准；规范及规程；初步设计阶段审查会提出的要求、遗留和模糊问题。

2. 设计主持人组织各工种负责人对设计输入的风险进行评估，制定预防措施。

3.《设计输入表》须经各专业总工批准。

4. 设计输入质量记录

● 各专业的《设计输入表》。

（三）设计评审

1. 设计评审会由院科技管理部组织，总指挥为设计评审负责人，评审采用会议方式。评审结果及采取的措施应予以记录，包括参加人员的会议签到表、会议原始记录及《设计评审记录单》。

2. 本工程建立技术协调会制度，设计主持人每周一次组织各专业协调会，由各专业工种负责人参加，会议应就设计某个阶段提出的问题，采取措施做出决定并予以记录，并保存归档。

3. 设计评审质量记录

《设计评审记录单》、《技术协调会会议记录》。

（四）设计验证

1. 设计输出文件批准、放行之前，所有设计文件均应进行自校、校对、工种负责人复核、审核、审定。除自校外，其他校审活动均应填写《校审记录单》。

2. 各级校审人员的校审工作执行院《各级技术岗位人员的主要职责建设工程设计审查要点》的规定。

3. 设计主持人在审定之前，组织各专业工种负责人进行会审并填写《专业会审记录单》。

4. 设计主持人组织各专业按《施工图设计管线综合图绘制规定》绘制管线综合图。

5. 其他验证方法：钢节点试验。

6. 各专业总建筑师（工程师）负责设计质量评审，《设计质量评定表》由各专业负责人填写。

7. 设计验证质量记录

《校审记录单》、《专业会审记录单》、《设计质量评定表》。

（五）设计输出

1. 本工程设计输出文件包括施工图设计图纸、工程计算书。

2. 设计输出文件的内容、深度、格式应符合：

院质量管理体系作业文件《输出文件的编制规定》，《施工图设计说明统一规定》；《国家体育场施工图统一技术要求》；《国家体育场施工图统一编码系统》。

（六）设计确认

1. 项目经理应请顾客在《初步设计确认单》上签署确认意见，加盖公章，作为本工程施工图设计依据。

2. 设计主持人应准备有关图纸、文件，由项目经理报政府各主管部门进行审批。审批意见下达后，项目经理应及时移交设计主持人进行处理，审批意见应保存并归档。

3. 项目经理组织有关人员参加顾客组织的施工图设计的图纸会审，对会审提出的问题应采取必要措施，并对有关记录应予保存。

4. 施工图审查意见由项目经理索要并交设计主持人，设计主持人组织各专业落实施工图审查、修改、复查工作。

（七）设计更改

1. 设计文件批准交付后，发生的更改应予以控制。

2. 因设计原因要求对原设计修改时，经设计主持人确认，填写《设计补充、更改图纸通知单》及时修改。

3. 顾客或施工单位要求更改时，项目经理应确认并且取得更改的文字依据，及时组织设计主持人及各工种负责人，根据要求及可能，进行设计更改。

4. 现场施工急需更改时，设计人员先填写《工程设计洽商单》，事后补填《设计补充、更改图纸通知单》，将《工程设计洽商单》作为《设计补充、更改图纸通知单》的附件。

5. 设计更改涉及几个专业时，必须同步进行，应进行会审会签验证。

6. 设计需作废时，履行盖作废章手续；较大修改时，填写《底图更改通知单》，更改后的图纸加"G"；增加部分底图时，新加的图纸编号续编，并对图纸目录标注。

7. 设计更改质量记录

- 《设计补充、更改图纸通知单》、《底图更改通知单》。

七、分包控制

（一）院管理中心对分包方资格进行审查，办理相关手续。填写《分承包方选择评价表》、《设计项目分承包审批表》。

（二）分包方按主体合同和《国家体育场设计质量计划》要求开展工作。

（三）设计主持人组织有关人员对分包方设计成果进行验证，验证内容包括

- 是否符合主体合同要求
- 是否符合总体设计要求

八、设计成品交付和交付后的服务

（一）设计主持人组织各专业进行图纸归档，填写《设计图纸归档登记表》、《设计文件归档清单》。

（二）项目经理填写《设计图纸交付登记表》后到院管理中心加盖"图纸报审专用章"，然后向顾客交付正式设计文件，顾客须在《设计图纸交付登记表》签字。

（三）项目经理组织各工种负责人参加施工图设计交底，项目经理填写《施工图设计交底记录单》。

（四）项目经理组织设计人员参加工程竣工验收，设计主持人代表院签发施工验收及验收报告，并索要复印件归档。

（五）设计人员在施工过程中到现场配合，应填写《服务记录单》。

（六）适当时项目经理请顾客填写《设计服务质量信息反馈单》。

（七）设计成品交付和交付后的服务

《设计图纸归档登记表》、《设计文件归档清单》、《设计图纸交付登记表》、《施工图设计交底记录单》、《服务记录单》、《设计服务质量信息反馈单》。

第四节　国家体育场项目设计组设计人员

由瑞士赫尔佐格和德梅隆事务所、中国建筑设计研究院和奥雅纳（香港）工程顾问有限公司组成的设计联合体在历时五年半的设计工作中先后投入了299人参与工程设计。其中中国建筑设计研究院158人，赫尔佐格和德梅隆事务所59人，奥雅纳（香港）工程顾问有限公司82人。

- **中国建筑设计研究院：**

总指挥：崔　愷

副总指挥：任庆英　韩玉斌　欧阳东　李兴钢　郭红军

总指挥助理：党政

项目经理：任庆英、王金森（概念设计和方案设计）

项目副经理：郭红军

项目经理助理：梁海川

设计主持人：李兴钢　秦　莹

设计主持人助理：张军英
建筑专业负责人：谭泽阳　邱涧冰　安澎　朱青模　张军英
设计人：高庆磊　胡水菁　李晓梅　李惠琴
林　琢　孙　雷　孙　鹏　孙大亮
叶　蕾　张音玄　周　玲　赵丽虹
张雪晖　张　欣
专业审核人：熊承新
专业审定人：崔　愷
室内专业负责人：谈星火　饶　劢　张　晔（方案设计）
设计人：丁　哲　张　然　王　强　李晨晨
胡玉静
专业审核审定人：孟建国
景观专业负责人：李存东　李　力
设计人：朱燕辉　雷洪强　路　媛　李克俊
专业审核审定人：史丽秀
总图专业负责人：黄雅如
设计人：高　治
杜立军　邵守团
专业审核人：白红卫
专业审定人：徐忠辉
混凝土结构专业负责人：尤天直　唐　杰　王大庆
设计人：毕　磊　董　京　张海波
刘建涛　郝　清　孔雅莎
高文军　鲁　昂　许　庆
王文宇　张亚东　王春光
唐　刚　邵　筠　张付奎
方灯义　颜扣英　李淑捧
王　超　王　载　谭京京
董明海　刘松华
专业审核人：任庆英
专业审定人：吴学敏
钢结构专业负责人：范　重　胡纯炀　胡天兵
设计人：范学伟　刘先明　王　喆　赵莉华
王春光　李　鸣　刘　岩　董庆园
彭　翼　谭成冬　史　杰　申　林
范玉辰
专业审核人：郁银泉
专业审定人：吴学敏
给排水专业负责人：郭汝艳　刘　鹏
设计人：赵　昕　朱跃云　吴连荣　张燕平
专业审核人：傅文华
专业审定人：刘振印
暖通空调专业负责人：丁　高　胡建丽
设计人：李　莹　戴宏亮　李雯筠
李超英　张　斌　许海松
专业审核人：潘云钢
专业审定人：李娥飞
电气专业负责人：李炳华　王玉卿
设计人：马名东　王　烈　李战增
专业审核人：王振声
专业审定人：张文才
电讯专业负责人：王　健
设计人：曹　磊　许士骅　蒋佃刚
专业审核人：陈　琪
专业审定人：张文才
经济专业负责人：赵　红
设计人：张晓菲　张桂芝　贺玉萍　刘晓清
崔　莉　于海鹏　程　珠　李群英
专业审核审定人：张玲玉
燃气动力专业负责人：曲伟国　熊育铭　金　健
设计人：陈　刚　李　茸　金　健
校审人：张秀琴　曾　力　戴宏亮
专业审核人：马洪敬　熊育铭　刘继兴
专业审定人：李颜强　丁　高

- **赫尔佐格和德梅隆事务所**（Herzog de Meuron）

项目团队

合伙人：Jacques Herzog，Pierre de Meuron，Stefan Marbach

项目建筑师：Mia Hägg（Associate），Linxi Dong（Associate），Thomas Polster，Tobias Winkelmann（Associate）

项目团队：Peter Karl Becher，Alexander Berger，Felix Beyreuther，Marcos Carreno，Xudong Chen，Simon Chessex，Massimo Corradi，Yichun He，Volker Helm，Claudia von Hessert，Yong Huang，Kasia Jackowska，Uta Kamps，Hiroshi Kikuchi，Martin Krapp，Hemans Lai，Liang Hua，Kenan Liu，Donald Mak，Carolina Mojto，Christoph Röttinger，Roland Rossmaier，Luciano Rotoli，Mehrdad Safa，Roman Sokalski，Heeri Song，Christoph Weber，Thomasine Wolfensberger，

Pim van Wylick，Camillo Zanardini，Xiaolei Zhang

竞赛阶段

合伙人：Jacques Herzog，Pierre de Meuron，Harry Gugger

项目建筑师：Stefan Marbach（Associate），Jean Paul Jaccaud

项目团队：Béla Berec，Antonio Branco，Simon Chessex，Massimo Corradi，Gustavo Espinoza，Hans Focketyn，Andreas Fries，Patric Heuberger，Mia Hägg，Daniel Pokora，Christopher Pannett Mehrdad Safa，Philipp Schaerer，Heeri Song，Adrien Verschuere，Antje Voigt

● 奥雅纳（香港）工程顾问有限公司（Arup）

东亚团队

郭家耀（Michael Kwok） 何伟明（Goman Ho）

蔡志强（Tony Choi） 林耀财（Thomas Lam）

林雅欣（Kylie Lam） 刘 鹏（Peng Liu）

杜 平（Alex To） 徐 亮（Lucy Xu）

陈志明（Maverick Chan） 岑凯欣（Flora Shum）

邓振明（Johnson Tang）David Vesey

温志坚（Timothy Wan）Roy Denoon

段林楠（L N Duan） 付 裕（Y Fu）李 华（H Li）

刘冠亚（G Y Liu） 汪 洋（Y B Wang）

王益勇（Y Y Wang） 姚建锋（J F Yao）

罗明纯（M C Luo） 郑世有（Vincent Cheng）

殷如民（Rumin Yin） 邱万鸿（Raymond Yau）

任志伟（Jimmy Yam） 锺福维（Simon Chung）

萧锡才（Lewis Shiu） Arra Tang 郑裕龙（Y L Cheng）

章践东（James Cheung） 庄志伟（Kenneth Chong）

黄志宏（C W Wong） 黎炳光（David Lai）

林进荣（Francis Lam） 陈步华（Power Chan）

黄颂伟（Terry Wong） 杨国良（K L Yeung）

李京钰（J Y Li） 罗永强（Y Q Luo）

万百千（B Q Wan）Z J Cheng

欧洲团队

Stephen Burrows，J Parrish，Eugene Uys，Clive Lewis，Darren Paine，Martin Simpson，Neil Carstairs，Mike Willford，John Lyle，Rob Smith，Xiaonian Duan，Roland Reinardy，T J Pearson，S Raglu，PA Richardson，J C Shaw，Y K Ho，R T Hodgson，Pablo Lazo，Jon C Shillibeer，Jonathan N Carver，C Clearly，C J H Cole，M E Derenzy Jones，E B Emerson，R J Firth，David A Gration，Kathy J Gubbins，John Hewitt，J Black，S R Hendry，Rod Livesey，P J Llewelyn，G D Taylor，N Taylor，Roland Trim，Jeff M Teerlinck，Mark Arkinstall，E Morrow，M Miehe

编 后 记

本书的出版来之不易。当打开这本书的时候，所有曾经参与其中的人都将有一种亲切感和熟悉感。本书写作的过程也是对曾经历史的一段美好的追忆。

国家体育场作为一个备受瞩目的工程，设计工作牵涉到的部门和专业涉及方方面面，其设计周期和工作量漫长而浩大；设计资料和成果纷繁而复杂。这些成果最终落实到完成的施工图中并得以实施。整个设计过程是一份难得的知识财富，总结整理出来，将是国家体育场项目除去建成的实体之外的另一个成果而留给后世。出于对项目负责的态度，在国家体育场的设计工作结束后，曾计划对国家体育场项目在设计层面进行全面总结，并希望能结集出版。本书的编纂将成为一个非常及时的平台，通过这个平台将设计的过程脉络和实施成果进行全面的梳理和总结。这是对国家体育场工程的负责，也是对历史的负责。

然而由于参与撰写的人员在奥运会之后的日常工作繁忙，无暇整理文字，使得本书的出版一拖再拖。最终经过编辑部不懈努力，本书得以出版。在此感谢编辑部的大力支持。

由于国家体育场的设计资料繁多，本书仅仅是对国家体育场设计的简要总结，是对繁杂设计工作的一个概括。受篇幅和精力所限，大量的内容仅能列出结论，许多宝贵的中间过程被舍弃了。不过令人欣慰的是，本书的文字均是当初国家体育场工程设计工作中奋战在第一线的设计主持人、项目经理和各个专业的负责人及主要设计人执笔撰写的，正是他们带领着设计团队用辛勤的劳动完成了国家体育场的设计工作，又是他们在繁忙的工作中抽出时间完成了书稿，因此本书内容是经过浓缩的精华所在。在这部书中，参与编写的还有国家体育场有限责任公司，作为国家体育场的业主单位，他们完成了业主部分的章节，使我们能从业主的角度去观察整个设计的过程。在此对参与编写的各方人员表示感谢。

本书所附的图片原则来自各章节的撰写人，同时张广源、邱涧冰、孙鹏、李波、傅晓明、郑志荣等为本书提供了更多更精美的照片作为补充，使得国家体育场美丽动人的面貌以及建设过程中的现场面貌在书中能得以充分展现，其中很多照片记录的场景已经成为历史，再也无法复原。

中国建筑设计研究院

2009 年 11 月

图书在版编目（CIP）数据

织梦筑鸟巢 国家体育场——设计篇／中国建筑设计研究院本卷主编．—北京：中国建筑工业出版社，2010
（2008北京奥运建筑丛书）
ISBN 978-7-112-12482-4

Ⅰ．①织… Ⅱ．①中… Ⅲ．①体育场－建筑设计－概况－北京市 Ⅳ．① TU245.1

中国版本图书馆CIP数据核字（2010）第184000号

责任编辑：马 彦

2008北京奥运建筑丛书
织梦筑鸟巢
国家体育场——设计篇
总 主 编 中 国 建 筑 学 会
中国建筑工业出版社
本卷主编 中国建筑设计研究院
*
中国建筑工业出版社出版、发行（北京西郊百万庄）
各地新华书店、建筑书店经销
北京嘉泰利德公司制版
恒美印务（广州）有限公司印刷
*
开本：965×1270毫米 1/16 印张：$24^3/_4$ 字数：990千字
2009年12月第一版 2011年12月第二次印刷
定价：208.00元
ISBN 978-7-112-12482-4
（21684）
版权所有 翻印必究
如有印装质量问题，可寄本社退换
（邮政编码 100037）